计算机地图制图基础

康建荣　王正帅　编著

科学出版社

北　京

内 容 简 介

本书共 11 章，内容包括 AutoCAD 2020 概述、AutoCAD 2020 绘图基础、AutoCAD 二维图形绘制、图形编辑与尺寸标注、图形绘制 script 命令文本编辑方法、CASS 制图基础、绘制地形图、绘制地籍图、CASS 的工程应用功能、基于图形交换 DXF 文件数据提取和生成 DXF 文件方法。每章先介绍功能模块及其操作命令组成，再按模块分章节依次介绍每一个操作命令，详细描述其使用方法及相关命令选项的含义、操作技巧等。

本书可供测绘技术、土木工程设计以及工程应用领域的技术研究人员学习、参考，也可作为高等院校有关专业的教材或教学参考书。

图书在版编目（CIP）数据

计算机地图制图基础 / 康建荣，王正帅编著. —北京：科学出版社，2023.9

ISBN 978-7-03-076333-4

Ⅰ. ①计… Ⅱ. ①康… ②王… Ⅲ. ①地图制图自动化 Ⅳ. ①P283.7

中国国家版本馆 CIP 数据核字（2023）第 169679 号

责任编辑：周 丹 曾佳佳 / 责任校对：郝璐璐

责任印制：赵 博 / 封面设计：许 瑞

科 学 出 版 社 出版

北京东黄城根北街 16 号

邮政编码：100717

http://www.sciencep.com

北京凌奇印刷有限责任公司印刷

科学出版社发行 各地新华书店经销

*

2023 年 9 月第 一 版 开本：787×1092 1/16

2024 年 9 月第二次印刷 印张：31 1/2

字数：745 000

定价：129.00 元

（如有印装质量问题，我社负责调换）

前　言

“计算机地图制图”是一门测绘类专业（包括测绘工程、遥感科学与技术、土地资源管理等）的基础应用型课程。本书是作者结合多年的教学实践经验并参考教学大纲而编写的，将AutoCAD和CASS深度融合，形成完整的数字地图制图知识体系，涵盖AutoCAD基础操作、二次开发应用及CASS专业制图（包括平面图、地形图、剖（断）面图和地籍图等）等内容，并根据专业需求，拓展AutoCAD图形数据提取和外部程序生成AutoCAD的DXF文件，实现AutoCAD图形文件交互使用。本书在编写过程中，注重专业性和实践性相结合，按模块化应用进行章节设置，同时提供大量的实例，每一个实例都有详细的操作过程，并在每章最后附有练习题，方便自主学习和自我测验。二次开发应用部分属于数字地图制图的高级应用部分，实例化的编写方式，让深奥的代码编写不再令人束手无策，为高效率制图应用提供了一条便捷途径。

本书共分 11 章。第 1 章，AutoCAD 2020 概述，主要介绍 AutoCAD 2020 基本特点、工作空间及其组成、图形文件管理等内容；第 2 章，AutoCAD 2020 绘图基础，主要介绍绘图环境设置、AutoCAD 操作基础、设置坐标系、图层管理等内容；第 3 章，AutoCAD 二维图形绘制，主要介绍绘制主要图形对象的命令，包括绘制点对象、线状对象、二维复杂图形对象、区域覆盖和图案填充、创建文字和表格、创建和使用图块等；第 4 章，图形编辑与尺寸标注，主要介绍图形对象选择、复制和阵列、移动和旋转、删除和打断、修改几何形状和特性、编辑复杂图形对象、尺寸标注与编辑等内容；第 5 章，图形绘制 script 命令文本编辑方法，主要介绍绘制基本图形对象的命令格式和编辑方法；第 6 章，CASS 制图基础，主要介绍 CASS 制图环境、绘图与编辑、图形管理等内容；第 7 章，绘制地形图，主要介绍用 CASS 绘制平面图、等高线等内容；第 8 章，绘制地籍图，主要介绍绘制地籍图、宗地图、土地利用现状图方法等内容；第 9 章，CASS 的工程应用功能，主要介绍断面图、公路曲线设计、土方量计算、图幅管理等内容；第 10 章，基于图形交换 DXF 文件数据提取，主要介绍 DXF 文件的组成，基本图形元素表达方式、提取元素的 VC++类设计等内容；第 11 章，生成 DXF 文件方法，主要介绍生成 DXF 文件的 VC++类函数等内容。

本书由康建荣、王正帅编著。其中第5、10、11章由康建荣撰写，第1、2、4、6～9 章及3.2～3.5节由王正帅撰写，3.1节、3.6节、3.7节由韩奎峰撰写。全书的组织、统稿、检校由康建荣负责。

本书得到国家自然科学基金项目（52074133）资助，在此表示感谢！

由于作者水平有限，书中不足之处在所难免，恳请读者批评指正。

作 者

2023年2月

目　录

第 1 章　AutoCAD 2020 概述

本章主要介绍 AutoCAD 2020 简体中文版的基础知识，包括 AutoCAD 的基本特点、工作空间及其组成、图形文件管理方式、视图显示与控制等内容，重点掌握图形文件管理和视图显示的基本操作方法。

1.1　AutoCAD 2020 基本特点

AutoCAD 是美国 Autodesk 公司开发的计算机辅助设计（CAD）软件，在设计、制图、相互协作和数据共享等方面展示了强大的技术实力。自 1982 年首次推出以来，历经 40 余年的发展，产品不断更新升级，目前已更新至 AutoCAD 2023，软件功能日趋完善，在机械、建筑、电子、国土资源、测绘等诸多领域得到了广泛的应用。AutoCAD 具有使用灵活、操作方便、易于掌握等特点，已成为工程设计和制图领域内最受欢迎的计算机辅助设计软件之一。

1.1.1　完备的绘图和编辑功能

AutoCAD 提供了丰富的绘图、修改和标注等常用命令，如图 1-1 所示。

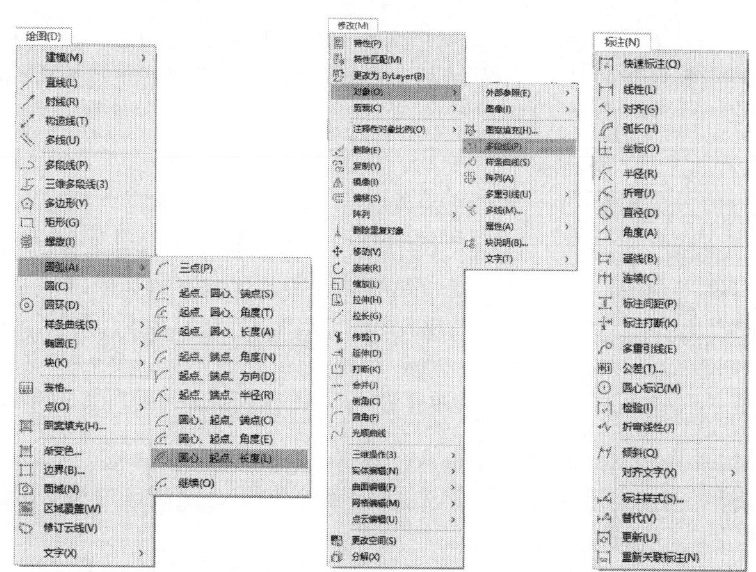

图 1-1　AutoCAD 绘图、修改和标注菜单项

（1）绘图菜单：包括直线、构造线、多段线、多边形、圆、椭圆、图案填充、块、表格、文字等基本图形的命令，也包含绘制长方体、圆锥体、球体、圆柱体等基本三维实体及三维曲面、三维网格等三维操作的命令。

（2）修改菜单：包括删除、复制、镜像、偏移、阵列、移动、旋转、缩放、修剪、倒角等常用命令和用于三维、实体、曲面、网格、点云的编辑命令。

使用上述命令，用户可以便捷地绘制各种复杂的二维、三维图形，如图 1-2 所示。

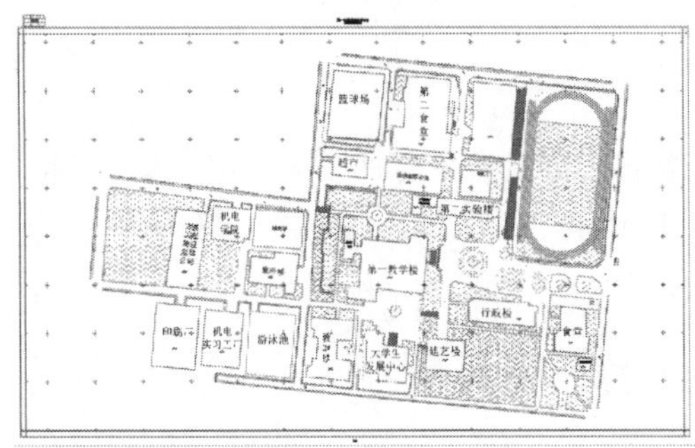

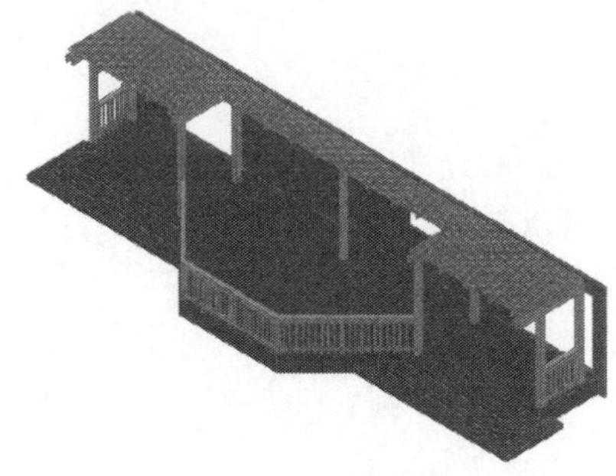

图 1-2　绘制的二维、三维图形

1.1.2　便捷、灵活的操作方式

在 AutoCAD 中，便捷、灵活的操作方式主要表现在以下 8 个方面。

（1）自定义平台：包括工作空间、快速访问工具栏、功能区选项卡、功能区面板、功能区上下文选项卡状态、工具栏、下拉式菜单、快捷特性、鼠标悬停工具提示、快捷菜单、键盘快捷键和临时替代键、双击动作、鼠标按钮等全部用户界面元素，均可通过使用“自定义用户界面编辑器”修改基于 XML（可扩展标记语言）的自定义（CUIx）文件实现自定义。

（2）操作方式多样化：AutoCAD 提供多种方法（包括快速访问工具栏、选项板、菜单栏、工具栏、命令行、应用程序菜单等）来实现同一功能，用户可根据自己的绘图习惯任选一种。

（3）草图辅助工具：包括捕捉和栅格、极轴追踪、对象捕捉、三维对象捕捉、对象捕捉追踪、动态输入、快捷特性和选择循环等，为提高绘图效率提供了必要的辅助工具。

（4）参数化约束几何图形：提供 2 种常用的约束类型，即几何约束和标注约束。用户可以通过约束图形中的几何图形，满足规范化、智能化和准确化绘图的要求。

（5）样式管理器：包括文字样式、标注样式、表格样式、多重引线样式、打印样式、点样式、多线样式等样式管理工具。

（6）视图显示与控制：包括视口控件、导航栏、ViewCube 等视图管理工具，利用鼠标可以实现视口配置和视图的平移、缩放、旋转。

（7）选项板：包括设计中心、特性、图层、块选项板、工具选项板、图纸集管理器、标记集管理器等工具选项板。

（8）图形实用工具：包括查找、DWG 比较、核查、清理、修复等工具。

1.1.3　多元化的数据共享模式

1. 使用输入、输出功能

AutoCAD 2020 可以直接输入、输出包括 PDF 文件、图元文件、DGN、JPEG、位图文件在内的多种文件类型（图 1-3），也可以按“参考底图”“光栅图像参照”“OLE 对象”“外部参照”“超链接”等方式附着或插入当前图形，如图 1-4 所示。

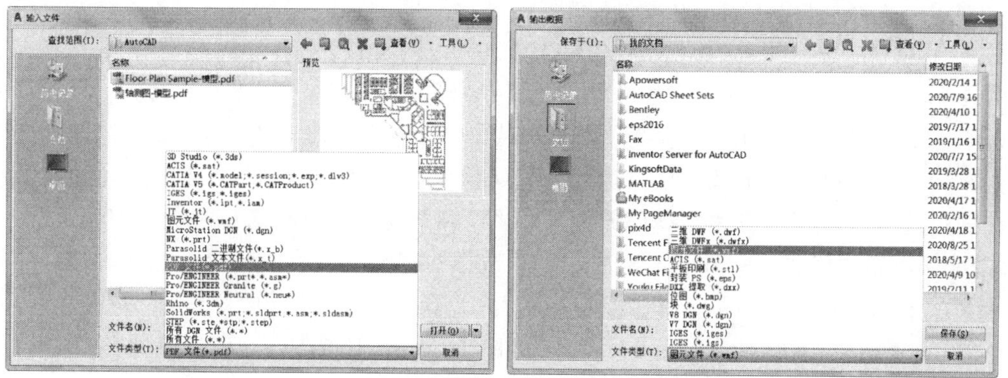

图 1-3　AutoCAD 输入和输出文件类型

2. 使用发布功能

在 AutoCAD 2020 中，包含如下 4 种图形发布方式。

（1）发布：可以将图形发布为 DWF、DWFx 和 PDF 文件，或发布到打印机或绘图仪。其中，DWF 和 DWFx 均是由 Autodesk 开发的高度压缩且安全的文件格式，在保留原图形精确性、完整性的基础上，可以提高效率、节省时间，更适合在 Internet（如电子邮件、FTP（文件传输协议）站点、工程网站）上分发或光盘分发。审阅者无须安装 AutoCAD，可以通过安装免费程序 Autodesk Design Review 来查看、标记、打印和跟踪更改 DWF 和 DWFx 文件。在 Autodesk Design Review 中，除了可以处理 DWF 和 DWFx 文件之外，还可以处理 PDF、DXF 和 DWG 等不同类型的文件。另外，DWF 文件可以在 Internet Explorer 浏览器中查看和打印图形，DWFx 文件还可使用 Microsoft XPS 查看器进行查看和打印。

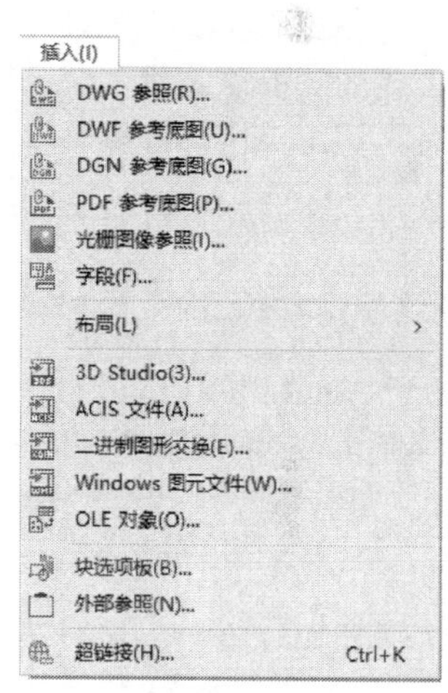

图 1-4　AutoCAD 插入菜单项

（2）共享视图：登录 https://viewer.autodesk.com/，创建共享视图，并将视图链接发送给协作者，协作者无须安装 Autodesk 产品，即可直接在 Autodesk 查看器中进行审阅和发布注释，发布者可以直接查看注释并进行回复，以及管理共享视图。

（3）发送到三维打印服务：将 DWG 文件中指定的三维数据转换为镶嵌面网格表示的 STL 文件后，发送到本地三维打印机或三维打印服务提供商。

（4）以电子方式传递图形包：将一组文件压缩包以电子邮件形式发送或进行其他 Internet 传递。

3. 使用数据提取和数据链接

AutoCAD 2020 可以通过数据提取、数据链接和数据库链接 3 种方式，实现图形对象与外部文件（或数据源）之间的数据交流。

（1）数据提取：使用“数据提取向导”选择数据源（可以是图形、图形集或文件夹），从选定对象（如块或图形）中提取特性数据，并将数据输出到 Excel 电子表格或其他格式（如 MDB、CSV、TXT 等）的外部文件。

（2）数据链接：使用“数据链接管理器”，可以将图形中的表格链接至 Microsoft Excel（XLS、XLSX 或 CSV）文件中的数据。如果链接的电子表格已更改（如添加了行或列），则可以使用“DATALINKUPDATE”命令相应地更新图形中的表格。同样，如果对图形中的表格进行了更改，则也可使用此命令更新链接的电子表格。

（3）数据库链接：在“数据库链接管理器”中，可以打开“数据视图”窗口，检索、查询或编辑数据库表，也可以通过创建参照数据库表的一个或多个记录链接，建立图形对象和数据库表之间的关联。AutoCAD 支持 Microsoft Access、dBase、Microsoft Excel、Oracle、Paradox、Microsoft Visual FoxPro 和 SQL Server 等数据库，用户可使用 ODBC 和 OLE DB 程序配置外部数据库。

4. 使用远程访问图形

AutoCAD 支持从全球提供 Internet 访问的任何位置，使用任何设备桌面、Web 或移动设备在 Autodesk Web 和 Mobile 账户中保存图形文件，也可以从任何连接 Internet 的设备（如平板电脑或任何计算机上的 Web 浏览器）查看、编辑图形文件。

若用户已经登录云存储、Internet 账户或 FTP 站点，AutoCAD 可以保存图形文件至联机位置，也可以从不同联机位置打开图形文件。

1.1.4 开放的体系结构

AutoCAD 2020 提供了可用于控制图形环境和修改图形数据库的应用程序接口（API），支持以下多种编程界面。

（1）AutoLISP 应用程序：AutoCAD 具有内置 LISP 解释器，用户可以在命令提示下输入 AutoLISP 代码，直接访问内置 AutoCAD 命令或直接修改、创建对象，也可以从外部文件加载 AutoLISP 代码。

（2）ObjectARX 应用程序：ObjectARX 是一种编译语言编程环境，ObjectARX 库允许用户利用基于 AutoCAD 的开放体系结构，提供对数据库结构、图形系统和几何图形引擎的直接访问权限，从而可以在运行时扩展类和功能。

（3）使用 ActiveX Automation 开发应用程序：AutoCAD 中的 Automation 对象提供了方法、属性和事件，任何应用程序（如可执行文件、动态链接库或宏）都可以访问、创建和操作 Automation 对象。

（4）使用 VBA 开发应用程序：VBA 使用 ActiveX Automation 接口发送消息。AutoCAD VBA 允许 Visual Basic 环境与 AutoCAD 同时运行，并通过 ActiveX Automation 接口提供 AutoCAD 的编程控制。

（5）.NET 托管应用程序：通过 Microsoft .NET Framework，用户可以使用编程语言（如 VB.NET 和 C#）创建与基于 AutoCAD 的产品进行互操作的应用程序。

（6）Visual LISP 交互式开发环境：AutoCAD 提供了 Visual LISP 交互式开发环境，用于创建和编辑 AutoLISP 和 Visual LISP 源文件。

（7）JavaScript：WEBLOAD 命令提示用户输入统一资源定位符（URL）的名称和 JavaScript 文件，从 URL 加载 JavaScript 文件，然后执行包含在该文件中的 JavaScript 代码。

1.1.5　自助式的帮助服务

AutoCAD 2020 提供与上下文有关的帮助。遇到困难时，按 F1 键可以获得帮助服务。

（1）在命令运行期间按 F1 键，可以获取正在运行的命令的帮助。

（2）在对话框、选项板或工具栏中相应对象获得焦点时按 F1 键，可以获取当前对象的帮助。

（3）除上述两种情况外，在 AutoCAD 获得焦点时按 F1 键，则转至“帮助”主页，在“搜索框”中输入关键字（如 line），按 Enter 键，浏览并单击相应的帮助主题，获得相应帮助信息，如图 1-5 所示。

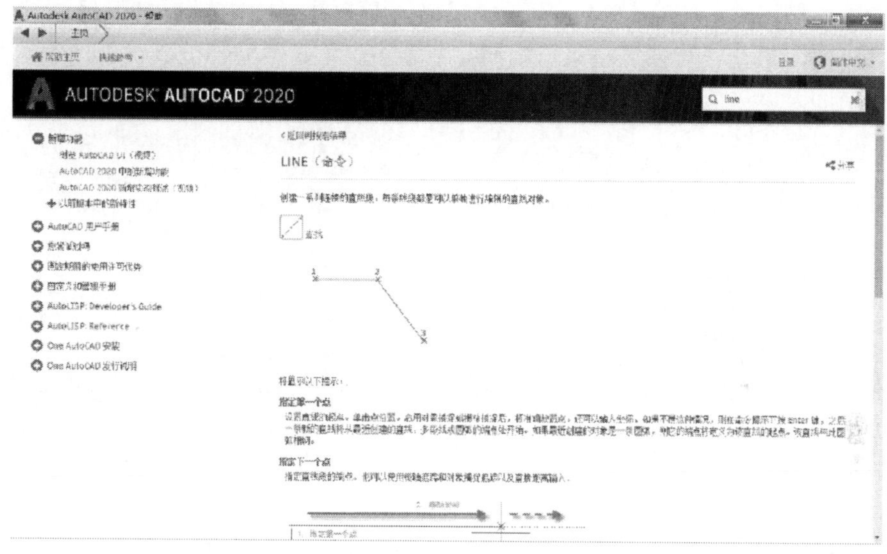

图 1-5　AutoCAD 帮助

默认情况下，将显示联机帮助。若无法访问 Internet，可单击应用程序窗口的右上角“帮助”下拉菜单 ，然后选择“下载脱机帮助”后安装，即可显示脱机帮助。

在每个“帮助”主题的底部都有一个“此文章是否有用？”选项，可以通过它向 AutoCAD 提供反馈。AutoCAD 则根据反馈信息更新、定期联机发布“帮助”。

在 AutoCAD 中，还为工具栏上的按钮和选项、应用程序菜单、功能区以及对话框提供了必要的工具提示：当光标悬停在功能区的按钮上时，将显示基本的工具提示；如果继续悬停，则工具提示将展开以显示更多信息。

1.2　AutoCAD 2020 工作空间及其组成

工作空间是由分组组织的菜单、工具栏、选项板和功能区控制面板组成的集合，用户可以在专门的、面向任务的绘图环境中工作。选择不同的工作空间时，只会显示与当前任务相关的菜单、工具栏和选项板。AutoCAD 2020 包括 3 种工作空间：草图与注释、三维基础和三维建模。

1.2.1　工作空间

1. 工作空间选择与设置

在快速访问工具栏选择“工作空间”选项，显示“工作空间”下拉列表框 草图与注释，单击下拉按钮并在弹出的下拉列表中选择工作空间名称，即可切换至相应工作空间。也可以在快速访问工具栏选择“显示菜单栏”选项，在菜单栏中执行“工具”|“工作空间”命令，或单击状态栏中的“切换工作空间”按钮，在弹出菜单（图 1-6）中选择工作空间，其中“√”表示当前工作空间被选中。

在“工作空间”菜单中，选择“工作空间设置”选项，打开“工作空间设置”对话框，如图 1-7 所示。打开“我的工作空间”下拉列表框，可以在工作空间列表中选择并指定“我的工作空间”。在“菜单显示及顺序”选项区域中，选择工作空间名称，单击“上移”或“下移”按钮，可以调整菜单项的显示顺序；单击“添加分隔符”按钮，可在选定的工作空间菜单项前添加分隔线。

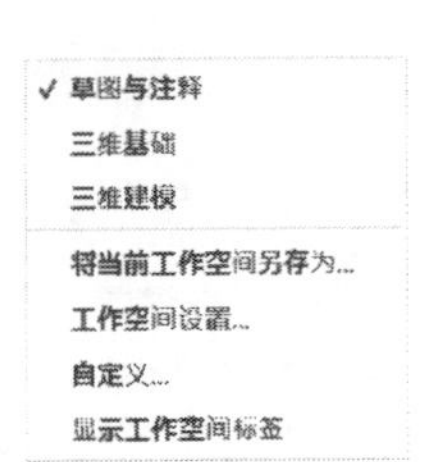

图 1-6　“工作空间”菜单

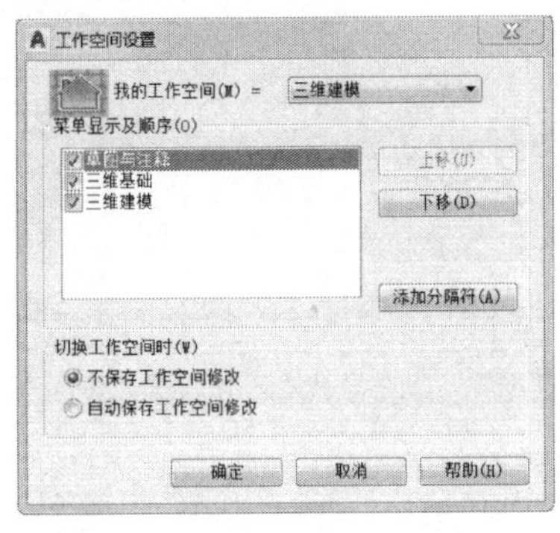

图 1-7　“工作空间设置”对话框

2. 草图与注释空间

草图与注释空间是 AutoCAD 的默认工作空间，主要包括“应用程序”按钮、快速访问工具栏、功能区选项板、绘图区域、命令行和状态栏，如图 1-8 所示。该空间的功能区包含绘图、修改、注释、图层、块等面板，可以实现二维图形的快速绘制。

3. 三维基础空间

三维基础空间的功能区选项板包括三维模型创建、编辑及可视化等三维建模面板，如图 1-9 所示。在该工作空间中，可以实现简单三维模型的创建，适合初学者进行三维建模练习。

4. 三维建模空间

三维建模空间的功能区集成了“建模”“实体编辑”“绘图”“修改”“截面”“坐标”等面板，几乎包含全部的 3D 建模和修改、渲染等工具，为方便地绘制三维图形、观察图形、创建动画、设置光源、选择材质、视图渲染提供了必备环境，如图 1-10 所示。

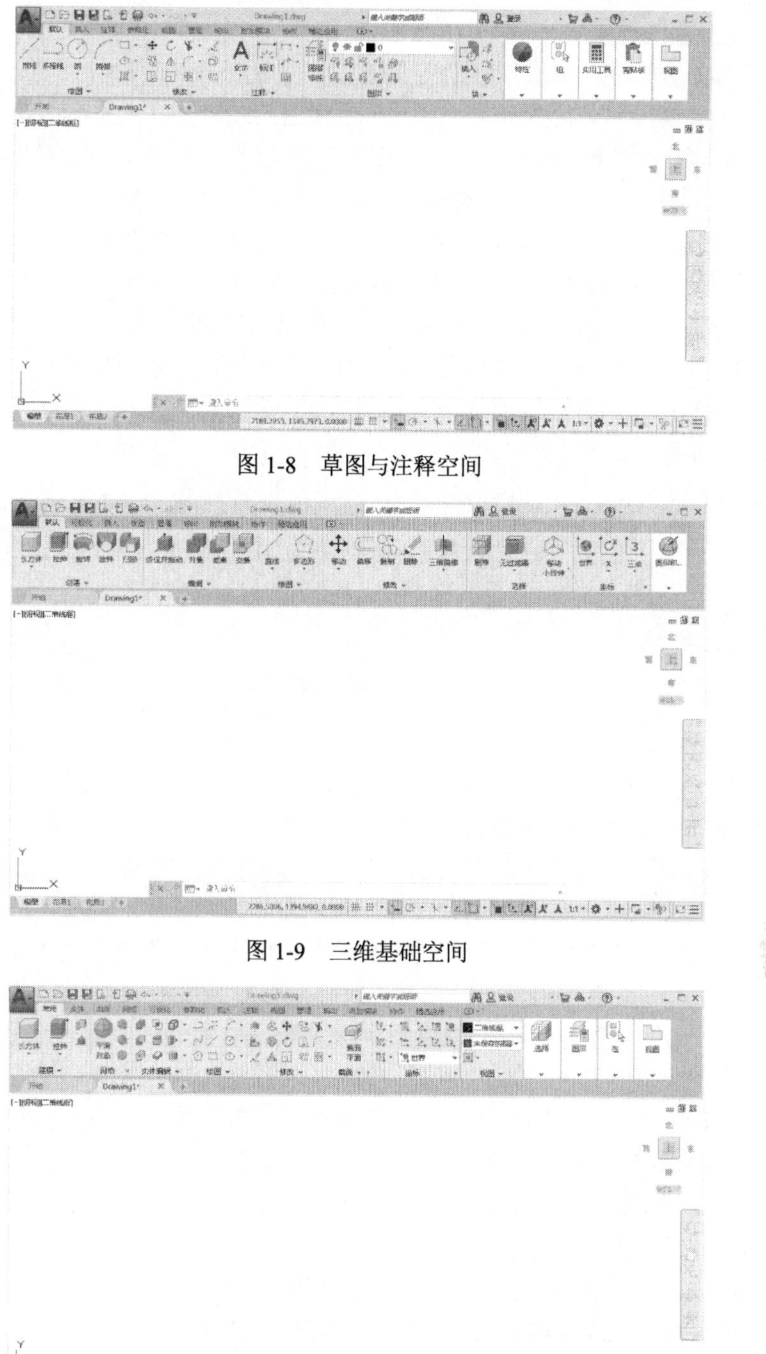

图 1-8　草图与注释空间

图 1-9　三维基础空间

图 1-10　三维建模空间

注：考虑到测绘专业制图很少涉及 AutoCAD 的三维建模功能，因此书中仅重点介绍了草图与注释空间的功能和操作方法，有关三维基础空间和三维建模空间部分，请读者参考 AutoCAD 的帮助文档。

5. 自定义工作空间

在 AutoCAD 2020 中，自定义工作空间有 2 种方法：一种是利用“自定义用户界面”（CUI）对话框完成工作空间自定义；另一种是根据绘图需要在已有的工作空间上设置图形环境，然后在状态栏上执行“切换工作空间”|“将当前工作空间另存为”命令，在弹出的“保存工作空间”对话框中，输入一个新名称以创建一个新工作空间，或从下拉列表中选择一个现有的工作空间以覆盖它。上述 2 种方法均可实现自定义工作空间，前者适合对已有工作空间的修改，而后者则适合新建工作空间的创建。

下面用 2 个实例来说明上述 2 种方法自定义工作空间的过程。

实例 1-1 自定义如图 1-11 所示的工作空间。（要求：关闭“附加模块”和“协作”选项卡，在“默认”选项卡中“绘图”面板中的“矩形修订云线”按钮前插入“多线”按钮，打开“测量工具”工具栏。）

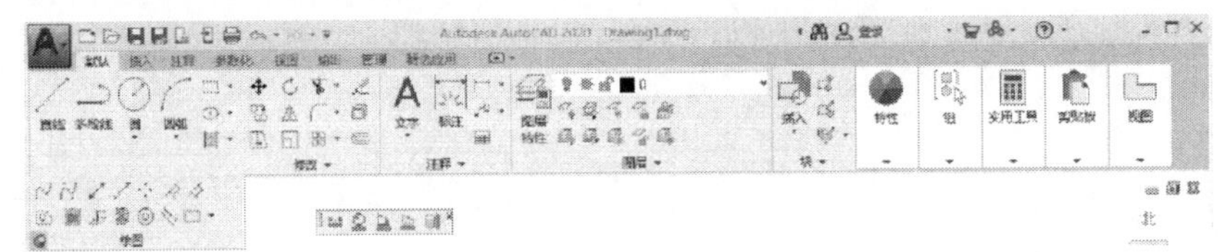

图 1-11 自定义工作空间

具体操作步骤如下：

（1）单击状态栏中的“切换工作空间”按钮，在弹出菜单中选择“自定义...”选项，打开“自定义用户界面”对话框，如图 1-12 所示。

（2）在“自定义”选项卡的左上侧“所有文件中的自定义设置”选项区中，选择“草图与注释”选项，并在右上侧“工作空间内容”中单击“自定义工作空间”按钮。

（3）在左上侧“所有文件中的自定义设置”选项区中，依次单击“功能区”“选项卡”前的加号（+）以展开树状列表，去掉“附加模块”和“协作”复选框上的勾选项；单击“工具栏”旁边的加号（+）展开树状列表，单击要添加的“测量工具”复选框，单击右上侧“工作空间内容”中的“完成”按钮。

（4）在左上侧“所有文件中的自定义设置”中，依次单击“功能区”“面板”“二维常用选项卡-绘图”“第 3 行”前的加号（+）以展开其树状列表，在“命令列表”下方文本框中输入“多线”，在列表中选择“多线”选项，拖拽至“修订云线”上方，如图 1-13 所示。

（5）单击“应用”按钮，保存自定义工作空间，单击“确定”按钮，关闭“自定义用户界面”对话框，完成自定义的工作空间，如图 1-11 所示。

实例 1-2 在 AutoCAD 2020 中创建“AutoCAD 经典空间”。

提示：“AutoCAD 经典空间”是 AutoCAD 传统界面，其界面主要包括“应用程序”按钮、快速访问工具栏、菜单栏、工具栏、命令行和状态栏等，早期用户大多习惯于使用该工作空间，如图 1-14 所示，然而该工作空间在 AutoCAD 2015 及更高版本中不再提供。

具体操作步骤如下：

（1）在“功能区”选项板中，选择“视图”选项卡中的“视口工具”面板，单击

“ViewCube”按钮和“导航栏”按钮（默认是打开状态），关闭“ViewCube”和“导航栏”。

图 1-12　自定义用户界面

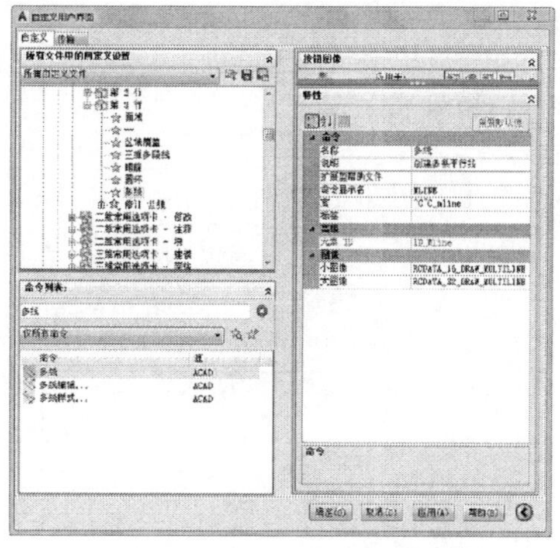

图 1-13　绘图面板插入多线按钮

（2）在快速访问工具栏选择“显示菜单栏”选项，在菜单栏中执行“工具”|“选项板”|“功能区”命令，关闭“功能区”。

（3）在快速访问工具栏选择“显示菜单栏”选项，在菜单栏中执行“工具”|“工具栏”|“AutoCAD”命令，在三级菜单中分别选择“修改”、“图层”、“工作空间”、“标准”、“样式”、“特性”和“绘图”选项。

（4）在快速访问工具栏选择“显示菜单栏”选项，在菜单栏中执行“工具”|“选项”命令，在对话框中，选择“显示”选项卡，在“窗口元素”选项栏中单击并勾选“在图形窗口中显示滚动条”复选框，取消勾选“显示文件选项卡”复选框。

（5）单击状态栏中的“切换工作空间”按钮，在弹出菜单中选择“将当前工作空间另存为”选项，在弹出的“保存工作空间”对话框中输入“AutoCAD 经典空间”，单击“保存”按钮，完成“AutoCAD 经典空间”自定义，如图 1-14 所示。

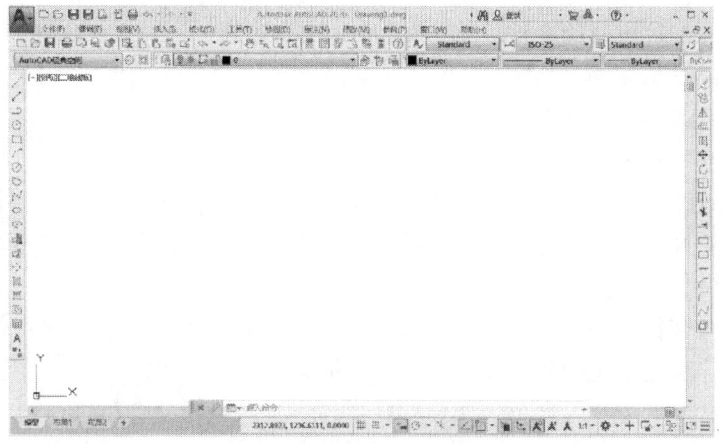

图 1-14　AutoCAD 经典空间

1.2.2　工作空间组成

AutoCAD 2020 的工作空间（包括草图与注释、三维基础和三维建模）均由“应用程序”按钮、快速访问工具栏、标题栏、功能区、绘图区域、命令行和状态栏等基本元素构成，如图 1-15 所示。

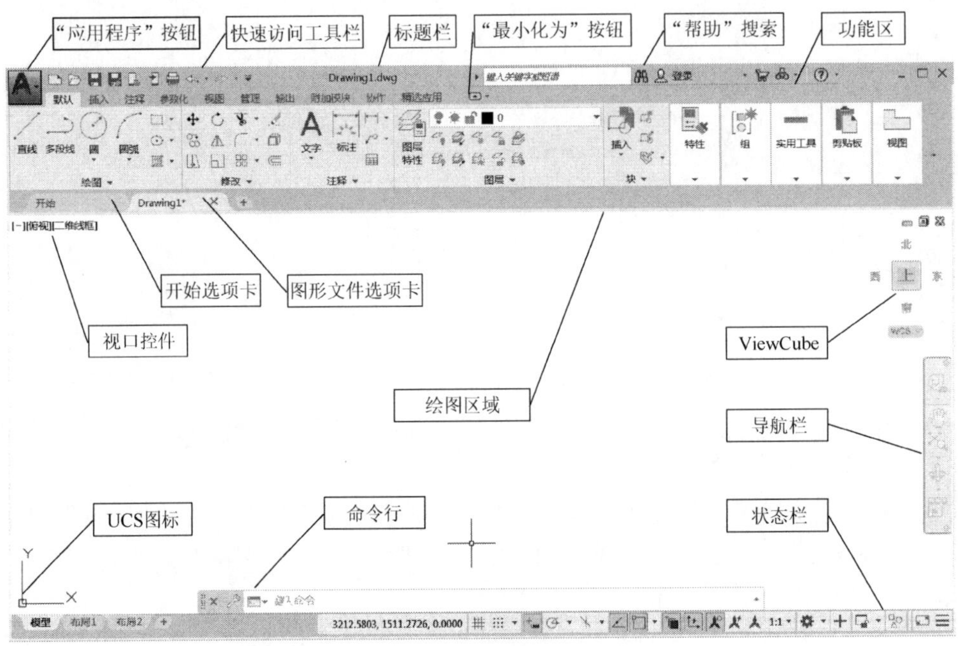

图 1-15　AutoCAD 2020 工作空间组成

1. *“应用程序”按钮*

单击“应用程序”按钮可以打开“应用程序”菜单，如图 1-16 所示。主要实现如下功能：

（1）创建、打开或保存文件。

（2）核查、修复或清除文件。

（3）打印或发布文件。

（4）访问“选项”对话框。

（5）关闭应用程序。

单击“最近使用的文档”图标，可以查看最近使用的文件列表。在默认情况下，最近使用的文件将显示在“最近使用的文档”列表中的顶部，单击文件名右侧的图钉按钮，可以锁定文件使其一直保持在列表中。

单击“打开文档”图标，可以查看在应用程序中已打开的文件列表，默认最新打开的文件列在首位，选择文档名称可以使其处于活动状态。

在“搜索命令”中输入命令，在显示结果列表中，选择命令后将执行相应的操作。

注：双击“应用程序”按钮能够关闭应用程序。

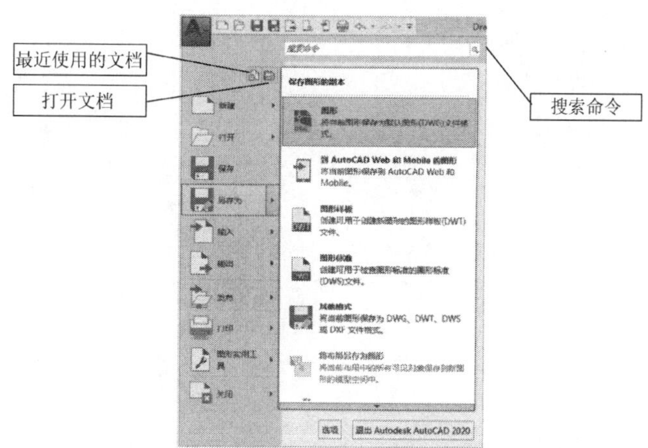

图 1-16　AutoCAD 2020“应用程序”菜单

2. 快速访问工具栏

快速访问工具栏包含了用户经常使用的工具。在 AutoCAD 2020 中，默认快速访问工具栏包括 9 个按钮：新建、打开、保存、另存为、从 Web 和 Mobile 中打开、保存到 Web 和 Mobile、打印、放弃和重做。

在快速访问工具栏中添加其他按钮，有以下 3 种方式：

（1）单击快速访问工具栏的下拉按钮，单击下拉菜单中的选项，可将常用工具添加到快速访问工具栏。

（2）在功能区的任何按钮上右击，然后在弹出的快捷菜单中，单击“添加到快速访问工具栏”，可以将功能区按钮添加到快速访问工具栏。

（3）右击快速访问工具栏，在弹出的快捷菜单中，选择“自定义快速访问工具栏”选项，或单击快速访问工具栏的下拉按钮，单击下拉菜单中的“更多命令”选项，在弹出的“自定义用户界面”对话框中进行设置。

若要在快速访问工具栏中删除按钮，可以按上述第 3 种方式，在“自定义用户界面”对话框中进行删除，或右击快速访问工具栏中的相应按钮，在弹出的快捷菜单中，选择“从快速访问工具栏中删除”，即可删除该按钮。

实例 1-3　在快速访问工具栏中，删除“从 Web 和 Mobile 中打开”和“保存到 Web 和 Mobile”按钮，并在“打印”按钮前添加“输出”按钮。

提示：本例中既要在快速访问工具栏中添加按钮，也需要删除按钮，在“自定义用户界面”中可以同时完成。

具体操作步骤如下：

（1）单击快速访问工具栏的下拉按钮，选择下拉菜单中的“更多命令”选项，弹出“自定义用户界面”对话框。

（2）在“所有文件中的自定义设置”选项区域中，分别单击“快速访问工具栏”“快速访问工具栏 1”前的加号（+），在展开的树状列表中，依次单击“从 Web 和 Mobile 中打开”“保存到 Web 和 Mobile”按钮，在弹出的快捷菜单中，选择“删除”，并在弹出的“是否确实要删除此元素？”对话框中，单击“是”按钮，如图 1-17 所示。

（3）在“命令列表”选项区域中，打开“仅所有命令”下拉列表框，选择“文件”选项，在命令列表中选择“输出”选项，按住鼠标左键，拖拽至“快速访问工具栏 1”树状列表的“打印”元素前，释放鼠标左键，完成“输出”命令的添加，如图 1-18 所示。

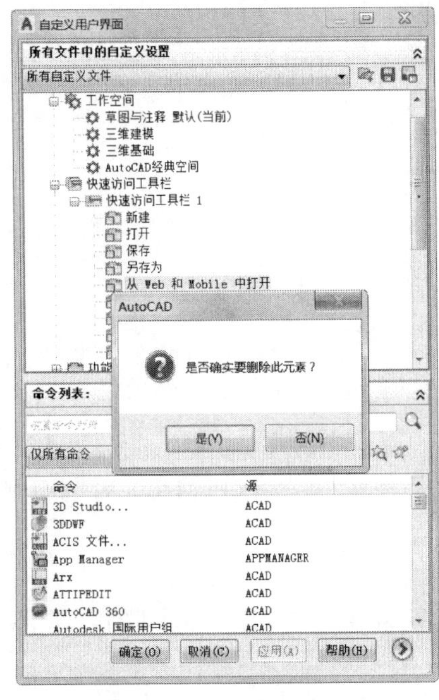

图 1-17　删除按钮

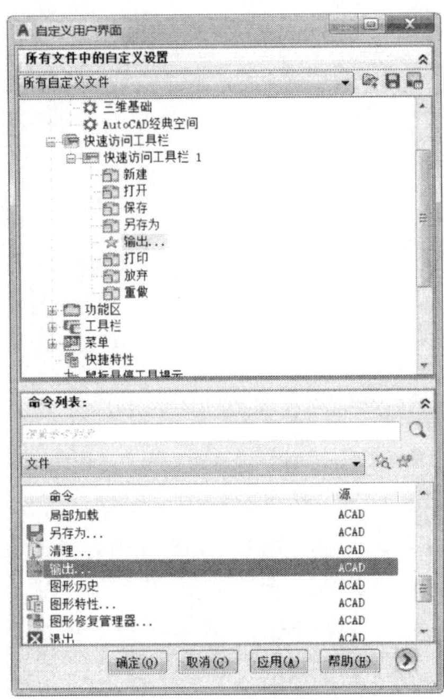

图 1-18　添加按钮

（4）单击“应用”按钮，保存所做的设置，单击“确定”按钮关闭“自定义用户界面”对话框，完成快速访问工具栏的定制，如图 1-19 所示。

图 1-19　定制的快速访问工具栏

3. 标题栏

标题栏位于 AutoCAD 窗口的顶端，显示系统名称及处于活动状态的文件名信息。标题栏右端还有“信息中心”、“帮助” ⓘ 和 _ □ × 按钮。

“信息中心”包括：搜索、登录、Autodesk App Store、保持连接等工具选项。在“搜索”文本框中输入需要帮助的问题，单击“搜索”按钮，可以获取相关帮助；“登录”包括“登录到 Autodesk 账户”、“浏览购买选项”和“管理许可”；“Autodesk App Store”可以访问 Autodesk App Store 网页，下载有用的应用程序；“保持连接”提供“Autodesk Account”和“Autodesk 认证硬件”2 种方式与 Autodesk 连接，提供“AutoCAD 主页”、“AutoCAD 产品中心”和社交媒体“优酷”等方式连接 Web 上的 AutoCAD，以获取最新的产品信息、资讯和事件，或查看产品公告视频、新功能演示和广播。

单击“帮助”下拉按钮，在弹出菜单中选择“下载脱机帮助”，在 Web 页面上，下载脱机帮助安装程序。启动脱机帮助安装程序，完成脱机帮助的安装后，单击“帮助”按钮，或在“帮助”下拉菜单中选择“帮助”，即可获取本地脱机帮助。

标题栏最右端的按钮，可以实现应用程序窗口的最小化、最大化和关闭功能。右击“标题栏”，在弹出的快捷菜单中，也可以实现 AutoCAD 程序窗口的最小化、最大化、改变窗口大小、移动窗口和关闭窗口等功能。

4. 功能区

在快速访问工具栏选择“显示菜单栏”选项，在弹出的菜单中执行“工具”|“选项板”|“功能区”命令，可以显示或关闭功能区。

在“草图与注释”工作空间中，默认的功能区包含“默认”、“插入”、“注释”、“参数化”、“视图”、“管理”、“输出”、“协作”和“精选应用”9 个选项卡。每个选项卡又包含若干个面板，如“默认”选项卡包含“绘图”在内的 10 个面板，而每个面板又包含了许多命令按钮，如图 1-20 所示。

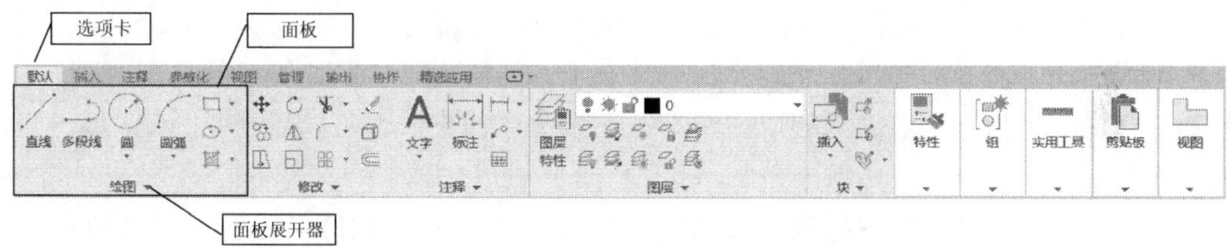

图 1-20　功能区选项板

面板默认处于折叠状态，每个面板下方设有“面板展开器”，单击此按钮，可以显示该面板的全部命令按钮。例如，单击“绘图”面板下方的“面板展开器”，显示滑出式“绘图”面板，如图 1-21 所示。默认情况下，当单击其他面板时，滑出式“绘图”面板将自动关闭，若要让面板一直保持展开状态，单击滑出式“绘图”面板左下角的图钉图标。

在面板中，有一部分命令按钮右侧有下三角按钮，表明该按钮下还有其他命令按钮，单击下三角按钮，将弹出下拉菜单，显示全部命令。例如，单击“椭圆”按钮右侧的下三角按钮，弹出“椭圆”下拉菜单，如图 1-22 所示。

功能区还有一类选项卡，仅当选择特定类型的对象或启动特定命令时，才在功能区显示选项卡，而当结束命令时，选项卡则会关闭，此类选项卡称为“上下文功能区选项卡”。例如，当编辑多行文字时，在功能区显示“文字编辑器”上下文选项卡，如图 1-23 所示，编辑结束后，“文字编辑器”上下文选项卡关闭。

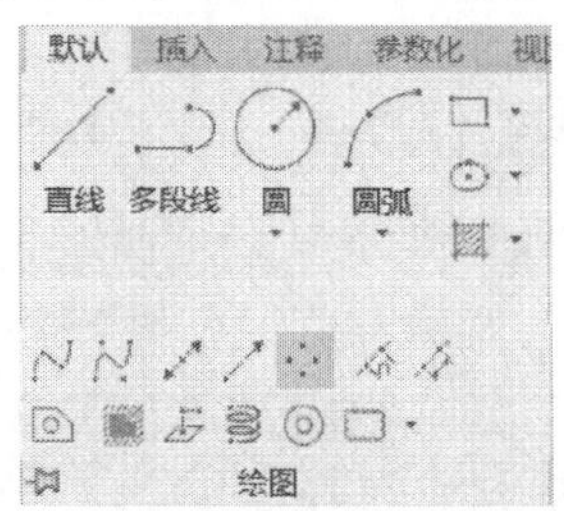

图 1-21　滑出式“绘图”面板

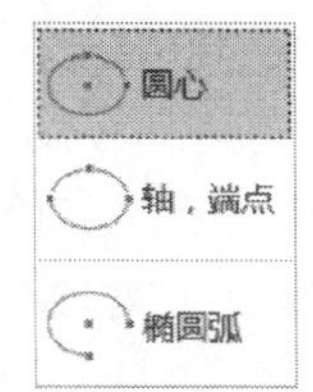

图 1-22　“椭圆”下拉菜单

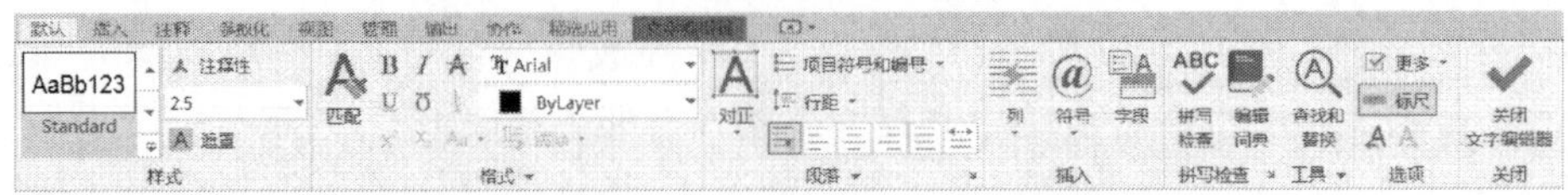

图 1-23　“文字编辑器”上下文选项卡

功能区有 4 种状态：最小化为选项卡、最小化为面板标题、最小化为面板按钮和完整功能区。单击“最小化为”下拉菜单按钮▾，在弹出菜单（图 1-24）中，选择“最小化为选项卡”、“最小化为面板标题”或“最小化为面板按钮”选项，可以切换至对应的状态，而单击“最小化为”按钮，可实现当前状态与“完整功能区”之间的切换。若勾选图 1-24 中的“循环浏览所有项”，连续单击“最小化为”按钮，则可在 4 种状态中循环切换，用户根据实际需要选择其中一种状态。

自定义功能区包括以下内容：

（1）显示或隐藏功能区选项卡：在功能区右击，在弹出的快捷菜单中选择“显示选项卡”选项，将弹出二级菜单（图 1-25）。其中，带复选标记✓的选项为当前功能区已显示的选项卡，单击这些选项，将隐藏相应选项卡；若单击不带复选标记的选项，则可以显示此选项卡。另外，右击面板或命令按钮，按上述操作，也可以显示或隐藏功能区选项卡。

（2）显示或隐藏功能区面板：此操作方法与“显示或隐藏功能区选项卡”相同，只不过此处选择“显示面板”选项。

（3）浮动功能区面板：在需要浮动的功能区面板的空白区域单击并按住鼠标左键，将其从功能区中拖出，释放鼠标左键，即可浮动该功能区面板（浮动后的“修改”面板如图 1-26 所示）；在浮动功能区面板的标题栏中，单击“将面板返回到功能区”按钮，可将其恢复到功能区的原来位置。

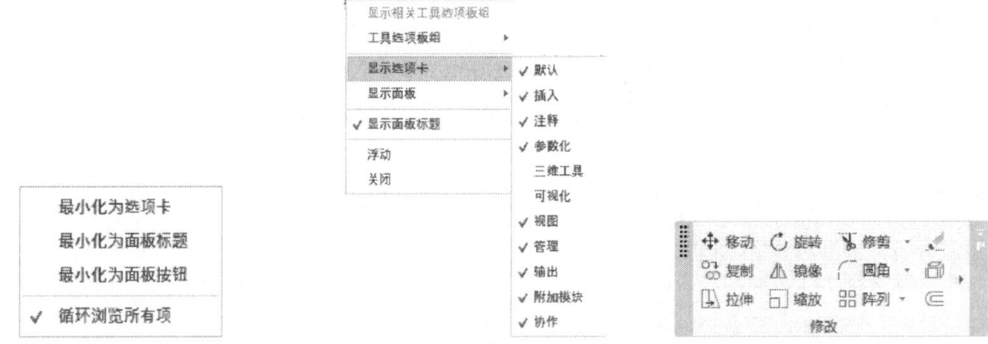

图 1-24　“最小化为”下拉菜单　图 1-25　“显示选项卡”菜单项　图 1-26　浮动后的“修改”面板

默认状态下，功能区水平固定在绘图区域的顶部，有时为了增大绘图区域或提高绘图便捷性，需要改变功能区位置。在功能区选项卡上右击，在弹出菜单中选择“浮动”选项，可以浮动功能区；双击浮动功能区的“标题栏”选项，可以将功能区返回到原来位置。单击浮动功能区“标题栏”选项，按住鼠标左键拖动浮动的功能区至绘图区域的左边、右边或顶部，当固定区域中显示窗口的轮廓后，释放鼠标左键，可以在新位置固定功能区。

5. 绘图区域

绘图区域是 AutoCAD 绘图工作台，也是图形显示窗口，位于 AutoCAD 中部，占据了应用程序 80%以上的空间。适当增大绘图区域空间，有利于提高绘图效率，因此用户可以根据需要关闭其他暂时不需要的窗口元素，如选项区、文件选项卡、工具栏等。

1）文件选项卡和布局选项卡

绘图区域顶部有“文件选项卡”，用以显示完整的文件名，如图 1-27 所示。用户单击“文件选项卡”选项可以访问应用程序中所有打开的图形，也可以使用 Ctrl+Tab 组合键浏览文件选项卡；单击“文件选项卡”右端的关闭按钮，可以关闭当前图形；若将图形文件从文件夹或文件资源管理器中拖动到“文件选项卡”栏的任何部分，可以将其打开；单击“文件选项卡”栏右端的加号（+），可基于 QNEW 命令使用的指定样板文件创建新图形；在“文件选项卡”栏上右击，在弹出的快捷菜单中，可以实现新建、打开、保存或关闭图形等功能。

图 1-27　文件选项卡

绘图区域底部左侧有“布局选项卡”，用户可以根据需要切换至模型空间或布局空间，或将光标悬停在“文件选项卡”，在自动下拉预览窗口切换工作环境。

有时为了增大绘图区域，需要关闭“文件选项卡”和“布局选项卡”。在功能区中，选择“视图”选项卡中的“界面”面板，单击“文件选项卡”按钮和“布局选项卡”按钮，即可关闭或打开“文件选项卡”和“布局选项卡”。

2）“开始”选项卡

在文件选项卡栏左端是“开始”选项卡（图 1-27），用以访问各种初始操作，包括创建新图形、访问图形样板文件、打开最近使用的图形和图纸集以及联机和了解选项等。

默认情况下，“开始”选项卡在启动时显示。在命令提示下，输入“STARTMODE”，然后输入“0”以隐藏选项卡（或输入“1”以显示选项卡）。

“开始”选项卡包括“了解”和“创建”2 个页面，如图 1-28、图 1-29 所示。

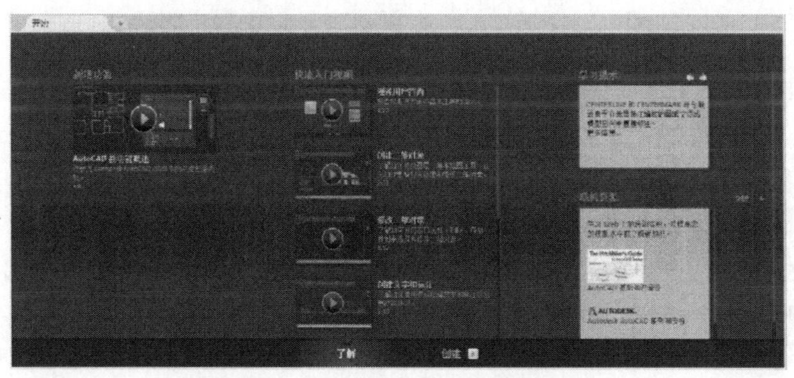

图 1-28　“开始”选项卡“了解”页面

“了解”页面包括“新增功能”“快速入门视频”等视频资源及对其他学习资源

（包括“学习提示”和其他可用的相关联机内容或服务）的访问。每当有新内容更新时，在页面的底部会显示通知标记。

注：如果没有可用的Internet连接，则不会显示“了解”页面。

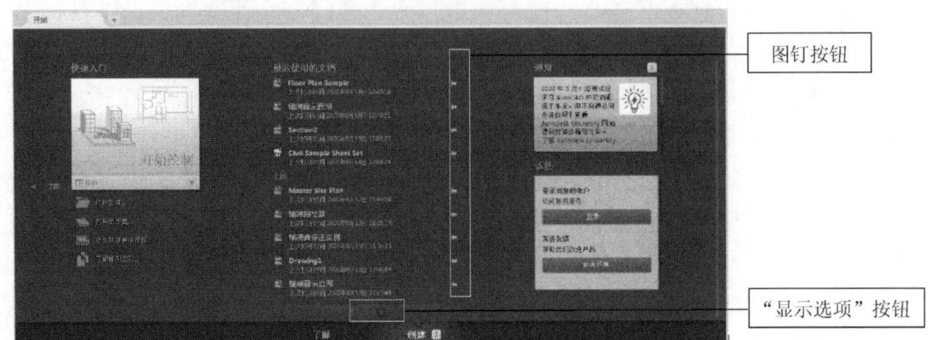

图 1-29　“开始”选项卡“创建”页面

“创建”页面包括：

（1）“开始绘制”按钮：单击该按钮，可以基于默认的图形样板文件创建新图形。如果默认图形样板文件设定为“None”或未指定，则基于最近使用的图形样板文件创建新图形。

（2）“样板”下拉列表框：显示所有可用的图形样板文件列表。单击样板文件将以该样板文件创建新图形。

（3）“打开文件”按钮：打开“选择文件”对话框。

（4）“打开图纸集”按钮：打开“打开图纸集”对话框。

（5）“联机获取更多样板”按钮：联网以下载更多图形样板文件。

（6）“最近使用的文档”：按时间逆序显示最近使用的文件，单击可以打开相应的图形。其中，图钉按钮可将文件固定在该列表的顶部，直至关闭图钉按钮；“显示选项”按钮，以“图像”、“图像和文字”或“仅文字”显示最近使用的文件。

（7）“通知”区域：显示与产品更新、硬件加速、试用期相关的通知，以及脱机帮助文件信息。当有2个或以上新通知时，在页面底部会显示通知标记。

（8）“连接”：登录Autodesk账户以访问联机服务和发送反馈。

3）UCS 图标

绘图区域的左下角设有“UCS 图标”，显示坐标原点位置、坐标轴系组成及方向。在功能区中，选择“视图”选项卡中的“视口工具”面板，单击“UCS 图标”按钮，或者在快速访问工具栏选择“显示菜单栏”选项，在菜单栏中执行“视图”|“显示”|“UCS 图标”|“开”命令，或在命令提示下，输入“UCSICON”，按Enter键，然后输入“ON”或“OFF”，都可以打开或者关闭“UCS 图标”。

在AutoCAD中，UCS（用户坐标系）图标有4种样式：二维模型空间UCS图标、图纸空间布局中的UCS图标、三维模型空间UCS图标（未选择视觉样式）和使用视觉样式（如概念）时的三维模型空间UCS图标，如图1-30所示。

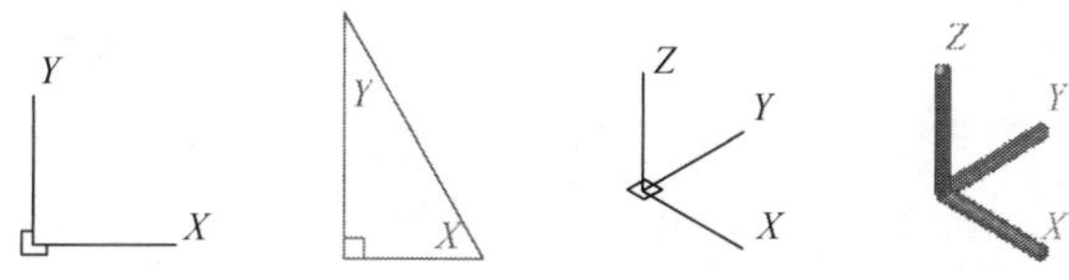

图 1-30　AutoCAD 中不同的 UCS 图标

4）其他控件

在绘图区域中，还包含左上角的视口控件、右侧的 ViewCube 和导航栏、底部的“命令行”窗口。

（1）视口控件：包括视口控件、视图控件和视觉样式控件 3 个控件，用于自定义视口、模型视图和视觉样式，并提供显示或隐藏 ViewCube、SteeringWheels 和导航栏的便捷操作方式。

（2）ViewCube：是改变图形显示的一种导航工具，用户可以通过使用 ViewCube 在标准视图和等轴测视图间切换。

（3）导航栏：提供 5 种导航工具，包括 SteeringWheels、平移、缩放工具、动态观察工具和 ShowMotion。

值得注意的是，虽然“开始”选项卡、视口控件、ViewCube、导航栏、“命令行”窗口等元素位于绘图区域范围内，但并不属于绘图区域，而是提高绘图效率的有效辅助工具。

6. 命令行

在 AutoCAD 2020 中，“命令行”窗口位于绘图窗体的底部，用以输入并执行命令。默认状态下，“命令行”窗口是浮动的，单击“命令行”窗口的“移动控制柄”选项，可以将其拖动到绘图区域的底部或顶部，当显示窗口轮廓后，释放鼠标左键，“命令行”窗口将被固定在新位置。固定在窗体底部的“命令行”窗口如图 1-31 所示。在“命令行”窗口固定时，可以按照如下方法调整其大小：将光标定位在水平分割条上，以使光标显示为双线和箭头，垂直拖动分割条，达到需要的大小时释放鼠标左键。

图 1-31　固定在窗体底部的“命令行”

显示或隐藏“命令行”窗口有 4 种方式：

（1）在快速访问工具栏选择“显示菜单栏”选项，在菜单栏中执行“工具”|“命令行”命令。

（2）在功能区中，选择“视图”选项卡中的“选项板”面板，单击“命令行”按钮。

（3）在命令提示下，输入“COMMANDLINE”或“COMMANDLINEHIDE”，并按 Enter 键。

（4）按 Ctrl+9 组合键。

“命令行”窗口有 4 个按钮，自左而右分别如下：

（1）关闭按钮：用于关闭“命令行”窗口。

（2）自定义按钮：包含“输入设置”、“提示历史记录行数”、“输入搜索选项”、“透明度”和“选项”等子菜单项，用以定制命令窗口的显示和行为。

（3）最近使用的命令按钮：显示“最近使用的命令”。

（4）命令历史记录按钮：显示“命令历史记录”。

AutoCAD 文本窗口（图 1-32）与“命令行”窗口相似，不同之处在于：AutoCAD 文本窗口记录了当前工作任务中已经执行的历史命令、提示和响应的完整历史记录。此外，在文本窗口中，也可以输入并执行新的命令。在打开的文本窗口中，滚动鼠标滚轮或按上箭头键↑和下箭头键↓来查看详细信息。

```
AutoCAD 文本窗口 - Drawing1.dwg
编辑(E)
指定另一条半轴长度或 [旋转(R)]:
命令:
命令:
命令: _circle
指定圆的圆心或 [三点(3P)/两点(2P)/切点、切点、半径(T)]:
指定圆的半径或 [直径(D)]:
命令: *取消*

命令:
命令:
命令: _pline
指定起点:
当前线宽为 0.0000
指定下一个点或 [圆弧(A)/半宽(H)/长度(L)/放弃(U)/宽度(W)]:
指定下一点或 [圆弧(A)/闭合(C)/半宽(H)/长度(L)/放弃(U)/宽度(W)]:
指定下一点或 [圆弧(A)/闭合(C)/半宽(H)/长度(L)/放弃(U)/宽度(W)]:
指定下一点或 [圆弧(A)/闭合(C)/半宽(H)/长度(L)/放弃(U)/宽度(W)]:
指定下一点或 [圆弧(A)/闭合(C)/半宽(H)/长度(L)/放弃(U)/宽度(W)]:
命令:
命令: 指定对角点或 [栏选(F)/圈围(WP)/圈交(CP)]:
命令: *取消*

命令:
命令: |
```

图 1-32　AutoCAD 文本窗口

要打开文本窗口，可以执行以下操作之一：

（1）在快速访问工具栏选择“显示菜单栏”选项，在菜单栏中执行“视图”|“显示”|“文本窗口”命令。

（2）在功能区中，选择“视图”选项卡中的“选项板”面板，单击“文本窗口”按钮。

（3）如果命令窗口是固定的或关闭的，则按 F2 键来打开文本窗口；如果命令窗口是浮动的，按 Ctrl+F2 组合键来打开文本窗口。

（4）在命令提示下，输入“TEXTSCR”，并按 Enter 键。

7. 状态栏

在 AutoCAD 2020 中，状态栏位于应用程序右下角，能够提供对某些最常用绘图辅助工具的快速访问，如图 1-33 所示。默认情况下，状态栏处于显示状态。如果状态栏未显示，在命令行中输入“STATUSBAR”，然后输入“1”，即可以显示状态栏（输入“0”则是隐藏状态栏）。

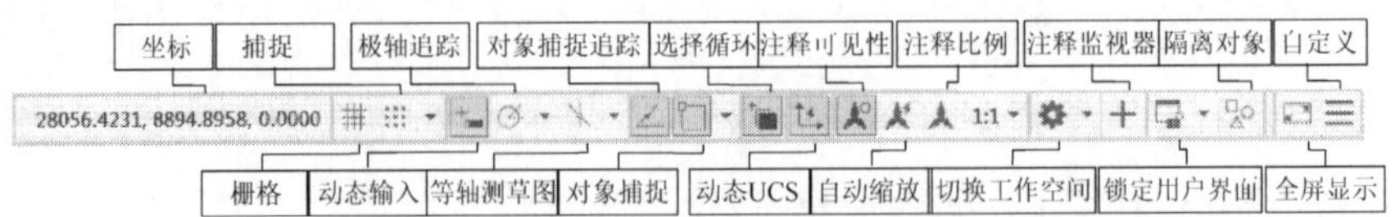

图 1-33　AutoCAD 状态栏（部分工具）

状态栏中的按钮可分为以下 4 类：

（1）显示：仅用作显示用途，如“坐标”。

（2）切换按钮：单击按钮一次打开或关闭该功能，如“栅格”、“捕捉”、“动态输入”、“极轴追踪”、“等轴测草图”和“对象捕捉”等。

（3）带关联菜单：单击按钮右侧的箭头，或右击按钮，可以显示关联菜单，用于选择或设置，如“捕捉”、“极轴追踪”、“等轴测草图”和“对象捕捉”等。

（4）快捷菜单：单击“自定义”按钮，弹出“设置”快捷菜单，如“栅格”、“动态输入”、“对象捕捉追踪”和“选择循环”等。

在 AutoCAD 2020 中，共有 29 种工具可供选择。默认情况下，状态栏仅显示绘图过程中经常使用的工具控件，用户可以根据需要自定义状态栏：单击状态栏最右端的“自定义”按钮，在菜单栏中选择要显示或隐藏的工具。

注：“自定义”菜单项的复选标记表示该控件已包含在状态栏中。

AutoCAD 为状态栏中的部分常用控件指定了功能键：

（1）F3：打开和关闭对象捕捉。

（2）F4：打开和关闭三维对象捕捉。

（3）F5：循环浏览二维等轴测平面。

（4）F6：打开和关闭动态 UCS。

（5）F7：打开和关闭栅格。

（6）F8：打开和关闭正交。

（7）F9：打开和关闭捕捉。

（8）F10：打开和关闭极轴追踪。

（9）F11：打开和关闭对象捕捉追踪。

（10）F12：打开和关闭动态输入。

1.3　AutoCAD 图形文件管理

在 AutoCAD 中，图形文件管理包括新建图形文件，保存图形文件，打开图形文件，关闭图形文件，修复、恢复和还原图形及远程访问图形等内容。

1.3.1　新建图形文件

1. 新建图形文件方法

在 AutoCAD 2020 中，新建图形文件有如下 7 种方法，在实际应用中可以任选其一。

（1）单击“应用程序”按钮，在弹出菜单中执行“新建”|“图形”命令。

（2）在快速访问工具栏选择“显示菜单栏”选项，在菜单栏中执行“文件”|“新建”命令，或按 Ctrl+N 组合键。

（3）单击快速访问工具栏的“新建”按钮。

（4）右击文件选项卡栏，在弹出的快捷菜单中，选择“新建”选项。

（5）在“开始”选项卡中单击“开始绘制”按钮。

（6）单击文件选项卡栏右端的加号（+）。

（7）在命令提示下，输入“NEW”（或“QNEW”），按 Enter 键或空格键确认。

上述方法中，前 2 种执行 NEW 命令，第 3～6 种执行 QNEW 命令。两者的不同之处在于：若 AutoCAD 已经指定默认图形样板文件名，前者弹出“选择样板”对话框，如图 1-34 所示，其中“文件名”文本框中显示默认图形样板文件名，用户确认后再新建图形文件；后者不弹出“选择样板”对话框，直接按默认图形样板文件创建新图形。

如果样板文件名设置为 None 或未指定，第 5、6 两种方法根据最近使用的图形样板文件（初次时使用内部图形样板）创建新图形。除上述两种方法外，其他方法均弹出“选择样板”对话框，要求用户指定样板文件。

2. *样板文件设置与创建*

在绘图区域中右击，选择“选项”，或者单击“应用程序”按钮，在弹出菜单中选择“选项”，弹出“选项”对话框，然后在“文件”选项卡的“搜索路径、文件名和文件位置”选项栏中，依次单击“样板设置”和“快速新建的默认样板文件名”前的加号（+）以展开其树状列表，双击→无，在弹出的“选择样板”对话框中选择样板文件，单击“打开”按钮，返回到“选项”对话框（图 1-35），单击“确定”按钮保存所做设置并关闭“选项”对话框。

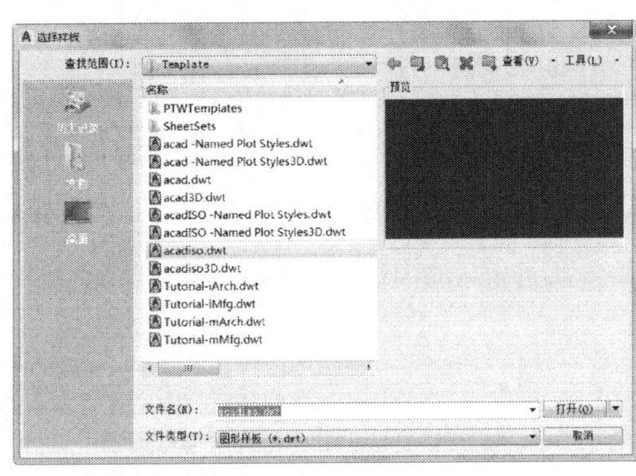

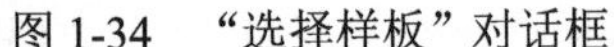

图 1-34　“选择样板”对话框

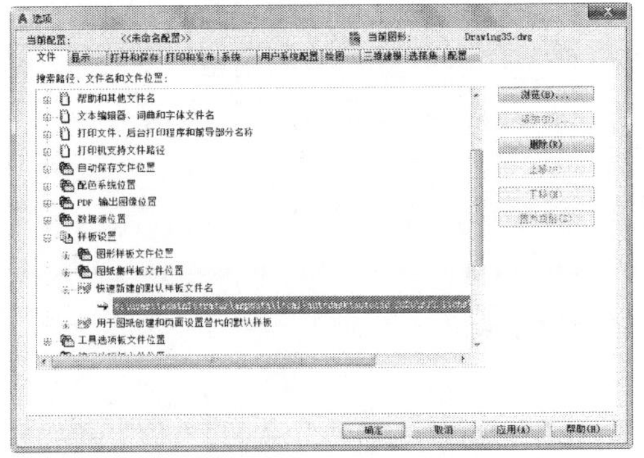

图 1-35　在“选项”对话框中指定默认样板文件名

若要删除指定的“默认样板文件名”，需要选择文件名后，单击“删除”按钮，然后单击“确定”按钮保存所做设置并关闭“选项”对话框。

图形样板文件是以“.dwt”为文件扩展名保存的图形文件，样板文件中通常包含与绘图有关的通用设置，如图层、线型、标注样式、文字样式、布局、草图设置等，使用图形样板文件可以提高绘图效率，同时保证同一组织内绘图的标准化和规范化。

AutoCAD 提供了不同的图形样板可供用户选择。在实际工作中，用户可根据工作需要，从现有图形或图形样板中创建新样板，其步骤如下：

（1）打开现有图形，或更改任一图形文件的设置后，删除图形中不必保留的对象。

（2）依次单击“应用程序”|“另存为”|“AutoCAD 图形样板”。

（3）在“图形另存为”对话框的“文件名”文本框中，为图形样板输入名称，然后单击“保存”。

（4）输入图形样板的说明，然后单击“确定”。

3. 使用“创建新图形”对话框

在 AutoCAD 中创建新图形文件时，除了需要指定样板文件外，还需要为新建图形文件设置“图形单位”、“方向”和“图形界限”等。在 AutoCAD 中，可以通过使用“创建新图形”对话框，完成上述设置。

使用“创建新图形”对话框的过程如下：

（1）在命令提示下，输入“STARTUP”，按 Enter 键确认后，输入“1”并按 Enter 键，修改 STARTUP 系统变量值为 1。同样，按上述方法令 FILEDIA 系统变量值为 1。

（2）在命令提示下，输入“NEW”（或“QNEW”）命令并按 Enter 键确认，或按“新建图形文件方法”的前 4 种方法，即可打开“创建新图形”对话框，如图 1-36 所示。

（3）选择向导“高级设置”，单击“确定”按钮，打开“高级设置”对话框（图 1-37），选择“单位”，单击“请选择测量单位”后，在“精度（P）”栏中设置精度，依次单击“下一步”按钮，分别设置“角度”、“角度测量”、“角度方向”和“区域”，最后单击“完成”按钮，完成新图形创建；若选择向导“快速设置”，则仅需设置“单位”和“区域”两项内容，即可建立新图形文件。

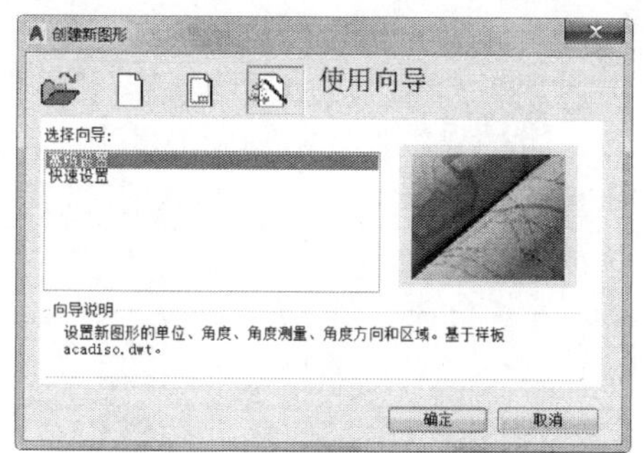

图 1-36　“创建新图形”对话框

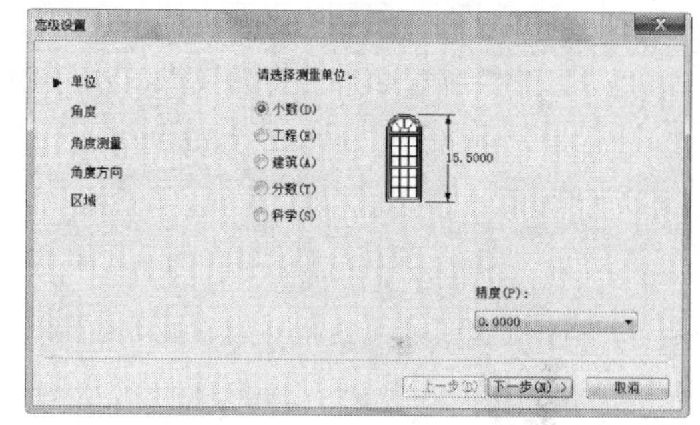

图 1-37　“高级设置”对话框

1.3.2　保存图形文件

在 AutoCAD 2020 中，保存图形文件可选用如下 5 种方法：

（1）单击快速访问工具栏“保存”按钮。

（2）单击“应用程序”按钮，在弹出菜单中选择“保存”。

（3）在快速访问工具栏选择“显示菜单栏”选项，在菜单栏中执行“文件”|“保存”命令，或按 Ctrl+S 组合键。

（4）右击文件选项卡栏，在弹出的快捷菜单中，选择“保存”或“全部保存”选项。

（5）在命令提示下，输入“QSAVE”，按 Enter 键或空格键确认。

执行上述操作时，如果当前图形已至少保存一次，则 AutoCAD 直接保存图形。如果尚未保存过当前图形，则显示“图形另存为”对话框，如图 1-38 所示。用户选择保存路径、文件类型后，输入文件名，单击“保存”按钮，完成图形文件保存。

注：DWG 文件名称（包括其路径）最多可包含 256 个字符。

在 AutoCAD 2020 中，图形文件保存时，默认以“AutoCAD 2018 图形（*.dwg）”

的文件类型进行保存，为了避免共享时，因版本过高而造成文件打开失败，一般建议选择较低版本文件类型（如“AutoCAD 2004/LT 2004 图形（*.dwg）”）进行保存。另外还有 3 种文件类型供用户选择：图形标准文件（*.dws）、图形样板文件（*.dwt）和图形交换格式版本（*.dxf）。

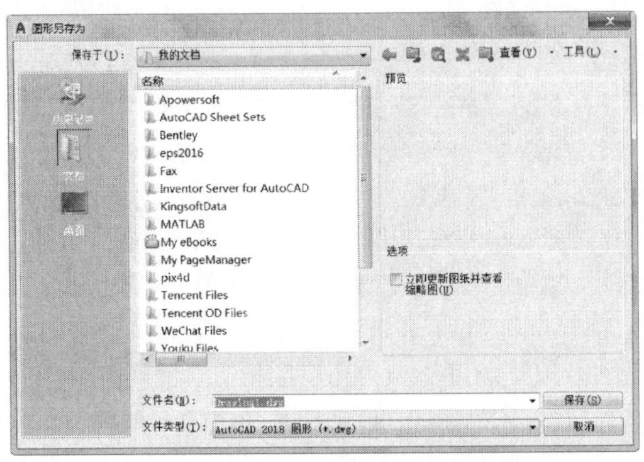

图 1-38 “图形另存为”对话框

在绘制图形或进行编辑修改时，经常保存图形文件是一种良好的绘图习惯，图形经常保存可以确保在因任何原因导致系统发生故障时，将丢失数据风险降到最低限度。默认情况下，自上次保存图形之后 10min，程序会自动保存它。用户可根据实际情况，增大或减小自动保存时间间隔，也可以关闭自动保存，方法如下：

（1）在绘图区域中右击，选择“选项”选项，打开“选项”对话框。

（2）选择“打开和保存”选项卡，如图 1-39 所示。在“文件安全措施”选项栏中“保存间隔分钟数”文本框中输入新的时间间隔数，以调整自动保存时间间隔；若想关闭“自动保存”功能，则需要勾选掉“自动保存”复选框的复选标记。

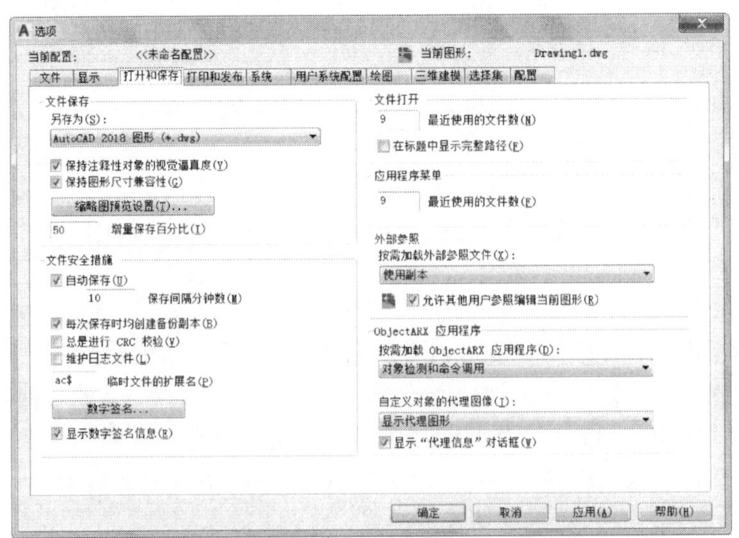

图 1-39 图形文件的“自动保存”选项

（3）单击“应用”按钮保存所做设置，然后单击“确定”按钮关闭“选项”对话框。

在绘图过程中，有时需要为文件创建一个备份，则可选择如下方法进行更名保存。

（1）单击快速访问工具栏“另存为”按钮。

（2）单击“应用程序”按钮，在弹出菜单中执行“另存为”|“图形”命令。

（3）在快速访问工具栏选择“显示菜单栏”选项，在菜单栏中执行“文件”|“另存为”命令，或按 Ctrl+Shift+S 组合键。

（4）右击文件选项卡栏，在弹出的快捷菜单中，选择“另存为”选项。

（5）在命令提示下，输入“SAVEAS”，按 Enter 键或空格键确认。

1.3.3　打开图形文件

在 AutoCAD 2020 中，打开图形文件有以下 7 种方式：

（1）双击打开：双击图形文件，即可打开图形文件。如果程序正在运行，将在当前任务中打开图形；否则启动另一任务再打开图形。

（2）快捷工具栏打开：单击快速访问工具栏的“打开”按钮，打开“选择文件”对话框，如图 1-40 所示；查找文件路径，在文件列表中选择图形文件，单击“打开”按钮，打开图形文件。

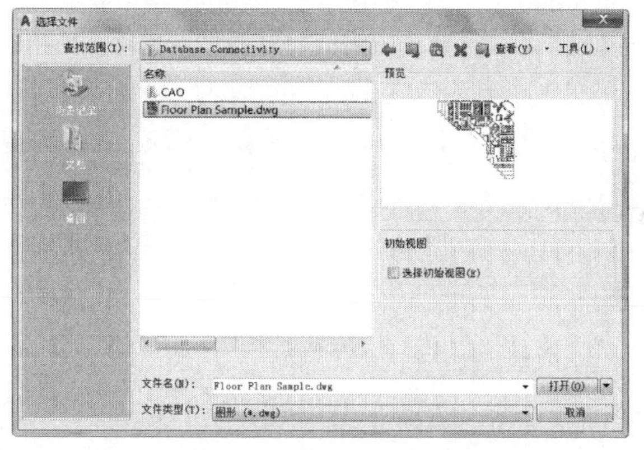

图 1-40　“选择文件”对话框

（3）菜单打开：单击“应用程序”按钮，在弹出菜单中执行“打开”|“图形”命令，或在快速访问工具栏选择“显示菜单栏”选项，在菜单栏中执行“文件”|“打开”命令，然后在“选择文件”对话框中双击图形文件。

（4）文件选项卡打开：选择“开始”选项卡中的“打开文件”，或右击文件选项卡栏，在弹出的快捷菜单中单击“打开”按钮，然后在“选择文件”对话框中双击图形文件。

（5）拖放打开：将图形文件从 Windows 资源管理器或文件资源管理器中拖放至 AutoCAD 快捷图标上，AutoCAD 启动新任务后打开图形，或将图形文件拖放至绘图区域外部（如“应用程序”按钮、标题栏、菜单栏、工具栏、文件选项卡栏或命令行中），也可打开该图形。

（6）快捷键打开：按 Ctrl+O 组合键，并在“选择文件”对话框中双击图形文件。

（7）命令打开：在命令提示下，输入“OPEN”，按 Enter 键或空格键确认，然后在“选择文件”对话框中双击图形文件。

注：如果将一个图形文件拖放至一个已打开图形的绘图区域，新图形不是被打开，而是作为一个块参照插入。

图形文件打开方式共有 4 种。单击“选择文件”对话框（图 1-40）中“打开”按钮右侧的展开按钮，弹出菜单，如图 1-41 所示。以“打开”和“局部打开”方式打开图形，可以对图形文件进行编辑修改，而以另外两种方式打开图形文件时，则无法对图形文件进行编辑。

如果要处理的图形很大，为了提高绘图效率，可以选择“局部打开”选项，在“局部打开”对话框的“要加载几何图形的图层”选项栏中（图 1-42），勾选需要加载的图层，仅打开图形中要处理的视图和图层，用户只能编辑加载到图形文件中的部分。

打开(O)
以只读方式打开(R)
局部打开(P)
以只读方式局部打开(I)

图 1-41　文件打开方式

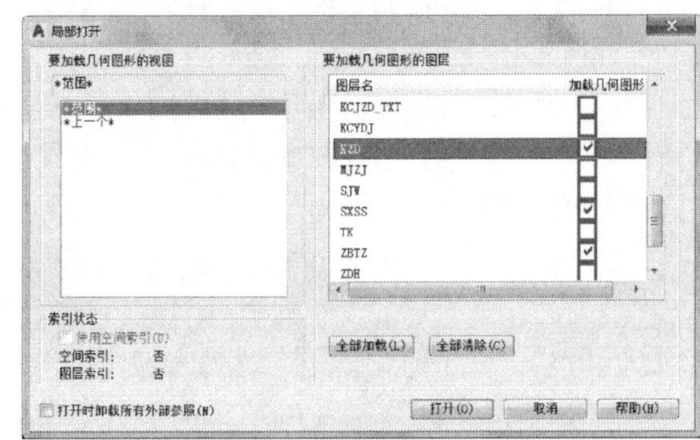

图 1-42　文件局部打开方式

1.3.4　关闭图形文件

关闭图形文件可采用以下 5 种方式：

（1）单击“应用程序”按钮，在弹出菜单中执行“关闭”|“当前图形”或“全部图形”命令。

（2）在快速访问工具栏选择“显示菜单栏”选项，在菜单栏中执行“文件”|“关闭”命令。

（3）单击文件选项卡的关闭按钮×或当前绘图窗口的关闭按钮×。

（4）右击文件选项卡栏，在弹出的快捷菜单中，选择“关闭”或“全部关闭”选项。

（5）在命令提示下，输入“CLOSE”，按 Enter 键或空格键确认。

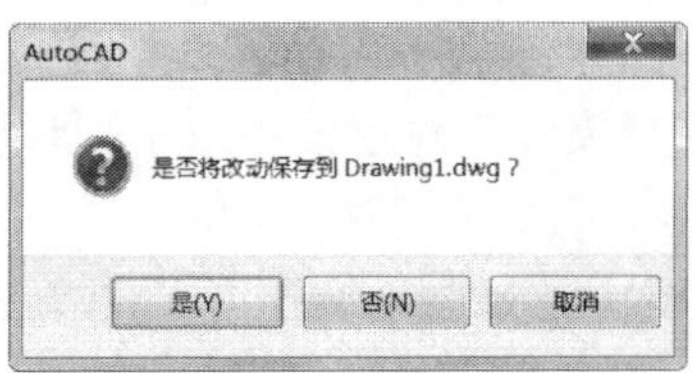

图 1-43　询问对话框

如果在关闭图形文件前已经保存了图形文件，则程序直接关闭图形文件；否则，弹出询问对话框，提醒用户是否保存文件，如图 1-43 所示。单击“是”按钮或按

Enter 键，保存当前图形文件后将其关闭；单击“否”按钮，则关闭当前图形文件而不保存；单击“取消”按钮，则关闭该对话框，返回绘图窗口。

另外，关闭程序也可以实现关闭图形功能。关闭程序有以下 2 种方式：

（1）双击“应用程序”按钮，或单击“应用程序”按钮，在弹出菜单中单击“关闭 Autodesk AutoCAD 2020”，也可以单击标题栏右侧的关闭按钮×。

（2）在快速访问工具栏选择“显示菜单栏”选项，在菜单栏中执行“文件”|“退出”命令，或按 Ctrl+Q 组合键。

1.3.5　修复、恢复和还原图形

计算机硬件问题、电源故障、用户操作不当或软件问题等种种原因，将可能导致图形中出现错误或出现程序意外终止现象。此时，修复、恢复和还原图形就显得尤为重要。AutoCAD 提供了以下 3 种修复图形文件的方式。

1. 使用修复功能

在绘图过程中，如果在图形文件中检测到损坏的数据或者用户在程序发生故障后要求保存图形，那么该图形文件将被标记为已损坏，无法按 1.3.3 节的方式正常打开。此时，可以使用修复功能修复错误并打开图形。

单击“应用程序”按钮，在弹出菜单中执行“图形实用工具”|“修复”命令，或在快速访问工具栏选择“显示菜单栏”选项，在菜单栏中执行“文件”|“图形实用工具”|“修复”命令，在“选择文件”对话框中选择待打开的文件，单击“打开”按钮。如果只是轻微损坏，有时只需打开图形便可修复它。打开损坏且需要恢复的图形文件时将显示恢复通知。

2. 使用备份文件或临时文件

在“选项”对话框（图 1-39）的“打开和保存”选项卡中，若勾选“每次保存时均创建备份副本”复选框，则每次保存图形时，图形的早期版本将保存为具有相同名称并带有扩展名“.bak”的文件，且该备份文件与图形文件位于同一个文件夹中。通过将“.bak”文件重命名为以“.dwg”为扩展名的文件，可以恢复为备份版本。若有必要可以将其复制到另一个文件夹中，以免覆盖原始文件。

另外，还可以使用自动保存的临时文件恢复图形。在“选项”对话框（图 1-39）的“打开和保存”选项卡中，若勾选“自动保存”复选框，程序将以指定的时间间隔保存图形。默认情况下，系统为自动保存的文件临时指定的名称为“filename_a_b_nnnn.sv$”。

（1）filename 为当前图形名。

（2）a 为在同一工作任务中打开同一图形实例的次数。

（3）b 为在不同工作任务中打开同一图形实例的次数。

（4）nnnn 为随机数字。

这些临时文件在图形正常关闭时自动删除。如果出现程序故障或电源故障，则不会删除这些文件。要想从自动保存的文件恢复图形的早期版本，可以将扩展名“.dwg”代替扩展名“.sv$”来重命名文件，然后再关闭程序。

3. 使用图形修复管理器

如果程序出现故障，则程序将当前工作保存为“filename_recover.dwg”，其中“filename”为当前图形的文件名。重新启动该工作任务，图形修复管理器（图 1-44）将在启动应用程序时自动打开，具体操作过程如下。

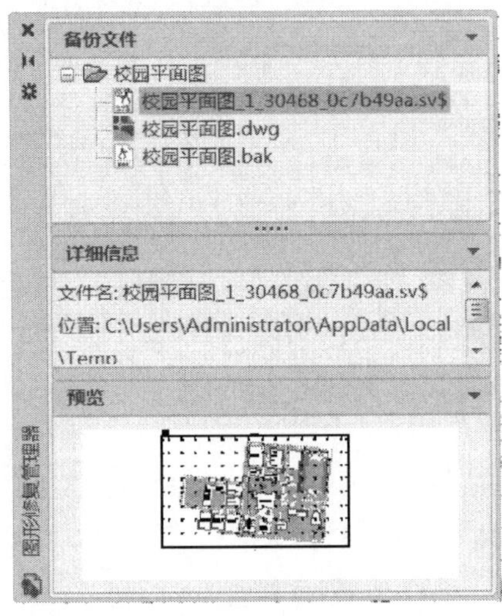

图 1-44　图形修复管理器

（1）在“图形修复”窗口的“备份文件”下，双击图形节点以展开树状列表，显示“filename_recover.dwg”、“filename_a_b_nnnn.sv$”、“filename.dwg”和“filename.bak”等（最多 4 个）文件，双击其中一个图形文件或备份文件以打开文件。

（2）如果程序检测到图形已损坏，将显示一条询问用户是否继续的信息，输入“Y”继续。

（3）程序尝试修复图形，并默认显示诊断报告。

（4）如果修复成功，图形将打开，即可重新保存图形文件；如果无法修复文件，将显示一条信息，再从步骤（1）开始，尝试选择其他文件。

注：图形修复管理器也可以按如下方式打开，单击“应用程序”按钮，在弹出菜单中选择“图形实用工具”|“打开图形修复管理器”，或在快速访问工具栏选择“显示菜单栏”，在菜单栏中选择“文件”|“图形实用工具”|“图形修复管理器”。

1.3.6　远程访问图形

在 AutoCAD 2020 中，用户注册并登录 Autodesk Web 和 Mobile 账户后，单击“快速访问”工具栏中的“保存到 Web 和 Mobile”按钮可以将图形文件保存到 AutoCAD Web 和 Mobile 账户，也可以单击快速访问工具栏中的“从 Web 和 Mobile 中打开”按钮打开 AutoCAD Web 和 Mobile 账户中的图形。

另外，若用户已经登录云存储、Internet 账户或 FTP 站点，单击快速访问工具栏“另存为”按钮选择正确保存路径可以保存图形文件至联机位置；与此相应，单击快速访问工具栏“打开”按钮则可以打开联机存储的图形。

1.4　视图显示与控制

按一定的比例、观察位置和角度显示图形的区域称为视图。在 AutoCAD 中，可以通过平移视图、缩放视图、命名视图、模型视口等方式，灵活观察图形的整体效果或局部细节，提高绘图效率。

1.4.1　平移视图

平移视图的方式有以下 5 种：

（1）在快速访问工具栏中，选择“显示菜单栏”选项，在菜单栏中选择“视图”|“平移”|“实时”。

（2）在“功能区”选项板中选择“视图”选项卡，在“导航”面板中单击“平移”按钮。若“导航”面板未显示，右击“视图”选项卡，在弹出的快捷菜单中选择“显示面板”|“导航”。

（3）在绘图区右击，在弹出的快捷菜单中执行“平移”命令。

（4）在导航工具栏中，单击“平移”按钮，如图 1-45 所示。

（5）在命令行中执行 PAN 命令。

执行上述命令后，十字光标变为，按住鼠标左键拖动即可实现视图平移。按 Esc 或 Enter 键退出，或右击显示快捷菜单，如图 1-46 所示。

图 1-45　导航工具栏中的“平移”命令

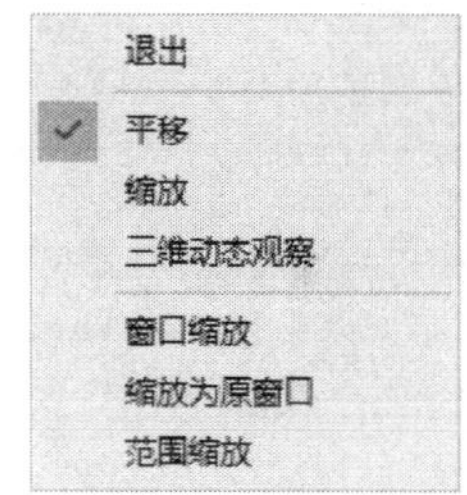

图 1-46　平移视图时的快捷菜单

另外，在菜单栏中执行“视图”|“平移”命令中的其他子命令，可以向左、右、上、下 4 个方向平移视图，或使用“定点”命令平移视图。

1.4.2　缩放视图

通过缩放视图，可以放大或缩小图形的屏幕显示尺寸，而图形的真实尺寸保持不变。缩放视图的方式有以下 5 种：

（1）在快速访问工具栏中，选择“显示菜单栏”选项，在菜单栏中选择“视图”|“缩放”|“实时”，如图 1-47（a）所示。

（2）在“功能区”选项板中选择“视图”选项卡，在“导航”面板中单击“缩放”按钮右侧的下三角按钮，在弹出的按钮菜单中单击“实时”按钮，如图 1-47（b）所示。

（3）在绘图区右击，在弹出的快捷菜单中执行“缩放”命令。

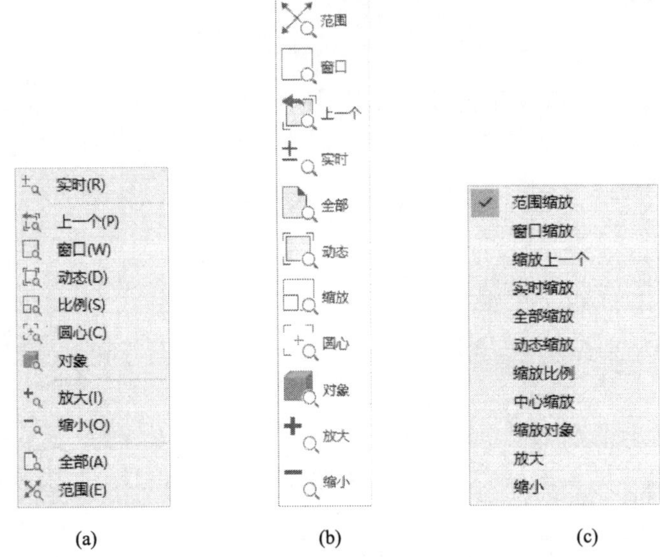

(a)　　(b)　　(c)

图 1-47　“缩放”子菜单、菜单按钮和导航栏中的“缩放”菜单

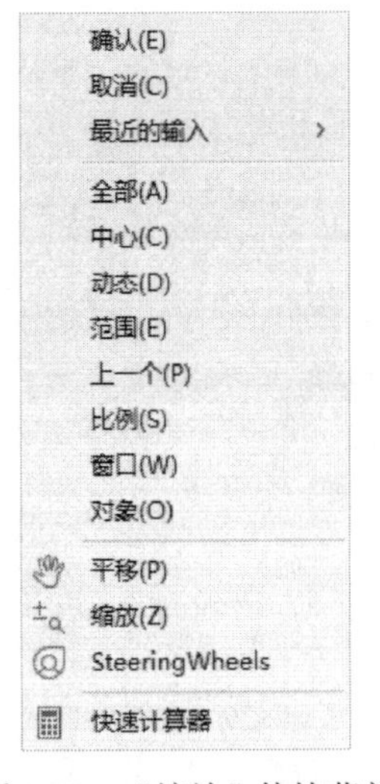

图 1-48　“缩放”快捷菜单

（4）在导航栏中，单击“缩放”按钮的下三角按钮，在菜单栏中选择“实时缩放”选项，如图 1-47（c）所示。

（5）在命令行中执行 ZOOM 命令。

在命令行中，输入“ZOOM”并按 Enter 键，命令行显示如下：

指定窗口的角点，输入比例因子（nX 或 nXP），或者

[全部(A)/中心(C)/动态(D)/范围(E)/上一个(P)/比例(S)/窗口(W)/对象(O)]<实时>：

系统默认选择“实时缩放”选项，此时十字光标变为，按住鼠标左键上、下拖动，光标变为和，实时放大、缩小图形，松开左键时缩放终止。也可单击其他选项（如“窗口（W）”），或右击显示快捷菜单（图 1-48），实现不同缩放选项之间的切换，选择“取消”选项或按 Esc 键退出命令执行。

注：若图形已设置图形界限且范围大于图形对象的最大范围，“全部”和“范围”的缩放效果不同，前者缩放至图形界限范围，后者则缩放至所有对象的最大范围。除此之外，两者缩放效果相同。

1.4.3　命名视图

在 AutoCAD 中，可以命名和保存要重复使用的视图。当要查看、修改某一视图时，可将该视图恢复出来，而不必一次次地重新调整。如果不再需要该视图，也可以删除它。

1. 视图管理器

在快速访问工具栏选择“显示菜单栏”选项，在菜单栏中选择“视图”|“命名视

图”命令（VIEW），或在“功能区”选项板中选择“视图”选项卡，在“命名视图”面板中单击“视图管理器”按钮，系统弹出“视图管理器”对话框（图 1-49），使用该对话框可以新建、恢复及删除命名视图。新建的命名视图将与图形一起保存并可随时使用。

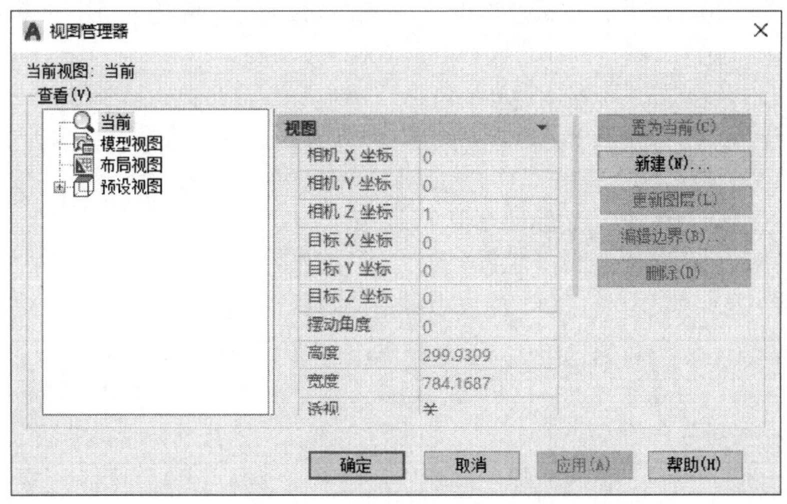

图 1-49　“视图管理器”对话框

2. 新建命名视图

新建命名视图包括模型视图和布局视图两种。新建命名视图的种类取决于当前工作空间是模型空间还是布局空间，两者创建过程相同。

新建命名视图有以下 3 种方式：

（1）单击“视图管理器”（图 1-49）中的“新建”按钮。

（2）在“功能区”选项板中选择“视图”选项卡，在“命名视图”面板中单击“新建视图”按钮。

（3）在命令行中执行 NEWVIEW 命令。

执行上述任意一种操作，系统均会弹出“新建视图/快照特性”对话框，如图 1-50 所示。

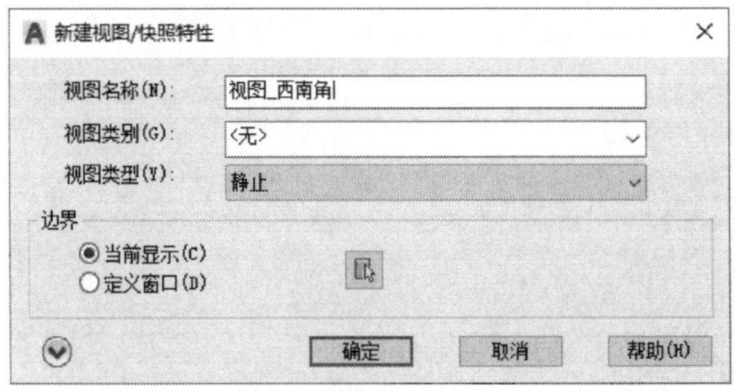

图 1-50　“新建视图/快照特性”对话框

在图 1-50 中，输入新命名视图的名称，如果图形是图纸集的一部分，选择相应的视图类别；然后，在“边界”选项区域，选择“当前显示”选项或者单击“定义视图窗口”按钮自定义视图边界；最后，单击“确定”按钮，完成新命名视图创建。

3. 恢复、删除命名视图

在 AutoCAD 中，恢复命名视图不仅包括用户创建的模型视图、布局视图，也包括系统预设的三维视图。恢复命名视图有以下 3 种方式：

（1）在图 1-49 的“视图管理器”中，选择待恢复的命名视图，单击“置为当前”按钮，然后单击“确定”按钮，即可恢复命名视图。

（2）在“功能区”选项板中选择“视图”选项卡，在“命名视图”面板中打开“恢复视图”下拉列表框，在弹出的列表中选择待恢复的命名视图。

（3）单击绘图区域左上角的“视图控件”[俯视]，在弹出的下拉列表中选择“自定义模型视图”或“预设模型”选项。

对于用户创建的模型视图和布局视图，除了上述方式之外，在“功能区”选项板中选择“视图”选项卡，在“导航”面板中单击“向后查看”按钮或“向前查看”按钮，也可以浏览、恢复历史视图（包括平移视图、缩放视图、命名视图等）。

恢复视图时，可以恢复视口的中点、查看方向、缩放比例因子和透视图等设置，如果在命名视图时将当前的 UCS 随视图一起保存起来，当恢复视图时也可以恢复 UCS。

在图 1-49 的“视图管理器”中，选择命名视图，单击“删除”按钮，然后单击“确定”按钮，即可删除命名视图。

1.4.4　模型视口

1. 模型视口的特点

在模型空间中，可将绘图区域分割成一个或多个矩形区域，称为模型视口，其中每一个区域都可以用来查看图形的不同区域。在大型或复杂的图形中，显示不同的视图可以缩短在单一视图中缩放或平移的时间，从而提高绘图效率。

在 AutoCAD 2020 中，在快速访问工具栏选择“显示菜单栏”选项，在菜单栏中选择“视图”|“视口”子菜单中的选项（图 1-51（a）），或在“功能区”选项板中选择“视图”选项卡，在“模型视口”面板中单击相应按钮（图 1-51（b）），也可以通过单击视口左上角的[+]或[–]模型视口控件，在弹出的“自定义视口配置”子菜单（图 1-51（c））中选择相应的功能菜单，均可在模型空间创建和管理模型视口。

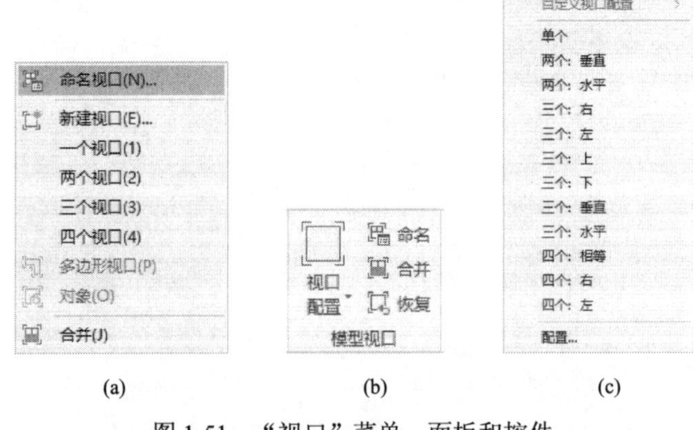

(a)　(b)　(c)

图 1-51　“视口”菜单、面板和控件

当有多个模型视口时，蓝色矩形框亮显的视口称为当前视口。单击任意模型视口，可以将其置为当前视口，也可以重复按 Ctrl+R 组合键，在不同视口之间切换，而拖动视口的边界可以调整视口的大小。

注：控制视图的命令（如平移和缩放）仅适用于当前视口。

2. 创建模型视口

创建模型视口有以下4种方式：

（1）选择“视口”菜单、面板和控件（图1-51）相应的视口配置选项。

（2）在快速访问工具栏选择“显示”菜单栏，在菜单栏中执行“视图”|“视口”|“新建视口”命令。

（3）单击视口左上角的[+]或[–]模型视口控件，在弹出的“视口配置列表”中选择“配置”选项。

（4）在命令行中执行 VPORTS 命令。

其中第1种方式可以直接创建模型视口，而后3种方式则弹出“视口”对话框(图1-52)，通过选择新建视口类型，输入新建视口名称，并单击“确定”按钮，完成命名视口的创建。

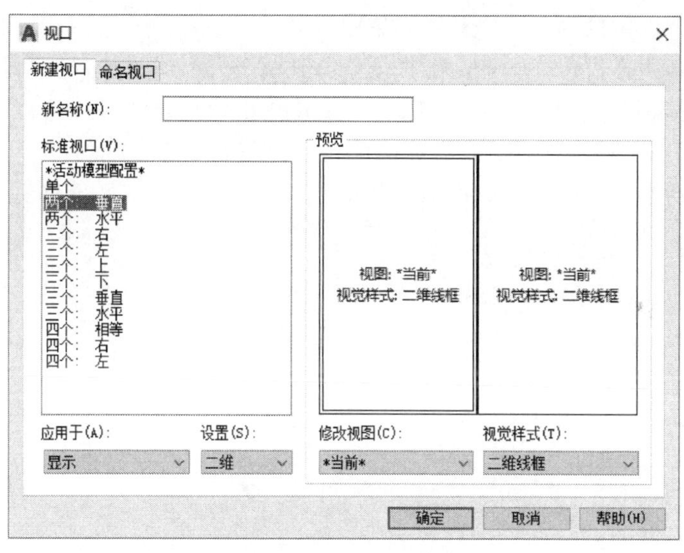

图1-52　“视口”对话框

在图1-52中，主要选项的含义如下：

（1）新名称：为新模型视口配置指定名称。如果不输入名称，则应用视口配置不保存，该配置将不能在布局中使用。

（2）标准视口：列出标准视口配置，包括“活动模型配置”（当前配置）。

（3）预览：显示选定视口配置的预览图像，以及在配置中被分配到每个单独视口的默认视图。

（4）应用于：将模型视口配置应用到整个显示窗口或当前视口。

（5）设置：指定二维或三维设置。

（6）“命名视口”选项卡：列出当前图形中保存的所有模型视口配置。

3. 分割和合并视口

选择图 1-51（a）中的“两个视口”“三个视口”“四个视口”选项，可以将当前视口分割为 2 个、3 个、4 个视口。也可以按住 Ctrl 键，同时拖动视口边界，以显示绿色分割条并创建新视口。

选择图 1-51（a）中“一个视口”选项，可以将当前视口配置合并为一个视口。也可以选择图 1-51（a）和（b）的“合并”选项，通过指定一个主视口和一个相邻视口，将两者合并。另外，将一个视口边界拖到另一个视口边界上，也可以实现视口合并。

思考题

1. AutoCAD 软件的特点有哪些？
2. 获取 AutoCAD 自助式的帮助服务有哪些方式？
3. AutoCAD 2020 包括哪些工作空间？各包括哪些基本功能？如何操作才能实现工作空间之间的切换？
4. 简述自定义工作空间的基本过程。
5. AutoCAD 工作空间由哪些基本元素组成？
6. AutoCAD 状态栏包括哪些功能按钮？其功能各是什么？
7. 试述各个功能键（F1～F12）在 AutoCAD 中的作用。
8. 图形文件的新建、保存、打开和关闭各有哪些不同的方式？
9. AutoCAD 平移视图和缩放视图包括哪些方式？
10. 如何保存当前视图定义和当前视口配置？

第 2 章　AutoCAD 2020 绘图基础

本章主要介绍 AutoCAD 2020 简体中文版的基础知识，包括 AutoCAD 的基本功能、工作空间的组成、图形文件管理方式、视图显示与控制等内容，重点掌握图形文件管理和视图显示的基本操作方法。

2.1　绘图环境设置

为了方便绘图，在使用 AutoCAD 绘图之前，可以根据个人的绘图习惯对工作空间、系统选项卡、图形单位和绘图界限等进行设置。

2.1.1　设置工作空间

工作空间的选择、设置及自定义工作空间等内容，在 1.2 节中已进行了详细说明。在实际应用中，为了防止工作空间中的窗口、工具栏、面板等发生移动，可将其锁定。锁定窗口、工具栏、面板有以下 2 种方法：

（1）单击状态栏的“锁定”图标右侧的下三角按钮，在弹出的菜单中选择需要锁定的对象，如图 2-1 所示。锁定对象后，状态栏上的“锁定”图标变为。若状态栏中没有锁定图标，单击右侧“自定义”按钮，在弹出的菜单中选择“锁定用户界面”即可。

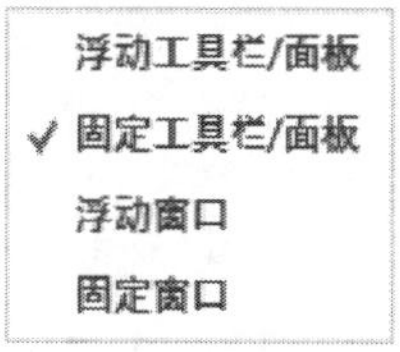

（2）在快速访问工具栏选择“显示菜单栏”选项，在菜单栏中执行“窗口”|“锁定位置”命令的子命令，包括浮动工具栏、固定工具栏、浮动窗口、固定窗口或全部等。

浮动工具栏/面板
✓ 固定工具栏/面板
浮动窗口
固定窗口

图 2-1　锁定菜单

注：图 2-1 中的复选标记✓表示当前选项内容处于锁定状态，再次单击选项可以解锁。

2.1.2　设置系统选项卡

在 AutoCAD 中，设置系统选项卡的方式如下：

（1）单击“应用程序”按钮，在弹出的菜单中选择“选项”选项。

（2）在快速访问工具栏中，选择“显示菜单栏”选项，在菜单栏中选择“工具”|“选项”。

（3）在“功能区”选项板中，选择“视图”选项卡，在“界面”面板中单击“显示选项卡”按钮。

（4）在绘图区右击，在弹出的快捷菜单中选择“选项”选项。

（5）在命令行中执行 OPTIONS 命令。

通过上述任意一种方式，打开“选项”对话框，如图 2-2 所示。

在图 2-2 中，各选项卡的含义如下：

（1）“文件”选项卡。包括以下 3 方面功能：①为支持文件、驱动程序文件、工程文件等设置搜索路径；②为自定义文件、帮助文件、字体文件、打印文件及打印支持文件等指定文件名及其保存路径；③为自动保存文件、日志文件、临时图形文件等设置文件保存位置。

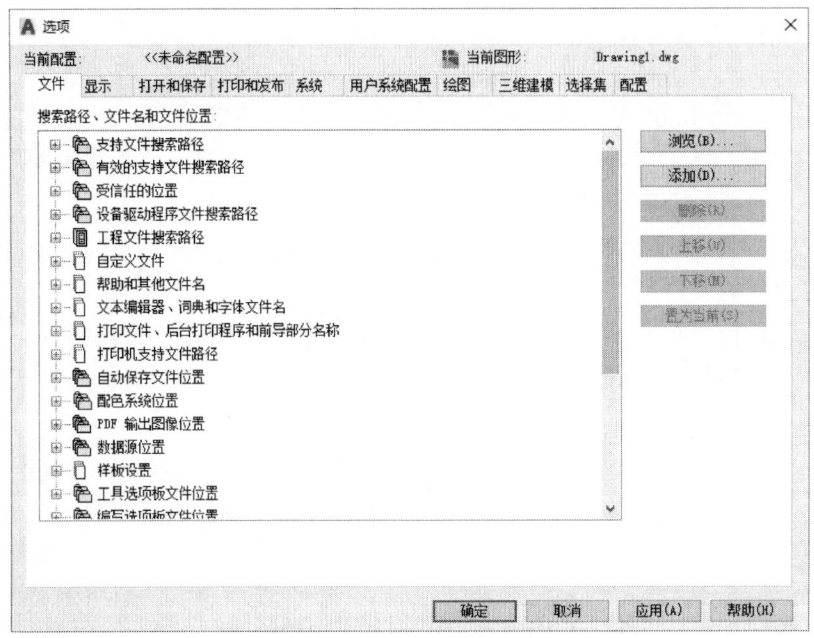

图 2-2　“选项”对话框

（2）“显示”选项卡。用于设置窗口元素、布局元素、显示精度、显示性能、十字光标大小和参照编辑的淡入度等显示属性。

（3）“打开和保存”选项卡。用于设置是否自动保存文件，以及自动保存文件的时间间隔，是否维护日志，以及是否加载外部参照等选项。

（4）“打印和发布”选项卡。用于设置图形的默认打印输出设备、常规打印选项、打印到文件时的默认保存位置、打印和发布日志等选项。

（5）“系统”选项卡。用于设置图形性能、隐藏消息框、气泡式通知、安全选项、是否显示对象链接与嵌入（OLE）特性对话框、是否允许长符号名等选项。

（6）“用户系统配置”选项卡。用于设置快捷菜单、插入比例、关联标注、块编辑器、线宽等选项。

（7）“绘图”选项卡。用于设置自动捕捉、自动追踪、自动捕捉标记框颜色和大小、靶框大小等选项。

（8）“三维建模”选项卡。用于对三维绘图模式下的三维十字光标、视口显示工具、三维对象、三维导航、动态输入等选项进行设置。

（9）“选择集”选项卡。用于设置拾取框大小、选择集模式、夹点尺寸、是否显示夹点和夹点颜色等选项。

（10）“配置”选项卡。用于实现新建系统配置文件、重命名系统配置文件以及删除系统配置文件等操作。

实例 2-1　设置十字光标大小为 100，并将绘图窗口背景色设置为白色。

操作步骤如下：

（1）在“功能区”选项板中选择“视图”选项卡，在“界面”面板中单击“显示选项卡”按钮↘，在弹出的“选项”对话框中，选择“显示”选项卡，将“十字光标大小”选项区域中的滑块向右拖动，令“十字光标大小”文本框的值为 100，或者直接在“十字光标大小”文本框中录入 100，如图 2-3 所示。

（2）在“窗口元素”选项区域中单击“颜色”按钮，打开“图形窗口颜色”对话框。

（3）在“上下文”列表框中选择“二维模型空间”选项，在“界面元素”列表框中选择“统一背景”选项，在“颜色”下拉列表框中选择“白”选项，如图 2-4 所示。

（4）单击“应用并关闭”按钮，返回“选项”对话框中，单击“确定”按钮，完成系统选项卡设置。

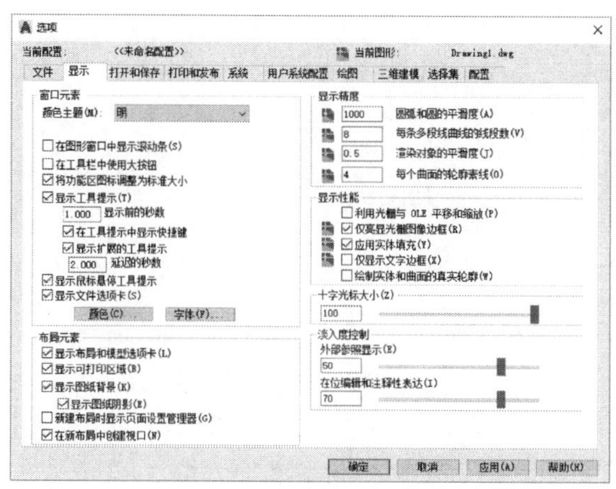

图 2-3　设置十字光标大小

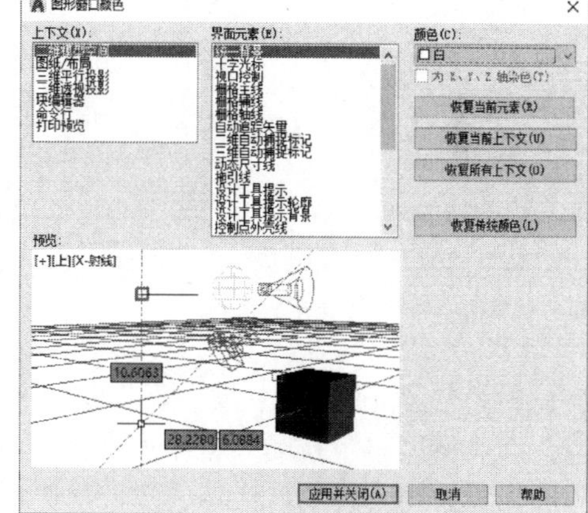

图 2-4　设置图形窗口颜色

2.1.3　设置图形单位

图形单位主要指坐标、距离和角度的精度和显示格式。一般在绘图前根据实际工作需要设置单位类型和数据精度，设置后的图形单位将保存在当前图形中。

在 AutoCAD 2020 中，设置图形单位的方式有以下几种：

（1）单击“应用程序”按钮，在弹出的菜单中选择“图形实用工具”|“单位”。

（2）在快速访问工具栏中，选择“显示菜单栏”选项，在菜单栏中选择“格式”|“单位”。

（3）在命令行中执行 UNITS 命令。

在命令行中输入 UNITS 并按 Enter 键，系统弹出“图形单位”对话框，如图 2-5 所示。

在图 2-5 中，各选项含义如下：

（1）长度：用于指定测量的单位类型和单位精度。在“类型”下拉列表框中有“分数”、“工程”、“建筑”、“科学”和“小数”等选项；在“精度”下拉列表框中可选择长度单位的精度。

注：在长度测量单位类型中，“工程”和“建筑”类型是以英尺和英寸①显示的，每一个图形单位代表 1 英寸。其他类型，如“科学”和“分数”没有这样的设定，每个图形单位都可以代表真实的单位。

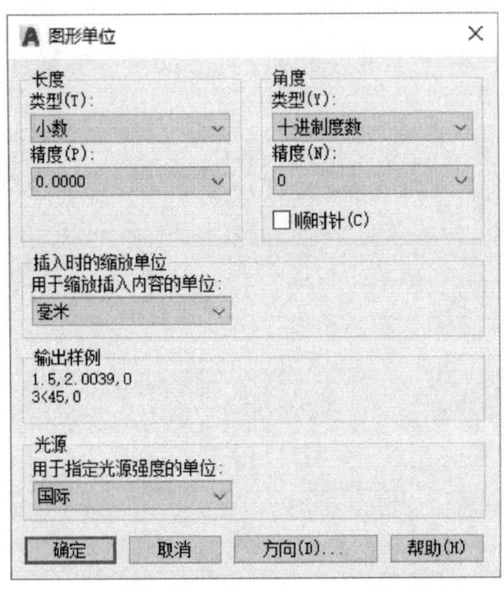

图 2-5　“图形单位”对话框

（2）角度：用于设置角度格式和显示精度。在“类型”下拉列表框中可以选择角度单位的类型，包括“百分度”、“度/分/秒”、“弧度”、“勘测单位”和“十进制度数”等；在“精度”下拉列表框中可选择角度单位的精度；“顺时针”复选框表示以顺时针方向为正方向，系统默认不选择该复选框，即以逆时针方向为角度旋转的正方向。

（3）“插入时的缩放单位”：用于设置插入当前图形中的块和图形的测量单位。如果块或图形创建时使用的单位与该选项指定的单位不同，则在插入这些块或图形时，将对其按比例缩放。插入比例是源块或图形使用的单位与目标图形使用的单位之比。如果插入块时不按指定单位缩放，可以选择“无单位”选项。

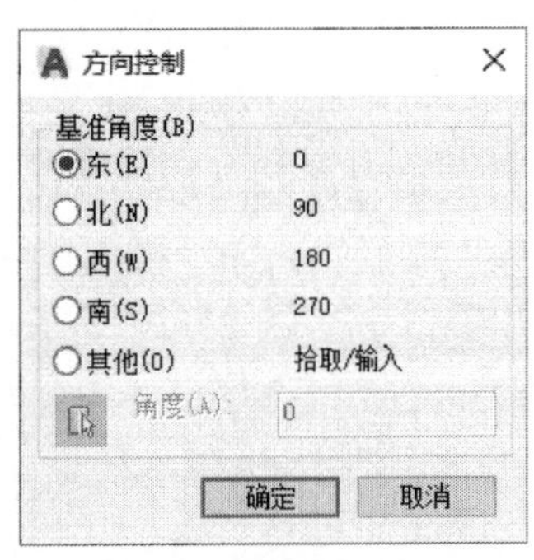

图 2-6　“方向控制”对话框

（4）“方向”按钮：单击该按钮，打开“方向控制”对话框（图 2-6），用于设置起始角度的方向。在默认情况下，起始 0°方向指向正东方向，且按逆时针方向为角度增加的方向。

除了上述方式之外，单击状态栏的“单位”图标右侧的下三角按钮，在弹出的菜单中选择相应的选项，也可以实现长度单位类型的设置。若状态栏中没有“单位”图标，单击右侧“自定义”按钮，在弹出的菜单中选择“单位”即可。

① 1 英尺=3.048×10^{-1} 米；1 英寸=2.54 厘米。

2.1.4　设置图形界限

图形界限是指绘图的工作区域，也称为图限，由一对二维点来确定，即左下角点和右上角点。

设置图形界限的方式如下：

在快速访问工具栏中，选择“显示工具栏”选项，在菜单栏中选择“格式”|“图形界限”选项，或在命令行中执行 LIMITS 命令，命令行显示：

指定左下角点或[开(ON)/关(OFF)]<0.0000，0.0000>：

单击或输入坐标值指定左下角点，以同样的方式指定右上角点，完成图形界限的设置。另外，选择“开（ON）”或“关（OFF）”选项，可以决定是否能够在图形界限之外指定一点。如果选择“开（ON）”选项，将打开图形界限检查，不能在图形界限之外绘制对象或指定点；如果选择“关（OFF）”选项，则 AutoCAD 禁止图形界限检查，允许在图形界限之外绘制对象或指定点。

2.2　AutoCAD 操作基础

2.2.1　启动命令

命令是 AutoCAD 绘制与编辑图形的核心。在 AutoCAD 中，提供了如下几种启动命令的方式。

1. 使用快速访问工具栏

快速访问工具栏如图 2-7 所示。使用该工具栏可以启动新建、打开、保存、打印、撤销等命令。

图 2-7　快速访问工具栏

2. 使用菜单栏

在默认情况下，AutoCAD 的菜单栏处于隐藏状态。在快速访问工具栏中选择“显示菜单栏”选项，即可显示菜单栏，如 2-8 所示。

文件(F)　编辑(E)　视图(V)　插入(I)　格式(O)　工具(T)　绘图(D)　标注(N)　修改(M)　参数(P)　窗口(W)　帮助(H)

图 2-8　菜单栏

“绘图”菜单是绘制图形最基本、最常用的方法，如图 2-9 所示。执行该菜单中的命令或子命令，可以绘制相应的图形。“修改”菜单主要用于编辑、修改图形，创建复杂的图形对象，如图 2-10 所示。

3. 使用“功能区”选项板

“功能区”选项板集成了“默认”、“插入”、“注释”、“参数化”、“视图”、“管理”和“输出”等选项卡，在这些选项卡的面板中单击相应按钮即可执行相应的图形绘制或编辑操作，如图 2-11 所示。

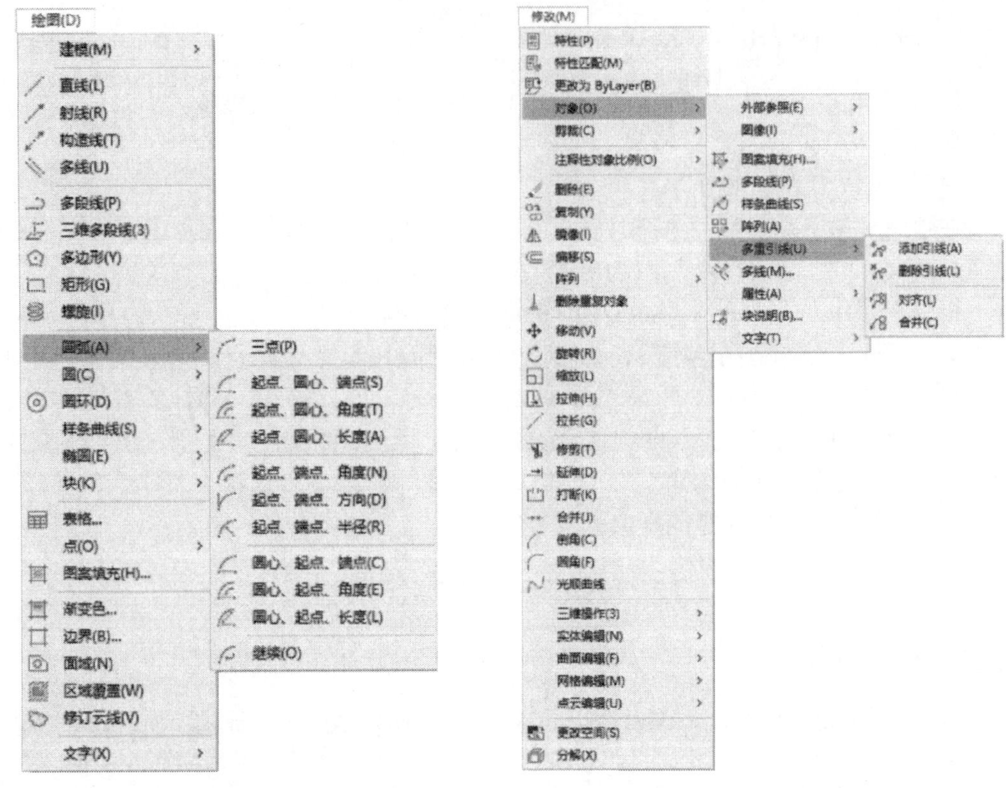

图 2-9　“绘图”菜单　　　　图 2-10　“修改”菜单

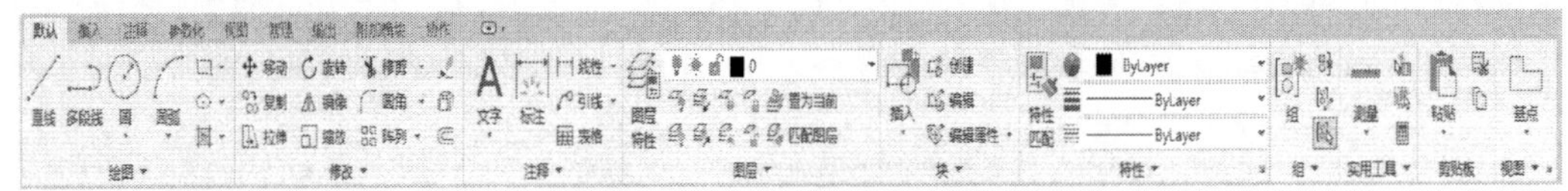

图 2-11　“功能区”选项板

4. 使用工具栏

在快速访问工具栏选择“显示工具栏”选项，在菜单栏中执行“工具”|“工具栏”|“AutoCAD”命令的子命令，可以打开相应的工具栏。其中，常用的“绘图”和“修改”工具栏分别如图 2-12、图 2-13 所示。

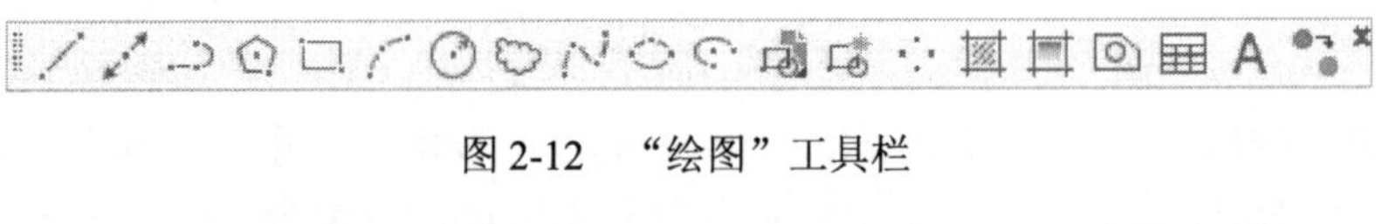

图 2-12　“绘图”工具栏

图 2-13　“修改”工具栏

5. 使用“应用程序”按钮

单击“应用程序”按钮，在弹出的菜单（图 2-14）中选择相应的菜单项（如“新建”、“打开”、“保存”和“打印”等），同样可以执行相应的命令。在最近使用的文档列表中单击文件名，即可打开该图形文件。也可以在“搜索命令”一栏中输入命令（如pl），即时搜索结果（包括菜单命令、基本工具提示和命令提示文字字符串等）显示在下方列表中，单击某一选项即可启动该命令，如图 2-15 所示。

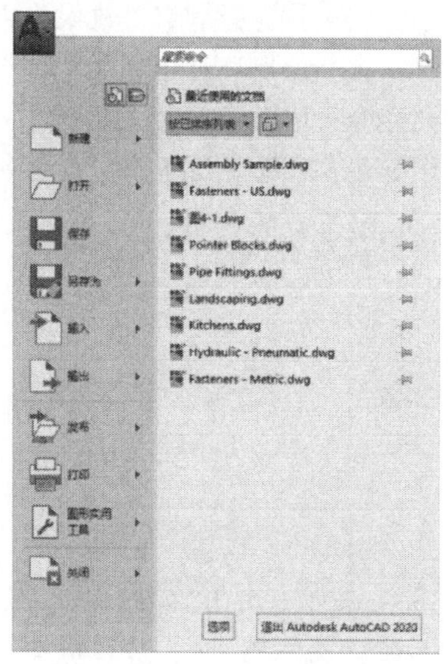

图 2-14　“应用程序”按钮

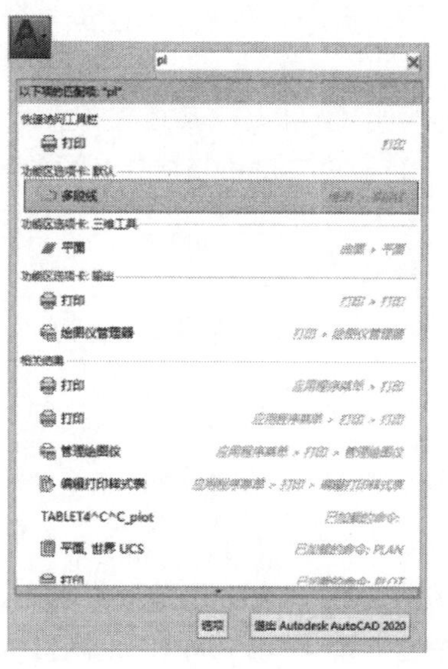

图 2-15　使用“搜索命令”栏启动命令

6. 使用快捷菜单

在 AutoCAD 绘图区域内，右击会弹出快捷菜单，用户可根据实际需要选择相应的命令。不同模式下，系统弹出的快捷菜单略有不同。图 2-16（a）为未执行任何命令时点右键后出现的菜单，图 2-16（b）为选择图形对象（多段线）后出现的菜单，图 2-16（c）为执行命令（LINE）时点右键后出现的菜单。

图 2-16　几种常见快捷菜单

7. 使用命令行

在命令行中直接输入完整的命令（不区分大小写），按 Enter 键或空格键确认，即可启动该命令。

为了提高输入效率，AutoCAD 提供了“自动完成”和“自动更正”功能，在命令输入过程中，命令行会显示匹配或包含当前输入字母的命令或系统变量的“建议列表”，以方便用户命令的输入。如图 2-17 所示，输入“LI”，命令行自动弹出包含“LI”的相关命令列表，单击某一选项即可启动该命令。另外，在命令行未输入命令的情况下，按↑、↓箭头键可以循环浏览当前任务中使用的历史命令，按 Enter 键或空格键启动该命令。

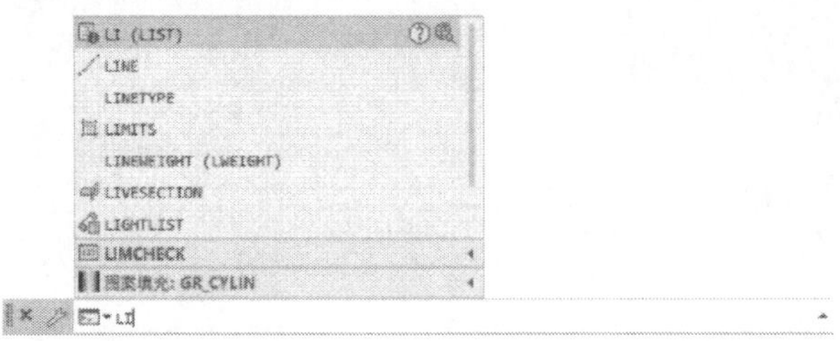

图 2-17　使用命令行

另外，AutoCAD 为部分常用命令定义了命令别名（通常由一个或两个字母组成），用于快速启动命令。例如，绘制直线命令（LINE）的命令别名为“L”，在命令行中输入“L”并按 Enter 键或空格键，即可启动 LINE 命令。命令别名在 acad.pgp 或 acadlt.pgp 文件中定义，其打开方式如下：

选择“管理”选项卡，在“自定义设置”面板中单击“编辑别名”按钮，可以查看或打印所有命令别名的完整列表。

8. 使用动态输入工具

单击状态栏上的“动态输入”按钮（或按 F12 功能键）可以打开/关闭动态输入。在动态输入处于启用状态时，输入命令将显示在光标附近的命令界面中，如图 2-18 所示。如果“自动完成”和“自动更正”功能处于启用状态，程序会自动完成命令并提供更正拼写建议，就像命令行的功能一样。动态输入不会取代命令窗口，有些操作中仍然需要显示命令窗口。

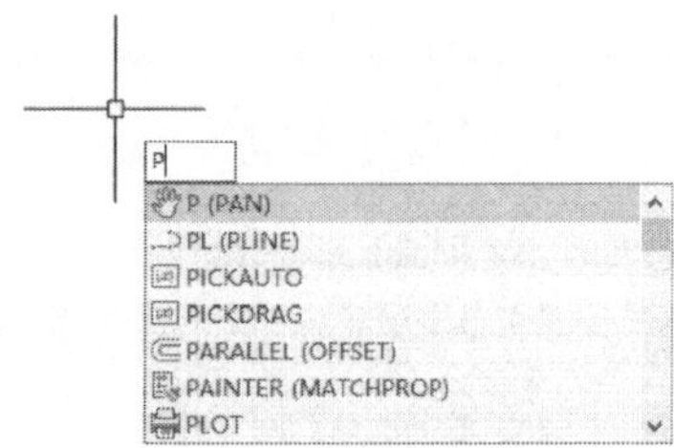

图 2-18　使用动态输入

AutoCAD 2020 采用命令工作机制，以命令方式实现用户与系统之间的信息交互，因此后 2 种方式是最基本的命令启动方式，而前 6 种方式仅是为了操作方便而设置的不同调用命令的方式，其中又以第 2 种菜单栏所包含的命令最为完整，另外 5 种则仅包含了部分常用命令。在实际绘图工作中，用户可以根据需要选择不同启动命令的方式，以提高绘图效率。

2.2.2 执行命令

1. 命令提示的组成

命令提示包括文字提示、选项和默认选项等内容，其中后两项可选。“[ ]”括起来的内容为可调用的选项，不同选项之间用“/”分隔；“（）”括起来的内容为选项的关键字，输入关键字并按 Enter 键或单击选项可以调用此选项；“<>”括起来的内容是默认选项或参数值，直接按 Enter 键将执行此命令或采用此参数值。

例如，执行 COPY（复制）命令，选择要复制的对象，命令行显示如下内容：

指定基点或[位移(D)/模式(O)]<位移>：

上述命令提示中，“指定基点”为当前正在执行的选项，可以直接输入坐标或拾取一个点。位移（D）和模式（O）为两个选项（关键字分别为“D”和“O”），“位移”为默认选项。若选择“位移”选项，有以下三种方式：①单击“位移”选项；②输入“D”并按 Enter 键；③直接按 Enter 键。

2. 命令执行方式

1）命令行执行方式

在 AutoCAD 中，有些命令有两种设置选项的方式：一种是通过对话框，另一种是通过命令行。如果指定使用命令行方式，则需要在命令前加短划线来实现，如“-DIMSTYLE”表示采用命令行方式执行“标注样式”命令，而在命令行中输入 DIMSTYLE 命令，系统则会弹出“标注样式管理器”对话框。

2）命令按钮执行方式

AutoCAD 的多数命令可以通过单击菜单栏、工具栏、功能区、应用程序菜单、快捷菜单中的相应命令按钮（或菜单项）来启动，此时命令行也会显示该命令，并在命令前加一条下划线。例如，执行“绘图”|“直线”命令，命令行显示“_line”，但并不影响命令的执行过程和结果。

3）透明命令执行方式

透明命令是指可以在命令执行过程中嵌套执行的命令，一般是修改图形设置或打开辅助绘图工具的命令，如 GRID、SNAP、OSNAP、ZOOM、PAN、DIST 等命令。

以透明方式执行命令时，在输入命令之前先输入撇号“'”即可，如“'SNAP”。在命令行中，显示双尖括号“>>”提示符，提示处于透明命令执行方式。执行完透明命令后，AutoCAD 自动恢复原来执行的命令。

注：在命令执行过程中，可以随时按 Esc 键终止执行的任何命令。

2.2.3 命令的重复、撤销与重做

1. 重复命令

重复执行 AutoCAD 命令有以下几种方式：

（1）按 Enter 键或空格键，可以重复执行上一个命令。

（2）在绘图区域中右击，在弹出的快捷菜单中选择“重复”选项，重复执行上一个命令，或在“最近的输入”列表中执行一条命令。

（3）单击命令行的“最近使用的命令”图标，或右击命令行，在弹出的列表中选择重复执行命令。

（4）在命令行中，按↑、↓箭头键可以循环浏览已使用的历史命令，按 Enter 键或空格键重复某一命令。

（5）按 F2 功能键，在命令窗口中显示展开的命令历史记录中，选择命令名后，按 Enter 键或空格键重复该命令。

（6）在命令行输入 MULTIPLE 命令，再输入要重复的命令名，可以重复执行该命令，直到按 Esc 键为止。

2. 撤销命令

若想撤销命令，可采用下列方式之一：

（1）单击快速访问工具栏“放弃”按钮。

（2）在快速访问工具栏选择“显示工具栏”选项，在菜单栏中执行“编辑”|“放弃”命令的子命令。

（3）无命令处于执行状态和无对象被选中的情况下，在绘图区域右击，在弹出的快捷菜单中执行“放弃”命令。

（4）在命令行输入“UNDO”（或 U）。

（5）按组合键 Ctrl+Z。

上述命令可以重复使用，每执行一次后退一步，直至开始当前编辑任务为止。若一次性撤销多步操作，方法如下：

（1）单击快速访问工具栏“放弃”按钮右侧的下三角按钮，在弹出的下拉列表中向下拖动鼠标至放弃命令结束位置，被选中的命令将一次性被撤销。

（2）在命令行中输入 UNDO 命令，然后在命令行中输入要放弃的操作数目（如要放弃最近的 5 个操作，输入“5”按 Enter 键确认即可）。

注 1：默认情况下，除了使用菜单命令进行平移和缩放操作之外，UNDO 命令把连续平移和缩放合并成一个操作进行处理。

注 2：当使用 ERASE 命令删除对象后，在命令行输入 OOPS 命令，可恢复被删除的对象，其执行效果与 UNDO（或 U）命令相同。但两者的不同之处在于：OOPS 命令仅能执行一次，不能连续执行，且该命令仅用于恢复 ERASE 命令删除的对象，对其他命令无效。

3. 重做命令

重做命令用于恢复上一个用 UNDO（或 U）命令放弃的效果。可采用下列方式之一：

（1）单击快速访问工具栏“重做”按钮。

（2）在快速访问工具栏选择“显示工具栏”选项，在菜单栏中执行“编辑”|“重做”命令的子命令。

（3）无命令处于执行状态和无对象被选中的情况下，在绘图区域右击，在弹出的快捷菜单中执行“重做”命令。

（4）在命令行输入“REDO”命令。

（5）按组合键 Ctrl+Y。

与撤销命令相似，重做命令也可以重复使用，每执行一次前进一步，直至恢复全部的撤销操作。需要特别注意的是：REDO 必须紧跟随在 UNDO（或 U）命令之后。

2.2.4　鼠标、键盘的操作方式

1. 鼠标操作

在绘图窗口，光标通常显示为“十”字线形式。当光标移至菜单选项、工具或对话框内时，它会变成一个箭头。无论光标是“十”字线形式还是箭头形式，当单击或按住鼠标键时，都会执行相应的命令或动作。

目前，使用的鼠标一般都为三键光学鼠标，三键分别指左键、中键和右键，其操作方式如下。

1）左键操作

鼠标左键（又称拾取键），有单击和双击两种操作。前者一般用于指定屏幕上的点，也可以用来选择 Windows 对象、AutoCAD 对象、功能区选项板按钮、工具栏按钮和菜单选项等；后者通常用在选取或编辑图形的操作中，如双击多段线即可进入编辑模式。

2）中键操作

鼠标中键可以实现图形的平移、缩放、显示全部等功能。按住中键，鼠标指针变为，移动鼠标即可平移当前图形；向前滚动鼠标中键放大图形，向后滚动则缩小图形；双击鼠标中键，显示当前图形中的所有对象。

3）右键操作

在 AutoCAD 中，鼠标右键只有单击操作，包含三种功能，即显示快捷菜单、确认和重复上一个命令。系统允许分别设置默认模式（无选定对象）、编辑模式和命令模式下的右击功能，在默认情况下，上述三种模式均设置为显示快捷菜单。

在命令行中输入“OPTIONS”并按 Enter 键，在弹出的“选项”对话框中，选择“用户系统配置”选项卡，单击“Windows 标准操作”选项区的“自定义右键单击”按钮，弹出“自定义右键单击”对话框，如图 2-19 所示。根据实际需要选择不同模式下的右键单击响应事件，单击“应用并关闭”按钮实现自定义右键单击，并返回到“选项”对话框，单击“确定”按钮关闭对话框。

注：使用 Shift 键+鼠标右键的组合时，系统将弹出一个快捷菜单，用于对象捕捉设置。

2. 键盘操作

在 AutoCAD 中，大部分的绘图、编辑功能都需要通过键盘输入来完成。通过键盘可以输入命令、系统变量。键盘还是输入文本对象、数值参数、点的坐标或进行参数选择的唯一方法。

除此之外，系统还定义了组合键（如按 Ctrl+N 键创建新图形）、功能键（如按 F1 键显示帮助），这些也要通过键盘操作才能实现。

值得说明的是，在 AutoCAD 中，除了单行文字、多行文字、各种文本框输入等文字处理功能之外，Enter 键和空格键的功能都相同，可以相互替换使用。

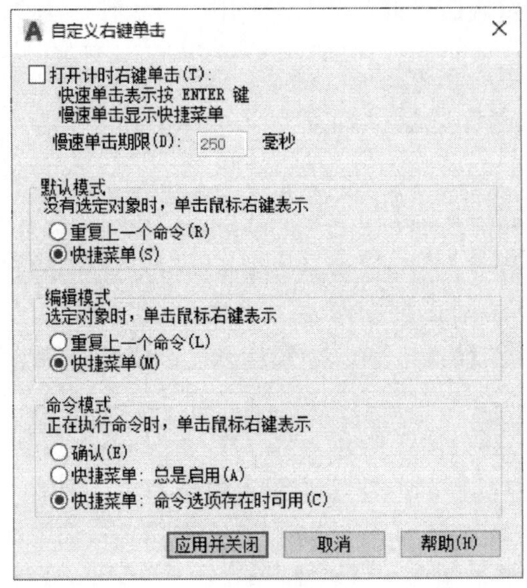

图 2-19　“自定义右键单击”对话框

2.3　设置坐标系

2.3.1　世界坐标系与用户坐标系

在 AutoCAD 中，坐标系分为世界坐标系（WCS）和用户坐标系（UCS）。其中，WCS 为固定坐标系，UCS 为可移动坐标系。在这两种坐标系下，都可以通过坐标（x，y）来精确定位点。

默认情况下，在开始绘制新图形时，当前坐标系为 WCS。在 WCS 中，X 轴是水平的，Y 轴是垂直的，Z 轴垂直于 XY 平面，符合右手定则。

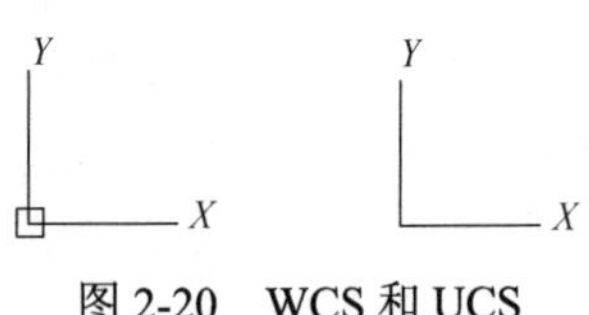

图 2-20　WCS 和 UCS

世界坐标系存在于任何一个图形中且无法改变，不便于高效制图。为了能够更好地辅助绘图，AutoCAD 允许用户更改坐标系的原点位置和坐标轴的方向，此时的世界坐标系便是用户坐标系，即 UCS。WCS 和 UCS 的图标存在不同，如图 2-20 所示，WCS 在坐标原点处有“□”形标记，而 UCS 没有。

WCS 或 UCS 图标均可采用下列方式打开或关闭：

（1）在快速访问工具栏选择“显示菜单栏”选项，在菜单栏中选择“视图”|“显示”|“UCS 图标”|“开”菜单项。

（2）在“功能区”选项板中选择“视图”选项卡，在“视口工具”面板中单击“UCS 图标”命令按钮。

（3）在命令行输入“UCSICON”命令，并在命令选项中选择“开”或“关”。

2.3.2　创建 UCS

要创建 UCS，可选择以下几种方式：

（1）在快速访问工具栏选择“显示菜单栏”选项，在菜单栏中选择“工具”|“新建 UCS”的子菜单项，如图 2-21（a）所示。

（2）右击 WCS 或 UCS 图标，在弹出的快捷菜单中执行相应的命令，如图 2-21（b）所示。

（3）在“功能区”选项板中选择“视图”选项卡，在“坐标”面板中单击相应的命令按钮，如图 2-21（c）所示。

（4）在命令行输入“UCS”命令。

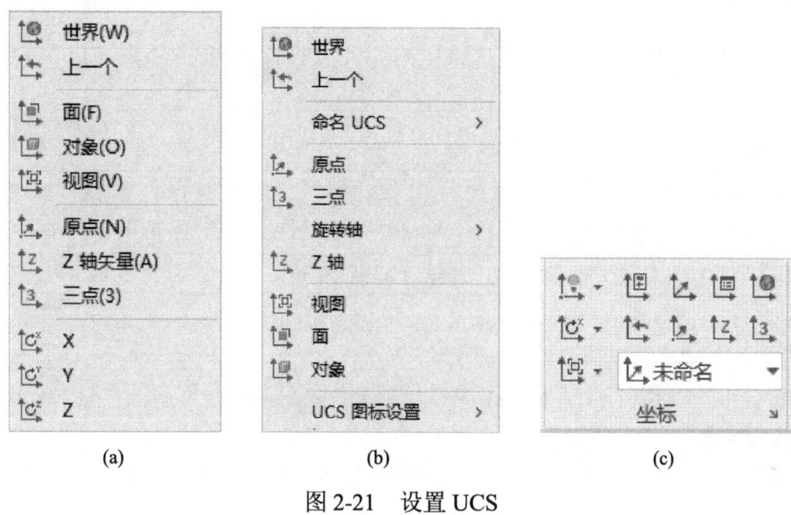

(a)　(b)　(c)

图 2-21　设置 UCS

在图 2-21 中，各命令的功能如下：

（1）“世界”命令：从当前的用户坐标系恢复到世界坐标系。WCS 是所有用户坐标系的基准，不能被重新定义。

（2）“上一个”命令：从当前的坐标系恢复到上一个坐标系。

（3）“面”命令：将 UCS 与实体对象的选定面对齐。要选择一个面，可以单击该面的边界内区域或面的边界，被选中的面将亮显，UCS 的 X 轴将与找到的第一个面上最近的边对齐。

（4）“对象”命令：根据选取的对象快速简单地建立 UCS，使对象位于新的 XY 平面，其中 X 轴和 Y 轴的方向取决于选中的对象类型。该选项不能用于三维实体、三维多段线、三维网格、视口、多线、面域、样条曲线、椭圆、射线、参照线、引线和多行文字等对象。对于非三维面的对象，新 UCS 的 XY 平面与绘制该对象时生效的 XY 平面平行，但 X 轴和 Y 轴可做不同的旋转。

（5）“视图”命令：以垂直于观察方向的平面为 XY 平面，建立新的坐标系，UCS 原点保持不变。常用于注释当前视图时用文字以平面方式显示。

（6）“原点”命令：通过移动当前的 UCS 原点，保持其 X 轴、Y 轴和 Z 轴方向不变，从而定义新的 UCS。可以在任何高度建立坐标系，如果没有给原点指定 *Z* 轴坐标值，将使用当前标高。

（7）“Z 轴矢量”命令：用特定的 *Z* 轴正半轴定义 UCS。需要选择两个点，第一个点作为新的坐标原点，第二个点决定 *Z* 轴的正向，*XY* 平面垂直于新的 *Z* 轴。

（8）“三点”命令：通过在三维空间的任意位置指定三个点，确定新 UCS 原点及其 *X* 轴和 *Y* 轴的正方向，*Z* 轴由右手定则确定。其中第一个点定义了坐标系原点，第二个点定义了 *X* 轴的正方向，第三个点定义了 *Y* 轴的正方向。

（9）X/Y/Z 命令：旋转当前的 UCS 轴来建立新的 UCS。在命令行提示信息中输入正或负的角度以旋转 UCS，用右手定则来确定该轴旋转的正方向。

2.3.3　命名 UCS

当存在多个 UCS 时，可以使用命名 UCS 的方式来按名称保存和恢复它们。每个 UCS 都可以有其自己的原点、*X* 轴、*Y* 轴和 *Z* 轴。

要命名 UCS，可选择以下几种方式：

（1）在快速访问工具栏选择“显示菜单栏”选项，在菜单栏中执行“工具”|“命名 UCS”命令。

（2）选择“功能区”选项板的“视图”选项卡，在“坐标”面板中单击“命名 UCS”按钮。

（3）在命令行输入“UCSMAN”命令。

（4）右击 UCS 图标，在弹出的快捷菜单中执行“命名 UCS”|“保存”命令，并输入保存当前 UCS 的名称。

选择前三种方式，系统弹出“UCS”对话框，如图 2-22 所示。

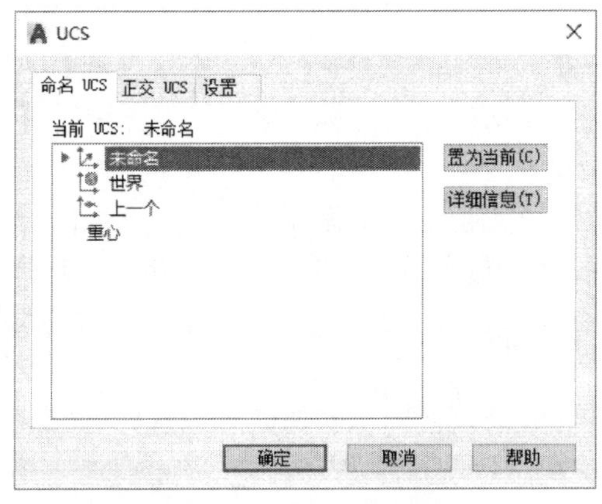

图 2-22　“UCS”对话框

在图 2-22 的“命名 UCS”选项卡中，可以实现 UCS 的命名、恢复、查看及删除等功能。

（1）命名 UCS：在“当前 UCS”列表中，在要命名或重命名的 UCS 定义上右击，在弹出的快捷菜单中选择“重命名”选项，输入新的名称，并单击“确定”按钮。

（2）恢复 UCS：在“当前 UCS”列表中选择“世界”“上一个”或某个 UCS 选项，然后单击“置为当前”按钮，可将其置为当前坐标系，该 UCS 前面将显示 ▶ 按钮。

（3）查看 UCS：选择某个 UCS，单击“详细信息”按钮，在“UCS 详细信息”对话框中查看坐标系的详细信息，如图 2-23 所示。

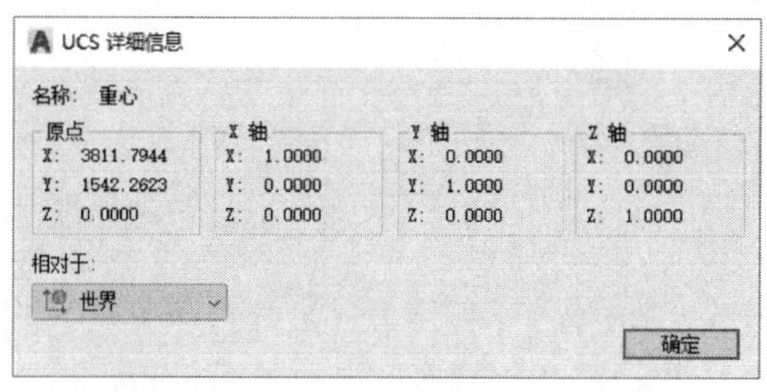

图 2-23　“UCS 详细信息”对话框

（4）删除 UCS：在“当前 UCS”列表中，在要删除的 UCS 定义上右击，在弹出的快捷菜单中选择“删除”选项，并单击“确定”按钮。

注：在“当前 UCS”列表中的“世界”和“上一个”，既不能被删除，也不能重命名。

2.3.4　坐标的输入方式

在 AutoCAD 2020 中，点的坐标可以使用绝对直角坐标、绝对极坐标、相对直角坐标和相对极坐标 4 种方法表示，其特点和输入方式分别如下：

（1）绝对直角坐标：坐标输入格式为（*X, Y*）或（*X, Y, Z*），其中 *X, Y, Z* 分别是输入点在 *X* 轴、*Y* 轴、*Z* 轴方向到原点的距离，若 *Z* 值为 0，则可省略。可以使用分数、小数或科学计数等形式表示点的 *X*、*Y*、*Z* 坐标值，使用英文逗号“,”隔开，如点（9, 14）和（1.5, 2.8, 4.1）等。如果启用动态输入，可以使用“#”前缀来指定绝对坐标；如果在命令行而不是工具提示中输入坐标，则去掉“#”前缀。

（2）绝对极坐标：指相对于极点（0, 0）或（0, 0, 0）出发的位移，但给定的是距离和角度，其中距离和角度用“<”分开。默认情况下，角度按逆时针方向增大，按顺时针方向减小，且规定 *X* 轴正向为 0°，*Y* 轴正向为 90°。其输入方式同绝对直角坐标，如启动动态输入时，输入“#4.95<60”，在命令行中则输入“（4.65<55）”。

（3）相对直角坐标：指相对于上一输入点沿 *X* 轴和 *Y* 轴的位移。输入相对直角坐标时，需要在坐标前面添加一个“@”符号。例如，输入“@11，–25”指定一个点，此点沿 *X* 轴方向、*Y* 轴负方向距离上一个点分别是 11、25 个单位。

（4）相对极坐标：与相对直角坐标一样，相对极坐标的表示方法是在绝对极坐标前加上“@”符号。例如，@28<45 指定一个点，此点距离上一个点为 28 个单位，且新点和上一个点的连线与 *X* 轴呈 45°夹角。

注：默认情况下，在启用动态输入时，从第二个点开始采用相对极坐标方式绘制（图 2-24），用户可以通过按 Tab 键或 Shift+Tab 键在极距、极角之间切换焦点，若在“极距”文本框中输入 *X* 值，并输入英文逗号“,”可切换至相对直角坐标输入方式。另外，通过输入“#”“@”可以在绝对坐标和相对坐标两种输入方式之间进行切换。

实例 2-2　使用不同的坐标输入方式绘制矩形（图 2-25）。

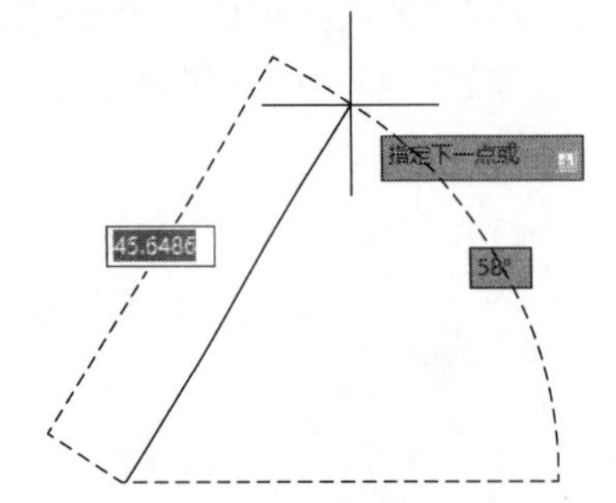

图 2-24　动态输入时的相对极坐标输入方式

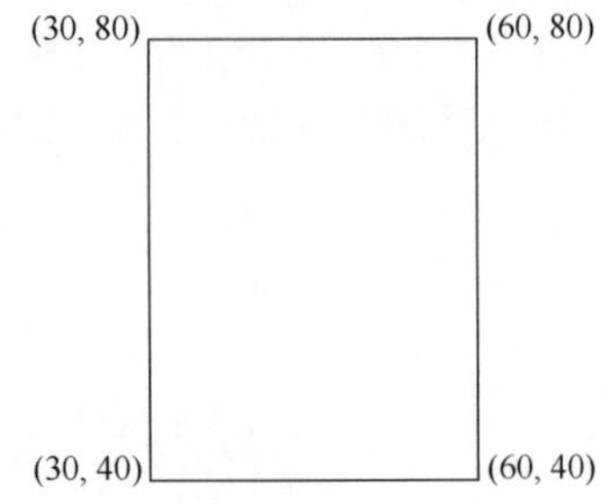

图 2-25　使用坐标绘制矩形

操作步骤如下：

（1）在“功能区”选项板中选择“默认”选项卡，在“绘图”面板中单击“多段线”按钮。

（2）启用动态输入时，分别按表 2-1 所示的 4 种坐标输入方式之一，依次输入坐标，每次输入坐标后按 Enter 键确认。

表 2-1　4 种坐标输入方式

绝对直角坐标	绝对极坐标	相对直角坐标	相对极坐标
#30, 40 #60, 40 #30, 80	#50<53.13 #72.111<33.69 #100<53.13	#30, 40 @30, 0 @0, 40	#50<53.13 @30<0 @40<90

注：若关闭动态输入，在命令行输入绝对坐标时，需去掉“#”前缀。

（3）输入“C”并按 Enter 键，完成矩形图形的绘制。

2.3.5　坐标的显示

1. 状态栏中的坐标显示

默认情况下，坐标显示处于关闭状态。单击位于状态栏最右端的“自定义”按钮☰，在弹出菜单中选择“坐标”选项，即可以在状态栏中显示光标坐标。当在绘图窗口中移动光标的“十”字指针时，状态栏上将动态显示当前指针的坐标。

在 AutoCAD 2020 中，坐标显示共有 3 种模式：

模式 0，“关”：显示上一个拾取点的绝对坐标。坐标显示不能动态更新，仅在拾取一个新点后更新。

模式 1，“绝对”：显示光标的绝对坐标，坐标显示将实时持续更新。

模式 2，“相对”：当命令处于活动状态并指定点、距离或角度时，显示相对极坐标（*Z* 值始终为绝对坐标），坐标显示将实时持续更新。当命令未处于活动状态时，显示绝对坐标值。

在实际绘图过程中，可以根据需要按 Ctrl+I 组合键，在上述 3 种方式间切换，如图 2-26 所示。

4435.7072, 1117.0584, 0.0000	6545.3565, 182.5895, 0.0000	582.5077<56, 0.0000
(a) 模式 0，“关”	(b) 模式 1，“绝对”	(c) 模式 2，“相对”

图 2-26　坐标的 3 种显示方式

注：在一个空的命令提示符或一个不接收距离及角度输入的提示符下，只能在模式 0 和模式 1 之间切换；在一个接收距离及角度输入的提示符下，可以在所有模式间循环切换。

另外，也可以通过右击“坐标显示”，在快捷菜单中选择要显示的坐标类型。菜单选项包括以下 4 项。

（1）相对：显示相对于最近指定的点的坐标。此选项仅在指定多个点、距离或角度时可用。

（2）绝对：显示相对于当前 UCS 的坐标。

（3）地理：显示相对于指定给图形的地理坐标系的坐标。此选项仅在图形文件包含地理位置数据时可用。

（4）特定：仅在指定点时更新坐标。

2. 显示点的坐标

选择“功能区”选项板的“默认”选项卡，在“实用工具”面板中单击“点坐标”按钮，或在命令行中输入 ID（标识）并按 Enter 键，结合对象捕捉单击要标识的位置，则指定点的 X、Y 和 Z 坐标信息显示在“命令行”中。如果已经启用动态输入，坐标信息将显示在十字光标右下方，如图 2-27 所示。

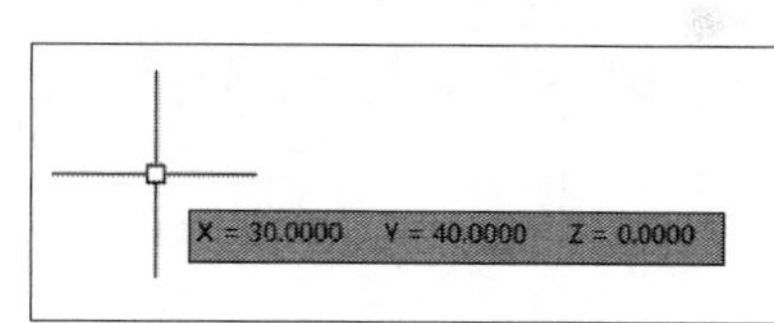

图 2-27　显示点的坐标

2.4 图层管理

在 AutoCAD 中，图层是用于在图形中按功能或用途组织对象的主要方法。在一个复杂的图形中，有许多不同类型的图形对象，可以通过创建多个图层，将特性相似的对象绘制在同一个图层上，以方便图形管理和修改。例如，通过关闭不需要显示的图层，可以降低图形的视觉复杂程度，并提高显示性能。

2.4.1 图层特性管理器

图层特性管理器用来显示图形中的图层列表及其特性。可以从中添加、删除和重命名图层，修改图层特性，设置布局视口中的特性替代或添加说明。

要打开“图层特性管理器”对话框，可选择以下几种方式：

（1）在快速访问工具栏选择“显示菜单栏”选项，在菜单栏中选择“格式”|“图层”菜单。

（2）在“功能区”选项板中选择“默认”选项卡，在“图层”面板中单击“图层特性”命令按钮。

（3）在命令行输入“LAYER”或“LA”命令。

选择上述任意一种方法，打开如图 2-28 所示的“图层特性管理器”对话框。若再次执行前 2 种方式，则关闭“图层特性管理器”对话框。

在图 2-28 中，各选项功能如下：

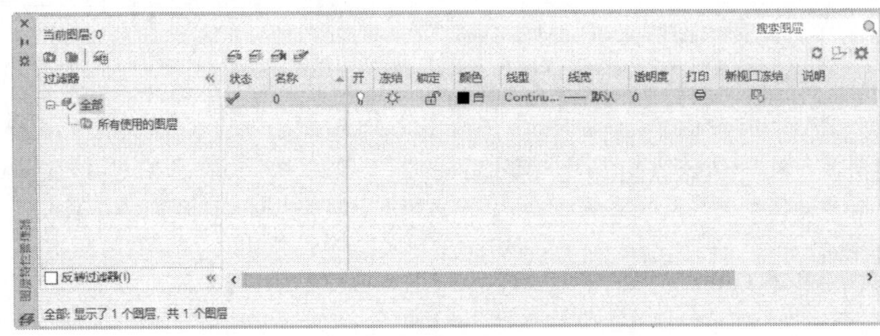

图 2-28 “图层特性管理器”对话框

（1）新建特性过滤器（Alt+P）：根据图层的一个或几个特性创建图层过滤器。

（2）新建组过滤器（Alt+G）：创建图层过滤器，其中包含被添加到该过滤器的图层。

（3）过滤器列表：显示图形中的图层过滤器列表。单击«、»按钮可展开或收拢过滤器列表。当过滤器列表处于收拢状态时，单击位于图层特性管理器左下角的“图层过滤器”按钮来显示过滤器列表。

（4）反转过滤器：勾选“反转过滤器”复选框，则显示所有不满足选定图层过滤器中条件的图层。

（5）图层状态管理器（Alt+S）：打开图层状态管理器，用以新建、保存、恢复或管理图层状态。

（6）新建图层（Alt+N）：使用默认名称创建新图层，新建图层继承了当前选定图层的特性。

（7）在所有视口中都被冻结的新图层视口：创建新图层，并在所有布局视口中将其冻结。

（8）删除图层（Alt+D）：删除选定图层。

（9）置为当前图层（Alt+C）：令选定图层为当前图层，系统创建的新对象将位于当前图层上。双击也可实现此功能。

（10）搜索图层：在框中输入字符时，自动按搜索内容过滤图层列表。搜索内容支持通配符，如表2-2所示。

表 2-2 通配符及其含义

通配符	含义
#（磅字符）	匹配任意数字
@	匹配任意字母字符
.（句点）	匹配任意非字母数字字符
*（星号）	匹配任意字符串，可以在搜索字符串的任意位置使用
？（问号）	匹配任意单个字符，例如，？BC 匹配 ABC、3BC 等
～（波浪号）	匹配不包含自身的任意字符串，例如，～*AB*匹配所有不包含 AB 的字符串
[ ]	匹配括号中包含的任意一个字符，例如，[AB]C 匹配 AC 和 BC
[～]	匹配括号中未包含的任意字符，例如，[～AB]C 匹配 XC 而不匹配 AC 和 BC
[-]	指定单个字符的范围，例如，[A-G]C 匹配 AC、BC 直到 GC，但不匹配 HC
`（反引号）	逐字读取其后的字符，例如，`～AB 匹配～AB

（11）刷新：刷新图层列表的顺序和图层状态信息。

（12）切换替代亮显：为图层特性替代打开或关闭背景亮显。默认情况下，背景亮显处于关闭状态。

（13）设置：打开“图层设置”对话框，从中可以设置各种显示选项。

（14）图层列表：显示当前图形的所有图层及其特性状态。图层列表的先后顺序可按如下方式调整：按住鼠标左键将列拖动到列表中的新位置，释放左键，即可更改列顺序。图层列表的各列属性可以显示或隐藏，右击图层列表的标题栏，在弹出的快捷菜单中选择或取消选择命令即可。

如图 2-28 所示，在图层列表区列出了当前图形的所有图层及其特性，新建图形默认仅有一个 0 层。要修改某一图层的某一特性，单击它所对应的图标即可。右击空白区域，在弹出的快捷菜单中可以实现新建图层、重命名图层、删除图层、快速选择图层等功能。列表区中的各列的含义如下：

（1）状态：显示图层和过滤器的状态。图层有 9 种状态，如表 2-3 所示。

表 2-3　图层状态及其含义

图层状态	含义
	此图层为当前图层
	此图层包含对象
	此图层不包含对象
	此图层包含对象，并且布局视口中的特性替代已打开
	此图层不包含对象，并且布局视口中的特性替代已打开
	此图层包含对象，并且布局视口中的外部参照和视口特性替代已打开
	此图层不包含对象，并且布局视口中的外部参照和视口特性替代已打开
	此图层包含对象，并且外部参照特性替代已打开
	此图层不包含对象，并且外部参照特性替代已打开

（2）名称：即图层的名字，是图层的唯一标识。默认情况下，图层的名称按图层 0、图层 1、图层 2……的编号依次递增，可以根据需要为图层定义能够表达用途的名称。

（3）开：打开和关闭选定图层，分别显示为、。当图层打开时，图层内对象可见并且可以打印。当图层关闭时，图层内对象将不可见且不能打印，即使“打印”列中的设置已打开也无法打印。

（4）冻结：冻结、解冻选定的图层，分别显示为、。冻结图层上的对象将不会被显示、打印或重生成。

注：不能冻结当前层，也不能将冻结层设为当前层，否则将会显示警告信息对话框。冻结的图层与关闭的图层的可见性是相同的，但冻结对象不参加处理过程的运算，关闭的图层则要参加运算。所以在处理具有大量图层的图形时，冻结不需要的图层可以提高显示和重新生成的速度。

（5）锁定：锁定和解锁选定图层分别显示为、。无法修改锁定图层上的对象。将光标悬停在锁定图层中的对象上时，对象显示为淡入并显示一个小锁图标。图层在锁定的状态下并不影响图形对象的显示，虽然不能对该图层上已有图形对象进行编辑，但可以绘制新图形对象。此外，在锁定的图层上可以使用查询命令和对象捕捉功能。

（6）颜色：显示“选择颜色”对话框，指定选定图层的颜色。

（7）线型：显示“选择线型”对话框，指定选定图层的线型。

（8）线宽：显示“线宽”对话框，指定选定图层的线宽。

（9）透明度：显示“透明度”对话框，指定选定图层的透明度。有效值从 0 到 90，值越大，对象越透明。

（10）打印：控制是否打印选定图层，分别显示为、。关闭图层的打印，仍将显示该图层上的对象。另外，若图层为打印状态，但图层已关闭或冻结，则不能打印图层对象。

（11）新视口冻结：在新布局视口中冻结选定图层。

（12）说明：该项“可选”，用于描述图层或图层过滤器。

2.4.2　图层管理方法

1. 创建和命名图层

开始绘制新图形时，AutoCAD 自动创建一个名为 0 的特殊图层。默认情况下，图层 0 将被指定使用 7 号颜色（白色或黑色，由背景色决定）、Continuous 线型、“默认”线宽及 NORMAL 打印样式。在绘图过程中，如果要使用更多的图层来组织图形，就需要先创建新图层。新建图层有以下几种方式：

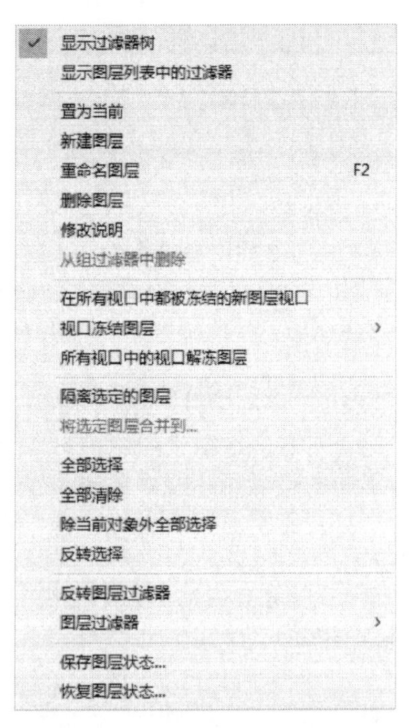

图 2-29　“图层列表”快捷菜单

（1）单击“图层特性管理器”（图 2-28）中的“新建图层”按钮。

（2）在“图层特性管理器”中选择一个图层，按 Enter 键或 Alt+N 组合键。

（3）在“图层特性管理器”中，右击“图层列表”，在弹出的快捷菜单（图 2-29）中选择“新建图层”选项。

（4）在命令行输入“-LAYER”并按 Enter 键，选择“新建（N）”选项并输入图层名称来创建图层。创建两个或多个图层时，图层名称以逗号为分隔符。

（5）单击“图层特性管理器”中的“在所有视口中都被冻结的新图层视口”按钮，也可以创建一个新图层，只是该图层在所有的视口中都被冻结。

按前 3 种方式新建图层时，将在图层列表中出现一个名称为“图层 1”的新图层，输入图层名称并按 Enter 键确认，完成新建图层。默认情况下，新建图层与当前选定图层的状态、颜色、线型及线宽等设置相同。

当创建了图层后，图层的名称将显示在图层列表框中，如果要更改图层名称，先选定该图层，单击图层名称，或按 F2 键，然后输入一个新的图层名并按 Enter 键确认。

注：在为创建的图层命名时，图层的名称中不能包含通配符（*和？）和空格，也不能与其他图层重名。

2. 删除图层

删除图层之前，先要选择被删除的图层。在“图层特性管理器”（图 2-28）中，单击要删除的图层，即可选中该图层，同时按住 Shift 键或 Ctrl 键可选择多个图层，也可以利用“图层列表”快捷菜单（图 2-29）中的“全部选择”“除当前对象外全部选择”“反转选择”等功能实现多个图层的快速选择。删除图层有以下几种方式：

（1）在“图层特性管理器”中选择要删除的图层，单击“删除图层”按钮。

（2）在“图层特性管理器”中选择要删除的图层，按 Alt+D 组合键。

（3）在“图层特性管理器”中，右击要删除的图层，在弹出的快捷菜单（图 2-29）中选择“删除图层”选项。

（4）在“功能区”选项板中选择“默认”选项卡，在“图层”面板中单击“删除”命令按钮，或在命令行输入 LAYDEL 命令并按 Enter 键，选择要删除的图层上的对象或图层名称。

注：无法删除当前图层、图层 0 和 Defpoints、锁定图层和依赖外部参照的图层。

3. 设置当前图层

一个图形可创建的图层数并没有限制，但是不论有多少个图层，都只能设置其中一个图层作为当前图层。绘图时，新创建的对象将置于当前图层上，并采用该图层的颜色、线型、线宽等特性。当前图层可以是默认图层 0，也可以是用户自己创建、命名的图层。但是不能将冻结的图层或依赖外部参照的图层设置为当前图层。设置当前图层的方式如下：

（1）在“图层特性管理器”的图层列表中，选择某一图层后，按 Alt+C 组合键或者单击“置为当前”按钮。

（2）在“图层特性管理器”中，右击需要设置的图层，在弹出的快捷菜单（图 2-29）中选择“置为当前”选项。

（3）在“图层特性管理器”中，双击某一图层，即可将该图层设置为当前图层。

（4）在“功能区”选项板中，选择“默认”选项卡，在“图层”面板的“图层控制”下拉列表框 0 中，选择某一图层，可将该层图层设置为当前图层。

（5）在“功能区”选项板中，选择“默认”选项卡，在“图层”面板中单击“置为当前”按钮，或者在命令行输入“LAYMCUR”命令，然后选择对象，系统将选定对象所在的图层设置为当前图层。

（6）在命令行输入“CLAYER”命令并按 Enter 键。

4. 图层排序

复杂图形往往包含多个图层，此时对图层进行排序有利于图层查找、定位。在“图层特性管理器”（图 2-28）中单击某一列标签时，系统将以该列对所有图层按字母的升序或降序排列。用户可以根据需要选择任一属性进行排序，包括名称、状态、颜色、线型等。例如，单击“名称”栏时，显示上三角▲，将对所有图层按“名称”升序排列，如图 2-30 所示；再次单击“名称”栏时，显示下三角▼，则按降序排列。

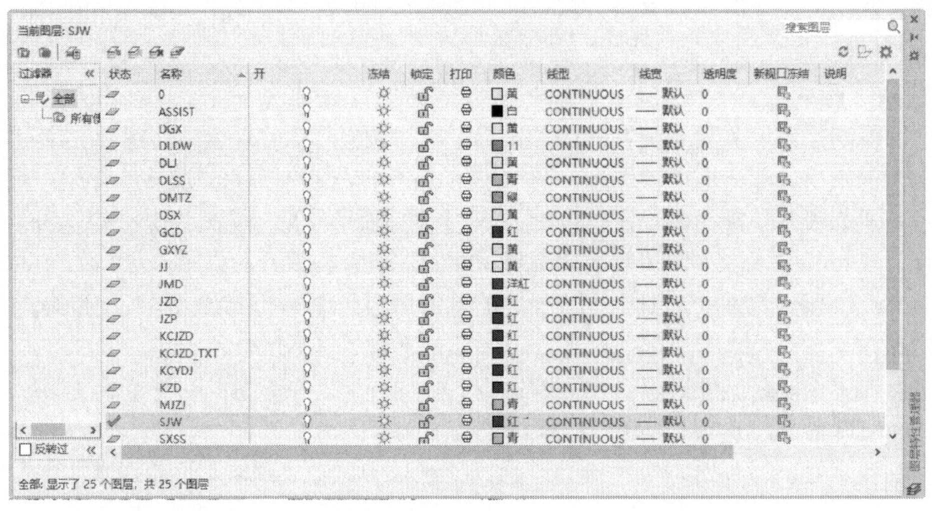

图 2-30　图层排序

5. 图层过滤

在图 2-28“图层特性管理器”对话框左侧的图层过滤器列表中，以树状图形式显示了当前图形中所有的命名过滤器及默认的图层过滤器。单击«、»按钮可展开或收拢过滤器列表。当“过滤器”列表处于收拢状态时，单击位于“图层特性管理器”左下角的“图层过滤器”按钮来显示过滤器列表。每一个图层过滤器前的图标指示出该过滤器的类型，、分别为图层特性过滤器和图层组过滤器。

在“图层特性管理器”的“过滤器”列表中选择一个图层过滤器，则右侧图层列表中仅显示与该过滤器中指定的特性相匹配的图层。当图形数量多达几十个甚至上百个时，图层过滤功能可以将较长的图层列表减少到仅为与当前相关的图层，有利于降低图形复杂度，进一步提高绘图效率。

1）创建图层特性过滤器

在“图层特性管理器”对话框中，按 Alt+P 组合键或单击“新建特性过滤器”按钮，也可以右击“过滤器”列表，在弹出的快捷菜单（图 2-31）中，选择“新建特性过滤器”选项，弹出“图层过滤器特性”对话框，如图 2-32 所示。

在图 2-32 中，定义了一个名称为“特性过滤器_1”的过滤器，该过滤器定义为图层包含对象且图层名称中含有“Z”字母，“过滤器预览”一栏显示了该过滤器的过滤结果。单击“确定”按钮，关闭当前窗口，返回到“图层特性管理器”对话框，在过滤器树状列表中，将显示“特性过滤器_1”。当单击选择该过滤器时，该过滤器即为当前过滤器，过滤结果显示在右侧的图层列表中。

2）创建图层组过滤器

在“图层特性管理器”对话框中，按 Alt+G 组合键或单击“新建组过滤器”按钮，

也可以在“过滤器列表”快捷菜单（图 2-31）中，选择“新建组过滤器”选项，输入图层组过滤器名称并按 Enter 键确认，创建一个空白组过滤器；在“过滤器”列表中，单击“全部”选项或其他任意一个过滤器，选择图层列表中的图层，并将其拖动到图层组过滤器，或者选择图 2-31 中的“选择图层”|“添加”，依此单击选定对象，将选定对象所在图层添加到过滤器中，完成图层组过滤器的创建。当选择该图层组过滤器后，图层列表中将仅显示指定的图层。

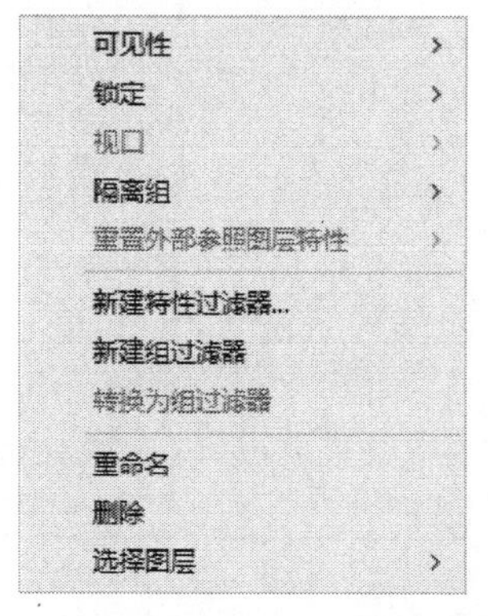

图 2-31　“过滤器列表”快捷菜单

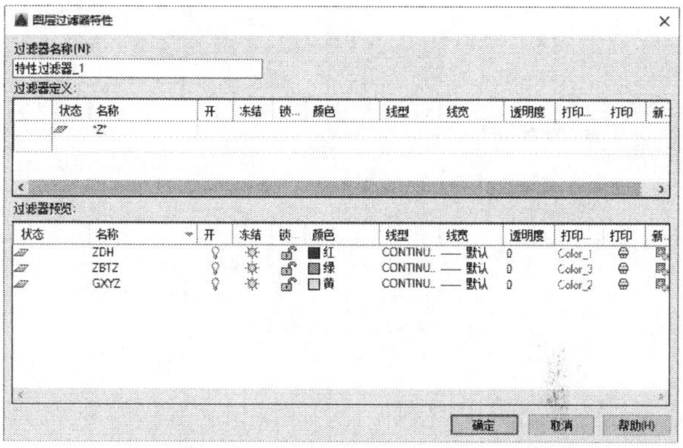

图 2-32　“图层过滤器特性”对话框

6. 保存、恢复图层状态

在处理复杂图形时，用户可以将当前图层设置另存为图层状态。图层状态将会保存在图形中，并且可以随时恢复。在恢复图层状态时，既可以恢复所有图层设置，也可以恢复指定的图层设置。上述功能由“图层状态管理器”实现，打开“图层状态管理器”的方式如下：

（1）在快速访问工具栏选择“显示菜单栏”选项，在菜单栏中选择“格式”|“图层状态管理器”菜单项。

（2）在“图层特性管理器”（图 2-28）中，按 Alt+S 组合键或单击“图层状态管理器”按钮。

（3）在“功能区”选项板中选择“默认”选项卡，在“图层”面板中打开“图层状态”下拉列表框，在下拉列表中选择“管理图层状态”选项。

（4）在命令行输入 LAYERSTATE 命令。

执行上述操作，系统弹出“图层状态管理器”对话框，如图 2-33 所示。其中，图层状态列表中列出了当前图形中已保存的图层状态。

1）保存图层状态

单击“图层状态管理器”对话框中的“新建”按钮，或者在“图层特性管理器”选项板的图层列表中右击，在弹出的快捷菜单中选择“保存图层状态”选项，系统打开“要保存的新图层状态”对话框，如图 2-34 所示。在“新图层状态名”文本框中输入图层状态的名称，在“说明”文本框中输入相关的图层说明文字，然后单击“确定”按钮，关闭对话框，并完成图层状态的创建。新建的图层状态将显示在“图层状态管理器”对话框的图层状态列表中。

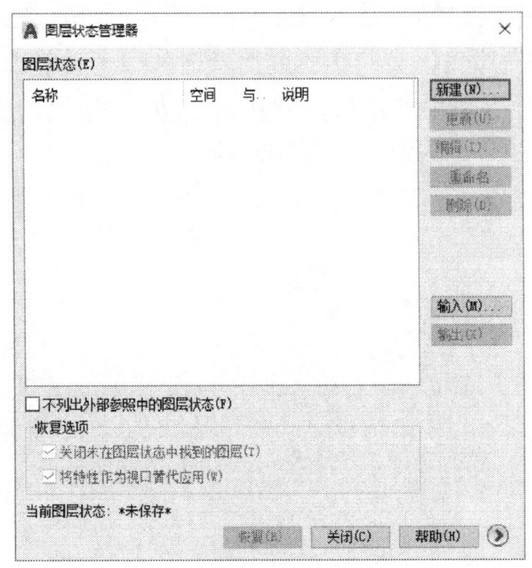

图 2-33　图层状态管理器

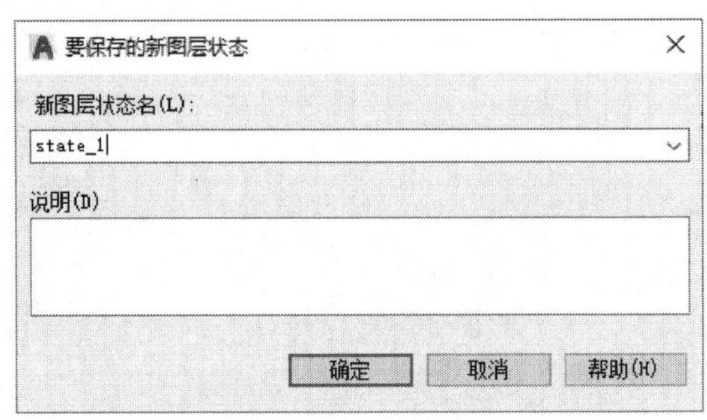

图 2-34　“要保存的新图层状态”对话框

2）恢复图层状态

在“图层”面板中打开“图层状态”下拉列表框，在下拉列表中选择待恢复的“图层状态”，或者在“图层状态管理器”对话框中，选择需要恢复的图层状态后，单击展开按钮，选择要恢复的图层特性和设置，单击“恢复”按钮，即可恢复图层状态。如果保存多个图层状态，使用该功能可以实现多个图层状态之间的快速切换，这给复杂图形的编辑、显示带来极大的方便。

另外，在“图层状态管理器”中，还可以对图层状态进行更新、编辑、重命名、删除、输入、输出等操作。

7. 使用图层管理工具

除了“图层特性管理器”，还可以在功能区的“默认”选项卡中，使用“图层”面板上的图层工具，或者选择“格式”|“图层工具”中的子菜单项，实现对图层的管理。“图层”面板和“图层工具”菜单如图 2-35 所示。

图 2-35 中各选项的功能如下：

（1）图层特性：打开“图层特性管理器”对话框。

（2）图层设置：单击下拉列表框时，显示所有图层列表，可以设置图层的关闭/打开、冻结/解冻、锁定/解锁、颜色等属性，也可将选定图层置为当前图层。

（3）图层关闭：关闭选定对象的图层。

（4）打开所有图层：打开图形中的所有图层。

（5）图层隔离：隐藏或锁定除选定对象的图层之外的所有图层。

（6）取消图层隔离：恢复隐藏或锁定的所有图层。

（7）图层冻结：冻结选定对象的图层。

（8）解冻所有图层：解冻图形中的所有图层。

（9）图层锁定：锁定选定对象的图层。

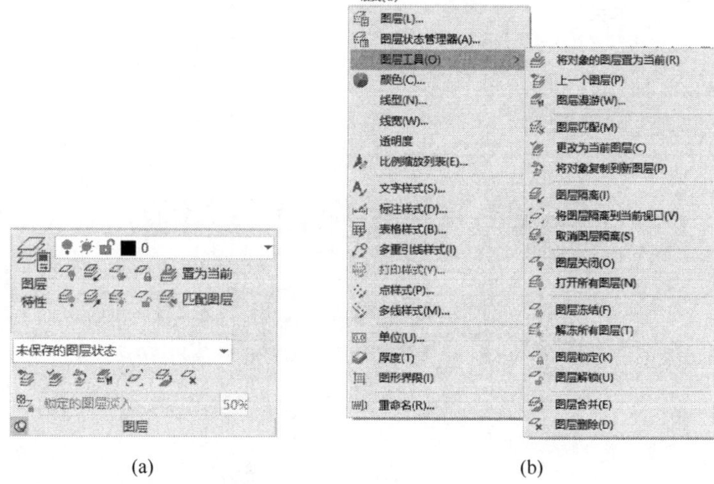

(a)　　(b)

图 2-35　“图层”面板和“图层工具”菜单

（10）图层解锁：解锁选定对象的所有图层。

（11）置为当前：将当前图层设置为选定对象所在的图层。

（12）匹配图层：将选定对象的图层更改为与目标图层相匹配。

（13）图层状态 未保存的图层状态：单击弹出下拉列表，显示当前图形中已保存的图层状态，或用于新建图层状态，打开“图层状态管理器”对话框。

（14）上一个图层：放弃对图层设置的上一个或上一组更改。

（15）更改为当前图层：将选定对象的图层更改为当前图层。

（16）将对象复制到新图层：将一个或多个对象复制到其他图层。

（17）图层漫游：显示选定图层上的对象，并隐藏所有其他图层上的对象。

（18）将图层隔离到当前视口：冻结除当前视口外的其他所有布局视口中的选定图层。

（19）图层合并：将选定图层合并为一个目标图层，从而将以前的图层从图形中删除。

（20）图层删除：删除图层上的所有对象并清理图层。

（21）锁定的图层淡入：启用或禁用应用于锁定图层的淡入效果。

2.4.3　设置图层特性

使用图层绘制图形时，新对象的各种特性将默认随层，由当前图层的默认设置决定。也可以单独设置对象的特性，新设置的特性将覆盖原来随层的特性。在 AutoCAD 中，设置图层特性，通常包括设置图层颜色、线型、线宽等，对图层的特性进行重新设置后，该图层上颜色、线型、线宽等特性为 ByLayer（随层）的所有图形对象的特性将随之而变。

1. 设置图层颜色

在“图层特性管理器”对话框中单击“颜色”列对应的图标，或者在“图层”面板的“图层控制”下拉列表框中，单击某一图层“颜色”列图标，打开“选择颜色”对话框，如图 2-36 所示。

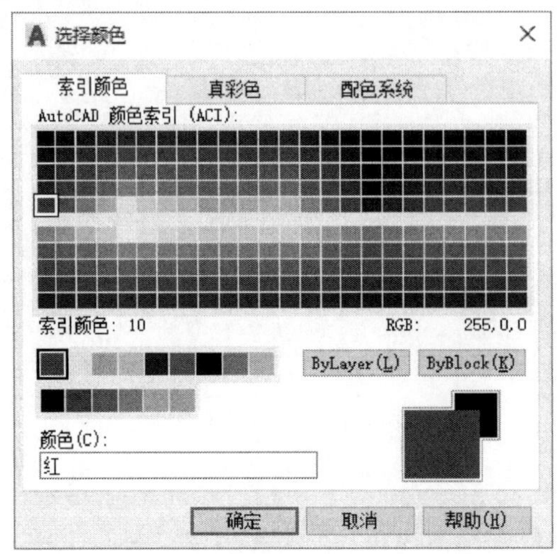

图 2-36　“选择颜色”对话框

在图 2-36 中，可以使用“索引颜色”、“真彩色”和“配色系统”为图层设置颜色。

（1）索引颜色：使用 AutoCAD 颜色索引（ACI）指定颜色设置。在 ACI 颜色表中，每一种颜色用一个 ACI 编号（1～255 之间的整数）标识。如果将光标悬停在某种颜色上，该颜色的编号及其红、绿、蓝值将显示在调色板下面。单击一种颜色以选中它，或在“颜色”文本框里输入该颜色的编号或名称。

（2）真彩色：使用 24 位颜色指定颜色设置。指定真彩色时，可以使用 RGB（三原色）或 HSL 颜色模式。如果使用 RGB 颜色模式，则可以指定颜色的红、绿、蓝组合；如果使用 HSL 颜色模式，则可以指定颜色的色调、饱和度和亮度要素。

（3）配色系统：使用标准 Pantone 配色系统设置图层的颜色。

2. 设置图层线型

线型是指图形基本元素中线条的组成和显示方式，如虚线、点线、文字和符号形式，也可以是未打断和连续形式。

1）设置图层线型

在绘制图形时要使用线型来区分图形元素，这就需要对线型进行设置。默认情况下，图层的线型为 Continuous。要改变线型，可在图层列表中单击“线型”列的 Continuous，打开“选择线型”对话框，在“已加载的线型”列表框中选择一种线型，即可将其应用到图层中，如图 2-37 所示。

2）加载线型

默认情况下，在“选择线型”对话框的“已加载的线型”列表中只有 Continuous 一种线型，如果要使用其他线型，必须将其添加到“已加载的线型”列表框中。可以单击“加载”按钮打开“加载或重载线型”对话框，如图 2-38 所示，从当前线型库中选择需要加载的线型，然后单击“确定”按钮。

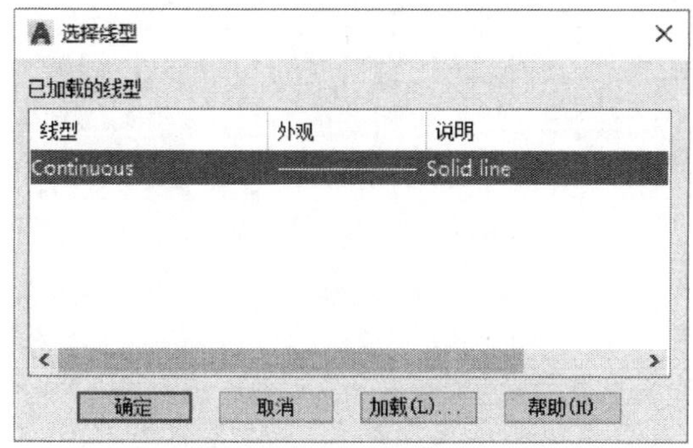

图 2-37　“选择线型”对话框

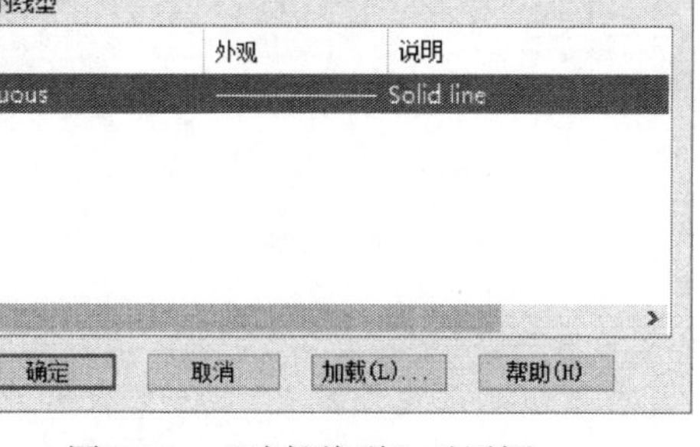

图 2-38　“加载或重载线型”对话框

注：AutoCAD 中的线型包含在线型库定义文件 acad.lin 和 acadiso.lin 中。其中在英制测量系统下，使用线型库定义文件 acad.lin；在公制测量系统下，使用线型库定义文件 acadiso.lin。用户可以根据需要，单击“加载或重载线型”对话框中的“文件”按钮，打开“选择线型文件”对话框，选择合适的线型库定义文件。

3）设置线型比例

在快速访问工具栏选择“显示菜单栏”选项，在菜单栏中执行“格式”|“线型”命令，或在“功能区”选项板中，选择“默认”选项卡，打开“特性”面板的“线型”下拉列表框，在下拉列表中选择“其他”选项，打开“线型管理器”对话框，单击“显示细节”按钮，可以设置图形中的线型比例，从而改变非连续线型的外观，如图 2-39 所示。其中“全局比例因子”用于设置图形中所有线型的比例，“当前对象缩放比例”用于设置当前选中线型的比例。

图 2-39　“线型管理器”对话框

3. 设置图层线宽

线宽是指线条的宽度。在 AutoCAD 中，可以为图层设置不同线度。

要设置图层的线宽，可以在“图层特性管理器”对话框的“线宽”列中单击该图层对应的线宽“——默认”，打开“线宽”对话框，如图 2-40 所示。

需要指出的是，选择“格式”菜单中的颜色、线型、线宽等菜单项，或者设置“特性”面板（图 2-41）中颜色、线型、线宽等选项，用于选择置为当前的相应属性（改变即将绘制图形对象的属性），或者更改选定对象的属性。当改变图层的颜色、线型、线宽时，上述图形对象的对应属性保持不变。

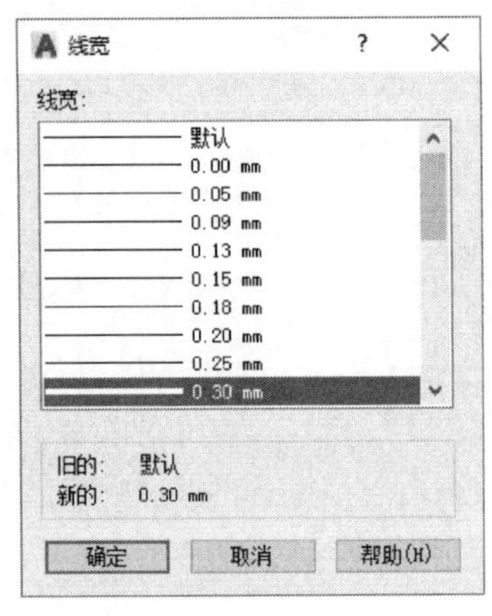

图 2-40　“线宽”对话框

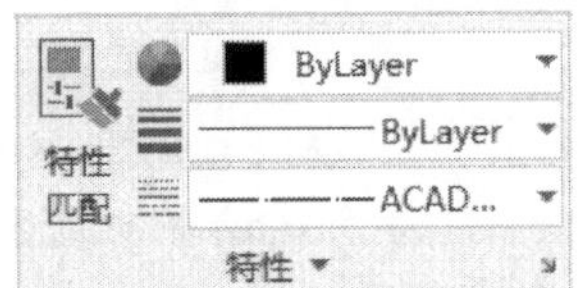

图 2-41　“特性”面板

2.5　辅助绘图工具

2.5.1　栅格与捕捉

栅格是在图形中按照设置间距显示的栅格网络，能提供直观的距离和位置的参照，类似于坐标纸中的方格的作用，但不能打印输出。默认情况下，栅格显示不受图形界限的限制。捕捉则用于设置光标移动的间距，使光标只能停留在指定的点上，起到辅助定位的作用。当打开捕捉模式后，移动鼠标就会发现，鼠标指针像是有了磁性一样，被吸附在栅格点上。

1. 启用栅格

启用栅格包括以下几种方式：

（1）在快速访问工具栏选择“显示菜单栏”选项，在菜单栏中执行“工具”|“绘图设置”命令，打开“草图设置”对话框，如图 2-42 所示。在“捕捉和栅格”选项卡中选中“启用栅格”复选框。

（2）在状态栏中，单击“显示图形栅格”按钮#。

（3）按 F7 键或 Ctrl+G 组合键。

（4）在命令行输入 GRID 命令。

再次执行上述操作，可以关闭栅格。

在“草图设置”对话框中，除了可以设置“捕捉和栅格”之外，还可以对“极轴追踪”、“对象捕捉”和“动态输入”等进行参数设置。除了使用菜单方式之外，还可以使用下面的方式打开“草图设置”对话框：

（1）在命令行输入 DSETTINGS 命令。

（2）在状态栏中，在任何一个按钮（包括捕捉模式、栅格显示、极轴追踪、对象捕捉、三维对象捕捉、对象捕捉追踪、动态输入、快捷特性、选择循环等）上右击并选择“设置”。

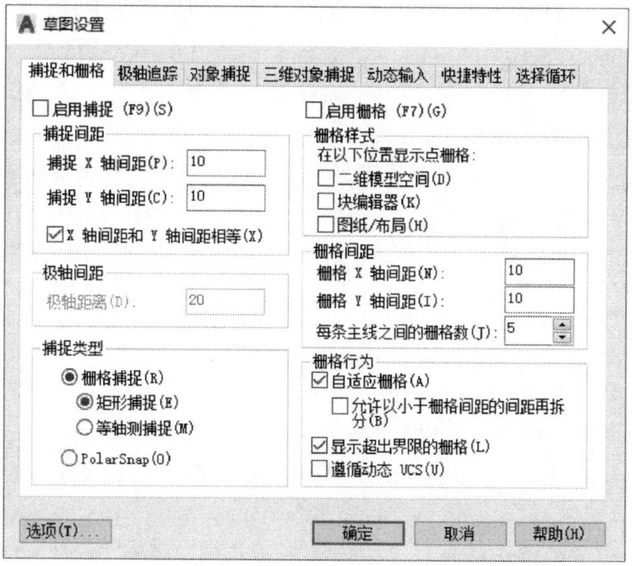

图 2-42　“草图设置”对话框

2. 启用捕捉

启用捕捉包括以下几种方式：

（1）打开如图 2-42 所示的“草图设置”对话框，在“捕捉和栅格”选项卡中选中“启用捕捉”复选框。

（2）在状态栏中，单击“捕捉模式”按钮。

（3）按 F9 键或 Ctrl+B 组合键。

（4）在命令行输入 SNAP 命令。

与栅格功能相似，再次执行上述操作，可以关闭捕捉。

捕捉模式包括“栅格捕捉”和“极轴捕捉”两种捕捉类型，单击“捕捉模式”按钮右侧的下三角按钮，或右击“捕捉模式”按钮，系统弹出快捷菜单，如图 2-43 所示。

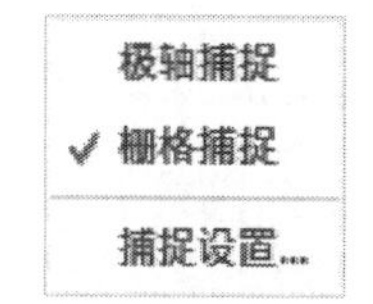

图 2-43　“捕捉模式”快捷菜单

单击图 2-43 所示的快捷菜单项，可以实现在栅格捕捉和极轴捕捉之间的选择，或访问栅格和捕捉设置（图 2-43）。

一般情况下，捕捉和栅格往往同时开启，此时系统显示栅格，且能够捕捉栅格点。但并非两者必须同时开启，即使关闭栅格，系统仍然可以捕捉栅格点。

3. 设置捕捉和栅格参数

在“草图设置”对话框的“捕捉和栅格”选项卡中，可以设置捕捉和栅格的相关参数，各选项的功能如下：

（1）捕捉间距：设置捕捉间距。其中“捕捉 X 轴间距”和“捕捉 Y 轴间距”分别用于设置捕捉栅格点在水平和垂直方向的间距，两者可以不相等。若令两者相等，可以勾选“X 轴间距和 Y 轴间距相等”复选框。

（2）极轴间距：用于设置极轴捕捉增量的距离。如果该值为 0，则 PolarSnap（极轴捕捉）距离采用“捕捉 X 轴间距”的值。“极轴距离”只有在“PolarSnap”单选按钮被选中时才可用，且该项需与极轴追踪、对象捕捉追踪结合使用。如果两个追踪功能都未启用，则“极轴距离”设置无效。

（3）栅格样式：设置点栅格的显示位置，包括二维模型空间、块编辑器和图纸/布局 3 个复选框，勾选上述复选框可以在上述位置中显示点栅格，否则将显示网状栅格。

（4）栅格间距：设置栅格间距。如果栅格的 X 轴和 Y 轴间距为 0，则栅格采用捕捉 X 轴和 Y 轴间距的值。

（5）捕捉类型：可以设置捕捉类型。

①栅格捕捉：选中该单选按钮，可以设置捕捉样式为栅格。当选中“矩形捕捉”单选按钮时，可将捕捉样式设置为标准矩形捕捉模式，光标可以捕捉一个矩形栅格；当选中“等轴测捕捉”单选按钮时，可将捕捉样式设置为等轴测捕捉模式，光标将捕捉到一个等轴测栅格。

②PolarSnap：选中该单选按钮，可以设置捕捉样式为极轴捕捉。此时，“极轴间距”选项区域中的“极轴距离”文本框处于可编辑状态，在启用了极轴追踪或对象捕捉追踪的情况下指定点，可以设置沿极轴角或对象捕捉追踪角度进行捕捉。

（6）栅格行为：用于设置“视觉样式”下栅格线的显示样式（三维线框除外）。

①“自适应栅格”复选框：用于限制缩放时栅格的密度。

②“允许以小于栅格间距的间距再拆分”复选框：用于设置是否能够以小于栅格间距的间距来拆分栅格。

③“显示超出界限的栅格”复选框：用于设置是否显示超出图形界限的栅格。

④“遵循动态 UCS”复选框：跟随动态 UCS 的 XY 平面而改变栅格平面。

2.5.2 正交模式

在正交模式下，仅能绘制与当前 X 轴或 Y 轴平行的线段，移动对象时也只能沿着水平方向或垂直方向移动光标。打开或关闭正交模式有以下 3 种方法：

（1）在状态栏中，单击“正交”按钮∟。

（2）按 F8 键。

（3）在命令行输入 ORTHO 命令。

在正交模式下，输入的第一个点是任意的，但当移动光标准备指定第二个点时，引出的橡皮筋线已不再是这两点之间的连线，而是由两点连线在 X 轴方向和 Y 轴方向投影长度中较大值的方向来确定。若 X 轴方向的投影长度较大，则绘制方向与 X 轴平行，如图 2-44（a）所示；否则绘制方向与 Y 轴平行，如图 2-44（b）所示。但是在正交模式下，仍然可以通过输入坐标或开启对象捕捉等方式指定点，并不受正交模式的影响。

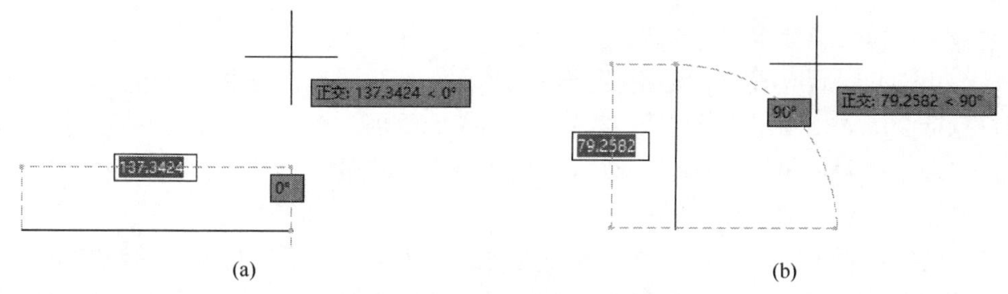

图 2-44　正交模式下绘制直线

在绘图和编辑过程中，可以随时单击“正交”按钮，打开或关闭“正交”模式。也可以根据需要，按住 Shift 键或 F8 键，临时打开或关闭“正交”模式。

注：正交模式和极轴追踪不能同时打开。打开正交模式将关闭极轴追踪，反之亦然。

2.5.3　极轴追踪

在 AutoCAD 中，自动追踪可按指定角度绘制对象，或者按照与其他对象的特定关系绘制对象。自动追踪功能包括极轴追踪和对象捕捉追踪两种。

1. 极轴追踪

极轴追踪按事先给定的角度增量来追踪特征点。在 AutoCAD 中，可以通过以下方法打开或关闭极轴追踪模式：

（1）打开如图 2-45 所示的“草图设置”对话框，在“极轴追踪”选项卡中（图 2-45），选中“启用极轴追踪”复选框，单击“确定”按钮。

（2）在状态栏中，单击“极轴追踪”按钮。

（3）按 F10 键或者 Ctrl+U 组合键。

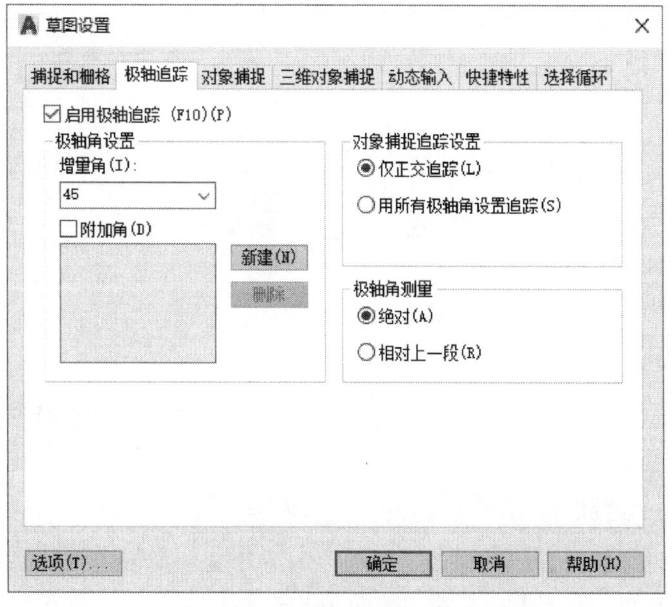

图 2-45　“极轴追踪”选项卡

“极轴追踪”选项卡中各选项的功能如下：

（1）极轴角设置：设置极轴角度。在“增量角”下拉列表框中可以选择系统预设的角度，包括 90、45、30、22.5、18、15、10 和 5 等常用角度值。如果这些角度不能满足需要，可选中“附加角”复选框，然后单击“新建”按钮，在“附加角”列表中增加新角度，最多可以添加 10 个附加角度。

（2）对象捕捉追踪设置：设置对象捕捉追踪。选中“仅正交追踪”单选按钮，可在启用对象捕捉追踪时，只显示获取的对象捕捉点的正交对象捕捉追踪路径；选中“用所有极轴角设置追踪”单选按钮，可以将极轴追踪设置应用到对象捕捉追踪。使用对象捕捉追踪时，光标将从获取的对象捕捉点起沿极轴对齐角度进行追踪。

（3）极轴角测量：设置极轴追踪对齐角度的测量基准。其中，选中“绝对”单选按钮，可以基于当前 UCS 确定极轴追踪角度；选中“相对上一段”单选按钮，可以基于最后绘制的线段确定极轴追踪角度。

单击“极轴追踪”按钮右侧的下三角按钮，或右击“极轴追踪”按钮，系统弹出快捷菜单，如图 2-46 所示。在极轴追踪模式下，带复选标记的选项表示当前的极轴角设置，选择其他选项可以重新设置极轴角；若选择“正在追踪设置”选项，则弹出“草图设置”对话框，用于“极轴追踪”参数设置，如图 2-45 所示。

在极轴追踪模式下，创建或修改对象时，光标移动接近指定的极轴角度，可以显示由指定的极轴角度所定义的临时对齐路径（一条无限延伸的辅助线）和工具提示，此时的光标将按指定角度进行移动，如图 2-47（a）所示。若在极轴追踪模式下同时打开捕捉模式（设定为“PolarSnap”），光标将沿着极轴追踪角度按“极轴距离”进行移动。如图 2-47（b）所示，如果指定 20 个单位的距离，光标将自指定的第一点捕捉 0、20、40、60、80 的距离，以此类推。移动光标时，工具提示将显示最接近的 PolarSnap 增量。值得指出的是，必须在“极轴追踪”和“极轴捕捉”同时开启的情况下，才能将点输入限制为极轴距离。

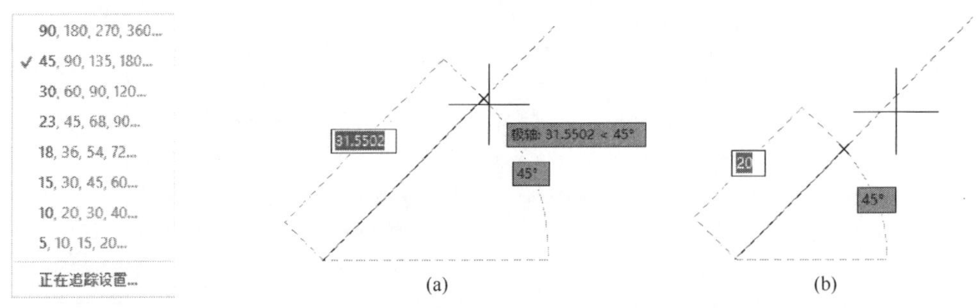

图 2-46　“极轴追踪”快捷菜单　　图 2-47　极轴追踪与极轴捕捉

2. 对象捕捉追踪

对象捕捉追踪则按与对象的某种特定关系来追踪光标，这种特定关系确定了一个未知角度。也就是说，如果事先知道要追踪的方向或角度，则使用极轴追踪；如果事先不知道具体的追踪方向，但知道与其他对象的某种关系（如正交），则用对象捕捉追踪。极轴追踪和对象捕捉追踪可以同时使用。

启用对象捕捉追踪的方式有以下 3 种：

（1）打开如图 2-42 所示的“草图设置”对话框，在“对象捕捉”选项卡中，勾选“启用对象捕捉追踪”复选框。

（2）在状态栏中，单击“对象捕捉追踪”按钮∠。

（3）按 F11 键。

默认情况下，对象捕捉追踪设定为正交。对齐路径将显示在始于已获取的对象点的 0°、90°、180°和 270° 4 种追踪方向。对象捕捉追踪可以使用极轴追踪角度代替，此时需要选中“用所有极轴角设置追踪”单选按钮。

对象捕捉追踪常常与对象捕捉一起使用，即从对象捕捉点进行追踪，其操作方法是在命令执行期间，将光标悬停于捕捉点上，已获取的点将显示一个小加号“+”；获取点之后，当在绘图路径上移动光标时，将显示相对于获取点的水平、垂直或极轴对齐路径，此时即可以沿着对象捕捉点的对齐路径进行追踪。若再次悬停于该点上，则可以停止追踪。

实例 2-3　分别使用极轴追踪和对象捕捉追踪绘制边长为 60 的正三角形。

（1）使用极轴追踪的绘制过程如下：

①在快速访问工具栏选择“显示菜单栏”选项，在菜单栏中执行“工具”|“绘图设置”命令，打开“草图设置”对话框。在“捕捉和栅格”选项卡中，选中“启用捕捉”复选框；选中“PolarSnap”单选钮，并在“极轴距离”文本框中输入“60”；在“极轴追踪”选项卡中，选中“启用极轴追踪”复选框，在“增量角”下拉列表框中输入“60”，单击“确定”按钮，关闭“草图设置”对话框。

②在“功能区”选项板中，选择“默认”选项卡，在“绘图”面板中单击“多线段”命令按钮，在绘图区域合适位置单击指定起点位置，拖动鼠标向右上移动，令极轴角度为 60°，此时出现一条无限延伸的辅助线（即临时对齐路径），沿着该线移动鼠标，令极距为 60，如图 2-48（a）所示，单击确定第二点；向右下方移动鼠标，令极轴角度为 300°，再沿着临时对齐路径移动鼠标，令极距为 60，如图 2-48（b）所示，单击确定第三点；最后，输入“C”并按 Enter 键，完成正三角形绘制。

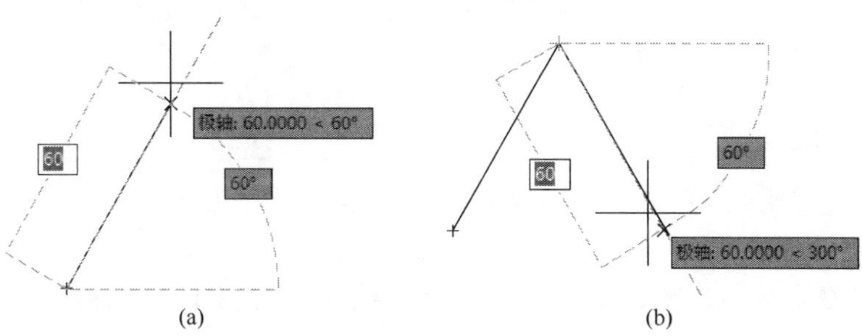

图 2-48　使用极轴追踪绘制正三角形

（2）使用对象捕捉追踪的方法绘制过程如下：

①在快速访问工具栏选择“显示菜单栏”选项，在菜单栏中执行“工具”|“绘图设置”命令，打开“草图设置”对话框。在“捕捉和栅格”选项卡中，勾选掉“启用捕捉”复选框；在“极轴追踪”选项卡中，选中“启用极轴追踪”复选框，在“增量角”下拉

列表框中输入“60”，选中“用所有极轴角设置追踪”单选按钮；在“对象捕捉”选项卡中，选中“启动对象捕捉”、“启用对象捕捉追踪”和“端点”3个复选框，勾选掉其他复选框，单击“确定”按钮，关闭“草图设置”对话框。

②在“默认”选项卡的“绘图”面板中单击“多线段”命令按钮，在绘图区域合适位置单击指定第一点，向右拖动鼠标，令极轴角度为0°，输入极距60，如图2-49（a）所示，按Enter键确定第二点；移动鼠标将光标悬停于第一点，当出现标识时，向右上方移动鼠标，显示第一点为捕捉点的极轴对齐路径，沿对齐路径向右上方追踪，直至出现基于第二点的120°极轴对齐路径，如图2-49（b）所示，单击确定第三点；最后，输入“C”并按Enter键，完成正三角形绘制。

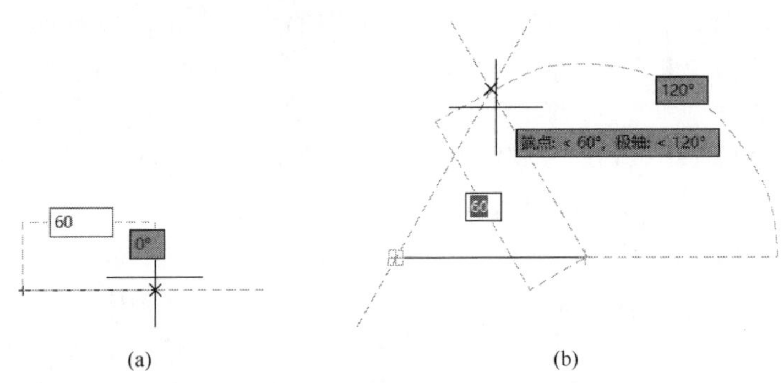

图2-49 使用对象捕捉追踪绘制正三角形

3. 自动追踪功能设置

自动追踪功能包括以下三个选项：

（1）显示极轴追踪矢量：设置是否显示极轴追踪的矢量数据。

（2）显示全屏追踪矢量：设置是否显示全屏追踪的矢量数据。

（3）显示自动追踪工具栏提示：设置在追踪特征点时是否显示工具栏上的相应按钮的文字。

在AutoCAD 2020中，默认上述选项处于选中状态。若要重新设置，则需打开“选项”对话框，在“绘图”选项卡的“AutoTrack设置”选项区域中进行设置。

2.5.4 对象捕捉

对象捕捉能够精确定位在已有对象的特殊点或特定点（如直线的端点、中点等），在保证绘图精度的同时，提高了绘制效率。在AutoCAD中，对象捕捉包含指定对象捕捉和执行对象捕捉2种类型。前者属于临时打开捕捉模式，仅对本次捕捉点有效；后者设置的对象捕捉模式一旦开启，始终处于运行状态，直到关闭为止。

1. 指定对象捕捉

在命令行提示输入点时，执行以下操作之一，即可开启“指定对象捕捉”：

（1）在快速访问工具栏选择“显示菜单栏”选项，在菜单栏中执行“工具”|“工具栏”|“AutoCAD”|“对象捕捉”命令，在打开的“对象捕捉”工具栏（图2-50）中单击“对象捕捉”按钮。

图 2-50　“对象捕捉”工具栏

（2）按住 Shift 键或者 Ctrl 键并右击，在弹出的“对象捕捉”快捷菜单（图 2-51）中，选中对象捕捉方式，如“中点（M）”。

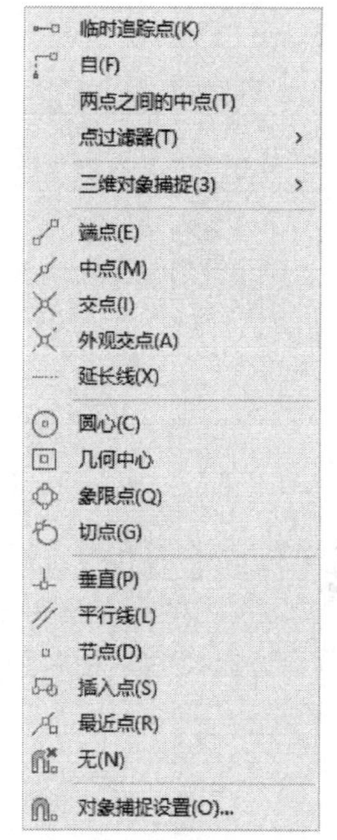

图 2-51　“对象捕捉”快捷菜单

（3）右击，从“对象捕捉设置（O）”子菜单（图 2-52）中选择对象捕捉方式。

（4）在命令行输入对象捕捉的名称并按 Enter 键，如 END（端点）、MID（中点）、CEN（圆心）、NOD（节点）、QUA（象限点）、INT（交点）、PER（垂足）、TAN（切点）等，在命令行中显示一个相应的标记。

2. 执行对象捕捉

开启“执行对象捕捉”的方式有以下几种：

（1）打开如图 2-42 所示“草图设置”对话框，在“对象捕捉”选项卡中，勾选“启用对象捕捉”复选框，如图 2-52 所示。

（2）在状态栏中，单击“对象捕捉”按钮。

（3）按 F3 键（仅限于打开和关闭）。

（4）在命令行输入 OSNAP 或 OS 命令，在弹出的“草图设置”对话框中，勾选“启用对象捕捉”复选框，如图 2-52 所示。

启用对象捕捉后，还需要设置对象捕捉模式。如图 2-52 所示，AutoCAD 提供了包括端点在内的 14 种对象捕捉模式，用户根据实际需要选择一种、多种或者全部对象捕捉模式，单击“确定”按钮，关闭“草图设置”对话框，完成对象捕捉模式设置。另外，单击“对象捕捉”按钮右侧的下三角按钮，或右击“对象捕捉”按钮，系统弹出快捷菜单（图 2-53），单击对应的快捷菜单项，也可以完成对象捕捉模式设置。被选中的对象捕捉模式前带有复选标记✓，再次单击该选项，则清除该捕捉模式。

值得说明的是，单击“对象捕捉”工具栏（图 2-50）中的“对象捕捉设置”按钮或选择图 2-51、图 2-53 菜单中的“对象捕捉设置”，也可以弹出图 2-52 的对话框，以便能够启用对象捕捉并设置对象捕捉模式。

如图 2-52 所示，当启用多个对象捕捉模式时，在一个指定的位置可能有多个对象捕捉符合条件，按 Tab 键可遍历所有的选择，单击确认所做的选择。

3. 使用临时追踪点和捕捉自功能

在“对象捕捉”工具栏和“对象捕捉”快捷菜单中，还有两个非常好用的对象捕捉工具，即“临时追踪点”和“自”工具。

（1）“临时追踪点”工具：可在一次操作中创建多条追踪线，并根据这些追踪线确定所要定位的点。

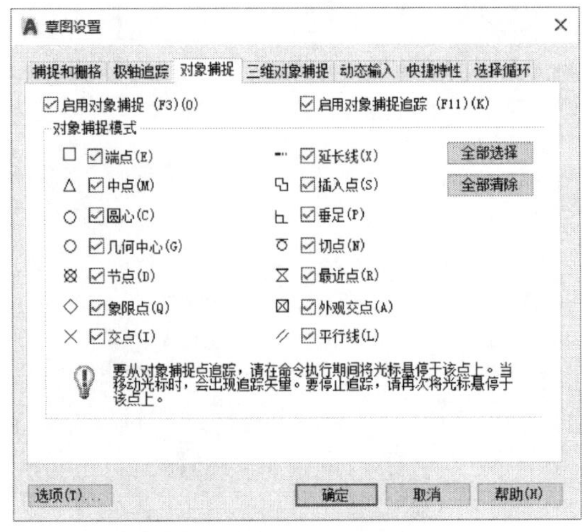

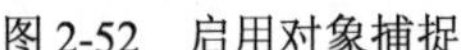
图 2-52　启用对象捕捉　　　　图 2-53　设置对象捕捉模式

（2）“捕捉自”工具：在使用相对坐标指定下一点时，“捕捉自”工具可以提示输入基点，并将该点作为偏移后续点的临时参考点。该工具不会将光标限制在水平方向或垂直方向，它不是对象捕捉模式，但经常与对象捕捉一起使用。

2.5.5　动态输入

在 AutoCAD 2020 中，“动态输入”功能允许用户在十字光标附近输入坐标值、长度值和角度值，并且能够显示命令提示和命令输入等信息。“动态输入”默认处于打开状态，可以通过单击状态栏上的“动态输入”按钮或按 F12 键来打开或关闭“动态输入”。如果状态栏上未显示“动态输入”图标，单击位于状态栏最右端的“自定义”按钮☰，在弹出菜单中选择“动态输入”即可。

动态输入有三个选项：指针输入、标注输入和动态提示。在“动态输入”按钮上，右击并选择“动态输入设置”，弹出“动态输入”选项卡，如图 2-54 所示。

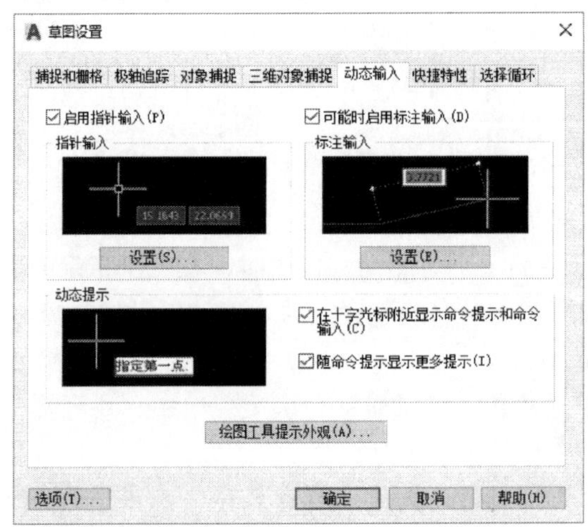

图 2-54　“动态输入”选项卡

在图 2-54 的“动态输入”选项卡中，各选项功能如下：

（1）指针输入：选中“启用指针输入”复选框可以启用指针输入功能。在“指针输入”选项区域中单击“设置”按钮，打开“指针输入设置”对话框，用于指针格式和可见性的设置。

（2）标注输入：选中“可能时启用标注输入”复选框可以启用标注输入功能。在“标注输入”选项区域单击“设置”按钮，打开“标注输入的设置”对话框，用于设置标注的可见性。

（3）动态提示：选中“动态提示”选项区域中的“在十字光标附近显示命令提示和命令输入”复选框，可以在光标附近显示命令提示。按下箭头键可以查看和选择选项，按上箭头键可以显示最近的输入。用户可以在工具提示（而不是在命令行）中输入响应，如图 2-55 所示。

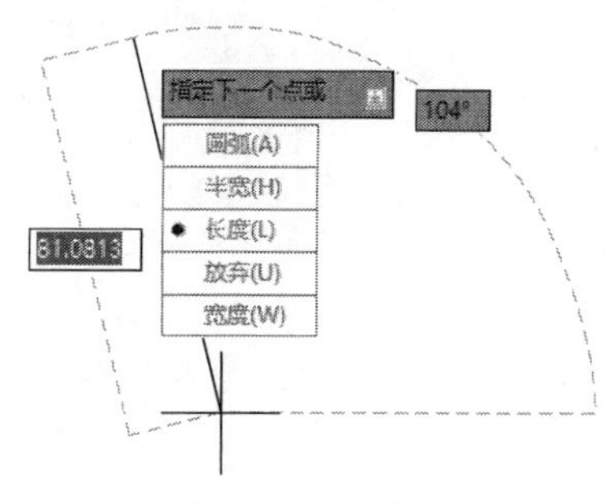

图 2-55　动态提示

2.5.6　快捷特性

AutoCAD 2020 中提供了快捷特性功能，当用户选中对象时，即可显示快捷特性面板，从而方便修改对象的属性。例如，选中一个圆，其快捷特性面板如图 2-56 所示。

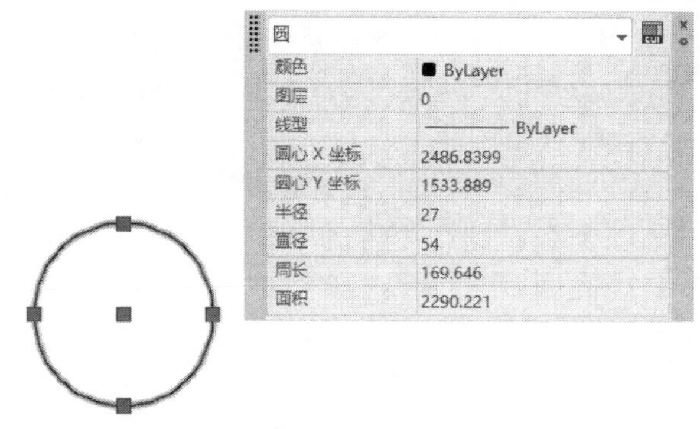

图 2-56　快捷特性面板

通过单击状态栏上的“快捷特性”按钮或按 Ctrl+Shift+P 组合键来打开或关闭“快捷特性”。如果状态栏上未显示“快捷特性”图标，单击位于状态栏最右端的“自定义”按钮，在弹出菜单中选择“快捷特性”即可。

在“快捷特性”按钮上，右击并选择“快捷特性设置”选项，弹出“快捷特性”设置对话框，如图 2-57 所示。

在图 2-57 的“快捷特性”选项卡中，各选项功能如下：

（1）选中时显示快捷特性选项板：选中或取消该复选框，并单击“确定”按钮，可以打开或关闭“快捷特性”。

（2）选项板显示：设置显示所有对象的快捷特性面板或显示已定义快捷特性的对象快捷特性面板。

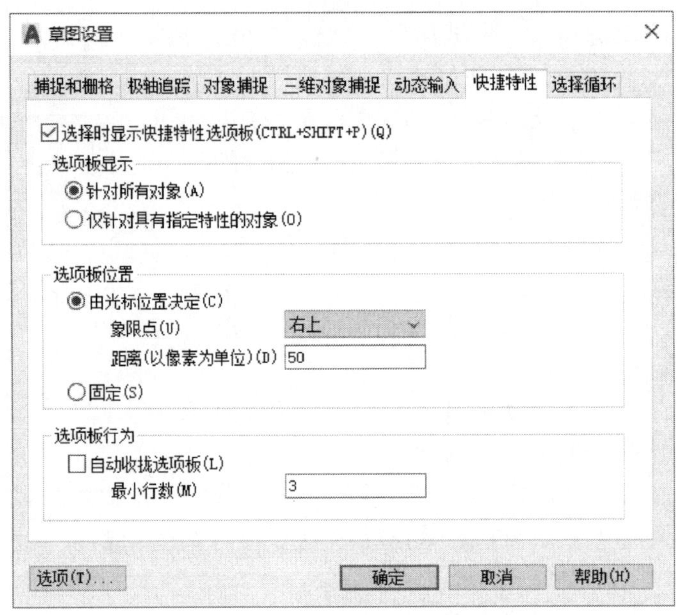

图 2-57　“快捷特性”选项卡

（3）选项板位置：设置快捷特性面板的位置。选中“由光标位置决定”单选按钮，快捷特性面板将根据“象限点”和“距离(以像素为单位)”的值显示在某一个位置；选中“浮动”单选按钮，快捷特性面板将显示在上一次关闭时的位置。

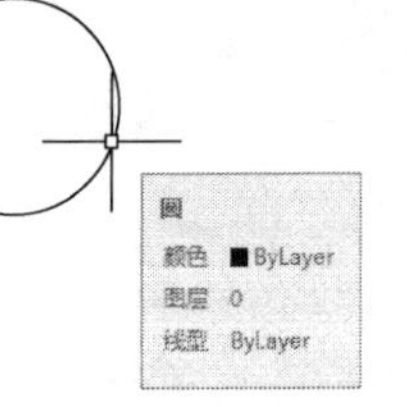

图 2-58　鼠标悬停工具提示

（4）选项板行为：设置快捷特性面板显示的高度以及是否自动收拢。

注：与快捷特性相似的是“鼠标悬停工具提示”，当光标悬停在绘图区域中的对象上时，可以显示该对象特性(包括图层、线型、颜色）的特性值。以图 2-56 中圆为例，其工具提示如图 2-58 所示。若要关闭此功能，则需打开“选项”对话框，在“显示”选项卡中勾选掉“显示鼠标悬停工具提示”复选框。

2.5.7　选择循环

选择循环功能用于控制鼠标选择（或悬停）的对象与另一个对象重叠时的显示行为。单击状态栏上的“选择循环”按钮或按 CTRL+W 组合键来打开或关闭“选择循环”菜单。如果状态栏上未显示“选择循环”图标，单击位于状态栏最右端的“自定义”按钮☰，在弹出菜单中选择“选择循环”选项即可。

在“动态输入”按钮上，右击并选中“选择循环设置”选项，系统弹出“选择循环”设置对话框，如图 2-59 所示。

在图 2-59 的“选择循环”选项卡中，各选项功能如下：

（1）显示选择循环列表框：设置是否显示“选择”列表框以及列表框的显示位置。

（2）显示标题栏：设置是否显示“选择”列表框中的标题栏。

在启用“选择循环”情况下，将光标悬停在堆叠对象上时，光标旁边会显示一个双矩形图标，如图 2-60（a）所示。选择任意堆叠对象时，将显示一个列表框，如图 2-60（b）所示，从列表框中可以选择所需的对象。

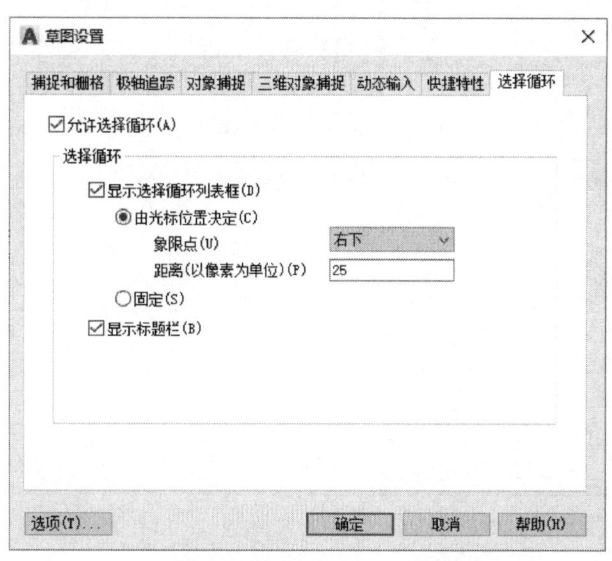

图 2-59　“选择循环”选项卡

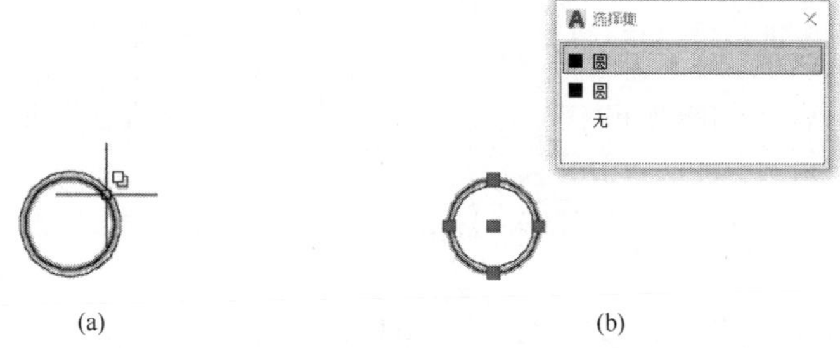

(a)　(b)

图 2-60　选择循环的双矩形图标和列表框

即使在状态栏上关闭“选择循环”菜单，仍可以通过按 Shift+空格键作为临时替代来使用该功能，但此时不会看到光标标记或列表框。

2.5.8　参数化约束

参数化约束主要用于参数化图形设计，所谓约束是指应用于二维几何图形的关联和限制。应用约束后，对一个对象所做的更改操作可能会自动调整其他关联对象。

AutoCAD 中的参数化约束分两种常用类型，即几何约束和标注约束。几何约束控制对象相对于彼此的关系（如垂直、平行、相切等），而标注约束控制对象的距离、长度、角度和半径值。

当使用约束时，图形会处于以下三种状态之一。

（1）未约束。未将约束应用于任何几何图形。

（2）欠约束。将某些约束应用于几何图形。

（3）完全约束。将所有相关几何约束和标注约束应用于几何图形。完全约束的一组对象还需要包括至少一个固定约束，以锁定几何图形的位置。

1. 几何约束

AutoCAD 提供了包括重合、垂直、平行、相切等在内的 12 种几何约束，相应的命令按钮位于“参数化”选项卡的“几何约束”面板中，如图 2-61 所示。其相应的菜单及工具栏如图 2-62 所示。

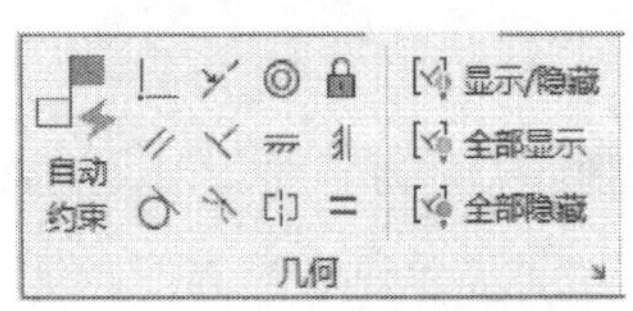

图 2-61　“几何约束”面板

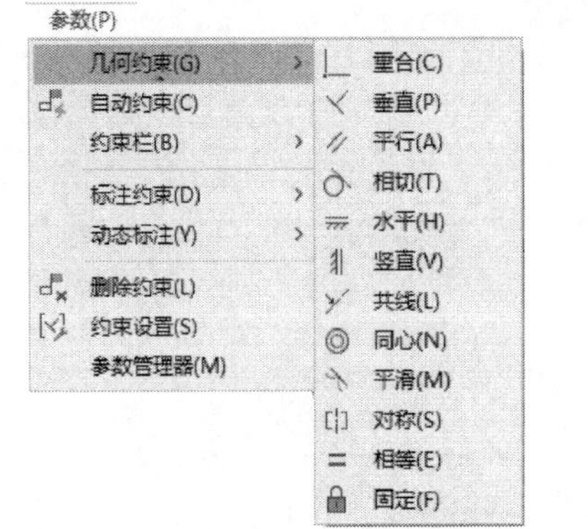

图 2-62　“几何约束”菜单及工具栏

各功能按钮的功能如下：

（1）重合（GCCOINCIDENT）：约束两个点使其重合，或者约束一个点使其位于对象（或对象的延长线）上。

（2）垂直（GCPERPENDICULAR）：约束两条直线或多段线线段，使其夹角始终保持为90°。

（3）平行（GCPARALLEL）：约束两条直线，使其平行。

（4）相切（GCTANGENT）：约束两条曲线，使其彼此相切或其延长线彼此相切。

（5）水平（GCHORIZONTAL）：约束一条直线或一对点，使其与当前 UCS 的 *X* 轴平行。

（6）竖直（GCVERTICAL）：约束一条直线或一对点，使其与当前 UCS 的 *Y* 轴平行。

（7）共线（GCCOLLINEAR）：约束两条直线，使其位于同一无限长的线上。

（8）同心（GCCONCENTRIC）：约束选定的圆、圆弧或椭圆，使其具有相同的圆心点。

（9）平滑（GCSMOOTH）：约束一条样条曲线，使其与其他样条曲线、直线、圆弧或多段线彼此相连并保持 G2连续性。

（10）对称（GCSYMMETRIC）：约束对象上的两条曲线或两个点，使其以选定直线为对称轴彼此对称。

（11）相等（GCEQUAL）：约束两条直线或多段线线段使其具有相同长度，或约束圆和圆弧使其具有相同半径值。

（12）固定（GCFIX）：约束一个点或一条曲线，使其固定在相对于世界坐标系（WCS）的特定位置和方向上。

（13）自动约束（AUTOCONSTRAIN）：将多个几何约束应用于选定的对象。

（14）显示/隐藏（CONSTRAINTBAR）：显示或隐藏选定对象的几何约束。

（15）全部显示：显示图形中的所有几何约束。

（16）全部隐藏：隐藏图形中的所有几何约束。

2. 标注约束

标注约束的命令按钮位于“参数化”选项卡的“标注约束”面板中，如图 2-63 所示。其相应的菜单及工具栏如图 2-64 所示。

图 2-63　“标注约束”面板

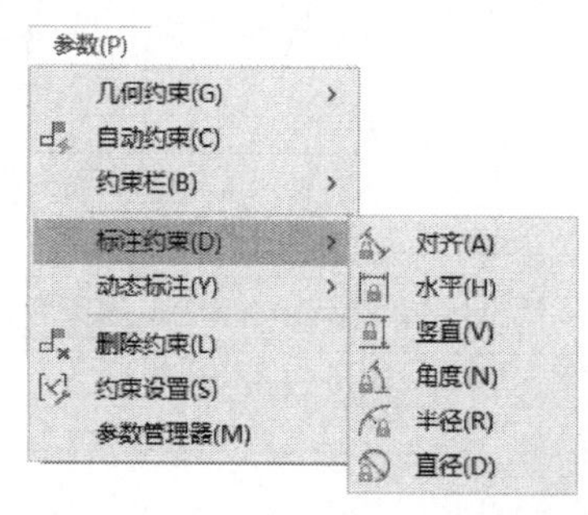

图 2-64　“标注约束”菜单及工具栏

各功能按钮的功能如下：

（1）对齐（DCALIGNED）：约束同一对象或不同对象上两个点之间的距离。

（2）水平（DCHORIZONTAL）：约束直线或不同对象上两点间在 *X* 方向上的距离。

（3）竖直（DCVERTICAL）：约束直线或不同对象上两点间在 *Y* 方向上的距离。

（4）角度（DCANGULAR）：约束直线段或多段线线段之间的角度、由圆弧或多段线圆弧段扫掠得到的角度，或对象上三个点之间的角度。

（5）半径（DCRADIUS）：约束圆或圆弧的半径。

（6）直径（DCDIAMETER）：约束圆或圆弧的直径。

（7）转换（DCCONVERT）：将关联标注转换为标注约束。

（8）显示/隐藏（DCDISPLAY）：显示或隐藏选定对象的动态标注约束。

（9）全部显示：显示图形中的所有动态标注约束。

（10）全部隐藏：隐藏图形中的所有动态标注约束。

（11）动态约束模式：创建标注约束时将动态约束应用至对象。

（12）注释性约束模式：创建标注约束时将注释性约束应用至对象。

3. 删除约束

将光标悬停在几何约束图标上，或单击选择待删除的标注约束，按 Delete 键即可删除该约束。也可以在约束图标上右击，在弹出的快捷菜单中选择“删除”选项。

若要一次性删除选定对象上的所有几何约束和标注约束，可选择下列方式之一：

（1）在快速访问工具栏选择“显示菜单栏”选项，在菜单栏中执行“参数”|“删除约束”命令。

（2）在“参数化”选项卡的“管理”面板中，单击“删除约束”按钮。

（3）在“参数”菜单项中，单击“删除约束”按钮。

（4）在命令行输入 DELCONSTRAINT 命令。

执行上述操作后，选择对象按 Enter 键确认，即可删除该对象上的所有几何约束和标注约束。

4. 约束设置

约束设置主要用于控制约束栏中约束（包括几何约束、标注约束和自动约束）的显示。可选择下列方式之一：

（1）在“参数化”选项卡的“几何”或“标注”面板中，单击“约束设置”按钮。

（2）在快速访问工具栏选择“显示菜单栏”选项，在菜单栏中执行“参数”|“约束设置”命令。

（3）在“参数化”工具栏中，单击“约束设置”按钮。

（4）在命令行输入 CONSTRAINTSETTINGS 命令。

（5）在命令行输入 AUTOCONSTRAIN 命令，命令行提示“选择对象或［设置（S）］：”，单击“设置”选项，或输入“S”并按 Enter 键。

执行上述任意一种操作，系统打开“约束设置”对话框，如图 2-65 所示。该对话框包括“几何”、“标注”和“自动约束”3 个选项卡，分别用于设置几何约束类型、标注约束的格式、自动约束的类型以及优先级等选项，设置完毕后，单击“确定”按钮，完成约束设置。

图 2-65　“约束设置”对话框

实例 2-4　使用参数化约束在半径为 50 的圆内绘制五角星。

（1）在“默认”选项卡的“绘图”面板中单击“圆”命令按钮，在绘图区域合适位置单击指定圆的圆心，拖动鼠标以任意半径绘制圆。

（2）右击状态栏中“对象捕捉”按钮，在弹出的快捷菜单中选择“对象捕捉设置”选项，打开“草图设置”对话框；在“对象捕捉”选项卡中，选中“启动对象捕捉”“最近点”两个复选框，勾选掉其他复选框，单击“确定”按钮，关闭“草图设置”对话框。

（3）在“默认”选项卡的“绘图”面板中单击“直线”命令按钮，利用对象捕捉，在圆内绘制五角星，如图 2-66 所示。

（4）在命令行输入 CONSTRAINTSETTINGS 命令，在“约束设置”对话框的“自动约束”选项卡中，选中“重合”约束类型，勾选掉其他约束类型，单击“确定”按钮，关闭“约束设置”对话框。

（5）在“参数化”选项卡的“几何”面板中单击“自动约束”命令按钮，框选图 2-66 中的所有图形对象，按 Enter 键确认，完成“重合”约束，如图 2-67 所示。

（6）在“参数化”选项卡的“几何”面板中单击“共线”命令按钮，选择直线段 1-2、4-5，令其共线；按 Enter 键重复执行“共线”命令，令另外 8 条直线段两两共线，如图 2-68 所示。

（7）在“参数化”选项卡的“几何”面板中单击“水平”命令按钮，选择直线段 1-2，令其水平，如图 2-69 所示。

（8）在“参数化”选项卡的“几何”面板中单击“相等”命令按钮，选择直线段 1-2、2-3，令其相等；按 Enter 键重复执行“相等”命令，令其余直线段两两相等（10 条直线段中任意 5 条相互相等即可），如图 2-70 所示。

（9）在“参数化”选项卡的“标注”面板中单击“半径”命令按钮，选择圆，移动鼠标至合适位置，单击指定尺寸线位置，输入半径 50，按 Enter 键结束，绘制结果如图 2-71 所示。

图 2-66　圆和五角星

图 2-67　重合约束

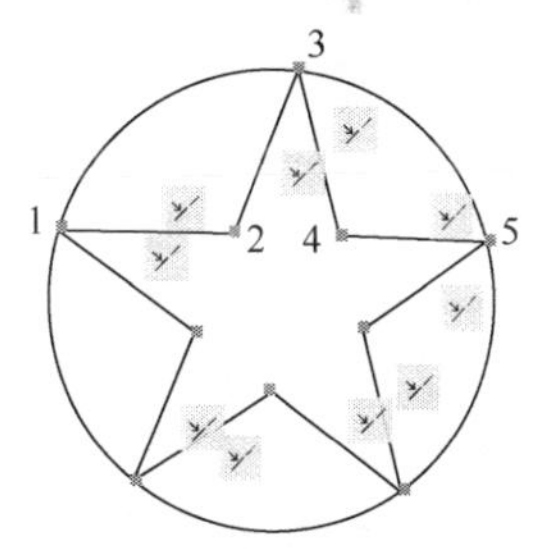

图 2-68　共线约束

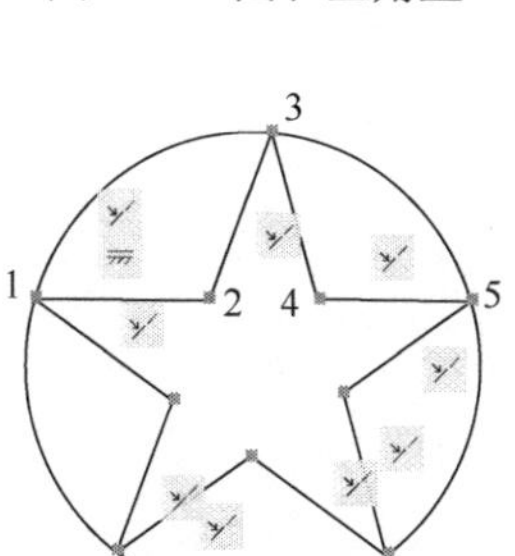

图 2-69　水平约束

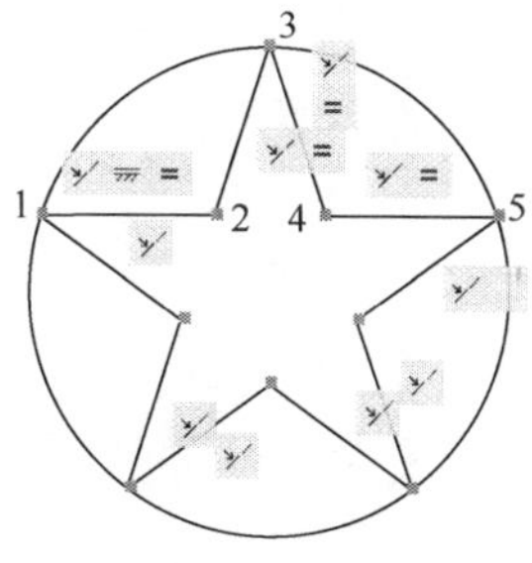

图 2-70　相等约束

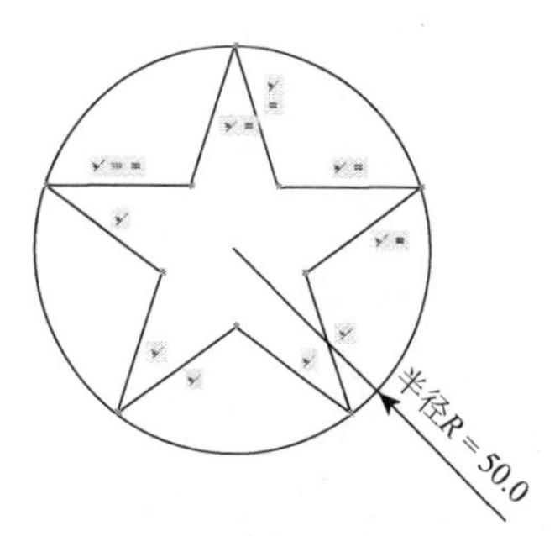

图 2-71　半径约束

思考题

1. 绘图环境设置包括哪些设置内容?
2. 在 AutoCAD 中，启动命令的方式有哪些?
3. 执行命令时，“[ ]”、“/”、“（）”、“<>”和“>>”等符号的含义是什么?
4. 如何实现 AutoCAD 命令的重复、撤销与重做?
5. 如何创建 UCS?
6. 点的坐标输入、显示各有哪几种方式?
7. 图层特性管理器可以实现哪些基本功能?
8. AutoCAD 提供了哪些图层管理工具？各自的功能是什么?
9. 辅助绘图工具包括哪些功能?
10. 捕捉与对象捕捉有何区别?
11. 如何开启极轴捕捉功能?
12. 极轴追踪和对象捕捉跟踪有何区别?
13. 如何开启动态输入功能？开启动态输入功能后，点的坐标输入方式有何变化?
14. 参数化约束包括哪些常用类型？各包括哪些基本功能?

第 3 章　AutoCAD 二维图形绘制

任何复杂的图形都可以分解成简单的点、线、面、文字等基本图形元素，熟练掌握并灵活运用这些基本图形对象的绘制方法，是高效设计、绘制各种复杂图形的基础。本章将重点介绍包括点、直线、圆、圆弧、矩形、多段线、面域等的常见二维图形绘制方法，以及创建图案填充、创建文字和表格、创建图块的操作过程。

3.1　绘制点对象

3.1.1　设置点样式

在 AutoCAD 中，用户可以创建单独的点对象，点的外观由点样式控制。一般在创建点之前，先设置点样式，但也可以先绘制点，再修改点样式，两者绘制结果一致。

在 AutoCAD 2020 中，设置点样式的方式有以下 2 种：

（1）在快速访问工具栏中，选择“显示菜单栏”选项，在菜单栏中执行“格式”|“点样式”命令。

（2）在命令行中执行 PTYPE 命令。

在命令行中输入 PTYPE，按 Enter 键或空格键确认，系统弹出“点样式”对话框，如图 3-1 所示。

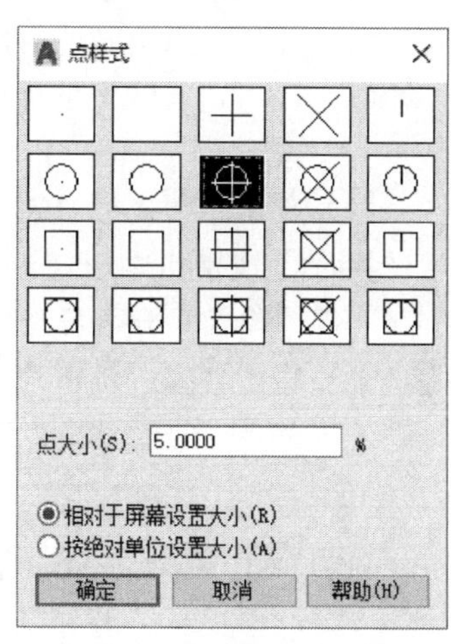

图 3-1　“点样式”对话框

图 3-1 中提供了 20 种点样式。用户可以根据需要选择一种样式，并在“点大小”文本框中输入点的大小，单击“确定”按钮完成点样式的设置。其中点的大小有两种设置方式，即“相对于屏幕设置大小”和“按绝对单位设置大小”。前者按屏幕尺寸的百分比设定点大小，缩放图形并不改变点大小（使用 REGEN 命令重新生成图形）；后者按绝对尺寸设定点大小，缩放图形将引起点大小的变化。

3.1.2　创建点

1. 绘制单点

绘制“单点”的功能是绘制一个点，且每执行一次命令，仅绘制一个点。启用命令方式如下：

（1）在快速访问工具栏选择“显示菜单栏”选项，在菜单栏中执行“绘图”|“点”|“单点”命令。

（2）在命令行执行 POINT 或 PO 命令。

执行上述操作之一，在绘图区移动光标单击指定位置，或直接输入坐标值并按 Enter 键或空格键确认，即可完成单个点对象的绘制。

2. 绘制多点

与绘制“单点”不同的是，执行绘制“多点”命令，可以一次性绘制多个点。启用命令方式如下：

（1）在快速访问工具栏选择“显示菜单栏”选项，在菜单栏中执行“绘图”|“点”|“多点”命令。

（2）在“功能区”选项板中选择“默认”选项卡，然后在“绘图”面板中单击“多点”按钮。

执行上述操作后，用户即可在绘图区的指定位置绘制多个点对象，其绘制方式与绘制单点相同。所有点绘制完成后，按 Esc 键结束命令执行。绘制多点结果如图 3-2 所示。

3. 绘制定数等分点

“定数等分”命令用于沿指定对象（包括直线、圆、圆弧、椭圆、样条曲线、多段线等）等间隔排列点对象（或图块），这些点并不分割对象，只是标明等分的位置。启用命令方式如下：

（1）在快速访问工具栏选中“显示菜单栏”选项，在菜单栏中执行“绘图”|“点”|“定数等分”命令。

（2）在“功能区”选项板中选择“默认”选项卡，然后在“绘图”面板中单击“定数等分”按钮。

（3）在命令行执行 DIVIDE 或 DIV 命令。

执行上述操作之一，选择要定数等分的对象，命令行提示“输入线段数目或［块(B)]：”，输入等分数目并按 Enter 键确认，系统自动绘制定数等分点。若单击“块”命令选项，指定要插入的图块名称，系统将在等分处插入图块。对一条直线和一个圆对象创建 5 等分点，绘制结果如图 3-3 所示。

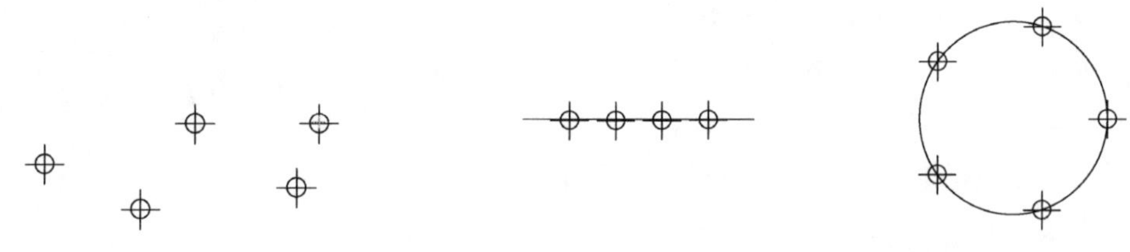

图 3-2　绘制多点　　　　图 3-3　创建定数等分点

4. 绘制定距等分点

“定距等分”命令用于沿图形对象按指定距离排列点对象，启用命令方式如下：

（1）在快速访问工具栏选中“显示菜单栏”选项，在菜单栏中执行“绘图”|“点”|“定距等分”命令。

（2）在“功能区”选项板中选择“默认”选项卡，然后在“绘图”面板中单击“定距等分”按钮。

（3）在命令行执行 MEASURE 或 ME 命令。

“定距等分”命令的操作过程和“定数等分”命令一致。需要注意的是：对于不同类型的图形对象，定距等分的起始点不同。若选择直线或非闭合的多段线、样条曲线、圆弧、椭圆弧，则起始点是距离拾取点最近的端点；若选择闭合多段线，则起始点是绘制多段线时的起点；若选择圆，则起始点为基准角度方向线与圆的交点。

注：“单点”、“多点”、“定数等分”和“定距等分”等命令创建的点对象多用作绘图的参考点。在“对象捕捉模式”中勾选“节点”复选框，可以捕捉该类点对象。

3.2 绘制线状对象

3.2.1 绘制直线、射线、构造线

1. 绘制直线

在 AutoCAD 中，使用 LINE 命令可以在二维或三维空间中创建直线。LINE 命令的调用方式如下：

（1）在快速访问工具栏选中“显示菜单栏”选项，在菜单栏中执行“绘图”|“直线”命令。

（2）在“功能区”选项板中选择“默认”选项卡，然后在“绘图”面板中单击“直线”按钮。

（3）在命令行执行 LINE 或 L 命令。

执行上述操作之一，在绘图区域移动光标并单击指定直线端点，或在命令行直接输入端点坐标，AutoCAD 即可将这些点依次连接成直线。

LINE 命令选项的功能如下：

（1）“指定第一个点”选项：指定直线的起点。在此提示下，按 Enter 键，系统会将上一次绘制的直线、多段线或圆弧的终点定义为新直线的起点。

（2）“指定下一点”选项：指定直线的端点。在此提示下，按 Enter 键，则命令结束。

（3）“关闭”选项：单击该选项，或输入“C”按 Enter 键，系统将使连续折线自动封闭。

（4）“退出”选项：结束命令。

（5）“放弃”选项：删除上一条直线。多次单击该选项，则按“新创建先删除”的原则删除直线，直至删除所有的直线，返回命令执行的初始状态。

LINE 命令可以自动重复，即将一条直线的终点作为下一条直线的起点，并连续提示“指定下一点”，通过连续指定点，生成连续折线。但 LINE 命令生成的连续折线并非单独一个对象，折线中的每一条直线都是独立的对象。

实例 3-1 使用 LINE 命令绘制五角星（边长为 200），如图 3-4 所示。

（1）在“功能区”选项板中选择“默认”选项卡，然后在“绘图”面板中单击“直线”按钮，命令行提示“指定第一个点：”，输入“300，300”并按 Enter 键，指定 *A* 点。

（2）命令行提示“指定下一点或［放弃(U)]：”，在命令行输入“@200<252”，按 Enter 键，指定 *B* 点。

（3）命令行提示“指定下一点或[退出(E)/放弃(U)]：”，在命令行输入“@200<36”，按 Enter 键，指定 *C* 点。

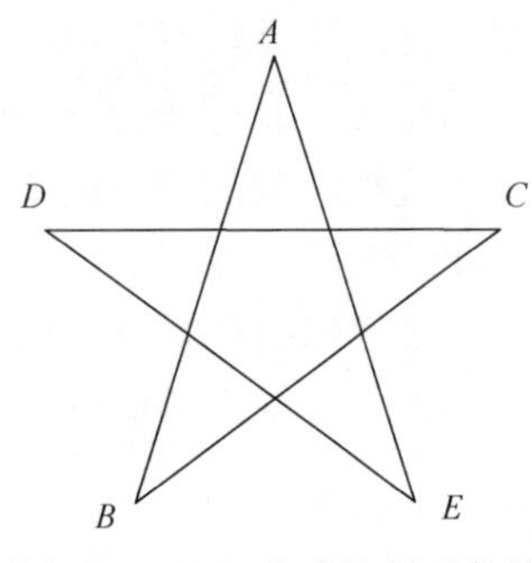

图 3-4　LINE 命令绘制五角星

（4）命令行提示“指定下一点或[关闭(C)/退出(X)/放弃(U)]：”，在命令行输入“@200<180”，按 Enter 键，指定 *D* 点。

（5）命令行提示“指定下一点或[关闭(C)/退出(X)/放弃(U)]：”，在命令行输入“@200<324”，按 Enter 键，指定 *E* 点。

（6）命令行提示“指定下一点或[关闭(C)/退出(X)/放弃(U)]：”，单击“关闭（C）”选项，完成五角星绘制，如图 3-4 所示。

2. 绘制射线

射线为一端固定，另一端无限延伸的直线。在 AutoCAD 中，射线可以用作图形设计的辅助线。“射线”命令用于绘制射线，该命令的调用方式如下：

（1）在快速访问工具栏选择“显示菜单栏”选项，在菜单栏中执行“绘图”|“射线”命令。

（2）在“功能区”选项板中选择“默认”选项卡，然后在“绘图”面板中单击“射线”按钮。

（3）在命令行执行 RAY 命令。

执行上述操作之一，先指定射线的起点，然后在“指定通过点：”提示下指定多个通过点，绘制以起点为端点的多条射线，直到按 Esc 键或 Enter 键退出命令为止。起点和通过点定义了射线延伸的方向，射线在此方向上延伸到显示区域的边界。

3. 绘制构造线

构造线为两端可以无限延伸的直线，没有起点和终点，主要用作绘图定位线或辅助线，如作为延伸、修剪边界。“构造线”命令用于绘制水平方向、竖直方向、倾斜方向、平行关系的构造线，该命令的调用方式如下：

（1）在快速访问工具栏选择“显示菜单栏”选项，在菜单栏中执行“绘图”|“构造线”命令。

（2）在“功能区”选项板中选择“默认”选项卡，然后在“绘图”面板中单击“构造线”按钮。

（3）在命令行执行 XLINE 命令。

执行上述操作之一，命令行提示如下：

指定点或[水平(H)/垂直(V)/角度(A)/二等分(B)/偏移(O)]:

默认情况下，指定两点即可绘制出一条构造线。若指定多个通过点，则可以绘制多条构造线。绘制完成后，按 Esc 键或 Enter 键中止命令。

各命令选项的功能如下：

（1）“水平”选项：绘制水平方向构造线。

（2）“垂直”选项：绘制竖直方向构造线。

（3）“角度”选项：通过某点绘制一条与已知线段呈某一角度的构造线。

（4）“二等分”选项：绘制一条平分已知角度的构造线。

（5）“偏移”选项：通过输入平移距离或指定点绘制平行于某条直线的构造线。

3.2.2 绘制圆和圆弧

1. 绘制圆

在快速访问工具栏选择“显示菜单栏”选项，在菜单栏中选择“绘图”|“圆”菜单，弹出的子菜单中包含了 6 种绘制圆的菜单命令，其相应的命令按钮位于“功能区”选项板中“默认”选项卡的“绘图”面板中，如图 3-5 所示。

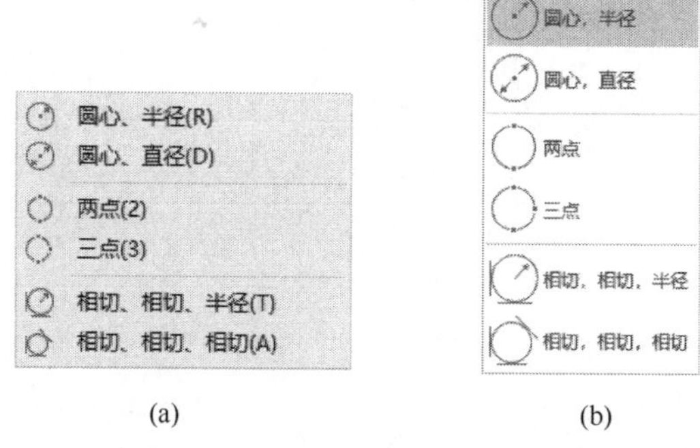

(a) (b)

图 3-5 绘制圆的菜单命令和按钮

在图 3-5 中，6 种绘制“圆”命令的功能如下：

（1）“圆心、半径”命令：通过指定圆心和半径值创建圆。

（2）“圆心、直径”命令：通过指定圆心和直径值创建圆。

（3）“两点”命令：通过指定直径上的两个端点创建圆。

（4）“三点”命令：通过指定圆周上的三点创建圆。

（5）“相切、相切、半径”命令：通过指定两个相切对象和半径值创建圆。

（6）“相切、相切、相切”命令：通过指定三个相切对象创建相切于三个对象的圆。

在上述每一种绘制圆的方式中，可以在图形中单击或输入坐标来指定点，也可以组合使用这两种方法。

实例 3-2 使用“圆”命令绘制如图 3-6 所示的图形。

（1）在快速访问工具栏选择“显示菜单栏”选项，在菜单栏中执行“绘图”|“圆”|“圆心、直径”命令，或在“功能区”选项板中，选择“默认”选项卡，在“绘图”面板中单击“圆心、直径”按钮，在绘图区域合适位置单击鼠标左键指定圆心位置，在命令行输入“240”并按 Enter 键确认，完成大圆的绘制。

（2）右击状态栏中的“极轴追踪”按钮，在弹出的快捷菜单中选择“正在追踪设置”，系统弹出“草图设置”对话框，勾选“启用极轴追踪”复选框，在“增量角”文本框中输入“60”；单击“对象捕捉”选项卡，勾选“启用对象捕捉”复选框，并在“对象捕捉模式”栏中勾选“圆心”“切点”两个复选框，单击“确定”按钮，关闭“草图设置”对话框。

（3）在“功能区”选项板中选择“默认”选项卡，然后在“绘图”面板中单击“构造线”按钮，单击捕捉圆心，拖动鼠标，使用“极轴追踪”功能，令极轴角度为 0°，单击创建一条水平构造线；同理，继续拖动鼠标，分别创建极轴角度为60°、120°的两条构造线，右击完成构造线的绘制。3条构造线把大圆分成6个扇形区域，如图3-7所示。

（4）单击“绘图”面板中的“相切、相切、相切”按钮，在一个扇形中，依次单击选择圆弧和两条构造线，完成小圆的绘制，如图3-8所示。

（5）重复步骤（4），完成其他小圆的绘制。

（6）依次选择3条构造线，按Delete键删除，完成图形的绘制，最终结果如图3-6所示。

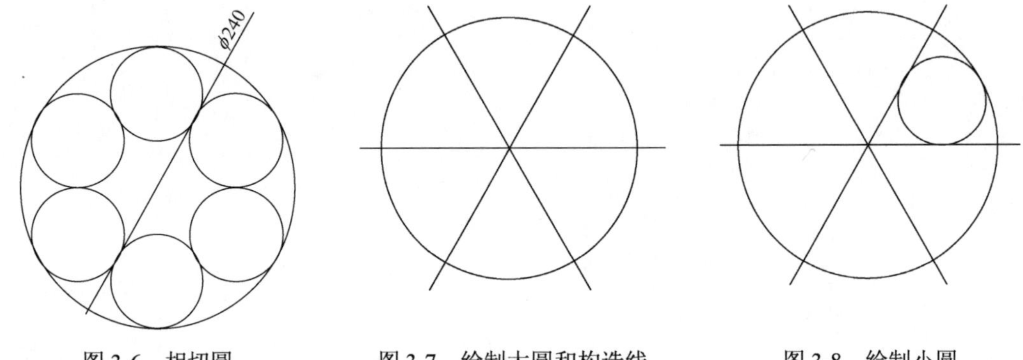

图3-6　相切圆　　图3-7　绘制大圆和构造线　　图3-8　绘制小圆

2. 绘制圆弧

在快速访问工具栏选择“显示菜单栏”选项，在菜单栏中选择“绘图”|“圆弧”菜单，弹出的子菜单中包含了11种绘制圆弧的菜单命令，其相应的命令按钮位于“功能区”选项板中“默认”选项卡的“绘图”面板中，如图3-9所示。

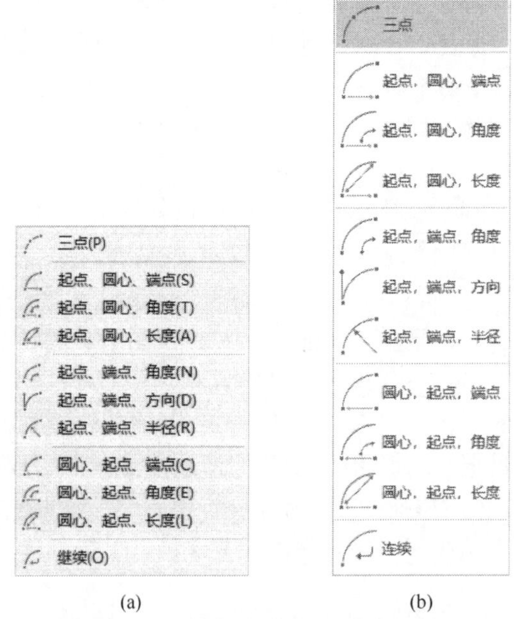

(a)　　(b)

图3-9　绘制圆弧的菜单命令和按钮

图 3-9 中的绘制菜单命令可以分为以下 4 类：

（1）“三点”：通过依次指定圆弧上的三点绘制圆弧。其中，首点、末点为新绘制圆弧的起点和端点。

（2）“起点、圆心、端点”：通过指定起点、圆心、端点绘制圆弧，圆弧的半径由起点至圆心的距离来确定。根据端点确定方式不同，还包括另外两种方式：“起点、圆心、角度”和“起点、圆心、长度”。前者根据圆心角确定端点；后者则根据弦长确定端点。

在三点绘制顺序上，也可以先指定圆心再指定起点，即包括“圆心、起点、端点”、“圆心、起点、角度”和“圆心、起点、长度”命令，其绘制结果同前。

（3）“起点、端点、圆心”：根据确定圆心位置的方式不同，包括“起点、端点、角度”、“起点、端点、方向”和“起点、端点、半径”命令。其中，第一种根据起点、端点和圆弧的圆心角确定圆心位置；第二种根据起点、端点和圆弧在起点的切线方向确定圆心位置；第三种则根据起点、端点及圆弧的半径确定圆心位置。

（4）“连续”：创建直线、多段线或圆弧后，单击“连续”按钮，系统将在直线、多段线或圆弧的终点处绘制与其相切的新圆弧，只需指定新圆弧的端点，即可完成圆弧的绘制。在指定圆弧的端点时，按住 Ctrl 键可以切换方向。

在执行“多段线”命令时，随时在命令行中输入 ARC 并按 Enter 键，即可执行“连续”命令绘制两点圆弧。

3.2.3　绘制矩形和正多边形

1. 绘制矩形

“矩形”命令用于绘制一个矩形，用户仅需指定矩形对角线上的两个角点，即可创建一个矩形。在绘制过程中，可以设置矩形边线的宽度或指定顶点处的倒角距离、圆角半径等。该命令的调用方式如下：

(1)在快速访问工具栏选择“显示菜单栏”选择，在菜单栏中执行“绘图”|“矩形”命令。

(2)在“功能区”选项板中选择“默认”选项卡，再在“绘图”面板中单击“矩形”按钮。

（3）在命令行执行 RECTANG 或 REC 命令。

执行上述操作之一，命令行提示如下：

指定第一个角点或[倒角(C)/标高(E)/圆角(F)/厚度(T)/宽度(W)]：

默认情况下，依次指定位于矩形对角线上的两点，即可绘制出矩形。

在实际应用中，除了上述方式绘制矩形之外，还有另外两种方式：按“面积”和按“长度和宽度”。下面以一个实例来说明 3 种矩形绘制的过程。

实例 3-3　使用“矩形”命令绘制如图 3-10 所示的矩形。

（1）在“功能区”选项板中选择“默认”选项卡，然后在“绘图”面板中单击“矩形”按钮，命令行提示“指定第一个角点或[倒角(C)/标高(E)/圆角(F)/厚度(T)/宽度(W)]：”，在命令行输入“240，640”并按 Enter 键，指定矩形左下角点。

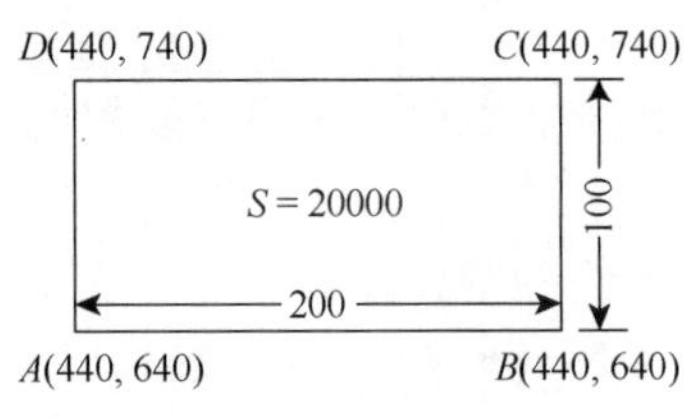

图 3-10　绘制矩形

（2）命令行显示“指定另一个角点或[面积(A)/尺寸(D)/旋转(R)]：”，可以按下述 3 种方式之一完成矩形绘制。

方式一（指定对角线角点）：在命令行中输入“440，740”并按 Enter 键确认，完成矩形绘制。

方式二（按“面积”）：单击命令行提示信息中的“面积（A）”选项，命令行提示“输入以当前单位计算的矩形面积<100.0000>：”，输入“20000”并按 Enter 键确认；命令行提示“计算矩形标注时依据[长度(L)/宽度(W)]<长度>：”，单击“长度（L）”选项，输入“200”并按 Enter 键，或单击“宽度（W）”选项，输入“100”并按 Enter 键，完成矩形绘制

方式三（按“长度和宽度”）：单击命令行提示信息中的“尺寸（D）”选项，先输入“200”并按 Enter 键确认矩形长度，再输入“100”并按 Enter 键确认矩形宽度；向右上方拖动鼠标，单击确认矩形的绘制方向，完成矩形绘制。

“矩形”命令选项的功能如下：

（1）“指定第一个角点”选项：指定矩形的一个角点。

（2）“指定另一个角点”选项：指定矩形的另外一个角点。

（3）“倒角”选项：设置矩形倒角距离。

（4）“标高”选项：设定矩形在三维空间中的基面高度。默认情况下，矩形是在 *XY* 平面内，*Z* 坐标值为 0。

（5）“圆角”选项：设置矩形各顶点的圆角半径。

（6）“厚度”选项：设置矩形的厚度，即三维空间 *Z* 轴方向的厚度。

（7）“宽度”选项：设置矩形边的宽度。

（8）“面积”选项：根据设定的矩形面积及矩形长度或宽度值创建矩形。

（9）“尺寸”选项：根据设定的矩形长、宽尺寸创建矩形。

（10）“旋转”选项：设定矩形的旋转角度。

2. 绘制多边形

“多边形”命令可以绘制正多边形（边数范围：3～1024），该命令的调用方式如下：

（1）在快速访问工具栏选择“显示菜单栏”选项，在菜单栏中执行“绘图”|“多边形”命令。

（2）在“功能区”选项板中选择“默认”选项卡，再在“绘图”面板中单击“多边形”按钮⬠。

（3）在命令行执行 POLYGON 或 POL 命令。

执行上述操作之一，输入多边形的边数（默认值为 4），按 Enter 键确认，命令行提示如下：

指定正多边形的中心点或 [边（E）]：

指定多边形中心点后，命令行显示“输入选项[内接于圆(I)/外切于圆(C)]<I>：”，选择“内接于圆（I）”或“外切于圆（C）”选项，输入圆半径并按 Enter 键，完成正多边形的绘制；也可以单击“边（E）”选项，通过指定边的两个端点绘制正多边形。

3.2.4　绘制椭圆和椭圆弧

1. 绘制椭圆和椭圆弧

在 AutoCAD 2020 中，有两种绘制椭圆的命令：“轴、端点”命令和“圆心”命令。前者通过指定椭圆第一条轴线的两个端点及另一条轴的半轴长度绘制椭圆；后者通过指定椭圆中心、第一条轴的端点及另一条轴的半轴长度创建椭圆。

1）“轴、端点”命令

“轴、端点”命令的调用方式如下：

（1）在快速访问工具栏选择“显示菜单栏”选项，在菜单栏中执行“绘图”|“椭圆”|“轴、端点”命令。

（2）在“功能区”选项板中选择“默认”选项卡，然后在“绘图”面板中单击“轴、端点”按钮。

（3）在命令行执行 ELLIPSE 或 EL 命令。

以图 3-11 为例，其绘制过程如下：在命令行中输入 ELLIPSE 并按 Enter 键，命令行提示“指定椭圆的轴端点或[圆弧(A)/中心点(C)]：”，输入“300，200”并按 Enter 键确定 *A* 点；命令行显示“指定轴的另一个端点：”，输入“500，300”并按 Enter 键确定 *B* 点；命令行显示“指定另一条半轴长度或［旋转(R)]：”，输入“50”按 Enter 键确认，完成椭圆绘制。

“轴、端点”命令选项的功能如下：

（1）“圆弧”选项：调用“椭圆弧”命令，创建椭圆弧。

（2）“中心点”选项：调用“圆心”命令，以椭圆中心、第一条轴的端点及另一条轴的半轴长度创建椭圆。

（3）“旋转”选项：指定绕长轴旋转的角度，通过旋转圆来创建椭圆。旋转角度越大，椭圆的离心率就越大。

2）“圆心”命令

“圆心”命令的调用方式如下：

（1）在快速访问工具栏选择“显示菜单栏”选项，在菜单栏中执行“绘图”|“椭圆”|“圆心”命令。

（2）在“功能区”选项板中选择“默认”选项卡，然后在“绘图”面板中单击“圆心”按钮。

仍以图 3-11 的椭圆为例，其绘制过程如下：在“功能区”选项板中选择“默认”选项卡，并在“绘图”面板中单击“圆心”按钮，命令行提示“指定椭圆的中心点：”，输入“400，250”并按 Enter 键确认椭圆中心点；命令行提示“指定轴的端点：”，输入“300,200”并按 Enter 键确定 *A* 点；命令行提示“指定另一条半轴长度或[旋转(R)]:”，输入“50”按 Enter 键，完成椭圆绘制。

实例 3-4　使用“多边形”“椭圆”等命令绘制如图 3-12 所示的图形。

（1）在“功能区”选项板中选择“默认”选项卡，再在“绘图”面板中单击“多边形”按钮，输入“6”并按 Enter 键；命令行提示“指定正多边形的中心点或［边

(E)]：”，拖动鼠标，在绘图区域合适位置单击指定正多边形的中心点；命令行提示“输入选项[内接于圆(I)/外切于圆(C)]<I>：”，单击“内接于圆（I）”选项；命令行提示“指定圆的半径：”，输入“86”并按 Enter 键确认，完成正六边形的绘制，如图 3-13 所示，其中 *O* 为几何中心，*A*、*B*、*C*、*D*、*E*、*F* 为对应边的中点。

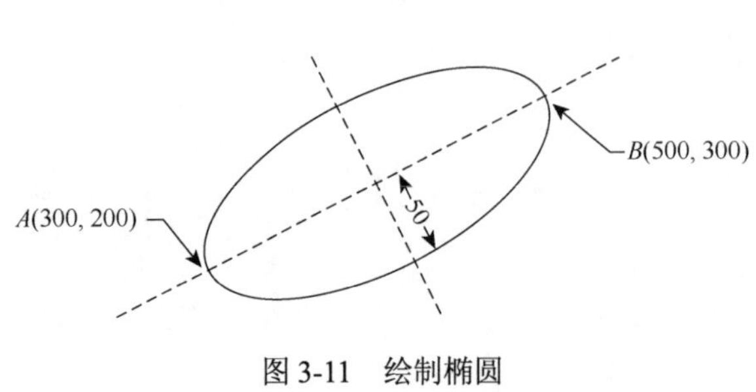

图 3-11　绘制椭圆

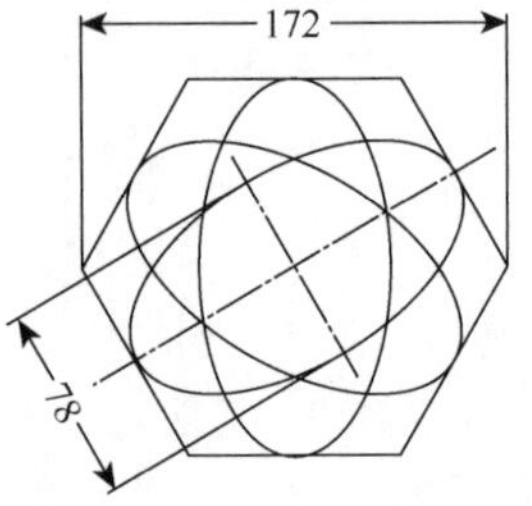

图 3-12　绘制平面图

（2）单击状态栏中“对象捕捉”按钮右侧的下三角按钮，或右击“对象捕捉”按钮，在弹出的快捷菜单中，选中“几何中心”和“中点”2 种对象捕捉模式，取消其他对象捕捉模式；对象捕捉模式设置完毕后，单击“对象捕捉”按钮，启用对象捕捉。

（3）在“绘图”面板中，单击“轴、端点”按钮，命令行提示“指定椭圆的轴端点或[圆弧(A)/中心点(C)]：”，拖动鼠标捕捉 *A* 点；命令行显示“指定轴的另一个端点：”，拖动鼠标捕捉 *D* 点；命令行显示“指定另一条半轴长度或［旋转（R)]：”，输入“39”按 Enter 键确认，完成其中一个椭圆的绘制。

（4）在“绘图”面板中，单击“圆心”按钮，命令行提示“指定椭圆的中心点：”，拖动鼠标捕捉中心点 *O*；命令行提示“指定轴的端点：”，拖动鼠标捕捉 *B* 点；命令行提示“指定另一条半轴长度或［旋转（R)]：”，输入“39”按 Enter 键，完成另一个椭圆的绘制。

（5）按 Enter 键或空格键重复执行椭圆命令，命令行提示“指定椭圆的轴端点或[圆弧(A)/中心点(C)]：”，选择“中心点”选项，命令行提示“指定椭圆的中心点：”，拖动鼠标捕捉中心点 *O*；命令行提示“指定轴的端点：”，拖动鼠标捕捉 *C* 点；命令行提示“指定另一条半轴长度或［旋转（R)]：”，输入“39”按 Enter 键，完成最后一个椭圆的绘制。绘制结果如图 3-14 所示。

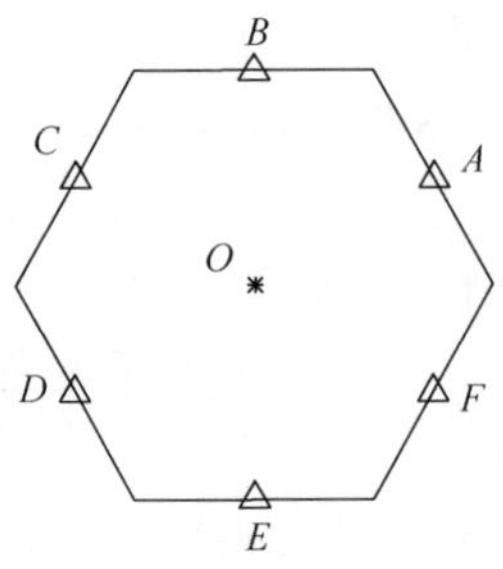

图 3-13　绘制正六边形

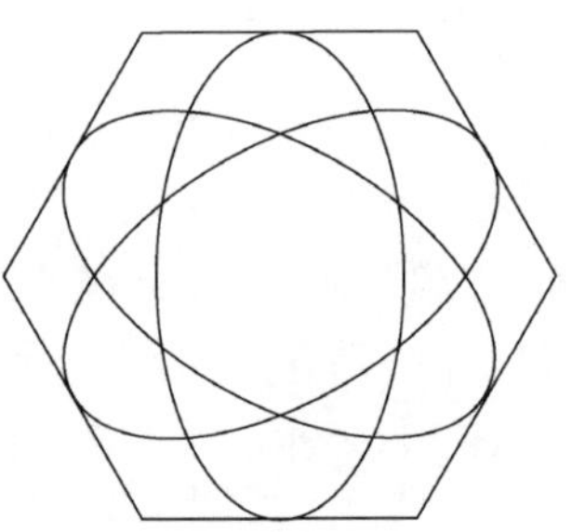

图 3-14　绘制椭圆后的图形

2. 绘制椭圆弧

“椭圆弧”命令用于创建一段椭圆弧，命令的调用方式如下：

（1）在快速访问工具栏选择“显示菜单栏”选项，在菜单栏中执行“绘图”|“椭圆”|“圆弧”命令。

（2）在“功能区”选项板中选择“默认”选项卡，然后在“绘图”面板中单击“椭圆弧”按钮。

执行上述操作之一，系统将先按“轴、端点”或“圆心”方式绘制椭圆，然后通过指定起始角度和端点角度绘制椭圆弧。

注：角度在椭圆轴端点处（执行命令时，用户指定轴的端点）为 0°，按逆时针方向增加，其取值范围为 0°～360°，

以图 3-11 为例，令起始角度和端点角度分别为 90°和 270°，绘制的椭圆弧如图 3-15 所示。

图 3-15　椭圆与绘制的椭圆弧

“椭圆弧”命令选项的功能如下：

（1）“角度”选项：单击该选项可从参数模式切换到角度模式。用户通过指定椭圆弧的起点、端点角度绘制椭圆弧。

（2）“夹角”选项：指定椭圆弧的夹角。

（3）“参数”选项：单击该选项可从角度模式切换到参数模式。用户通过指定椭圆弧的起点、端点参数绘制椭圆弧。

3.3　绘制二维复杂图形对象

3.3.1　绘制二维多段线

在 AutoCAD 2020 中，多段线包括二维多段线和三维多段线。其中，二维多段线由相连的多段直线或弧线对象所组成，但它被当作单一对象使用；三维多段线是由直线段（不能包括圆弧段）相互连接而成的单一对象，构成三维多段线的直线可以不共面。

绘制二维多段线和三维多段线的命令分别是“多段线”和“三维多段线”。在此，仅介绍“多段线”命令的用法。

“多段线”命令的调用方式如下：

（1）在快速访问工具栏选择“显示菜单栏”选项，在菜单栏中执行“绘图”|“多段线”命令。

（2）在“功能区”选项板中选择“默认”选项卡，然后在“绘图”面板中单击“多段线”按钮。

（3）在命令行执行 PLINE 或 PL 命令。

执行上述操作之一，命令行提示如下：

指定起点：

在绘图窗口中指定多段线起点后，命令行提示如下：

当前线宽为 0.0000

指定下一个点或[圆弧(A)/半宽(H)/长度(L)/放弃(U)/宽度(W)]:

指定多段线第三个或以后的点，命令行将提示如下：

指定下一点或[圆弧(A)/闭合(C)/半宽(H)/长度(L)/放弃(U)/宽度(W)]:

依次指定多段线的其余各点，所有点指定完毕后，按 Enter 键结束命令，完成多段线绘制。

“多段线”命令选项的功能如下：

（1）“圆弧”选项：选择该选项，开始创建与上一个线段相切的圆弧段。

（2）“闭合”选项：用于封闭多段线并结束 PLINE 命令。

（3）“半宽”选项：设置多段线的半宽。

（4）“长度”选项：用于设定下一段多段线的长度。如果当前段是直线，延长方向与该线相同；如果当前段是圆弧，延长方向为端点处圆弧的切线方向。

（5）“放弃”选项：删除最近添加的线段。可多次执行“放弃”操作，直至删除所有线段。

（6）“宽度”选项：用于设置多段线线宽，其默认值为 0。多段线起点宽度和端点宽度可以取不同值，且可分段设置。

若单击“圆弧”选项，命令行显示如下提示内容：

指定圆弧的端点（按住 Ctrl 键以切换方向）或

[角度(A)/圆心(CE)/闭合(CL)/方向(D)/半宽(H)/直线(L)/半径(R)/第二个点(S)/放弃(U)/宽度(W)]:

各选项的功能如下：

（1）“指定圆弧的端点”选项：系统默认选项，直接指定圆弧的端点，完成圆弧段绘制。所绘制的圆弧段与上一段多段线相切。

（2）“角度”选项：指定圆弧段从起点开始的包含角。若角度为正值，将按逆时针方向创建圆弧段；若角度为负值，将按顺时针方向创建圆弧段。

（3）“圆心”选项：提示圆弧中心。

（4）“闭合”选项：用圆弧封闭多段线，并退出 PLINE 命令。

（5）“方向”选项：指定圆弧的切线方向。

（6）“半宽”“宽度”选项：设定多段线半宽和全宽。

（7）“直线”选项：切换回直线模式。

（8）“半径”选项：指定圆弧半径

（9）“第二个点”选项：指定三点圆弧的第二点。

（10）“放弃”选项：删除最近添加的线段。

实例 3-5　使用“多段线”命令绘制“箭头”（图 3-16）。

（1）在“功能区”选项板中选择“默认”选项卡，然后在“绘图”面板中单击“多段线”按钮，命令行提示“指定起点：”，移动鼠标，在绘图区域合适位置单击指定“箭头”起点。

（2）命令行提示“指定下一个点或[圆弧(A)/半宽(H)/长度(L)/放弃(U)/宽度(W)]：”，单击“宽度（W）”选项，命令行提示“指定起点宽度<0.0000>：”，输入“15”并按 Enter 键确认；命令行提示“指定端点宽度<15.0000>：”，直接按 Enter 键确认端点宽度；命令行提示“指定下一个点或[圆弧(A)/半宽(H)/长度(L)/放弃(U)/宽度(W)]：”，单击“长度（L）”选项，输入“100”并按 Enter 键，完成“箭头”中直线部分的绘制。

（3）命令行提示“指定下一点或[圆弧(A)/闭合(C)/半宽(H)/长度(L)/放弃(U)/宽度(W)]：”，单击“宽度（W）”选项，命令行提示“指定起点宽度<15.0000>：”，输入“45”并按 Enter 键确认；命令行提示“指定端点宽度<45.0000>：”，输入“0”并按 Enter 键确认；命令行提示“指定下一点或[圆弧(A)/闭合(C)/半宽(H)/长度(L)/放弃(U)/宽度(W)]：”，单击“长度（L）”选项，输入“50”并按 Enter 键，绘制“箭头”的前端部分；再次按 Enter 键结束命令，完成“箭头”的绘制。所绘制的“箭头”为一个“多段线”对象，如图 3-17 所示。

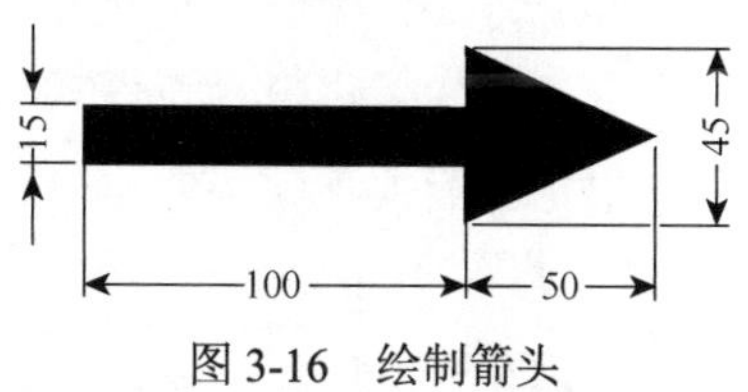

图 3-16　绘制箭头

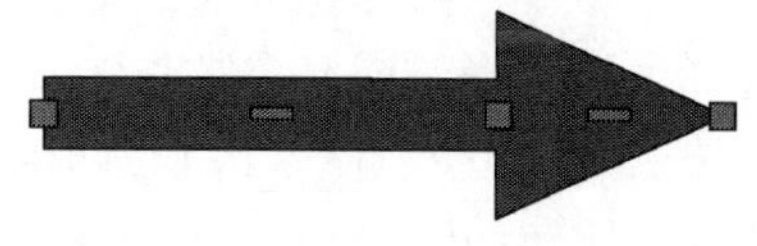
图 3-17　“多段线”命令绘制的“箭头”

实例 3-6　使用“多段线”命令创建如图 3-18 所示的多段线。

（1）在命令行输入“PLINE”或“PL”，按 Enter 键执行“多段线”命令，命令行提示“指定起点：”，输入“800，650”，按 Enter 键确定 *A* 点。

（2）命令行提示“指定下一个点或[圆弧(A)/半宽(H)/长度(L)/放弃(U)/宽度(W)]：”，输入“@191，0”，按 Enter 键确定 *B* 点。

（3）命令行提示“指定下一点或[圆弧(A)/闭合(C)/半宽(H)/长度(L)/放弃(U)/宽度(W)]：”，输入“@116<90”，按 Enter 键确定 *C* 点。

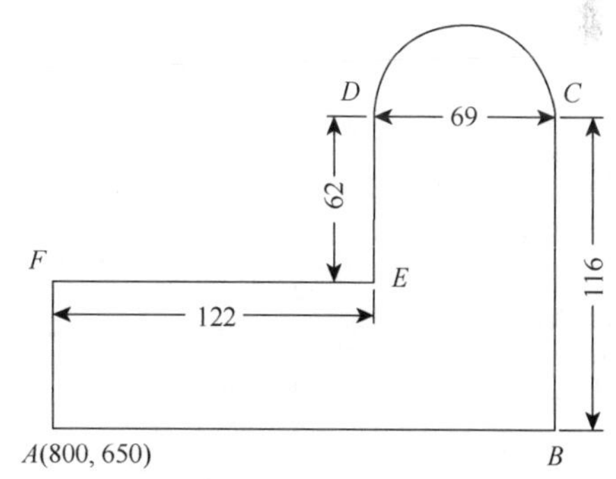

图 3-18　绘制多段线

（4）命令行提示“指定下一点或[圆弧(A)/闭合(C)/半宽(H)/长度(L)/放弃(U)/宽度(W)]：”，单击“圆弧（A）”选项，命令行提示“[角度(A)/圆心(CE)/闭合(CL)/方向(D)/半宽(H)/直线(L)/半径(R)/第二个点(S)/放弃(U)/宽度(W)]：”，输入“@69<180”，按 Enter 键确定 *D* 点。

（5）命令行提示“[角度(A)/圆心(CE)/闭合(CL)/方向(D)/半宽(H)/直线(L)/半径(R)/第二个点(S)/放弃(U)/宽度(W)]：”，单击“直线（L）”选项，命令行提示“指定下一点或

[圆弧(A)/闭合(C)/半宽(H)/长度(L)/放弃(U)/宽度(W)]：”，输入“@0，–62”，按 Enter 键确定 E 点。

（6）命令行提示“指定下一点或[圆弧(A)/闭合(C)/半宽(H)/长度(L)/放弃(U)/宽度(W)]：”，输入“@–122，0”，按 Enter 键确定 F 点。

（7）在命令行中，输入“C”，按 Enter 键结束命令。多段线绘制完毕，绘制结果如图 3-18 所示。

3.3.2　绘制样条曲线

样条曲线，又称为非均匀有理 B 样条曲线（NURBS），是一种用途广泛的平滑曲线。在 AutoCAD 2020 中，SPLINE 命令的功能是创建样条曲线，包括使用拟合点和控制点两种方式创建样条曲线。SPLINE 命令的调用方式如下：

（1）在快速访问工具栏选择“显示菜单栏”选项，在菜单栏中执行“绘图”|“样条曲线”|“拟合点”或“控制点”命令。

（2）在“功能区”选项板中选择“默认”选项卡，然后在“绘图”面板中单击“样条曲线拟合”按钮或“样条曲线控制点”按钮。

（3）在命令行执行 SPLINE 或 SPL 命令，默认采用“控制点”命令，且阶数=3。

选择“拟合点”或“控制点”命令后，根据提示信息，依次指定拟合点或控制点，结束时按 Enter 键中止命令。以相同坐标点按“拟合点”“控制点”命令绘制的样条曲线与多段线的比较如图 3-19 所示。

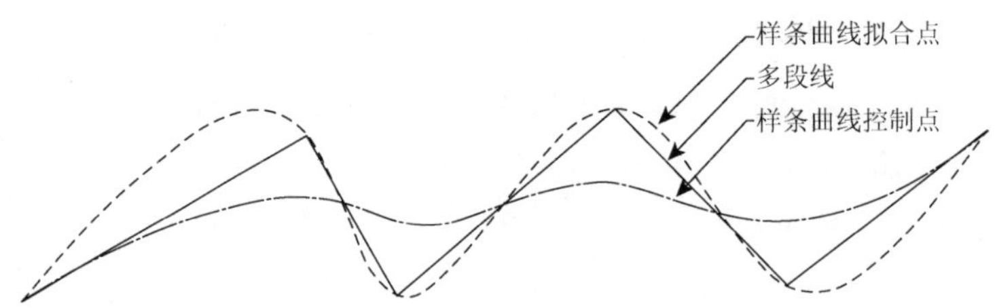

图 3-19　样条曲线与多段线

选定样条曲线时，单击三角形夹点▼可在两种显示方式之间进行切换，样条曲线从“拟合点”转换为“控制点”的对比如图 3-20 所示，转换前后的样条曲线保持不变。用户可以单击方形、圆形夹点进入夹点模式，或使用夹点菜单对样条曲线进行修改。

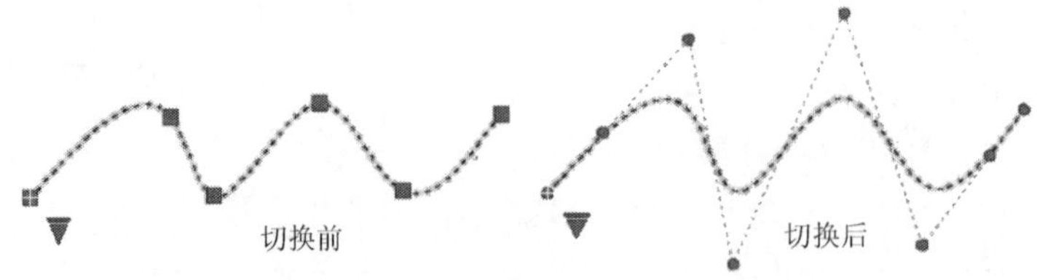

图 3-20　切换前后的样条曲线

SPLINE 命令选项的功能如下：

（1）“方式”选项：指创建样条曲线的方式，包括“拟合”和“控制点”两个选项。

（2）“节点”选项：指定节点参数化方式，包括“弦”、“平方根”和“统一”等选项，其中“弦”为默认值。

（3）“对象”选项：选择多段线或样条曲线拟合多段线，将其转换成等效的样条曲线。如图 3-21 所示，转换后的样条曲线的控制点与多段线端点一致，即多段线转换样条曲线和根据控制点直接创建样条曲线，两种方式所得结果相同。

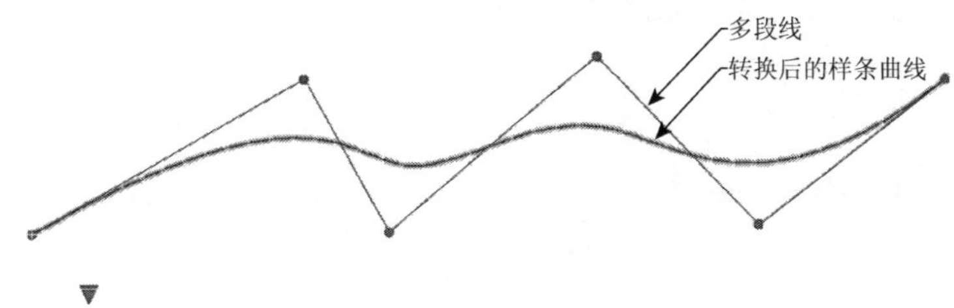

图 3-21　多段线与转换后的样条曲线

（4）“拟合”选项：按“拟合点”方式创建 3 阶（三次）B 样条曲线，创建的样条曲线经过拟合点。

（5）“控制点”选项：按“控制点”方式创建样条曲线。该方法可以创建 1 阶（线性)、2 阶（二次)、3 阶（三次）直到最高为 10 阶的样条曲线。

（6）“阶数”选项：设置生成的样条曲线的多项式阶数，取 1～10 范围内的整数。

（7）“起点切向”选项：指定在样条曲线起点的相切条件。

（8）“端点相切”选项：指定在样条曲线终点的相切条件。

（9）“公差”选项：指定样条曲线可以偏离指定拟合点的距离。公差值为 0 时，要求生成的样条曲线必须通过拟合点。

（10）“放弃”选项：删除最后一个指定点。

（11）“闭合”选项：闭合样条曲线。默认情况下，闭合的样条曲线沿整个环保持曲率连续性（C2)。

3.3.3　绘制多线

多线是由多条平行直线组成的对象，常用于绘制道路、管线等。多线的外观（如线条的数量、线型、线宽、颜色、线间距等）由多线样式决定，不同的多线样式绘制出的多线不同，因此在绘制多线之前，先要创建或选择合适的多线样式。

1. 多线样式

在 AutoCAD 2020 中，用户可以利用“多线样式”对话框实现多线样式的创建和修改。打开“多线样式”对话框的方式如下：在快速访问工具栏选择“显示菜单栏”选项，在菜单栏中执行“格式”|“多线样式”命令，或在命令行执行 MLSTYLE 命令，系统弹出“多线样式”对话框，如图 3-22 所示。

在图 3-22 中，各选项的功能如下：

（1）“当前多线样式”文本框：显示当前多线样式的名称，也是创建多线时使用的样式。

（2）“样式”列表框：显示已加载到当前图形中的多线样式列表。

（3）“置为当前”按钮：在样式列表中选择一种多线样式，单击该按钮，将所选样式设置为当前多线样式。

（4）“新建”按钮：单击该按钮，显示“创建新的多线样式”对话框（图 3-23），输入新样式名并选择基础样式，单击“继续”按钮，打开“新建多线样式：MY_SYTYLE”对话框（图 3-24），创建新的多线样式。

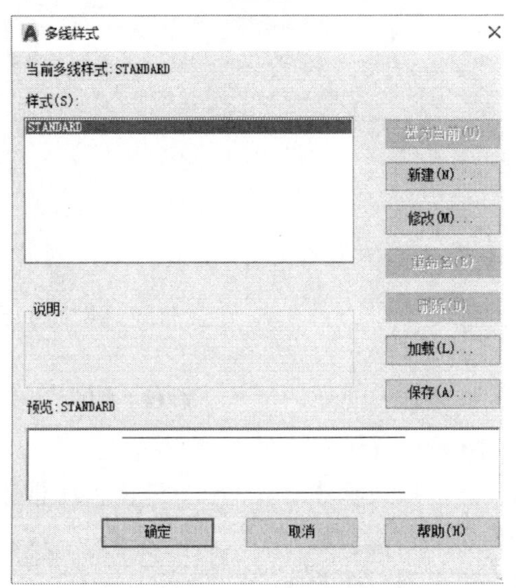

图 3-22　“多线样式”对话框

图 3-23　“创建新的多线样式”对话框

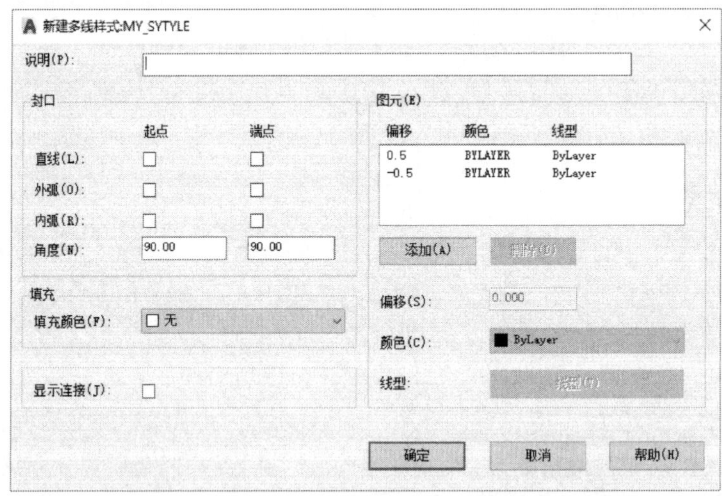

图 3-24　“新建多线样式：MY_SYTYLE”对话框

（5）“修改”按钮：在多线样式列表中选择待修改的多样样式，单击该按钮，将打开“修改多线样式”对话框，可对选定的多线样式进行修改。

（6）“重命名”按钮：重命名选定的多线样式，但无法重命名 STANDARD 样式。

（7）“删除”按钮：从“样式”列表中删除当前选定的多线样式，但并不删除多线库（MLN）文件中的样式。该功能不能删除 STANDARD 样式、当前多线样式或正在使用的多线样式。

（8）“加载”按钮：单击该按钮，打开“加载多线样式”对话框，从选定的 MLN 文件中加载多线样式。

（9）“保存”按钮：将多线样式保存到 MLN 文件（默认文件为“acad.mln”）中，系统允许将多个多线样式保存到同一个文件中。

（10）“说明”选项区：显示选定多线样式的文字说明。

（11）“预览”选项区：显示选定多线样式的名称和图像。

2. 新建多线样式

在“新建多线样式”对话框（图 3-24）中，根据需要对新建多线样式的特性和样式进行修改，完毕后单击“确定”按钮，完成标注样式的设置。

图 3-24 中的各个选项功能如下：

（1）“说明”文本框：对新建的多线样式的用途、创建者、创建时间等信息进行说明。该项为选填项，最多可以输入 255 个字符，包括空格。

（2）“封口”选项区：设置起点与端点的封口形式，包括直线、外弧、内弧、角度 4 种封口形式，且起点、端点的封口方式可以通过勾选相应的复选框分别设置。当选择起点、端点都封口时，直线、外弧、内弧、无封口（45°）4 种封口形式如图 3-25 所示。

（3）“填充”选项区：设置多线的填充颜色。

（4）“显示连接”复选框：勾选该项，多线连接转折处显示连接线，如图 3-26 所示。

（5）“图元”选项区：系统默认多线为两个元素。单击“添加”按钮可以添加多线元素，单击“删除”按钮可以删除多线元素，但至少要保留一个多线元素。

（6）“添加”按钮：单击该按钮，新增一个多线元素。

（7）“删除”按钮：删除选定的多线元素。

（8）“偏移”文本框：为选定的多线元素指定偏移多线中心的距离。

（9）“颜色”下拉列表框：为选定的多线元素指定颜色。

（10）“线型”按钮：单击该按钮，打开“选择线型”对话框，为选定的多线元素指定线型。

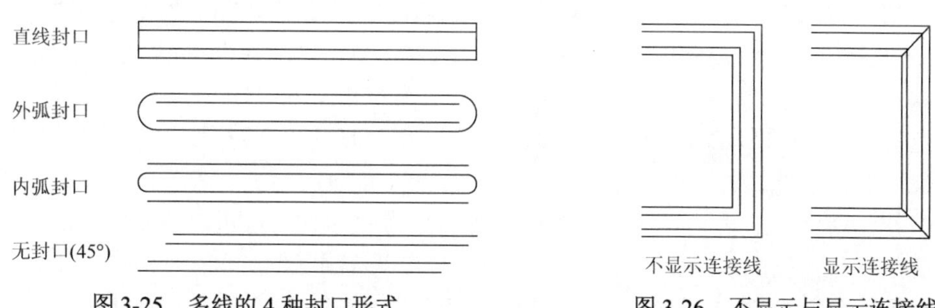

图 3-25　多线的 4 种封口形式　　图 3-26　不显示与显示连接线

3. 创建多线

“多线”命令用于创建多线。在快速访问工具栏选择“显示菜单栏”选项，在菜单栏

中执行“绘图”|“多线”命令，或在命令行执行 MLINE 或 ML 命令，命令行提示如下：

当前设置：对正=上，比例=20.00，样式=MY_STYLE

指定起点或[对正(J)/比例(S)/样式(ST)]:

依次指定各点，即可完成多线绘制。若绘制过程中出现错误，单击“放弃”选项，删除最后一个指定点。当多线端点个数超过 2 个时，命令行开始显示“闭合”选项，单击该项，将闭合多线。

MLINE 命令选项的功能如下：

（1）“对正”选项：设置多线对正方式，即多线中哪一条线段的端点与光标重合，包括“上”、“无”和“下”3 种方式。其中，对于“上”方式，从左向右绘制多线时，对正点在最顶端线段的端点处，该项为系统默认选项；对于“无”方式，对正点位于多线偏移量为 0 的位置；对于“下”方式，从左向右绘制多线时，对正点在最底端线段的端点处。若绘制多线方向为自右而左，“上”“下”的对正方式互换。

（2）“比例”选项：指定多线比例因子，以此设置多线的全局宽度，全局宽度=多线定义宽度×多线比例因子。该比例因子不影响线型比例。

（3）“样式”选项：指定多线样式名，默认值为 STANDARD。单击“？”选项将列出已加载的所有多线样式。

实例 3-7　使用“多线”命令创建如图 3-27 所示的图形。图中 A～L 均为中间线（线型为 ACAD_ISO03W100）的端点，多线全局宽度为 20，线间距为 10。

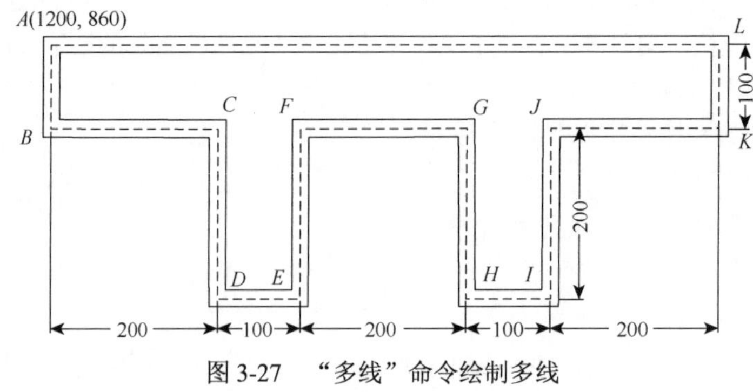

图 3-27　“多线”命令绘制多线

（1）在快速访问工具栏选择“显示菜单栏”选项，在菜单栏中执行“格式”|“多线样式”命令，系统弹出“多线样式”对话框（图 3-22）；单击“新建”按钮，打开“创建新的多线样式”对话框（图 3-23），在“新样式名”文本框中输入“NEW_STYLE”，“基础样式”选择“STANDARD”，单击“继续”按钮，系统打开“新建多线样式”对话框。

（2）在“新建多线样式”对话框中，单击“添加”按钮，增加一个多线元素；单击“线型”按钮，在弹出的“选择线型”对话框中，单击“加载”按钮，并在弹出的“加载或重载线型”对话框中，选择“ACAD_ISO03W100”选项（图 3-28），单击“确定”按钮，返回到“选择线型”对话框中，选择“ACAD_ISO03W100”选项，单击“确定”按钮，完成新增多线元素的线型设置；新增多线元素的偏移、颜色等特性按系统默认值设置。“NEW_STYLE”多线样式如图 3-29 所示。

（3）单击图 3-29 所示的“新建多线样式”对话框中的“确定”按钮，返回到“多线样式”对话框，单击“置为当前”按钮，然后单击“确定”按钮，关闭“多线样式”对话框，完成多线样式的创建与设置。

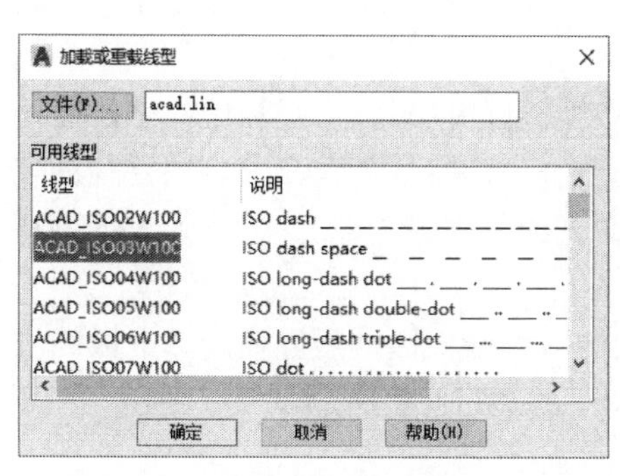

图 3-28　“加载或重载线型”对话框

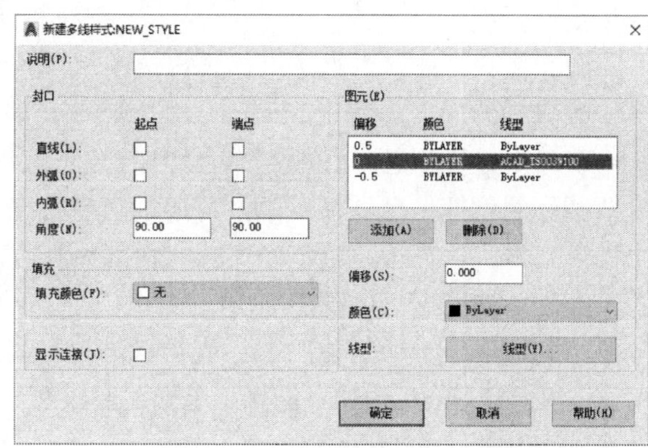

图 3-29　“NEW_STYLE”多线样式

（4）在快速访问工具栏选择“显示菜单栏”选项，在菜单栏中执行“绘图”|“多线”命令，命令行提示如下：

当前设置：对正=上，比例=1.00，样式=NEW_STYLE

指定起点或[对正(J)/比例(S)/样式(ST)]：

单击“对正”选项，命令行显示“输入对正类型[上(T)/无(Z)/下(B)]<上>：”，单击“无”选项，令“对正=无”；单击“比例”选项，命令行显示“输入多线比例<1.00>：”，输入“20”并按 Enter 键确认。

（5）在命令行输入“1200，860”并按 Enter 键，确定多线的起点 A；在命令行中依次输入“@0，−100”“@200，0”“@0，−200”“@100，0”“@200<90”“@200<0”“@200<270”“@100<0”“@0，200”“@200，0”“@100<90”，并分别按 Enter 键，确定 B～L 点，最后在命令行输入 C 按 Enter 键，闭合多线。绘制结果如图 3-30 所示。

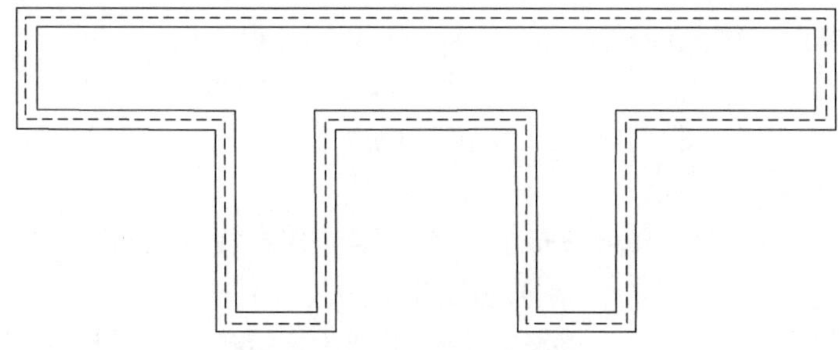

图 3-30　绘制的多线图形

3.3.4　绘制圆环

AutoCAD 中的圆环由两条带有宽度的圆弧多段线首尾连接而成，圆弧多段线的宽度根据指定的内径和外径确定。若要创建圆点（实心圆），可将内径指定为零。“圆环”命令的功能是创建圆环或圆点，该命令的调用方式如下：

（1）在快速访问工具栏选择“显示菜单栏”选项，在菜单栏中执行“绘图”|“圆环”命令。

（2）在“功能区”选项板中选择“默认”选项卡，然后在“绘图”面板中单击“圆环”按钮◎。

执行上述操作之一，根据命令行提示，分别指定圆环的内径、内径和中心点，即可完成圆环的创建。默认情况下，可通过指定不同的中心点，继续创建具有相同直径的多个圆环副本，按 Enter 键结束命令。使用“圆环”命令绘制内径为 0.5、外径为 1 的圆环及外径为 1 的圆点，如图 3-31 所示。

“圆环”命令所创建的圆环或圆点是具有宽度的多段线，因此可以使用“多段线”命令（PEDIT）进行编辑。例如，选择“多段线”命令的“打开”选项，可以创建半圆环和半圆点，如图 3-32 所示。

另外，通过重新设置变量 FILLMODE 值可以改变圆环的填充方式，当 FILLMODE 设置为“1”时，系统将填充圆环；当设置为“0”时，则不填充（图 3-33）。

图 3-31　“圆环”命令绘制圆环和圆点

图 3-32　半圆环和半圆点

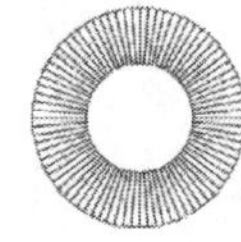
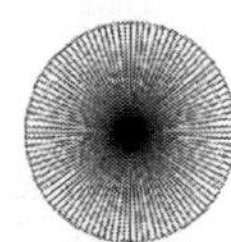

图 3-33　不填充的圆环和圆点

3.3.5　修订云线

修订云线是由连续圆弧组成的云线形状的多段线，主要用于提醒用户注意图形的某些部分。在查看或用红线圈阅图形时，可以使用修订云线功能亮显标记以提高工作效率。在 AutoCAD 2020 中，“修订云线”命令用于创建或修改修订云线。

在快速访问工具栏选择“显示菜单栏”选项，在菜单栏中执行“绘图”|“修订云线”命令，或在命令行执行 REVCLOUD 命令，命令行提示如下：

最小弧长：0.5　　最大弧长：0.5　　样式：普通　　类型：徒手画

指定第一个点或[弧长(A)/对象(O)/矩形(R)/多边形(P)/徒手画(F)/样式(S)/修改(M)]<对象>：

单击并拖动鼠标，即可开始创建修订云线。结束时，按 Enter 键或右击，命令行显示“反转方向[是(Y)/否(N)]<否>：”，若需要反转方向，单击“是”选项，系统将反转修订云线上连续圆弧的方向；否则，单击“否”选项或直接按 Enter 键，完成修订云线的创建，并结束命令。

“修订云线”命令选项的功能如下：

（1）“弧长”选项：用于指定弧长，包括最大弧长和最小弧长，默认值为 0.5。其中，最大弧长不能超过最小弧长的三倍。

（2）“对象”选项：指定要转换为修订云线的对象（如直线、圆、圆弧、多段线、样条曲线、椭圆或椭圆弧等），系统自动将对象转换为修订云线。矩形、椭圆转换为修订云线，如图 3-34 所示。

（3）“矩形”选项：通过指定对角线上的两点创建矩形修订云线。在“功能区”选项板中，选择“默认”选项卡|“绘图”面板|“矩形修订云线”按钮，或选择“注释”选项卡|“标记”面板|“矩形修订云线”按钮，也可以创建矩形修订云线。

（4）“多边形”选项：通过指定修订云线的顶点创建多边形修订云线。在“功能区”选项板中，选择“默认”选项卡|“绘图”面板|“多边形修订云线”按钮，或选择“注释”选项卡|“标记”面板|“多边形修订云线”按钮，也可实现此功能。

（5）“徒手画”选项：绘制徒手画修订云线。在“功能区”选项板中，选择“默认”选项卡|“绘图”面板|“徒手画修订云线”按钮，或选择“注释”选项卡|“标记”面板|“徒手画修订云线”按钮，也可实现“徒手画”功能。

（6）“样式”选项：指定修订云线的样式，包括“普通”和“手绘”两种样式。

（7）“修改”选项：为修订云线添加或删除边。

3.3.6　创建面域

面域指二维封闭区域，这些封闭区域可以是圆、椭圆、矩形、封闭的二维多段线或样条曲线等对象，也可以是由圆弧、直线、二维多段线、椭圆弧、样条曲线等对象构成的封闭区域。从外观看来，面域和一般的封闭图形没有区别，但面域属于实体模型，而封闭图形属于线框模型，它们在选中时的表现形式也不相同，如图 3-35 所示。面域是一个面对象，除了包括边界外，还包括边界内的平面，其内部可以包含孔。

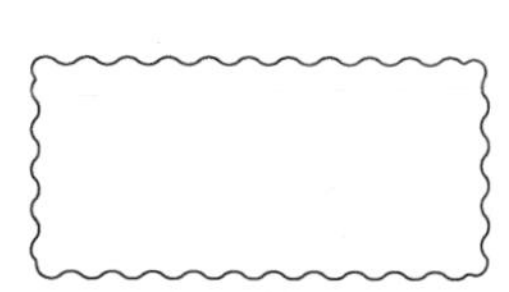

图 3-34　矩形、椭圆转换为修订云线

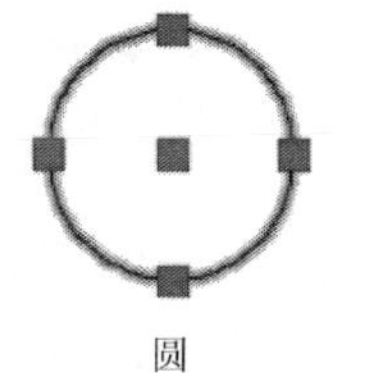

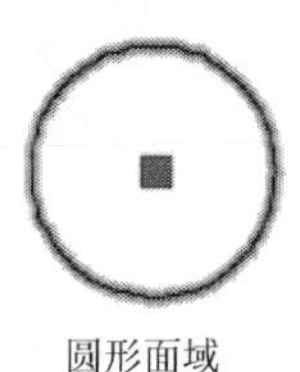

图 3-35　选中圆与圆形面域时的效果

1. 创建面域

1）使用“面域”命令创建面域

调用“面域”命令的方式如下：

（1）在快速访问工具栏中选择“显示菜单栏”选项，在弹出的菜单中执行“绘图”|“面域”命令。

（2）在“功能区”选项板中选择“默认”选项卡，在“绘图”面板中单击“面域”按钮。

（3）在命令行中执行 REGION 或 REG 命令。

执行上述操作之一，然后点选或框选多个用于转换为面域的封闭图形，右击或按 Enter 键，即可将其转换为面域，同时命令行提示已创建面域的数量。

2）使用“边界”命令创建面域

调用“边界”命令的方式如下：

（1）在快速访问工具栏选择“显示菜单栏”选项，在弹出的菜单中执行“绘图”|“边界”命令。

（2）在“功能区”选项板中选择“默认”选项卡，在“绘图”面板中单击“边界”按钮⬚。

（3）在命令行中执行 BOUNDARY 命令。

执行上述操作之一，系统弹出“边界创建”对话框（图 3-36，在“对象类型”下拉列表框中选择“面域”选项，单击“确定”按钮或“拾取点”按钮，命令行提示“拾取内部点”，逐一拾取封闭图形的内部点，拾取完毕后右击或按 Enter 键，系统自动完成面域的创建。

在拾取内部点的过程中，要求边界对象所围成的范围必须是封闭的；否则，系统将弹出“边界定义错误”对话框，提示用户“边界对象之间可能存在间隔，或者边界对象可能位于显示区域之外”。

默认情况下，图 3-36 中的“孤岛检测”复选框处于选中状态，在创建面域过程中，系统将自动检测当前封闭图形内是否存在孤岛。若存在，则这些孤岛也将创建面域。勾选掉“孤岛检测”复选框时，将不进行孤岛检测，仅将当前封闭的图形对象边界区域创建面域。如图 3-37 所示，圆中包含一个矩形和一个小圆，“十”字为拾取内部点的位置，当勾选“孤岛检测”复选框时，将创建一个大圆、一个矩形和一个小圆 3 个面域；若不勾选“孤岛检测”复选框，则仅创建一个大圆面域。

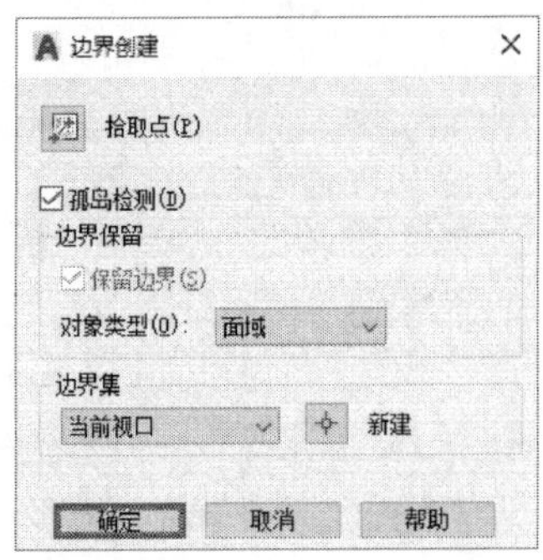

图 3-36 “边界创建”对话框

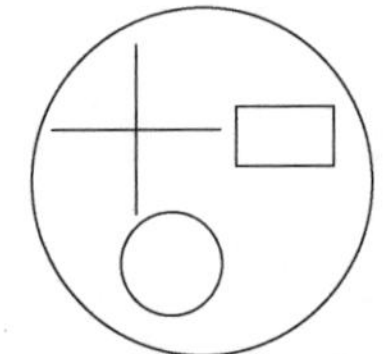

图 3-37 孤岛检测

在创建面域时，如果系统变量 DELOBJ 的值为 1，AutoCAD 在定义了面域后将删除原始对象；如果系统变量 DELOBJ 的值为 0，则不删除原始对象。

面域总是以线框的形式显示，可以对其进行复制、移动等编辑操作。如果在命令行执行 EXPLODE 或 X 命令，或选择“默认”选项卡，在“修改”面板中单击“分解”按钮，可以将面域转换成相应的线、圆等对象。

2. 面域的布尔计算

在 AutoCAD 2020 中，用户可以对面域执行“并集”“差集”“交集”3 种布尔运算，从而形成各种复杂面域。

1）并集运算

“并集运算”用于创建 2 个或 2 个以上面域的并集。在快速访问工具栏选择“显示菜单栏”选项，在弹出的菜单中执行“修改”|“实体编辑”|“并集”命令，或在命令行中执行 UNION 或 UNI 命令，点选或框选要进行并集运算的面域对象，右击或按 Enter 键，即可将选择的面域合并为一个新面域并结束命令。

在并集运算中，可以按任何顺序选择要合并的面域，运算结果不变。例如，对图 3-38（a）所示的 1 个圆面域、6 个矩形面域进行并集运算，运算结果如图 3-38（b）所示。

2）差集运算

“差集运算”可将一个或多个面域减去另一个或多个面域，从而创建一个新面域。在快速访问工具栏选择“显示菜单栏”选项，在弹出的菜单中执行“修改”|“实体编辑”|“差集”命令，或在命令行中执行 SUBTRACT 或 SU 命令，依次选择一个或多个被减的面域，右击确认选择，然后点选或框选待减去的面域并按 Enter 键，系统自动完成差集运算。

在差集运算时，不同的选择顺序将产生不同的运算结果，因此，在选择被减面域和减面域时，需特别注意。仍以图 3-38（a）中的 1 个圆面域和 6 个矩形面域为例，选择两种差集运算方式：一种是以圆面域为被减面域、6 个矩形面域为减面域，另一种是以 6 个矩形面域为被减面域、圆面域为减面域，两者的运算结果分别如图 3-39（a）和（b）所示。

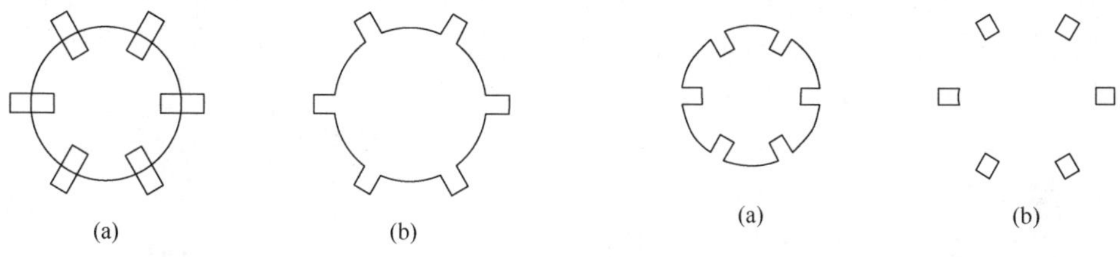

图 3-38　面域的并集运算　　图 3-39　两种差集运算结果

3）交集运算

“交集运算”用于创建 2 个或 2 个以上面域的交集，即各个面域的公共部分。在快速访问工具栏选择“显示菜单栏”选项，在弹出的菜单中执行“修改”|“实体编辑”|“交集”命令，或在命令行中执行 INTERSECT 或 IN 命令，点选或框选两个或两个以上面域对象，然后按 Enter 键，系统将进行交集运算并显示运算后的新面域。

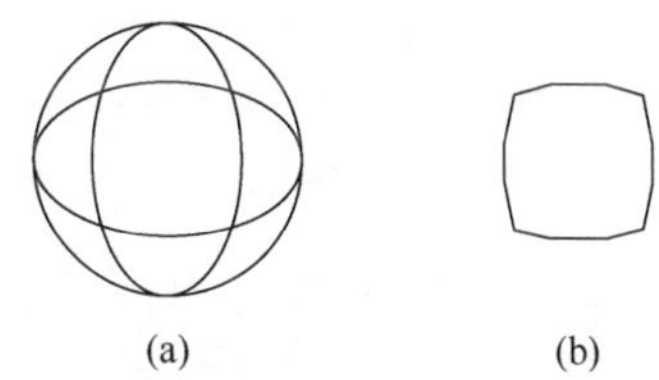

图 3-40　交集运算结果

在交集运算时，面域的选择顺序并不影响运算的结果。需要注意的一点是，交集运算结果将是所有选择面域的共同区域。例如，对图 3-40（a）所示的 1 个圆面域、2 个椭圆面域进行交集运算，运算结果如图 3-40（b）所示。

3. 从面域中提取数据

由于面域是实体对象，因此它比对应的线框模型含有更多的信息。在 AutoCAD 中，执行“工具”|“查询”|“面域/质量特性”命令（MASSPROP），然后选择面域对象并按

Enter 键，系统将在命令行中显示面域对象的质量特性数据。以图 3-40（b）的面域为例，其质量特性数据如图 3-41 所示。

```
命令:
命令: _massprop
选择对象: 找到 1 个
选择对象:
 ----------------    面域    ----------------
面积:                    10123.7960
周长:                    372.8172
边界框:                 X: 3197.9706  --  3303.4190
                        Y: -2124.8778  --  -2019.4294
质心:                   X: 3250.6948
                        Y: -2072.1536
惯性矩:                 X: 43478056344.1442
                        Y: 1.0699E+11
惯性积:                XY: 68193272272.5189
旋转半径:               X: 2072.3513
                        Y: 3250.8208
主力矩与质心的 X-Y 方向:
                        I: 8292723.1426 沿 [1.0000 0.0000]
                        J: 8292723.1426 沿 [0.0000 1.0000]
```

图 3-41　面域的质量特性数据

3.4　区域覆盖和图案填充

3.4.1　区域覆盖

区域覆盖是以当前图形窗口的背景色为匹配颜色而创建的多边形区域，其目的是屏蔽下面的对象。区域覆盖所屏蔽的范围由区域覆盖边框进行定义，可以打开此边框进行编辑，也可以关闭此边框进行打印。在 AutoCAD 2020 中，“区域覆盖”命令用于创建区域覆盖，该命令的调用方式如下：

（1）在快速访问工具栏选择“显示菜单栏”选项，在菜单栏中执行“绘图”|“区域覆盖”命令。

（2）在“功能区”选项板中选择“默认”选项卡，然后在“绘图”面板中单击“区域覆盖”按钮。

（3）在“功能区”选项板中选择“注释”选项卡，然后在“标记”面板中单击“区域覆盖”按钮。

（4）在命令行执行 WIPEOUT 命令。

执行上述操作之一，命令行显示以下提示：

指定第一点或[边框(F)/多段线(P)]<多段线>:

根据命令行提示，依次指定一系列点，确定区域覆盖对象的多边形边界，所有点输入完毕后，按 Enter 键或空格键，完成区域覆盖的创建，并结束命令。在指定点时，如有必要，可以启动对象捕捉模式，以快速精确地捕捉节点，也可以采用坐标输入的方式确定点位。

“区域覆盖”命令选项的功能如下：

（1）“边框”选项：设置边框模式，包括“开”（显示和打印边框）、“关”（不显示或不打印边框）、“显示但不打印”（显示但不打印边框）3 种模式。

（2）“多段线”选项：根据选定的闭合多段线创建区域覆盖对象，要求多段线必须闭合、仅包含线段且宽度为零。当选定多段线后，命令行显示“是否要删除多段线？[是

(Y)/否(N)]<否>：”，单击“是”选项，则创建区域覆盖的同时删除多段线；单击“否”，则创建区域覆盖的同时保留多段线。

实例 3-8　在如图 3-42 所示的综合图形中，包含 6 把椅子和 1 张桌子，使用“区域覆盖”命令，遮盖桌子下方的椅子符号，但仍保持椅子符号的完整性。

操作过程如下：在“功能区”选项板中选择“注释”选项卡，然后在“标记”面板中单击“区域覆盖”按钮，命令行提示“指定第一点或[边框(F)/多段线(P)]<多段线>：”，单击“多段线”选项；命令行提示“选择闭合多段线：”，拾取矩形的桌子对象；命令行提示“是否要删除多段线？[是(Y)/否(N)]<否>：”，直接按 Enter 键，不删除多段线，完成区域覆盖。绘图结果如图 3-43 所示。

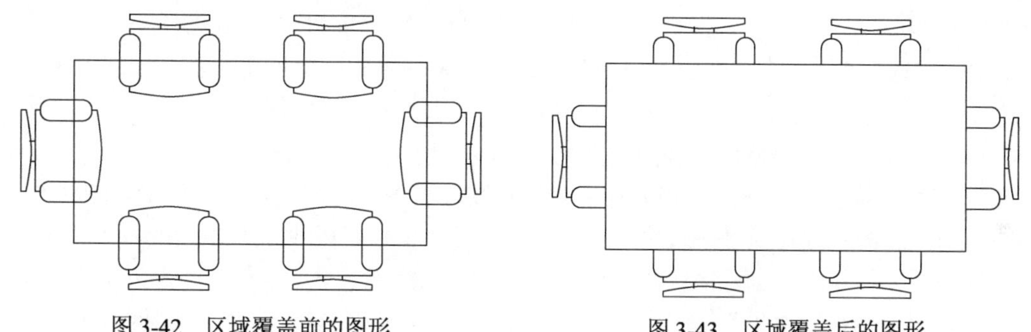

图 3-42　区域覆盖前的图形　　　图 3-43　区域覆盖后的图形

需要注意的是，区域覆盖仅遮盖住下方的图形对象，并未删除或裁剪对象。必要时，在命令行执行 EXPLODE 或 X 命令，或选择“默认”选项卡，在“修改”面板中单击“分解”按钮，选择区域覆盖并按 Enter 键，可以恢复原来的图形。

3.4.2　图案填充

图案填充使用指定的线条图案、颜色来填充指定的区域，常用于表达剖视图或不同对象的材料类型。

常见的图案填充方式包括图案填充（预定义或自定义图案）、实体填充（即纯色填充）和渐变色填充 3 种。

1. 创建图案填充

“图案填充”命令的调用方式如下：

（1）在快速访问工具栏选择“显示菜单栏”选项，在弹出的菜单中执行“绘图”|“图案填充”命令。

（2）在“功能区”选项板中选择“默认”选项卡，然后在“绘图”面板中单击“图案填充”按钮。

（3）在命令行执行 HATCH 或 H 命令。

执行上述操作之一，命令行显示以下提示：

拾取内部点或[选择对象(S)/放弃(U)/设置(T)]：

同时，在“功能区”选项板中显示“图案填充创建”上下文选项卡，如图 3-44 所示。

图 3-44　“图案填充创建”上下文选项卡

在图 3-44 中，各面板中的各选项功能如下。

1）“边界”面板

（1）“拾取点”：通过指定内部点，确定包含该点的闭合边界，以此作为图案填充边界。系统允许拾取多个内部点以选择多个图案填充边界。若指定点的包围边界没有闭合，则命令行提示“未发现有效的图案填充边界”，同时系统弹出“无法确定闭合的边界”信息框。

（2）“选择”：直接选定构成封闭区域的对象来确定图案填充边界。与“拾取点”选项一样，系统允许选定多个封闭区域的对象以选择多个图案填充边界。

（3）“删除”：从已选择的图案填充边界中删除对象。

（4）“重新创建”：只有选定图案填充或填充对象时，该选项才处于可选状态。单击该选项，命令行显示“输入边界对象的类型[面域(R)/多段线(P)]<多段线>：”，用户可以根据图案填充对象创建多段线或面域，并可令两者相关联。

（5）“显示边界对象”：仅在选择关联图案填充时，该选项处于可选状态。单击该选项，会显示单个图案填充夹点，以便通过夹点编辑关联图案填充边界（图 3-45）。注：若选择非关联图案填充，选项不可选，系统将自动显示图案填充边界夹点。

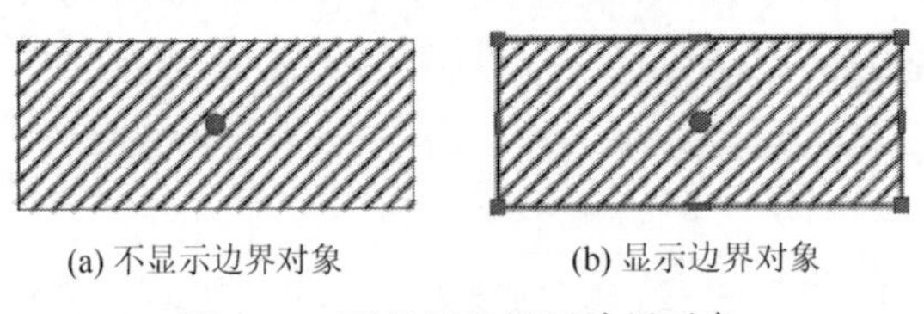

(a) 不显示边界对象　　(b) 显示边界对象

图 3-45　不显示和显示边界对象

（6）“保留边界对象”：指定保留图案填充边界对象的方式，包括“不保留边界”、“保留边界-多段线”和“保留边界-面域”等选项，上述选项仅在创建图案填充时可用。若选择“保留边界-多段线”和“保留边界-面域”选项，则在创建填充图案时，保留边界且根据边界创建新多段线或新面域。

（7）“指定边界集”：默认选项为“使用当前视口”，即从当前视口范围内的所有对象定义边界集。用户也可以指定边界集，先单击“选择新边界集”按钮，拾取边界以创建新边界集，然后选择“使用边界集”选项即可。

2）“图案”面板

“图案”面板显示所有 ANSI 图案、ISO 图案、其他预定义和自定义图案的预览图像，如图 3-46 所示。

3）“特性”面板

（1）“图案填充类型”：下拉列表中包含“实体”、“渐变色”、“图案”和“用户定义”等选项，分别对应着纯色填充、渐变色填充、图案填充和用户定义填充。

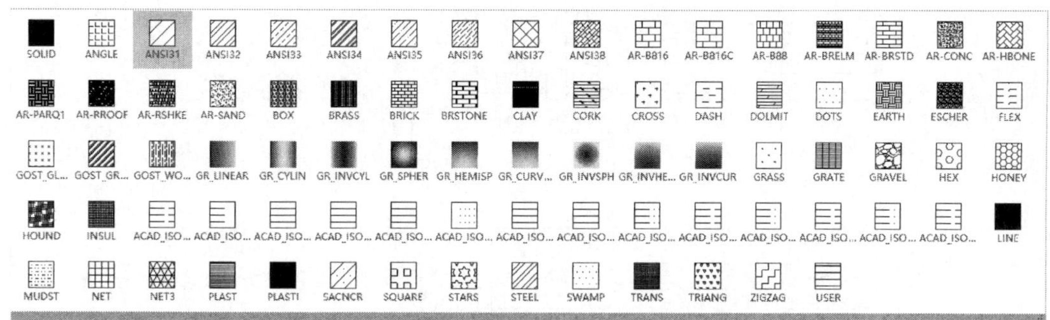

图 3-46 填充图案

（2）“图案填充颜色”：设置实体填充颜色或填充图案的当前颜色。

（3）“图案填充背景色”：设置填充图案的背景色。

（4）“图案填充透明度”：设置新图案填充或填充的透明度，默认值为 0。可选择“使用当前值”、“ByLayer 透明度”、“ByBlock 透明度”和“透明度值”等选项。

（5）“角度”：设置图案填充或填充的角度（图 3-47），每种图案在定义时的旋转角度都为 0°。

(a) ASNI31, 角度0°　(b) ASNI31, 角度45°　(c) ASNI31, 角度90°

图 3-47 填充角度

（6）“填充图案比例”：设置图案填充时的比例值。每种图案在定义时的初始比例为 1，可以根据需要放大或缩小（图 3-48）。“图案填充类型”选择“图案”或“用户定义”时，该项可用。

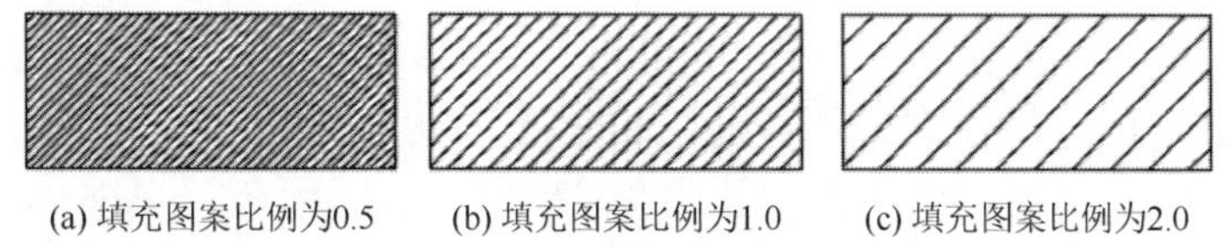

(a) 填充图案比例为0.5　(b) 填充图案比例为1.0　(c) 填充图案比例为2.0

图 3-48 填充图案比例

（7）“图案填充图层替代”：为新图案填充对象指定图层，默认为 0 图层。选择“使用当前值”可使用当前图层。

（8）“相对于图纸空间”：相对于图纸空间单位缩放填充图案，该选项仅在布局中可用。

（9）“双向”：该选项仅当“图案填充类型”设定为“用户定义”时可用。单击该选项，可以使用相互垂直的两组平行线填充图形，否则为一组平行线，如图 3-49 所示。

（10）“ISO”笔宽：设置笔的宽度，只有当填充图案采用 ISO 图案时，该选项才可用。不同“ISO”笔宽的填充效果如图 3-50 所示。

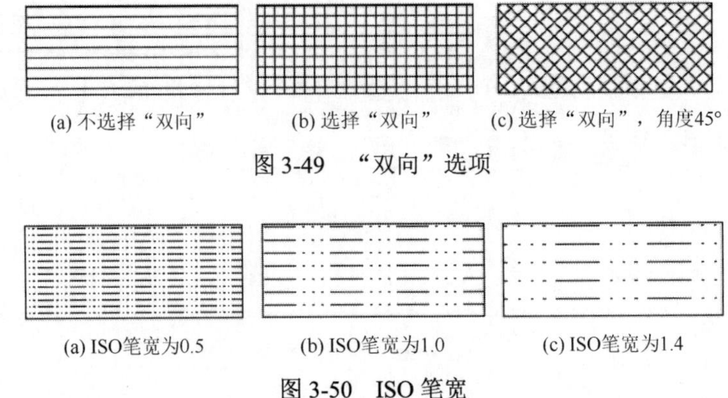
(a) 不选择“双向”　(b) 选择“双向”　(c) 选择“双向”，角度45°

图 3-49　“双向”选项

(a) ISO笔宽为0.5　(b) ISO笔宽为1.0　(c) ISO笔宽为1.4

图 3-50　ISO 笔宽

（11）“渐变色 1”：指定两种渐变色中的第一种颜色。

（12）“渐变色 2”：指定两种渐变色中的第二种颜色。

（13）“渐变明暗”：仅当“图案填充类型”设定为“渐变色”时，该选项可用。单击该选项，并在“渐变明暗”文本框中输入明暗的百分比值，其取值范围为 0（暗色）～100%（明色）。

4）“原点”面板

（1）“设定原点”：指定新的图案填充原点。

（2）“左下”：将图案填充原点设定在图案填充边界矩形范围的左下角，如图 3-51（a）所示。

（3）“右下”：将图案填充原点设定在图案填充边界矩形范围的右下角，如图 3-51（b）所示。

（4）“左上”：将图案填充原点设定在图案填充边界矩形范围的左上角，如图 3-51（c）所示。

（5）“右上”：将图案填充原点设定在图案填充边界矩形范围的右上角，如图 3-51（d）所示。

（6）“中心”：将图案填充原点设定在图案填充边界矩形范围的中心，如图 3-51（e）所示。

（7）“使用当前原点”：使用当前默认图案填充原点。

（8）“存储为默认原点”：将指定原点另存为图案填充的新默认原点。

（9）“居中”：仅当“图案填充类型”设定为“渐变色”时，显示该选项。默认处于选中状态，即根据填充区域中心创建对称渐变色。

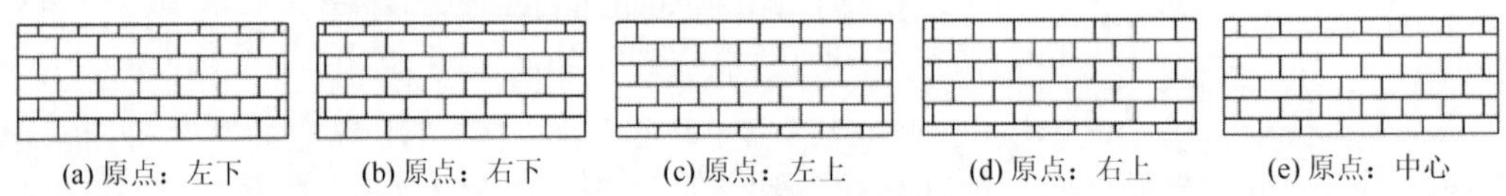
(a) 原点：左下　(b) 原点：右下　(c) 原点：左上　(d) 原点：右上　(e) 原点：中心

图 3-51　“原点”选项

5）“选项”面板

（1）“关联”：指定图案填充为关联图案填充。系统默认选中该选项，当填充边界对象被修改时，关联的图案填充将自动更新，否则将不更新，如图 3-52 所示。

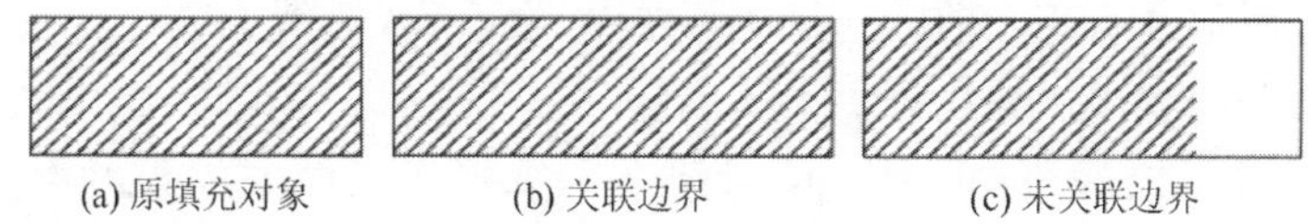

(a) 原填充对象　(b) 关联边界　(c) 未关联边界

图 3-52　“关联”选项

（2）“注释性”：指定图案填充为注释性。

（3）“特性匹配”：单击选择该项，先选择图案填充图案，再通过“拾取内部点”或“选择对象”选择图案填充边界，则新创建填充图案的特性（包括填充类型、颜色、背景色、透明度、填充角度、填充比例等）与选定的填充图案保持一致。该选项包括“使用当前原点”和“使用源图案填充原点”两个选项。前者进行特性匹配时，不包括“填充原点”特性，而是使用当前默认图案填充原点，后者则包括图案填充原点。

（4）“允许的间隙”：当填充边界不封闭时，该选项用于设置可以忽略的最大间隙。若小于“允许的间隙”，则填充边界被强制封闭后填充图案。该选项默认值为 0，即指定对象必须是封闭区域且没有间隙。

（5）“独立的图案填充”：当指定了多个独立的封闭边界时，若选择该项，则系统为每一个封闭边界创建一个图案填充对象，否则创建单个图案填充对象，如图 3-53 所示。

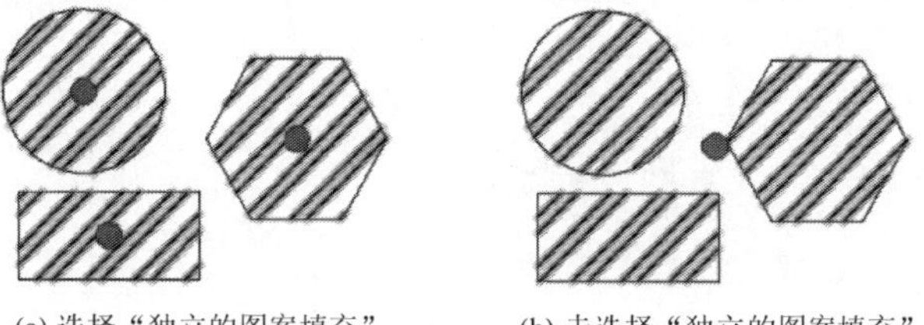

(a) 选择“独立的图案填充”　(b) 未选择“独立的图案填充”

图 3-53　“独立的图案填充”选项

（6）“孤岛检测”：设置“孤岛检测”方式，包括“普通孤岛检测”、“外部孤岛检测”和“忽略孤岛检测”3 种选项。其中：“普通孤岛检测”填充模式从最外层边界向内部填充，对第一个内部岛形区域进行填充，间隔一个图形区域，转向下一个检测到的区域进行填充，如此反复交替进行；“外部孤岛检测”填充模式从最外层的边界向内部填充，只对第一个检测到的区域进行填充，填充后就终止该操作；“忽略孤岛检测”填充模式从最外层边界开始，不再进行内部边界检测，对整个区域进行填充，忽略其中存在的孤岛。在创建“图案填充”时，分别设置三种“孤岛检测”方式，并点选或框选待填充的所有图形对象（图 3-54（a）），其填充效果如图 3-54 所示。

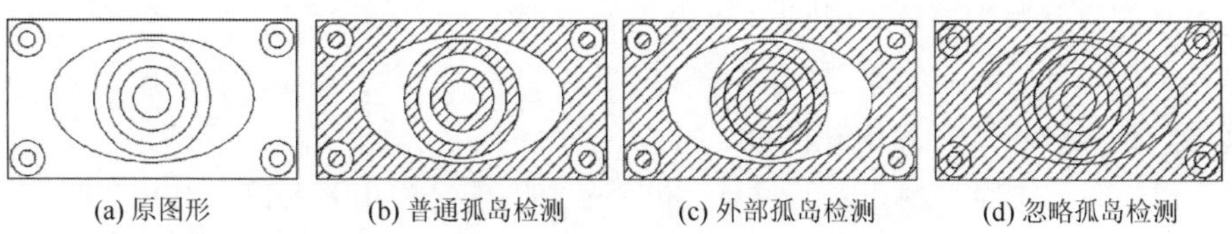

(a) 原图形　(b) 普通孤岛检测　(c) 外部孤岛检测　(d) 忽略孤岛检测

图 3-54　原图形及三种“孤岛检测”方式的填充效果

（7）“绘图次序”：用于调整图案填充的绘图顺序，图案填充可以放在图案填充边界及所有其他对象之后或之前，包括“不更改”、“后置”、“前置”、“置于边界之后”和“置于边界之前”等选项。

（8）“图案填充设置”：单击该按钮，系统弹出“图案填充和渐变色”对话框（图 3-55），与“图案填充创建”上下文选项卡一样，该对话框用于设置填充图案的特性。

6）“关闭”面板

“关闭图案填充创建”：退出 HATCH 并关闭上下文选项卡。也可以按 Enter 键或 Esc 键退出 HATCH。

以图 3-56（a）所示的圆为例，单击“圆”内部的任意一点，选择“HONEY”图案，并令“填充图案角度”为 45°、“填充图案比例”为 4，“图案填充原点”点选“指定的原点”，“单击以设置新原点”后选择圆的中心为原点，其他参数采用系统默认值，按 Enter 键完成图案填充。填充结果如图 3-56（b）所示。

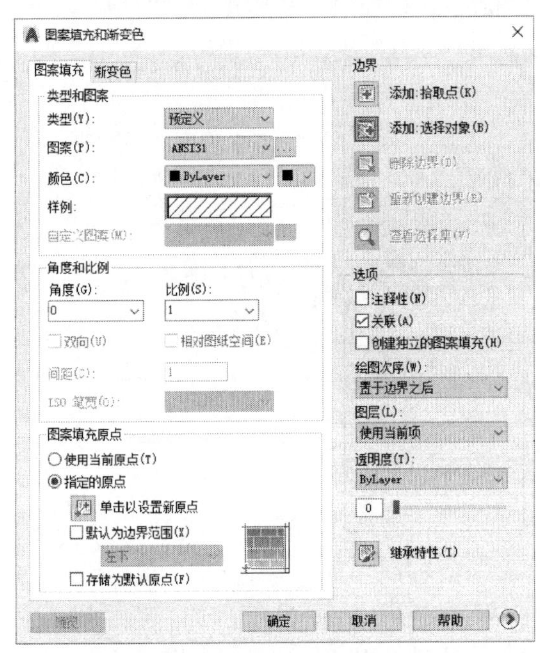

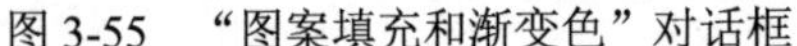
图 3-55　“图案填充和渐变色”对话框

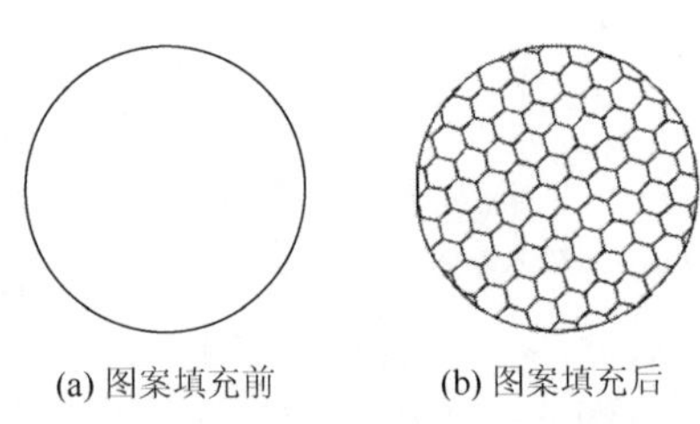
(a) 图案填充前　(b) 图案填充后

图 3-56　图案填充前、后的图形

在执行“图案填充”命令时，命令行将显示不同的命令选项，用户可以通过单击命令选项实现相应的功能。各主要选项的功能如下：

（1）“拾取内部点”选项：功能同“拾取点”选项。

（2）“选择对象”选项：功能同“选择”选项。

（3）“放弃”选项：删除当前“图案填充”命令插入的最后一个填充图案。可多次选择该项，直至删除所有的填充图案。

（4）“设置”选项：打开如图 3-55 所示的“图案填充和渐变色”对话框。

2. 实体填充

实体填充，即使用纯色填充区域。下面以一个实例，说明实体填充的过程。

实例 3-9　在如图 3-57（a）所示的综合图形中，使用“图案填充”命令完成实体填充，如图 3-57（b）所示。

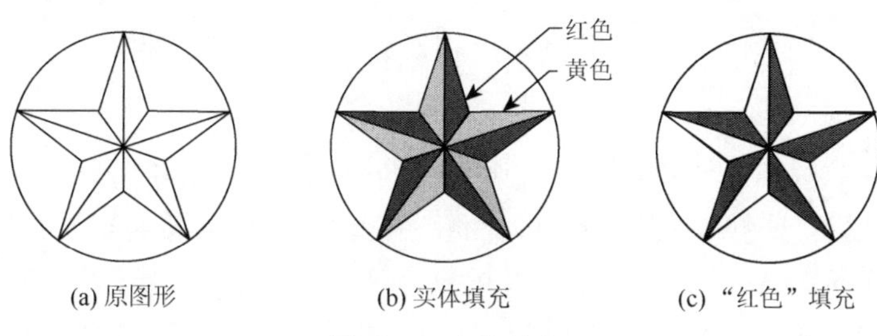

图 3-57　实体填充

（1）在“功能区”选项板中选择“默认”选项卡，单击“绘图”面板中的“图案填充”按钮，在“图案填充创建”上下文选项卡（图 3-44）中，依次打开“特性”面板中的“图案填充类型”和“图案填充颜色”下拉列表框，在下拉列表中分别选择“实体”和“红色”（索引颜色）选项。

或单击命令行提示信息“拾取内部点或[选择对象(S)/放弃(U)/设置(T)]：”中的“设置”选项，系统弹出“图案填充和渐变色”对话框，分别打开“图案”和“颜色”下拉列表框，在下拉列表中分别选择“SOLID”“红”选项，单击“确定”按钮，完成设置并关闭对话框。

（2）在图 3-57（a）中，依次单击每一角右侧的三角形，拾取内部点，按 Enter 键完成“红色”填充，如图 3-57（c）所示。

（3）再次按 Enter 键，重复执行“图案填充”命令，在“图案填充创建”上下文选项卡中，打开“特性”面板中的“图案填充颜色”下拉列表框，在下拉列表中选择“黄色”（索引颜色）选项，依次单击剩余的三角形，拾取内部点，完成“黄色”填充，按 Enter 键结束命令执行。绘制结果如图 3-57（b）所示。

3. 渐变色填充

渐变色填充，即以一种渐变色填充封闭区域，包括单色和双色两种。其中，“单色”使用一种颜色与指定染色（白色）或指定着色（黑色）混合进行渐变色填充；“双色”使用两种颜色之间的平滑过渡双色渐变填充。

渐变色填充的调用方式如下：

（1）在快速访问工具栏选择“显示菜单栏”选项，在弹出的菜单中执行“绘图”|“渐变色”命令。

（2）在“功能区”选项板中选择“默认”选项卡，然后在“绘图”面板中单击“渐变色”按钮。

（3）在命令行执行 GRADIENT 命令。

（4）执行“图案填充”命令时，打开“图案填充创建”上下文选项卡（图 3-44）中的“图案填充类型”下拉列表框，在下拉列表中，选择“渐变色”选项。

执行上述操作之一，在“功能区”选项板中显示“图案填充创建”上下文选项卡，如图 3-58 所示。

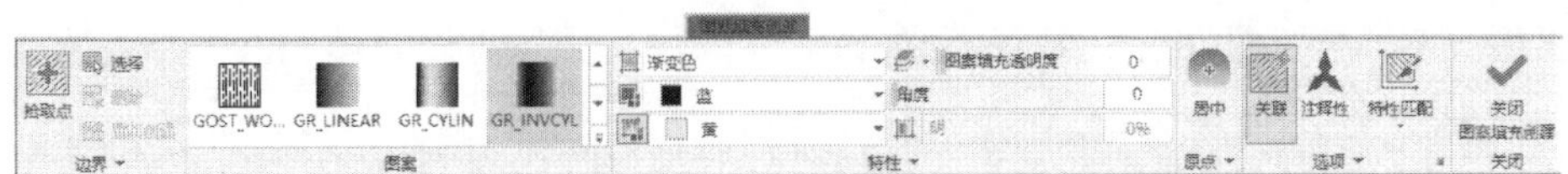

图 3-58　渐变色填充时的“图案填充创建”上下文选项卡

1）“双色”渐变色填充

依次打开图 3-58 所示“特性”面板中的“渐变色 1”“渐变色 2”下拉列表框，在下拉列表中选择合适的颜色；单击“图案”面板右侧滚动条展开按钮，打开“双色”渐变色填充图案列表（图 3-59），显示 12 种填充方案，选择其一；设置其他选项，如“特性”“原点”“选项”等面板中的选项。上述设置完毕后，采用“拾取点”或“选择”确定填充边界，即可完成“双色”渐变色填充。

“渐变色 1”“渐变色 2”分别选择“蓝”“黄”，“图案”选择 GR_INVCYL，3 种方式的填充效果如图 3-60 所示。

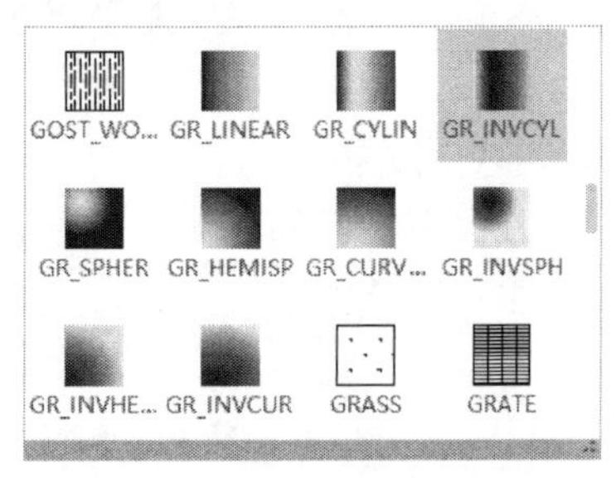

图 3-59　“双色”渐变色填充图案

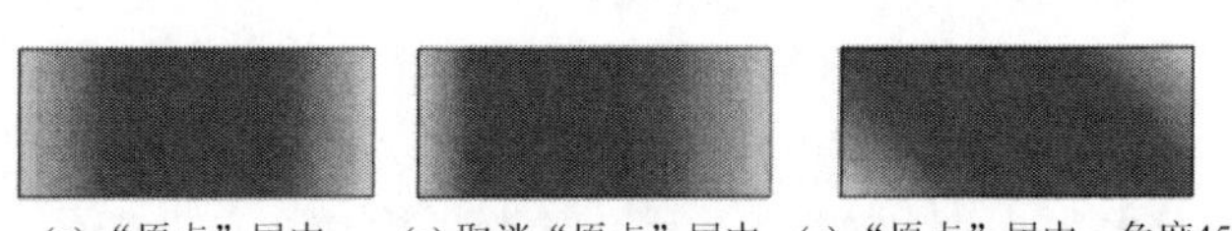

(a)“原点”居中　(a) 取消“原点”居中　(c)“原点”居中，角度45°

图 3-60　“双色”渐变色填充

2）“单色”渐变色填充设置

打开图 3-58 所示“特性”面板中的“渐变色 1”下拉列表框，在下拉列表中选择合适的颜色；单击“渐变明暗”选项，并在右侧的“渐变明暗”文本框中输入明暗的百分比值；单击“图案”面板右侧滚动条展开按钮，打开“单色”渐变色填充图案列表，选择其一；设置其他选项，如“特性”、“原点”和“选项”等面板中的选项。上述设置完毕后，单击“拾取点”或“选择”确定填充边界，即可完成“单色”渐变色填充。

“渐变色 1”为“红色”，“图案”选择 GR_CYLIN，“渐变明暗”的百分比值分别为 0%、50%、100%时，3 种方式的填充效果如图 3-61 所示。

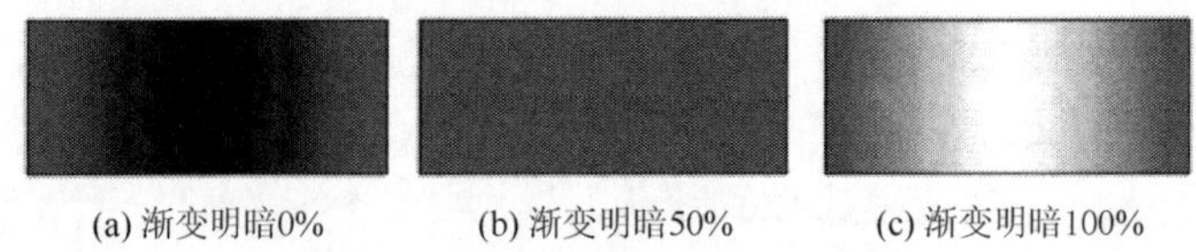

(a) 渐变明暗0%　(b) 渐变明暗50%　(c) 渐变明暗100%

图 3-61　“单色”渐变色填充

另外，在执行“图案填充”或“渐变色”命令时，单击命令行提示信息“拾取内部点或[选择对象(S)/放弃(U)/设置(T)]：”中的“设置”选项，系统弹出“图案填充和渐变色”对话框，单击“渐变色”选项卡（图 3-62），设置相应的选项；单击“添加：拾取点”按钮或“添加：拾取对象”按钮，选择填充边界，也可实现渐变色填充。

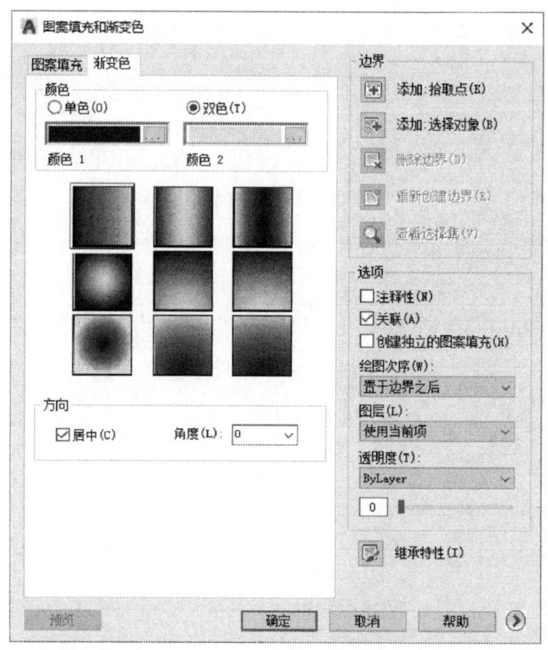

图 3-62　“渐变色”选项卡

4. 编辑图案填充

图案填充完毕后，可根据需要随时对图案填充进行编辑、修改。下面以图 3-56（b）的图案填充为例，说明常用的几种编辑图案填充方式：

1）使用“图案填充编辑器”上下文选项卡

单击选择待编辑的图案填充（图 3-56（b）），“功能区”选项板中将显示“图案填充编辑器”上下文选项卡（图 3-63）；在“图案填充编辑器”上下文选项卡中，用户可对图案填充的特性进行编辑、修改，完毕后，单击“关闭图案填充编辑器”按钮✔，关闭上下文选项卡，完成图案填充的编辑。

2）使用“图案填充编辑”命令

启用“图案填充编辑”命令有以下几种方式：

（1）在快速访问工具栏选择“显示菜单栏”选项，在弹出的菜单中执行“修改”|“对象”|“图案填充”命令。

图 3-63　“图案填充编辑器”上下文选项卡

（2）在“功能区”选项板中选择“默认”选项卡，然后在“修改”面板中单击“编辑图案填充”按钮。

（3）在命令行执行 HATCHEDIT 命令。

执行上述操作之一，命令行显示“选择图案填充对象：”，选择待编辑的图案填充

（图 3-56（b）），系统弹出“图案填充编辑”对话框（图 3-64）；在“图案填充编辑”对话框中，用户可对图案填充的特性进行编辑、修改，然后单击“确定”按钮，完成图案填充编辑并关闭对话框。

另外，也可以先选择待编辑的图案填充，然后右击，在弹出的快捷菜单中选择“图案填充编辑”命令，系统也将弹出“图案填充编辑”对话框，进而可以完成图案填充编辑。快捷菜单中还包含“设定原点”“设定边界”“生成边界”等选项，可用于图案填充的编辑。

3）使用“特性”选项板

选择待编辑的图案填充，右击，在弹出的快捷菜单中选择“特性”选项，系统打开“图案填充特性”选项板（图 3-65）；用户可以选择“图案”选项区的特性，通过修改其特性值实现对图案填充的编辑、修改。

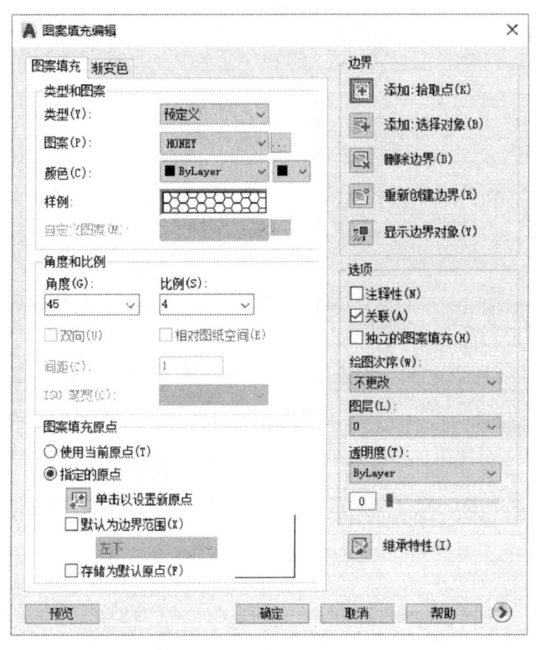

图 3-64　“图案填充编辑”对话框

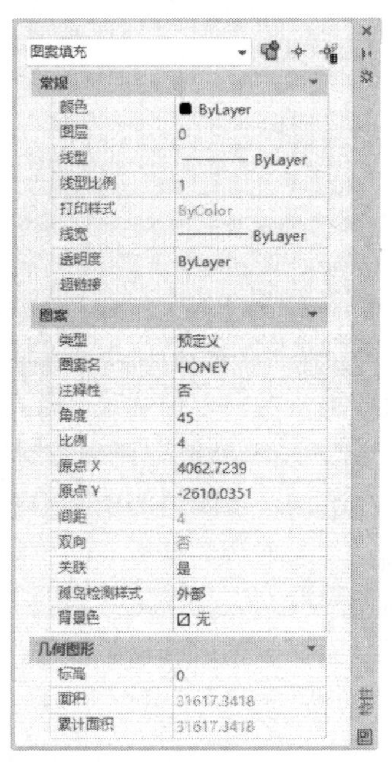

图 3-65　“图案填充特性”选项板

4）使用“夹点”菜单

选择待编辑的图案填充，将光标悬停在夹点上，显示“夹点”菜单（图 3-66）。使用“夹点”菜单可以完成图案填充的拉伸、原点设置及填充角度、填充比例的修改。

5. 分解图案

在 AutoCAD 中，填充图案是一种特殊的块，称之为“匿名”块，无论形状多复杂，都是一个单独的对象。在快速访问工具栏选择“显示菜单栏”选项，在弹出的菜单中执行“修改”|“分解”命令，可以分解一个关联图案（渐变色填充除外）。需要注意的是，分解后的图案将失去与原图形的关联性，因此，将无法再次使用“图案填充编辑”命令进行编辑。

以图 3-53（a）为例，分解前、后的对比情况如图 3-67 所示。

拉伸
原点
图案填充角度
图案填充比例

图 3-66　图案填充的“夹点”菜单

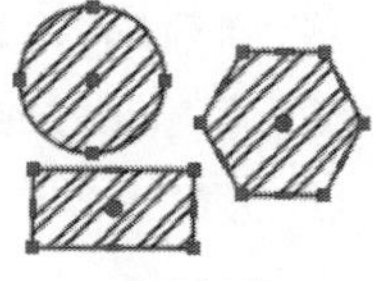
(a) 分解前

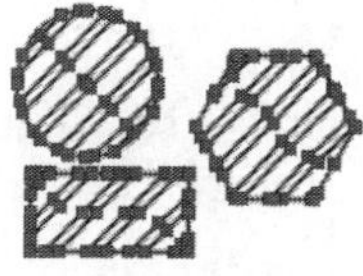
(b) 分解后

图 3-67　图案分解

3.5　创建文字和表格

绘图过程中，常常要对图形进行必要的文字注记或表格说明，如地名、属性、面积等，本节将介绍文本注记与绘制表格的相关操作。

3.5.1　创建文字

在 AutoCAD 中，文字对象包括单行文字和多行文字两种。AutoCAD 创建的文字对象，其外观由文字样式决定。默认情况下，当前文字样式为 Standard，用户也可根据需要创建新的文字样式。

1. 设置文字样式

文字样式主要用于控制文字的外观，包括字体、字号、倾斜角度、方向等特征。在 AutoCAD 2020 中，用户可以利用“文字样式”命令实现文字样式的创建和修改。打开“文字样式”对话框的方式如下：

(1) 在快速访问工具栏选择“显示菜单栏”选项，在菜单栏中执行“格式”|“文字样式”命令。

(2) 在“功能区”选项板中选择“默认”选项卡，然后在“注释”面板中单击“文字样式”按钮，或打开“文本样式”下拉列表框 Standard，在下拉列表中选择“管理文字样式”选项。

(3) 在“功能区”选项板中选择“注释”选项卡，然后在“文字”面板中单击“文字样式”按钮，或打开“文本样式”下拉列表框 Standard，在下拉列表中选择“管理文字样式”选项。

(4) 在命令行执行 STYLE 或 ST 命令。

执行上述操作之一，系统打开“文字样式”对话框，如图 3-68 所示。

在图 3-68 中，各个选项的功能如下。

(1) “当前文字样式”文本框：显示当前文字样式的名称，该样式将应用于新创建的文字。

(2) “样式”列表框：列出图形中的所有文字样式，其中亮显选项为当前文字样式。右击该列表中的任一文字样式，将弹出快捷菜单，实现“置为当前”、“重命名”和“删除”等功能。

(3) “置为当前”按钮：单击该按钮，将选定的文字样式设定为当前文字样式。

(4) “新建”按钮：单击该按钮，系统弹出“新建文字样式”对话框（图 3-69），输入样式名，单击“确定”按钮，将创建新文字样式。

（5）“删除”按钮：单击该按钮，所选择的文字样式将被删除。但不能删除默认的 Standard 样式、当前样式或当前图形正在使用的样式。

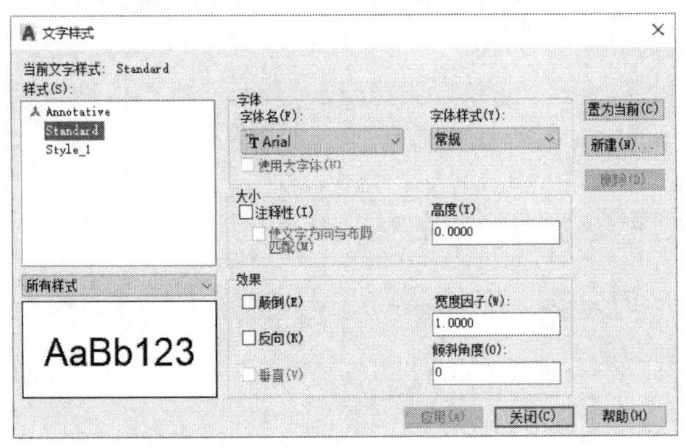

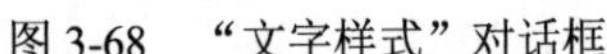
图 3-68　“文字样式”对话框

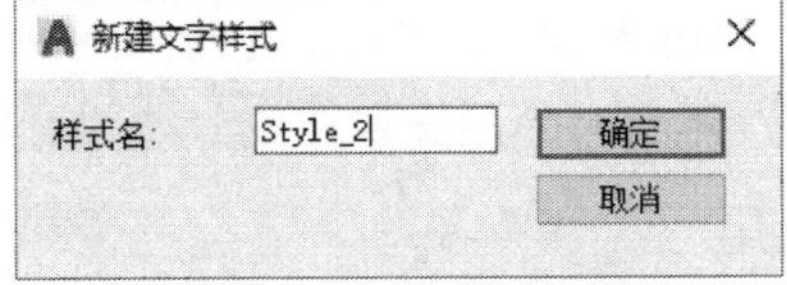

图 3-69　“新建文字样式”对话框

（6）“字体名”下拉列表框：打开该下拉列表框，在下拉列表中选择要使用的字体名称。

（7）“字体样式”下拉列表框：不同的字体名对应着有不同的字体样式。单击该下拉列表框，可选择系统支持的其他字体样式，如常规、斜体、粗体、粗斜体等。

（8）“使用大字体”复选框：当“字体名”选择 SHX 字体文件时，该复选框可用，“字体样式”下拉列表框变为“大字体”。选中“使用大字体”复选框，可在“大字体”下拉列表框中选择亚洲语言大字体。

（9）“注释性”复选框：选中该选项，使用该样式的任何文字都采用相同的大小或比例，而不考虑视图的比例。此时，“使文字方向与布局匹配”复选框可用，“高度”文本框变为“图纸文字高度”。

（10）“高度”文本框：设置文字的高度。如果用户在该文本框中输入了文本高度，则执行“单行文字”命令时，系统不再提示“指定高度”。

（11）“颠倒”复选框：选中此复选框，文字将被垂直翻转，如图 3-70（b）所示。

（12）“反向”复选框：选中此复选框，文字将被水平翻转，如图 3-70（c）所示。

（13）“垂直”复选框：选中此复选框，文字将沿竖直方向显示，但该功能对汉字字体无效，如图 3-71 所示。

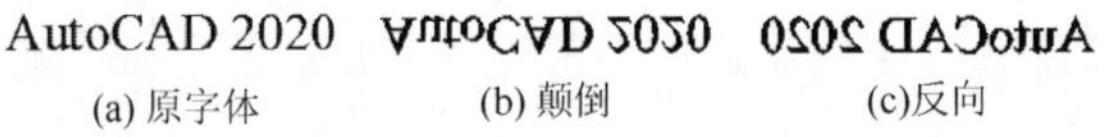

AutoCAD 2020　　AutoCAD 2020　　AutoCAD 2020

(a) 原字体　　(b) 颠倒　　(c)反向

图 3-70　“颠倒”与“反向”选项的文字效果

A
u
t
o
C
A
D

图 3-71　“垂直”选项的文字效果

（14）“宽度因子”文本框：默认宽度因子为 1.0。如图 3-72 所示，若该值大于 1.0，则文本变宽；否则，文本变窄。

AutoCAD 2020　**AutoCAD 2020**　AutoCAD 2020

(a) 宽度因子为1.0　(b) 宽度因子为1.5　(c) 宽度因子为0.5

图 3-72　不同“宽度因子”的文字效果

（15）“倾斜角度”文本框：指定文字倾斜的角度，如图 3-73 所示。

AutoCAD 2020　*AutoCAD 2020*　AutoCAD 2020

(a) 倾斜角度为0°　(b) 倾斜角度为30°　(c) 倾斜角度为-30°

图 3-73　不同“倾斜角度”的文字效果

2. 创建单行文字

“单行文字”命令用于创建单行文字对象，该命令的调用方式如下：

（1）在快速访问工具栏选择“显示菜单栏”选项，在菜单栏中执行“绘图”|“文字”|“单行文字”命令。

（2）在“功能区”选项板中选择“默认”选项卡，然后在“注释”面板中单击“单行文字”按钮A。

（3）在“功能区”选项板中选择“注释”选项卡，然后在“文字”面板中单击“单行文字”按钮A。

（4）在菜单栏中，执行“工具”|“工具栏”|“AutoCAD”|“文字”命令，在打开的“文字”工具栏中单击“单行文字”按钮A。

（5）在命令行执行 TEXT 或 DT 命令。

执行上述操作之一，命令行显示以下提示：

当前文字样式：“Standard”　文字高度：2.000　注释性：否　对正：左

指定文字的起点 或[对正(J)/样式(S)]：

指定文字插入点，并依次输入或单击指定文字高度、文字的旋转角（注：若当前文字样式中的文字高度已设置，则系统不再提示输入高度）；然后即可输入文字，单行文字输入结束后，可以通过单击或输入坐标指定新单行文字的起点，也可直接按 Enter 键，在当前文字下方另起一行，开始输入新的单行文字。

在命令执行过程中，按 Tab 键或 Shift+Tab 组合键，可以在单行文字集之间前移和后移，若按住 Alt 键并单击文字对象，则可以编辑单行文字。所有文字输入完毕后，在空行处按 Enter 键将结束命令。

“单行文字”命令可以直接输入多行文字，每一行结束时，按 Enter 键，即可开始新一行文字的输入，直至完成所有文字的输入，但所创建的多行文字中的每行文字都是独立的对象，可分别进行移动、格式设置或其他修改。如图 3-74 所示，所创建的多行文字为 3 个独立的单行文字对象。

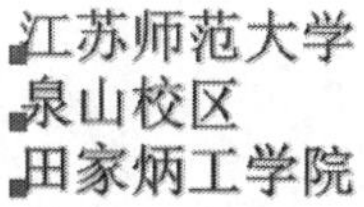

江苏师范大学
泉山校区
田家炳工学院

图 3-74　创建多个“单行文字”

重复执行“单行文字”命令，在命令行出现提示信息“指定文字的起点或[对正(J)/样式(S)]：”时，按 Enter 键将跳过文字高度和旋转角度的提示，直接在上一次“单行文字”命令最后创建的文字对象下方，开始新的单行文字输入。

在创建单行文字时，对于特殊字符（如下划线、直径符号等），可以通过控制代码来输入。常用特殊字符的控制代码如表 3-1 所示。

表 3-1　AutoCAD 常用控制代码

控制代码	特殊字符	控制代码	特殊字符
%%C	直径符号Ø	\U+0278	电相位
%%D	“度”符号（°）	\U+E101	流线
%%K	上删除线	\U+2261	标识
%%O	上划线	\U+E200	初始长度
%%P	正/负公差符号±	\U+E102	界碑线
%%U	下划线	\U+2260	不相等（≠）
%%%	百分号%	\U+2126	欧姆（Ω）
\U+2248	约等于（≈）	\U+03A9	欧米伽（Ω）
\U+2220	角度（∠）	\U+214A	地界线
\U+E100	边界线	\U+2082	下标 2
\U+2104	中心线	\U+00B2	平方
\U+0394	增量	\U+00B3	立方

在表 3-1 中，%%O 和%%U 分别是上划线和下划线的开关，第 1 次出现此符号时，可以打开上划线或下划线，第 2 次出现时，则关闭上划线或下划线。若仅出现 1 次，则上划线和下划线在文字字符串结束处自动关闭。此外，AutoCAD 可同时为文字加上划线和下划线。

分别创建如下单行文字：%%O 计算机地图制图、%%O 计算机%%O 地图制图、%%U 计算机地图制图、%%U 计算机%%U 地图制图、%%O%%U 计算机地图制图、%%O%%U 计算机%%O%%U 地图制图，所创建的单行文字结果如图 3-75 中①～⑥所示。

①计算机地图制图　②计算机地图制图

③计算机地图制图　④计算机地图制图

⑤计算机地图制图　⑥计算机地图制图

图 3-75　单行文字创建结果

“单行文字”命令选项的功能如下：

（1）“对正”选项：设置文字的对齐方式。单击该选项，命令行提示“输入选项[左(L)/居中(C)/右(R)/对齐(A)/中间(M)/布满(F)/左上(TL)/中上(TC)/右上(TR)/左中(ML)/正中(MC)/右中(MR)/左下(BL)/中下(BC)/右下(BR)]：”，单击不同的选项，即可按相应的方式对正文字。其中，“对齐”通过指定整行文字的起点和终点确定文字的高度和方向，字符的大小将按文字的多少自动调整，文字字符串越长，字符越矮；“布满”则通过指定文字起点和终点来指定整行文字的位置和大小，所输入的字符将布满起点和终点之间，文字字符串越长，字符越窄，但其高度保持不变；其余选项含义如图 3-76 所示。

（2）“样式”选项：指定当前文字样式。可以直接输入文字样式的名称，也可以单击“？”选项，命令行显示“输入要列出的文字样式<*>：”，按 Enter 键即可显示当前图形所有的文字样式。

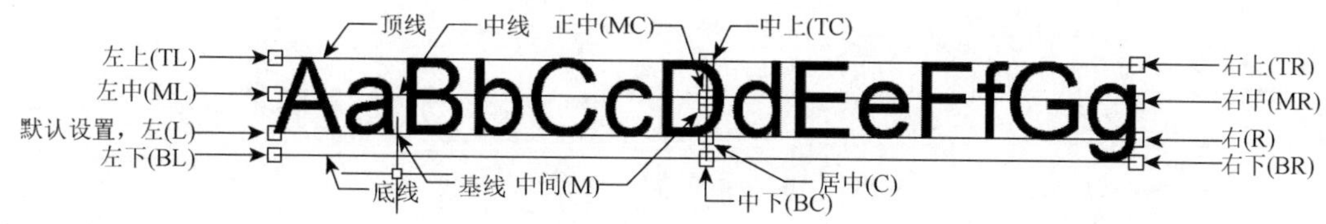

图 3-76　“对正”选项

3. 创建多行文字

多行文字由沿垂直方向任意数目的文字行或段落构成，可以指定文字行段落的水平宽度，主要用于制作较复杂的说明性文字。

在 AutoCAD 中，“多行文字”命令用于创建多行文字。虽然“单行文字”命令也可以创建多行文字，但是单行文字的每一行是一个独立的对象，无法进行整体编辑、修改；而“多行文字”命令所创建的多行文字是一个对象，用户可将其当作一个整体进行统一编辑和修改。

调用“多行文字”命令的方式如下：

（1）在快速访问工具栏选择“显示菜单栏”选项，在菜单栏中执行“绘图” | “文字” | “多行文字”命令。

（2）在“功能区”选项板中选择“默认”选项卡，然后在“注释”面板中单击“多行文字”按钮A。

（3）在“功能区”选项板中选择“注释”选项卡，然后在“文字”面板中单击“多行文字”按钮A。

（4）在菜单栏中，执行“工具” | “工具栏” | “AutoCAD” | “文字”命令，在打开的“文字”工具栏中单击“多行文字”按钮A。

（5）在命令行执行 MTEXT、MT 或 T 命令。

执行上述命令后，根据命令行提示，单击并拖动鼠标，在绘图窗口指定一个矩形区域，用于放置多行文字，系统将打开“文字编辑器”（图 3-77），用于输入文字内容。同时，在“功能区”选项板中显示“文字编辑器”上下文选项卡，如图 3-78 所示。如果功能区未处于活动状态，则显示“文字格式”工具栏，如图 3-79 所示。使用“文字编辑器”上下文选项卡或“文字格式”工具栏，用户可以设置多行文字的文字样式、对齐方式、字体、字高等。

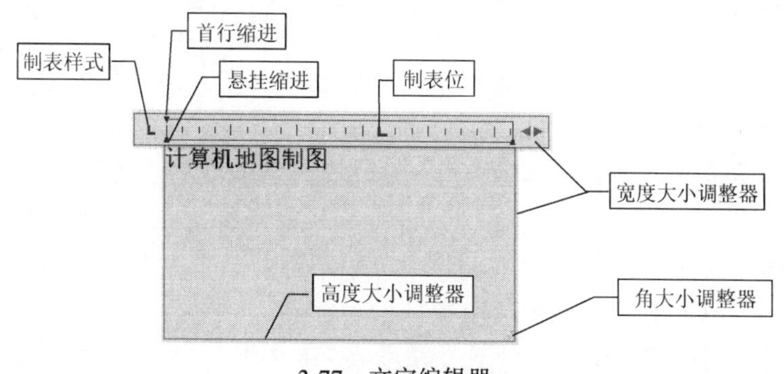

3-77　文字编辑器

在“文字编辑器”上下文选项卡中，各主要选项的功能如下：

3-78　“文字编辑器”上下文选项卡

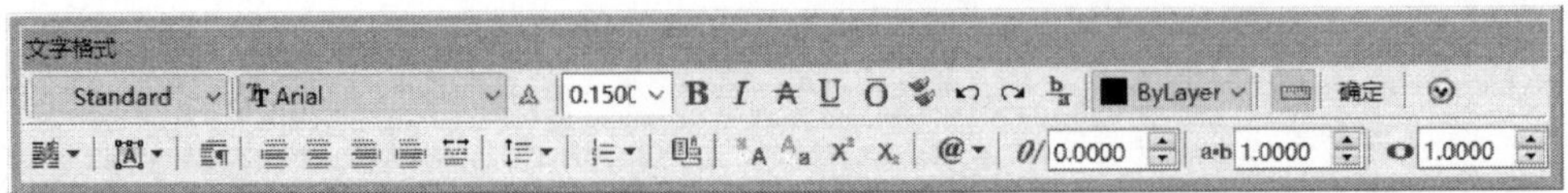

3-79　“文字格式”工具栏

1）“样式”面板

（1）“样式”：设置多行文字对象的文字样式。

（2）“注释性”：打开或关闭当前文字对象的“注释性”。

（3）“文字高度”：为新文字或选定的文字设置字符高度。多行文字对象允许包含不同高度的字符。

（4）“遮罩”：打开“背景遮罩”对话框（图 3-80），设置背景颜色。

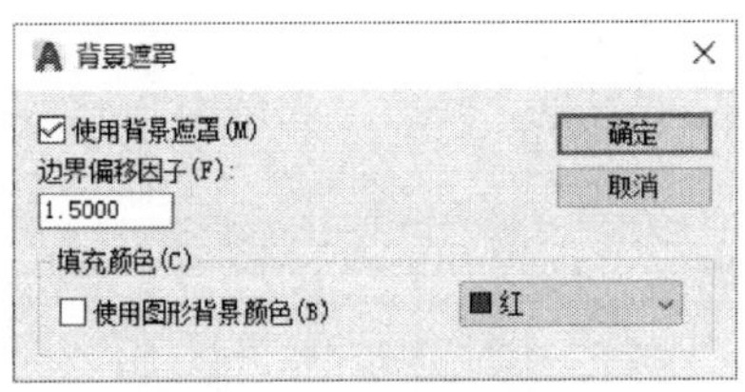

图 3-80　“背景遮罩”对话框

2）“格式”面板

（1）“匹配文字格式”：将选定文字的格式应用到目标文字。

（2）“粗体”、“斜体”：打开和关闭新文字或选定文字的粗体、斜体格式。此选项仅对 TrueType 字体有效。

（3）“删除线”、“下划线”、“上划线”：打开和关闭新文字或选定文字的删除线、下划线及上划线。

（4）“堆叠”：选定包含堆叠字符（即“/”、“^”或“#”）的文字，然后单击该选项，则将其转换为堆叠文字；如果选定堆叠文字，单击该选项则取消堆叠。例如，7/9、100+0.1^–0.1、9#10 的堆叠结果如图 3-81 所示。

输入含堆叠字符的文字并按 Enter 键，或选中堆叠文字，文字下方将出现按钮。单击该按钮，在弹出的下拉列表（图 3-82）中，选择“堆叠特性”选项，系统弹出“堆叠特性”对话框（图 3-83）。在该对话框中，用户可以对堆叠文字进行相应的设置。

（1）“上标”、“下标”：将选定文字转换为上标、下标。再次单击该选项，则将选定的上标或下标文字更改为普通文字。

（2）“更改大小写”：将选定文字更改为大写或小写。

（3）“字体”：为输入的文字指定字体或修改已选定文字的字体。

（4）“颜色”：为输入的文字指定颜色或修改已选定文字的颜色。

$\frac{7}{9}$

$100^{+0.1}_{-0.1}$

$^{9}/_{10}$

图 3-81　堆叠结果

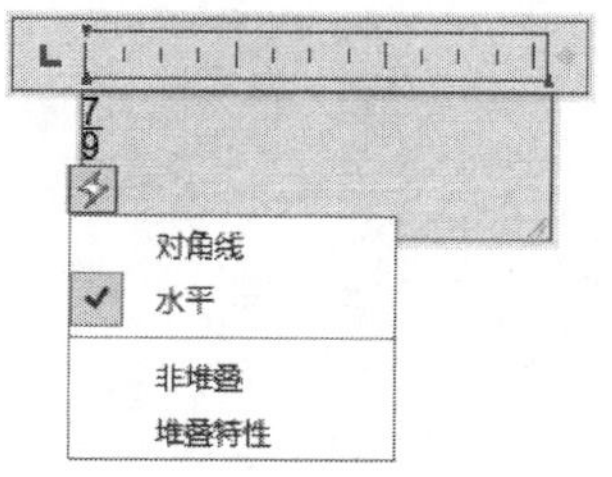

图 3-82　“堆叠特性”选项

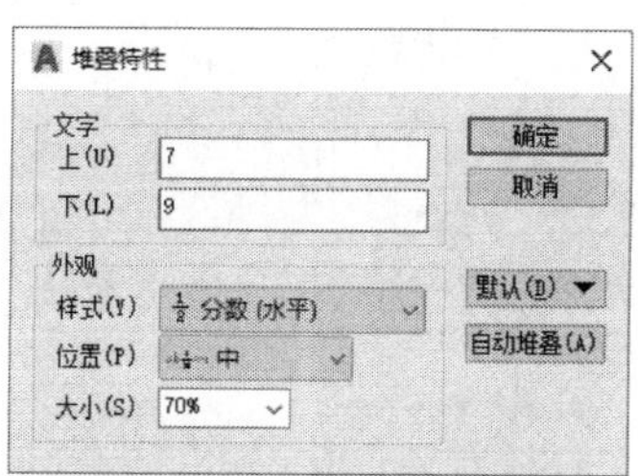

图 3-83　“堆叠特性”对话框

（5）“清除格式”：包括删除字符格式、删除段落格式和删除所有格式 3 个选项。

（6）“倾斜角度”：设置文字的倾斜角度，默认值为 0，即不倾斜。倾斜角度值为正时，文字向右倾斜；倾斜角度值为负时，文字向左倾斜。

（7）“追踪”：设置字符间距，默认值为 1，即采用常规间距。

（8）“宽度因子”：设置文字宽度因子，默认值为 1，即采用常规宽度。

3）“段落”面板

（1）“文字对正”：单击该选项，将弹出“文字对正”菜单（图 3-84（a））。其中，“左上”为默认选项。

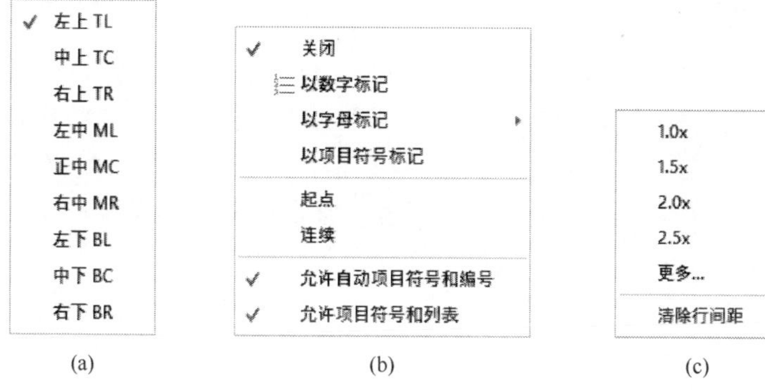

(a)　(b)　(c)

图 3-84　“文字对正”、“项目符号和编号”及“行距”菜单

（2）“项目符号和编号”：单击该选项，将弹出“项目符号和编号”菜单（图 3-84（b）），可使用数字、字母（包括大小写）作为段落文字的项目编号。

（3）“行距”：单击该选项，将弹出“行距”菜单（图 3-84（c）），包括 1.0×”、“1.5×”、“2.0×”或“2.5×”等选项。单击上述选项，可为当前段落或选定段落设置行距。若选择“清除段落间距”，则删除已设置行距，而将文字间距作为行距。

（4）“默认”、“左对齐”、“居中”、“右对齐”、“两端对齐”和“分散对齐”：设置当前段落或选定段落的对齐方式。

（5）“合并段落”：将选定的多个段落合并为一个段落，并用空格代替每一段的回车符。

（6）“段落”：单击“段落”面板右下角按钮，将弹出“段落”对话框（图 3-85），用以设置缩进、制表位、段落对齐、段落间距和段落行距等。

4）“插入”面板

（1）“列”：单击该选项，将弹出二级菜单（图 3-86），包括“不分栏”“动态栏”“静态栏”等选项，可对多行文字进行分栏设置。单击“分栏设置”，系统弹出“分栏设置”对话框（图 3-87），也可完成分栏类型、栏数、高度、宽度等的设置。

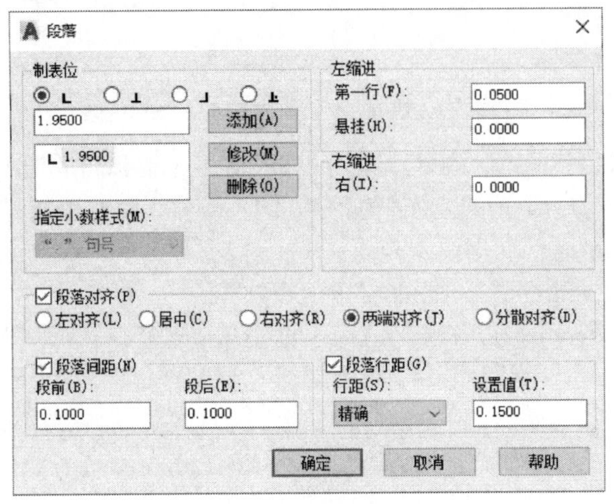

图 3-85　“段落”对话框

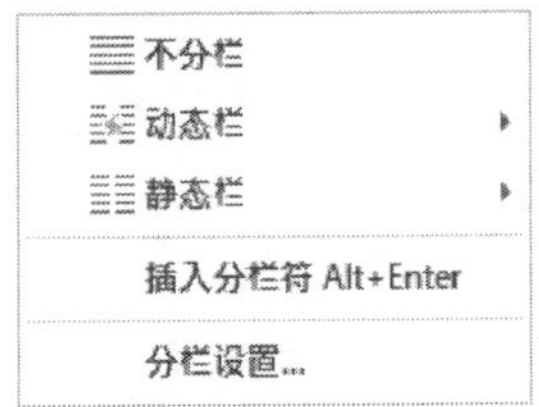

图 3-86　“列”选项菜单

（2）“符号”@：单击该选项，弹出的菜单中列出了常用符号及其控制代码或 Unicode 字符串。选择不同的菜单项，将在光标位置插入相应的符号。单击“其他”选项将显示“字符映射表”对话框（图 3-88），其中包含了系统中每种可用字体的整个字符集。选中待插入的字符，单击“复制”按钮关闭对话框，然后在文字编辑器中右击，在弹出的快捷菜单中选择“粘贴”选项，即可在当前位置插入已选字符。

（3）“字段”：单击该选项，系统弹出“字段”对话框（图 3-89），选择要插入的字段，单击“确定”按钮，关闭该对话框后，字段的当前值即显示在多行文字中。

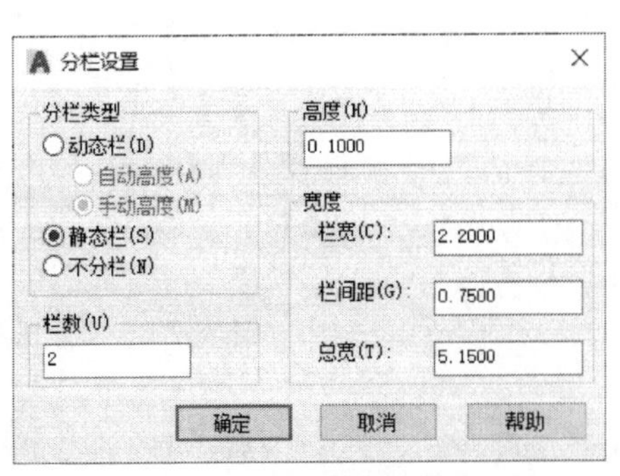

图 3-87　“分栏设置”对话框

图 3-88　“字符映射表”对话框

5）“拼写检查”面板

（1）“拼写检查” ：打开或关闭拼写检查。

（2）“编辑词典” ：打开“词典”对话框，添加或删除在拼写检查过程中使用的自定义词典。

6）“工具”面板

（1）“查找和替换” ：单击该选项，弹出“查找和替换”对话框（图 3-90），用于查找或替换指定的字符串。在查找时，可以设置查找条件，如“区分大小写”“全字匹配”等。

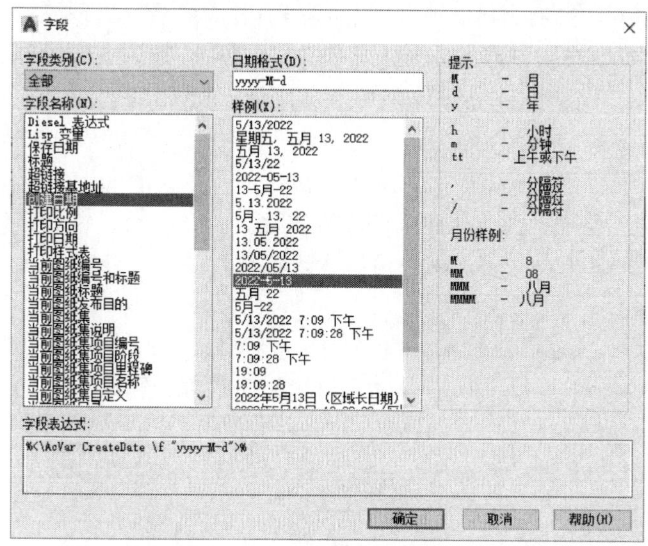

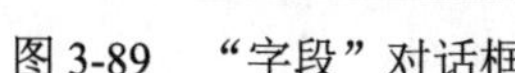
图 3-89　“字段”对话框

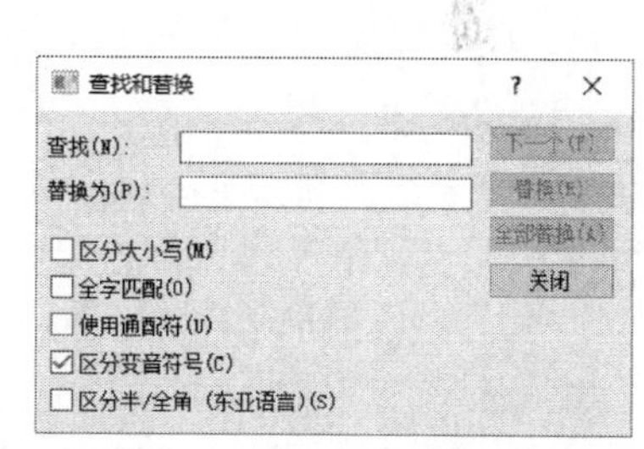

图 3-90　“查找和替换”对话框

（2）“输入文字”：单击该选项，打开“选择文件”对话框。选择 RTF（多文本格式）或 ASCII（美国信息交换标准码）格式的文件，单击“打开”按钮，即可将文件内容导入到文字编辑器中，导入的文字保留原有的字符格式和样式特性。

（3）“全部大写”：打开或关闭 Caps Lock。若处于打开状态，新输入的字母均为大写；否则，新输入的字母均为小写。该功能无法更改选定字母的大小写，若要更改字母的大小写，只能使用“格式”面板上的“更改大小写”下拉菜单按钮。

除了上述“文字编辑器”上下文选项卡中的各个选项可以设置多行文字格式之外，还可以使用“文字编辑器”快捷菜单中的功能，从而快速实现格式设置或修改。

格式设置完毕后，即可在文字编辑器中直接输入文字。也可以单击“文字编辑器”上下文选项卡中“工具”面板里的“输入文字”选项，或在文字编辑器中右击，从弹出的快捷菜单中选择“输入文字”选项，把外部文件的文本内容导入到文字编辑器中。

文字输入完毕后，保存更改并退出编辑器，可以采用以下方式之一：

（1）在“关闭”面板的“文字编辑器”上下文选项卡上，单击“关闭文字编辑器”按钮。

（2）单击“文字格式”工具栏上的“确定”按钮。

（3）单击编辑器外部的图形。

（4）按 Ctrl+Enter 键。

注：按 Esc 键仅退出编辑器，并不保存修改的内容。

4. 编辑文字

对于已经创建的单行文字、多行文字，都可以对其内容、特性进行修改。在快速访问工具栏选择“显示菜单栏”选项，在弹出的菜单中执行“修改”|“对象”|“文字”|“编辑”命令，或在命令行执行 DDEDIT 或 ED 命令，选择待编辑的单行或多行文字对象，将打开文字编辑窗口，即可对文字内容、格式进行修改。

另外，双击文字对象，或选择文字对象并右击，在弹出的快捷菜单中选择“编辑”或“编辑多行文字”选项，也可以打开文字编辑窗口。若选择快捷菜单中的“特性”选项，则可打开“文字特性”选项板，同时实现对文字内容及其格式、特性（如高度、旋转）的修改。

3.5.2 创建表格

在 AutoCAD 中，可以使用创建表格命令生成表格。与创建文字一样，先要设置表格样式，然后根据表格样式创建表格。创建表格后，用户可以为表格添加文字、字段、公式等，还可以对表格进行编辑、修改。

1. 设置表格样式

表格样式控制一个表格的外观，包括字体、颜色、文本、高度和行距等。在 AutoCAD 2020 中，“表格样式”命令用于管理表格样式，该命令的调用方式如下：

（1）在快速访问工具栏选择“显示菜单栏”选项，在菜单栏中执行“标注”|“表格样式”命令，或执行“格式”|“标注样式”命令。

（2）执行“工具”|“工具栏”|“AutoCAD”|“标注”命令，在打开的“样式”工具栏中单击“表格样式”按钮。

（3）在功能区“选项板”中选择“默认”选项卡，然后在“注释”面板中单击“表格样式”按钮，或打开“表格样式”下拉列表框 Standard ，在下拉列表中选择“管理表格样式”选项。

（4）在功能区“选项板”中选择“注释”选项卡，然后在“表格”面板中单击“标注样式”按钮，或打开“表格样式”下拉列表框 Standard ，在下拉列表中选择“管理表格样式”选项。

（5）在命令行执行 TABLESTYLE 命令。

执行上述命令后，打开“表格样式”对话框，如图 3-91 所示。

1）管理表格样式

在图 3-91 所示的“表格样式”对话框中，可以实现表格样式的新建、修改和删除等管理功能。其中，各选项的含义如下：

（1）“当前表格样式”文本框：显示当前表格样式的名称，该样式将应用于新创建的表格。

（2）“样式”列表框：列出图形中的所有表格样式，其中亮显选项为当前表格样式。右击该列表中的任一表格样式，将弹出快捷菜单，实现“置为当前”、“重命名”和“删除”等功能。

（3）“列出”下拉列表框：控制样式的显示方式，包括“所有样式”（默认值）和“正在使用的样式”。前者将在“样式”列表框显示图形中所有的表格样式；后者将仅显示当前使用的表格样式。

（4）“置为当前”按钮：单击该按钮，将选定的表格样式设定为当前表格样式。

（5）“新建”按钮：单击该按钮，系统弹出“创建新的表格样式”对话框（图 3-92），输入样式名，单击“确定”按钮，将创建新表格样式。

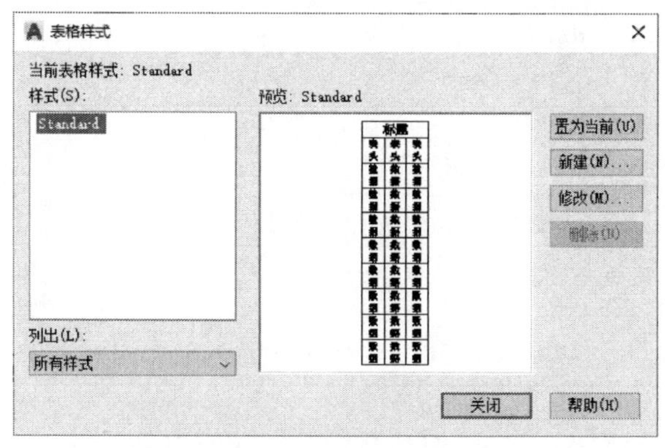

图 3-91　“表格样式”对话框

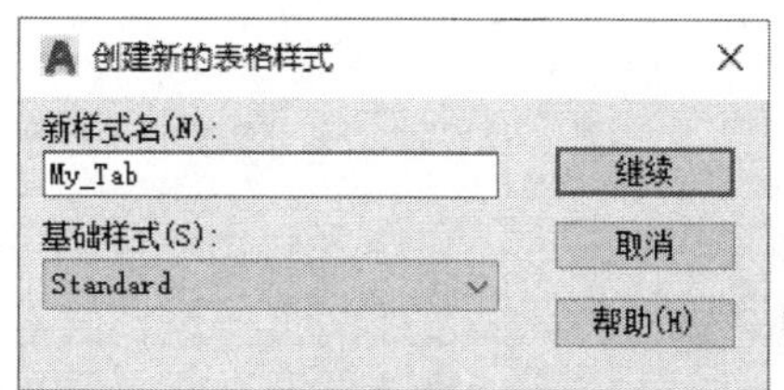

图 3-92　“创建新的表格样式”对话框

（6）“修改”按钮：在“样式”列表框中选择表格样式，并单击该按钮，将打开“修改表格样式”对话框，用于修改表格样式。

（7）“删除”按钮：单击该按钮，选择的表格样式将被删除。但不能删除默认的 Standard 样式、当前样式或当前图形正在使用的样式。

2）新建表格样式

在图 3-91 中，单击“新建”按钮，打开“创建新的表格样式”对话框，如图 3-92 所示。在“新样式名”文本框中输入新的表格样式名（如 My_Tab），在“基础样式”下拉列表中选择“Standard”或其他已经创建的表格样式，新样式将在该样式的基础上进行修改。然后单击“继续”按钮，系统弹出“新建表格样式：My_Tab”对话框（图 3-93），用于设置表格的单元方向、表格样式、文本样式和边框特性等内容。

在图 3-93 中，各选项的含义如下：

（1）“起始表格”选项区：包括“选择起始表格”按钮和“删除起始表格”按钮。前者通过选择图形中的指定表格来设置表格样式；后者则将表格从当前表格样式中删除。

（2）“表格方向”下拉列表框：用于设置表格方向，包括“向下”和“向上”2 个选项。前者所创建表格的标题行和表头位于表格顶部，后者所创建表格的标题行和表头位于表格底部。

（3）“单元样式”下拉列表框：可以选择“标题”、“表头”和“数据”选项，并使用“常规”、“文字”和“边框”3 个选项卡，分别设置相应的特性。另外，下拉列表还包括“创建新单元样式”和“管理单元样式”2 个选项，其功能与“创建新单元样式”按钮、“管理单元样式”按钮的功能相同。

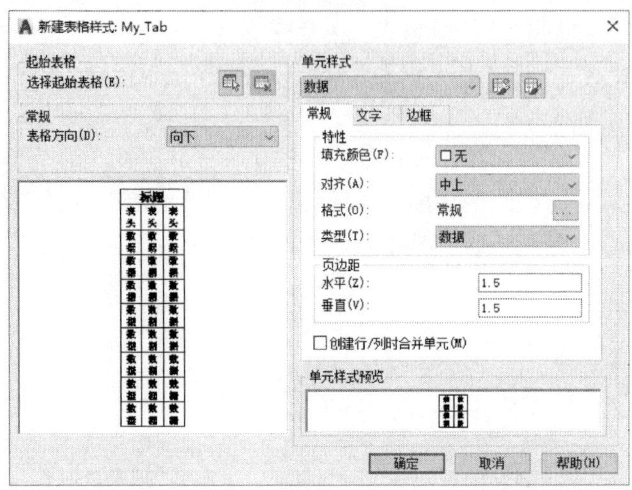

图 3-93　“新建表格样式：My_Tab”对话框

（4）“创建新单元样式”按钮：打开“创建新单元格式”对话框，用于创建新的“标题”、“表头”和“数据”样式。

（5）“管理单元样式”按钮：打开“管理单元样式”对话框，用于新建“标题”、“表头”和“数据”样式，也可以重命名或删除已有的单元样式。

（6）“常规”选项卡：设置填充颜色、对齐、格式、类型和页边距等特性。

（7）“文字”选项卡：设置文字样式、高度、颜色和角度等特性。

（8）“边框”选项卡：通过单击按钮设置边框是否显示。若边框存在，还可以设置边框线宽、线型、颜色和间距等特性。

实例 3-10　创建新表格样式 My_Tab，“数据”单元样式的设置如下：对齐方式为“正中”，文字样式为“宋体”，文字高度为 2.5；此外，“标题”和“表头”单元样式中的文字高度也设置为 2.5，其他选项采用系统默认值。

操作步骤如下：

（1）在功能区“选项板”中选择“默认”选项卡，然后在“注释”面板中单击“表格样式”按钮，打开“表格样式”对话框；单击“新建”按钮，在弹出的“创建新的表格样式”对话框中，输入新的表格样式名“My_Tab”，单击“继续”按钮，系统弹出“新建表格样式：My_Tab”对话框。

（2）在“单元样式”选项区中，选择“常规”选项卡，单击“对齐”下拉列表框，在弹出的列表中选择“正中”。

（3）选择“文字”选项卡，单击“文字样式”下拉列表框右侧的“文字样式”按钮，在弹出的“文字样式”对话框中，设置字体名为“宋体”，单击“应用”按钮；然后单击“关闭”按钮，关闭“文字样式”对话框，返回到“新建表格样式：My_Tab”对话框。

（4）在“文字高度”文本框中，输入“2.5”。

（5）单击“单元样式”下拉列表框，分别选择“标题”和“表头”，在“文字高度”文本框中，输入“2.5”。

（6）单击“确定”按钮，关闭“新建表格样式：My_Tab”对话框，返回到“表格样式”对话框；单击“关闭”按钮，关闭“表格样式”对话框，完成新表格样式 My_Tab 的创建。

2. 创建表格

“表格”命令用于创建表格对象，该命令的调用方式如下：

（1）在快速访问工具栏选择“显示菜单栏”选项，在菜单栏中执行“绘图”|“表格”命令。

（2）在功能区“选项板”中选择“默认”选项卡，在“注释”面板中单击“表格”按钮。

（3）在功能区“选项板”中选择“注释”选项卡，在“表格”面板中单击“表格”按钮。

（4）在命令行执行 TABLE 或 TB 命令。

执行上述操作之一，系统打开“插入表格”对话框，如图 3-94 所示。

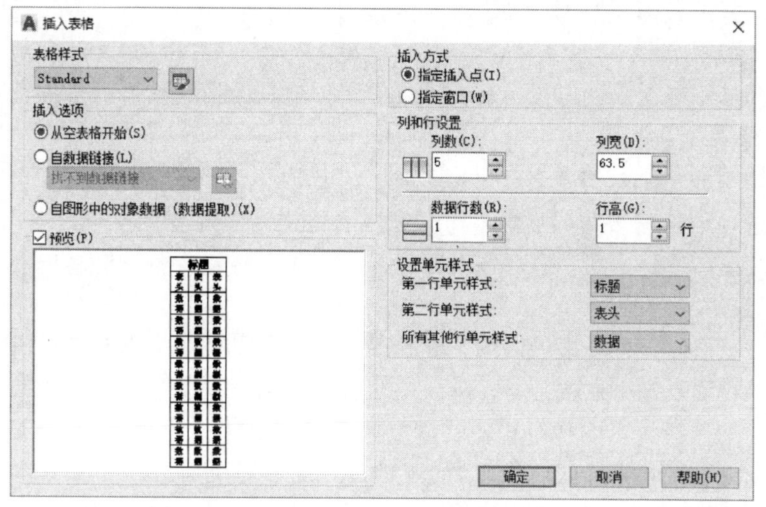

图 3-94　“插入表格”对话框

在图 3-94 中，单击“表格样式”下拉列表框，选择实例 3-10 中创建的“My_Tab”表格样式；在“列和行设置”选项区域中，设置“列宽”为 20，“行高”为 1，其他选项采用系统默认值；单击“确定”按钮，在绘图窗口中，移动鼠标至合适位置，单击指定表格插入点，完成表格的创建，如图 3-95 所示。

	A	B	C	D	E
1					
2					
3					
4					
5					

图 3-95　“表格”命令创建表格

在图 3-94 中，各选项的含义如下：

（1）“表格样式”选项区：在“表格样式”下拉列表框中选择表格样式，也可以通过单击“表格样式”按钮，用于新建表格样式或修改已有的表格样式。

（2）“插入选项”选项区：包括“从空表格开始”、“自数据链接”和“自图形中的对象数据（数据提取）”3 个单选按钮。其中，选择第 1 个单选按钮，将创建可以手工填充数据的空表格；选择第 2 个单选按钮，则通过启动“数据链接管理器”创建表格；选择第 3 个单选按钮，将通过“数据提取”向导创建表格。

（3）“插入方式”选项区：包括“指定插入点”和“指定窗口”2 个单选按钮。前者指定表格的左上角的位置（表格方向为“向下”时），如果表格方向设定为“向上”，则指定表格的左下角；后者则直接指定表的大小和位置，此时表格的行数、列数、列宽和行高取决于窗口的大小以及列和行设置。

（4）“列和行设置”选项区：指定列数、列宽、数据行数和行高。

（5）“设置单元样式”选项区：分别设置“第一行单元样式”、“第二行单元样式”和“所有其他行单元样式”为标题、表头或数据。

3. 编辑表格

表格创建完毕后，仍然可以对表格进行编辑，包括编辑表格中的数据及表格单元。

1）编辑表格文字

修改表格中的文字与修改多行文字一样。双击表格中的文字，即可打开“文字编辑器”上下文选项卡。在该选项卡中，可以完成表格文字的内容、样式、格式的修改，如改变文字的高度、字体、颜色。

2）编辑表格

选中整个表格时，在表格的四周、标题行上显示许多夹点（图 3-96），单击并拖动这些夹点，可以移动表格、改变列宽、统一拉伸表格的宽度和高度。也可以通过选中表格，右击，在弹出的快捷菜单中执行相应的命令，实现对表格的复制、剪切、删除、缩放、旋转等操作，或改变表格样式、均匀调整行（或列）大小等。

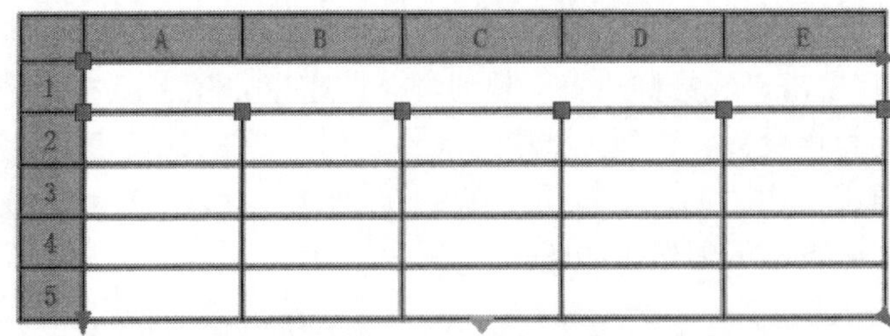

图 3-96　显示表格夹点

3）编辑表格单元

选择表格中的某个表格单元，此时将在所选表格单元四周显示夹点，单击并拖动这些夹点，可以改变表格的宽度、高度。右击表格单元，在弹出的快捷菜单中选择“特性”选项，系统将弹出“特性”选项板，也可以实现对表格单元及表格内容的编辑、修改。

另外，选中单元格后，在“功能区”选项板中将显示“表格单元”上下文选项卡，如图 3-97 所示。使用该选项卡，用户可以方便地实现对表格单元的修改。

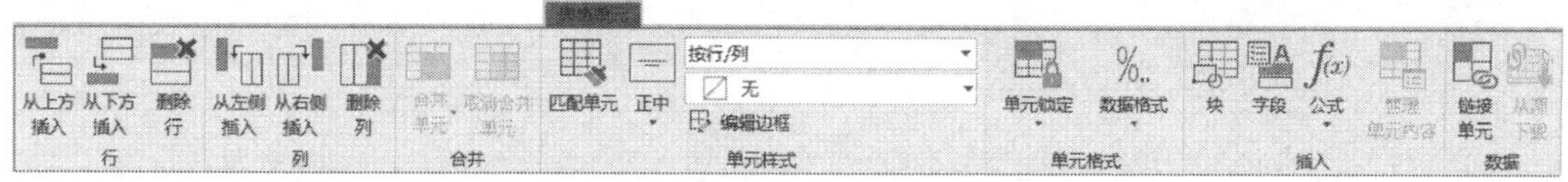

图 3-97　“表格单元”上下文选项卡

实例 3-11　绘制如图 3-98 所示的标题栏。其中：字体为宋体，文字高度为 2.5。

（1）在功能区“选项板”中选择“注释”选项卡，在“表格”面板中单击“表格”按钮▦，系统弹出“插入表格”对话框；打开左上角的“表格样式”下拉列表框，在下拉列表中，选择实例 3-10 中建立的“My_Tab”表格样式；在“列和行设置”选项区中的“列数”和“数据行数”文本框中，分别输入“7”“2”，其他选项采用系统默认值，单击“确定”按钮，创建新表格。

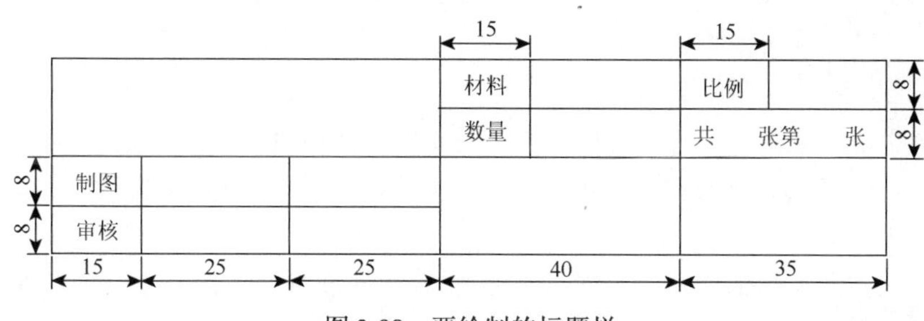

图 3-98　要绘制的标题栏

（2）选中“标题”单元格，在“表格单元”上下文选项卡中，单击“合并”面板中的“取消合并单元”按钮▦。

（3）框选所有单元格，右击，在弹出的快捷菜单中执行“特性”命令，系统弹出“特性”选项板，修改“单元高度”特性值为 8；框选第 1～7 列单元格，分别修改“单元宽度”特征值为 15、25、25、15、25、15、20，绘制结果如图 3-99 所示。

	A	B	C	D	E	F	G
1							
2							
3							
4							

图 3-99　修改单元高度、宽度后的表格

（4）选中 A1、A2、B1、B2、C1、C2 单元格，单击“合并”面板中的“合并单元”按钮▦；采用同样的方法，分别合并 F2、G2 单元格，D3、D4、E3、E4 单元格及 F3、F4、G3、G4 单元格。

（5）双击 A3 单元格，打开中文输入法，输入文字“制图”；按同样的方法完成其他文字的输入。最终绘制结果如图 3-100 所示。

<table>
<tr><td colspan="3" rowspan="2"></td><td>材料</td><td></td><td>比例</td><td></td></tr>
<tr><td>数量</td><td></td><td colspan="2">共　　张第　　张</td></tr>
<tr><td>制图</td><td></td><td></td><td colspan="2" rowspan="2"></td><td colspan="2" rowspan="2"></td></tr>
<tr><td>审核</td><td></td><td></td></tr>
</table>

图 3-100　绘制完成的标题栏

3.6　创建和使用图块

在绘图过程中，经常会有一些重复出现的图形，如图例符号、部件等。如果每次都重新绘制，将花费大量的时间和精力。在 AutoCAD 中，我们可以将这些图形定义为图块，并将其保存在文件中，或者建立一个图块库，在需要的时候可直接插入到图形中。另外，在绘图过程中，所绘制的图形往往要经过多次修改，对定义为图块的图形进行修改、重定义或替换时，图形中同名图块的“块引用”将被自动更新。因此，在工作中，适当创建并使用图块可以提高绘图效率，减少不必要的修改工作量。

3.6.1　创建块对象

将图形定义为块对象，可以方便对其进行选择，也可以将其插入到其他需要的地方。在 AutoCAD 中，可以将图形创建为内部块，也可以将图形创建为外部块。

1. 认识块

块是一组图形实体的总称。一个块可以由多个对象构成，且每一个图形都可以有独立的图层、颜色、线型或线宽。

块是一个独立的、完整的对象，因此可以在“阵列”“定数等分”“定距等分”等命令中使用。根据实际需要，可以将图块按不同的比例和角度插入到图形中指定的位置。虽然被插入的图块在当前图层上，但图块中的对象保存了原有的图层、颜色和线型等信息。

图块分为内部块和外部块，前者保存在图形文件内部，仅能在所创建的图形中使用；而后者被保存为一个独立文件，可以被所有人员使用，有利于保证绘图作业的统一性和标准性。

2. 创建内部块

在 AutoCAD 中，“创建”命令用于创建内部块，其调用方式如下：

（1）在快速访问工具栏选择“显示菜单栏”选项，在菜单栏中执行“绘图”|“块”|“创建”命令。

（2）在“功能区”选项板中选择“默认”选项卡，然后在“块”面板中单击“创建”按钮。

（3）在“功能区”选项板中选择“插入”选项卡，然后在“块定义”面板中单击“创建”按钮。

（4）在命令行执行 BLOCK 或 B 命令。

执行上述命令后，系统弹出“块定义”对话框，如图 3-101 所示。

在图 3-101 中，各选项的含义如下：

（1）“名称”文本框：指定块的名称，最多可以包含 255 个字符。若当前图形中已定义了图块，可以在下拉列表框中选择已有的块，右侧将显示块的预览。

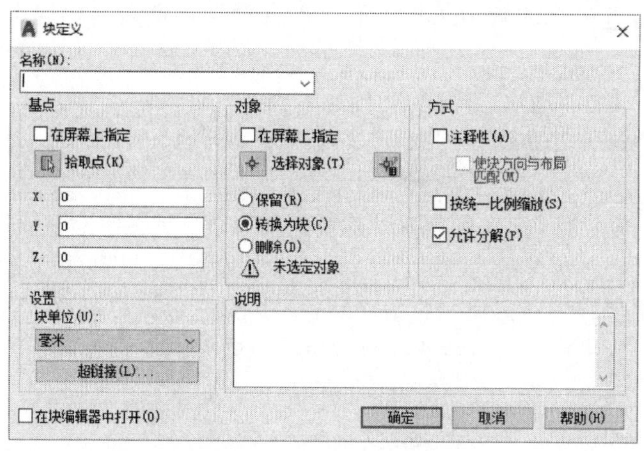

图 3-101　“块定义”对话框

（2）“基点”选项区域：设置块的插入基点位置。可以直接在“X”“Y”“Z”文本框中输入坐标，也可以单击“拾取点”按钮，切换至绘图窗口选择基点。

（3）“对象”选项区域：选择用于创建图块的对象，以及创建块之后如何处理这些对象（包括保留、转换为块、删除 3 个选项）。单击“选择对象”按钮，将暂时关闭“块定义”对话框，切换至绘图窗口，选择对象后，右击可返回到该对话框。

（4）“方式”选项区域：指定块的行为。包括“注释性”、“按统一比例缩放”和“允许分解”3 个复选框，分别用于设置图块是否为注释性、是否按统一比例缩放、是否允许分解等。

（5）“设置”选项区域：设置图块的基本属性。单击“块单位”下拉列表框，可以选择并指定块参照插入单位；单击“超链接”按钮，将打开“插入超链接”对话框，定义一个与块定义相关联的超链接。

（6）“说明”文本框：用于输入当前图块的文字说明。

实例 3-12　将图 3-102 所示的路灯符号定义为块。

（1）按第 2 章的图形绘制命令，绘制如图 3-102 所示的路灯符号。

（2）在“功能区”选项板中选择“默认”选项卡，然后在“块”面板中单击“创建”按钮，打开“块定义”对话框。

（3）在“名称”文本框中输入块名称：路灯。

（4）单击“拾取点”按钮，切换至绘图窗口，捕捉 O 点，令其作为基点。

（5）单击“选择对象”按钮，切换至绘图窗口，逐一点选或框选所有图形对象，按 Enter 键或单击返回到“块定义”对话框。

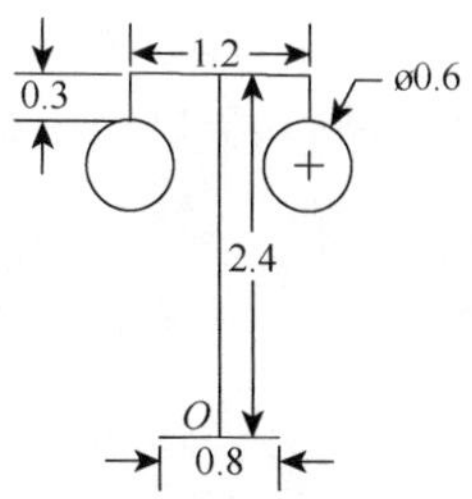

图 3-102　路灯符号

（6）在“说明”文本框中输入“路灯符号”。

（7）其他选项采用系统默认值，单击“确定”按钮，完成“路灯”图块的创建。

3. 创建外部块

“写块”命令用于创建外部块。该命令的调用方式如下：

（1）在“功能区”选项板中选择“插入”选项卡，然后在“块定义”面板中单击“写块”按钮。

（2）在命令行执行 WBLOCK 或 W 命令。

执行上述命令后，系统弹出“写块”对话框，如图 3-103 所示。

在图 3-103 中，各选项的含义如下：

（1）“源”选项区域：指定保存为外部块的图块名称或图形对象。其中，单击“块”单选按钮，通过选择已创建的内部块，将其保存为外部块；若选择“整个图形”单选按钮，则将全部图形保存为外部块；单击“对象”单选按钮，“基点”和“对象”选项区域处于可用状态，通过指定基点并选择组成块的对象来创建外部块。

（2）“基点”和“对象”选项区域：选项的含义同上。

（3）“文件名和路径”：指定保存文件名及其完整路径。

（4）“插入单位”：用于选择从 AutoCAD 设计中心拖动块时的自动缩放单位。若希望插入时不自动缩放图形，则选择“无单位”。

以实例 3-12 中创建的“路灯”图块为例，创建外部块的过程如下：在命令行执行 WBLOCK 或 W 命令，在系统弹出的“写块”对话框中选择“块”单选按钮，单击右侧的下拉列表框，在弹出的列表中选择“路灯”；输入“文件名和路径”，其他选项采用系统默认值，如图 3-104 所示；单击“确定”按钮，完成“路灯”外部块的创建。

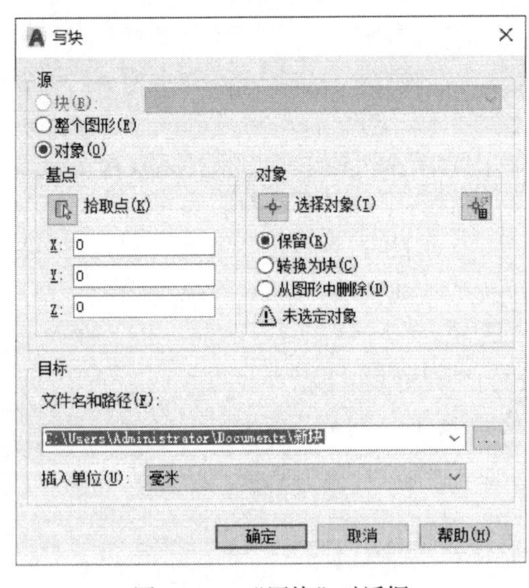

图 3-103 “写块”对话框

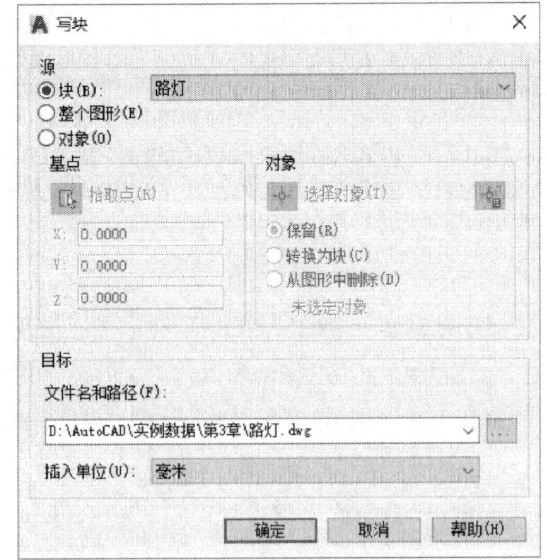

图 3-104 创建“路灯”外部块

3.6.2 插入块

1. 使用“插入块”命令

“插入块”命令的调用方式如下：

（1）在“功能区”选项板中选择“默认”选项卡，然后在“块”面板中单击“插入块”按钮。

（2）在“功能区”选项板中选择“插入”选项卡，然后在“块”面板中单击“插入块”按钮。

执行上述操作之一，将显示当前图形中的块列表，如图 3-105 所示。在块定义的列表中选择一个块名称，命令行提示如下：

指定插入点或[基点(B)/比例(S)/X/Y/Z/旋转(R)]:

单击或在命令行输入坐标指定插入点，即可将所选的图块插入至当前图形中的指定位置。单击其选项，还可以设置基点、比例、坐标和旋转等信息。

各命令选项的含义如下：

（1）“基点”选项：将块临时放置到当前图形中，并为其指定新基点。该操作并不影响块参照定义的实际基点。

（2）“比例”选项：为 X、Y 和 Z 轴设定统一的比例因子。

（3）“X/Y/Z”选项：分别设定 X、Y 和 Z 轴的比例因子。

（4）“旋转”选项：指定块的旋转角度。逆时针方向为正，顺时针方向为负。

在图 3-105 所示的列表中，还包括另外两个选项，即“最近使用的块”和“其他图形的块”，单击这两个选项，将打开“块”选项板，并显示“最近使用”或“其他图形”选项卡。

2. 使用“块”选项板

以下 3 种方式可以打开“块”选项板：

（1）在快速访问工具栏选择“显示菜单栏”选项，在菜单栏中执行“插入”|“块选项板”命令。

（2）在“功能区”选项板中选择“视图”选项卡，然后在“选项板”面板中单击“块”按钮。

（3）在命令行执行 BLOCKSPALETTE 命令。

执行上述操作之一，系统弹出“块”选项板，如图 3-106 所示。其中，包括 3 个选项卡：

（1）“当前图形”选项卡：显示当前图形中可用块定义的预览或列表。

（2）“最近使用”选项卡：显示当前和上一个任务中最近插入或创建的块定义的预览或列表。

（3）“其他图形”选项卡：显示单个指定图形中块定义的预览或列表。单击选项板顶部的“...”按钮，可以浏览其他外部块图形文件。

在图 3-106 中，“插入选项”中各选项的含义如下：

（1）“插入点”复选框：勾选该复选框，则通过单击或在命令行输入坐标来指定插入点；否则，在“块”选项板中，输入 X、Y、Z 轴坐标指定插入位置，默认值为（0，0，0）。

（2）“比例”复选框：勾选该复选框，则在插入图块时，拖动鼠标指定比例因子或在命令行输入比例因子；否则，指定统一比例因子或分别设定 X、Y 和 Z 轴比例因子，其默认值为 1。

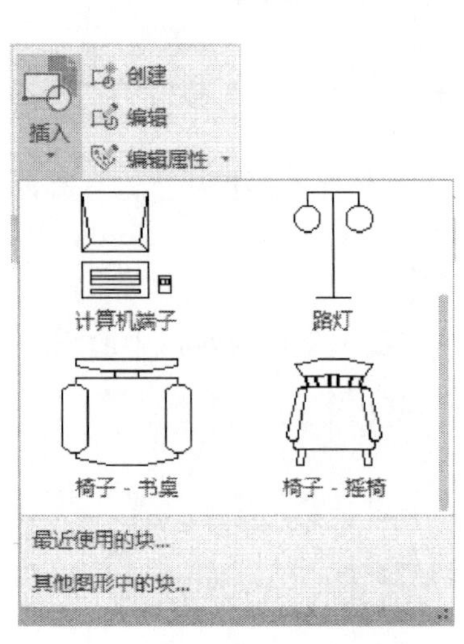

图 3-105　当前图形中的块列表

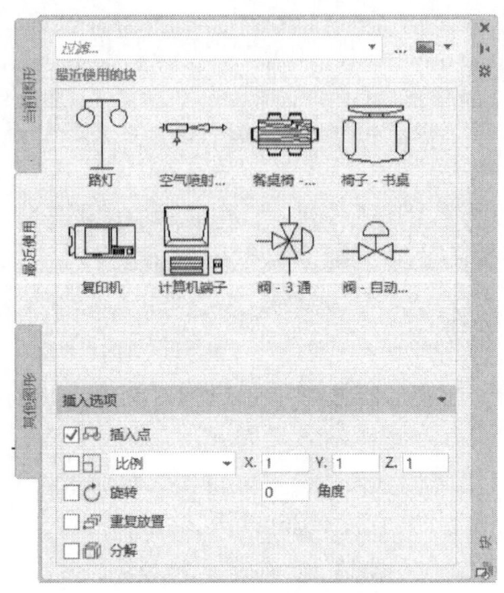

图 3-106　“块”选项板

（3）“旋转”复选框：勾选该复选框，则在插入图块时，拖动鼠标指定块旋转角度或在命令行输入角度值；或者，在“块”选项板中，指定块的旋转角度，不输入角度值时，其默认值为 0。

（4）“重复设置”复选框：勾选该复选框，则可重复插入同一图块，直至按 Esc 键结束命令；否则，每次单击图块，仅执行一次插入操作。

（5）“分解”复选框：勾选该复选框，则将块中的对象作为单独的对象插入到图形中；否则，按块插入图形。

“插入选项”设置完毕后，单击待插入的图块，或右击图块，在弹出的快捷菜单中，选择“插入”选项，指定插入点，即可完成“插入块”操作。另外，也可以将块拖放插入到当前图形的任意位置，但此方法忽略“插入选项”设置。

3. 使用 CLASSICINSERT 命令

在命令行执行 CLASSICINSERT 命令，系统弹出“插入”对话框，如图 3-107 所示。

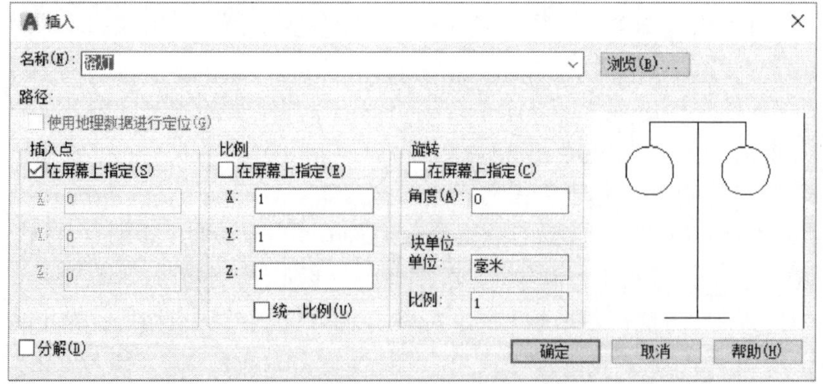

图 3-107　“插入”对话框

打开“名称”下拉列表框，在下拉列表中可以选择内部块，或单击“浏览”按钮，通过选择外部图形文件，指定待插入的外部块；完成“插入点”、“比例”和“旋转”等选项设置后，单击“确定”按钮，即可完成图块的插入。

注：除了上述 3 种方式外，还可以使用“设计中心”（ADCENTER）和“工具选项板”（TOOLPALETTES），实现插入块操作。

3.6.3　块属性定义与编辑

为了增强图块的通用性，用户可以根据需要为图块添加一些必要的文字说明，通常这些文字说明被称为属性。因此，块属性是附属于块的文本信息，它是块的组成部分，主要由属性标记和属性值组成。在定义一个块时，属性必须预先定义而后选定。当用户对块进行编辑时，包含在块中的属性也将被编辑。

1. 定义块属性

在创建块属性前，需要创建描述属性特征的定义，包括标记、插入块时的提示值的信息、文字样式、插入位置和可选模式等。“定义属性”命令用于创建块属性定义，调用该命令的方式如下：

（1）在快速访问工具栏选择“显示菜单栏”选项，在菜单栏中执行“绘图”|“块”|“定义属性”命令。

（2）在“功能区”选项板中选择“默认”选项卡，然后在“块”面板中单击“定义属性”按钮。

（3）在“功能区”选项板中选择“插入”选项卡，然后在“块定义”面板中单击“定义属性”按钮。

（4）在命令行执行 ATTDEF 命令。

执行以上任一操作后，将打开“属性定义”对话框，即可定义块的属性，如图 3-108 所示

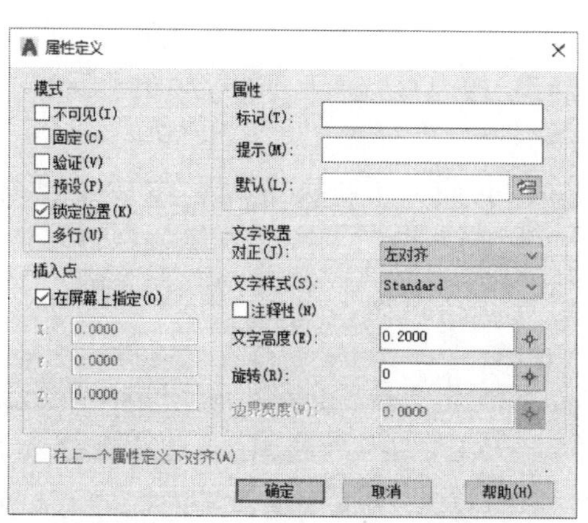

图 3-108　“属性定义”对话框

在图 3-108 中，各主要选项的含义如下：

（1）“模式”选项区域：用于设置属性模式。其中，“不可见”复选框用于确定插

入图块时是否显示其属性值；“固定”复选框用于设置属性是否为固定常量，常量属性在插入图块时，不会提示用户输入属性值，且不能修改，除非重新定义块；“验证”复选框用于验证所输入的属性值是否正确；“预设”复选框用于确定是否为属性值预设一个初始默认值，当要求输入属性值时，直接按 Enter 键用默认值代替，也可以重新输入新的属性值；“锁定位置”复选框用于确定是否锁定块参照中的属性位置；“多行”复选框用于确定属性值是否包含多行文字。

（2）“属性”选项区域：用于定义块的属性。其中，“标记”文本框用于输入属性名称；“提示”文本框用于输入插入块时系统显示的提示信息；“默认”文本框用于输入属性的默认值。

（3）“插入点”选项区域：用于确定属性文字的位置，可以在插入块时由用户在图形中确定文本的位置，也可以在“X：”“Y：”“Z：”文本框中输入点的坐标。

（4）“文字设置”选项区域：用于设置属性文字格式，包括对正、文字样式、文字高度及其旋转角度等选项。

（5）“在上一个属性定义下对齐”复选框：将新增属性标记直接置于之前定义的属性的下面。若第一次创建属性定义，则此选项不可用。

设置完“属性定义”对话框中的各项内容后，单击“确定”按钮，即可完成当前属性的定义。重复使用该方法，可以为块定义多个属性。

实例 3-13　为图 3-102 所示的路灯符号定义如下两个属性：路灯类型（默认值：太阳能路灯）和光源类型（默认值：LED 光源），两个属性的模式均设置为“不可见”，文字高度为 0.15，其他属性采用系统默认值。属性设置完毕后，将其定义为内部块“路灯（带属性）”。

（1）按第 2 章的图形绘制命令，绘制如图 3-102 所示的路灯符号。

（2）在“功能区”选项板中选择“默认”选项卡，然后在“块”面板中单击“定义属性”按钮，系统弹出“属性定义”对话框，在“标记”文本框中输入“路灯类型”，“提示”文本框中输入“请输入路灯类型”，“默认”文本框中输入“太阳能路灯”，“文字高度”文本框中输入 0.15，勾选“不可见”复选框，单击“确定”按钮完成“路灯类型”属性创建。

图 3-109　创建属性后的路灯

（3）重新执行步骤（2），在“标记”文本框中输入“光源类型”，“提示”文本框中输入“请输入光源类型”，“默认”文本框中输入“LED 光源”，勾选“不可见”和“在上一个属性定义下对齐”复选框，单击“确定”按钮，完成“光源类型”属性创建，如图 3-109 所示。

（4）在“功能区”选项板中选择“默认”选项卡，然后在“块”面板中单击“创建”按钮，打开“块定义”对话框，在“名称”文本框中输入“路灯（带属性）”；单击“拾取点”按钮，切换至绘图窗口，捕捉 O 点；单击“选择对象”按钮，框选所有图形对象，右击返回到“块定义”对话框；在“说明”文本框中输入“带属性的路灯符号”；单击“确定”按钮，完成“路灯（带属性）”图块的创建。

2. 插入属性块

在 AutoCAD 中，要插入属性块，必须先定义块属性，并使用“创建”命令或“写块”命令创建属性块，然后才能使用“插入”命令在图形中插入属性块。

例如，在“功能区”选项板中选择“默认”选项卡，然后在“块”面板中单击“插入块”按钮，选择实例 3-13 中创建的“路灯（带属性）”图块，单击或在命令行输入坐标指定插入点，系统弹出“编辑属性”对话框（图 3-110），根据实际情况，输入路灯类型和光源类型，单击“确定”按钮，完成“路灯（带属性）”图块的插入，如图 3-111 所示。

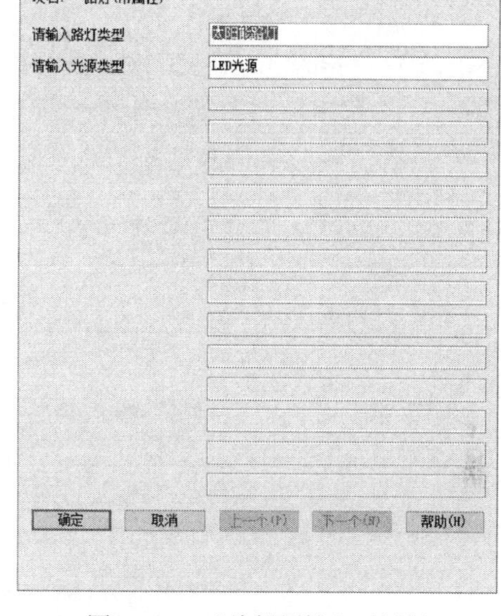

图 3-110　“编辑属性”对话框

3. 显示块属性

创建好属性块后，可以执行“属性显示”命令，控制属性的显示状态。操作方式如下：

（1）在快速访问工具栏选择“显示菜单栏”选项，在菜单栏中选择“视图”|“显示”|“属性显示”菜单中的“普通”、“开”或“关”子菜单。

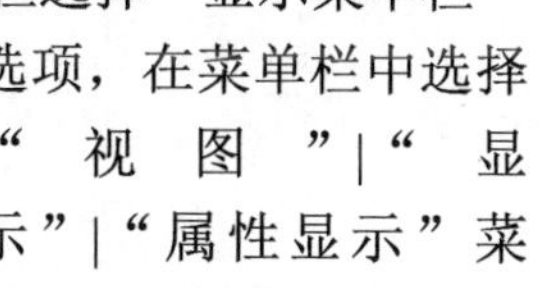

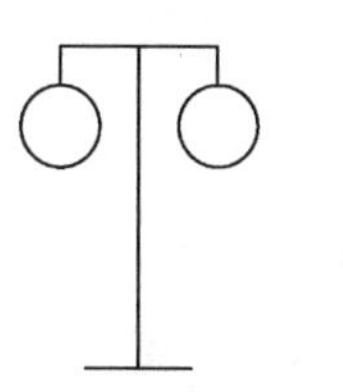

图 3-111　插入的“路灯（带属性）”图块

（2）在“功能区”选项板中选择“默认”或“插入”选项卡，然后在“块”面板中单击“保留属性显示”按钮，在弹出的按钮菜单中，选择“保留属性显示”、“显示所有属性”或“隐藏所有属性”选项。

（3）在命令行中执行 ATTDISP 命令。

在命令行执行 ATTDISP 命令时，命令行提示如下信息：

输入属性的可见性设置[普通(N)/开(ON)/关(OFF)]<普通>:

其中，“普通”选项按属性定义时的可见性设置进行显示，即只显示可见属性，而不显示不可见属性；“开”选项使所有属性可见；“关”选项则使所有属性不可见。上述 3 个选项分别对应“普通”“开”“关”子菜单及功能面板中的“保留属性显示”“显示所有属性”“隐藏所有属性”选项。

如图 3-111 所示，插入的“路灯（带属性）”图块中没有包含属性，原因是“路灯类型”和“光源类型”在属性定义时设置为“不可见”。若显示属性图块的“不可见”属性，在命令行执行 ATTDISP 命令，并在命令行提示信息中，单击“开”选项即可。选择“开”子菜单或在功能面板中选择“显示所有属性”，也可达到同样目的。

4. 编辑块属性

“编辑属性”命令可以编辑块中的属性定义，该命令调用方式如下：

（1）在快速访问工具栏选择“显示菜单栏”选项，在菜单栏中执行“修改”|“对象”|“属性”|“单个”命令。

（2）在“功能区”选项板中选择“默认”或“插入”选项卡，然后在“块”面板中单击“编辑属性”按钮右侧的下三角按钮，在弹出的按钮菜单中，选择“单个”按钮。

（3）在命令行中执行 EATTEDIT 命令。

执行上述命令之一，并选择待编辑的块，系统弹出“增强属性编辑器”对话框（图 3-112），用户即可对图块的属性值、文字选项或特性进行修改，完毕后，单击“确定”按钮，系统关闭对话框，完成块属性的编辑修改。

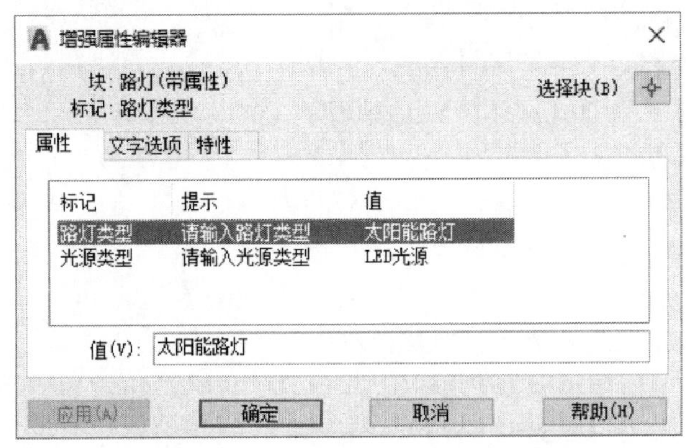

图 3-112　“增强属性编辑器”对话框

除上述方法之外，双击属性块也可打开“增强属性编辑器”对话框；按住 Ctrl 键并双击块属性，则显示在位编辑器，直接编辑其属性值；选择属性块并右击，在弹出的快捷菜单中，选择“特性”选项可以打开“特性”选项板，在“特性”选项板中，也可以实现块属性的修改。

5. 块属性编辑器

“块属性编辑器”命令可以管理当前图形中块的属性定义，该命令调用方式如下：

（1）在快速访问工具栏选择“显示菜单栏”选项，在菜单栏中执行“修改”|“对象”|“属性”|“块属性编辑器”命令。

（2）在“功能区”选项板中选择“默认”或“插入”选项卡，然后在“块”面板中单击“块属性编辑器”按钮。

（3）在命令行中执行 BATTMAN 命令。

执行上述命令之一，系统弹出“块属性管理器”对话框（图 3-113），单击“选择块”按钮，切换至图形窗口拾取待编辑的属性块，或打开“块”下拉列表框，在下拉列表中选择属性块，选定块的属性（如标记、提示、默认值、模式和注释性等）特性即显示在属性列表中。在列表中，选择其中一个属性，单击“上移”或“下移”按钮，可以调整输入属性值的先后顺序；单击“删除”按钮，可以将所选属性删除；单击“编辑”按钮，则弹出“编辑属性”对话框，可以重新设置属性的定义、文字特征和图形特性等，如图 3-114 所示。

图 3-113　“块属性管理器”对话框

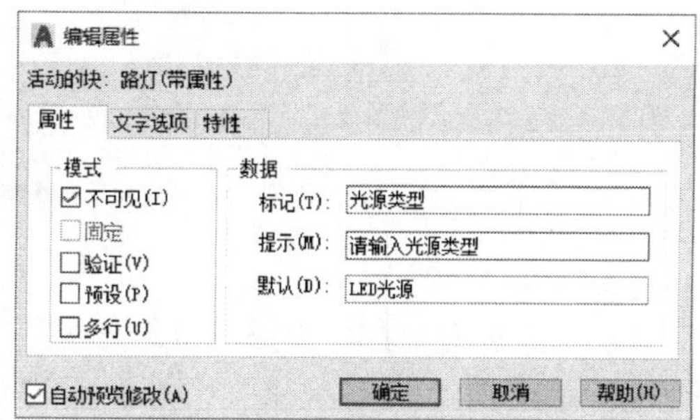

图 3-114　“编辑属性”对话框

3.6.4　编辑块对象

1. 块编辑器

“块编辑器”命令可用来定义块、编辑块或为块添加动态行为，其调用方式如下：

（1）在快速访问工具栏选择“显示菜单栏”选项，在菜单栏中执行“工具”|“块编辑器”命令。

（2）在“功能区”选项板中选择“默认”选项卡，然后在“块”面板中单击“块编辑器”按钮。

（3）在“功能区”选项板中选择“插入”选项卡，然后在“块定义”面板中单击“块编辑器”按钮。

（4）在命令行中执行 BEDIT 命令。

执行上述命令之一，系统弹出“编辑块定义”对话框（图 3-115），在“要创建或编辑的块”文本框中输入块名，或在块列表中选择待编辑的块，单击“确定”按钮，即可打开块定义修改界面，并显示“块编辑器”上下文选项卡（图 3-116）和“块编写”选项板，用于实现定义块、添加动作参数、添加几何约束或标注约束、定义属性、管理可见性状态、测试和保存块定义等块编辑功能。

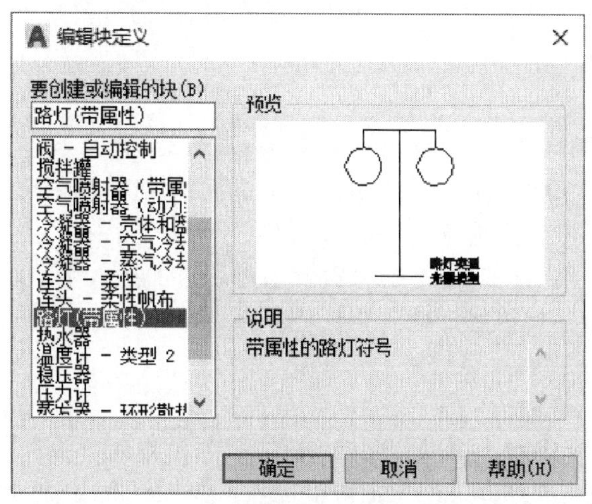

3-115　“编辑块定义”对话框

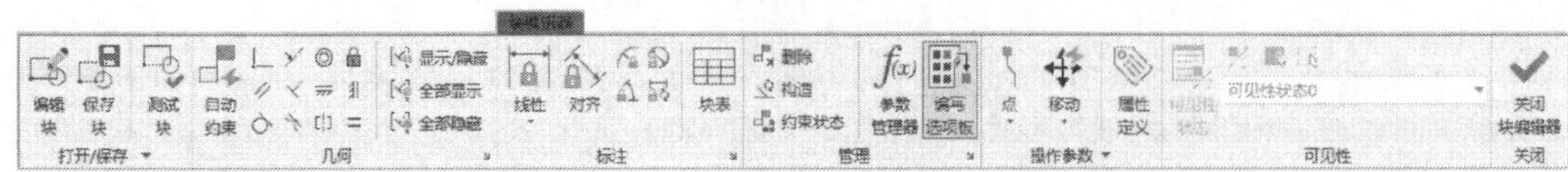

3-116　“块编辑器”上下文选项卡

2. 重命名块

在快速访问工具栏选择“显示菜单栏”选项，在菜单栏中执行“格式”|“重命名”命令（RENAME），系统弹出“重命名”对话框，如图 3-117 所示。在对话框左侧“命名对象”一栏中选择“块”选项，右侧“项数”一栏中显示当前图形中的所有图块，选择图块并在“重命名为（R）”右边的文本框中输入新命名，单击“重命名为”或“确定”按钮，完成图块的重命名。

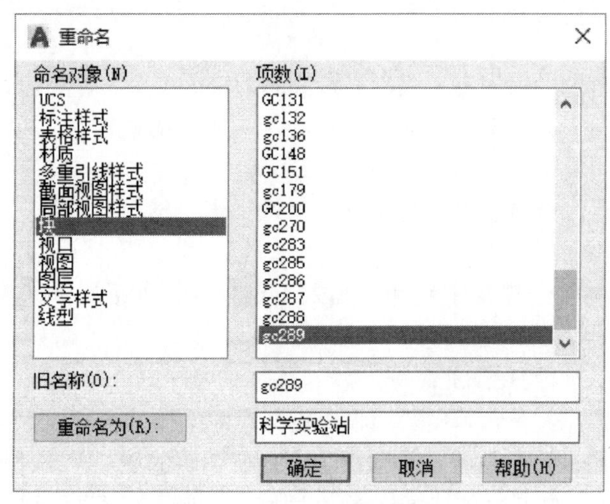

图 3-117　“重命名”对话框

注：“重命名为”和“确定”两个按钮都可以实现图块的重命名，前者重命名图块后并不关闭对话框，可以对多个图块进行重命名，而后者重命名图块后直接关闭对话框。

3. 设置基点

在快速访问工具栏选择“显示菜单栏”选项，在菜单栏中执行“绘图”|“块”|“基点”命令（BASE），或在“功能区”选项板中选择“默认”选项卡，在“块”面板中单击“设置基点”按钮，也可以选择“插入”选项卡，在“块定义”面板中单击“设置基点”按钮，即可设置当前图形的插入基点。该基点以当前 UCS 中的坐标来表示，当向其他图形插入当前图形或将当前图形作为外部参照时，此基点将被用作插入基点。

4. 分解图块

在快速访问工具栏选择“显示菜单栏”选项，在菜单栏中执行“修改”|“分解”命令（EXPLODE），或在“功能区”选项板中选择“默认”选项卡，在“修改”面板中单击“分解”按钮，选择要分解的图块，即可将该图块分解为单个对象。

注：分解后的属性块，其属性值将丢失，但属性定义仍然保留。

5. 清理图块

在快速访问工具栏选择“显示菜单栏”选项，在菜单栏中执行“文件”|“图形实用工具”|“清理”命令(PURGE)，系统弹出“清理”对话框，如图 3-118 所示。其中，“块”为默认的清除项目，单击“清除选中的项目”按钮，系统将删除当前图形中未使用的块定义。若要清理某一特定块，展开“块”树视图，并选择要清理的块定义，然后单击“清除选中的项目”按钮即可。

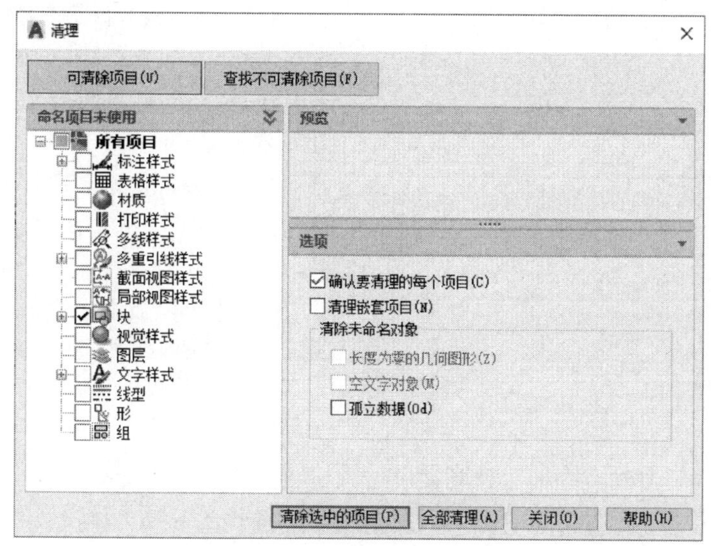

图 3-118 “清理”对话框

3.7 外部参照和 AutoCAD 设计中心

3.7.1 使用外部参照

外部参照是一种类似于块的图形引用方式，两者之间的区别是：块在插入图形后，将成为图形的一部分，并保存在当前图形中；而外部参照并不真正插入到当前图形中，图形数据始终存储在原始文件中，仅将其作为参照图形附着到当前图形中，对当前图形的操作不会改变外部参照图形文件的内容。每次打开具有外部参照的图形时，系统将自动把外部参照图形文件重新载入并显示，因此，外部参照不仅有利于节约存储空间，而且便于开展多方协同绘图作业。

1. “外部参照”选项板

“外部参照”选项板用于组织、显示并管理参照文件，包括 DWG、DWF、DWFx、PDF、DGN、光栅图像、点云（RCP 和 RCS 文件）和协调模型（NWD 和 NWC 文件）等，但只有 DWG、DWF、DWFx、PDF 和光栅图像文件可以从“外部参照”选项板中直接打开。

打开“外部参照”选项板可采用以下几种方式：

（1）在快速访问工具栏选择“显示菜单栏”选项，在菜单栏中执行“插入”|“外部参照”命令，或在菜单栏中执行“工具”|“选项板”|“外部参照”命令。

（2）在“功能区”选项板中选择“视图”选项卡，在“选项板”面板中单击“外部参照选项板”按钮□。

（3）在“功能区”选项板中选择“插入”选项卡，在“参照”面板中单击“外部参照”按钮↘。

（4）在命令行中执行 XREF（XR）或 EXTERNALREFERENCES 命令。

执行上述命令之一，系统弹出“外部参照”选项板，如图 3-119 所示。若当前图形尚无外部参照，则“外部参照”选项板的“文件参照”栏中仅列出当前图形名。

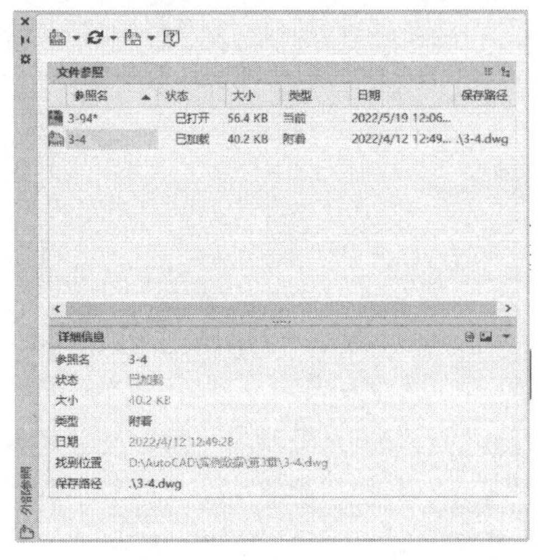

图 3-119　“外部参照”选项板

“外部参照”选项板分为两栏，即上部的“文件参照”栏和下部的“详细信息”栏。前者可以按列表或树状结构显示文件参照，后者则可以显示文件参照的特性，也可以显示选定文件参照的缩略图预览。

“外部参照”选项板中各选项的含义如下：

（1）“附着”文件类型按钮：直接单击该按钮，将弹出“选择参照文件”对话框，用于选定参照文件。单击按钮右侧的下三角按钮，将弹出下拉菜单，用于附着不同文件类型的参照文件。

（2）“刷新”按钮：包括“刷新”和“重载所有参照”两个选项，用于刷新列表显示或重新加载所有参照。

（3）“更改路径”按钮：修改选定文件的路径，包括将路径设置为无路径、完整路径或相对路径、删除路径，或为缺少的参照选择新路径。

（4）“列表图”和“树状图”按钮：在列表视图和树状图之间进行切换。

（5）“文件参照”列表：第一行显示当前图形的基本信息，其下方依次列出其他外部参照文件信息，包括参照名、状态、大小和日期等。双击文件名可以对其进行编辑。

（6）“详细信息”按钮和“预览”按钮：在详细信息显示和缩略图预览之间进行切换。在“详细信息”栏右边第一个图标是“详细信息”按钮，第二个图标是“预览”按钮，后者显示选定文件的缩略图图像，前者显示选定文件的详细信息。

右击“文件参照”栏的空白区域或外部参照文件，将弹出不同的快捷菜单，如图3-120所示。图3-120（a）各菜单项的功能同（1）～（6），图 3-120（b）各菜单项的功能如下：

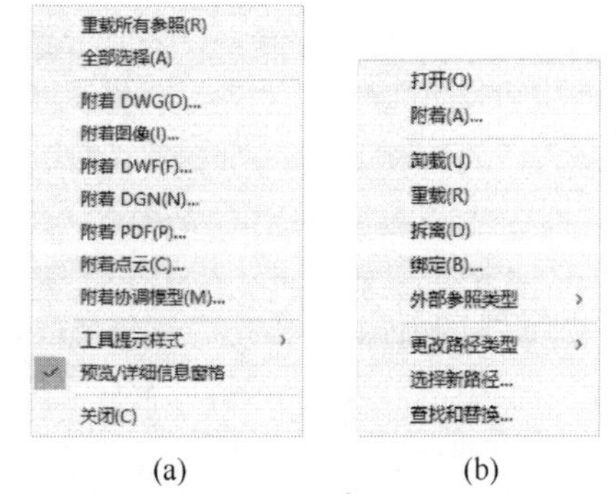

(a)　　(b)

图 3-120　“外部参照”快捷菜单

（1）“打开”选项：在新建窗口中打开选定的外部参照进行编辑。

（2）“附着”选项：打开“附着外部参照”对话框，将所选中的图形作为外部参照插入到当前图形中。

（3）“卸载”选项：从当前图形中移走不需要的外部参照文件，但仍保留其路径，选择“重载”选项，可以重新附着为外部参照。

（4）“重载”选项：在不关闭当前图形的情况下，更新外部参照文件。

（5）“拆离”选项：从当前图形中移去不需要的外部参照文件。

（6）“绑定”选项：显示“绑定外部参照”对话框。仅适用于参照 DWG 文件，而不适用于图像和参考底图。

（7）“外部参照类型”选项：包括“附着”和“覆盖”两个选项。其中，前者将显示嵌套参照中的嵌套内容，后者则不显示。

（8）“更改路径类型”选项：包括“设为绝对”、“设为相对”和“删除路径”等选项，可以分别将参照的相对路径更改为完整路径、将参照的完整路径更改为相对路径或从参照的名称中删除文件路径。

（9）“选择新路径”选项：为外部参照重新选择新路径。

（10）“查找和替换”选项：单击该选项，将打开“查找和替换选定的路径”对话框，用于查找出使用指定路径的参照，并将其路径替换为新路径。

2. 附着外部参照

在 AutoCAD 中，“附着”命令可以将 DWG 图形文件、DWF 文件、DGN 文件、图像文件、PDF 文件、点云、Navisworks 7 种文件，以外部参照的形式插入到当前图形中。在此以“附着 DWG”为例，说明附着外部参照的基本过程。调用“附着 DWG”命令的方式如下：

（1）在打开的“外部参照”选项板（图 3-119）中，单击“附着 DWG”按钮，或在“外部参照”快捷菜单（图 3-120（a））中选择“附着 DWG”选项。

（2）在快速访问工具栏选择“显示菜单栏”选项，在菜单栏中执行“插入”|“DWG 参照”命令。

（3）在“功能区”选项板中选择“插入”选项卡，在“参照”面板中单击“附着”按钮。

（4）在命令行中执行 XATTACH 命令。

执行上述操作之一，系统弹出“选择参照文件”对话框，查找并选择待插入的图形参照文件（*.dwg），单击“确定”按钮，系统弹出“附着外部参照”对话框，如图 3-121 所示；设置相应的选项，单击“确定”按钮，在屏幕上指定插入点，即可将外部参照文件（如泉山校区 1∶500 地形图）插入到当前图形中。

3.7.2　AutoCAD 设计中心

AutoCAD 设计中心（AutoCAD DesignCenter）为用户提供了一个直观且高效的工具，它与 Windows 资源管理器类似，可以方便实现对图形、块、图案填充以及其他图形内容的快速访问。AutoCAD 设计中心可以实现如下功能：

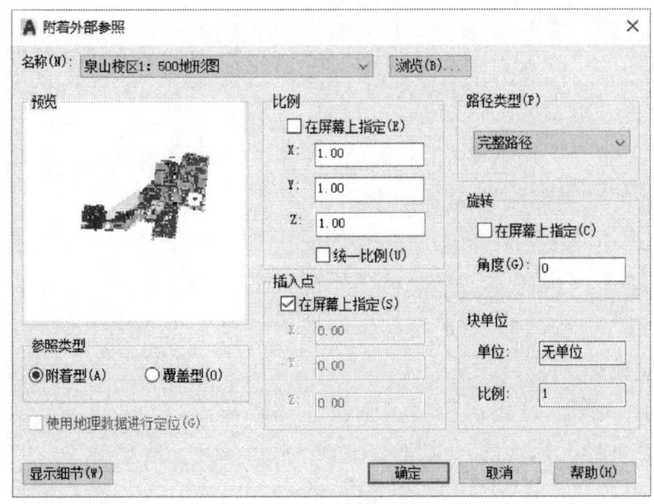

图 3-121 “附着外部参照”对话框

（1）浏览计算机、网络驱动器和 Web 页上的图形文件。

（2）查看块、图层和其他图形文件的定义，并可将其插入到当前图形中。

（3）创建指向图形、文件夹和 Internet 网址的快捷方式。

（4）在本地硬盘或网络驱动器上搜索并加载图形文件。

（5）在打开的图形之间复制和粘贴内容。

1. 打开“设计中心”

在 AutoCAD 中，可以采用以下几种方式打开“设计中心”：

（1）在快速访问工具栏选择“显示菜单栏”选项，在菜单栏中执行“工具”|“选项板”|“设计中心”命令。

（2）在“功能区”选项板中选择“视图”选项卡，在“选项板”面板中单击“设计中心”按钮。

（3）在命令行执行 ADCENTER 或 ADC 命令。

（4）按 CTRL+2 组合键。

执行上述命令之一，系统弹出“设计中心”选项板，如图 3-122 所示。

“设计中心”选项板主要包括顶部工具栏、左侧树状结构的文件夹列表和选项卡及右侧的项目列表、预览窗口、说明窗口等。在左侧的树状图浏览内容并选择文件夹，则右侧的项目列表中将显示对应的子项。各选项的功能如下：

（1）“文件夹”选项卡：以树状列表显示本地计算机或网络驱动器中的资源信息。

（2）“打开的图形”选项卡：显示当前工作任务中打开的所有图形，包括最小化图形。单击某一个文件，可以查看图形的基本设置，如图层、线型、标注样式、文字样式、表格样式、图块、外部参照等。

（3）“历史记录”选项卡：显示最近访问过的文件列表，包括文件的完整路径。在文件列表中，选择一个文件，右击，在快捷菜单中选择“删除”选项，可将其从“历史记录”列表中删除。

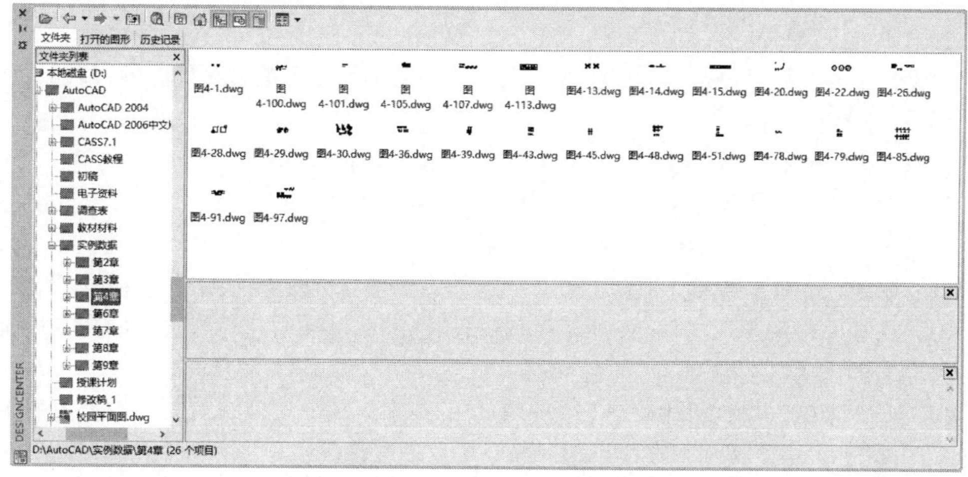

图 3-122　“设计中心”选项板

（4）“搜索”按钮：单击该按钮，将打开“搜索”对话框，如图 3-123 所示。通过指定搜索条件，可以实现对图形、图块、图层、填充图案、文字样式等对象的快速查找。

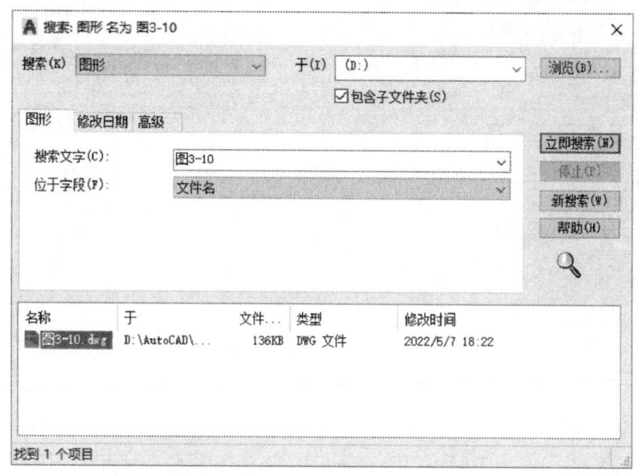

图 3-123　“搜索”对话框

（5）“收藏夹”按钮：单击该按钮，可以在文件夹列表中显示“收藏夹”的内容。在文件夹列表中，选择一个图形文件，右击，并在弹出的快捷菜单中选择“添加到收藏夹”选项，可以将当前文件添加至“收藏夹”中。

（6）“树状图切换”按钮：单击该按钮，显示和隐藏树状视图。

（7）“预览”按钮：单击该按钮，显示和隐藏预览窗格。

（8）“说明”按钮：单击该按钮，显示和隐藏说明窗格。当说明窗格处于显示状态时，如果选定图形文件中包含文字描述信息，则相关描述信息将在说明窗格中显示。

（9）“视图”按钮：包括大图标、小图标、列表、详细信息 4 种视图显示格式。单击该按钮，在下拉列表中选择不同的显示格式，可以在各种显示格式之间切换。

另外，与其他可固定的窗口和选项板一样，右击对话框的标题栏，将弹出快捷菜单，用于调整窗口大小或者移动、固定、关闭“设计中心”对话框。

2. 使用“设计中心”

“设计中心”除了浏览、搜索、显示图形文件或其他资源信息之外，还有以下功能：

1）打开图形文件

使用“设计中心”打开图形文件，可以采用以下几种方式：

（1）在“设计中心”右侧项目列表中，选择待打开的图形文件，右击，在弹出的快捷菜单（图 3-124）中，选择“在应用程序窗口中打开”选项。

（2）按住 Ctrl 键，选择并拖动“设计中心”右侧项目列表中的图形文件至绘图区域。

（3）选择并拖动图形文件至应用程序窗口绘图区域以外的任何位置，如命令行、图形文件选项卡、状态栏等。

（4）在“搜索”对话框中，选择搜索结果列表中的图形文件，右击，在弹出的快捷菜单（图 3-125）中，选择“在应用程序窗口中打开”选项。

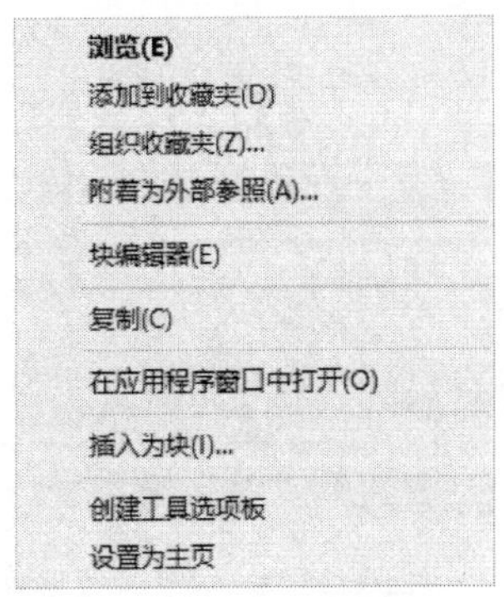

图 3-124 “设计中心”快捷菜单

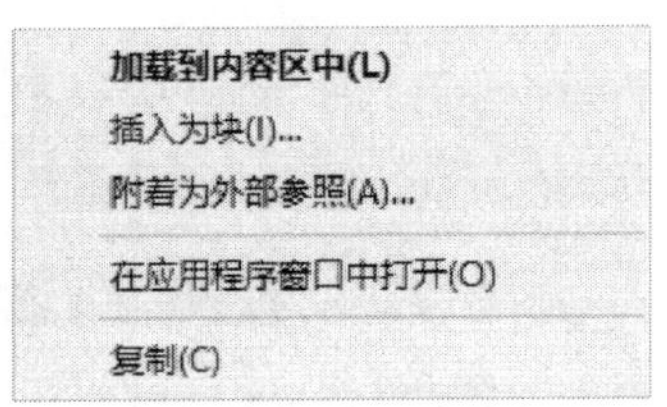

图 3-125 “搜索”对话框快捷菜单

2）创建或更新块定义

在“设计中心”右侧项目列表中，选择图形文件或待编辑的图块，右击，在弹出的快捷菜单（图 3-124）中选择“块编辑器”选项，将打开块定义修改窗口，用于创建或修改块定义。需要注意的是，以这种方式修改块定义的源文件时，图形中的“块引用”并不会自动更新。

3）插入块

在“设计中心”右侧项目列表中，选择待插入的块定义，右击，在弹出的快捷菜单中，选择“插入块”或者“插入并重定义”选项，系统将弹出“插入”对话框，设置插入点、插入比例和旋转角度等参数，单击“确定”按钮，完成图块插入。若使用鼠标左键拖动块定义至绘图窗口，释放鼠标左键，系统将以鼠标释放点为插入点，在当前图形中插入块。

若所选文件为块定义之外的图形文件，右击，在弹出的快捷菜单（图 3-124）中，选择“插入为块”选项，系统弹出“插入”对话框，设置相关参数，单击“确定”按钮，系统先根据图形文件的全部对象创建新图块，然后在当前图形中插入块。若在“搜索”对话框中，选择搜索结果列表中的图形文件，右击，在弹出的快捷菜单（图 3-125）中，选择“插入为块”选项，可以实现同样的目的。

4）附着外部参照

在“设计中心”右侧项目列表中，选择外部参照文件，右击，在弹出的快捷菜单（图 3-124）中，选择“附着为外部参照”选项，或在“搜索”对话框中，选择搜索结果列表中的图形文件，右击，在弹出的快捷菜单（图 3-125）中，选择“附着为外部参照”选项，系统将弹出“附着外部参照”对话框，设置参照类型、插入点、插入比例、旋转角度等参数，单击“确定”按钮，即可附着外部参照。

另外，若使用鼠标右键拖动外部参照文件至绘图窗口，释放鼠标右键，在弹出的快捷菜单中，选择“创建外部参照”选项，系统将以鼠标释放点为插入点创建外部参照。

5）复制图层、线型、文字样式、标注样式、表格样式及布局等

在“设计中心”对话框中，选择一个图层或多个图层，按住鼠标左键，拖动图层到打开的图形文件，释放鼠标左键，即可将图层从一个图形文件复制到另一个图形文件中。右击，在弹出的快捷菜单中选择“添加图层”或“复制”选项，也可以实现图层在不同文件之间的复制。两者不同之处在于：“添加图层”命令将所选图层直接复制到当前图形中，而“复制”命令仅将图层复制到剪切板中，还需要在目标图形文件中右击，在弹出的快捷菜单中执行“剪切板”|“粘贴”命令或按 Ctrl+V 键，才能实现图层复制。

同样，使用“设计中心”还可以实现线型、文字样式、标注样式、表格样式及布局等在不同图形文件之间的复制。

值得注意的是，上述复制仅为样式、类型或参数的复制，而非图形对象本身的复制。

思考题

1. “定数等分点”或“定距等分点”命令是将对象分成独立的几段吗？
2. 在绘制直线时，输入“闭合”命令，能否应用于当前图形中的所有直线？
3. 绘制正方形的方法有哪些？
4. 使用“相切、相切、半径”方式绘制圆时，为什么系统会提示“圆不存在”？
5. 使用“构造线”命令，如何才能绘制两条相互垂直的构造线？
6. 如何绘制圆点和半圆点？
7. AutoCAD 提供了几种“孤岛检测”方式？有何不同？
8. 使用“多行文字”命令和“单行文字”命令创建的多行文字有什么区别？
9. 如何调整表格行、列的宽度？
10. 为什么设置的表格行数为 6，而在绘图区中插入的表格却有 8 行？
11. 外部图块插入到当前图形中，该图块是否能够随图形保存？
12. 内部块、外部块与外部参照之间有何不同？

第 4 章　图形编辑与尺寸标注

在 AutoCAD 中，仅仅使用图形绘制命令或绘制工具只能绘制一些基本的图形对象，无法绘制复杂的图形，为此还需要配合使用图形编辑工具，如复制、移动、旋转、修剪、打断、删除等命令，以保证绘图的准确性，同时提高绘图效率。毫无疑问，绘制完毕后的图形真实地反映了图形对象的形状，但各个对象的真实尺寸及各部分的确切位置还必须经过尺寸标注才能确定，AutoCAD 提供了包括线性标注、对齐标注、半径标注、直径标注、角度标注等在内的多种尺寸标注命令。本章主要介绍上述图形编辑工具和尺寸标注命令的使用方法及具体的操作过程。

4.1　选择图形对象

在对图形对象进行编辑之前，先要选择待编辑的对象。若要选择当前图形的全部对象，可直接按 Ctrl+A 组合键，也可在快速访问工具栏选择“显示菜单栏”选项，在菜单栏中执行“编辑”|“全部选择”命令，被选中的对象将亮显，这些对象构成了选择集。选择集可以包含全部对象、部分对象或单个对象，也可以包含复杂的编组对象。若仅选择图形中的部分对象，则可以选择以下 5 种方式：SELECT 命令选择对象、快速选择、编组选择、类似选择和过滤选择。

4.1.1　SELECT 命令选择对象

在命令行中，输入“SELECT”命令并按 Enter 键，命令行显示“选择对象：”。此时，光标变为一个小方框（即拾取框），系统进入选择对象模式，用户可以分别选择一个或多个对象，也可以同时选择多个对象；可以选择最近创建的对象、选择集或图形中的所有对象，也可以向选择集中添加或删除对象。

1）拾取框选择

拾取框选择是系统默认进入时的选择对象模式。移动拾取框光标至选择对象，对象将亮显，单击即可选择该对象，如图 4-1 所示。继续单击其他对象，可以选择多个对象，如图 4-2 所示。

选择彼此靠近的对象或直接相互重叠的对象时，按住 Shift 键并连续按空格键，从而循环浏览对象。所需对象亮显之后，单击以选择该对象。

2）窗口选择

选择对象时，单击，从左向右拖动十字光标形成一个矩形窗口，再次单击确认选择范围，被窗口完全包围的对象将被选取，如图 4-3 所示。可以从左下角向右上角拖动，也可以从左上角向右下角拖动，结果相同。

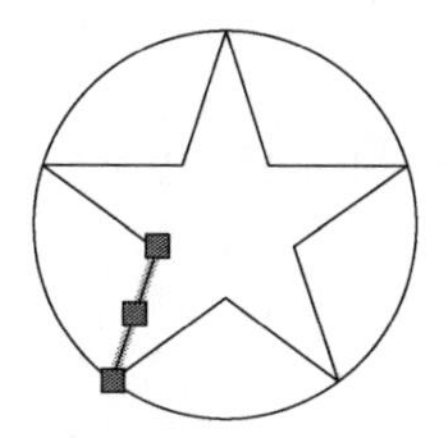
图 4-1　选择单个对象

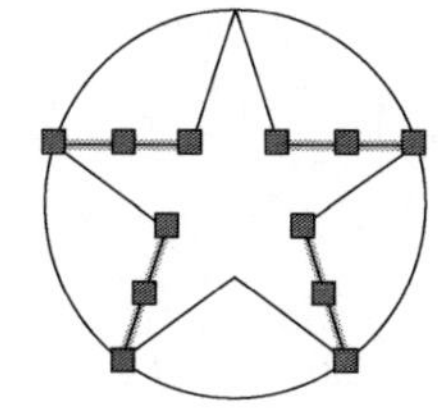
图 4-2　选择多个对象

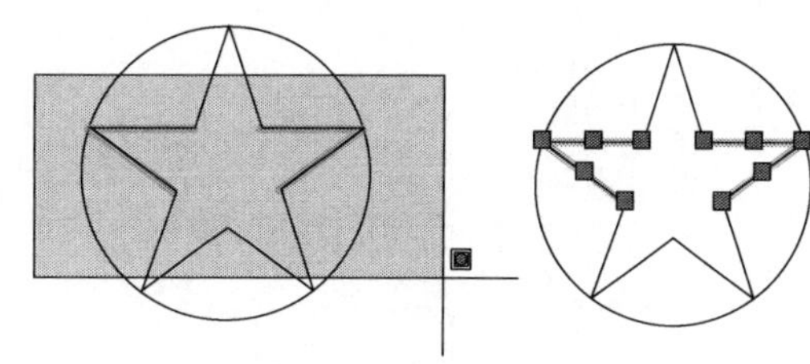
图 4-3　窗口选择对象

3）窗交选择

与窗口选择相似，只是从右向左拖动十字光标形成一个矩形窗口，被窗口完全包围的对象及其与窗口边界相交的对象都将被选取，如图 4-4 所示。无论是从右上角向左下角拖动，还是从右下角向左上角拖动，结果均相同。

注：窗口选择和窗交选择都属于矩形区域选择，不同之处在于拖动鼠标的方向，前者为从左向右，后者则为从右向左；两者的选择框不同，前者是实线，背景色为淡蓝色，后者是虚线，背景色为浅绿色。另外，两者的光标样式也不同。

4）圈围选择

在命令行提示选择对象时，输入“WP”并按 Enter 键开启圈围选择模式。依次指定圈围区域的一系列点，按 Enter 键结束，完全落入多边形区域内的对象被选中，如图 4-5 所示。

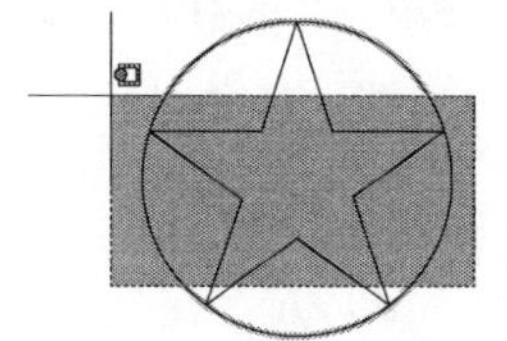

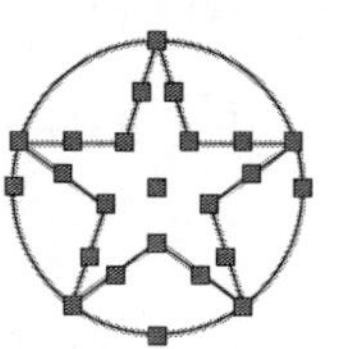
图 4-4　窗交选择对象

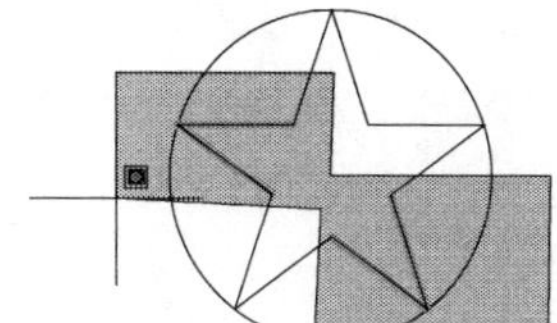

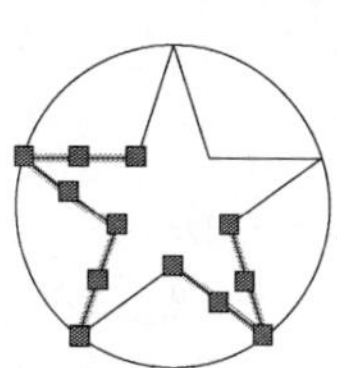
图 4-5　圈围选择对象

5）圈交选择

在命令行提示选择对象时，输入“CP”并按 Enter 键开启圈交选择模式。其操作方式与圈围选择相同，完全落入多边形区域内的对象及与多边形相交的对象均被选中，如图 4-6 所示。

注：从选取效果来看，圈围选择、圈交选择分别与窗口选择、窗交选择相似，不同之处在于选择区域的形状，前两者的选择区域允许是不规则形状的多边形，而后两者的选择区域只能是矩形。

6）栏选

在命令行提示选择对象时，输入“F”并按 Enter 键开启栏选模式。通过指定多个点定义一条多段线，按 Enter 键结束，与多段线相交的对象都将被选中，如图 4-7 所示。

7）套索选择

在命令行提示选择对象时，按住鼠标左键拖动并释放鼠标左键启动套索选择。从左到右拖动十字光标可以选择完全包含在套索（窗口选择）中的对象；从右到左拖动十字光标则选择套索（窗交选择）包围或与套索相交的对象。前者为窗口选择模式，后者为窗交选择模式。

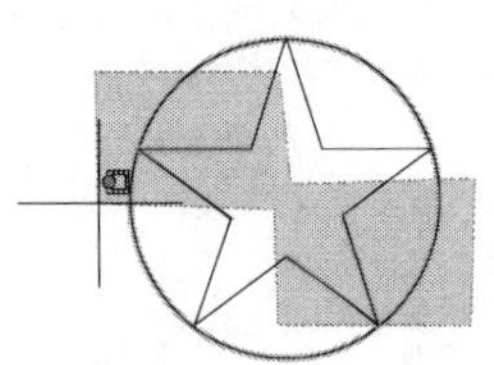
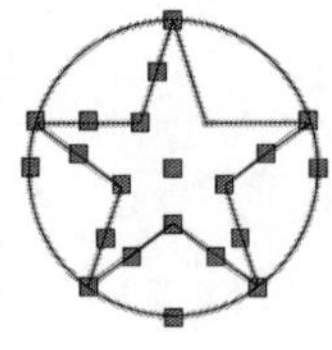

图 4-6　圈交选择对象

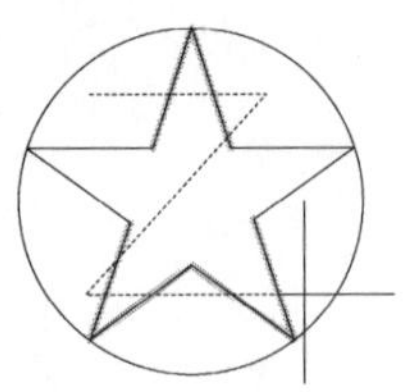
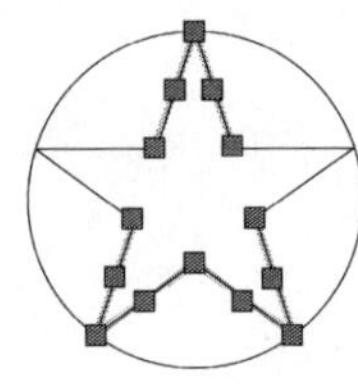

图 4-7　栏选对象

使用套索选择时，共有三种对象选择模式，即窗口模式、窗交模式和栏选模式，按空格键可在三种对象选择模式之间切换。套索栏选对象时，所选的对象如图 4-8 所示。

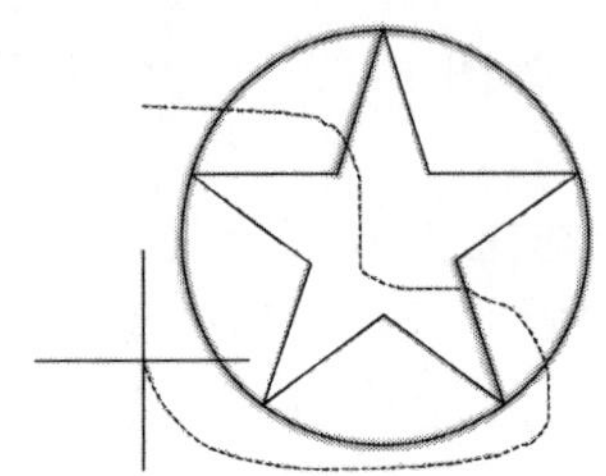
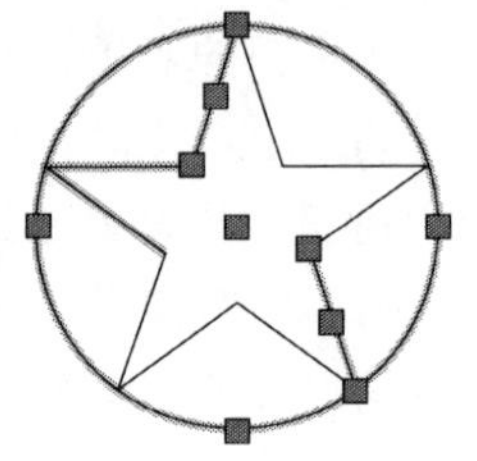

图 4-8　套索栏选对象

注：在默认情况下，AutoCAD 允许使用套索选择对象。若拖动鼠标无法使用套索时，单击“菜单浏览器”按钮，在弹出的菜单中选择“选项”选项，然后在弹出的“选项”对话框中，选择“选择集”选项卡，勾选“允许按住并拖动套索”复选框，即可启用套索选择模式。

8）删除对象的选定状态

在选择对象提示下输入“r”并按 Enter 键，单击对象则将该对象从选择集中删除，继续单击其他已选对象，可以删除多个对象的选定状态。也可以按住 Shift 键并单击对象，或者按住 Shift 键，然后单击并拖动窗口或窗交选择对象。

若希望再次选择某对象到选择集，输入“a”并按 Enter 键，然后再单击该对象即可。也可以采用上述七种方式中的任意一种方式，将多个从选择集中删除的对象再次添加到选择集中，可反复从选择集中添加和删除对象。

按 Esc 键可以取消选择所有对象。

在不严格的情况下，第 1 种方式又称为点选，后面 6 种方式通称为框选。因此，在后文中提及的“点选或框选”包含了上述 7 种方式。

值得指出的是，SELECT 命令可以单独使用，也可以在执行其他编辑命令（如移动、复制、删除等）时被自动调用。另外，在默认情况下，系统允许“先选择后执行”（设置方法：在“选项”对话框中，选择“选择集”选项卡，勾选“先选择后执行”复选框），即先选择对象再执行编辑命令（仅支持部分命令），此时可采用拾取框、窗口、窗交、套索等模式进行对象选择。

4.1.2　快速选择

快速选择用于选中具有某些共同特性的图形对象。在实际应用中，用户可以根据对象类型及特性（如图层、线型、颜色等），设置过滤条件，选择特定对象创建选择集。

快速选择的执行方式如下：

（1）在快速访问工具栏选择“显示菜单栏”选项，在菜单栏中执行“工具”|“快速选择”命令。

（2）在“功能区”选项板中选择“默认”选项卡，然后在“实用工具”面板中单击“快速选择”按钮。

（3）在绘图区右击，在弹出的快捷菜单中选择“快速选择”选项。

（4）在命令行执行 QSELECT 命令。

（5）在“特性”“块定义”等窗口或对话框中，也提供了“快速选择”功能按钮。单击该按钮，也可以进行快速选择。

系统弹出“快速选择”对话框，如图 4-9 所示。

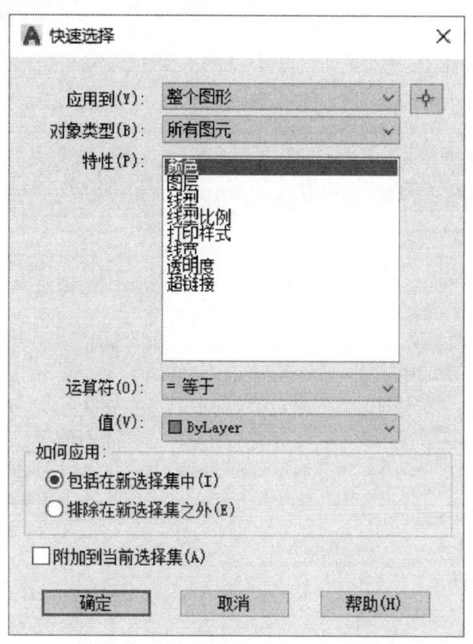

图 4-9　“快速选择”对话框

对话框中各选项的功能如下：

（1）“应用到”下拉列表框：选择过滤条件的应用范围，可以应用于整个图形，也可以应用到当前选择集中。如果有当前选择集，则“当前选择”选项为默认选项；如果没有当前选择集，则“整个图形”选项为默认选项。

（2）“选择对象”按钮：单击该按钮将切换到绘图窗口中，可以根据当前所指定的过滤条件来选择对象。选择完毕后，按 Enter 键结束选择，返回到“快速选择”对话框中，同时 AutoCAD 将“应用到”下拉列表框中的选项设置为“当前选择”。

（3）“对象类型”下拉列表框：指定要查找的对象类型。如果当前没有选择集，在该下拉列表框中将包含 AutoCAD 所有可用的对象类型；如果已有一个选择集，则包含所选对象的对象类型。

（4）“特性”列表框：指定作为过滤条件的对象特性。该列表中列出了所有可用的特性。

（5）“运算符”下拉列表框：用于设置过滤的运算条件。运算符包括：=、<>、>、<、全部选择等。其中>和<运算符对某些对象特性是不可用的。

（6）“值”下拉列表框：设置筛选过滤的条件值。

（7）“如何应用”选项区域：指定将符合给定过滤条件的对象包括在新选择集内或排除在新选择集之外。选择“包含在新选择集中”单选按钮，则由满足过滤条件的对象构成选择集；选择“排除在新选择集之外”单选按钮，则由不满足过滤条件的对象构成选择集。

（8）“附加到当前选择集”复选框：勾选此项，则将新创建的选择集追加到当前选择集中；否则替代当前选择集。

练习 4-1　在如图 4-10 所示图形中，采用快速选择方式，选择角度为 90°的所有直线。

（1）在“功能区”选项板中选择“默认”选项卡，然后在“实用工具”面板中单击“快速选择”按钮，打开“快速选择”对话框。

（2）在“对象类型”下列列表框中选择“直线”选项。

（3）在“特性”列表框中选择“角度”选项；在“值”文本框中输入 90。

（4）其他选项采用默认值。

（5）单击“确定”按钮，将选中符合条件的所有图形对象。如图 4-11 所示。

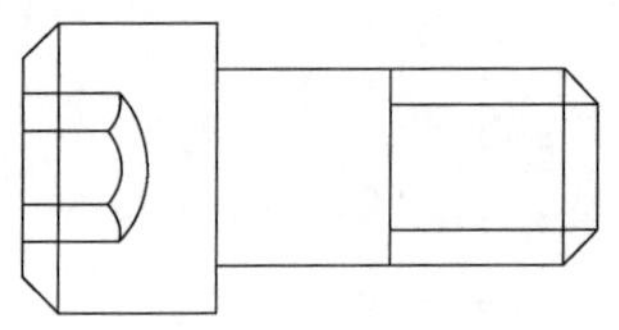

图 4-10　原始图形

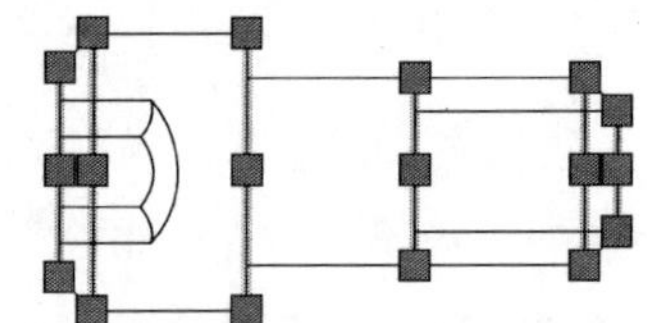

图 4-11　显示选择结果

4.1.3　编组选择

AutoCAD 可以将多个图形对象进行编组以创建一个选择集，使编辑对象变得更为灵活。编组提供以组为单位操作多个对象的简单方法。默认情况下，选择编组中任意一个对象即选中了该编组中的所有对象，并可以像处理单个对象那样移动、复制、旋转和修改编组。

1. 对象编组的创建

在快速访问工具栏选择“显示菜单栏”选项，在菜单栏中执行“工具”|“组”命令（GROUP），或在“功能区”选项板中选择“默认”选项卡，然后在“组”面板中单击“组”按钮。此时，命令行显示“选择对象或[名称(N)/说明(D)]：”，直接选定图形对象并按 Enter 键，系统完成未命名编组的创建；也可以先单击“名称”选项并输入编组名称，然后再选择对象，实现命名编组的创建。

新创建的对象编组将随图形一起保存。一个对象可以作为多个编组的成员，新建编组也可以再次作为另外编组的成员。

2. 编组管理器

在“功能区”选项板中选择“默认”选项卡，然后在“组”面板中单击“编组管理器”按钮，或在命令行提示下输入 CLASSICGROUP，并按 Enter 键，可打开“对象编组”对话框，如图 4-12 所示。

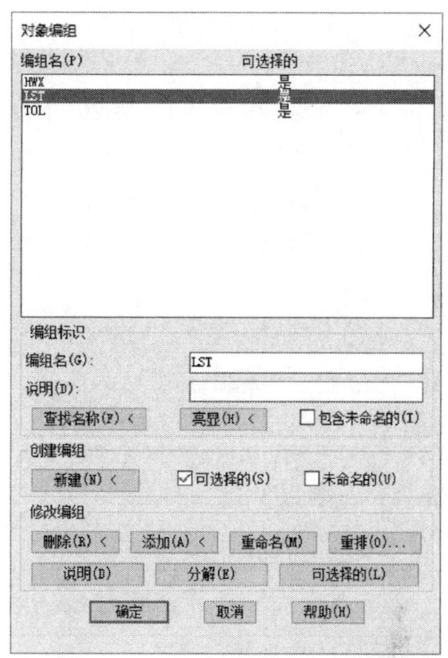

图 4-12　“对象编组”对话框

在图 4-12 中，可以实现对象编组的新建、编辑、解除、查找等功能。主要选项的含义如下：

（1）“编组名”列表框：显示当前图形中已存在的对象编组名称。其中“可选择的”列表示对象编组是否可选。如果一个对象编组是可选的，当选择该对象编组的一个成员对象时，所有成员都将被选中（处于锁定层上的对象除外）；如果对象编组是不可选的，则只有选择的对象编组成员被选中。

（2）“编组名”文本框：输入或显示选中的对象编组的名称。组名最长可有 31 个字符，包括字母、数字以及特殊符号“*”“！”等。

（3）“说明”文本框：显示选中的对象编组的说明信息。

（4）“查找名称”按钮：单击该按钮将切换到绘图窗口，拾取要查找的对象后，该对象所属的组名即显示在“编组成员列表”对话框中。

（5）“亮显”按钮：在“编组名”列表框中选择一个对象编组，然后单击该按钮可以在绘图窗口中亮显对象编组的所有成员对象。

（6）“包含未命名的”复选框：控制是否在“编组名”列表框中列出未命名的编组。

（7）“新建”按钮：单击该按钮可以切换到绘图区，并可选择要创建编组的图形对象。

（8）“可选择的”复选框：选中该复选框，当选择对象编组中的一个成员对象时，该对象编组的所有成员都将被选中。

（9）“未命名的”复选框：确定是否要创建未命名的对象编组。

（10）“删除”按钮：单击该按钮，将切换到绘图窗口，选择要从对象编组中删除的对象，然后按 Enter 键或空格键结束选择对象并删除已选对象。

（11）“添加”按钮：单击该按钮将切换到绘图窗口，选择要加入到对象编组中的对象，选中的对象将被加入到对象编组中。

（12）“重命名”按钮：单击该按钮，可在“编组标识”选项区域中的“编组名”文本框中输入新的编组名。

（13）“重排”按钮：单击该按钮，打开“编组排序”对话框，可以重排编组中的对象顺序。

（14）“说明”按钮：单击该按钮，可以在“编组标识”选项区域中的“说明”文本框中修改所选对象编组的说明描述。

（15）“分解”按钮：单击该按钮，可以删除所选的对象编组，但不删除图形对象。

（16）“可选择的”按钮：单击该按钮，可以控制对象编组的可选择性。

练习 4-2　将图 4-10 中的所有对象创建为一个对象编组“零件 1-1”。

（1）在“功能区”选项板中选择“默认”选项卡，然后在“组”面板中单击“编组管理器”按钮，打开“对象编组”对话框。

（2）在“编组名”文本框中输入“零件 1-1”。

（3）其他选项采用默认值，单击“新建”按钮，在图形窗口中，选择图 4-10 中所有图形对象。

（4）按 Enter 键或右击确认对象选择，返回到“对象编组”对话框，单击“确定”按钮，完成对象编组。此时，单击编组中的任一对象，所有的其他对象也同时被选中，如图 4-13 所示。

4.1.4　类似选择

“类似选择”是基于特性（如图层、颜色或线宽）选择对象的一种简单方法。选择一个或多个对象。系统将查找当前图形中与选定对象特性匹配的所有对象，并自动添加到选择集中。

在命令行中执行 SELECTSIMILAR 命令，命令行显示：

选择对象或［设置（SE）]:

单击“设置”选项，系统弹出“选择类似设置”对话框，如图 4-14 所示。

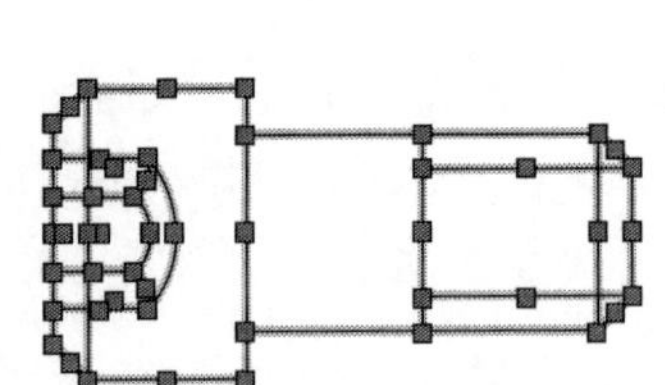

图 4-13　被选中的“零件 1-1”编组

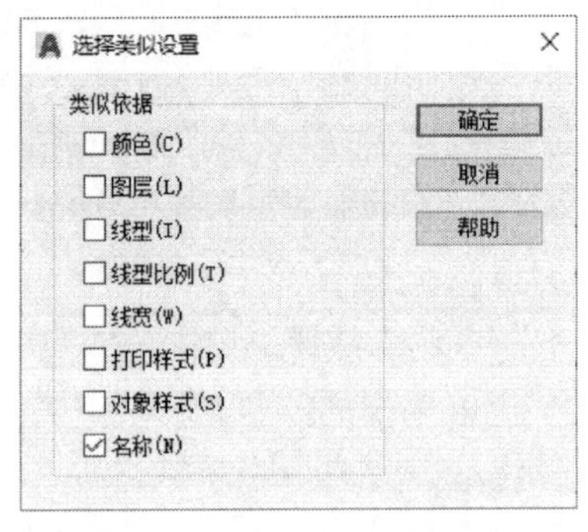

图 4-14　“选择类似设置”对话框

图 4-14 中列举了 8 种常见匹配属性，可以根据实际需要选择一种或多种，选中的属性将作为选择同类型对象的匹配条件。例如，选择“名称”选项，AutoCAD 将具有匹配名称的参照对象（如块、外部参照和图像）或同一类型的未命名对象（如直线、圆、圆弧、多段线等）视为类似。

设置完毕后，单击“确定”按钮关闭对话框，选定对象并按 Enter 键确认，系统自动建立选择集。用户也可以先选择要匹配的对象，然后右击，在弹出的快捷菜单中选择“选择类似对象”选项。

在图 4-15（a）中，图形包括多段线、直线、圆弧等 3 种对象，如图 4-14 所示，以“名称”作为同类型对象的匹配属性，选择一段圆弧（图 4-15（a）)，“类似选择”的选择集如图 4-15（b）所示。

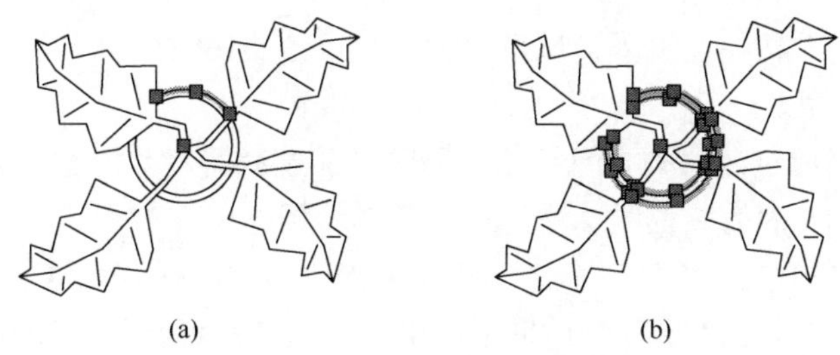

图 4-15　类似选择的匹配对象和选择集

4.1.5　过滤选择

“过滤选择”是通过创建“选择过滤器”，过滤选择符合设定条件的对象。在命令行中执行 FILTER 或 FI 命令，系统弹出“对象选择过滤器”对话框，如图 4-16 所示。

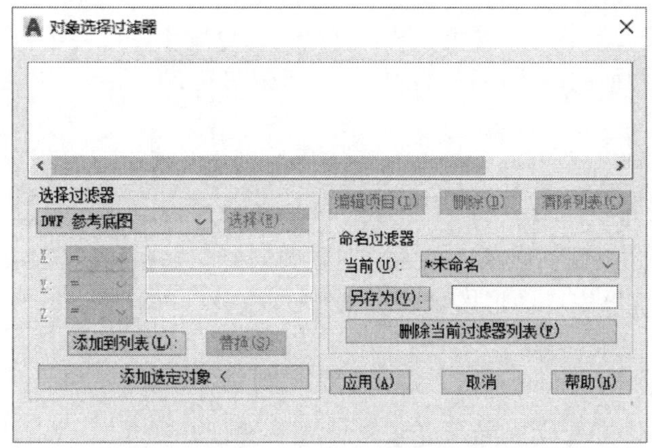

图 4-16　“对象选择过滤器”对话框

图 4-16 中，主要选项功能如下：

（1）过滤器列表：显示当前过滤器的过滤条件。

（2）“选择过滤器”下拉列表框：包括可过滤的对象类型（如直线、源、圆弧、图层、颜色、线型、线宽等）和用于组成过滤表达式的逻辑运算符（AND、OR、XOR 和 NOT）。

（3）“X”“Y“ “Z”下拉列表框：按对象定义过滤参数，如选择“圆心”时，可以输入要过滤的 X、Y 和 Z 坐标值。此时，可以选择使用不同的关系运算符，包括=、=! <、<=、>、>=、>、*。

（4）“添加到列表”按钮：将当前设置的过滤条件添加到过滤器列表中。

（5）“替换”按钮：以当前设置的过滤条件替换过滤器列表中选定的过滤条件。

（6）“添加选定对象”按钮：向过滤器列表中添加图形中的一个选定对象。

（7）“编辑项目”按钮：对选定的过滤条件进行编辑。

（8）“删除”按钮：删除选定的过滤条件。

（9）“清除列表”按钮：删除当前过滤器列表中的所有过滤条件。

（10）“当前”下拉列表框：显示已命名的过滤器列表。

（11）“另存为”按钮：输入过滤器名称，并单击该按钮，将当前设置的过滤器保存至“filter.nfl”文件中。

（12）“删除当前过滤器列表”按钮：删除当前过滤器及其所有过滤条件。

下面仍以图 4-15 为例，说明过滤选择的基本步骤：

（1）在命令行中执行 FILTER 命令，系统弹出“对象选择过滤器”对话框。

（2）在“对象选择过滤器”对话框中，单击“选择过滤器”下拉列表框，在弹出的列表中选择“圆弧”，单击“添加到列表”按钮。

（3）单击“应用”按钮，关闭“对象选择过滤器”对话框，在图形窗口中框选对象，并按 Enter 确认，系统将过滤出满足条件的对象，并建立选择集，结果如图 4-15（b）所示。

4.2 复制和阵列对象

在 AutoCAD 2020 中，“复制”和“阵列”命令用于创建与源对象相同的一个或多个对象副本。与此相似的命令还有“镜像”和“偏移”命令。

4.2.1 复制对象

复制对象有两个命令：COPY 命令和 COPYCLIP 命令。前者直接完成对象复制，但仅能在同一图形文件中复制对象；后者将对象复制到粘贴板，需要使用“粘贴”命令实现对象复制，不仅能够完成图形内复制，也可以实现不同图形之间的对象复制。

1. 使用 COPY 复制对象

命令调用方式如下：

（1）在快速访问工具栏选择“显示菜单栏”选项，在菜单栏中执行“修改”|“复制”命令。

（2）执行“工具”|“工具栏”|“AutoCAD”|“修改”命令，在打开的“修改”工具栏中单击“复制”按钮。

（3）在“功能区”选项板中选择“默认”选项卡，然后在“修改”面板中单击“复制”按钮。

（4）在命令行执行 COPY 或 CP 命令。

（5）选择要复制的对象，并右击，在弹出的快捷菜单中选择“复制选择”选项。

执行该命令时，选择要复制的对象（最后一种方式除外），命令行显示“指定基点或[位移(D)/模式(O)]<位移>：”提示信息。通过指定位移的基点、第二点来创建该对象的副本，系统默认复制模式为多个，因此可以连续创建多个副本，直到按 Enter 键或单击“退出”选项结束复制。

在复制对象时，可以使用坐标、栅格捕捉、对象捕捉等工具实现对象的精确复制。COPY 命令包含多个命令选项，其含义如下：

（1）“位移”选项：通过输入坐标值指定复制后对象的位移矢量。

（2）“模式”选项：控制 COPY 命令是否自动重复，包括“单个”（命令执行一次）和“多个”（命令自动重复）两种模式。

（3）“阵列”选项：指定线性阵列中的项目数。默认情况下，通过指定第二点确定阵列中第一个副本的位移增量，其余副本使用相同的位移增量。若选择“布满”选项，则指定的位移增量用以确定最后一个副本的位置，其他副本在首末副本之间等距分布。

（4）“退出”选项：退出命令执行。

（5）“放弃”选项：取消最近一次的复制操作。

在 AutoCAD 2020 中，可以直接单击相应的命令选项，或在命令行中输入命令选项字母并按 Enter 键（或空格键），实现不同模式之间的切换。

2. 使用 COPYCLIP 复制对象

命令调用方式如下：

（1）在快速访问工具栏选择“显示菜单栏”选项，在菜单栏中执行“编辑”|“复制”命令。

（2）在“功能区”选项板中选择“默认”选项卡，然后在“剪贴板”面板中单击“复制裁剪”按钮。

（3）在命令行执行 COPYCLIP 命令。

（4）按 Ctrl+C 键。

（5）在绘图区域右击，在弹出的快捷菜单中选择“剪贴板”|“复制”选项。

执行上述任一操作，选择要复制的对象，右击或按 Enter 键确认，将选定的对象复制到剪贴板，然后再使用“粘贴”命令完成对象复制。

“粘贴”命令调用方式如下：

（1）在快速访问工具栏选择“显示菜单栏”选项，在菜单栏中执行“编辑”|“粘贴”命令。

（2）在“功能区”选项板中选择“默认”选项卡，然后在“剪贴板”面板中单击“粘贴”按钮。

（3）在命令行执行 PASTECLIP 命令。

（4）按 Ctrl+V 键。

（5）在绘图区域右击，在弹出的快捷菜单中选择“剪贴板”|“粘贴”选项。

同一图形中的对象“粘贴”可以直接执行上述操作之一，不同图形之间的对象“粘贴”，必须先打开目标图形，然后再执行“粘贴”操作。执行上述任一操作，按照命令行提示，指定插入点，即可将剪贴板中的对象粘贴到当前图形中。与复制、粘贴有关的命令还包括：

（1）带基点复制（COPYBASE，组合键为 Ctrl+Shift+C）：将选定的对象与指定的基点一起复制到剪贴板。

（2）粘贴为块（PASTEBLOCK，组合键为 Ctrl+Shift+V）：将复制到剪贴板的对象作为块粘贴到图形中指定的插入点。

（3）粘贴到原坐标（PASTEORIG）：使用原坐标将剪贴板中的对象粘贴到当前图形中。此命令仅在不同图形之间复制、粘贴对象时才有效。

（4）选择性粘贴（PASTESPEC）：弹出“选择性粘贴”对话框，将剪贴板中的对象以选定的“数据格式”粘贴到当前图形中。

4.2.2 镜像对象

镜像对象可以绕指定轴创建选定对象的镜像副本。该命令主要用于对称图形的绘制，仅需绘制对称轴一侧的图形，然后可通过镜像创建另一侧图形。

命令的调用方式如下：

（1）在快速访问工具栏选择“显示菜单栏”选项，在菜单栏中执行“修改”|“镜像”命令。

（2）执行“工具”|“工具栏”|“AutoCAD”|“修改”命令，在打开的“修改”工具栏中单击“镜像”按钮。

（3）在“功能区”选项板中选择“默认”选项卡，然后在“修改”面板中单击“镜像”按钮。

（4）在命令行执行 MIRROR 或 MI 命令。

执行上述命令时，选择要镜像的对象，依次指定镜像线上的两个端点，命令行将显示“要删除源对象吗？[是(Y)/否(N)]<否>：”提示信息。如果直接按 Enter 键，则镜像复制对象，并保留原来的对象；如果单击“是”选项，则在镜像复制对象的同时删除源对象。

在默认情况下，镜像的对象为文字、图案填充、属性和属性定义时，镜像后将不会反转或倒置（图 4-17），即文字的对齐和对正方式、填充图案的方向在镜像对象前后相同，但图块中的文字和常量属性都将被反转。如果确实要反转文字、镜像填充图案的方向，需要分别将 MIRRTEXT、MIRRHATCH 系统变量设置为 1。

图 4-17　默认情况下的文字镜像

实例 4-1　使用镜像命令绘制图 4-18 所示的花瓣图案。

（1）在状态栏中单击“正交”按钮，打开正交模式；单击“对象捕捉”按钮，启用对象捕捉，并右击“对象捕捉”按钮，在弹出的快捷菜单中选择“端点”复选框。

（2）在“功能区”选项板中，选择“默认”选项卡，然后在“绘图”面板中单击“直线”命令按钮，绘制边长为 50 的正方形。

（3）在“功能区”选项板中，选择“默认”选项卡，再在“绘图”面板中单击“圆弧（起点，圆心，端点）”按钮，分别捕捉正方形左上角点、左下角点和右下角点，绘制一段圆弧，如图 4-19 所示。

（4）在“功能区”选项板中，选择“默认”选项卡，在“修改”面板中单击“镜像”按钮，选择圆弧作为镜像对象，并指定圆弧的端点为镜像线第一、二点，镜像复制圆弧，并保留原来的对象。

（5）在“功能区”选项板中，选择“默认”选项卡，然后在“绘图”面板中单击“填充”按钮，在两圆弧围成的区域内单击拾取内部点，选择 ANSI31 图案，其他参数采用默认值，完成图案填充；选择正方形左侧和上方直线段，按 Del 键删除。绘制图形如图 4-20 所示。

（6）在命令行输入 MIRRHATCH 并按 Enter 键，输入 1 按 Enter 键确认。

（7）在“功能区”选项板中，选择“默认”选项卡，再在“修改”面板中单击“镜像”按钮，选择两圆弧及填充图案作为镜像对象，并指定竖直直线的端点为镜像线第一、二点进行镜像，并保留原来的对象；按 Enter 键或空格键，重复执行“镜像”命令，再次以水平直线的端点作为镜像线第一、二点进行镜像，绘制结果如图 4-21 所示。

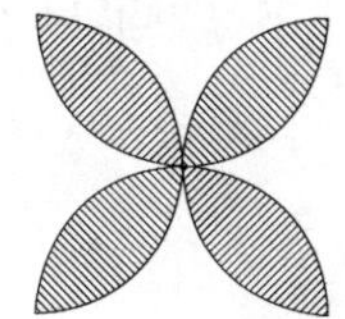

图 4-18　花瓣图案

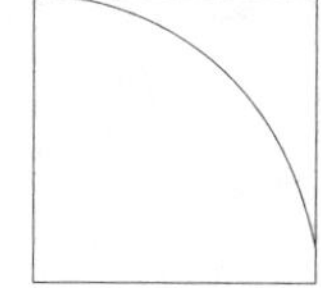

图 4-19　绘制正方形和圆弧

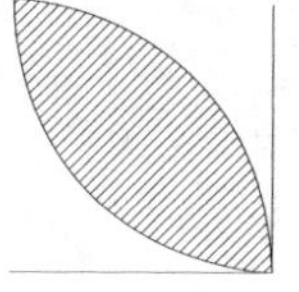

图 4-20　镜像与图案填充

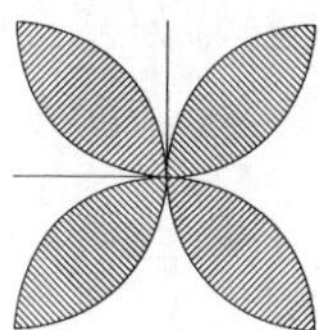

图 4-21　两次镜像后

（8）选择水平、竖直直线，按 Del 键删除，完成花瓣图案的绘制。

4.2.3　阵列对象

阵列包括矩形阵列、路径阵列和环形阵列 3 种模式。启用命令时有以下 3 种方式：

（1）在快速访问工具栏选择“显示菜单栏”选项，在菜单栏中执行“修改”|“阵列”中的“矩形阵列”、“路径阵列”或“环形阵列”命令。

（2）在“功能区”选项板中选择“默认”选项卡，然后在“修改”面板中单击“阵列”按钮右侧的下三角按钮，在弹出的按钮菜单中选择“矩形阵列”按钮、“路径阵列”按钮、“环形阵列”按钮。

（3）在命令行执行 ARRAYRECT、ARRAYPATH 或 ARRAYPOLAR 命令，也可以在命令行执行 ARRAY 或 AR 命令，并在命令行提示“输入阵列类型[矩形(R)/路径(PA)/极轴(PO)]<矩形>：”中单击选择相应的命令选项。

1. 矩形阵列

执行“矩形阵列”命令，选择要排列的对象并按 Enter 键确认，绘图区域显示阵列后的图形（默认按 3 行×4 列），如图 4-22 所示。

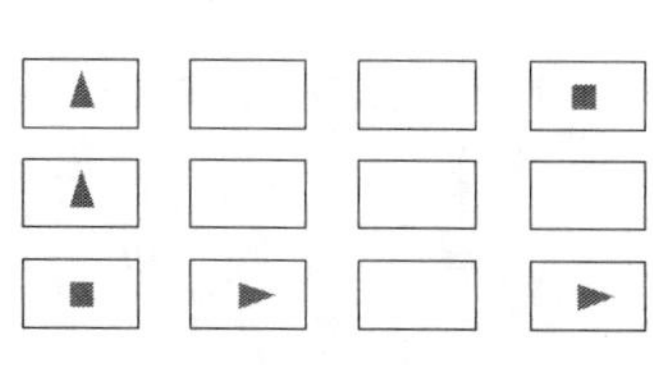

图 4-22　矩形阵列

命令行显示如下提示信息：

选择夹点以编辑阵列或[关联(AS)/基点(B)/计数(COU)/间距(S)/列数(COL)/行数(R)/层数(L)/退出(X)]<退出>：

在图 4-22 中，可以通过拖动夹点实现阵列移动、间距及行数和列数的调整。方法如下：拖动左下角夹点可以移动阵列；拖动左侧、底端的中间夹点可以调整行、列间距；拖动左上角、右上角或右下角的夹点则可以增加或减少行数或列数。

各命令选项含义如下：

（1）“关联”选项：指定阵列中的对象是关联的还是独立的。

（2）“基点”选项：定义阵列基点和基点夹点的位置。

（3）“计数”选项：指定行数和列数。

（4）“间距”选项：指定行间距和列间距

（5）“列数”选项：指定列数和列间距。

（6）“行数”选项：指定行数和行间距。

（7）“层数”选项：指定三维阵列的层数和层间距。

在阵列创建过程中，单击相应的命令选项可以实现阵列参数设置，还可以通过“阵列创建”功能区上下文选项卡（图 4-23）直接调整各参数。

图 4-23　“矩形阵列”的上下文选项卡

阵列创建后，仍可以修改阵列中的项目。选择待修改阵列后，可以拖动夹点进行阵列修改，也可以使用功能区上下文选项卡实现阵列修改。

2. 路径阵列

创建路径阵列的步骤如下：

（1）在命令行中执行 ARRAYPATH 命令。

（2）选择要排列的对象，并按 Enter 键确认。

（3）选择路径曲线（如直线、多段线、三维多段线、样条曲线、螺旋、圆弧、圆或椭圆等）。

（4）命令行显示“选择夹点以编辑阵列或[关联(AS)/方法(M)/基点(B)/切向(T)/项目(I)/行(R)/层(L)/对齐项目(A)/方向(Z)/退出(X)]<退出>：”。单击“方法”选项，命令行显示“输入路径方法[定数等分(D)/定距等分(M）]<定距等分>:”，单击选择“定数等分”或“定距等分”选项，也可以在“阵列创建”功能区上下文选项卡（图 4-24）的“特性”面板中，单击“定数等分”按钮或“定距等分”按钮。

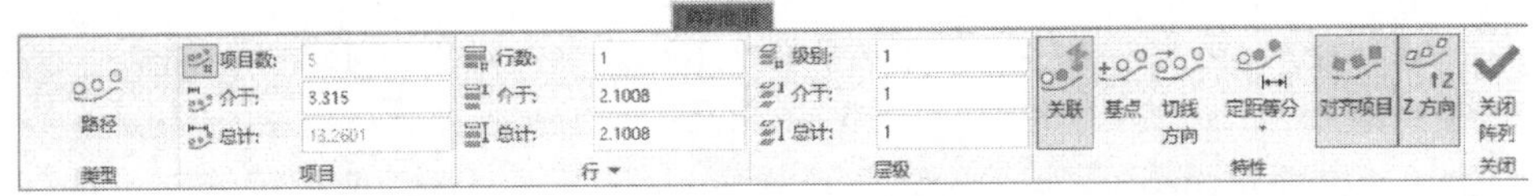

图 4-24　“路径阵列”的上下文选项卡

（5）输入其他命令选项或在功能区上下文选项卡中设置其他参数，如基点、行数、层数、对齐项目等，设置完毕后按 Enter 键退出命令执行。

各命令选项含义如下：

（1）“关联”选项：指定阵列中的对象是关联的还是独立的。

（2）“方法”选项：指定沿路径分布对象的方法是“定数等分”（指定数量的对象沿路径均匀分布）还是“定距等分”（沿路径等距离排列对象）。

（3）“基点”选项：指定相对于路径曲线起点的阵列的第一个项目位置。

（4）“切向”选项：指定阵列中的项目如何相对于路径的起始方向对齐，包括两点（通过指定切线矢量的两个点建立阵列中第一个项目的切线）和法线（根据路径曲线的起始方向调整第一个项目的 *Z* 方向）两种方式。

（5）“项目”选项：指定项目数或项目之间的距离。

（6）“行”选项：指定阵列中的行数、行间距以及行之间的增量标高。

（7）“层”选项：指定层数、层间距、全部（即第一层和最后一层之间的总距离）等参数。

（8）“对齐项目”选项：指定是否沿路径的相切方向对齐每个项目。对齐、不对齐的路径排列比较如图 4-25 所示。

（9）“方向”选项：控制是否保持项目的原始 *Z* 方向或沿三维路径自然倾斜项目。

在创建路径阵列时，可以通过拖动夹点实现行数和行间距的调整。定数等分和定距等分时的夹点总数不同（图 4-26），前者只有 1 个，后者有 2 个。调整时，若拖动左下角（实心正方形）夹点可以调整行数；在定距等分时，拖动右侧（右箭头）夹点则可以增加或减少行间距。

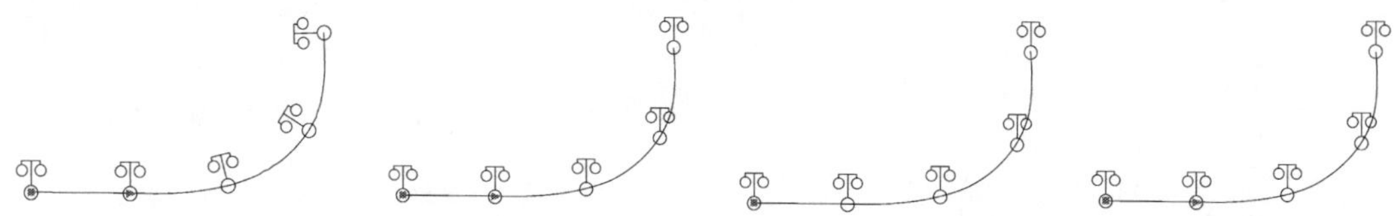

图 4-25　对齐、不对齐的路径排列　　图 4-26　定数等分和定距等分时的夹点

与矩形阵列相同，路径阵列创建后，仍然可以修改阵列中的项目，方法同前。

3. 环形阵列

创建环形阵列的步骤如下：

（1）在命令行中执行 ARRAYPOLAR 命令。

（2）选择要排列的对象，并按 Enter 键确认。

（3）指定阵列中心点或旋转轴。

（4）命令行显示“选择夹点以编辑阵列或[关联(AS)/基点(B)/项目(I)/项目间角度(A)/填充角度(F)/行(ROW)/层(L)/旋转项目(ROT)/退出(X)]<退出>：”，同时显示“阵列创建”功能区上下文选项卡（图 4-27），在命令行输入相应的命令选项或在功能区上下文选项卡设置其他参数，包括项目数、填充角度、行数、层数等，设置完毕后按 Enter 键退出命令执行。

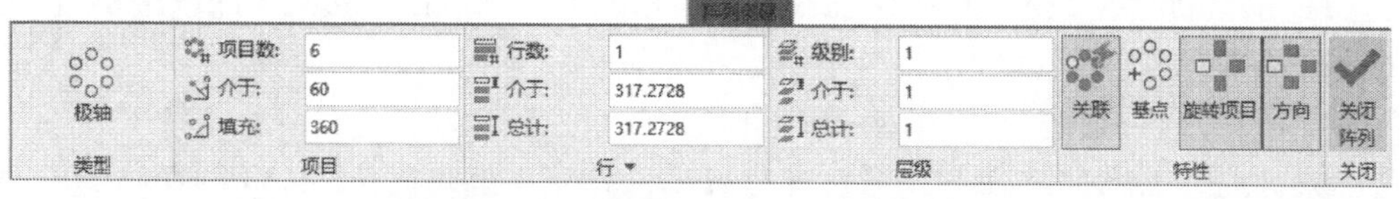

图 4-27　“环形阵列”的上下文选项卡

例如，在创建环形阵列时，选择图 4-28（a）中的最外侧两段圆弧，并令大圆圆心为阵列中心点，设置项目数为 36，环形阵列如图 4-28（b）所示。

各命令选项含义如下：

（1）“关联”选项：指定阵列中的对象是关联的还是独立的。

（2）“基点”选项：指定用于在阵列中放置对象的基点。

（3）“项目”选项：使用值或表达式指定阵列中的项目数。

（4）“项目间角度”选项：使用值或表达式指定项目之间的角度。

（5）“填充角度”选项：使用值或表达式指定阵列中第一个和最后一个项目之间的角度。

（6）“行”选项：指定阵列中的行数、行间距以及行之间的增量标高。

（7）“层”选项：指定（三维阵列的）层数和层间距。

（8）“旋转项目”选项：指定是否在排列时旋转项目。旋转、不旋转的环形排列比较如图 4-29 所示。

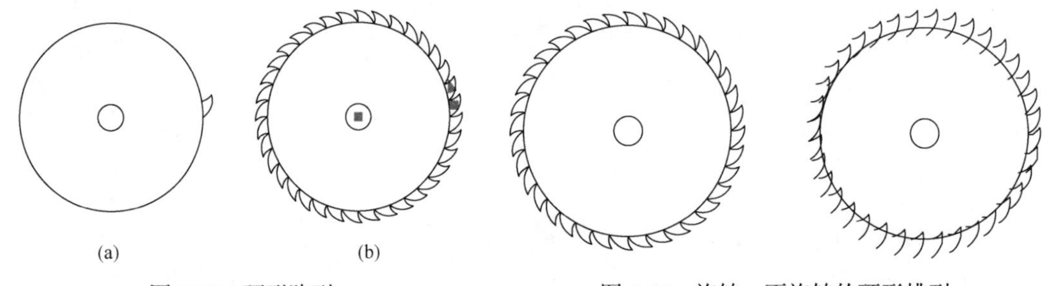

图 4-28　环形阵列

图 4-29　旋转、不旋转的环形排列

与矩形阵列、路径阵列一样，环形阵列创建后，仍可以通过选择阵列修改阵列中的项目，方法同前。

4.2.4　偏移对象

偏移对象的功能是按照指定距离创建与选定对象（包括圆、圆弧、直线、多段线等）平行或同心的几何对象。如果选定对象为圆或圆弧，则会创建同心圆或圆弧；如果对直线段、构造线、射线做偏移，则平行复制源对象。命令调用方式如下：

（1）在快速访问工具栏选择“显示菜单栏”选项，在菜单栏中执行“修改”|“偏移”命令。

（2）执行“工具”|“工具栏”|“AutoCAD”|“修改”命令，在打开的“修改”工具栏中单击“偏移”按钮。

（3）在“功能区”选项板中选择“默认”选项卡，然后在“修改”面板中单击“偏移”按钮。

（4）在命令行执行 OFFSET 或 O 命令。

执行上述“偏移”命令时，其命令行显示“指定偏移距离或[通过(T)/删除(E)/图层(L)]<通过>：”。默认情况下，需要指定偏移距离，再选择要偏移复制的对象，然后指定偏移方向，即可完成对象的偏移复制。各命令选项的功能如下。

（1）“通过”选项：选择该选项，命令行显示“选择要偏移的对象，或[退出(E)/放弃

(U)]<退出>：”，选择偏移对象后，命令行提示“指定通过点或[退出(E)/多个(M)/放弃(U)]<退出>：”，指定复制对象经过的点，则创建通过该点的对象；若选择“多个”选项，则可以偏移复制对象多次，直至连续按 Enter 键两次结束命令执行。

（2）“删除”选项：选择该选项，命令行显示“要在偏移后删除源对象吗？[是(Y)/否(N)]<否>：”，默认保留源对象。若选择“否”选项，则偏移源对象后将其删除。

（3）“图层”选项：选择该选项，命令行显示“输入偏移对象的图层选项［/源（S）］<源>：”，默认将偏移对象创建在源对象所在的图层上。若选择“当前”选项，则将偏移对象创建在当前图层上。

使用“偏移”命令复制对象时，复制结果不一定与源对象相同，例如，对圆弧做偏移后，新圆弧与旧圆弧同心且具有同样的包含角，但新圆弧的长度要发生改变；对圆或椭圆做偏移后，新圆、新椭圆与旧圆、旧椭圆有同样的圆心，但新圆的半径或新椭圆的轴长要发生变化。

另外，偏移多段线时，系统将自动修剪或延伸拐角处的多段线。相比直线偏移所不同的是，多段线偏移后仍然是多段线，保持其连续性，如图 4-30 所示（虚线为偏移后的对象）。但是，当多段线的偏移距离大于可调整的距离时，偏移后的多段线可能变成多条多段线，如图 4-31 所示，多段线偏移后（虚线部分）变成两条多段线。

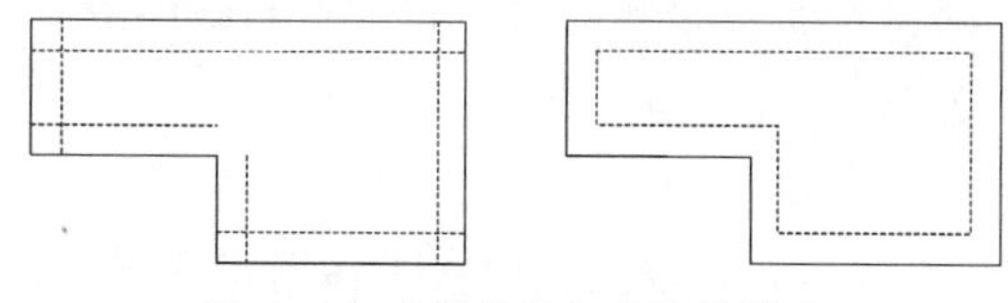

图 4-30　直线偏移与多段线偏移

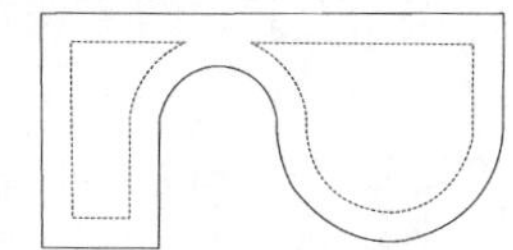

图 4-31　多段线偏移时的自动修剪

4.3　移动和旋转对象

4.3.1　移动对象

移动对象是将图形对象平移至其他位置。移动过程只改变图形对象的位置，而并不改变方向和大小。调用“移动”命令的方式如下：

（1）在快速访问工具栏选择“显示菜单栏”选项，在菜单栏中执行“修改”|“移动”命令。

（2）在菜单栏中，执行“工具”|“工具栏”|“AutoCAD”|“修改”命令，在打开的“修改”工具栏中单击“移动”按钮✥。

（3）在“功能区”选项板中，选择“默认”选项卡，然后在“修改”面板中单击“移动”按钮✥。

（4）在命令行中执行 MOVE 或 M 命令。

（5）选择要移动的对象，并右击，在弹出的快捷菜单中选择“移动”选项。

使用“移动”命令时，有两种移动方式：指定两点移动和位移移动。前者通过依次指定第一点和第二点（直接输入坐标或使用栅格捕捉、对象捕捉等工具指定点位），根据两点之间的位移矢量移动对象；后者则直接输入位移矢量来移动对象。

实例 4-2　在图 4-32（a）中，正方形的边长为 100，圆心为 *A*，要求将圆从 *A* 点移动至 *B* 点。

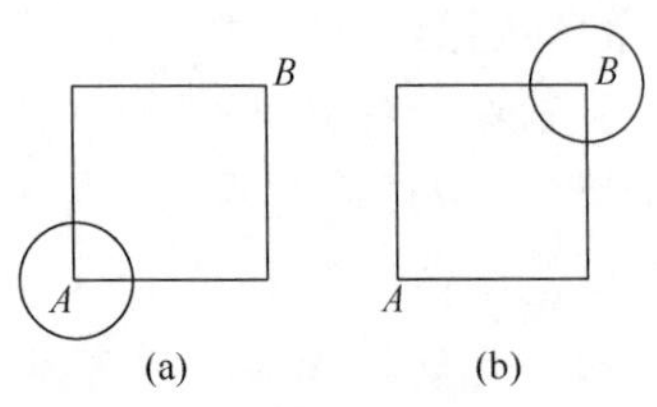

(a)　(b)

图 4-32　移动对象

在命令行中执行 MOVE 命令，选择“圆”对象，右击或按 Enter 键确认，命令行显示如下：

指定基点或［位移（D）］<位移>：

执行下列任一操作，均可将圆从 *A* 点移动至 *B* 点，如图 4-32（b）所示。

（1）启用“对象捕捉”，依次捕捉 *A* 点、*B* 点。

（2）启用“对象捕捉”，依次捕捉 *A* 点，命令行显示“指定第二个点或<使用第一个点作为位移>：”，在命令行输入“@100，100”或“@141.421<45”，按 Enter 键确认。

（3）在命令行输入“100，100”或“141.421<45”，连续两次按 Enter 键。

（4）单击“位移（D）”选项，在命令行输入“100，100”或“141.421<45”，按 Enter 键确认。

下面几种方式可以实现对象移动：

（1）鼠标拖动：在未执行命令的情况下，将光标悬停在图形窗口中选定的对象上，按住鼠标左键拖动至新位置后释放鼠标左键，可以实现对象的移动。若在拖动过程中，同时按 Ctrl 键，则可以实现复制移动功能，即移动对象的副本。

（2）夹点编辑：详细操作见 4.8 节。

（3）微移对象：选择待移动对象后，按 Ctrl+箭头键，将以正交增量微移选定的对象。捕捉模式将影响对象微移的距离和方向，在捕捉模式关闭时，一次移动两个像素。

4.3.2　旋转对象

旋转对象是将图形对象绕基点旋转到一个绝对的角度。调用“旋转”命令的方式如下：

（1）在快速访问工具栏选择“显示菜单栏”选项，在菜单栏中执行“修改”|“旋转”命令。

（2）在菜单栏中执行“工具”|“工具栏”|“AutoCAD”|“修改”命令，在打开的“修改”工具栏中单击“旋转”按钮。

（3）在“功能区”选项板中，选择“默认”选项卡，然后在“修改”面板中单击“旋转”按钮。

（4）在命令行中执行 ROTATE 或 RO 命令。

（5）选择要移动的对象，并右击，在弹出的快捷菜单中选择“旋转”选项。

执行上述操作之一，命令行显示：

UCS 当前的正角方向：ANGDIR=逆时针　ANGBASE=0

选择对象：

从提示信息可知：当前的正角度方向为逆时针方向，零角度方向与 *X* 轴正方向的夹角为 0°。可以使用系统变量 ANGDIR 和 ANGBASE 设置旋转时的正方向和零角度方向，

也可以在快速访问工具栏选择“显示菜单栏”选项，在弹出的菜单中选择“格式”|“单位”选项，在打开的“图形单位”对话框中设置长度、角度的数据类型和精度。

选择要旋转的对象（可以点选或框选多个旋转对象），按 Enter 键确认，指定旋转基点，命令行显示：

指定旋转角度，或[复制(C)/参照(R)]<0>：

输入旋转角度并按 Enter 键，即可完成对象的旋转。

各命令选项的含义如下：

（1）“旋转角度”选项：输入绝对旋转角度来旋转实体。默认情况下，输入正角度，按逆时针旋转；反之，输入负角度，则按顺时针旋转。

（2）“复制”选项：创建要旋转的选定对象的副本。

（3）“参照”选项：即以参照方式旋转对象。依次指定参照方向的角度值和相对于参照方向的角度值，系统以两个角度的差值旋转对象。

在实际旋转操作中，除了上述“指定角度旋转对象”方式之外，还可以直接通过拖动鼠标旋转对象。这种情况下，大多配合使用“正交”模式、极轴追踪或对象捕捉模式，以提高旋转的准确度。

实例 4-3　在图 4-33（a）中，*OA* 为待旋转对象的对称轴，要求将待旋转对象从 *OA* 旋转至 *OB*。

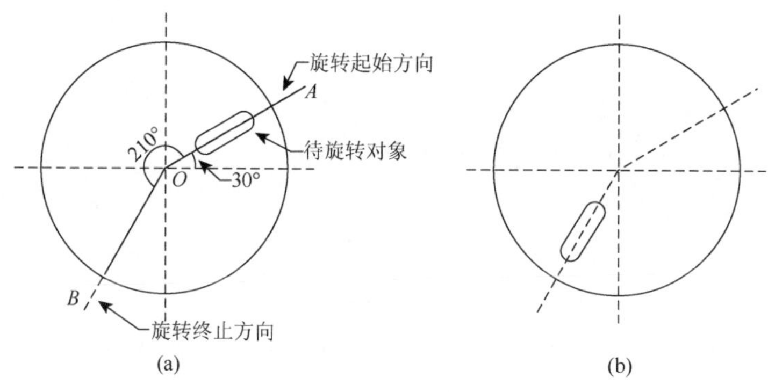

图 4-33　旋转对象

（1）在命令行中执行 ROTATE 命令，框选待旋转对象，右击或按 Enter 键确认选择，指定旋转基点为 *O*，命令行显示“指定旋转角度，或[复制(C)/参照(R)]<0>：”的提示信息。

（2）执行下列任一操作，均可将待旋转对象从 *OA* 旋转至 *OB*，如图 4-33（b）所示。

①在命令行输入 210 并按 Enter 键，结束命令执行。

②单击“参照”选项，命令行显示“指定参照角<0>：”，捕捉选择 *O* 点、*A* 点，或输入 30 并按 Enter 键确认；命令行显示“指定新角度或[点(P)]<0>：”，捕捉选择 *B* 点，或输入 210 并按 Enter 键确认，结束命令执行。

4.3.3　对齐对象

对齐对象通过移动、旋转一个对象使之与另一个对象对齐，该命令既适用于二维对象，也适用于三维对象。调用“旋转”命令的方式如下：

（1）在快速访问工具栏选择“显示菜单栏”选项，在菜单栏中执行“修改”|“对齐”命令。

（2）在“功能区”选项板中，选择“默认”选项卡，然后在“修改”面板中单击“对齐”按钮。

（3）在命令行中执行 ALIGN 或 AL 命令。

在对齐二维对象时，可以指定 1 对或 2 对对齐点（源点和目标点），在对齐三维对象时，则需指定 3 对对齐点，如图 4-34 所示。

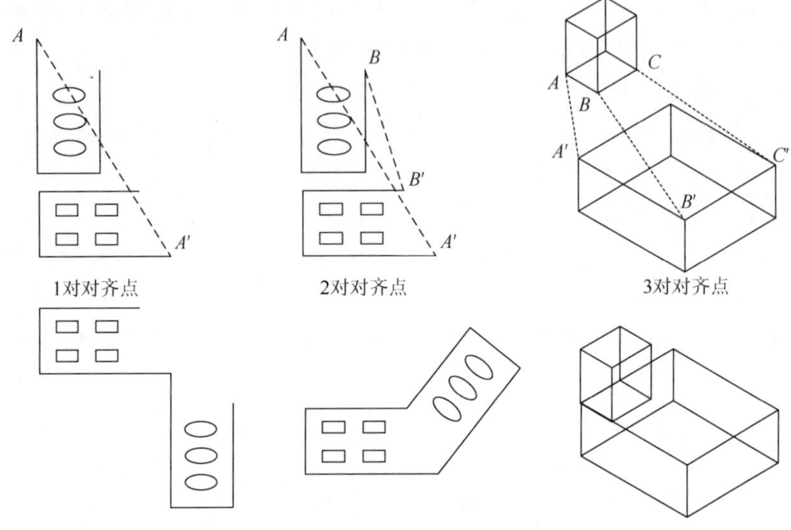

图 4-34　对齐对象

指定源点和目标点完毕后，命令行显示“是否基于对齐点缩放对象？[是(Y)/否(N)]<否>：”提示信息，默认选项为“否”，则对齐后的第一源点与第一目标点重合，第二源点位于第一目标点与第二目标点的连线上，即先移动源对象，再旋转；若选择“是”，则除移动和旋转外，还对源对象进行缩放操作，以确保第二源点与第二目标点重合。

4.4　删除和打断对象

4.4.1　删除对象

1. 删除

删除对象用于删除多余或错误的图形对象。执行“删除”命令有以下 5 种方式：

（1）在快速访问工具栏选择“显示菜单栏”选项，在菜单栏中执行“修改”|“删除”命令，或执行“编辑”|“删除”命令。

（2）在菜单栏中，执行“工具”|“工具栏”|“AutoCAD”|“修改”命令，在打开的“修改”工具栏中单击“删除”按钮。

（3）在“功能区”选项板中，选择“默认”选项卡，然后在“修改”面板中单击“删除”按钮。

（4）在命令行中执行 ERASE 或 E 命令。

（5）选择要移动的对象，并右击，在弹出的快捷菜单中选择“删除”选项，或直接按 Delete 键。

上述操作方式中，最后一种将直接删除所选对象，其余 4 种方式将在命令行提示用户“选择对象”，选中要删除的对象，然后按 Enter 键或空格键确认，系统将所选对象全部删除。

在实际应用中，单击工具栏中的“放弃”按钮，也可以删除新绘制的对象。在 AutoCAD 中，允许删除绘制的任何对象（锁定图层的对象除外）。如果意外删错了对象，可以单击“放弃”按钮或使用 OOPS 命令将其恢复。

2. 删除重复对象

删除重复对象能够删除重复或重叠的直线、圆弧和多段线。对于局部重叠或连续的直线、圆弧和多段线，删除重复对象则将其合并处理。执行“删除重复对象”命令有以下 4 种方式：

（1）在快速访问工具栏选择“显示菜单栏”选项，在菜单栏中执行“修改”|“删除重复对象”命令。

（2）在菜单栏中，执行“工具”|“工具栏”|“AutoCAD”|“修改 II”命令，在打开的“修改 II”工具栏中单击“删除重复对象”按钮。

（3）在“功能区”选项板中，选择“默认”选项卡，然后在“修改”面板中单击“删除重复对象”按钮。

（4）在命令行中执行 OVERKILL 命令。

执行上述任一操作，点选或框选待处理的图形对象，按 Enter 键确认，系统弹出“删除重复对象”对话框，如图 4-35 所示。

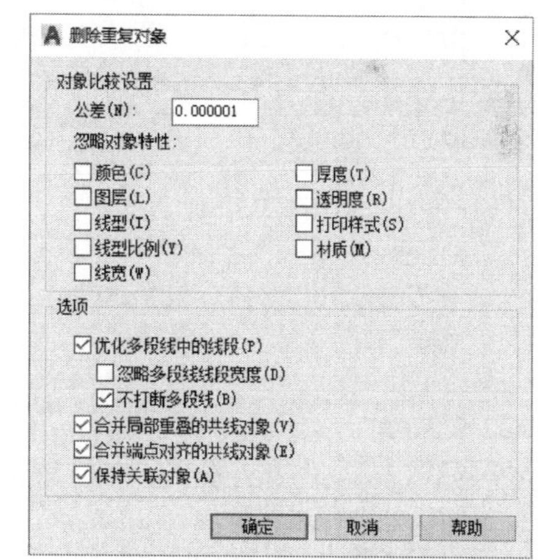

图 4-35　“删除重复对象”对话框

图 4-35 中，主要选项的功能如下：

（1）“公差”文本框：以该值作为判别标准，仅当所有的特性差值均小于此值时，才认定为对象重复。

（2）“忽略对象特性”选项：包括颜色、图层等 9 种特性的复选框。勾选一个或多个后，这些特性将在对象的比较时被忽略。

（3）“优化多段线中的线段”复选框：包括“忽略多段线线段宽度”和“不打断多段线”两个选项。勾选前者，则在重复对象比较中不考虑线段宽度；勾选后者，则在删除重复对象过程中，保留多段线对象而不进行打断处理。

（4）“合并局部重叠的共线对象”复选框：勾选此项，存在局部重叠的对象被合并到单个对象。

（5）“合并端点对齐的共线对象”复选框：勾选此项，将具有公共端点的对象合并到单个对象。

（6）“保持关联对象”复选框：勾选此项，将不会删除或修改关联对象。

上述设置完成后，单击“确定”按钮，系统将自动查找并删除重复对象。

4.4.2　打断对象

1. 打断

“打断”命令通过在选定对象上指定两点，将源对象分解成两部分或者删除部分对象。该命令可以在大多数线状类图形对象上（如直线、多段线、圆、圆弧、螺旋等）创建打断，但对于块、标注、多线、面域、图案填充等对象，需先使用“分解”（EXPLODE）命令将其分解，然后才可以对其中的线状类对象创建打断。执行“打断”命令有以下 4 种方式：

（1）在快速访问工具栏选择“显示菜单栏”选项，在菜单栏中执行“修改”|“打断”命令。

（2）在菜单栏中，执行“工具”|“工具栏”|“AutoCAD”|“修改”命令，在打开的“修改”工具栏中单击“打断”按钮。

（3）在“功能区”选项板中，选择“默认”选项卡，然后在“修改”面板中单击“打断”按钮。

（4）在命令行中执行 BREAK 或 BR 命令。

执行上述任一操作，选择需要打断的对象，命令行显示如下：

指定第二个打断点 或 [第一点（F）]：

默认情况下，选择对象时的拾取点将作为第一个断点。若单击“第一点”选项，可以重新确定第一个断点。

指定第二个打断点，系统自动将两点之间的对象删除，如图 4-36（a）所示；如果指定的第二个打断点为对象的端点或者在对象的端点之外拾取一点，将删除对象上位于两个拾取点之间的部分，如图 4-36（b）所示；如果在命令行中输入“@”来指定第二个打断点，此时第一、二个断点重合，原图形对象将被分为两个对象，如图 4-36（c）所示。

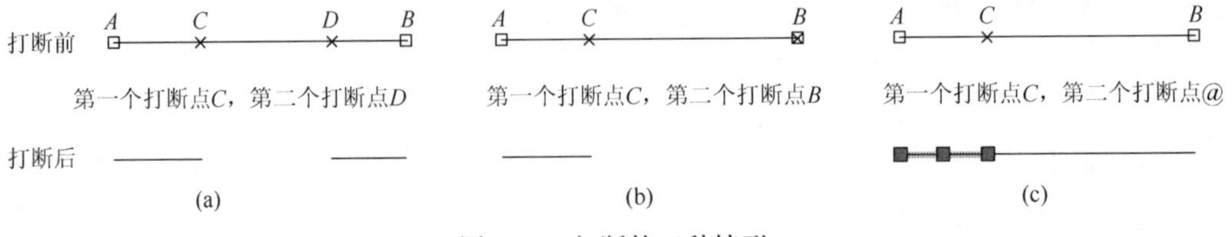

图 4-36　打断的三种情形

将“打断”命令应用于圆时，AutoCAD 将沿逆时针方向把第一个打断点和第二个打断点之间的圆弧删除。如图 4-37（a）所示，第一、二个打断点分别为 *A*、*B*，打断后的圆弧如图 4-37（b）所示。

但是，该规则并不适用于矩形、多边形、椭圆等闭合图形的打断。为了避免出现错误的打断结果，AutoCAD 提供了“命令预览”功能，可以在命令完成前预览“打断”命令的结果，从而提示用户在完成命令之前及时更正错误，以便提高编辑效率。对于如图 4-38（a）所示的打断矩形，先选择第一个打断点 *A*，在移动光标指定第二个打断点的过程中，AutoCAD 以浅蓝色多段线实时显示打断结果的预览（图 4-38（b）），向用户提供了必要的提示信息。若与用户设想不一致，按 Esc 键中止命令执行；否则，可以进一步指定第二个打断点 B，打断结果如图 4-38（c）所示，这与命令预览的结果完全一致。

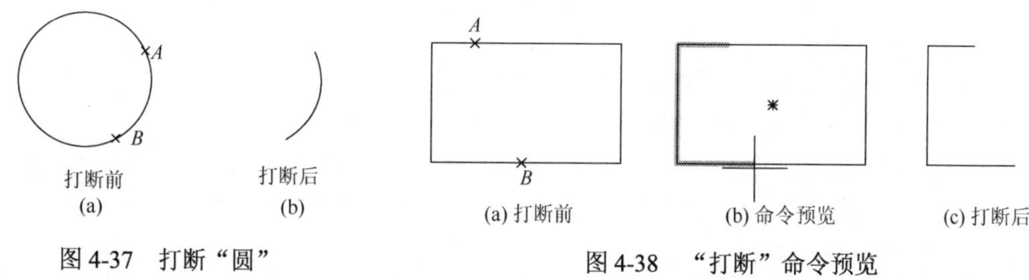

图 4-37　打断“圆”　　　　　　　　图 4-38　“打断”命令预览

除了“打断”命令之外，“命令预览”功能还适用于倒角（CHAMFER）、延伸（EXTEND）、圆角（FILLET）、拉长（LENGTHEN）、特性匹配（MATCHPROP）、偏移（OFFSET）、修剪（TRIM）等命令。

默认情况下，“命令预览”处于选中状态。若要重新设置，则需打开“选项”对话框，在“选择集”选项卡的“预览”功能区中，选择或清除“命令预览”复选框。

2. 打断于点

在“修改”工具栏或“修改”面板中，单击“打断于点”按钮，选择一个对象并指定打断点，AutoCAD 将选定对象在指定点处断开，成为两个对象。该命令是“打断”命令的一种具体应用，与图 4-36（c）所示情形相似，不同之处在于：执行“打断于点”命令时，系统默认第二个打断点与第一个打断点相同。

需要注意的是，该命令不能用于打断圆、椭圆等闭合对象（矩形、多边形除外）。

4.4.3　合并对象

“合并”命令可以将多个直线、圆弧、椭圆弧、多段线合并为单个对象。执行“合并”命令有以下几种方式：

（1）在快速访问工具栏选择“显示菜单栏”选项，在菜单栏中执行“修改”|“合并”命令。

（2）在菜单栏中，执行“工具”|“工具栏”|“AutoCAD”|“修改”命令，在打开的“修改”工具栏中单击“合并”按钮。

（3）在“功能区”选项板中，选择“默认”选项卡，然后在“修改”面板中单击“合并”按钮。

（4）在命令行中执行 JOIN 或 J 命令。

在实际应用中，“合并”命令常用于以下几种情形。

1）合并共线

图 4-39（a）中的直线 *AB*、*CD* 共线且存在重叠部分，图 4-39（b）中的直线 *AB*、*BC* 共线且具有共同端点 *B*，图 4-39（c）中直线 *AB*、*CD* 共线但不连续。对于上述 3 种情况，“合并”后的结果一致。也由此可见，一条直线执行“打断”或“打断于点”命令后变成的两条直线，应用“合并”命令可以恢复原有图形。

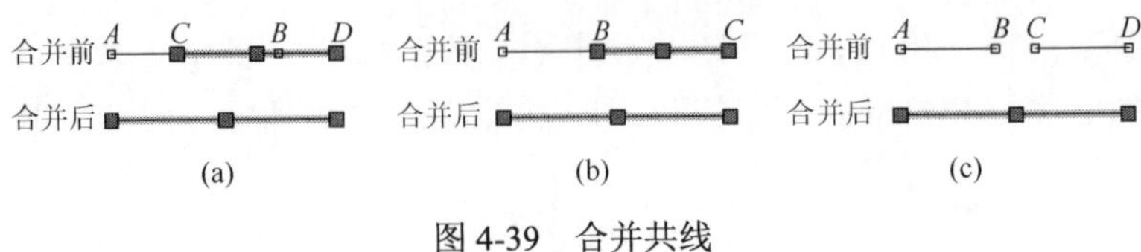

图 4-39　合并共线

注：合并共线也适用于多条直线共线的情况。

2）闭合单个圆弧（或椭圆弧）

在命令行中执行 JOIN 命令，选择待闭合的圆弧或椭圆弧，命令行显示“选择圆弧，以合并到源或进行［闭合（L)］：”提示信息，单击“闭合”选项，系统自动完成闭合，闭合结果如图 4-40 所示。

3）合并多个圆弧（或椭圆弧）

在合并多个圆弧或椭圆弧时，先选择的圆弧为源对象，后选择的圆弧为合并对象，系统将以源对象为基准按逆时针方向合并圆弧。多个圆弧、椭圆弧合并后的结果如图 4-41 所示。

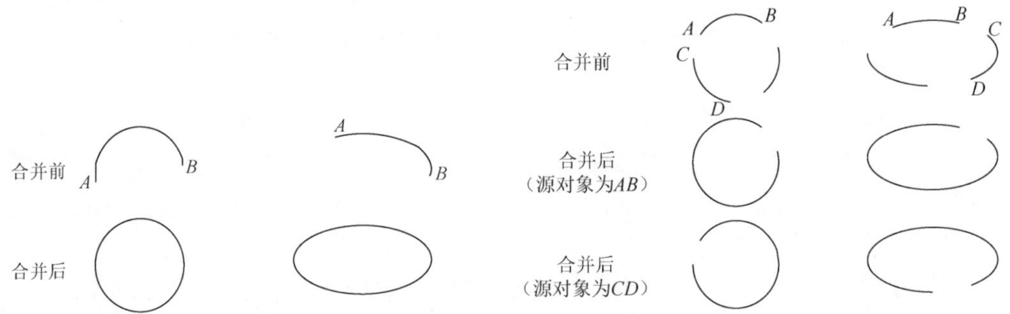

图 4-40　闭合圆弧、椭圆弧　　　图 4-41　合并圆弧、椭圆弧

4）合并成多段线

“合并”命令可以将多条直线、圆弧、多段线合并成一条多段线，这与“编辑多段线”（PEDIT）命令的“合并”选项的功能一致（见 4.7.1 节）。如图 4-42（a）所示，对直线 *AB* 和 *BC*、圆弧 *CD*、多段线 *DEF* 执行“合并”命令后，成为一条完整的多段线，合并结果如图 4-42（b）所示。

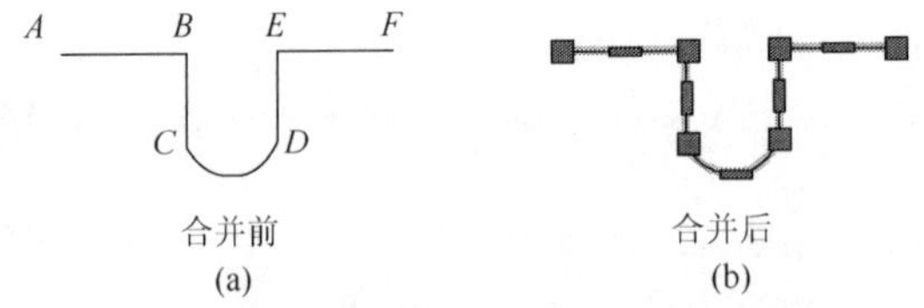

图 4-42　直线、圆弧、多段线合并成一条多段线

除上述应用之外，“合并”命令还适用于三维多段线、样条曲线和螺旋，在此不再赘述。

4.5　修改对象的几何形状

修改对象几何形状的命令包括“修剪”、“延伸”、“缩放”、“拉伸”、“拉长”、

“倒角”和“圆角”等，所选对象执行上述编辑命令后，几何形状将发生改变。下面分别进行介绍。

4.5.1　修剪对象

“修剪”命令以剪切边为界，将所选对象位于拾取点一侧的部分剪切掉。执行“修剪”命令有以下 4 种方式：

（1）在快速访问工具栏选择“显示菜单栏”选项，在菜单栏中执行“修改”|“修剪”命令。

（2）在菜单栏中，执行“工具”|“工具栏”|“AutoCAD”|“修改”命令，在打开的“修改”工具栏中单击“修剪”按钮。

（3）在“功能区”选项板中，选择“默认”选项卡，然后在“修改”面板中单击“修剪”按钮。

（4）在命令行中执行 TRIM 或 TR 命令。

执行上述任一操作，选择一个或多个对象作为剪切边，按 Enter 键确认，命令行显示如下：

选择要修剪的对象或按住 Shift 键选择要延伸的对象，或者

[栏选(F)/窗交(C)/投影(P)/边(E)/删除(R)]：

通过点选或栏选、窗交方式选择要修剪的对象，系统将以剪切边为界，把剪切对象位于拾取点一侧的部分剪切掉。重复选择要修剪的对象，直至完成所有的修剪，按 Enter 键退出命令执行。修剪实例如图 4-43 所示。

图 4-43　修剪对象

若被剪切的对象与剪切边没有相交，命令行则提示用户“不与剪切边相交”。此时，若按住 Shift 键，同时选择与剪切边不相交的对象，系统将延伸该对象至剪切边。

在 AutoCAD 2020 中，绝大多数的对象都可以作为剪切边，包括直线、圆、圆弧、椭圆、椭圆弧、多边形、多段线、样条曲线、构造线、射线、填充图案、圆环、云线、区域覆盖、面域、文字、块等。剪切边也可以同时作为被剪边（区域覆盖、面域、文字、块等除外）。

该命令提示中各选项的功能如下：

（1）“全部选择”选项：执行 TRIM 命令时，命令行显示“选择对象或<全部选择>：”，直接按 Enter 键，当前图形中显示的所有对象都将成为裁剪边界。

（2）“栏选”选项：通过指定两个或多个栏选点，选取与选择栏相交的所有对象。

（3）“窗交”选项：通过指定两点确定一个矩形，选取与之相交的所有对象。

（4）“投影”选项：选择该选项时，命令行显示“输入投影选项[无(N)/UCS(U)/视图(V)]<UCS>：”。选择“无”选项，只修剪与三维空间中的剪切边相交的对象；选择

“UCS”选项，将修剪不与三维空间中的剪切边相交的对象；选择“视图”选项，将修剪与当前视图中的边界相交的对象。

（5）“边”选项：选择该选项时，命令行显示“输入隐含边延伸模式[延伸(E)/不延伸(N)]<不延伸>：”。选择“延伸”选项，当剪切边没有与被修剪对象相交时，系统将修剪对象至投影边或延长线交点处，如图 4-44 所示；选择“不延伸”选项，只有当剪切边与被修剪对象真正相交时，才能进行修剪。

（6）“删除”选项：选择该选项时，将删除选定的对象。

（7）“放弃”选项：取消上一次的操作。

实例 4-4　试对如图 4-45（a）所示的道路进行修剪，令修剪结果如图 4-45（b）所示。

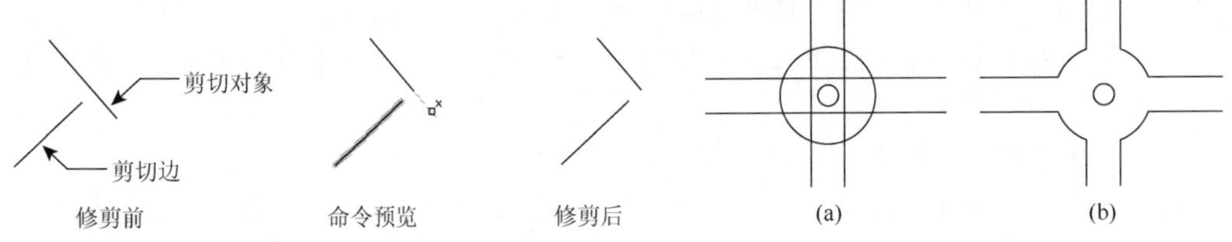

图 4-44　选择“延伸”选项时的修剪对象　　图 4-45　“道路”修剪

（1）在“功能区”选项板中，选择“默认”选项卡，然后在“修改”面板中单击“修剪”按钮，按 Enter 键，选择所有对象作为裁剪边界。

（2）选择“栏选”选项，按图 4-46（a）所示指定栏选点，栏选待剪切的对象，按 Enter 键确认，剪切结果如图 4-46（b）所示。

（3）选择“删除”选项，点选图形中间的矩形四条边（图 4-46（b）），连续按 Enter 键两次，结束命令执行，修剪结果如图 4-46（c）所示。

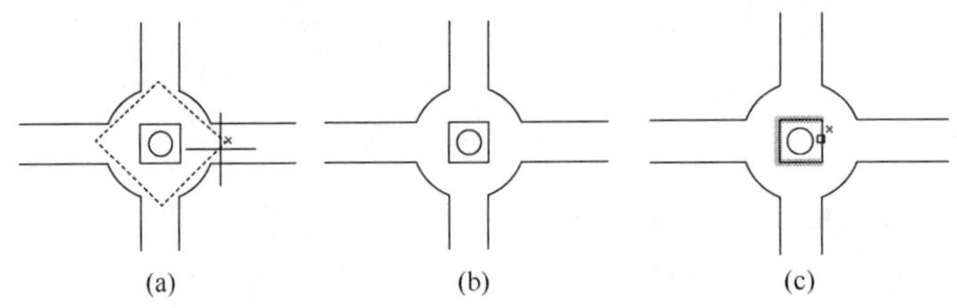

图 4-46　“道路”修剪过程

4.5.2　延伸对象

“延伸”命令的功能是延长指定的对象与另一个对象相交或外观相交。执行“延伸”命令有以下 4 种方式：

（1）在快速访问工具栏选择“显示菜单栏”选项，在菜单栏中执行“修改”|“延伸”命令。

（2）在菜单栏中，执行“工具”|“工具栏”|“AutoCAD”|“修改”命令，在打开的“修改”工具栏中单击“延伸”按钮。

（3）在“功能区”选项板中，选择“默认”选项卡，然后在“修改”面板中单击“延伸”按钮。

（4）在命令行中执行 EXTEND 或 EX 命令。

延伸命令的使用方法和修剪命令的使用方法相似。需要注意的是：执行“延伸”命令时，按住 Shift 键的同时选择对象，则执行修剪命令。

执行“延伸”命令时，选择不同“隐含边延伸模式”的结果如图 4-47 所示。从中可以看出，对于与延伸边界没有实际交点的延伸对象，“延伸”模式可以将其延伸至外观交点，而“不延伸”模式则无法实现。

图 4-47　不同“隐含边延伸模式”的延伸结果

4.5.3　缩放对象

“缩放”命令的功能是将对象按指定的比例因子相对于基点进行放大或缩小。执行“缩放”命令有以下 4 种方式：

（1）在快速访问工具栏选择“显示菜单栏”选项，在菜单栏中执行“修改”|“缩放”命令。

（2）在菜单栏中，执行“工具”|“工具栏”|“AutoCAD”|“修改”命令，在打开的“修改”工具栏中单击“缩放”按钮。

（3）在“功能区”选项板中，选择“默认”选项卡，然后在“修改”面板中单击“缩放”按钮。

（4）在命令行中执行 SCALE 或 SC 命令。

执行上述任一操作，选择对象并指定基点，命令行显示：

指定比例因子或[复制(C)/参照(R)]:

输入比例因子按 Enter 键确认，AutoCAD 将按该比例因子缩放选定对象。比例因子介于 0 和 1 之间时，缩小对象，比例因子大于 1 时放大对象。也可以拖动光标动态缩放选定对象，单击完成缩放操作。缩放实例如图 4-48 所示。

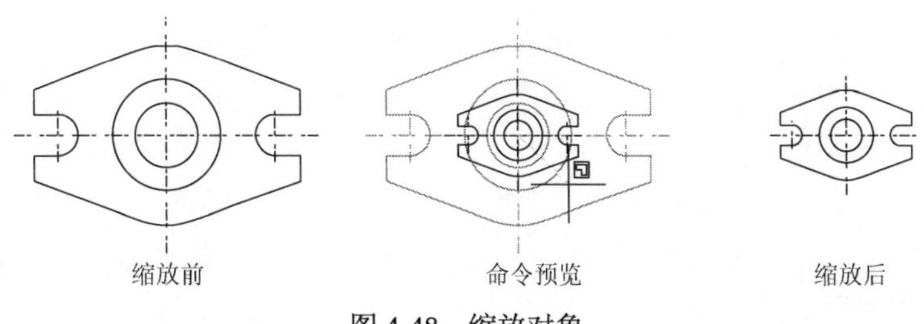

图 4-48　缩放对象

各命令选项的功能如下：

（1）“复制”选项：创建选定对象的副本并对其进行缩放。

（2）“参照”选项：按参照长度和指定的新长度缩放所选对象。依次输入参照长度和新的长度，系统将自动计算出比例因子（比例因子=新长度/参照长度），然后缩放对象。

4.5.4　拉伸对象

“拉伸”命令能够实现对所选对象的拉伸、压缩或移动。执行“拉伸”命令有以下 4 种方式：

（1）在快速访问工具栏选择“显示菜单栏”选项，在菜单栏中执行“修改”|“拉伸”命令。

（2）在菜单栏中，执行“工具”|“工具栏”|“AutoCAD”|“修改”命令，在打开的“修改”工具栏中单击“拉伸”按钮。

（3）在“功能区”选项板中，选择“默认”选项卡，然后在“修改”面板中单击“拉伸”按钮。

（4）在命令行中执行 STRETCH 或 S 命令。

执行上述任一操作，命令行显示：

以交叉窗口或交叉多边形选择要拉伸的对象...

选择对象：

交叉窗口选择拉伸对象（图 4-49（a）），按 Enter 键确认选择，命令行显示“指定基点或［位移（D）］<位移>：”。单击“位移”选项或直接按 Enter 键进入位移模式，以“X，Y，Z”格式输入沿 *X*、*Y*、*Z* 轴的拉伸距离，按 Enter 键确认，或单击绘图区域中的某点，拾取该点坐标作为拉伸距离，完成拉伸。在图 4-49（a）的实例中，输入“30，0，0”，即将选定的对象沿 *X* 轴拉伸 30 个单位，拉伸结果如图 4-49（b）所示。

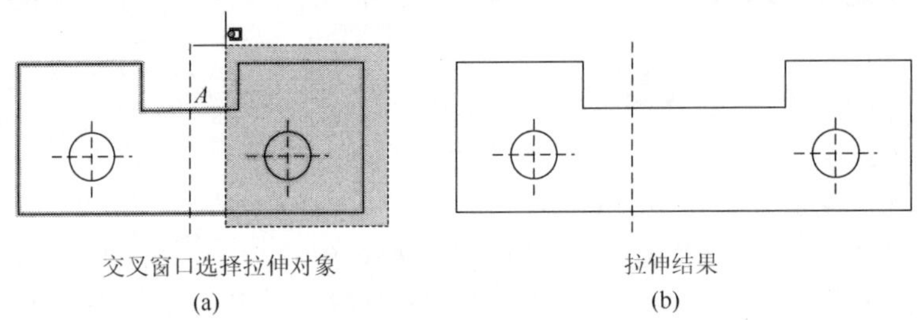

交叉窗口选择拉伸对象　　拉伸结果

(a)　　(b)

图 4-49　拉伸对象

除了以“位移”模式设置拉伸距离和方向之外，还有另外 2 种方式：

（1）指定基点和第二点，系统将以基点到第二点之间的距离和方向作为拉伸的距离和方向。

（2）仅指定基点，即命令行显示“指定第二个点或<使用第一个点作为位移>：”时，直接按 Enter 键，选择“使用第一个点作为位移”，系统将以原点到基点的距离和方向作为拉伸的距离和方向。

拉伸对象与缩放对象之间存在着明显的区别，前者仅对与选择窗口交叉的直线进行拉伸或缩放，不同对象拉伸或缩放的比例因子不同；后者则对所选对象按统一的比例因子进行整体缩放。

注：在以交叉窗口或交叉多边形选择要拉伸的对象时，至少要有一个顶点或端点包含在窗选范围内，否则将不被拉伸。另外，对于单独选定的对象或完全包含在窗选范围内的对象（例如，图 4-49（a）中，除与选择窗口交叉的两条直线之外的其他对象，包括圆、两条虚线、三条边线等），系统将移动它们而不是拉伸。

4.5.5　拉长对象

“拉长”命令用于更改对象（包括直线、圆弧、椭圆弧、开放的多段线和样条曲线等）的长度。执行“拉长”命令有以下几种方式：

（1）在快速访问工具栏选择“显示菜单栏”选项，在菜单栏中执行“修改”|“拉长”命令。

（2）在“功能区”选项板中，选择“默认”选项卡，然后在“修改”面板中单击“拉长”按钮。

（3）在命令行中执行 LENGTHEN 或 LEN 命令。

执行上述任一操作，命令行显示：

选择要测量的对象或[增量(DE)/百分比(P)/总计(T)/动态(DY)]<总计（T）>:

默认情况下，选择对象后，系统会显示出所选对象的长度和夹角等信息。

各命令选项的功能如下：

（1）“增量”选项：选择该选项后，命令行显示“输入长度增量或［角度（A）］<0.0000>：”，可以直接输入长度增量来修改对象的长度；若选择“角度”选项，则通过指定圆弧的包含角增量来修改圆弧的长度。指定的增量从距离选择点最近的端点处开始测量，正值拉长对象，负值修剪对象。

（2）“百分比”选项：该选项通过指定原长度的百分比来修改直线或者圆弧的长度。

（3）“总计”选项：该选项与“增量”选项操作方式一致，不同之处在于：“增量”模式下，输入的是长度增量或角增量；“总计”模式下，要求输入的是总长度或总角度。

（4）“动态”选项：打开动态拖动模式，通过拖动端点动态改变所选对象的长度。

上述命令选项中，“总计”为默认选项。对于如图 4-50（a）所示的圆弧，欲令拉长后的总角度为 180°。其操作过程为：执行“拉长”命令，直接按 Enter 键，选择“总计”模式，命令行显示“指定总长度或［角度（A）］<1.0000>：”；单击选择“角度”选项，输入 180 并按 Enter 键确认，选择圆弧对象（图 4-50（b）），单击，完成对象拉长，拉长结果如图 4-50（c）所示。

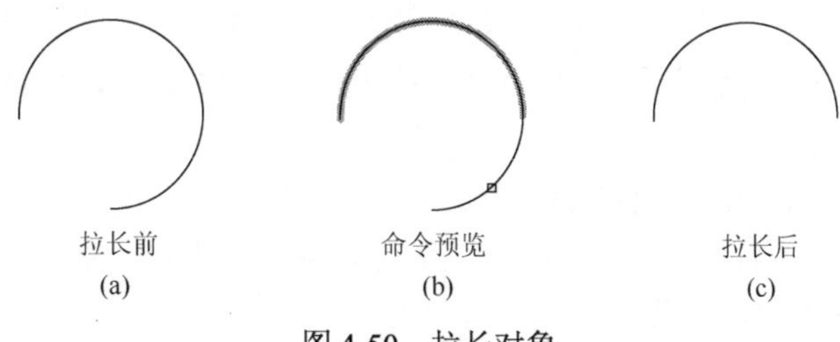

图 4-50　拉长对象

4.5.6　倒角对象

“倒角”命令是用一条斜线连接两个对象，操作对象包括直线、射线、构造线、二维多段线、三维实体和曲面等。执行“倒角”命令有以下 4 种方式：

（1）在快速访问工具栏选择“显示菜单栏”选项，在菜单栏中执行“修改”|“倒角”命令。

（2）在菜单栏中，执行“工具”|“工具栏”|“AutoCAD”|“修改”命令，在打开的“修改”工具栏中单击“倒角”按钮。

（3）在“功能区”选项板中，选择“默认”选项卡，然后在“修改”面板中单击“倒角”按钮。

（4）在命令行中执行 CHAMFER 或 CHA 命令。

执行上述任一操作，命令行显示：

（“不修剪”模式）当前倒角距离 1=0.0000，距离 2=0.0000

选择第一条直线或[放弃(U)/多段线(P)/距离(D)/角度(A)/修剪(T)/方式(E)/多个(M)]:

其中，各命令选项的功能如下：

（1）“放弃”选项：取消上一次的操作。

（2）“多段线”选项：在二维多段线的每个顶点处插入倒角线。若“修剪”选项设置为“修剪”，倒角线与原多段线合并成新的多段线，如图 4-51 所示。

（3）“距离”选项：根据两个倒角距离（允许两个距离不相等）设置倒角尺寸，如图 4-52 所示。如果两个距离值均设置为相同的距离值，则选定对象或线段将被延伸或修剪，以使其相交，如图 4-53 所示。

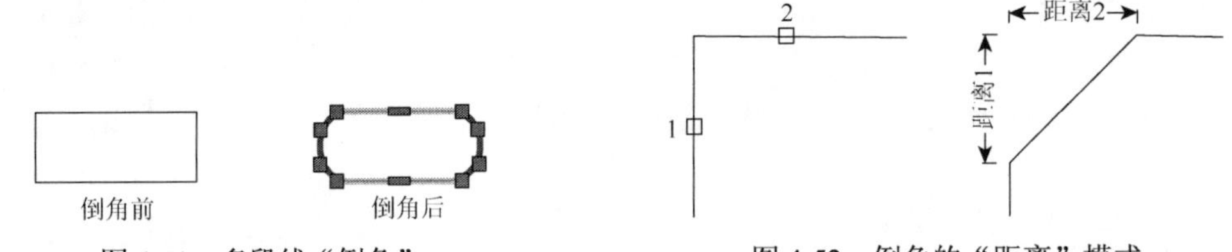

图 4-51　多段线“倒角”　　图 4-52　倒角的“距离”模式

（4）“角度”选项：根据第一个倒角距离和角度来设置倒角尺寸。同样，如果两个值均设置为零，则选定对象或线段将被延伸或修剪，以使其相交。

（5）“修剪”选项：设置倒角后是否保留原拐角边，包括“修剪”和“不修剪”两种模式。

（6）“方式”选项：设置倒角的方法，包括“距离”（默认选项）和“角度”两种模式。前者要求输入两条边的距离；后者要求输入一条边的距离及对应的角度，如图 4-54 所示。

（7）“多个”选项：允许对多个对象设置倒角。

注：执行“倒角”命令时，倒角距离或倒角角度不能太大，否则无效。

实际应用时，其操作过程如下：

（1）执行“倒角”命令，分别单击“修剪”“方式”选项，设置修剪模式和倒角方法。

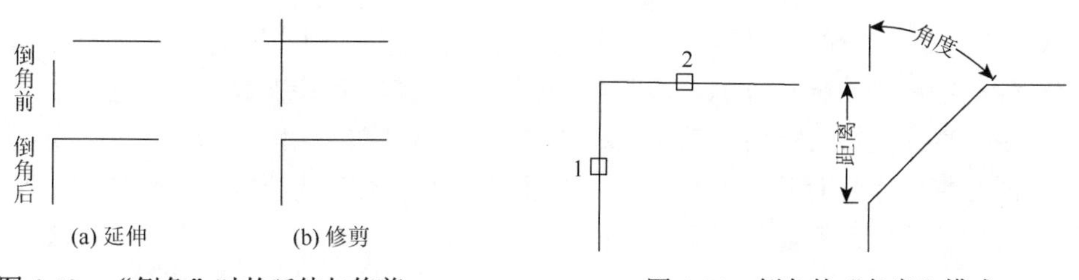

图 4-53　“倒角”时的延伸与修剪　　图 4-54　倒角的“角度”模式

（2）根据倒角方法，单击“距离”或“角度”选项，设置倒角距离、角度等参数。

（3）若倒角对象为多段线，单击“多段线”选项，选择多段线，即可创建倒角；对于直线对象，分别选择第一条直线、第二条直线，完成倒角。若对多个对象设置倒角，先单击“多个”选项，再创建倒角，所有倒角创建完毕后，按 Enter 键结束命令执行。

4.5.7　圆角对象

“圆角”命令是指用一条指定半径的圆弧平滑连接两个对象，所选对象包括直线、二维多段线、圆弧、圆、椭圆和椭圆弧、射线、样条曲线、构造线、三维实体和曲面等。执行“圆角”命令有以下 4 种方式：

（1）在快速访问工具栏选择“显示菜单栏”选项，在菜单栏中执行“修改”|“圆角”命令。

（2）在菜单栏中，执行“工具”|“工具栏”|“AutoCAD”|“修改”命令，在打开的“修改”工具栏中单击“圆角”按钮。

（3）在“功能区”选项板中，选择“默认”选项卡，然后在“修改”面板中单击“圆角”按钮。

（4）在命令行中执行 FILLET 或 F 命令。

执行上述任一操作时，命令行显示如下提示信息。

当前设置：模式=修剪，半径=0.0000

选择第一个对象或[放弃(U)/多段线(P)/半径(R)/修剪(T)/多个(M)]:

上述命令选项中，“半径”用于设置圆角的半径，其余选项的功能与“倒角”相同，操作过程也相似。需要注意的是：圆角结果与选择对象时的拾取点有关，不同的拾取位置将得到不同的结果，如图 4-55 所示。另外，AutoCAD 允许为两条平行线创建圆角，圆角半径为两条平行线距离的一半，创建后的圆角与两条平行线相切。

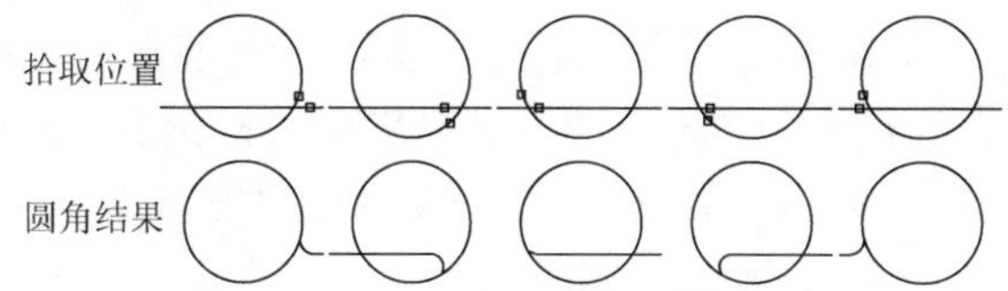

图 4-55　不同拾取位置及其圆角结果

4.6　修改对象的特性

在 AutoCAD 2020 中，对象的特性包括常规特性和特有特性两大类。其中，常规特性是所有对象都具有的，包括图层、颜色、线型、线型比例、线宽、透明度和打印样式；特有特性则因所选对象种类的不同而异，例如，圆的特有特性包括圆心坐标、半径、周长和面积，直线的特有特性包括起点和端点坐标、长度、角度等。

修改对象的特性有两种方法：一种方法是在“特性”选项板中直接修改；另一种方法是“特性匹配”，即把源对象属性传递给目标对象。

4.6.1 特性修改

1. 使用“特性”选项板

通过打开“特性”选项板，可以查询、修改对象特性。打开“特性”选项板有以下 6 种方式：

（1）在快速访问工具栏选择“显示菜单栏”选项，在菜单栏中执行“修改”|“特性”命令。

（2）在“功能区”选项板中，选择“默认”选项卡，然后在“特性”面板中单击“特性”按钮。

（3）在“功能区”选项板中，选择“视图”选项卡，在“选项板”面板中单击“特性”按钮。

（4）在菜单栏中，执行“工具”|“工具栏”|“AutoCAD”|“标准”命令，在打开的“标准”工具栏中单击“特性”按钮。

（5）在命令行中执行 PROPERTIES 或 PR 命令，

（6）按 Ctrl+1 组合键。

执行上述命令之一，打开“特性”选项板，如图 4-56 所示。

“特性”选项板有 3 种状态：

（1）没有选定对象时的状态（图 4-56），此时“特性”选项板显示的常规特性（包括颜色、图层、线型、线宽、透明度、厚度）与当前图层的设置保持一致。对常规特性的修改将体现在新绘制的对象上。

（2）直接选择单个对象，或者单击“选择对象”按钮选定单个对象并按 Enter 键确认，可以查看并更改该对象的特性，图 4-57 显示了一条“多段线”的特性。若先选择要编辑的对象，并右击，在弹出的快捷菜单中，选择“特性”选项，也将打开该对象的“特性”选项板。

（3）选定多个对象时，可以查看并更改它们的共同特性，如图 4-58 所示。

在“特性”选项板中，单击待修改的特性，其特性值处于可编辑状态，输入新值按 Enter 键，或单击下三角按钮，在弹出的下拉列表中选择新值，即可完成特性的修改。还有一部分特性值为灰色，表明该值仅用于显示，无法被编辑修改。

若“快捷特性”模式处于启用状态，选择对象时，将弹出“快捷特性”选项板。图 4-59 为选择一条直线时，弹出的“快捷特性”选项板。在“快捷特性”选项板中，可以像“特性”选项板一样，修改其“快捷特性”。“快捷特性”模式处于禁用状态时，先选择要编辑的对象，并右击，在弹出的快捷菜单中，选择“快捷特性”选项，也将打开该对象的“快捷特性”选项板。

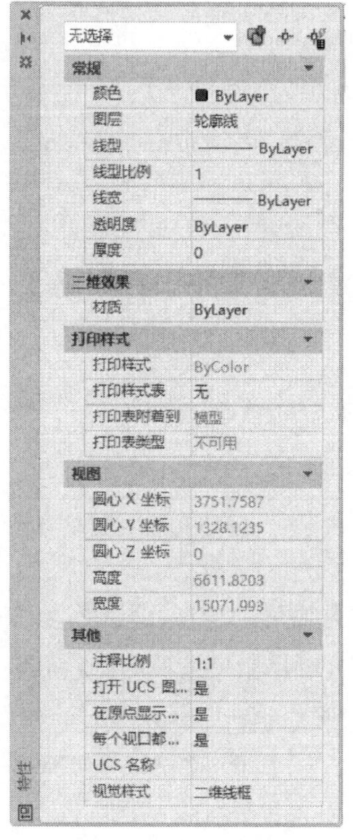

图 4-56　“特性”选项板

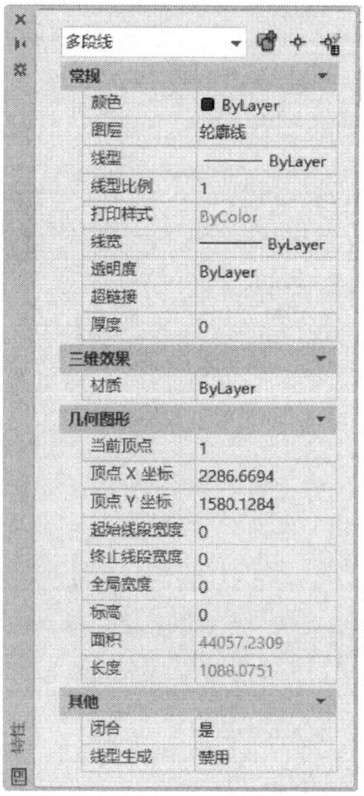

图 4-57　单个对象的“特性”

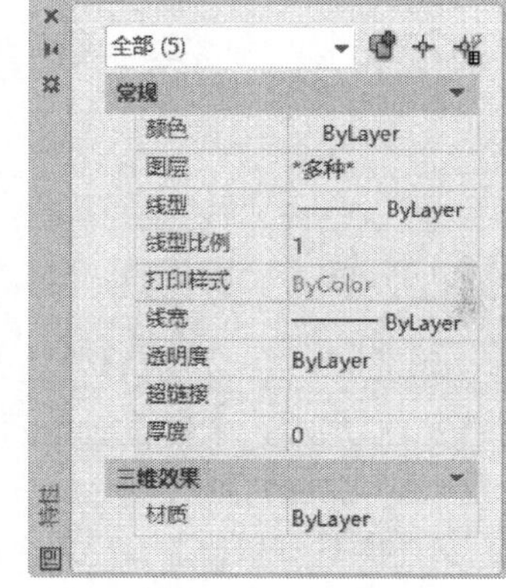

图 4-58　多个对象的“特性”

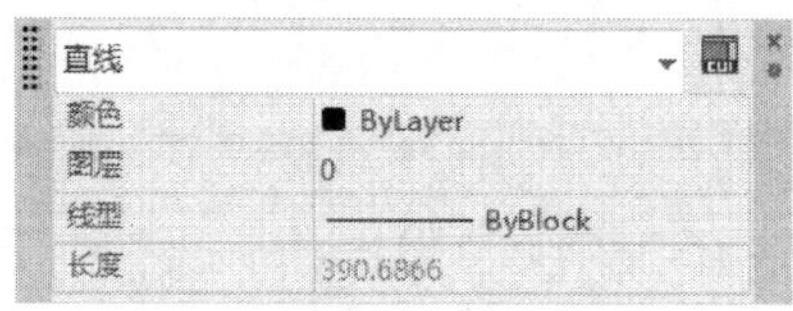

图 4-59　直线的“快捷特性”

2. 使用“特性”工具栏

在菜单栏中，执行“工具”|“工具栏”|“AutoCAD”|“特性”命令，打开“特性”工具栏，如图 4-60 所示。

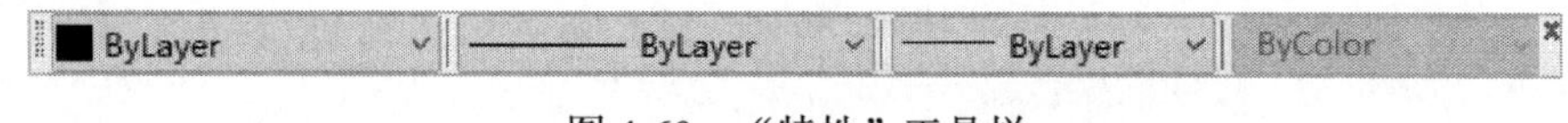

图 4-60　“特性”工具栏

在功能区“默认”选项卡的“特性”面板中，同样包含上述特性设置工具，如图 4-61 所示。

在特性修改时，选择要编辑的对象，分别打开“颜色控制”、“线型控制”或“线宽控制”等下拉列表框，选择新值，即可完成相应的修改。

3. 使用“更改为 ByLayer”命令

使用上述“特性”工具栏或“特性”面板工具完成对某些对象的特性修改后，当需要恢复其随层特性时，不必一一进行修改，AutoCAD 提供了“更改为 ByLayer”命令，可以一次性恢复批量对象的随层特性。

命令启用有以下 2 种方式：

（1）在快速访问工具栏选择“显示菜单栏”选项，在菜单栏中执行“修改”|“更改为 ByLayer”命令。

（2）在命令行中执行 SETBYLAYER 命令。

执行上述操作之一，命令行显示“选择对象或［设置（S)]：”，单击“设置”选项，弹出“SetByLayer 设置”对话框，如图 4-62 所示。

图 4-61 “特性”面板中的设置工具

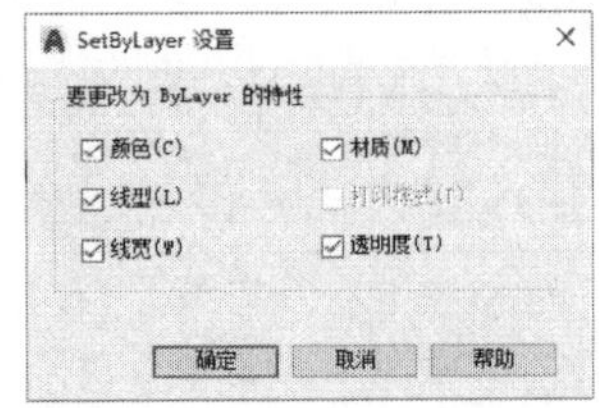

图 4-62 “SetByLayer 设置”对话框

在图 4-62 中，选择要更改为 ByLayer 的特性，单击“确定”按钮，完成设置并关闭对话框。然后，采用点选或者框选方式选择对象，按 Enter 键确认选择；命令行显示“是否将 ByBlock 更改为 ByLayer？[是(Y)/否(N)]<是（Y）>：”，按 Enter 键确认；命令行显示“是否包括块？[是(Y)/否(N)]<否（N）>：”，若所选对象中包含块对象，单击“是”选项，否则单击“否”选项，系统自动完成随层特性的修改。

4.6.2 特性匹配

特性匹配是将一个对象的特性赋予另一个对象或多个对象，使得目标对象的特性和源对象的特性相同，可应用的特性类型包含颜色、图层、线型、线型比例、线宽、打印样式、透明度等。在特性匹配过程中，提取特性的对象为源对象，待修改的对象为目标对象。

调用“特性匹配”的方式如下：

（1）在快速访问工具栏选择“显示菜单栏”选项，在菜单栏中执行“修改”|“特性匹配”命令。

（2）在菜单栏中，执行“工具”|“工具栏”|“AutoCAD”|“标准”命令，在打开的“标准”工具栏中单击“特性匹配”按钮。

（3）在“功能区”选项板中，选择“默认”选项卡，然后在“特性”面板中单击“特性匹配”按钮。

（4）在命令行中执行 MATCHPROP 或 MA 命令。

特性匹配的操作步骤如下：

（1）执行上述操作之一，调用“特性匹配”命令，选择源对象。

（2）命令行显示“选择目标对象或［设置（S)]：”，单击“设置”选项，弹出“特性设置”对话框，如图 4-63 所示。选择复制到目标对象的特性，单击“确定”按钮，完成设置并关闭对话框。通常情况下，选定所有对象特性进行复制。

（3）采用点选或框选方式选择目标对象，即可完成特性匹配，最后按 Enter 键结束命令执行。

以图 4-64（a）为例，特性匹配后，目标对象的线型、颜色、线宽等特性与源对象保持一致，如图 4-64（b）所示。

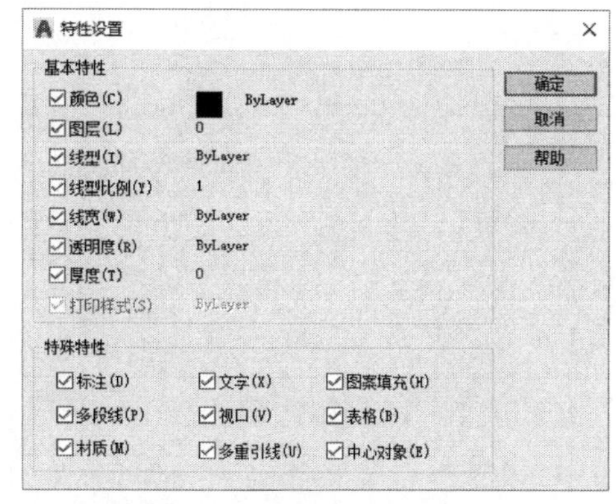

图 4-63　“特性设置”对话框

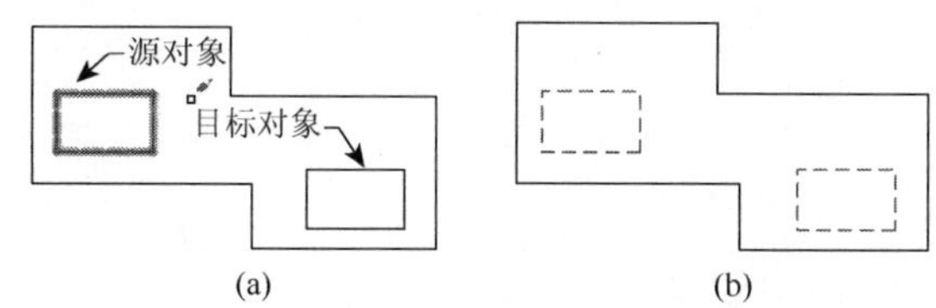

图 4-64　特性匹配实例

4.7　编辑复杂图形对象

4.7.1　编辑多段线

在 AutoCAD 2020 中，调用“编辑多段线”命令有以下 5 种方式：

（1）在快速访问工具栏选择“显示菜单栏”选项，在菜单栏中执行“修改”|“对象”|“多段线”命令。

（2）在菜单栏中，执行“工具”|“工具栏”|“AutoCAD”|“修改 II”命令，在打开的“修改 II”工具栏中单击“编辑多段线”按钮。

（3）在“功能区”选项板中，选择“默认”选项卡，然后在“修改”面板中单击“编辑多段线”按钮。

（4）选择要编辑的多段线对象，并右击，在弹出的快捷菜单中，执行“多段线”|“编辑多段线”命令，如图 4-65 所示。

（5）在命令行执行 PEDIT 或 PE 命令。

执行 PEDIT 命令时，命令行显示如下：

选择多段线或［多条（M)]:

选择多段线时，不同的选择，命令行的提示也不同。分以下 3 种情况。

（1）若选择一条开放的多段线，命令行显示如下：

输入选项[闭合(C)/合并(J)/宽度(W)/编辑顶点(E)/拟合(F)/样条曲线(S)/非曲线化(D)/线型生成(L)/反转(R)/放弃(U)]:

（2）若选择一条闭合的多段线，命令行显示如下：

输入选项[打开(O)/合并(J)/宽度(W)/编辑顶点(E)/拟合(F)/样条曲线(S)/非曲线化(D)/线型生成(L)/反转(R)/放弃(U)]:

（3）若选择多条多段线，命令行则显示如下：

输入选项[闭合(C)/打开(O)/合并(J)/宽度(W)/拟合(F)/样条曲线(S)/非曲线化(D)/线型生成(L)/反转(R)/放弃(U)]:

相应的快捷菜单如图 4-66 所示。

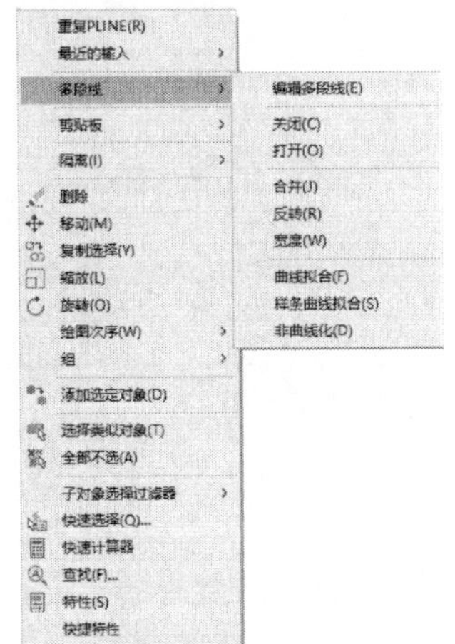

图 4-65　快捷菜单中的“编辑多段线”命令

图 4-66　选择一条、多条多段线时的快捷菜单

当选择的对象不是多段线时，命令行提示“选定的对象不是多段线”。若所选对象（如直线、圆弧或样条曲线）可以转换为多段线，则命令行显示“是否将其转换为多段线？<Y>”或“是否将直线、圆弧和样条曲线转换为多段线？[是(Y)/否(N)]？<Y>”的提示信息。

编辑多段线时，主要选项的功能如下：

（1）“闭合”选项：封闭所编辑的多段线，自动以最后一段的绘图模式（直线或圆弧）连接原多段线的起点和终点。若选择多条多段线时，将分别闭合每一条多段线。

（2）“打开”选项：删除多段线的闭合线段，即删除最后绘制的一段多段线。若选择多条多段线时，将分别打开每一条多段线。

（3）“合并”选项：将多个直线段、圆弧或多段线连接形成一条多段线。如果编辑的是多个多段线，系统将提示输入合并多段线的模糊距离；如果编辑的是单个多段线，系统将连续选取多条直线、圆弧或多段线等对象（相邻多段线的端点必须重合），并将它们连成一条多段线。

（4）“宽度”选项：重新设置多段线的宽度。当输入新的线宽值后，所选的多段线均变为该宽度。

（5）“编辑顶点”选项：编辑多段线的顶点，只能对单个多段线进行操作。在编辑多段线的顶点时，屏幕上使用“×”标记出多段线的当前编辑点（图 4-67），命令行显示如下：

输入顶点编辑选项

[下一个(N)/上一个(P)/打断(B)/插入(I)/移动(M)/重生成(R)/拉直(S)/切向(T)/宽度(W)/退出(X)]<N>:

各选项的功能如下：

（1）“下一个”选项：将标记“×”移动到下一个顶点。

（2）“上一个”选项：将标记“×”移动到上一个顶点。

（3）“打断”选项：删除多段线上指定两顶点之间的线段。

（4）“插入”选项：在当前编辑的顶点后面插入一个新的顶点。

（5）“移动”选项：将当前的编辑顶点移动到新位置。

（6）“重生成”选项：重新生成多段线，常与“宽度”选项连用。

（7）“拉直”选项：将指定两个顶点之间的多段线拉直。

（8）“切向”选项：改变当前所编辑顶点的切线方向，以便在“拟合”选项时调整拟合曲线的形状。

（9）“宽度”选项：修改标记顶点之后线段的起点宽度和端点宽度。

（10）“退出”选项：退出“编辑顶点”模式。

在“顶点编辑”选项结束后，还可以进行曲线拟合，曲线拟合有“拟合(F)”和“样条曲线(S)”选项，另外还有“非曲线化(D)”“线型生成(L)”“反转(R)”“放弃(U)”选项。具体操作如下：

（1）“拟合”选项：采用双圆弧曲线拟合多段线的拐角。拟合后的曲线经过多段线的所有顶点并使用任何指定的切线方向，如图 4-68 所示。

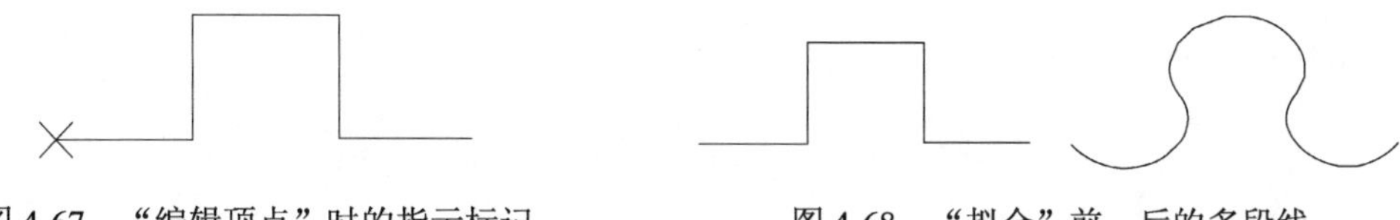

图 4-67　“编辑顶点”时的指示标记　　图 4-68　“拟合”前、后的多段线

（2）“样条曲线”选项：用样条曲线拟合多段线，且拟合时以多段线的各顶点作为样条曲线的控制点，如图 4-69 所示。

（3）“非曲线化”选项：是“拟合”“样条曲线”的逆操作，即将拟合曲线或样条曲线还原为多段线。

（4）“线型生成”选项：设置非连续型多段线在各顶点处的绘线方式。选择该选项，命令行将显示“输入多段线线型生成选项[开(ON)/关(OFF)]<关>：”提示信息。当选择“开”时，多段线以全长绘制线型；当选择“关”时，多段线的各个线段独立绘制线型，若长度不足以表达线型，则以连续线代替，如图 4-70 所示。

图 4-69　“样条曲线”前、后的多段线　　图 4-70　“线型生成”选项为关、开的多段线

（5）“反转”选项：反转多段线顶点的顺序。

（6）“放弃”选项：取消 PEDIT 命令的上一次操作。用户可重复使用该选项，直至返回到执行 PEDIT 命令的最初状态。

4.7.2 编辑多线

调用“编辑多线”命令有以下 2 种方式：

（1）在快速访问工具栏选择“显示菜单栏”选项，在菜单栏中执行“修改”|“对象”|“多线”命令。

（2）在命令行执行 MLEDIT 命令。

执行上述命令之一后，可打开“多线编辑工具”对话框，如图 4-71 所示。

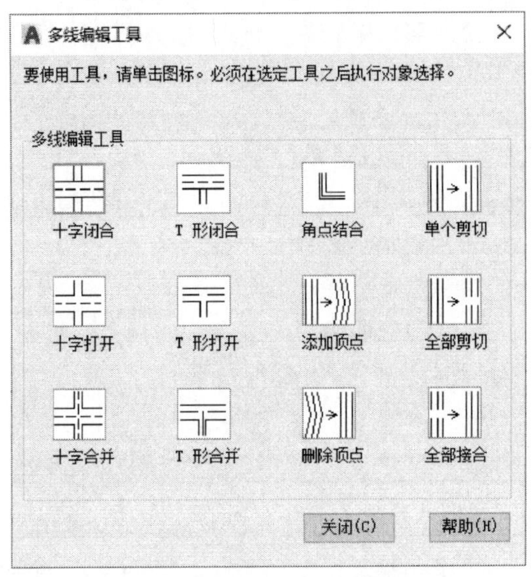

图 4-71　“多线编辑工具”对话框

在图 4-71 的“多线编辑工具”对话框中，各选项的功能如下：

（1）十字闭合：将相交的两条多线修改为闭合的十字交点。其中，选择的第一条多线被切断，第二条多线不变，编辑效果如图 4-72（b）所示。

（2）十字打开：将相交的两条多线修改为打开的十字交点。其中，选择的第一条多线的内部线和外部线都被切断，第二条多线的外部线被切断，内部线不变，编辑效果如图 4-72（c）所示。

（3）十字合并：将相交的两条多线修改为合并的十字交点。其中，两条多线的内部线、外部线都被切断，并两两合并，编辑效果如图 4-72（d）所示。

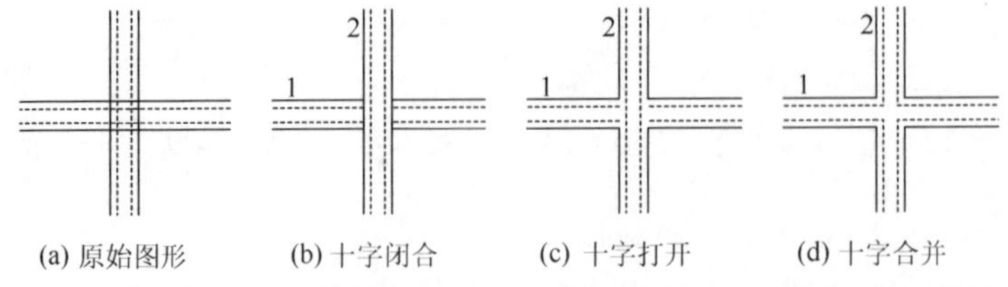

图 4-72　十字形编辑效果的对比（1、2 代表选择第一、二条多线时的位置）

（4）T 形闭合：将相交的两条多线修改为闭合的 T 形交点。其中，选择的第一条多线被修剪，第二条多线不变，编辑效果如图 4-73（b）所示。

（5）T 形打开：将相交的两条多线修改为打开的 T 形交点。其中，选择的第一条多线的内部线和外部线都被修剪，第二条多线的外部线被修剪，内部线不变，编辑效果如图 4-73（c）所示。

（6）T 形合并：将相交的两条多线修改为合并的 T 形交点。其中，选择的第一条多线的内部线和外部线都被修剪，第二条多线以中心线为界线，靠近第一条多线被单击的一侧的外部线、内部线被修剪，编辑效果如图 4-73（d）所示。

（7）角点结合：将相交的两条多线交点进行修剪，使之形成一个顶点，编辑效果如图 4-73（e）所示。

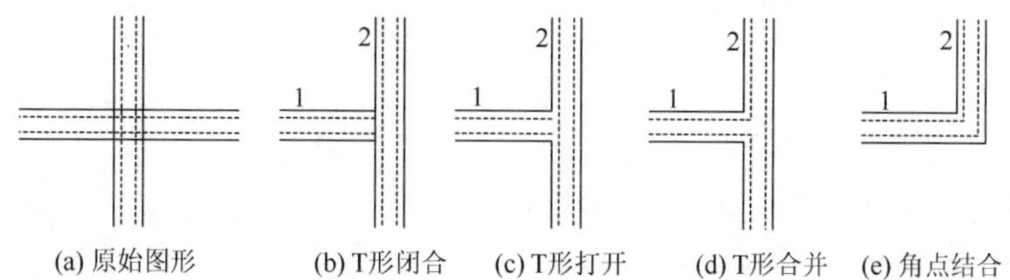

(a) 原始图形　(b) T形闭合　(c) T形打开　(d) T形合并　(e) 角点结合

图 4-73　T 字形编辑效果的对比（1、2 代表选择第一、二条多线时的位置）

（8）添加顶点：向多线上添加一个顶点。

（9）删除顶点：从多线上删除一个顶点。

（10）单个剪切：将多线中某一条线位于指定两点之间的部分剪切掉。

（11）全部剪切：将多线位于指定两点之间部分剪切掉。

（12）全部接合：将剪切的多线重新进行连接。

4.7.3　编辑样条曲线

调用“编辑样条曲线”命令有以下 5 种方式：

（1）在快速访问工具栏选择“显示菜单栏”选项，在菜单栏中执行“修改”|“对象”|“样条曲线”命令。

（2）在菜单栏中，执行“工具”|“工具栏”|“AutoCAD”|“修改 II”命令，在打开的“修改 II”工具栏中单击“编辑样条曲线”按钮。

（3）在“功能区”选项板中，选择“默认”选项卡，然后在“修改”面板中单击“编辑样条曲线”按钮。

（4）选择要编辑的样条曲线，并右击，在弹出的快捷菜单中执行“样条曲线”|“显示拟合点”命令，如图 4-74 所示。

（5）在命令行执行 SPLINEDIT 或 SPE 命令。

样条曲线编辑命令是一个单对象编辑命令，一次只能编辑一条样条曲线对象。执行该命令并选择需要编辑的样条曲线后，在曲线周围将显示控制点，同时命令行显示如下：

输入选项[闭合(C)/合并(J)/拟合数据(F)/编辑顶点(E)/转换为多段线(P)/反转(R)/放弃(U)/退出(X)]<退出>:

相应的快捷菜单如图 4-75 所示。

编辑样条曲线时，主要选项的功能如下：

（1）“闭合/打开”选项：若选定开放的样条曲线，此处显示“闭合”；若选定闭合的样条曲线，则显示“打开”。

“闭合”命令选项，即将样条曲线首尾连接，闭合开放的样条曲线；“打开”命令选项则通过删除样条曲线的首末点之间的曲线段，打开样条曲线。

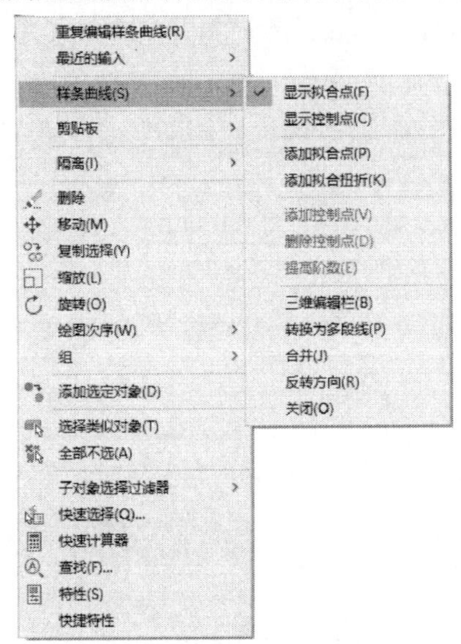

图 4-74　快捷菜单中的“编辑样条曲线”命令

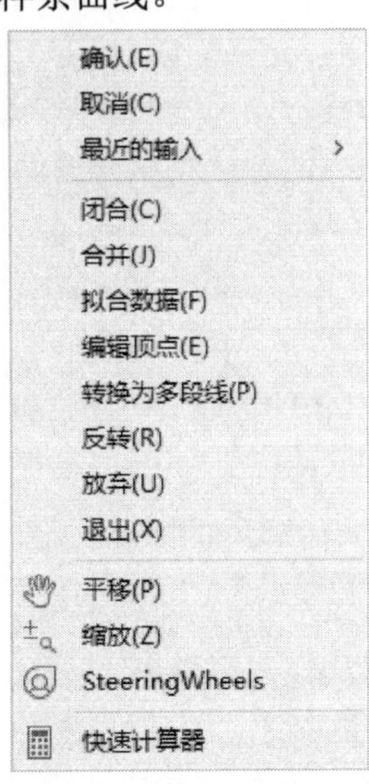

图 4-75　“编辑样条曲线”的快捷菜单

（2）“合并”选项：将选定的样条曲线与其他任何开放曲线（如样条曲线、直线、多段线和圆弧）在重合端点处合并。

（3）“拟合数据”选项：命令行显示“输入拟合数据选项[添加(A)/打开(O)/删除(D)/扭折(K)/移动(M)/清理(P)/相切(T)/公差(L)/退出(X)]<退出>：”提示信息。各主要选项含义如下：

①“添加”选项：为样条曲线添加新的控制点。

②“打开/闭合”选项：含义同前。

③“删除”选项：从样条曲线删除选定的控制点。

④“扭折”选项：在样条曲线上的指定位置添加节点和拟合点

⑤“移动”选项：将拟合点移动到新位置。

⑥“清理”选项：使用控制点替换样条曲线的拟合数据。

⑦“相切”选项：指定样条曲线的首、末点的切线方向。

⑧“公差”选项：使用新的公差值将样条曲线重新拟合至现有的拟合点。

（4）“编辑顶点”选项：命令行显示“输入顶点编辑选项[添加(A)/删除(D)/提高阶数(E)/移动(M)/权值(W)/退出(X)]<退出>：”提示信息。各主要选项含义如下：

①“添加”选项：在两个控制点之间的指定点处添加一个控制点。

②“删除”选项：删除选定的控制点。

③“提高阶数”选项：增大样条曲线的多项式阶数，最大值为 26。

④“移动”选项：重新定位选定的控制点。

⑤“权值”选项：改变控制点的权值。

（5）“转换为多段线”选项：将样条曲线转换为多段线。

（6）“反转”选项：反转样条曲线的方向。

（7）“放弃”选项：取消上一操作。

4.7.4　分解对象

对于块、面域等由多个对象编组而成的复合对象，不能对单个部件对象进行编辑。若想进行编辑，就需要先将它分解开。

调用“分解”命令有以下 4 种方式：

（1）在快速访问工具栏选择“显示菜单栏”选项，在菜单栏中执行“修改”|“分解”命令。

（2）在菜单栏中，执行“工具”|“工具栏”|“AutoCAD”|“修改”命令，在打开的“修改”工具栏中单击“分解”按钮。

（3）在“功能区”选项板中，选择“默认”选项卡，然后在“修改”面板中单击“分解”按钮。

（4）在命令行执行 EXPLODE 或 X 命令。

执行上述命令之一后，选择需要分解的对象后按 Enter 键，即可分解图形并结束命令。

下面列举出几种常见对象类型的“分解”结果。

（1）块：分解为单个对象（如直线、文字、点和二维实体）。“椅子”图块分解前后的对比情况如图 4-76 所示。

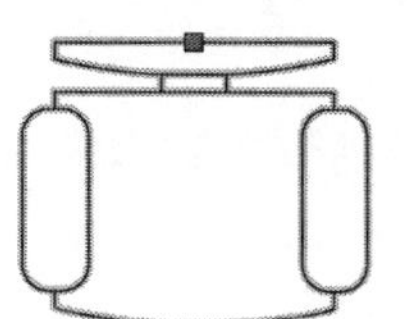
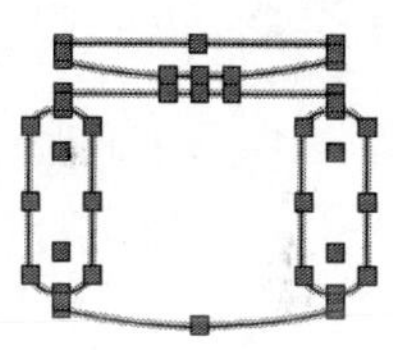

图 4-76　“椅子”图块分解前后对比

若存在多个编组级，则一次删除一个编组级。当分解一个包含属性的块时，将删除属性值并显示属性定义。

注：无法分解使用外部参照插入的块及其依赖块，也不能分解使用 MINSERT 命令插入的块。

（2）多段线：分解成直线、圆弧，宽度变为 0。

（3）阵列：分解为原始对象的副本。

（4）多行文字：分解成多个单行文字对象。

（5）引线：根据引线的不同，可分解成直线、样条曲线、实体（箭头）、块插入（箭头、注释块）、多行文字或公差对象。

（6）标注：分解成直线、文字、箭头等对象，且失去原有的关联性。

（7）多线：分解成直线、圆弧。

（8）面域：分解成直线、圆弧或样条曲线。

（9）圆环：分解后，由半径等于圆环外径的两段半圆弧组成，宽度变为 0。

（10）图案填充：分解为单个对象（如直线、文字、点和二维实体），且失去原有的关联性。

4.8 使用夹点编辑对象

4.8.1 夹点菜单和夹点模式

在 AutoCAD 中，当图形对象被选中时，所显示的蓝色方框被称为夹点，其形状包括小方块、矩形、三角形、圆形等多种，如图 4-77 所示。

默认情况下，“显示夹点”处于选中状态。此时，用户选中对象，即可显示夹点。若未显示夹点，则需打开“选项”对话框，在“选择集”选项卡中的“夹点”选项区内，勾选“显示夹点”复选框。

注：锁定图层上的对象不显示夹点。

夹点有三种状态：未选中、悬停和选中，分别用蓝色、粉红色、深红色等不同的颜色表示。在“选项”对话框的“选择集”选项卡“夹点”选项区域中，单击“夹点颜色”按钮，弹出“夹点颜色”对话框（图 4-78），可以查看或重新设置夹点颜色。

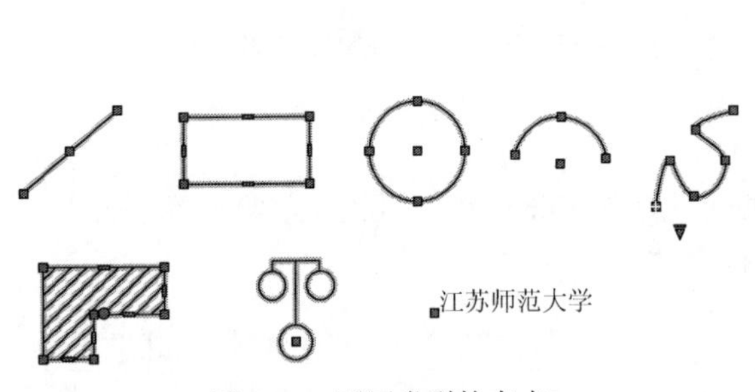

图 4-77 不同类型的夹点

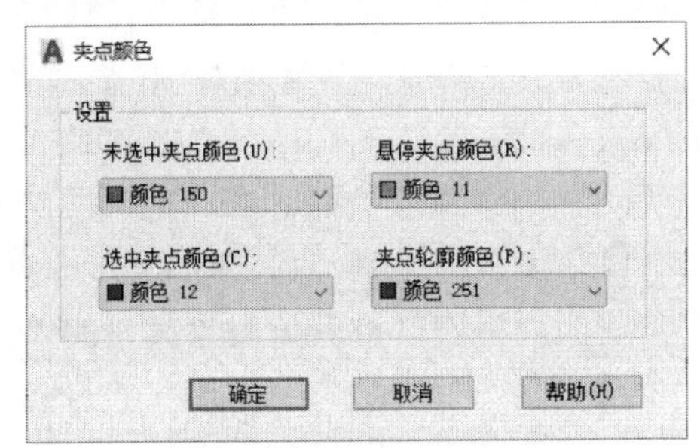

图 4-78 “夹点颜色”对话框

1. 夹点菜单

将光标悬停在夹点上，将显示夹点菜单。根据选定对象和夹点的不同，菜单选项也有所不同。在图 4-79 中，从左侧起分别是直线端点夹点菜单、图案填充对象夹点菜单、多段线端点和中间点的夹点菜单。

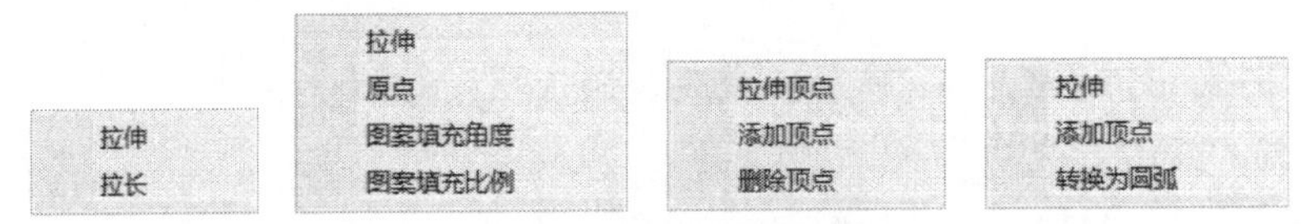

图 4-79 常见夹点菜单

单击夹点菜单选项，或按 Ctrl 键循环浏览并重新选择夹点菜单选项，然后按命令行提示，即可完成相应的操作。在命令执行过程中，按 Esc 键退出命令执行。

需要说明的是，并非所有夹点都有夹点菜单。带有菜单的夹点称为“多功能夹点”，而有些夹点没有夹点菜单，如文字、块参照、直线中点、圆心和点对象上的夹点等。

2. 夹点模式

夹点模式提供包括拉伸、移动、旋转、缩放和镜像 5 种操作。当选中对象的夹点（默认夹点颜色为深红色）时，即进入夹点模式。切换夹点模式的方式如下：

（1）选中夹点后，右击，在弹出的快捷菜单中选择“移动”、“旋转”、“缩放”或“镜像”选项，如图 4-80 所示。

（2）选中夹点后，连续按空格键或 Enter 键时，将按“拉伸”“移动”“旋转”“缩放”“镜像”顺序循环浏览夹点模式，同时命令行会提示当前的夹点模式。

（3）选中夹点后，在命令行中输入 STRETCH、MOVE、ROTATE、SCALE、MIRROR，可切换至“拉伸”、“移动”、“旋转”、“缩放”和“镜像”夹点模式。

除了拉伸、镜像模式没有光标标记之外，在移动、旋转和缩放夹点模式下，分别显示不同的光标标记以示区别，如图 4-81 所示。

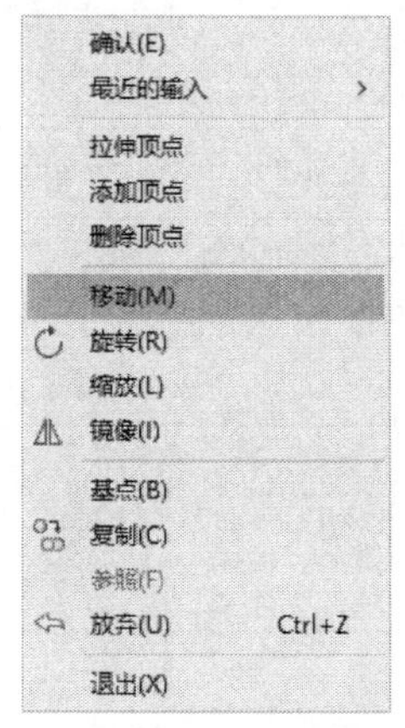

图 4-80　夹点模式下的快捷菜单

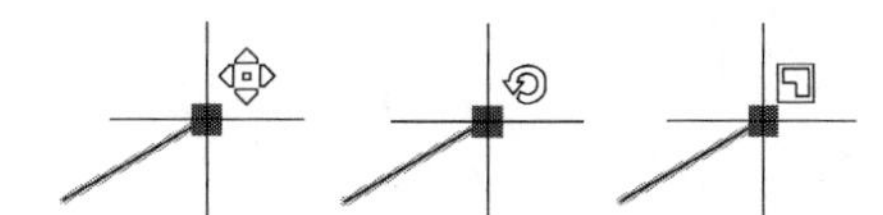

图 4-81　移动、旋转和缩放夹点模式的光标标记

4.8.2　编辑对象

1. 拉伸对象

“拉伸”是系统默认的夹点模式。进入“拉伸”模式时，命令行显示如下：

** 拉伸 **

指定拉伸点或[基点(B)/复制(C)/放弃(U)/退出(X)]:

各命令选项功能如下：

（1）“基点”选项：重新确定拉伸基点。

（2）“复制”选项：允许确定一系列的拉伸点，以实现多次拉伸。

（3）“放弃”选项：取消上一次操作。

（4）“退出”选项：退出当前的操作。

默认情况下，指定拉伸点（输入点的坐标或者直接用鼠标拾取点）后，AutoCAD 将把对象拉伸或移动到新的位置。对于某些夹点，只能移动对象而不能拉伸对象，如文字、块、直线长点、圆心、椭圆中心和点对象上的夹点。

在拉伸对象时，先按住 Shift 键，再选择适当的夹点，可以选择多个夹点。拉伸后，选定夹点间对象的形状将保持不变。

注：复制不是夹点模式，但是“复制”是所有夹点模式中的一个选项。在任何一个夹点模式下，选择“复制”选项，或者输入“C”并按 Enter 键，则在拉伸、移动、

旋转、缩放或镜像时，可以创建多个副本。

2. 移动对象

移动对象仅仅是位置上的平移，对象的方向和大小并不会改变。进入“移动”模式时，命令行显示如下：

移动

指定移动点或[基点(B)/复制(C)/放弃(U)/退出(X)]：

直接输入点坐标或使用捕捉、对象捕捉模式拾取点位，即可平移所选对象到新位置。

若选择“复制”选项，且移动时按住 Ctrl 键，则可以实现类似于“栅格捕捉”的等距离捕捉功能。使用该功能之前，应关闭捕捉、极轴追踪、正交、对象捕捉等功能。

实例 4-5　使用“移动”夹点模式完成图 4-82 的绘制。

（1）在“功能区”选项板中，选择“默认”选项卡，然后在“块”面板中单击“插入块”按钮，选择“椅子”对象，在绘图区域合适位置单击插入“椅子”对象。

（2）选中“椅子”对象，单击夹点进入夹点模式，按空格键或 Enter 键切换至“移动”夹点模式，如图 4-83（a）所示。

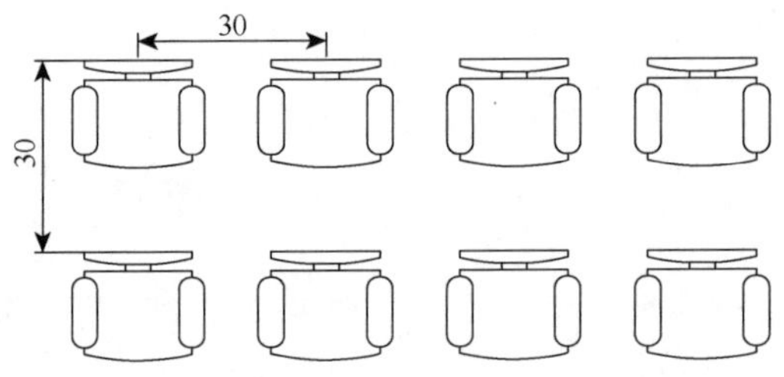

图 4-82　距离捕捉实例

（3）命令行显示“指定移动点或[基点(B)/复制(C)/放弃(U)/退出(X)]：”，输入“C”并按 Enter 键，或直接选择“复制”选项，光标标记如图 4-83（b）所示。

（4）在命令行输入“@30，0”（若动态输入模式已启用，则输入“30，0”）并按 Enter 键，创建第一个副本，如图 4-84 所示。

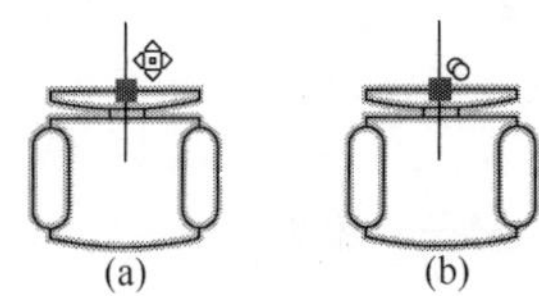

图 4-83　光标标记的变化

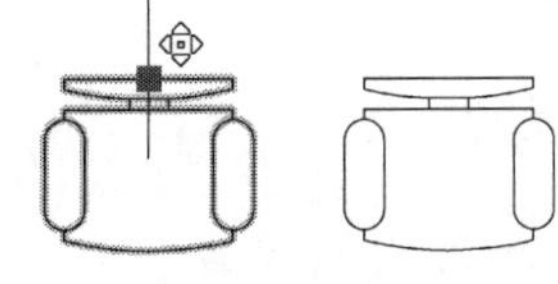

图 4-84　创建第一个副本

（5）按住 Ctrl 键，向右拖动鼠标，利用等距离捕捉定位功能，创建另外两个副本；同理，向上、向右移动鼠标，创建其余副本，完成图 4-84 的绘制。

3. 旋转对象

进入“旋转”模式时，命令行显示如下：

** 旋转 **

指定旋转角度或[基点(B)/复制(C)/放弃(U)/参照(R)/退出(X)]：

默认情况下，输入旋转的角度值后或通过拖动方式确定旋转角度后，即可将对象绕基点旋转指定角度。也可旋转“参照”选项，以参照方式旋转对象，这与“旋转”命令中的“对照”选项功能相同。

与“移动”模式相似，若选择“复制”选项，且旋转时按住 Ctrl 键，则可以实现类似于“极轴追踪”的等角度旋转捕捉功能。

实例 4-6　使用“旋转”夹点模式完成图 4-85 的绘制。

（1）检查并关闭捕捉、极轴追踪、正交、对象捕捉等功能。

（2）在“功能区”选项板中，选择“默认”选项卡，然后在“绘图”面板中单击“直线”按钮，在绘图区域合适位置单击确定第一点，在命令行输入“@50<90”，连续按 Enter 键两次，绘制一条竖直直线。

（3）选中直线，单击直线底部夹点进入夹点模式，连续按空格键或 Enter 键两次，切换至“旋转”夹点模式，如图 4-86 所示。

（4）命令行显示“指定旋转角度或[基点(B)/复制(C)/放弃(U)/参照(R)/退出(X)]：”，选择“复制”选项；输入“72”并按 Enter 键，创建第一个副本，如图 4-87 所示。

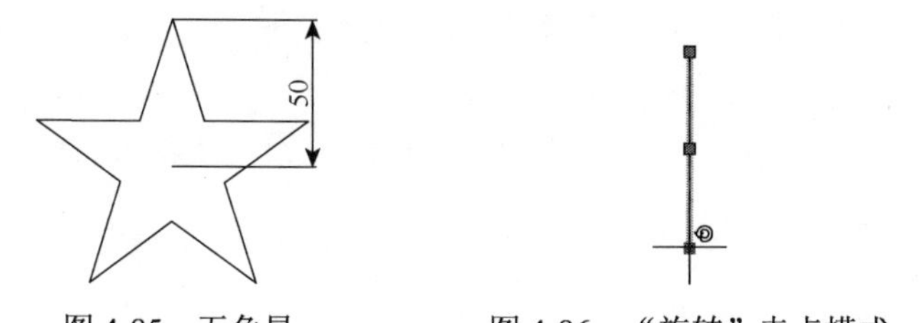

图 4-85　五角星　　图 4-86　“旋转”夹点模式　　图 4-87　创建第一个副本

（5）按住 Ctrl 键并拖动光标，利用等角度旋转捕捉功能，创建另外三个副本，如图 4-88 所示；按 Enter 键退出夹点编辑模式。

（6）按 F3 键启用对象捕捉，检查并选中“端点”对象捕捉模式；在“绘图”面板中单击“直线”按钮，依次交叉连接各直线的端点，如图 4-89 所示；依次使用“删除”“裁剪”命令进行修改，最终图形如 4-90 所示。

图 4-88　等角度旋转创建副本

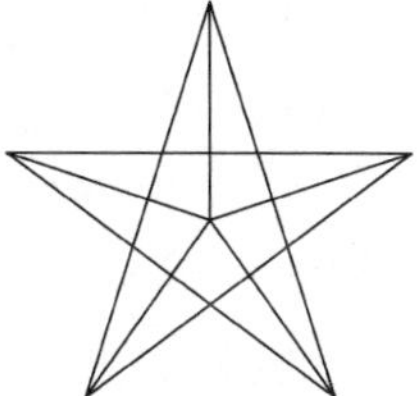

图 4-89　连接直线后的图形

图 4-90　修改后的图形

4. 缩放对象

进入“缩放”模式时，命令行显示如下：

** 比例缩放 **

指定比例因子或[基点(B)/复制(C)/放弃(U)/参照(R)/退出(X)]：

默认情况下，当确定了缩放比例因子后，AutoCAD 将相对于基点进行缩放对象操作。当比例因子大于 1 时放大对象；当比例因子大于 0 而小于 1 时缩小对象。

5. 镜像对象

进入“镜像”模式时，命令行显示如下：

** 镜像 **

指定第二点或[基点(B)/复制(C)/放弃(U)/退出(X)]:

指定镜像线上的第二点后，AutoCAD 将以夹点作为镜像线上的第一点，新指定的点为镜像线上的第二点，镜像对象并删除源对象。若要保留源对象，则在进入“镜像”模式时，选择“复制”选项，或输入“C”并按 Enter 键。

4.9 尺寸标注与编辑

绘制完毕的图形直观地表达了对象的组成和形状，接下来需要对其进行尺寸标注，以便确定图形中各个对象的真实大小和确切位置，因此，尺寸标注是绘图设计工作中的一项重要环节。AutoCAD 2020 提供了丰富的标注命令，可以实现包括线性标注、对齐标注、半径标注、直径标注、角度标注等在内的 13 种尺寸标注。

4.9.1 设置标注样式

通常 AutoCAD 将尺寸标注作为块处理，一个完整的尺寸标注包括尺寸界线、尺寸线、尺寸箭头和尺寸文字 4 部分，如图 4-91 所示。

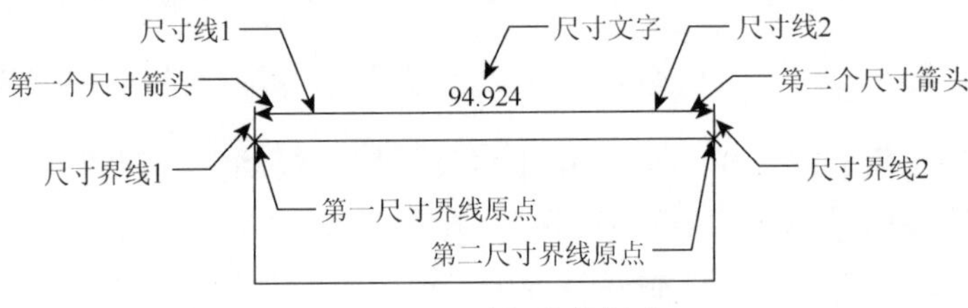

图 4-91　尺寸标注的组成

1. 标注样式管理器

在标注尺寸前，先要创建尺寸标注的样式。在 AutoCAD 2020 中，用户可以利用“标注样式管理器”实现标注样式的创建和修改。打开“标注样式管理器”对话框的方式如下：

（1）在快速访问工具栏选择“显示菜单栏”选项，在菜单栏中执行“标注”|“标注样式”命令，或选择“格式”|“标注样式”命令。

（2）执行“工具”|“工具栏”|“AutoCAD”|“标注”命令，在打开的“标注”工具栏中单击“标注样式”按钮。

（3）在功能区“选项板”中选择“默认”选项卡，然后在“注释”面板中单击“标注样式”按钮，或打开“标注样式”下拉列表框 ISO-25，在下拉列表中选择“管理标注样式”命令。

（4）在功能区“选项板”中选择“注释”选项卡，然后在“标注”面板中单击“标注样式”按钮，或打开“标注样式”下拉列表框 ISO-25，在下拉列表中选择“管理标注样式”命令。

（5）在命令行执行 DIMSTYLE 或 D、DST 命令。

执行上述操作之一，系统打开“标注样式管理器”对话框，如图 4-92 所示。

在图 4-92 中，各个选项的功能如下。

（1）“当前标注样式”文本框：显示当前标注样式的名称（默认标注样式为 ISO-25），该样式将应用于所创建的标注。

（2）“样式”列表框：列出图形中的所有标注样式，其中亮显选项为当前标注样式。右击该列表将弹出快捷菜单，可用于设定当前标注样式、重命名样式和删除样式（不能删除当前样式或当前图形使用的样式）。

（3）“列出”下拉列表框：控制样式显示方式，包括“所有样式”（默认值）和“正在使用的样式”。前者将在“样式”列表框显示图形中所有的标注样式；后者将仅显示当前使用的标注样式。

（4）“置为当前”按钮：单击该按钮，将选定的标注样式设定为当前标注样式。

（5）“新建”按钮：单击该按钮，打开“创建新标注样式”对话框，输入新标注样式的名字（如 MyDIM），选择一种基础样式，指定新建标注样式的使用范围，如图 4-93 所示。单击“继续”按钮，打开“新建标注样式：MyDIM”对话框（图 4-94），用于对新的标注样式 MyDIM 进行设置。

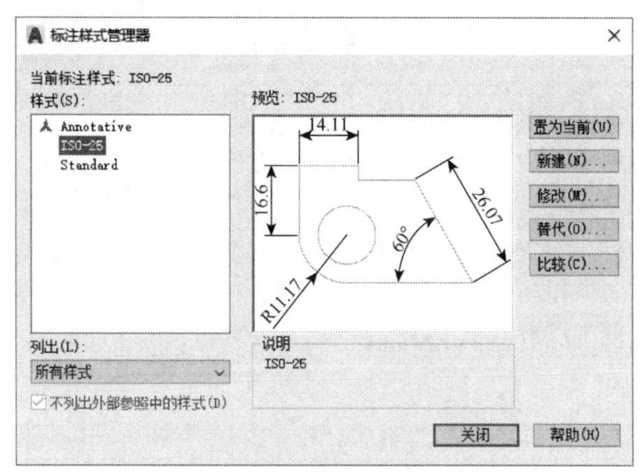

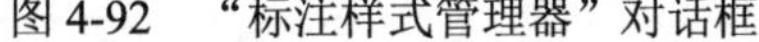
图 4-92　“标注样式管理器”对话框

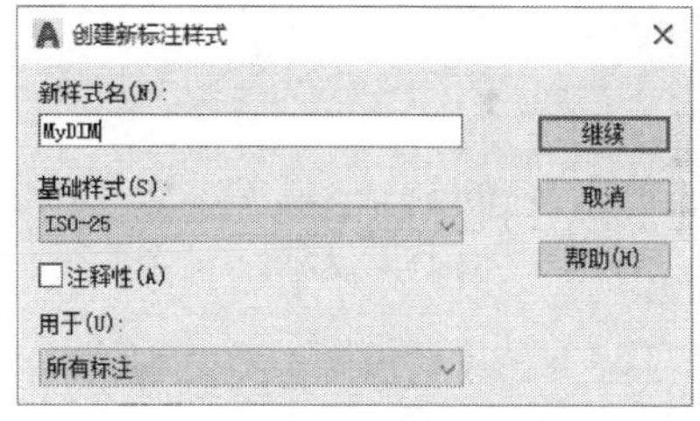

图 4-93　“创建新标注样式”对话框

（6）“修改”按钮：在“样式”列表框中选择标注样式，并单击该按钮，将打开“修改标注样式”对话框，用于修改标注样式。

（7）“替代”按钮：该按钮仅对“当前标注样式”有效，单击该按钮，将打开“替代当前样式”对话框，用于设定标注样式的临时替代值。

（8）“比较”按钮：单击该按钮，打开“比较标注样式”对话框（图 4-95）。若“比较”“与”的标注样式一致，将列出该标注样式的所有特性；若不一致，则仅列出两者不同的特性。

2. 标注样式设置

在“新建标注样式：MyDIM”对话框（图 4-94）中，包括“线”、“符号和箭头”、“文字”、“调整”、“主单位”、“换算单位”和“公差”7 个选项卡，根据需要对新标注样式的特性进行修改，完毕后单击“确定”按钮，完成标注样式的设置。

图 4-94 中的各个选项功能如下：

1）“线”选项卡

“线”选项卡包括“尺寸线”和“尺寸界线”2 个选项区，用于设置尺寸线和尺寸界线的格式、颜色、线型、线宽以及超出尺寸线的距离等特性。

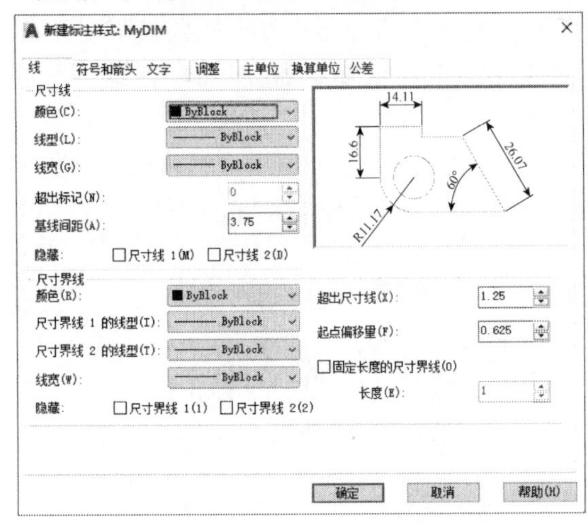

图 4-94　“新建标注样式：MyDIM”对话框

比较标注样式

比较(C)：ISO-25

与(W)：ISO-25

标注样式“ISO-25”的所有特性：

说明	变量	ISO-25
标注文字的方向	DIMTXTDIRECTION	关
尺寸界线 1 的线型	DIMLTEX1	BYBLOCK
尺寸界线 2 的线型	DIMLTEX2	BYBLOCK
尺寸界线超出量	DIMEXE	1.2500
尺寸界线偏移	DIMEXO	0.6250
尺寸界线线宽	DIMLWE	-2

关闭　帮助

图 4-95　“比较标注样式”对话框

（1）“颜色”下拉列表框：设置尺寸线的颜色。在弹出的下拉列表中选择颜色，也可以单击下拉列表中的“选择颜色”，在弹出的“选择颜色”对话框中选择颜色。

（2）“线型”下拉列表框：设置尺寸界线的线型。

（3）“线宽”下拉列表框：设置尺寸线的宽度。默认情况下，尺寸线的颜色、线型、线宽是 ByLayer。

（4）“超出标记”文本框：指定当箭头采用倾斜、建筑标记、积分和无标记时尺寸线超过尺寸界线的距离。

（5）“基线间距”文本框：设定基线标注的尺寸线之间的距离。如图 4-96 所示，基线间距为 5。

（6）“尺寸线 1”和“尺寸线 2”复选框：勾选两个复选框，可以隐藏第 1 段、第 2 段尺寸线及其相应的箭头。

（7）“颜色”下拉列表框：设置尺寸界线的颜色。

（8）“尺寸界线 1 的线型”和“尺寸界线 2 的线型”下拉列表框：设置尺寸界线的线型。

（9）“线宽”下拉列表框：设置尺寸界线的宽度。

（10）“尺寸界线 1”和“尺寸界线 2”复选框：勾选两个复选框，可以隐藏“尺寸界线 1”和“尺寸界线 2”。

（11）“超出尺寸线”文本框：设置尺寸界线超出尺寸线的距离。如图 4-97（a）所示，超出尺寸线为 3。

（12）“起点偏移量”文本框：设置尺寸界线的起点与标注定义点的距离。如图 4-97（b）所示，起点偏移量为 3。

（13）“固定长度的尺寸界线”复选框：勾选该复选框，将使用固定长度的尺寸界线。此时，“长度”文本框处于可编辑状态，可以输入尺寸界线的长度值。

2）“符号和箭头”选项卡

“符号和箭头”选项卡包括“箭头”、“圆心标记”、“折断标记”、“弧长符号”、“半径折弯标注”和“线性折弯标注”6 个选项区，用于设置箭头的样式和大小，以及圆心标记、弧长符号、半径折弯标注的格式和位置。

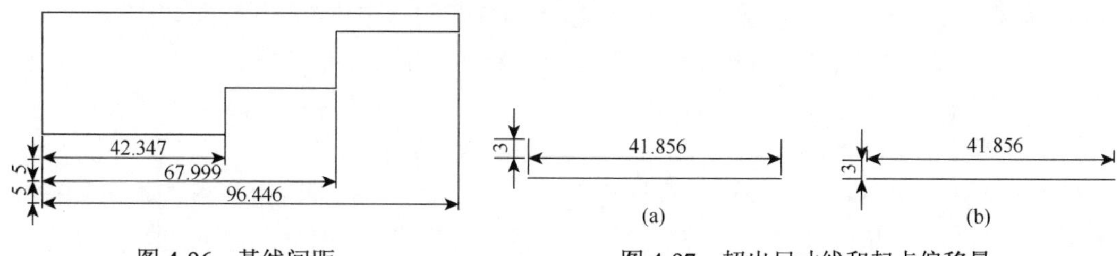

图 4-96　基线间距　　　　图 4-97　超出尺寸线和起点偏移量

（1）“第一个”、“第二个”和“引线”下拉列表框：分别设置第一个尺寸线、第二个尺寸线和引线的箭头。

（2）“箭头大小”文本框：设定箭头的大小。

（3）“圆心标记”的“无”单选按钮：不创建圆心标记或中心线。

（4）“标记”单选按钮：创建圆心标记，在文本框中输入相应的值可以确定圆心标记的尺寸。

（5）“直线”单选按钮：创建圆中心线。

（6）“折弯大小”文本框：设置折断标注的间距大小。如图 4-98（a）所示，折弯大小为 5。

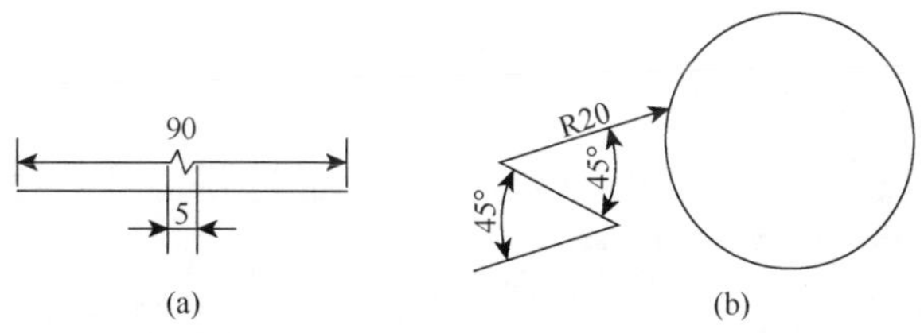

图 4-98　折弯大小和折弯角度

（7）“标注文字的前缀”单选按钮：标注弧长时，将弧长符号放置在标注文字之前。

（8）“标注文字的上方”单选按钮：标注弧长时，将弧长符号放置在标注文字的上方。

（9）“弧长符号”的“无”单选按钮：标注弧长时，不显示弧长符号。

（10）“折弯角度”文本框：在折弯半径标注时，用于确定尺寸线中横向线段的角度。如图 4-98（b）所示，折弯角度为 45°。

（11）“折弯高度因子”文本框：AutoCAD 将该高度因子与标注文字高度的乘积作为线性折弯标注的高度。

3）“文字”选项卡

“文字”选项卡用于设置标注文字的外观、位置和对齐方式。

（1）“文字样式”下拉列表框：用于选择标注的文字样式。也可以单击其后的…按钮，打开“文字样式”对话框，选择文字样式或新建文字样式。

（2）“文字颜色”下拉列表框：用于设置标注文字的颜色。

（3）“填充颜色”下拉列表框：用于设置标注文字的背景色。

（4）“文字高度”下拉列表框：用于设置标注文字的高度。

（5）“分数高度比例”文本框：设置标注文字中的分数相对于其他标注文字的比例，AutoCAD 将该比例值与标注文字高度的乘积作为分数的高度。

（6）“绘制文字边框”复选框：设置是否给标注文字加矩形边框。

（7）“垂直”下拉列表框：设置标注文字相对于尺寸线的位置，包括“居中”、“上”、“外部”、“JIS”和“下”，如图 4-99（a）所示。

（8）“水平”下拉列表框：设置标注文字在尺寸线上相对于尺寸界线的水平位置，包括“置中”、“第一条尺寸界线”、“第二条尺寸界线”、“第一条尺寸界线上方”和“第二条尺寸界线上方”，如图 4-99（b）所示。

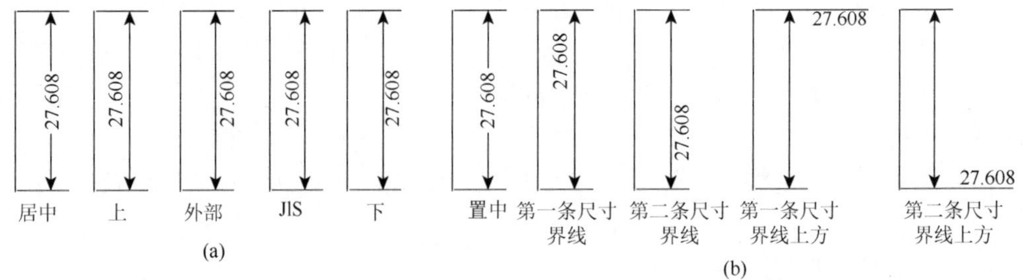

图 4-99　垂直、水平放置文字

（9）“观察方向”下拉列表框：设置标注文字的观察方向，包括“从左到右”和“从右到左”。

（10）“从尺寸线偏移”文本框：设置标注文字与尺寸线之间的距离。如果标注文字位于尺寸线的中间，则表示断开处尺寸线端点与尺寸文字的间距。若标注文字带有边框，则可以控制文字边框与其中文字的距离。

（11）“水平”单选按钮：水平放置标注文字。

（12）“与尺寸线对齐”单选按钮：令标注文字方向与尺寸线方向一致。

（13）“ISO 标准”单选按钮：若标注文字在尺寸界线之内，文字方向与尺寸线方向一致；若在尺寸界线之外，则文字水平放置。

4）“调整”选项卡

“调整”选项卡包括“调整选项”、“文字位置”、“标注特征比例”和“优化”4 个选项区，用于设置尺寸线与箭头的位置、尺寸线与文字的位置、标注尺寸的特征比例等。

（1）“文字或箭头（最佳效果）”单选按钮：当尺寸界线间的距离不足以放置文字和箭头时，按照最佳效果移动文字或箭头到尺寸界线外。

（2）“箭头”单选按钮：尺寸界线间的距离不足以放置文字和箭头时，首先从尺寸界线中移出箭头。

（3）“文字”单选按钮：尺寸界线间的距离不足以放置文字和箭头时，首先从尺寸界线中移出文字。

（4）“文字和箭头”单选按钮：尺寸界线间的距离不足以放置文字和箭头时，文字和箭头都移到尺寸界线外。

（5）“文字始终保持在尺寸界线之间”单选按钮：文本始终保持在尺寸界线之内。

（6）“若箭头不能放在尺寸界线内，则将其消除”复选框：选中该复选框，如果尺寸界线内没有足够的空间，则不显示箭头。

（7）“尺寸线旁边”单选按钮：标注文字从默认位置移开时，将标注文字放在尺寸线旁边。

（8）“尺寸线上方，带引线”单选按钮：标注文字从默认位置移开时，将创建文字到尺寸线的引线。若文字非常靠近尺寸线，将省略引线。

（9）“尺寸线上方，不带引线”单选按钮：标注文字从默认位置移开时，文字和尺寸线之间不带引线。

（10）“注释性”复选框：选中该复选框，标注将被指定为注释性文字。

（11）“将标注缩放到布局”单选按钮：根据当前模型视口与图纸空间之间的比例设置比例因子。

（12）“使用全局比例”单选按钮：对全部尺寸标注设置缩放比例，该比例不改变尺寸的测量值。

（13）“手动放置文字”复选框：选中该复选框，则忽略标注文字的水平设置，在标注时可将标注文字放置在指定的位置。

（14）“在尺寸界线之间绘制尺寸线”复选框：选中该复选框，当尺寸箭头放置在尺寸界线之外时，也可在尺寸界线之内绘制出尺寸线。

5）“主单位”选项卡

“主单位”选项卡包括“线性标注”和“角度标注”2 个选项区，用于设置线性标注、角度标注的单位格式和精度，并设定标注文字的前缀和后缀。

（1）线性标注的“单位格式”下拉列表框：设置除角度标注之外的其余各标注类型的尺寸单位，包括“科学”、“小数”、“工程”、“建筑”和“分数”等选项。

（2）线性标注的“精度”下拉列表框：设置线性标注的尺寸精度。

（3）“分数格式”下拉列表框：当单位格式是分数时，可以设置分数的格式，包括“水平”、“对角”和“非堆叠”3 种方式。

（4）“小数分隔符”下拉列表框：设置小数的分隔符，包括“句点”、“逗点”和“空格”3 种方式。

（5）“舍入”文本框：用于设置除角度标注外的尺寸测量值的舍入值。

（6）“前缀”和“后缀”文本框：设置标注文字的前缀和后缀，可以输入文字、特殊字符或使用控制代码显示特殊符号。

（7）“测量单位比例”选项区域：设置线性标注测量值的比例因子。

（8）“仅应用到布局标注”复选框：选中该复选框，设置的比例因子仅适用于布局。

（9）消零“前导”复选框：选中该复选框，不显示尺寸标注中的“前导”0，如0.932 标注为.932。

（10）消零“后缀”复选框：选中该复选框，不显示尺寸标注中的“后缀”0，如96.600 标注为 96.6。

（11）角度标注的“单位格式”下拉列表框：设置角度标注的单位格式，包括“十进制度数”、“度/分/秒”、“百分度”和“弧度”等。

（12）角度标注的“精度”下拉列表框：设置角度标注的尺寸精度。

（13）角度标注的“前导”和“后续”复选框：不显示角度十进制标注中的“前导”0 和“后缀”0。

6）“换算单位”选项卡

“换算单位”选项卡包括“换算单位”、“消零”和“位置”3 个选项区，用于设置换算单位。通过换算单位，可以转换使用不同测量单位制的标注，通常是显示英制标注的等效公制标注，或公制标注的等效英制标注。在标注文字中，换算标注单位显示在主单位旁边的方括号“[]”中。

选中“显示换算单位”复选框后，对话框的其他选项才可用，可以在“换算单位”选项区域中设置单位的“单位格式”、“精度”、“换算单位乘数”、“舍入精度”、“前缀”及“后缀”等，方法与设置“主单位”选项卡中的方法相同。

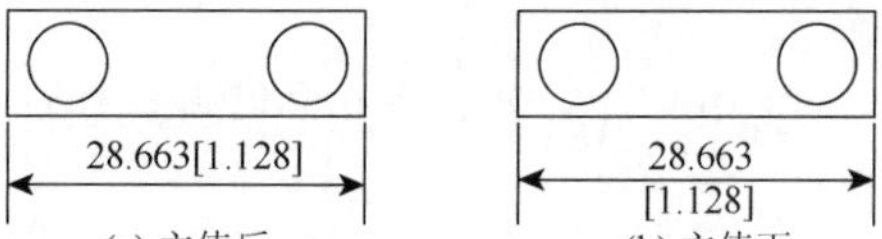

28.663[1.128]
28.663
[1.128]

(a) 主值后　　(b) 主值下

图 4-100　换算单位的位置

在“位置”选项区中，可以设置换算单位的位置，包括“主值后”和“主值下”两种方式，如图 4-100 所示。

7）“公差”选项卡

“公差”选项卡包括“公差格式”和“换算单位公差”2 个选项区，用于设置是否标注公差，以及标注文字中公差的显示及格式。

（1）“方式”下拉列表框：设置标注公差的方式，包括无、对称、极限偏差、极限尺寸和基本尺寸 5 种方式，如图 4-101 所示。

28.663
28.663 ± 0.001
+0.001
28.663 − 0.001
28.664
28.662
28.663

无　　对称　　极限偏差　　极限尺寸　　基本尺寸

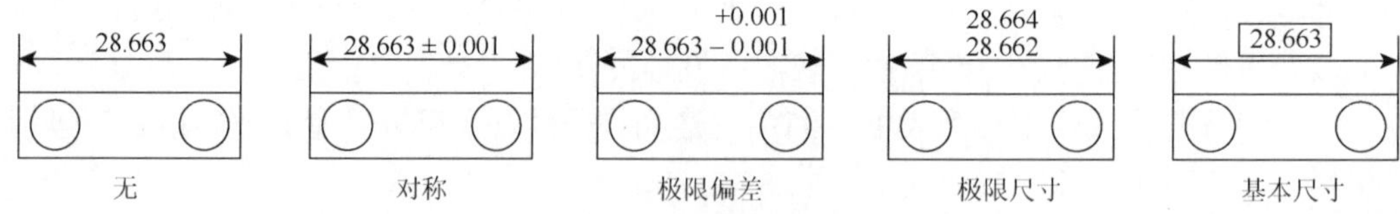

图 4-101　公差标注方式

（2）“精度”下拉列表框：设置标注公差的精度。

（3）“上偏差”“下偏差”文本框：设置尺寸的最大公差、最小公差。

（4）“高度比例”文本框：确定公差文字的高度比例因子。确定后，AutoCAD 将该比例因子与尺寸文字高度之积作为公差文字的高度。

（5）“垂直位置”下拉列表框：控制公差文字相对于尺寸文字的位置，包括“上”“中”“下”3 种方式。

（6）“对齐小数分隔符”单选按钮：堆叠时，根据小数分隔符对齐公差。

（7）“对齐运算符”单选按钮：堆叠时，根据运算符对齐公差。

（8）“换算单位公差”选项区：当标注换算单位时，可以设置换算单位精度和是否消零。

实例 4-7　创建标注样式 MyDIM，并按下列要求进行标注样式设置。

（1）基线间距、超出尺寸线和起点偏移量分别为 6、2、1。

（2）箭头为“实心闭合”，箭头大小为 2。

（3）文字高度和从尺寸线偏移分别为 4 和 0.8。

（4）线性标注的单位格式、精度和小数分隔符分别为小数、0.000 和“.”（句点）。

（5）角度标注的单位格式、精度分别为十进制度数、0.0。

操作过程如下：

（1）在功能区“选项板”中选择“注释”选项卡，然后在“标注”面板中单击“标注样式”按钮，打开“标注样式管理器”对话框，如图 4-92 所示。

（2）单击“新建”按钮，打开“创建新标注样式”对话框，如图 4-93 所示。在“新样式名”文本框中，输入 MyDIM，单击“继续”按钮，打开“新建标注样式：MyDIM”对话框，如图 4-94 所示。

（3）在“线”选项卡中的“尺寸线”选项区中，设置“基线间距”为 6；在“尺寸界线”选项区中，设置“超出尺寸线”为 2，“起点偏移量”为 1。

（4）在“符号和箭头”选项卡中的“箭头”选项区中，分别打开“第一个”“第二个”下拉列表框，在下拉列表中选择“实心闭合”选项，并设置“箭头大小”为 2。

（5）在“文字”选项卡中的“文字外观”选项区中，设置“文字高度”为 4；在“文字位置”选项区中，设置“从尺寸线偏移”为 0.8。

（6）在“主单位”选项卡中的“线性标注”选项区中，依次单击“单位格式”“精度”“小数分隔符”下拉列表框，分别选择“小数”、“0.000”和“.”（句点）；在“角度标注”选项区中，依次单击“单位格式”“精度”下拉列表框，分别选择“十进制度数”、0.0。

（7）设置完毕，单击“确定”按钮，关闭“新建标注样式：MyDIM”对话框；然后单击“关闭”按钮，关闭“标注样式管理器”对话框。

4.9.2　直线标注

1. 线性标注

“线性”命令的功能是使用水平、竖直或旋转的尺寸线创建线性标注，其调用方式如下：

（1）在快速访问工具栏选择“显示菜单栏”选项，在菜单栏中执行“标注”|“线性”命令。

（2）执行“工具”|“工具栏”|“AutoCAD”|“标注”命令，在打开的“标注”工具栏中单击“线性”按钮。

（3）在“功能区”选项板中选择“默认”选项卡，然后在“注释”面板中单击“线性”按钮，或选择“注释”选项卡，在“标注”面板中单击“线性”按钮。

（4）在命令行执行 DIMLINEAR 或 DLI 命令。

执行上述任一操作，命令行显示如下：

指定第一个尺寸界线原点或<选择对象>:

指定第一条尺寸界线的原点（必要时开启对象捕捉模式），再指定第二条尺寸界线原点；若直接按 Enter 键，并选择要标注尺寸的对象，系统自动拾取对象端点作为两条尺寸界线的原点。此时，命令行提示如下：

指定尺寸线位置或[多行文字(M)/文字(T)/角度(A)/水平(H)/垂直(V)/旋转(R)]:

移动鼠标指定尺寸线的位置，完成线性标注的创建，如图 4-102 所示。若两个尺寸界线不位于水平线或垂直线上，上下、左右拖动鼠标可以创建水平线性标注和垂直线性标注。默认情况下，系统将按两个原点之间的实际距离标注尺寸。

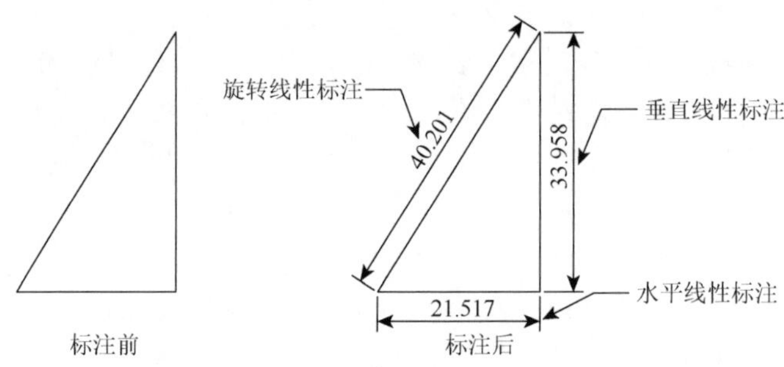

图 4-102　线性标注

各选项的功能如下：

（1）“多行文字”选项：打开“在位文字编辑器”对话框来编辑标注文字，可以使用控制代码和 Unicode 字符串来输入特殊字符或符号。

（2）“文字”选项：自定义标注文字，命令行中的尖括号（<>）内表示系统测量值。

（3）“角度”选项：设置标注文字的旋转角度。

（4）“水平”选项：创建水平线性标注。

（5）“垂直”选项：创建垂直线性标注。

（6）“旋转”选项：旋转标注对象的尺寸线。

2. 对齐标注

“对齐”命令的功能是创建与尺寸界线的原点对齐的线性标注，其调用方式如下：

（1）在快速访问工具栏选择“显示菜单栏”选项，在菜单栏中执行“标注”|“对齐”命令。

（2）执行“工具”|“工具栏”|“AutoCAD”|“标注”命令，在打开的“标注”工具栏中单击“对齐”按钮。

（3）在“功能区”选项板中选择“默认”选项卡，然后在“注释”面板中单击“对齐”按钮，或选择“注释”选项卡，在“标注”面板中单击“对齐”按钮。

（4）在命令行执行 DIMALIGNED 或 DAL 命令。

对齐标注可以看作是线性标注的一种特殊形式，其操作过程与线性标注相似。对齐标注的特点是标注尺寸线平行于两尺寸界线原点之间的连线，多用于倾斜线段的标注，若用于水平线段和竖直线段标注，标注结果与线性标注相同。对齐标注实例如图 4-103 所示。

3. 基线标注

“基线”命令用于创建一系列有相同标注原点的标注，其调用方式如下：

（1）在快速访问工具栏选择“显示菜单栏”选项，在菜单栏中执行“标注”|“基线”命令。

（2）执行“工具”|“工具栏”|“AutoCAD”|“标注”命令，在打开的“标注”工具栏中单击“基线”按钮。

（3）在“功能区”选项板中选择“默认”选项卡，然后在“注释”面板中单击“基线”按钮，或选择“注释”选项卡，在“标注”面板中单击“基线”按钮。

（4）在命令行执行 DIMBASELINE 或 DBA 命令。

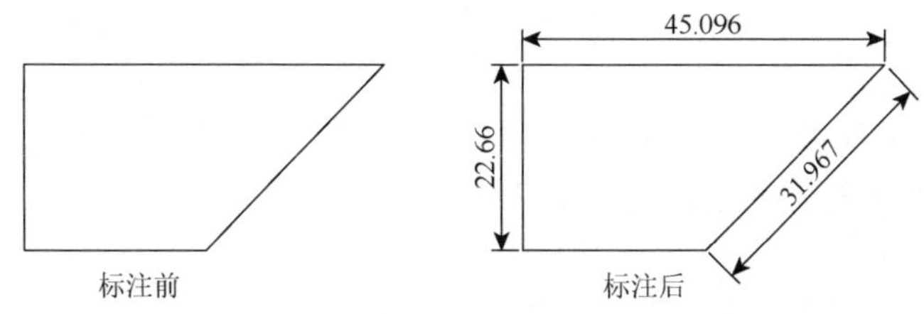

图 4-103　对齐标注

在创建基线标注之前，必须先创建一个线性标注、角度标注或坐标标注以用作基准标注，然后执行上述操作之一，命令行显示：

指定第二个尺寸界线原点或[选择(S)/放弃(U)]<选择>:

在默认情况下，系统自动选择最新绘制的线性标注、角度标注或坐标标注作为基准标注，若需重新选择，单击“选择”选项或直接按 Enter 键，按命令行提示重新选择基准标注。然后，依次指定下一个尺寸的第二条尺寸界线原点，AutoCAD 将按基线标注方式标注出尺寸。标注完毕后，连续按 Enter 键两次或按 Esc 键结束命令。基线标注实例如图 4-104 所示。

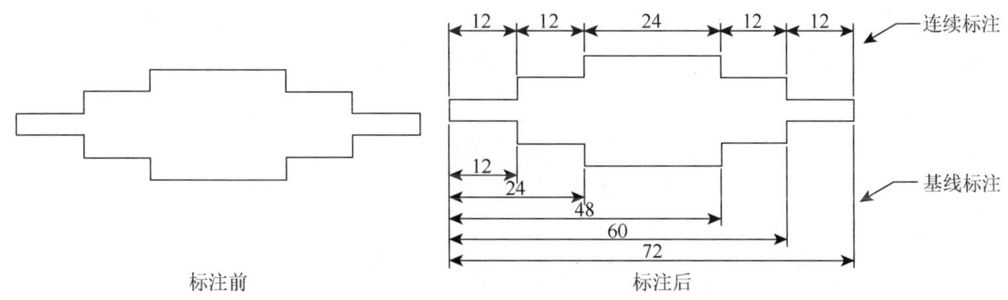

图 4-104　基线标注和连续标注

4. 连续标注

“连续”命令用于创建一系列端对端放置的标注，每个连续标注都从前一个标注的第二个尺寸界线处开始，命令调用方式如下：

（1）在快速访问工具栏选择“显示菜单栏”选项，在菜单栏中执行“标注”|“连续”命令。

（2）执行“工具”|“工具栏”|“AutoCAD”|“标注”命令，在打开的“标注”工具栏中单击“连续”按钮。

（3）在“功能区”选项板中选择“默认”选项卡，然后在“注释”面板中单击“连续”按钮，或选择“注释”选项卡，在“标注”面板中单击“连续”按钮。

（4）在命令行执行 DIMCONTINUE 或 DCO 命令。

和基线标注一样，在进行连续标注之前，必须先创建（或选择）一个线性标注、坐标标注或角度标注作为连续标注的基准，然后调用“连续”命令，其操作过程与基线标注一致。连续标注效果如图 4-104 所示。

4.9.3　圆（圆弧）标注

1. 半径标注

“半径”命令的功能是为圆或圆弧创建半径标注，其调用方式如下：

（1）在快速访问工具栏选择“显示菜单栏”选项，在菜单栏中执行“标注”|“半径”命令。

（2）执行“工具”|“工具栏”|“AutoCAD”|“标注”命令，在打开的“标注”工具栏中单击“半径”按钮。

（3）在“功能区”选项板中选择“默认”选项卡，然后在“注释”面板中单击“半径”按钮，或选择“注释”选项卡，在“标注”面板中单击“半径”按钮。

（4）在命令行执行 DIMRADIUS 或 DRA 命令。

执行上述操作之一，选择要标注半径的圆弧或圆，命令行显示如下：

指定尺寸线位置或[多行文字(M)/文字(T)/角度(A)]:

指定尺寸线位置，系统将按实际测量值标注半径，如图 4-105 所示。

“多行文字”、“文字”和“角度”等选项的功能同线性标注，用户可以利用上述选项自定义标注文字或修改标注文字的角度。

需要注意的是：当使用“多行文字”“文字”选项自定义标注文字时，需要手工增加前缀“R”；否则，标注文字中将不含有半径符号“R”。

2. 直径标注

“直径”命令的功能是为圆或圆弧创建直径标注，其调用方式如下：

（1）在快速访问工具栏选择“显示菜单栏”选项，在菜单栏中执行“标注”|“直径”命令。

（2）执行“工具”|“工具栏”|“AutoCAD”|“标注”命令，在打开的“标注”工具栏中单击“直径”按钮。

（3）在“功能区”选项板中选择“默认”选项卡，然后在“注释”面板中单击“直径”按钮，或选择“注释”选项卡，在“标注”面板中单击“直径”按钮。

（4）在命令行执行 DIMDIAMETER 或 DDI 命令。

执行上述操作之一，选择要标注直径的圆弧或圆，指定尺寸线的位置，系统将自动完成直径标注，如图 4-105 所示。与半径标注一样，自定义标注文字时，需要在尺寸文字前加前缀“%%C”，才能使标注文字中含有直径符号“Φ”。

3. 弧长标注

“弧长”命令用于创建圆弧长度标注，其调用方式如下：

（1）在快速访问工具栏选择“显示菜单栏”选项，在菜单栏中执行“标注”|“弧长”命令。

（2）执行“工具”|“工具栏”|“AutoCAD”|“标注”命令，在打开的“标注”工具栏中单击“弧长”按钮。

（3）在“功能区”选项板中选择“默认”选项卡，然后在“注释”面板中单击“弧长”按钮，或选择“注释”选项卡，在“标注”面板中单击“弧长”按钮。

（4）在命令行执行 DIMARC 或 DAR 命令。

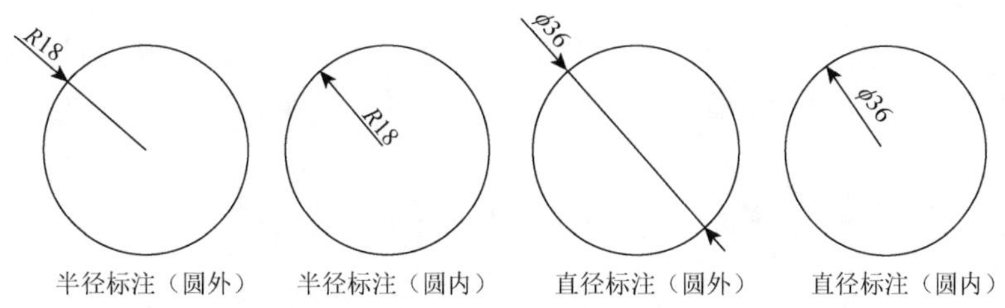

图 4-105　半径标注和直径标注

执行上述操作之一，选择要标注的圆弧，命令行显示如下：

指定弧长标注位置或[多行文字(M)/文字(T)/角度(A)/部分(P)/引线(L)]:

指定尺寸线的位置后，系统将按实际测量值标注出圆弧的长度。

前 3 个命令选项含义同前，后 2 个选项的功能如下：

（1）“部分”选项：选定圆弧某一部分进行弧长标注。

（2）“引线”选项：该选项用于添加引线对象。仅当圆弧（或圆弧段）大于 90°时才会显示此选项。引线是按径向绘制的，指向所标注圆弧的圆心。而且该引线无法单独删除，但可以通过先删除弧长标注再重新创建不带引线弧长标注来达到删除引线的效果。弧长标注与带引线的弧长标注如图 4-106 所示。

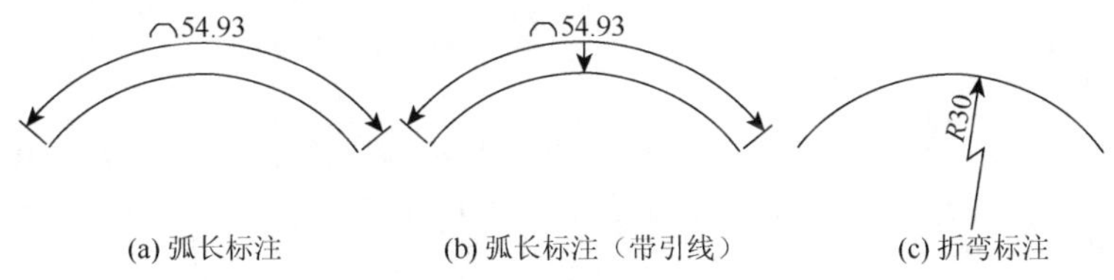

图 4-106　弧长标注和折弯标注

4. 折弯标注

“折弯”命令的功能是为圆和圆弧创建折弯半径标注（也称为缩放半径标注），其调用方式如下：

（1）在快速访问工具栏选择“显示菜单栏”选项，在菜单栏中执行“标注”|“折弯”命令。

（2）执行“工具”|“工具栏”|“AutoCAD”|“标注”命令，在打开的“标注”工具

栏中单击“折弯”按钮。

（3）在“功能区”选项板中选择“默认”选项卡，然后在“注释”面板中单击“折弯”按钮，或选择“注释”选项卡，在“标注”面板中单击“折弯”按钮。

（4）在命令行执行 DIMJOGGED 或 DJO 命令。

执行上述操作之一，选择要标注的圆或圆弧，并指定图示中心位置，即指定一个位置代替圆或者圆弧的圆心。命令行显示如下：

指定尺寸线位置或[多行文字(M)/文字(T)/角度(A)]：

指定折弯位置，系统自动完成折弯半径标注的创建，如图 4-106（c）所示。与半径标注相比，折弯标注适合标注圆心位于布局之外或无法显示圆心实际位置的圆和圆弧。

5. 圆心标记

“圆心标记”命令用于创建圆和圆弧的中心标记或中心线，其调用方式如下：

（1）在快速访问工具栏选择“显示菜单栏”选项，在菜单栏中执行“标注”|“圆心标记”命令。

（2）执行“工具”|“工具栏”|“AutoCAD”|“标注”命令，在打开的“标注”工具栏中单击“圆心标记”按钮。

（3）在命令行执行 DIMCENTER 或 DCE 命令。

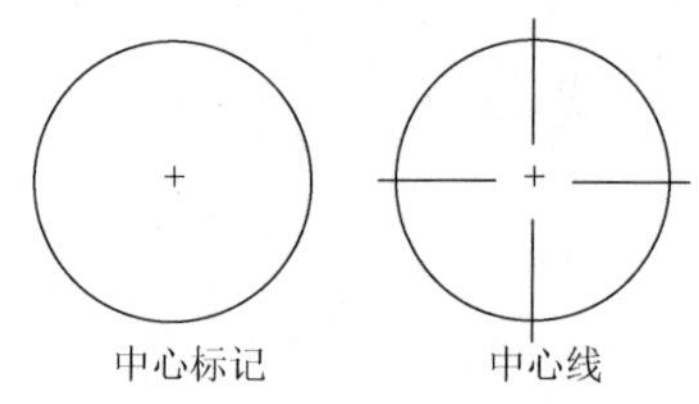

图 4-107　圆心标记

执行上述操作之一，选择要标注的圆或圆弧，系统将自动完成圆心标记。

圆心标记有中心标记和中心线 2 种形式，如图 4-107 所示。圆心标记的形式通过设置系统变量 DIMCEN 来控制。当该变量值大于 0 时，绘制中心标记；当变量值小于 0 时，绘制中心线；当变量值等于 0 时，两者均不绘制。系统变量的绝对值指定了圆心标记或中心线的大小。

另外，选择“功能区”选项板中的“注释”选项卡，然后在“中心线”面板中单击“圆心标记”按钮，或在命令行执行 CENTERMARK 命令，也可以直接为选定的圆或圆弧创建十字线。

4.9.4　角度标注

“角度”命令用于标注圆弧、圆和两条非平行线段之间的角度，其调用方式如下：

（1）在快速访问工具栏选择“显示菜单栏”选项，在菜单栏中执行“标注”|“角度”命令。

（2）执行“工具”|“工具栏”|“AutoCAD”|“标注”命令，在打开的“标注”工具栏中单击“角度”按钮。

（3）在“功能区”选项板中选择“默认”选项卡，然后在“注释”面板中单击“角度”按钮，或选择“注释”选项卡，在“标注”面板中单击“角度”按钮。

（4）在命令行执行 DIMANGULAR 或 DAN 命令。

执行上述操作之一，命令行显示如下：

选择圆弧、圆、直线或<指定顶点>：

当选择圆弧时，命令行提示“指定标注弧线位置或[多行文字(M)/文字(T)/角度(A)/象限点(Q)]：”，直接指定尺寸线的位置，AutoCAD 自动测量并标注圆弧的圆心角，如图 4-108（a）所示。在指定尺寸线位置之前，可以单击“多行文字”“文字”“角度”“象限点”等选项进行标注文字的编辑或旋转。

角度标注对象除了圆弧之外，还包括圆、直线和三点。

（1）圆：当选择圆时，拾取点将作为指定角的第一个端点，此时命令行显示“指定角的第二个端点：”，按要求确定另一点作为角的第二个端点，所标注的角度是两端点之间圆弧的圆心角，如图 4-108（b）所示。

（2）直线：若选择直线模式，需要依次指定两条非平行的直线，所标注的角度是两者之间的夹角，如图 4-108（c）所示。

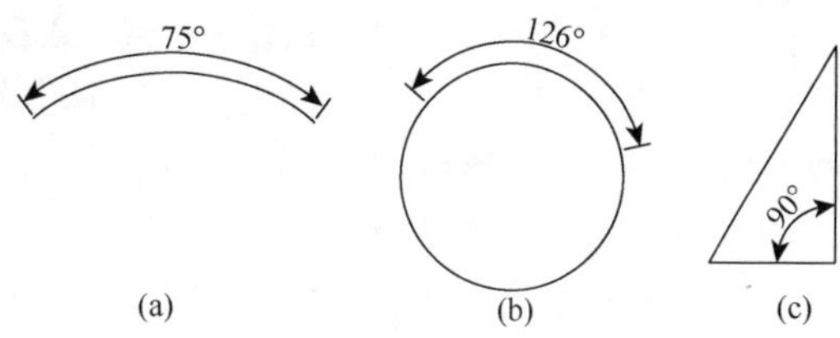

图 4-108　角度标注

（3）三点：在命令行提示“选择圆弧、圆、直线或<指定顶点>：”时，按 Enter 键，依次指定角的顶点和两个端点，系统将创建基于指定三点的角度标注。

注：对两条非平行直线进行角度标注时，标注的角度通常小于 180°。若标注大于 180°的角度，需要按“三点”式进行。

4.9.5　坐标标注

“坐标”命令用于标注指定点的绝对平面坐标 *X*、*Y*，其调用方式如下：

（1）在快速访问工具栏选择“显示菜单栏”选项，在菜单栏中执行“标注”|“坐标”命令。

（2）执行“工具”|“工具栏”|“AutoCAD”|“标注”命令，在打开的“标注”工具栏中单击“坐标”按钮。

（3）在“功能区”选项板中选择“默认”选项卡，然后在“注释”面板中单击“坐标”按钮，或选择“注释”选项卡，在“标注”面板中单击“坐标”按钮。

（4）在命令行执行 DIMORDINATE 或 DOR 命令。

执行上述操作之一，拾取待标注的点（必要时开启对象捕捉模式），命令行显示如下：

指定引线端点或[X 基准(X)/Y 基准(Y)/多行文字(M)/文字(T)/角度(A)]：

默认情况下，指定引线的端点位置后，系统将在该点标注出指定点坐标。如果在此提示下相对于标注点上下移动光标，将标注点的 *X* 坐标；若相对于标注点左右移动光标，则标注点的 *Y* 坐标。

此外，在命令提示中，“X 基准”“Y 基准”选项分别用来标注指定点的 *X*、*Y* 坐标，“多行文字”、“文字”和“角度”等选项的含义同上。

4.9.6　多重引线标注

1. 创建多重引线标注

在 AutoCAD 2020 中，多重引线标注由多重引线命令 MLEADER 来创建。调用

“MLEADER”命令的方式如下：

（1）在快速访问工具栏选择“显示菜单栏”选项，在菜单栏中执行“标注”|“多重引线”命令。

（2）执行“工具”|“工具栏”|“AutoCAD”|“标注”命令，在打开的“多重引线”工具栏中单击“多重引线”按钮。

（3）在“功能区”选项板中选择“默认”选项卡，然后在“注释”面板中单击“多重引线”按钮，或选择“注释”选项卡，在“引线”面板中单击“多重引线”按钮。

（4）在命令行执行 MLEADER 或 MLD 命令。

执行上述操作之一，根据命令行提示信息，依次指定引线箭头和引线基线的位置，然后在打开的文字输入窗口中输入注释内容，即可创建多重引线标注。

多重引线对象通常包含箭头、引线、水平基线和标注内容（多行文字或块）。其中，引线类型有直线和样条曲线 2 种，选择样条曲线时，引线将不包含水平基线，如图 4-109 所示。

2. 修改多重引线

在“功能区”选项板中选择“注释”选项卡，其中的“引线”面板中包含“添加引线”按钮、“删除引线”按钮、“对齐”按钮和“合并”按钮等多重引线修改工具，或在“功能区”选项板中选择“默认”选项卡，然后在“注释”面板中单击“多重引线”按钮右侧的下三角按钮，弹出的下拉菜单中也包含上述工具，如图 4-110 所示。

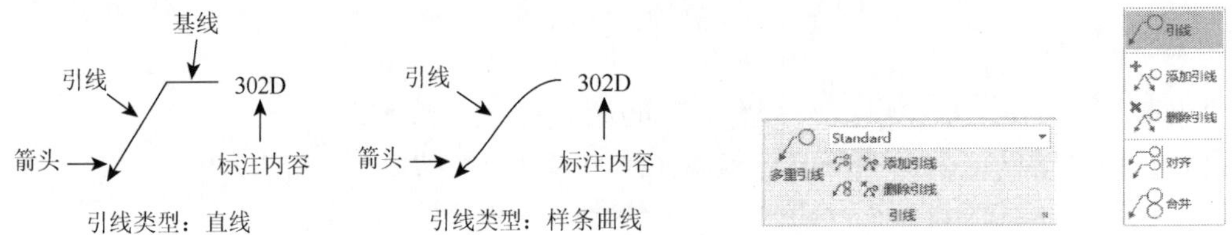

图 4-109　多重引线标注　　　　图 4-110　“引线”面板和“引线”下拉菜单

各按钮的功能如下：

（1）“添加引线”按钮：单击该按钮，将引线添加至选定的多重引线对象。根据光标的位置，新引线将添加到选定多重引线的左侧或右侧。

（2）“删除引线”按钮：单击该按钮，从选定的多重引线对象中删除指定的引线。

（3）“对齐”按钮：单击该按钮，等间隔排列多重引线，并将其对齐到指定方向，如图 4-111（b）所示。

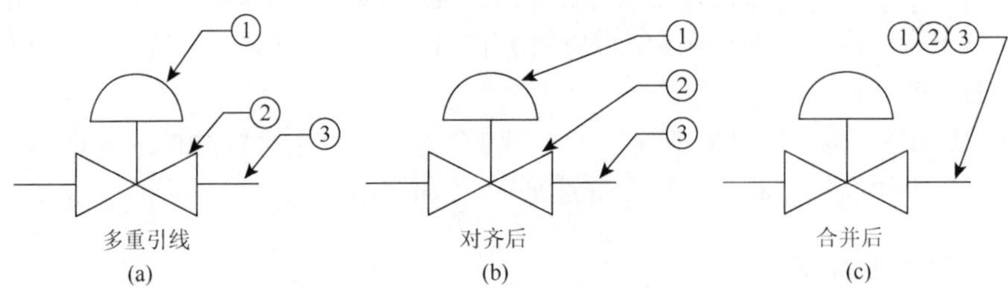

图 4-111　对齐和合并多重引线

（4）“合并”按钮：将包含块的多重引线整理到行或列中，并通过单引线显示结果，如图 4-111（c）所示。

注：执行“添加引线”命令时，命令行的提示信息中含有“删除引线”选项，单击该选项则可删除选定的引线；同样，“删除引线”命令中也包含“添加引线”选项，可以实现引线的添加。

3. 管理多重引线样式

多重引线样式可以控制引线的外观，用户可以根据需要，创建新的多重引线样式或修改已有的多重引线样式。AutoCAD 2020 提供了“多重引线样式管理器”，可以方便实现对多重引线样式的创建、修改、删除等操作。打开“多重引线样式管理器”的方式如下：

（1）在快速访问工具栏选择“显示菜单栏”选项，在菜单栏中执行“格式”|“多重引线样式”命令。

（2）执行“工具”|“工具栏”|“AutoCAD”|“多重引线”命令，在打开的“多重引线”工具栏中单击“多重引线样式”按钮。

（3）在功能区“选项板”中选择“默认”选项卡，然后在“注释”面板中单击“多重引线样式”按钮，或打开“多重引线样式”下拉列表框 Standard ，在下拉列表中选择“管理多重引线样式”命令。

（4）在功能区“选项板”中选择“注释”选项卡，然后在“引线”面板中单击“多重引线样式”按钮，或打开“多重引线样式”下拉列表框 Standard ，在下拉列表中选择“管理多重引线样式”命令。

（5）在命令行执行 MLEADERSTYLE 或 MLS 命令。

执行上述操作之一，打开“多重引线样式管理器”对话框，如图 4-112 所示。该对话框和“标注样式管理器”对话框功能相似，可以设置多重引线的格式、结构和内容。其中，“样式”列表中显示现有的多重引线样式，选择一种样式，单击“置为当前”按钮，选定的样式被设定为当前样式，新绘制的多重引线都将使用此样式进行创建。

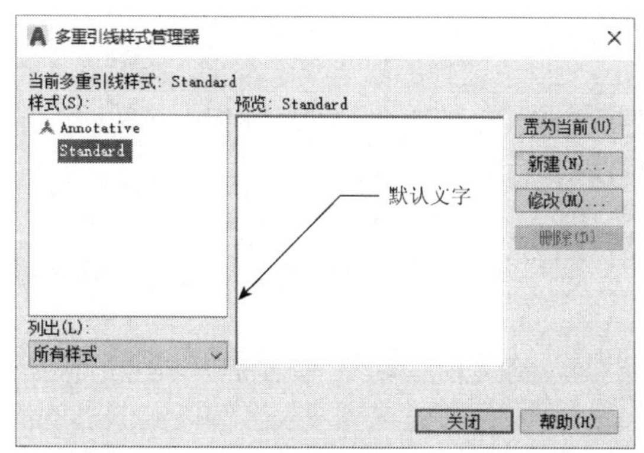

图 4-112　“多重引线样式管理器”对话框

若列表中没有合适的多重引线样式，则需要创建新的多重引线样式，可单击“新建”按钮，打开“创建新多重引线样式”对话框，如图 4-113 所示。设置新样式的名称和基础样式之后，单击“继续”按钮，打开“修改多重引线样式：New Style”对话框（图 4-114）。

在“修改多重引线样式：New Style”对话框中，用户可对多重引线格式、结构和内容等选项进行重新设置。设置完毕后，单击“确定”按钮，关闭“修改多重引线样式：New Style”对话框，返回到“多重引线样式管理器”对话框，单击“关闭”按钮，关闭“多重引线样式管理器”对话框，完成多重引线样式的创建。

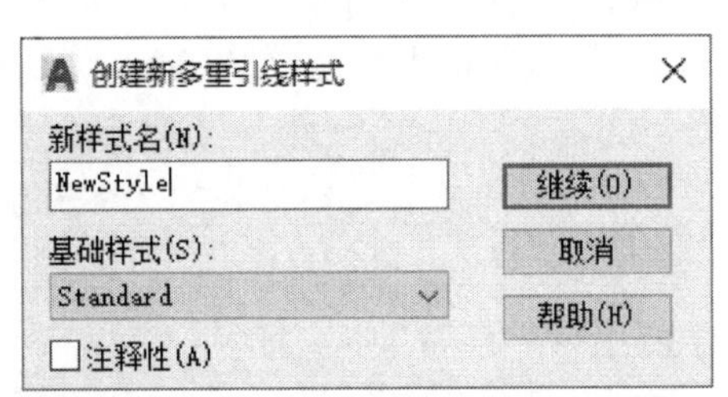

图 4-113　“创建新多重引线样式”对话框

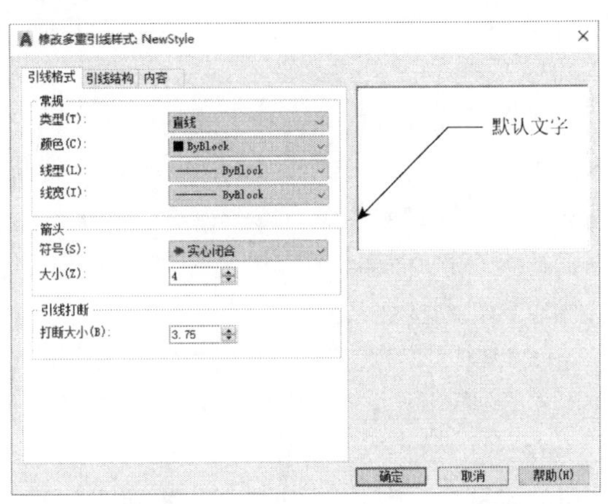

图 4-114　“修改多重引线样式：New Style”对话框

4.9.7　标注与快速标注

标注和快速标注是集常用标注命令（如线性标注、直径标注、半径标注、弧长标注、折弯标注、坐标标注、基线标注、连续标注等）为一体的多功能综合性标注命令。在实际标注过程中，无须在不同标注命令间进行频繁切换，仅需单击不同的命令选项即可完成几乎所有类型的标注，且命令本身具有自动推断功能，命令行提示信息随标注对象不同而不同，可以便捷、高效地完成各种类型的快速标注。

1. 标注

“标注”命令的调用方式如下：

（1）在“功能区”选项板中选择“默认”选项卡，然后在“注释”面板中单击“标注”按钮，或选“注释”选项卡，在“引线”面板中单击“标注”按钮。

（2）在命令行执行 DIM 命令。

执行上述操作之一，命令行显示如下：

选择对象或指定第一个尺寸界线原点或[角度(A)/基线(B)/连续(C)/坐标(O)/对齐(G)/分发(D)/图层(L)/放弃(U)]:

当光标悬停在待标注的对象上时，DIM 命令将自动创建合适的标注类型：

（1）当光标悬停在圆上时，命令行显示“选择圆以指定直径或[半径(R)/折弯(J)/角度(A)]：”，默认为直径标注，若更改标注类型，右击，在弹出的快捷菜单中选择“半径”、“折弯”或“角度”选项，或在命令行中输入命令选项字符“R”、“J”或“A”并按 Enter 键确认；然后单击选择“圆”对象，命令行显示“指定直径标注位置或[半径(R)/多行文字(M)/文字(T)/文字角度(N)/放弃(U)]：”，指定标注位置，即可完成直径标注。在指定标注位置前，选择“半径”选项可以更改标注类型为半径标注；也可以选择“多行文字”“文字”“文字角度”等选项，进行标注文字的编辑或旋转；选择“放弃”选项，放弃当前标注，并返回到前一个提示。

（2）当光标悬停在圆弧对象或多段线的圆弧段时，命令行显示“选择圆弧以指定半径或[直径(D)/折弯(J)/弧长(L)/角度(A)]：”，选择“圆弧”对象，命令行提示“指定半径标注位置或[直径(D)/角度(A)/多行文字(M)/文字(T)/文字角度(N)/放弃(U)]：”，指定标注位置，完成半径标注。在标注过程中，随时可以选择不同的命令选项实现标注类型和标注内容的修改，各命令选项的使用方法同上。

（3）当光标悬停在直线或多段线的直线段时，命令行显示“选择直线以指定尺寸界线原点：”，选择“直线”对象，命令行显示“指定尺寸界线位置或第二条线的角度[多行文字(M)/文字(T)/文字角度(N)/放弃(U)]：”，指定标注位置，完成直线的线性标注。线性标注的类型取决于在指定标注位置时的光标移动方向，若上下、左右移动光标，则创建水平线性标注、垂直线性标注；对于倾斜直线，沿着垂线方向移动光标，则创建对齐标注。

除上述直接选择对象进行标注之外，可以直接指定第一个、第二个尺寸界线原点（必要时开启对象捕捉模式），上下、左右或沿直线垂直方向拖动鼠标，以确定标注类型是水平线性标注、垂直线性标注还是对齐标注，指定标注位置，即可完成指定两点之间的线性标注。

每一次标注内容完成后，将返回至“标注”命令的最初提示状态，即命令行显示“选择对象或指定第一个尺寸界线原点或[角度(A)/基线(B)/连续(C)/坐标(O)/对齐(G)/分发(D)/图层(L)/放弃(U)]：”，等待用户发出指令或操作，以进入下一个对象标注。所有标注完成后，按 Enter 键或 Esc 键，结束命令执行。

“标注”命令中各命令选项的功能如下：

（1）“角度”选项：通过选择圆弧、圆、两条直线或指定三点来创建一个角度标注。

（2）“基线”选项：以最近创建（默认值）或选定的线性、角度或坐标标注作为基准标注，创建基线标注。

（3）“连续”选项：以最近创建（默认值）或选定的线性、角度或坐标标注作为连续标注的基准，创建连续标注。

（4）“坐标”选项：创建坐标标注。

（5）“对齐”选项：将多个平行、同心或同基准标注对齐到选定的基准标注。

（6）“分发”选项：将多个平行、同心或同基准标注按等间距排列或指定偏移距离排列。

（7）“图层”选项：通过输入图层名称或选择对象为标注指定图层。若输入“.”，则使用当前图层。

（8）“放弃”选项：撤销上一个标注操作。

2. 快速标注

“快速标注”命令的调用方式如下：

（1）在快速访问工具栏选择“显示菜单栏”选项，在菜单栏中执行“标注”|“快速标注”命令。

（2）执行“工具”|“工具栏”|“AutoCAD”|“标注”命令，在打开的“标注”工具栏中单击“快速标注”按钮。

（3）选择“功能区”选项板中的“注释”选项卡，然后在“标注”面板中单击“快速标注”按钮。

（4）在命令行执行 QDIM 命令。

执行上述操作之一，选择要标注的几何图形，选取完毕后，右击或按 Enter 键确认，此时命令行显示如下：

指定尺寸线位置或[连续(C)/并列(S)/基线(B)/坐标(O)/半径(R)/直径(D)/基准点(P)/编辑(E)/设置(T)]<连续>：

默认情况下，AutoCAD 将为选择的对象创建连续标注，指定尺寸线位置，即可完成标注的创建。若选择标注的对象为圆或圆弧，则默认创建半径标注。

“快速标注”命令可以创建“连续”、“并列”、“基线”、“坐标”、“半径”和“直径”等一系列标注，其命令选项的功能如下：

（1）“连续”选项：创建一系列连续标注，如图 4-115 所示。

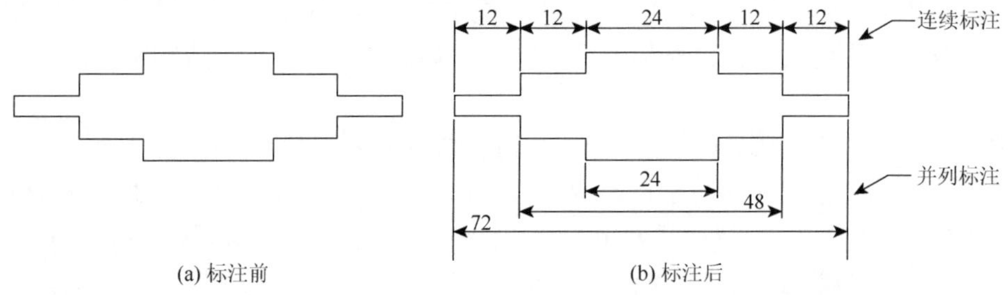

图 4-115　连续标注和并列标注

（2）“并列”选项：创建一系列并列标注，其中线性尺寸线将按指定的偏移距离排列，如图 4-115 所示。

（3）“基线”选项：创建一系列基线标注。其后的“坐标”“半径”“直径”选项的功能与此类同。

（4）“基准点”选项：为基线标注和连续标注指定一个新的基准点。

（5）“编辑”选项：在生成标注之前，删除或添加选定的标注点，按 Enter 键，系统将对尺寸标注进行更新。

（6）“设置”选项：为尺寸界线原点（交点或端点）设置对象捕捉优先级。

实例 4-8　按实例 4-7 所创建的标注样式 MyDIM，使用合适的尺寸标注命令，对图 4-116 中的图形进行尺寸标注。

（1）在功能区“选项板”中选择“注释”选项卡，并在“标注”面板中单击“标注样式”按钮，系统打开“标注样式管理器”对话框；在“样式”列表中选择“MyDIM”，单击“置为当前”按钮；然后单击“关闭”按钮，关闭“标注样式管理器”对话框。

为了叙述方便，对图形中各点用相应的字母进行标识，如图 4-117 所示。

（2）选择“注释”选项卡，在“中心线”面板中单击“圆心标记”按钮，依次选择圆 O_1、O_2，为其添加中心线。

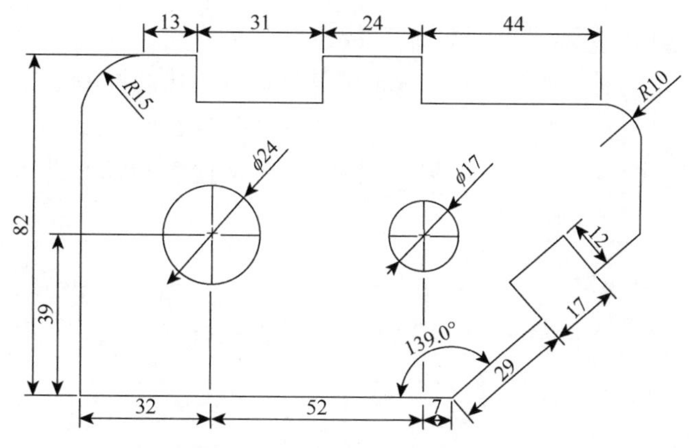

图 4-116　标注图形及标注结果

（3）选择“注释”选项卡，在“标注”面板中单击“直径”按钮，选择圆 O_1，然后向右上方拖动鼠标，在合适的位置单击，完成直径标注；按 Enter 键重复命令，按同样的方法完成圆 O_2 的直径标注。

（4）在“标注”面板中单击“半径”按钮，选择圆弧 *PQ*，然后向右下方拖动鼠标至合适位置单击，完成圆弧 *PQ* 的半径标注；按 Enter 键重复命令，选择圆弧 *HI*，并向右上方拖动鼠标至合适位置单击，完成圆弧 *HI* 的半径标注。

（5）在“标注”面板中单击“角度”按钮，依次选择直线段 *BA*、*BC*，并向左上方拖动鼠标，在合适位置单击，完成角度标注。标注结果如图 4-118 所示。

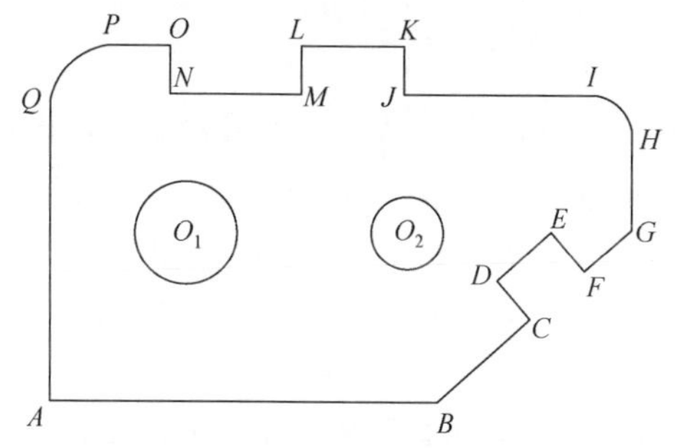

图 4-117　图形中的点名标识

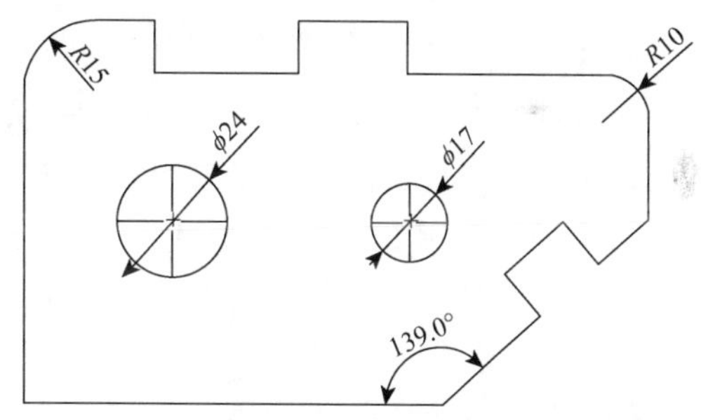

图 4-118　中心线、半径、直径和角度标注

（6）在状态栏中，单击“对象捕捉”按钮，开启对象捕捉；右击“对象捕捉”按钮，在弹出的快捷菜单中勾选“端点”和“圆心”两项。

（7）单击“标注”面板中的“线性”按钮，依次捕捉 *A*、O_1 点，向下拖动鼠标至合适位置单击；单击“标注”面板中的“连续”按钮，依次捕捉 O_2、*B* 点，连续按两次 Enter 键，完成连续标注。

（8）单击“标注”面板中的“线性”按钮，依次捕捉 *A*、O_1 点，向左拖动鼠标至合适位置单击；单击“标注”面板中的“基线”按钮，捕捉 *P* 点，连续按两次 Enter 键，完成基线标注。标注结果如图 4-119 所示。

（9）单击“标注”面板中的“快速标注”按钮，选择直线段 *PO*、*NM*、*LK*、*JI*，并按 Enter 键确认，向上拖动鼠标至合适位置单击，完成连续标注。

（10）单击“标注”面板中的“对齐”按钮，依次捕捉 E、F 点，向左上拖动鼠标至合适位置单击，完成对齐标注；按 Enter 键重复命令，按同样方法完成直线段 BC 的对齐标注。

（11）单击“标注”面板中的“连续”按钮，捕捉 F 点，连续按两次 Enter 键，完成连续标注。标注结果如图 4-120 所示。

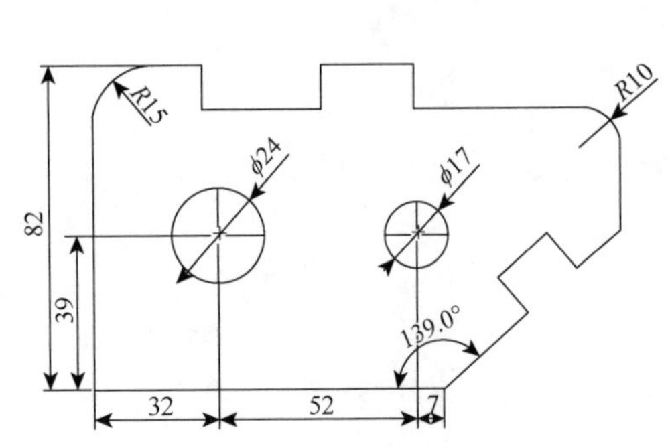

图 4-119　线性标注、连续标注和基线标注

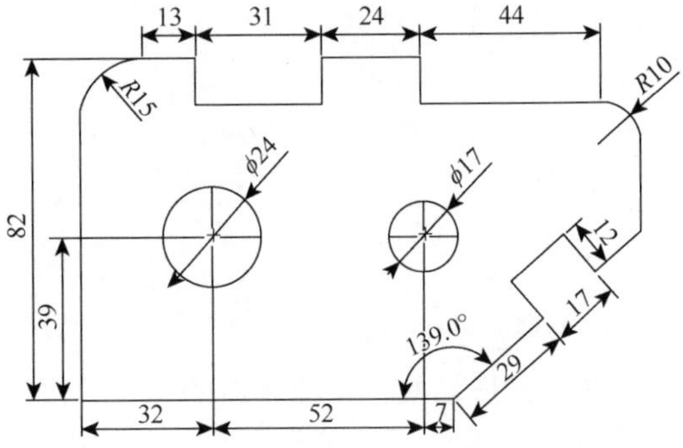

图 4-120　快速标注、对齐标注和连续标注

（12）单击“标注”面板中的“标注打断”按钮，选择命令行提示中的“多个”选项，框选底部的连续标注“32”“52”“7”，连续按两次 Enter 键，完成标注打断。最终标注结果如图 4-116 所示。

4.9.8　标注的修改与编辑

1. 标注打断

当标注的尺寸线或尺寸界线与其他对象相交时，“标注打断”命令可在相交处打断尺寸线或尺寸界线，打断后的标注仍然为“块”对象。若选择已打断的标注，“标注打断”命令还可以删除折断标注，恢复原来的状态。“标注打断”命令调用方式如下：

（1）在快速访问工具栏选择“显示菜单栏”选项，在菜单栏中执行“标注”|“标注打断”命令。

（2）执行“工具”|“工具栏”|“AutoCAD”|“标注”命令，在打开的“标注”工具栏中单击“标注打断”按钮。

（3）选择“功能区”选项板中的“注释”选项卡，然后在“标注”面板中单击“标注打断”按钮。

（4）在命令行执行 DIMBREAK 命令。

执行上述操作之一，选择要添加折断或删除折断的标注，右击或按 Enter 键确认选择，命令行显示如下：

选择要折断标注的对象或[自动(A)/手动(M)/删除(R)]<自动>:

默认情况下，系统自动进行相交判断并创建折断标注，直接按 Enter 键即可为选定的标注添加折断标注，如图 4-121 所示。选择“手动”选项，可以手动指定打断点的位置；若选择“删除”选项，则从选定的标注中删除所有折断标注。

该命令每执行一次仅能打断一个标注。若要批量处理，则可在执行命令时选择命令行中提示信息中的“多个”选项，点选或框选多个标注，即可为多个标注添加折断标注或删除折断标注。

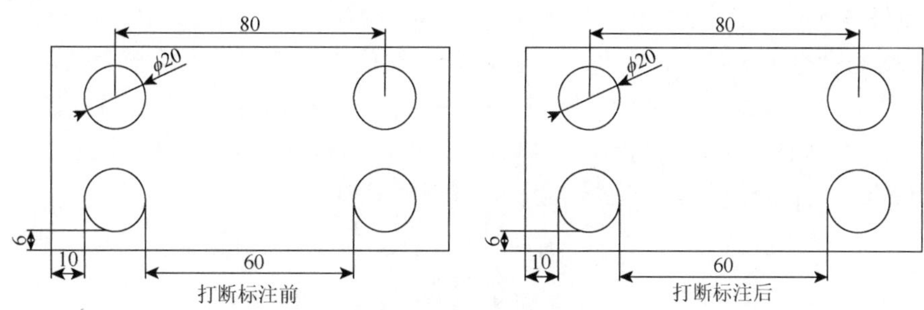

图 4-121　打断标注

2. 折弯标注

“折弯标注”命令用于在线性标注、对齐标注中添加或删除折弯线。在添加折弯线的标注中，标注值表示实际距离，而不是图形中测量的距离。其调用方式如下：

（1）在快速访问工具栏选择“显示菜单栏”选项，在菜单栏中执行“标注”|“折弯线性”命令。

（2）执行“工具”|“工具栏”|“AutoCAD”|“标注”命令，在打开的“标注”工具栏中单击“折弯线性”按钮。

（3）选择“功能区”选项板中的“注释”选项卡，然后在“标注”面板中单击“折弯标注”按钮。

（4）在命令行执行 DIMJOGLINE 命令。

执行上述操作之一，选择要添加折弯的标注，并指定折弯位置，系统将自动添加折弯标注。若不指定折弯位置而是按 Enter 键，系统将在标注文字与第一条尺寸界线之间的中点处放置折弯；当标注文字被移开时，在尺寸线的中点处放置折弯。

“折弯标注”命令还可以删除已添加的折弯线，其操作方法是：执行“折弯标注”命令时，选择命令行提示信息中的“删除”选项，选择要删除折弯的标注即可。

3. 调整间距

“调整间距”命令用于调整线性标注或角度标注之间的间距，其调用方式如下：

（1）在快速访问工具栏选择“显示菜单栏”选项，在菜单栏中执行“标注”|“标注间距”命令。

（2）执行“工具”|“工具栏”|“AutoCAD”|“标注”命令，在打开的“标注”工具栏中单击“调整间距”按钮。

（3）选择“功能区”选项板中的“注释”选项卡，然后在“标注”面板中单击“调整间距”按钮。

（4）在命令行执行 DIMSPACE 命令。

执行上述操作之一，先选择基准标注，再选择要调整间距的标注（要求是平行的线性标注或共用一个顶点的角度标注），命令行显示“输入值或［自动（A）］<自动>：”信息，单击“自动”选项或直接按 Enter 键，间距值被设置为基准标注文字高度的两倍。

用户也可以手工输入间距值，按 Enter 键确认后，系统将按等间距排列标注；若间距值设为 0，则执行对齐操作。

4. 倾斜标注

“倾斜”命令用于更改尺寸界线的倾斜角。在快速访问工具栏选择“显示菜单栏”选项，在菜单栏中执行“标注”|“倾斜”命令，点选或框选要倾斜的标注，输入倾斜角度并按 Enter 键确认，系统自动将尺寸界线旋转指定的角度，如图 4-122 所示。该命令仅对线性标注、对齐标注及其对应的连续标注和基线标注有效。

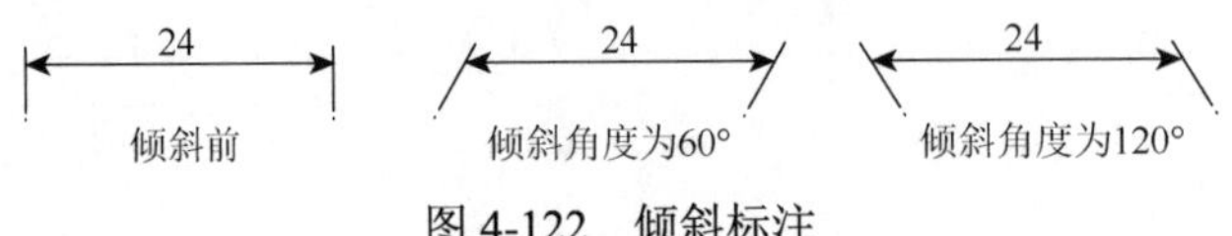

图 4-122　倾斜标注

另外，在命令行执行 DIMEDIT 命令，命令行将显示“输入标注编辑类型[默认(H)/新建(N)/旋转(R)/倾斜(O)]<默认>:”提示信息。此时，单击“倾斜”选项，也可以实现“倾斜标注”的功能。该命令的其余选项含义如下：

（1）“默认”选项：按标注样式指定的默认位置和旋转角度放置标注文字。

（2）“新建”选项：打开“在位文字编辑器”，输入新的标注文字，单击“文字编辑器”上下文选项卡中的“关闭”按钮，选择需要修改的尺寸标注对象，即可更改其标注文字。

（3）“旋转”选项：旋转标注文字。若标注的角度设置为 0，则按标注样式指定的默认方向放置标注文字。

5. 对齐文字

“对齐文字”命令用于调整标注文字的位置和旋转角，其调用方式如下：

（1）在快速访问工具栏选择“显示菜单栏”选项，在菜单栏中执行“标注”|“对齐文字”|“默认”命令，或“角度”“左”“居中”“右”等命令。

（2）选择“功能区”选项板中的“注释”选项卡，然后在“标注”面板中单击“角度”按钮，或“左对正”按钮、“居中对正”按钮、“右对正”按钮。

（3）在命令行中执行 DIMTEDIT 命令，选择要对齐文字的标注对象，命令行显示“为标注文字指定新位置或[左对齐(L)/右对齐(R)/居中(C)/默认(H)/角度(A)]：”拖动鼠标至合适位置单击，即可移动标注文字至指定的新位置，或单击其中的命令选项实现相应的功能。

（4）选择标注对象，右击，在弹出的快捷菜单中选择“特性”选项，弹出“特性”选项板（图 4-123），通过重置“文字”栏中的水平放置文字、垂直放置文字或文字旋转的特性值实现对齐文字。

在上述操作的菜单命令、按钮命令或选项命令中，除“默认”选项的功能与 DIMEDIT 命令的“默认”选项相同以外，其他命令选项的含义如下：

（1）“角度”选项：修改标注文字的角度。

（2）“左”“左对正”“左对齐”选项：沿尺寸线左对正标注文字。

（3）“居中”“居中对正”选项：沿尺寸线居中放置标注文字。

（4）“右”“右对正”“右对齐”选项：沿尺寸线右对正标注文字。

另外，选中标注对象，将光标悬停在标注文字的夹点上，将显示夹点菜单，如图 4-124 所示。选择相应的菜单项也可以重置标注文字的位置。

图 4-123　尺寸标注的"特性"选项板

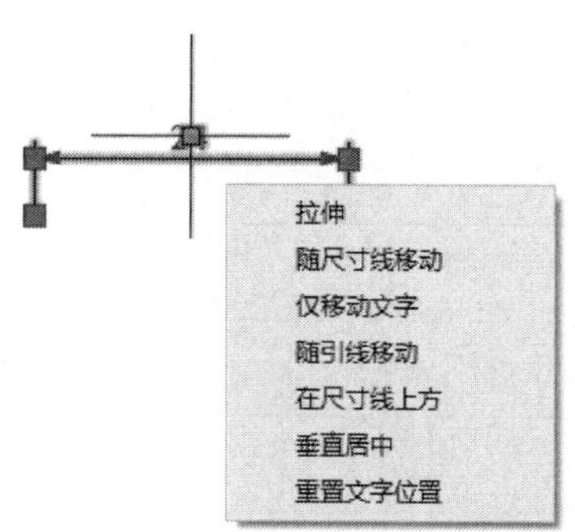

图 4-124　尺寸标注的夹点菜单

6. 替代标注

在快速访问工具栏选择"显示菜单栏"选项，在菜单栏中执行"标注"|"替代"命令（DIMOVERRIDE），或选择"功能区"选项板中的"注释"选项卡，在"标注"面板中单击"替代"按钮，可以临时修改尺寸标注的系统变量设置，并按该设置修改尺寸标注。该操作只对指定的尺寸对象进行修改，并且修改后不影响原系统的变量设置。执行该命令时，命令行提示如下：

输入要替代的标注变量名或［清除替代（C）］：

输入要修改的系统变量名，并为该变量指定一个新值。例如，输入"DIMTAD"（控制标注文字相对于尺寸线的垂直位置），其旧值为 1（上），输入新值为 0（居中），按 Enter 键确认后，选择需要修改的标注对象，则标注对象完成相应的更改，如图 4-125 所示。如果单击"清除替代"选项，并选择需要修改的对象，将清除选定标注对象的所有替代值，恢复当前标注样式所定义的设置。

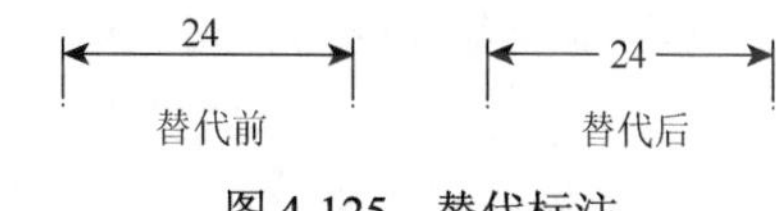

图 4-125　替代标注

上述方式操作便捷高效，但需要牢记各系统变量名及其取值含义，在实际应用中存在一定的难度。在 AutoCAD 2020 中，可以使用"标注样式"下拉列表框实现替换标注，操作方法是：先选择要修改的标注对象，在"功能区"选项板中，打开"默认"选项卡中"注释"面板（或"注释"选项卡中"标注"面板）的"标注样式"下拉列表框 ISO-25，在下拉列表中选择拟替换的标注样式。若下拉列表中没有对应的标注样式，可在"标注样式管理器"对话框（图 4-92）中创建新的标注样式（注意当前标注样式应保持不变），然后再按上述步骤即可实现标注替换。

7. 更新标注

“更新”命令的功能是将当前标注样式应用到选定标注。该命令与“替代”是一对互逆命令，“替代”命令将选定标注从当前标注样式替换为其他标注样式，而“更新”命令则将选定标注从替换标注恢复至当前标注样式。

在快速访问工具栏选择“显示菜单栏”选项，在菜单栏中执行“标注”|“更新”命令，或在“功能区”选项板中选择“注释”选项卡，然后在“标注”面板中单击“更新”按钮，点选或框选要更新的标注对象，右击或按 Enter 键确认，即可更新标注。

8. 关联标注

关联标注包括关联标注、非关联标注和部分关联标注 3 种类型。当几何图形的形状发生改变时，关联标注会自动调整其位置、方向和测量值，而非关联标注或部分关联标注则不会自动更改。“重新关联标注”命令用于重新关联非关联标注或部分关联标注。

在快速访问工具栏选择“显示菜单栏”选项，在菜单栏中执行“标注”|“重新关联标注”命令，或在“功能区”选项板中选择“注释”选项卡，在“标注”面板中单击“重新关联标注”按钮，点选或框选需要关联或重新关联的标注对象，按 Enter 键确认，依次为选定的标注指定第一个、第二个尺寸界线原点（必要时开启对象捕捉模式），即可重新关联标注。

思考题

1. 在 AutoCAD 中，选择图形对象包括哪些方式？各有何特点？
2. 窗口选择和窗交选择之间有什么不同？
3. 在复制对象时，COPY 命令和 COPYCLIP 命令有何不同？
4. 阵列对象包括哪几种模式？
5. 如何移动对象，有哪些方式可供使用？
6. 从效果上来看，缩放、拉伸和拉长命令之间有什么不同？
7. 执行“修剪”命令时，如何实现“延伸”功能？执行“延伸”命令时，又如何实现“修剪”功能呢？
8. 特性匹配的目的是什么？如何实现对象之间的特性匹配？
9. 编辑多段线时，可以实现哪些功能？
10. 多线编辑工具有哪几种？各有何功能？
11. 如何进入夹点模式？夹点模式可以实现哪些功能？
12. 新建标注样式时，需要设置哪些基本参数？
13. 在 AutoCAD 2020 中，可以实现哪些尺寸标注？
14. “标注”命令和“快速标注”命令分别实现哪几种尺寸标注？

第5章　图形绘制script命令文本编辑方法

AutoCAD 的脚本文件，是 AutoCAD 绘制图形命令和参数的文本文件，将绘制图形的整个过程进行记录，在下一次需要绘制的时候，直接运行 script 命令，执行该脚本，即可自动画出图形，效率是非常高的。同一个脚本文件，在不同版本的 AutoCAD 中，执行的效果可能也不一样，其主要有以下两种原因：

（1）不同版本的 AutoCAD，脚本中调用的命令和参数可能是完全不一样的。

（2）脚本中命令的使用，取决于本地安装的 AutoCAD 是否打开相关功能，如栅格捕捉、对象捕捉，如果没有打开，在执行的时候，也将受到影响。

AutoCAD 的脚本就是 CAD 的命令行序列。脚本文件类似于 DOS 操作系统中的批处理文件，它可以将不同的 AutoCAD 命令组合起来，并按确定的顺序自动连续地执行。脚本文件是文本文件，扩展名为“.scr”，用户可使用任一文本编辑器来创建脚本文件。

脚本文件可使一些命令序列自动执行，所以常用来产生、编辑或观看图形，如幻灯片放映、初始的图形设置等。但脚本文件不能使用对话框或菜单，当从脚本文件中发出打开对话框命令时，AutoCAD 运行该命令的命令栏含义而不是打开对话框。

下面的例子说明了如何使用脚本文件绘制并显示图形。

步骤 1：创建脚本文件“exam_draw.scr”。

（1）使用 Windows 附件中的“记事本”程序创建一个新文件。

（2）在该文件中添加如下内容：

```
;Draw a line and circle
line
0,0
10,0

circle
10,0
3.5
zoom
e
```

（3）以“exam_draw.scr”为名保存该文件。

步骤 2：运行脚本文件。

进入 AutoCAD 系统，调用“script”命令弹出“Select Script File（选择脚本文件）”对话框，定位并打开步骤 1 中创建的“exam_draw.scr”文件。该文件的运行结果是在屏幕中间绘制一条直线和一个圆。

注意事项：脚本中“10，0”和“e”后面应空一行，代表回车命令；否则运行出错。

5.1　绘制命令编辑

1. 绘制直线命令编辑

在 AutoCAD 中，使用 LINE 命令绘制直线。LINE 绘制直线的过程如下：

“指定第一个点”选项：指定直线的起点。在此提示下，按 Enter 键，系统将上一次绘制的直线、多段线或圆弧的终点定义为新直线的起点。

“指定下一个点”选项：指定直线的端点。在此提示下，按 Enter 键，则命令结束。

“关闭”选项：单击该选项，或输入“C”按 Enter 键，系统将使连续折线自动封闭。

上述过程编写成 script 脚本文件为

```
line
x1,y1            ————起点坐标
x2,y2
…………
xn,yn            ————终点坐标
C或Enter键       ————直线闭合输入C;不闭合为Enter键
```

实例 5-1　文件及结果见图 5-1。

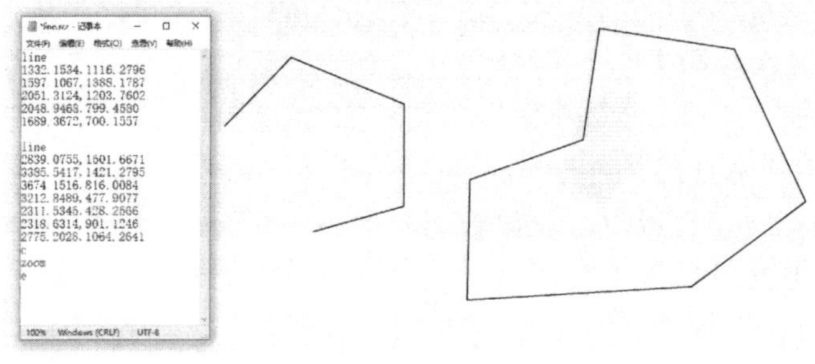

图 5-1　script 绘制直线示例

2. 绘制多段线命令编辑

绘制多段线的命令行提示如下：

指定起点：

当前线宽为 0.0000

指定下一个点或[圆弧(A)/半宽(H)/长度(L)/放弃(U)/宽度(W)]:

指定下一点或[圆弧(A)/闭合(C)/半宽(H)/长度(L)/放弃(U)/宽度(W)]:

依次指定多段线的其余各点，所有点指定完毕后，按 Enter 键结束命令执行，完成多段线绘制。

上述过程编写成 script 脚本文件为

```
pline
x1,y1,z          ————————起点平面坐标和标高
x2,y2
…………
```

```
xn,yn              ————————终点坐标
C 或 Enter 键      ————————多段线闭合输入 C;不闭合为 Enter 键
```

实例 5-2　文件及结果见图 5-2。

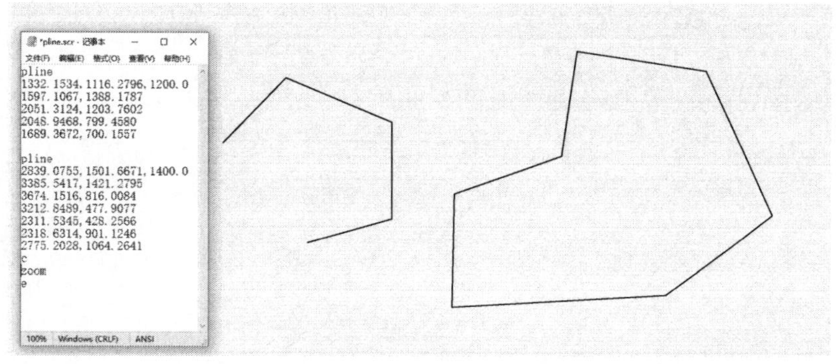

图 5-2　script 绘制多段线示例

3. 绘制点命令编辑

在 AutoCAD 中设置点样式（图 5-3）过程为

```
命令:pdmode
输入 PDMODE 的新值<0>:32
```

回车后，出现"正在重生成模型。"

设置点大小过程为

```
命令:pdsize
输入 PDSIZE 的新值<0.0000>:5
```

回车后，出现"正在重生成模型。"

PDSIZE 控制点图形的尺寸（PDMODE 值为 0 和 1 时除外）。设置为 0 将在百分之五绘图区域高度处生成点。正的 PDSIZE 值指定点图形的绝对尺寸。负值将解释为视口大小的百分比。

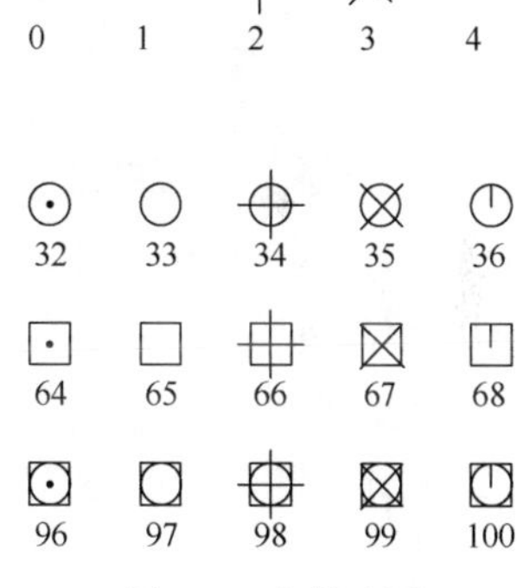

图 5-3　点样式图

绘制点命令：

```
命令:point
指定点:200,230,300
```

上述过程编写成 script 脚本文件为

```
pdmode
32
pdsize
5
point
200,230,300
zoom
e
```

4. 绘制矩形命令编辑

绘制矩形的命令过程为

命令：rectangle

指定第一个角点或[倒角(C)/标高(E)/圆角(F)/厚度(T)/宽度(W)]：200，200

指定另一个角点或[面积(A)/尺寸(D)/旋转(R)]：400，300

上述过程编写成 script 脚本文件为

```
rectangle
200,300
400,300
```

5. 绘制圆命令编辑

绘制圆的命令过程如下。

1）圆心、半径模式

命令：circle

指定圆的圆心或[三点(3P)/两点(2P)/切点、切点、半径(T)]：200，300

指定圆的半径或［直径（D）]：20

上述过程编写成 script 脚本文件为

```
circle
200,300
20
```

2）三点模式

命令：circle

指定圆的圆心或[三点(3P)/两点(2P)/切点、切点、半径(T)]：3p

指定圆上的第一个点：100，200

指定圆上的第二个点：200，300

指定圆上的第三个点：50，320

上述过程编写成 script 脚本文件为

```
circle
3p
100,200
200,300
50,320
```

其他模式类同。

6. 绘制样条曲线命令编辑

绘制样条曲线的命令过程为

命令：spline

指定第一个点或［对象（O）]：100，150

指定下一点：200，170

指定下一点或[闭合(C)/拟合公差(F)]<起点切向>：300，60

指定下一点或[闭合(C)/拟合公差(F)]<起点切向>：400，300

指定下一点或[闭合(C)/拟合公差(F)]<起点切向>：↵

指定起点切向：↵

指定端点切向：↵

上述过程编写成 script 脚本文件为

```
spline
100,150
200,170
300,60
400,300



zoom
e
```

结果见图 5-4。

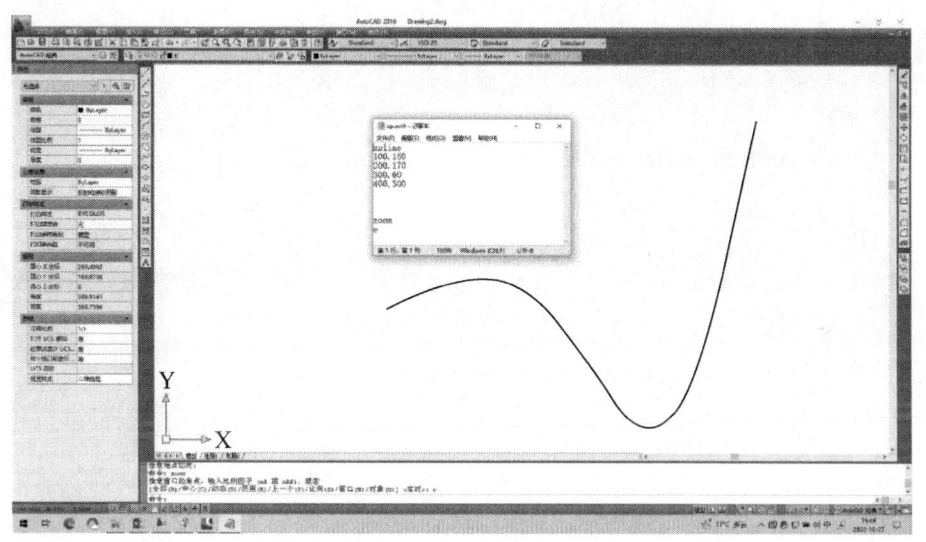

图 5-4　script 绘制样条曲线示例

7. 文字注记命令编辑

文字注记的命令过程为

```
命令:-text
指定文字的起点或[对正(J)/样式(S)]:100,200
指定高度<2.5000>:10
指定文字的旋转角度<0>:30
输入文字:aaaaaaaa
```

上述过程编写成 script 脚本文件为

```
-text
100,200
10
```

```
30
aaaaaaaa
```

在AutoCAD中的其他图形元素绘制的script脚本文件编辑过程跟上述几种情况相同，在此不再一一列出。

5.2 应用实例

1. 绘制图5-5，左下角点坐标为（100，100），并以此为基点逆时针旋转25°

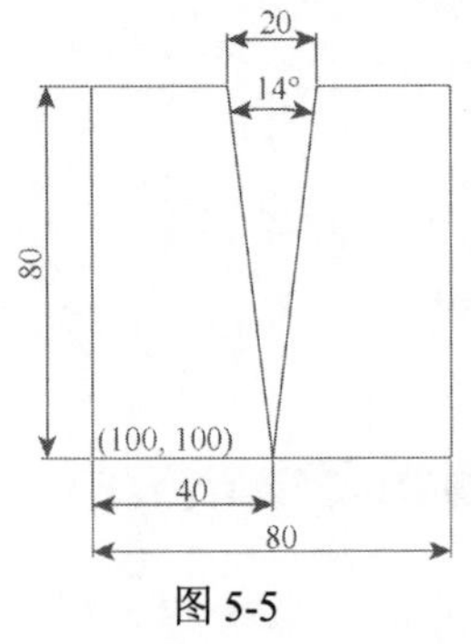

图5-5

（1）在命令窗口输入 rotate 或在菜单栏执行“修改”｜“旋转”命令；

（2）选择对象后按回车键；

（3）指定基点：（100，100）按回车键；

（4）输入旋转角度：25，按回车键。

script 命令格式文件：

```
rotate
int ˽ 100,100
25 ˽
```

2. 绘制图5-6图形的script命令文件

```
pline
100,100
w
15
@100,0
w
40
0
@40,0

dimlinear
100,92.5
200,100
240,100
220,130
dimlinear
100,107.5
95,100
dimlinear
100,100
200,100
150,130
dimlinear
```

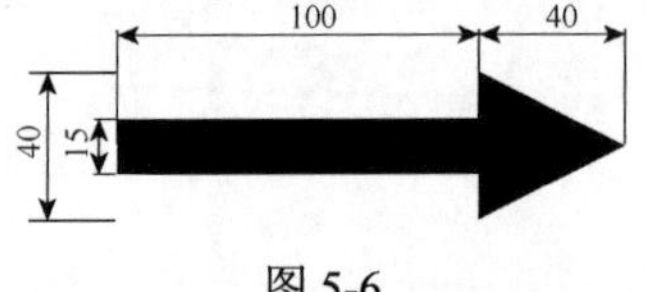

图5-6

```
100,80
100,120
90,100
```

3. 写出图 5-7 中绘制多段线的 script 命令格式文件的所有命令

```
pline
100,100
@60,0
179.615,178.6716
164.641,204.641
@-50,-60
@0,60
@40<-150
@0,-50
c
```

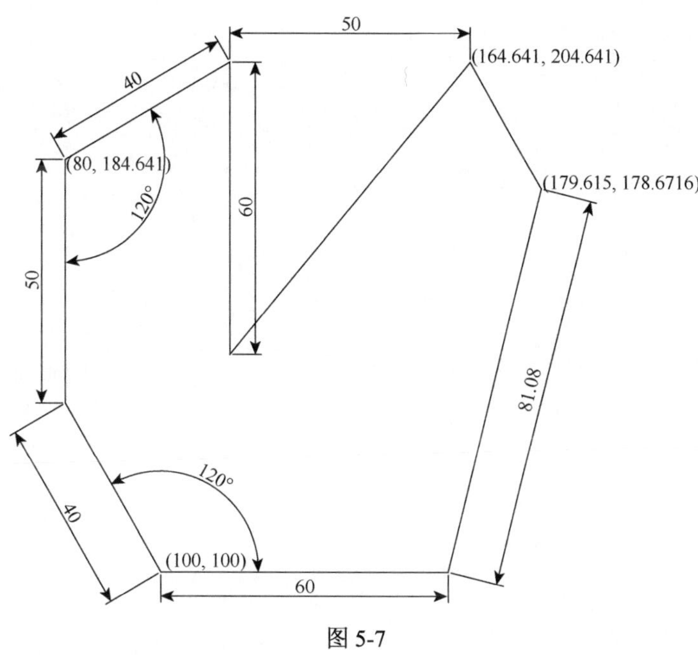

图 5-7

4. 编写绘制下列表格的 script 文件

其中“土地利用现状图”的字体为宋体，大小为 4，起点坐标相对于表格的左下角为（10，20），“江苏师范大学” 的字体为宋体，大小为 4，起点坐标相对于表格的左下角为（80，4）。

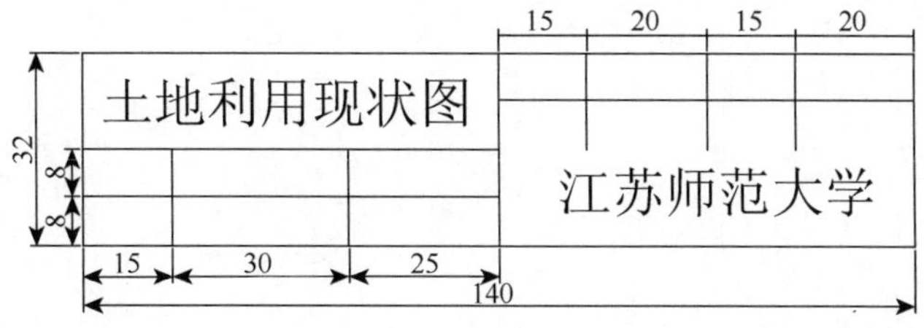

```
pline
100,100
240,100
240,132
100,132
c
ZOOM
e
line 170,100 170,132
line 100,116 170,116
line 100,116 240,116
line 100,108 170,108
100,108
98,104
dimlinear
100,108
100,116
98,112
dimlinear
100,100
100,132
92,116
dimlinear
100,100
115,100
107.5,95
dimlinear
115,100
145,100
130,95
dimlinear
145,100
line 170,124 240,124
line 115,100 115,116
line 145,100 145,116
line 185,116 185,132
line 205,116 205,132
line 220,116 220,132
dimlinear
100,100
dimlinear
185,132
205,132
195,135
dimlinear
205,132
220,132
212.5,135
dimlinear
220,132
240,132
222.5,135
ZOOM
e
-style
standar
宋体
4
1.0
0
```

```
170,100
157.5,95
dimlinear
100,100
240,100
170,90
dimlinear
170,132
185,132
177.5,135
n
n
text
110,120
0
土地利用现状图
text
180,104
0
江苏师范大学
```

思考题

1. 写出 HATCH 命令的 script 文件。
2. 编写绘制题图 5-1 的 script 命令过程。
3. 写出绘制题图 5-2 所示图形所有标注的命令 script 文件。

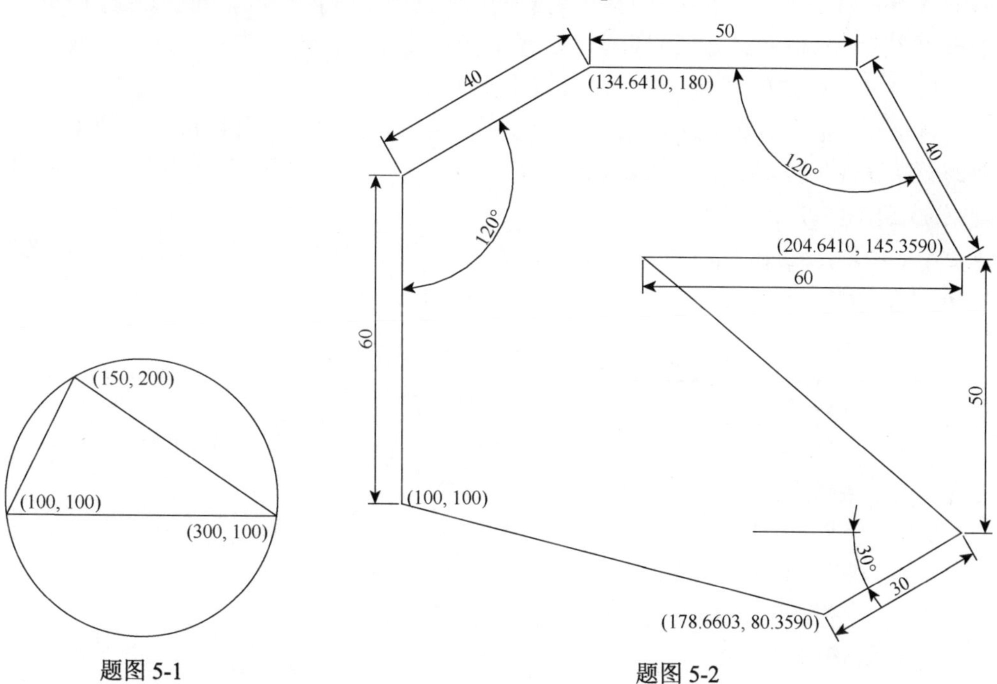

题图 5-1　　　　题图 5-2

第 6 章　CASS 制图基础

AutoCAD 虽然有着丰富的绘图工具和强大的编辑功能，但由于缺乏图式符号库的支持，不具备地形建模功能，因此 AutoCAD 难以直接应用于测绘制图领域。从本章开始，将逐步介绍基于 AutoCAD 平台开发的 CASS 地形地籍成图软件的使用方法，本章重点讲解 CASS 的制图环境、绘图与编辑、数图管理等基础内容。

6.1　CASS 简介

6.1.1　CASS 软件概述

1. CASS 版本及运行平台

CASS 地形地籍成图软件，是广东南方数码科技股份有限公司（以下简称南方数码）基于 AutoCAD 平台技术开发的具有完全知识产权的 GIS 前端数据处理系统，广泛应用于地形成图、地籍成图、工程测量应用、空间数据建库和更新、市政监管等领域。

1994 年，CASS 1.0 首次发布，此后经过近 30 年的发展，CASS 共发布 15 个标准版和上百个专业版，成为全国测绘相关行业领域内用户量最大、升级最快、使用最方便快捷的一款软件系统。目前的最新版本为 CASS11.0，后文中出现的 CASS，若无特别说明均指 CASS10.1.6。

不同版本的 CASS 支持不同 AutoCAD 运行平台，表 6-1 列出了常见的 CASS 版本与 AutoCAD 平台之间的对应关系。

表 6-1　CASS 版本及其运行平台对应表

CASS 版本	AutoCAD 平台	支持 64 位系统
CASS6.0	2000～2004	—
CASS7.0	2002～2006	—
CASS7.1	2002～2007	—
CASS2008	2002～2008	—
CASS9.0	2002～2010	—
CASS9.1	2002～2012	√
CASS9.2	2004～2015	√
CASS10.0	2010～2017	√
CASS10.1.6	2010～2020	√

为了适应三维测图的发展需求，南方数码推出 CASS3D 三维立体数据采集软件，挂接式安装至 CASS 平台，基于 AutoCAD 2005 运行平台的 CASS7.0 及以上版本均可安装。

该软件支持 CASS 平台下加载、浏览数字地表模型（DSM），并基于 DSM 采集、编辑、修补数字线划地图（DLG）的三维测图软件。目前，CASS3D 最新版本为 V2.0.3，分基础版（免费）和旗舰版 2 种。两者的功能稍有不同，后者支持将数字正射影像（DOM）和数字高程模型（DEM）生成 DSM，而前者不支持。

2. CASS 安装软件包下载及授权

安装软件包可在南方数码生态圈（http://o.southgis.com）下载。软件运行除了采用常规的硬件加密锁之外，还增加了云授权等方式，基于云的软件授权管理系统，可为任意用户发行软件授权并管理其完整的生命周期。用户可以在任何时间、任何地点、任何设备上使用已经获得的软件授权。

6.1.2　CASS 功能及特点

1. 基本功能

1）地形图绘制与空间数据检查入库

CASS 提供了 5 种绘制地形图的方法：草图法、简码法、电子平板法、扫描矢量化和实景 3D 测图法。其中传统的草图法和简码法使用“绘图处理”菜单（图 6-1（a））、“地物编辑”菜单（图 6-1（b））绘制、修改平面图，然后根据实测高程点使用“等高线”菜单（图 6-1（c））建立三角网模型并生成等高线，完成地形图绘制，最后利用“检查入库”菜单（图 6-1（d））进行正确性检查及空间数据库更新。

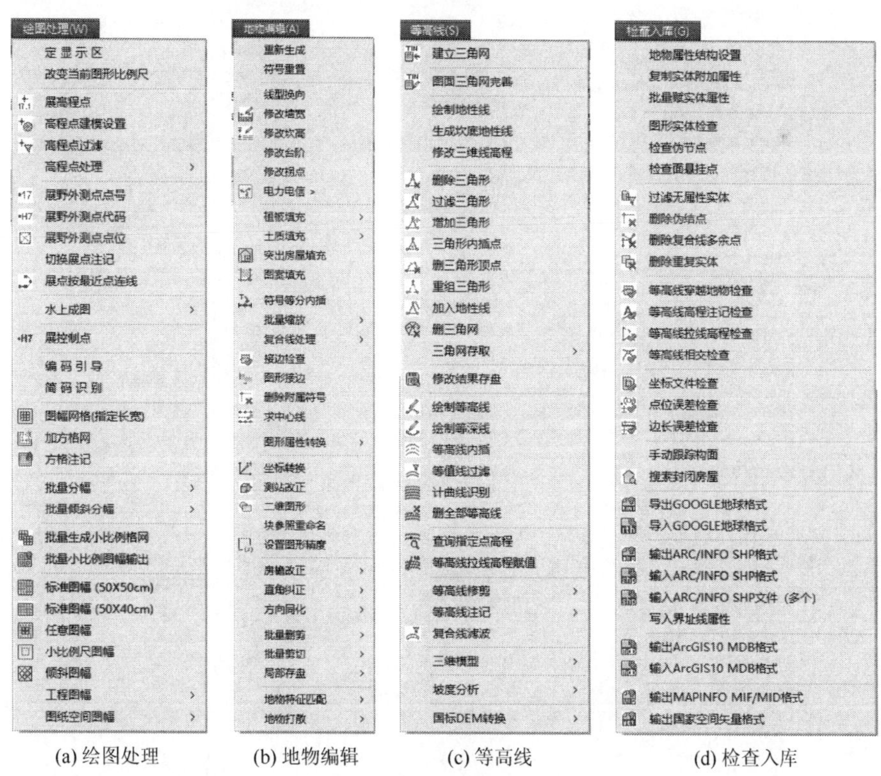

(a) 绘图处理　　(b) 地物编辑　　(c) 等高线　　(d) 检查入库

图 6-1　地形图绘制菜单

2）绘制地籍图

CASS 的“地籍”菜单（图 6-2（a））包括 2 项功能：一是绘制权属线、界址点编辑，实现地籍图制作；二是完成宗地属性修改、绘制宗地图和地籍表格。

3）土地详查和勘测定界

在 CASS 中，土地详查和勘测定界利用“土地利用”菜单（图 6-2（b））实现。其中，土地详查功能包括绘制行政区界、绘制权属区界、生成地类界线（包括线状地类和零星地类）、修改地类要素属性、土地利用图质量控制和土地利用面积统计等；勘测定界功能包括绘制境界线、图斑生成与修改、绘制公路征地边线、生成勘测定界图和输出勘测定界报告等。

4）工程应用

CASS 的“工程应用”菜单（图 6-2（c））主要包括以下 4 项功能。

（1）点坐标、距离、面积的查询。

（2）按三角网法、断面法、方格法或等高线法进行土方量计算。

（3）纵横断面图绘制。

（4）公路（缓）圆曲线设计。

(a) 地籍　　(b) 土地利用　　(c) 工程应用

图 6-2　CASS 其他菜单

2. 软件特点

1）规范化

CASS 自带图式符号库，且随《国家基本比例尺地图图式 第一部分：1∶500 1∶1000 1∶2000 地形图图式》的更新而不断更新，从 GB/T 7929—1995 版、GB/T 20257.1—2007 版到现行的 GB/T 20257.1—2017 版，确保绘制的各种地物、地貌要素的符号、注记均符合国家制图规范。此外，CASS 中的地类代码与《土地利用现状分类》保持一致，CASS10.0 版已更新至 GB/T 21010—2017 版。

对于早期绘制的地形图和土地利用图，CASS 提供一键转换功能。

2）实用化

CASS 提供了丰富的制图命令、地物编辑、质检模块和检查入库功能，能够实现自动检查、批量化修改等实用功能。另外，CASS 还提供了数据辅助计算（包括交会计算、导线计算、坐标换带、坐标转换等）、绘图模板定制、纵横断面图绘制、土方量计算、图数转换、图幅管理等实用功能。

3）一体化

CASS 打破以制图为核心的传统制图模式，面向 GIS 建库、数据处理的基本需求，采用骨架线实时编辑、简码用户化、GIS 无缝接口等技术，真正实现了从数据生产、图形处理到数据建库的一体化，减少了不必要的重复劳动，建立空间数据库效率得到大幅度提高。

6.1.3　CASS 系统界面

常用的 CASS 系统界面有 2 种，如图 6-3 和图 6-4 所示。两者之间的区别在于：前者有菜单栏，没有功能区，该界面的绘图区域范围较大；后者在功能区的位置显示菜单面板，没有菜单栏，该界面便于选取各种操作命令。

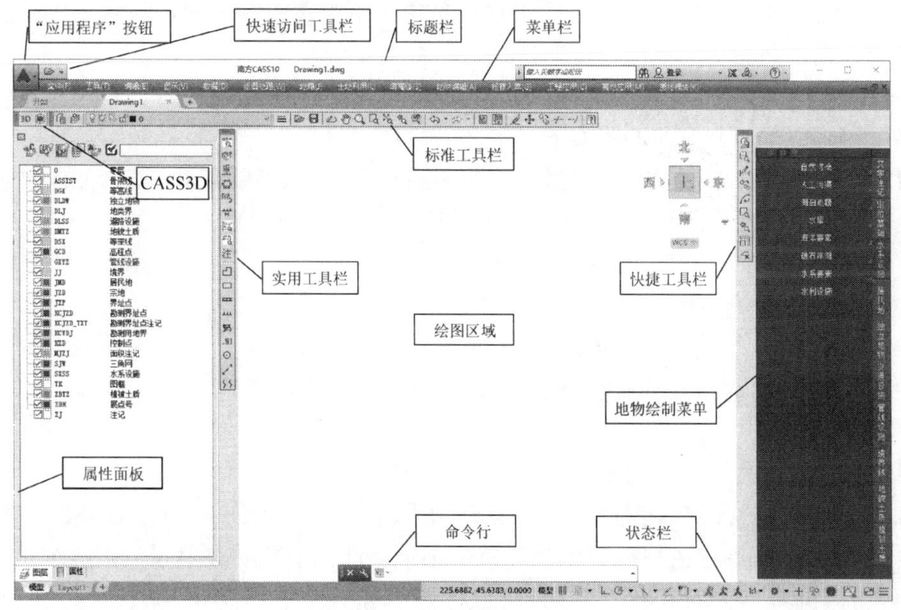

图 6-3　CASS 系统界面（一）

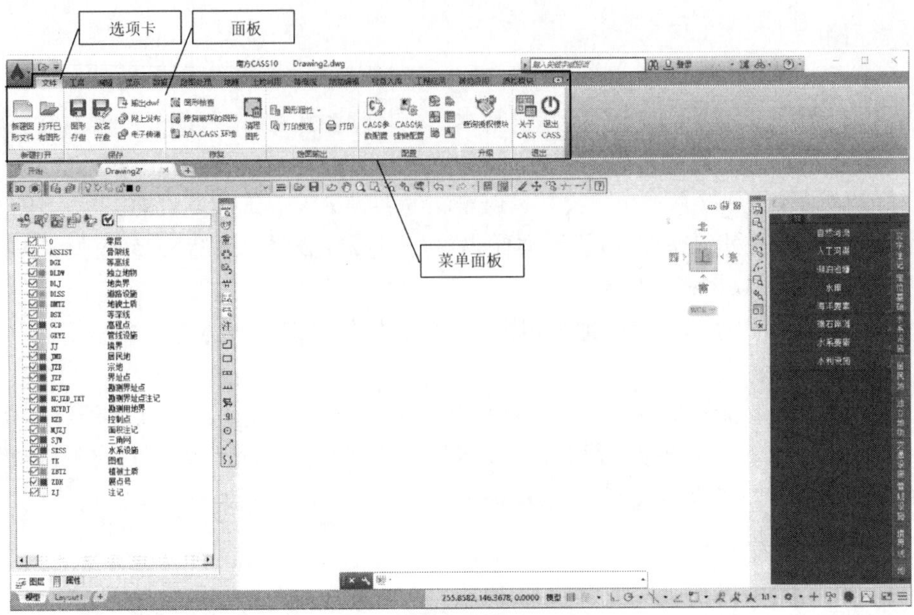

图 6-4　CASS 系统界面（二）

1. 菜单栏

显示和隐藏菜单栏的方式如下：

（1）在快速访问工具栏选择“显示菜单栏”或“隐藏菜单栏”选项，可实现菜单栏的显示、隐藏。

（2）在命令行中，输入“MENUBAR”并按 Enter 键，然后输入 1 或 0，按 Enter 键，也可实现菜单栏的显示、隐藏。

（3）右击“菜单栏”，在弹出的快捷菜单中，单击复选标记✓，隐藏菜单栏；再次单击复选标记，则显示菜单栏。

2. 菜单面板

显示和关闭菜单面板的方式如下：

（1）在命令行中，输入“RIBBON”，按 Enter 键，显示菜单面板。若功能区显示“功能区当前没有加载任何选项卡或面板”，则在命令行中输入“MENU”并按 Enter 键，在弹出的“选择自定义文件”对话框中，选择 CASS 安装目录下“\system\ ACAD.cuix”文件，并单击“打开”按钮。

（2）在命令行中，输入“RIBBONCLOSE”并按 Enter 键，关闭菜单面板。也可右击“功能区”空白处，在弹出的快捷菜单中，选择“关闭”选项。

3. 工具栏

显示和关闭工具栏的方式如下：

（1）右击工具栏（如标准工具栏、CASS 实用工具栏、快捷工具栏、CASS3D 工具栏或其他工具栏），在弹出的快捷菜单中，单击不带复选标记✓的菜单项，则显示工具栏；若某一菜单项前有复选标记✓，表明该工具栏处于显示状态，单击复选标记✓，可关闭该工具栏。

（2）在未固定“工具栏/面板”时，双击工具栏，然后单击“关闭”按钮，关闭该工具栏。

4. 属性面板

显示和关闭属性面板的方式如下：

（1）在属性面板关闭的情况下，单击图 6-3 中“显示”菜单项，在弹出的菜单中选择“打开属性面板”选项，或在图 6-4 中选择“菜单面板”中的“显示”选项卡，单击“工具”面板中的“打开属性面板”按钮，则可显示属性面板。

（2）单击属性面板标题栏的关闭按钮，关闭属性面板。

5. 地物绘制菜单

显示和关闭地物绘制菜单的方式如下：

（1）在地物绘制菜单关闭的情况下，单击图 6-3 中“显示”菜单选项，在弹出的菜单中选择“地物绘制菜单”选项，或在图 6-4 中选择“菜单面板”中的“显示”选项卡，单击“工具”面板中的“地物绘制菜单”按钮，则显示地物绘制菜单；若地物绘制菜单处于显示状态，执行上述操作，则关闭地物绘制菜单。

（2）单击地物绘制菜单的关闭按钮，关闭地物绘制菜单。

说明：在图 6-4 的绘图界面中，由于菜单面板的空间有限，部分选项卡无法容纳全部命令，仅包含了常用的、重要的命令按钮。因此，当使用菜单面板中未包含的命令时，需要先显示菜单栏，再选择相应的菜单项。

6.2　CASS 制图环境

6.2.1　图形管理

CASS 的图形管理功能包括新建图形、打开图形、保存图形、输出图形等，除此之外，还包括以下内容。

1. 图形核查

图形核查能够完成图形的完整性检查并更正某些错误，操作过程有以下 2 种方式：

（1）在快速访问工具栏选择“显示菜单栏”选项，单击“文件”菜单项，在弹出的菜单中执行“图形核查”命令（AUDIT）。

（2）在“菜单面板”中，选择“文件”选项卡中的“修复”面板，单击“图形核查”按钮。

按上述方式之一执行命令后，在命令行提示如下：

是否更正检测到的任何错误？[是(Y)/否(N)]<N>：

直接按 Enter 键或单击命令行中的“否”选项，则系统自动进行图形完整性检查，但不更正检测到的错误；否则，输入“Y”并按 Enter 键或单击命令行中的“是”选项，系统自动进行图形完整性检查的同时，自动更正检测到的错误。图形检查结束后，在命令行显示检查结果，包括发现错误个数、已修复个数和已删除对象个数。

注：此处的“系统”指 CASS 地形地籍成图软件。在本书后续 6～9 章节中，若无特别说明，“系统”均指 CASS 地形地籍成图软件。

2. 图形杀毒

图形杀毒能够对文件环境进行检查杀毒，CASS 提供了快速杀毒和全盘杀毒 2 种方式。在快速访问工具栏选择“显示菜单栏”选项，单击“文件”菜单，在弹出的菜单中执行“图形杀毒”命令（FINDCADVIRUS），系统弹出“Anti_CAD_Virus Ver 1.0”对话框，用户根据需要单击“快速杀毒”或“全盘杀毒”按钮，系统自动检查杀毒。

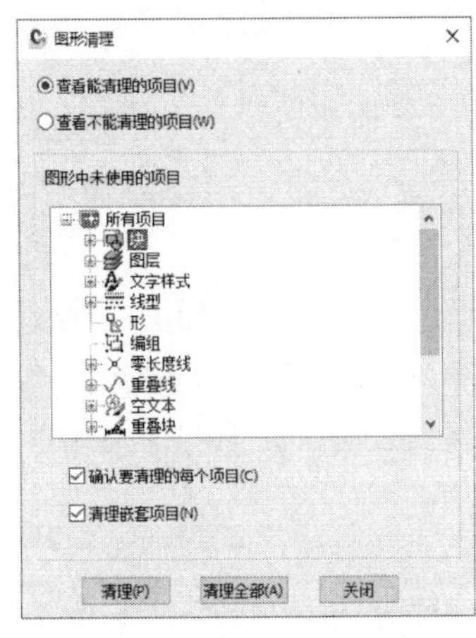

图 6-5　“图形清理”对话框

3. 图形清理

图形清理能够清除当前图形中冗余的图层、线型、字形、块、形等。在快速访问工具栏选择“显示菜单栏”选项，单击“文件”菜单，在弹出的菜单中执行“清理图形”命令(CASSPURGE)，或在“菜单面板”中，选择“文件”选项卡中的“修复”面板，单击“图形清理”按钮，系统弹出“图形清理”对话框，如图 6-5 所示。

在图 6-5 中，选择待清理的项目，或者某一项目下的对象，此时“清理”按钮变为可用状态，单击“清理”按钮，系统自动完成对当前项目或子项目的清理。单击“清理全部”按钮，则系统自动完成所有项目中冗余图块、图层、文字样式、线型等的清理操作

4. 修复图形

当 CASS 打开图纸文件的时候，若系统提示“图形文件无效”，表明该文件已损坏，不能正常打开。此时需要使用“修复图形”功能进行修复。

在快速访问工具栏选择“显示菜单栏”，单击“文件”菜单项，在弹出的菜单中执行“修复破坏的图形”命令（RECOVER），或在“菜单面板”中，选择“文件”选项卡中的“修复”面板，单击“修复破坏的图形”按钮，系统弹出“选择文件”对话框，选择待修复的图形文件，单击“打开”按钮，系统自动完成图形文件的修复。

5. 查看图形属性

在快速访问工具栏选择“显示菜单栏”选项，单击“文件”菜单项，在弹出的菜单中执行“图形属性”命令（DWGPROPS），或在“菜单面板”中，选择“文件”选项卡中的“绘图输出”面板，单击“图形属性”按钮，系统弹出“dwg 属性”对话框，用户查看当前打开的图形文件的基本信息，包括文件类型、存储位置、大小、创建时间、修改时间等。

6. 备份与还原 SOUTH 属性

备份与还原 SOUTH 属性主要用于解决 CAD 病毒导致图形文件的扩展属性丢失的问题。CASS10.0 支持自动备份 SOUTH 属性信息，一旦遇到属性信息丢失，可利用还原 SOUTH 属性的功能进行恢复。操作过程如下。

1）备份 SOUTH 属性

在快速访问工具栏选择“显示菜单栏”选项，单击“文件”菜单项，在弹出的菜单中执行“备份 SOUTH 属性”命令（BACKUPXDATATOXRECORD），或在“菜单面板”中，选择“文件”选项卡中的“配置”面板，单击“备份 SOUTH 属性”按钮，命令

行显示：选择要备份的实体[(1)全图/(2)框选]<1>，单击“（1）全图”选项或直接按 Enter 键，则系统自动备份全图的 SOUTH 属性；若单击“（2）框选”选项，则逐个选取或框选需要备份的实体后，右击，系统完成已选实体的 SOUTH 属性备份。

2）还原 SOUTH 属性

在快速访问工具栏选择“显示菜单栏”选项，单击“文件”菜单项，在弹出的菜单中执行“还原 SOUTH 属性”命令(RECOVERFROMXRECORD)，或在“菜单面板”中，选择“文件”选项卡中的“配置”面板，单击“还原 SOUTH 属性”按钮，系统弹出“该命令将恢复 SOUTH 属性，是否继续”的信息框，单击“确定”按钮，此时命令行提示：选择要恢复的实体[(1)全图/(2)框选]<1>，单击“（1）全图”选项，则系统自动恢复全图的 SOUTH 属性；若单击“（2）框选”选项，则逐个选取或框选需要恢复属性的对象，右击，系统将还原所选实体的 SOUTH 属性。

7. 图形输出

图形输出的菜单项如图 6-6 所示。

各菜单项功能如下：

1）图形变白

此命令将图形所有图层的颜色设为背景色的反色，如背景色为黑色，图层颜色设置为白色，以便按黑白图纸打印输出。

2）转换为国标 CMYK 分色图

根据 CASS 配置文件（RGB 与 CMYK 对照表，见表 6-2），将当前图形上图元颜色值（RGB）修改成地形图图式规定的 CMYK 值。

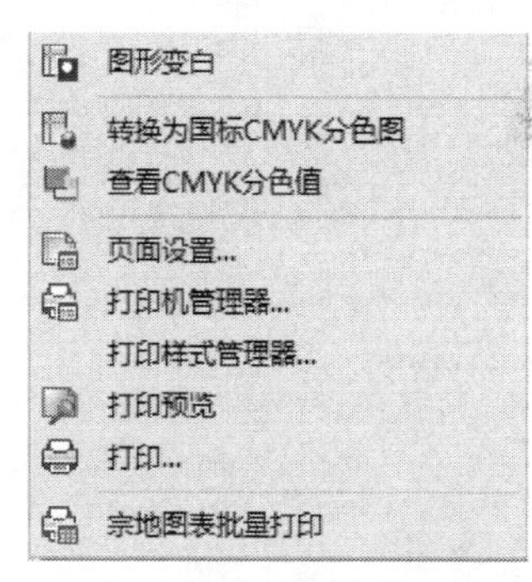

图 6-6　图形输出菜单项

表 6-2　RGB 与 CMYK 对照表

RGB 颜色	CMYK 颜色	主要要素
0，0，0	0，0，0，100	控制点、独立地物、境界（部分另给颜色的除外）、道路（部分另给颜色的除外）、人工坎、水系附属设施
0，174，239	100，0，0，0	水系点线
234，246，253	10，0，0，0	水系面
185，124，15	0，40，100，30	地貌线面、干河、干沟
232，82，152	0，80，0，0	省道
0，166，81	100，0，100，0	专用道、植被
237，28，36	0，100，100，0	国道
250，190，0	0，30，100，0	县乡道
236，0，140	0，100，0，0	开发区、保税区、自然保护区、文化保护区界线

3）查看 CMYK 分色值

此命令用于查看所选实体的 CMYK 色值。

4）页面设置

执行“页面设置”命令（PAGESETUP）时，系统弹出“页面设置管理器”对话框，如图 6-7 所示。该命令用于创建新页面设置、修改现有页面设置，或从其他图纸中输入页面设置。

在图 6-7 中，主要按钮的作用如下：

（1）“置为当前”按钮：在“当前页面设置”列表中，选择一个设置，单击“置为当前”按钮，系统将所选页面设置设定为当前页面设置，并在“选定页面设置的详细信息”一栏中列出设备名、绘图仪、打印大小、位置和说明等信息。

（2）“新建”按钮：显示“新建页面设置”对话框，从中可以为新建页面设置输入名称，并指定要使用的基础样式。

（3）“修改”按钮：显示“页面设置”对话框，从中可以编辑所选页面设置选项。

（4）“输入”按钮：单击“输入”按钮，系统弹出“从文件选择页面设置”对话框，选择已经完成页面设置的图形文件，在弹出的“输入页面设置”对话框中，选择页面设置名称，单击“确定”按钮，导入已有的页面设置。

5）打印机管理器

执行“打印机管理器”命令（PLOTTERMANAGER），打开 AutoCAD 安装目录下的“\Plotters”文件夹，显示已有的打印机或绘图仪，以及添加绘图仪向导，如图 6-8 所示。

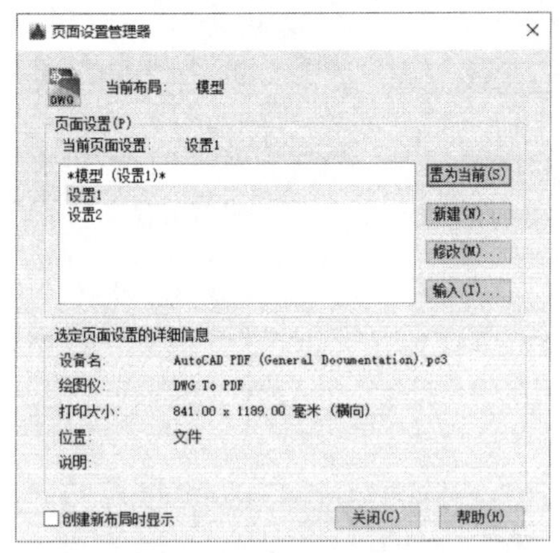

图 6-7　“页面设置管理器”对话框

图 6-8　Plotters 文件夹

在图 6-8 所示的文件夹中，双击任一扩展名为“.pc3”的文件，可以打开“绘图配置编辑器”对话框，用户可根据需要修改其中的参数；双击“添加绘图仪向导”文件，可以创建新的绘图仪配置。

6）打印样式管理器

执行“打印样式管理器”命令（STYLESMANAGER），将打开图 6-8 中的“Plot Styles”文件夹，显示已有的打印样式及添加打印样式表向导，如图 6-9 所示。用户双击任一扩展名为“.ctb”的文件，可以打开“打印样式表编辑器”对话框，用户可根据需要修改其中的参数；双击“添加打印样式表向导”文件，则可以创建新的打印样式表。

名称	修改日期	类型	大小
acad.ctb	1999/3/10 5:17	AutoCAD 颜色相...	5 KB
acad.stb	1999/3/10 5:16	AutoCAD 打印样...	1 KB
Autodesk-Color.stb	2002/11/22 10:17	AutoCAD 打印样...	1 KB
Autodesk-MONO.stb	2002/11/22 11:22	AutoCAD 打印样...	1 KB
DWF Virtual Pens.ctb	2001/9/12 16:04	AutoCAD 颜色相...	6 KB
Fill Patterns.ctb	1999/3/10 5:16	AutoCAD 颜色相...	5 KB
Grayscale.ctb	1999/3/10 5:16	AutoCAD 颜色相...	5 KB
monochrome.ctb	1999/3/10 5:15	AutoCAD 颜色相...	5 KB
monochrome.stb	1999/3/10 5:15	AutoCAD 打印样...	1 KB
Screening 25%.ctb	1999/3/10 5:14	AutoCAD 颜色相...	5 KB
Screening 50%.ctb	1999/3/10 5:14	AutoCAD 颜色相...	5 KB
Screening 75%.ctb	1999/3/10 5:12	AutoCAD 颜色相...	5 KB
Screening 100%.ctb	1999/3/10 5:17	AutoCAD 颜色相...	5 KB
添加打印样式表向导	2021/1/30 9:19	快捷方式	2 KB

图 6-9　默认打印样式文件及添加打印样式表向导

7）打印预览

若当前图形已经完成页面设置，执行“打印预览”命令（PREVIEW），则可预览打印后的效果；若尚未进行页面设置，则系统提示“未指定绘图仪”。

8）打印

“打印”能将当前打开的图形打印到绘图仪、打印机或文件。执行“打印”命令（PLOT），系统弹出“打印-模型”对话框，如图 6-10 所示。

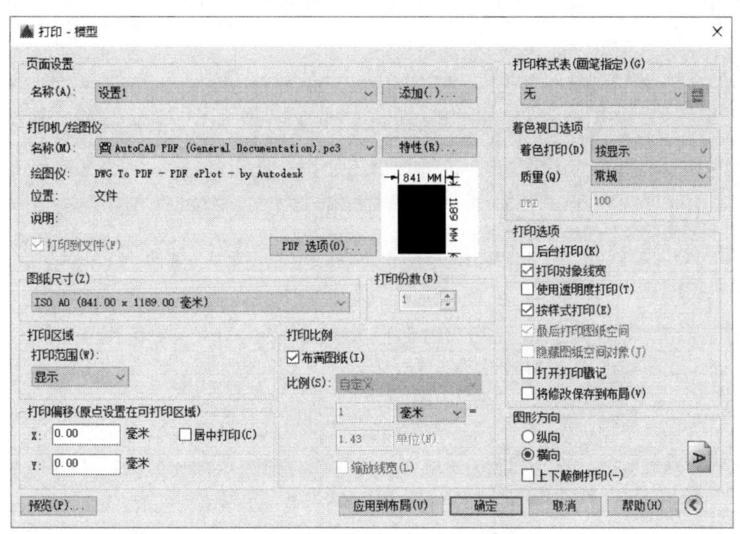

图 6-10　“打印-模型”对话框

在图 6-10 中，主要功能选项的含义如下：

（1）页面设置：打开“名称”下拉列表框，在已有的页面设置列表中，选择其一作为当前页面设置，将在“打印机/绘图仪”和“图纸尺寸”选项栏中，显示当前页面设置信息。若已有的页面设置列表中没有合适的页面设置可供选择，可单击“添加”按钮，基于当前设置创建一个新的命名页面设置。

（2）打印机/绘图仪：“名称”下拉列表框中列出可用的 PC3 文件或系统打印机，用户可以从中进行选择，以打印当前布局。如果所选绘图仪不支持布局中选定的图纸尺寸，将显示警告，用户可以选择绘图仪的默认图纸尺寸或自定义图纸尺寸。单击“特性”按钮，将显示绘图仪配置编辑器（PC3 编辑器），从中可以查看或修改当前绘图仪的配置、端口、设备和介质设置。

（3）图纸尺寸：打开“图纸尺寸”下拉列表框，可以显示所选打印设备可用的标准图纸尺寸，用户根据需要任选其一。未选择绘图仪时，将显示全部标准图纸尺寸的列表以供选择。如果打印的是光栅图像（如 JPEG 或 PNG 文件），图纸尺寸、打印偏移将以像素为单位而不是英寸或毫米。

（4）打印份数：指定打印的份数。当勾选“打印到文件”复选框时，此选项不可用。

（5）打印区域：指定要打印的图形范围。“打印范围”下拉列表框中，各选项含义如下：

①窗口：选择“窗口”时，通过绘制矩形确定打印区域。

②范围：打印当前图形的所有对象，即打印全图。

③图形界限：打印栅格界限定义的区域。

④显示：打印绘图区域中显示的所有对象。

（6）打印偏移：通过在“X 偏移”和“Y 偏移”文本框中输入正值或负值，指定打印区域相对于可打印区域左下角或图纸边界的偏移量。当勾选“居中打印”复选框，系统自动计算 X 偏移和 Y 偏移值，以便在图纸上居中打印。若“打印范围”设定为“布局”，此选项不可用。

（7）打印比例：控制图形单位与打印单位之间的相对尺寸。打印布局时，默认缩放比例设置为 1∶1；从“模型”选项卡打印时，默认设置为“布满图纸”。在 CASS 中，若图形比例尺为 1∶1000、1∶500，则打印比例分别设置为 1∶1、1∶0.5（或 2∶1），用户可以根据图形比例尺，在“比例”下拉列表框中选择相应的打印比例，也可通过指定英寸数（或毫米数、像素数）、单位数自定义设置打印比例。勾选“缩放线宽”复选框时，线宽将按打印比例成正比缩放，默认不选此项。

（8）打印样式表（画笔指定）：打开“打印样式表”下拉列表框，在下拉列表中选择打印样式，可为当前“模型”选项卡或布局选项卡指定打印样式表；选择“新建”选项，将显示“添加打印样式表”向导，可用来创建新的打印样式表；单击“编辑”按钮，弹出“打印样式表编辑器”对话框，用户可以查看或修改当前的打印样式表。

（9）着色视口选项：指定视图的打印方式及打印质量。

（10）打印选项：指定是否后台打印、打印对象线宽、打印透明度、打印样式和打印戳记等选项。

（11）图形方向：用户通过单击“纵向”“横向”单选按钮，或勾选“上下颠倒打印”复选框，根据图纸图标和字母图标的实时变化情况，确定图形在图纸上的打印方向。

（12）预览：执行“打印预览”命令（PREVIEW），预览打印后的效果。在打印预览窗口，用户可选择相应的工具按钮，实现打印、平移、缩放、退出等功能；右击，在弹出的快捷菜单上选择相应的菜单项，也可实现上述功能。另外，用户还可以直接按 Esc 键或 Enter 键，退出预览并返回到“打印-模型”对话框。

（13）应用到布局：将当前“打印-模型”对话框设置保存到当前布局。

9）宗地图表批量打印

此功能将以固定比例尺打印批量选中的宗地图。其执行过程包括如下 4 步：

（1）在快速访问工具栏选择“显示菜单栏”选项，使用“地籍”菜单绘制地籍图，并执行“地籍”|“绘制宗地图框”|“批量输出宗地图”命令，批量绘制宗地图。

（2）执行“文件”|“绘图输出”|“页面设置”命令，完成页面设置。

（3）执行“文件”|“绘图输出”|“宗地图表批量打印”命令（ZDTBPLOT），或在“菜单面板”中，选择“文件”选项卡中的“绘图输出”面板，单击“图形属性”按钮右侧的下三角按钮，在弹出的下拉菜单中单击“宗地图表批量打印”按钮，命令行提示“选择对象”，选择待打印的所有宗地图，右击确认，命令行提示“请点选宗地图表的图框”，选择待打印宗地图的图框，弹出如图 6-11 所示的对话框，单击“是”按钮，完成批量打印。

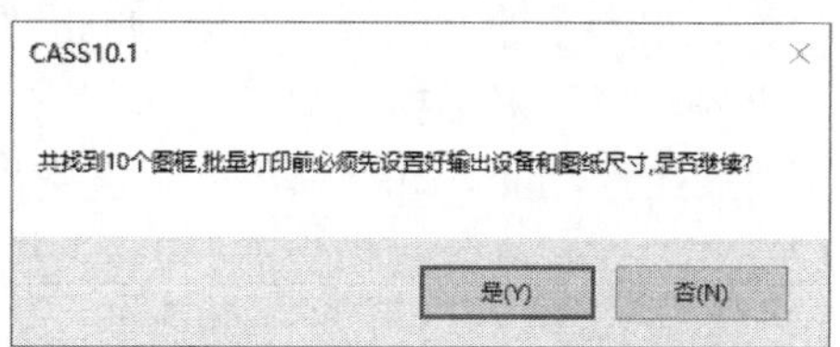

图 6-11　宗地图表批量打印询问对话框

注意：如果进行页面设置时，勾选“打印到文件”复选框，单击“是”按钮，系统会弹出“将打印输出另存为”对话框，输入文件名，单击“保存”按钮，完成一个宗地图打印文件的保存，依次输入剩余宗地图的文件名，完成所有宗地图表的打印。

6.2.2　CASS 制图环境配置

1. CASS 参数配置

在快速访问工具栏选择“显示菜单栏”选项，单击“文件”菜单项，在弹出的菜单中执行“CASS 参数配置”命令（CASSSETUP），或在“菜单面板”中，选择“文件”选项卡中的“配置”面板，单击“CASS 参数配置”按钮，系统弹出“CASS 参数设置”对话框，如图 6-12 所示。

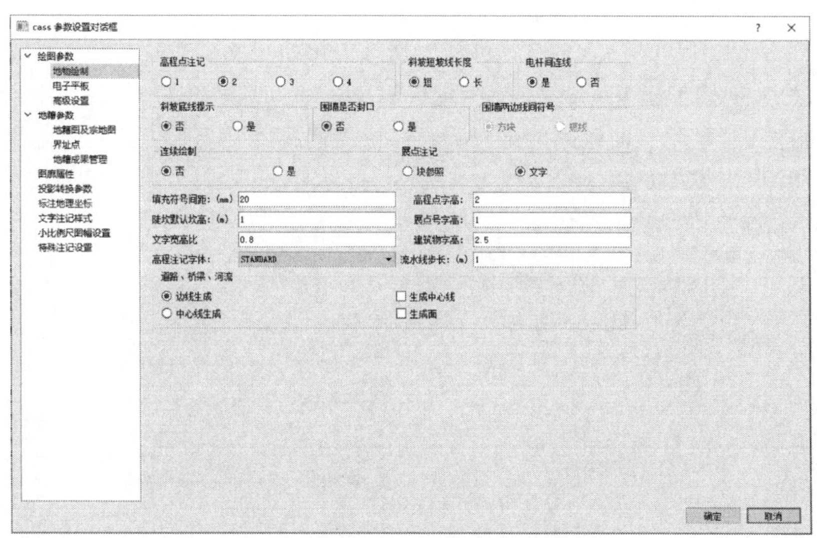

图 6-12　“CASS 参数设置”对话框

从图 6-12 可以看出，CASS 参数包括绘图参数、地籍参数、图廓属性、投影转换参数、标注地理坐标、文字注记样式、小比例尺图幅设置和特殊注记设置 8 项内容，用户可根据实际情况对上述参数进行修改、编辑，也可采用系统默认值。

2. 系统配置文件

在快速访问工具栏选择“显示菜单栏”选项，单击“文件”菜单项，在弹出的菜单中执行“CASS 系统配置文件”命令（SETSIMBOLDEF），或在“菜单面板”中选择“文件”选项卡中的“配置”面板，单击“CASS 系统配置文件”按钮，系统弹出“系统配置文件设置”对话框（图 6-13），用户可以对“符号定义文件 WORK.DEF”、“实体定义文件 INDEX.INI”和“简编码定义文件 JCODE.DEF”等系统配置文件进行浏览或修改。

系统配置文件设置

符号定义文件 WORK.DEF | 实体定义文件 INDEX.INI | 简编码定义文件 JCODE.DEF

编码	图层	类别	第一参数	第二参数	说明
131100	kzd	20	gc113	3	三角点
131200	kzd	20	gc014	3	土堆上的...
131300	kzd	20	gc114	2	小三角点
131400	kzd	20	gc015	2	土堆上的...
131500	kzd	20	gc257	2	导线点
131600	kzd	20	gc258	2	土堆上的...
131700	kzd	20	gc259	2	埋石图根点
131800	kzd	20	gc261	2	不埋石图...
131900	kzd	20	gc260	2	土堆上的...
132100	kzd	20	gc118	3	水准点
133000	kzd	20	gc168	3	卫星定位...
133100	kzd	20	gc331	3	卫星定位...
134100	kzd	20	gc112	2	独立天文点
140001	jmd	0	yangtai	0	阳台
140110	jmd	5	continuous	0.1	裙楼分割线
140120	jmd	5	x39	0	艺术建筑...
141101	jmd	8	continuous	0	一般房屋
141102	jmd	8	continuous	0	裙楼

添 加　删 除　保 存　退 出

图 6-13　“系统配置文件设置”对话框

另外，也可以直接打开 CASS 安装目录下“\system”中的 cassconfig.db（包括符号定义文件 Workdef 表、图元索引文件 Indexini 表）和 JCODE.DEF 文件进行查看。

3. 快捷键配置

在快速访问工具栏选择“显示菜单栏”选项，单击“文件”菜单项，在弹出的菜单中执行“CASS 快捷键配置”命令（SHORTCUTSET），或在“菜单面板”中，选择“文件”选项卡中的“配置”面板，单击“CASS 快捷键配置”按钮，系统弹出“快捷命令设置”对话框，如图 6-14（a）所示。

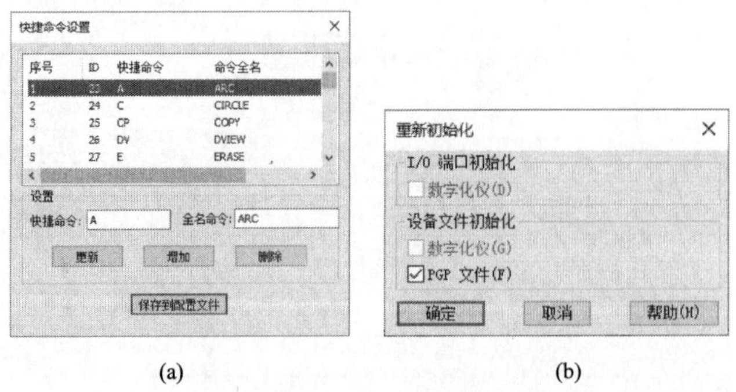

(a)　　(b)

图 6-14　“快捷命令设置”对话框及“重新初始化”对话框

在图 6-14（a）中，各按钮的含义如下：

（1）更新：在快捷命令列表中，选择需要修改的快捷命令选项，在“设置”选项区中，输入新的快捷命令，单击“更新”按钮，完成快捷命令的修改。

（2）增加：在“设置”选项区中，输入快捷命令及对应的命令全名，单击“增加”按钮，新增快捷命令。

（3）删除：在快捷命令列表中，选择需要删除的快捷命令，单击“删除”按钮，删除当前快捷命令。

（4）保存到配置文件：单击该按钮，弹出“重新初始化”对话框（图 6-14（b）），勾选“PGP 文件”复选框，单击“确定”按钮，将其初始化，完成快捷命令的设置。

4. AutoCAD 系统配置

在快速访问工具栏选择“显示菜单栏”选项，单击“文件”菜单项，在弹出的菜单中执行“AutoCAD 系统配置”命令（PREFERENCES），或在“菜单面板”中选择“文件”选项卡中的“配置”面板，单击“AutoCAD 系统配置”按钮，系统弹出“选项”对话框，如图 6-15 所示。

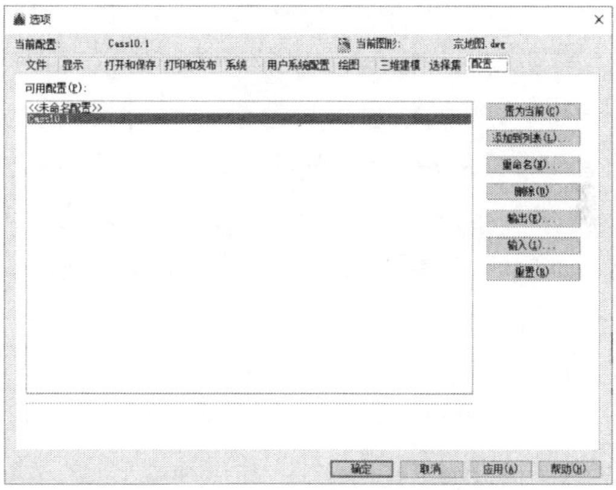

在配置选项卡中，选择“未命名配置”或“Cass10.1”选项，单击“置为当前”按钮，可以实现 AutoCAD、CASS 两种不同绘图环境之间的切换。

图 6-15　“选项”对话框

5. 工作状态查询

在快速访问工具栏选择“显示菜单栏”选项，单击“工具”菜单，在弹出的菜单中执行“查询”|“工作状态”命令（STATUS），或在“菜单面板”中，选择“工具”选项卡中的“查询”面板，单击“工作状态”按钮，在命令行显示当前图形的总体信息，如图 6-16 所示。

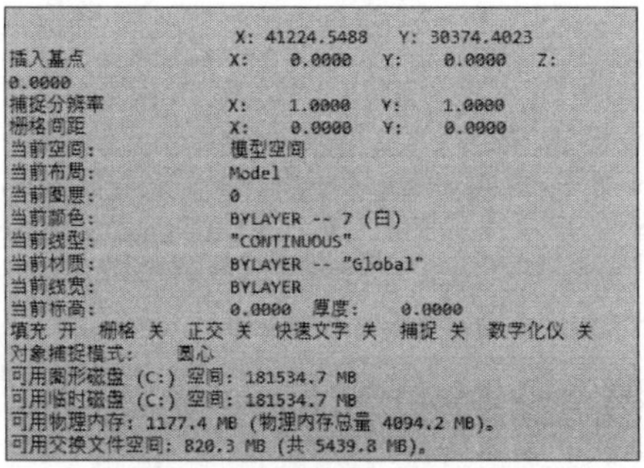

图 6-16　工作状态查询结果

6. 加入 CASS 环境

加入 CASS 环境能够将 CASS10.1 系统的图层、图块、线型等加入当前绘图环境中。CASS 打开一幅其他绘图环境（如 AutoCAD）绘制的图形，在正式绘图之前，执行该命令是必须要做的，否则将出现错误。操作过程如下：

在快速访问工具栏选择“显示菜单栏”选项，单击“文件”菜单项，在弹出的菜单中执行“加入 CASS 环境”命令（PREFERENCES），或在“菜单面板”中，选择“文件”选项卡中的“修复”面板，单击“加入 CASS 环境”按钮，命令行显示“OK”，表明已为当前图形加入 CASS 环境。

7. 还原默认参数设置

在快速访问工具栏选择“显示菜单栏”选项，单击“文件”菜单项，在弹出的菜单中执行“还原默认参数设置”命令（RECOVERSYSTEM），或在“菜单面板”中，选择“文件”选项卡中的“配置”面板，单击“还原默认参数设置”按钮，在弹出的询问对话框中，单击“确定”按钮，系统弹出“CASS 系统配置还原工具”窗口，先保存当前图形并关闭 CASS 系统，再单击“重置配置”按钮，系统自动还原默认的参数设置后，弹出“重置完成”信息框，完成 CASS 默认参数的还原。

8. 切换背景色

切换背景色能够实现 CASS 背景色在黑色、白色之间的切换。在快速访问工具栏选择“显示菜单栏”选项，单击“文件”菜单项，在弹出的菜单中执行“切换背景色”命令（CHANGEBACKGROUDCOLOR），或在“菜单面板”中，选择“文件”选项卡中的“绘图输出”面板，单击“图形属性”按钮右侧的下三角按钮，在弹出的下拉菜单中单击“切换背景色”按钮，即可实现切换背景色。

9. 生成纯 CAD 快捷方式

此功能将在桌面生成 AutoCAD 快捷方式，双击 AutoCAD 快捷图标，将直接打开 AutoCAD 绘图环境，而不是进入 CASS。操作过程如下：

在快速访问工具栏选择“显示菜单栏”选项，单击“文件”菜单项，在弹出的菜单中执行“生成纯 CAD 快捷方式”命令，或在“菜单面板”中，选择“文件”选项卡中的“配置”面板，单击“生成纯 CAD 快捷方式”按钮，命令行显示“纯 ACAD 运行环境创建成功！位置：C：\Program Files\Autodesk\AutoCAD 2016\acad.exe，名称：ACAD 2016”提示信息，表明快捷方式创建成功。

6.3　CASS 绘图与编辑

6.3.1　常用工具栏

在 CASS 中，常用工具栏包括标准工具栏、实用工具栏和快捷工具栏等，除标准工具栏（图 6-17）之外，实用工具栏和快捷工具栏属于 CASS 定制工具栏。

图 6-17　标准工具栏

1. CASS 实用工具栏

默认情况下，CASS 实用工具栏位于绘图区域左侧，如图 6-18 所示。

图 6-18　CASS 实用工具栏

各按钮的功能如下：

（1）查看实体编码（GETP）：显示所查实体的 CASS 内部代码以及文字说明。

（2）加入实体编码（PUTP）：为所选实体加上 CASS 内部代码。

（3）重新生成（RECASS）：根据当前图形的骨架线重新生成图形。

（4）批量选目标（MSSX）：通过指定对象类型或特性（如块名、颜色、实体、图层、线型、编码、样式、厚度、向量等）作为过滤条件来选择对象。

（5）线型换向（HUAN）：改变各种线型（如陡坎、栅栏）的方向。

（6）修改三维线高程（SET3DPT）：打开“三维坐标”输入窗口，依次添加或修改各点的高程。

（7）查询坐标（CXZB）：查询指定点的坐标。

（8）查询距离和方位角（DISTUSER）：查询两个指定点之间的实际距离和方位角。

（9）注记文字（WZZJ）：单击此按钮，打开“文字注记信息”对话框，用于插入文字注记。

（10）多点房屋（DRAWDDF）：绘制多点房屋，包括一般房、砼房、砖房、铁房、钢房、木房、混房、简单房、建筑房、破坏房、棚房 11 种。

（11）四点房屋（FOURPT）：与多点房屋的功能相似，绘制包括一般房在内的 11 种四点房屋。

（12）依比例围墙（DRAWWQ）：绘制依比例围墙。

（13）陡坎（DRAWDK）：绘制各种类型的陡坎，包括未加固陡坎和加固陡坎。

（14）斜坡（XP）：绘制各种斜坡，包括自然斜坡、加固自然斜坡、等分台阶楼梯、自然陡崖、陡坎、加固陡坎等。

（15）交互展点（DRAWGCD）：通过键盘进行交互展点。

（16）图根点（DRAWTGD）：绘制图根点，包括不埋石、埋石等。

（17）电力线（DRAWDLX）：绘制电力线，包括配电线、输电线和通信线等。

（18）道路（DRAWDL）：绘制道路，包括县道乡道、专用公路、省道、国道、高速公路、建筑中县道乡道、建筑中专用公路、建筑中省道、建筑中国道、建筑中高速公路 10 种道路。

2. 快捷工具栏

快捷工具栏位于绘图区域右侧，如图 6-19 所示。

图 6-19　快捷工具栏

各按钮的功能如下：

（1）设置图层：单击该按钮，弹出“您可以查询或设置图层”对话框（图 6-20），在对话框左侧图层列表中，选择一个图层，或者在右侧单击对应图标，单击“确定”按钮，则系统将所选图层置为当前图层。

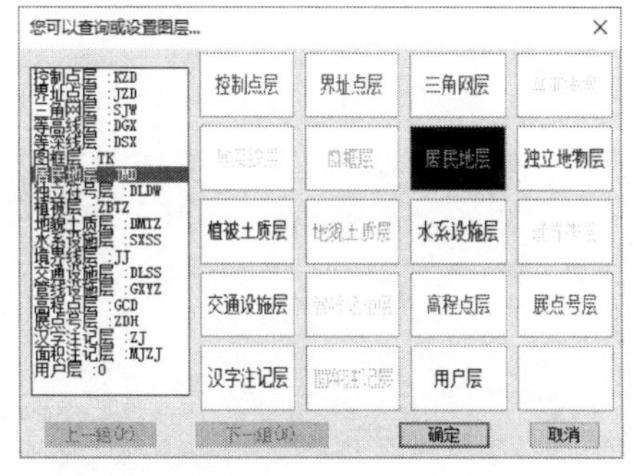

图 6-20　“您可以查询或设置图层”对话框

（2）查找指定点（POINT_PAN）：通过在屏幕上指定平移视图的起点和终点实现视图平移。

（3）量算定点（SHIZI）：根据图上指定的两点及输入的方向和距离确定一个点。

（4）图形复制（FUZHI）：通过选择已有

实体，绘制新的同类地物符号。需要注意的是，当选择的实体为文字注记时，将直接复制该文字注记。若要新增文字注记，则需要选择地物绘制菜单中相应的注记类型。

（5）自由续接（DZPB）：自动连接复合线的最后一个端点，开始继续画线操作，新绘复合线与原复合线的属性相同，共同组成一个整体。该功能支持多个测尺同时工作。

（6）窗口：缩放显示矩形窗口指定的区域。

（7）前图：缩放显示上一个视图。

（8）缩放全图：缩放以显示所有对象的最大范围。

（9）取消操作：在任何 CASS 命令运行过程中，单击此按钮，取消当前操作，与按 Esc 键的功能相同。

6.3.2 图形绘制与编辑

1. 图形绘制

在 CASS 中，图形绘制命令按钮位于“功能区”选项板中“工具”选项卡下的“画线”面板中，相应的菜单命令在“工具”菜单的二级菜单中，如图 6-21 所示。

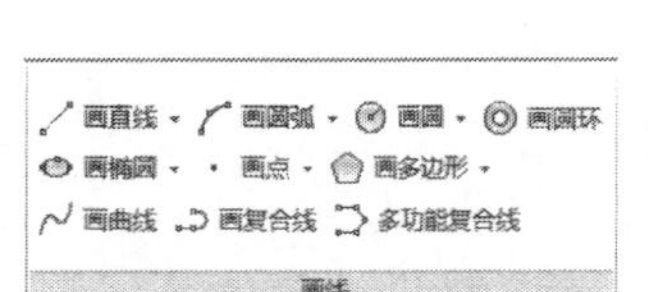

图 6-21　“画线”面板及“画线”菜单

“画线”面板中的各按钮功能如下：

（1）画直线：包括 3 个画直线命令，即数段（LINE）、1 段（LINE）和徒手画（SKETCH）。

（2）画圆弧（ARC）：包括 11 种画圆弧的命令，如图 6-22（a）所示。

（3）画圆（CIRCLE）：包括 6 种画圆命令，如图 6-22（b）所示。

（4）画圆环（DONUT）：通过输入圆环的内径、外径，并指定中心点绘出一个圆环。

（5）画椭圆（ELLIPSE）：包括 2 个画椭圆命令，即轴、偏心率和心、轴、轴。

（6）画点：包括以下 11 个命令，如图 6-22（c）所示。

①单点（POINT）：在指定位置画一个点。

②多点（POINT）：连续在屏幕指定位置画点。按 Enter 键或 Esc 键结束命令。

③偏移点（PYPOINT）：通过指定基准点、偏移方向上一点和偏移距离来画点。

④垂直点（CZHPOINT）：通过指定起点、垂足点和距离（左+右–）来画点。

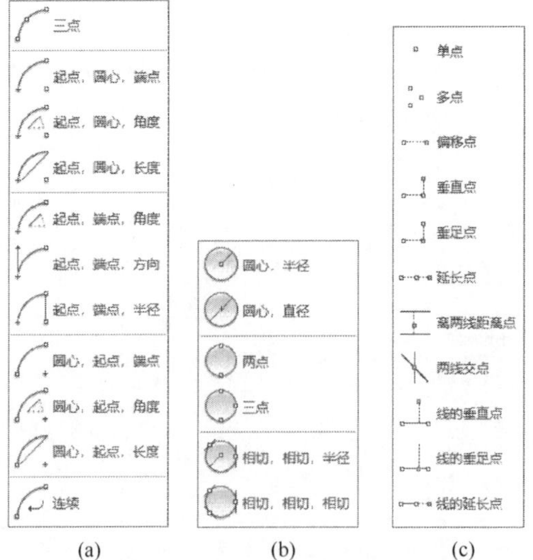

图 6-22　“画圆弧”“画圆”“画点”命令按钮

⑤垂足点（CZPOINT）：通过指定两点和垂足线上一点来画点。

⑥延长点（YCPOINT）：通过指定起始点、基准点、延长或者回缩距离（延长+回缩–）来画点。

⑦离两线距离点（XJLPOINT）：通过分别指定两条线和离两线的距离来画点。

⑧两线交点（XJDPOINT）：绘制两条非平行线的交点。

⑨线的垂直点（XCZHPOINT）：通过在一条线上指定垂足点、垂直距离（在橡皮线起点到垂足点的方向上，左+右–）来画点。

⑩线的垂足点（XCZPOINT）：通过指定一条指定线和一个点，画出垂足点。

⑪线的延长点（XYCPOINT）：指定一条线和延长或者回缩距离（延长+回缩–）来画点。

注：上述命令中，除①②⑦⑧命令以外，均可重复绘制多点。

（7）画多边形（POLYGON），包括 3 种画多边形命令，即边长、外切和内接。

（8）画曲线（QUXIAN）：通过指定点绘制一条拟合曲线。

（9）画复合线（PLINE）：使用 PLINE 命令绘制一条由定宽或半宽的直线或圆弧组成的二维多段线。

（10）多功能复合线（DF3）：该命令与“画复合线”命令的功能相同，不同之处在于：“多功能复合线”命令除了提供鼠标定点和坐标定点之外，还可通过不同的命令选项进行定点。

2. 图形编辑

在 CASS 中，图形编辑命令按钮位于“功能区”选项板中“编辑”选项卡下的“图形编辑”面板中，相应的菜单命令在“编辑”菜单的二级菜单中，如图 6-23 所示。除删除命令之外，“图形编辑”面板中其他命令的功能与 AutoCAD 相同。

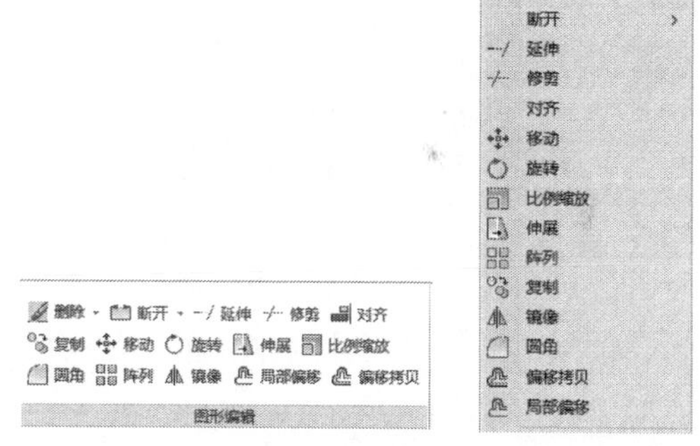

图 6-23　“图形编辑”面板及“图形编辑”菜单

“删除”命令包括以下 10 个命令，其功能如下：

（1）多重目标选择：删除用户选择的多个目标。执行该命令时，鼠标左键选定多个目标，或拉框批量选择目标，右击确认所选目标，系统自动删除目标。

（2）单个目标选择：删除选定的单个目标。执行该命令时，单击选择待删除目标，系统自动将其删除。

删除特定文字
文字所在图层：JMD
文字编码：
文字内容：
确　定　　取　消

图 6-24　“删除特定文字”对话框

（3）上个选定目标：删除最后一个生成的目标。

（4）实体所在编码（SCDAIMA）：删除所有与选定实体属性编码相同的实体。

（5）删除特定文字（SCTDTXT）：删除特定图层、编码、内容的文字。执行该命令，系统弹出“删除特定文字”对话框，如图 6-24 所示。输入特定条件（包括文字所在图层、文字编码或文字内容），单击“确定”按钮，系统删除符合特定条件的文字。若输入多个条件，则表明条件之间为“且”关系，即删除同时满足多个特定条件的文字。

（6）实体所在图层（SCSD）：删除所有与选定实体在同一图层上的实体。执行该命令后，单击一个实体，系统将自动删除该实体所在图层的所有实体。

（7）实体所在图元名称（SCENTITYNAME）：删除与选定实体图元名称相同的所有实体。

（8）实体所在线型（SCLINETYPE）：删除与选定实体线型相同的所有实体。

（9）实体所在块名（SCBLOCKNAME）：删除与选定实体图块名称相同的所有实体。

（10）实体所在复合地物（SCCOMPLEX）：删除选定实体所在的复合地物。

说明：对于实体所在图层、实体所在图元名称、实体所在线型、实体所在块名 4 个命令，除了通过选定实体确定待删除的图层、图元名称、线型或块名之外，还可以输入“J”，直接指定要删除的图层名、图元名称、线型或块名。

3. 图形查询与修改

图形查询命令按钮位于“功能区”选项板中“工具”选项卡下的“查询”面板中，相应的菜单命令在“工具”菜单的二级菜单中。图形查询包括列图列表和工作状态 2 种命令，其功能如下：

（1）列图列表（LIST）：执行该命令时，拾取对象，右击确认，文本窗口将显示对象图层、空间、颜色、线型、坐标等信息。如果是复合线，还可以查看该复合线的线宽、是否闭合、周长、面积等。

（2）工作状态（STATUS）：显示图形当前的总体信息，包括模型空间范围、显示范围、捕捉分辨率、对象捕捉模式、栅格间距、当前空间、当前布局、当前图层、当前颜色、当前线型等。

图形修改包括实体对象性质、颜色的修改，命令按钮位于“功能区”选项板中“编辑”选项卡下的“其他”面板中，相应的菜单命令在“编辑”菜单的二级菜单中。其功能如下：

（1）性质（CHANGE）：修改选中实体的图层、线型、颜色等特性。

（2）颜色（SCSC）：执行该命令，系统弹出“选择颜色”对话框，用于修改指定对象的颜色。

4. 炸开实体

炸开实体将图式符号、图块、复合线、曲线、多边形、圆环等复杂实体分解成组件对象。其操作过程如下：

在快速访问工具栏选择“显示菜单栏”选项，单击“编辑”菜单项，在弹出的菜单中执行“炸开实体”命令（EXPLODE），或在“功能区”选项板中，选择“编辑”选项卡中的“其他”面板，单击“炸开实体”按钮，点选或框选对象，右击确认，系统完成复制实体的分解。

注：该命令不能分解文字注记。

6.3.3　文字注记与编辑

文字注记与编辑命令按钮位于“功能区”选项板中“工具”选项卡下的“文字”面板中，相应的菜单命令在“工具”|“文字”菜单的子菜单中。如图 6-25 所示。

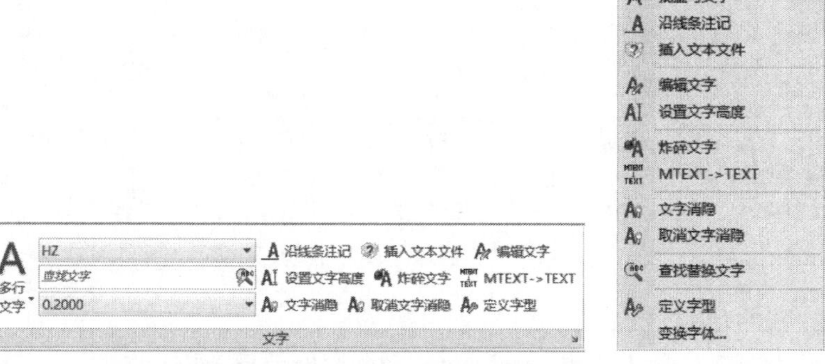

图 6-25　“文字”面板及“文字”子菜单

图 6-25 中，各按钮功能如下：

（1）批量写文字（MTEXT）：其功能是创建多行文字对象。

（2）写文字：创建单行文字对象。“写文字”命令与“批量写文字”命令相似，也可以通过按 Enter 键换行，但两者功能不同，前者将新建一个“单行文字”对象，而后者则在原文字对象中新建一个段落。

（3）变换字体：点选或框选文字，打开“文字样式”下拉列表框，选择字体类型，即可实现字体变换。

（4）沿线条注记（LINETEXT）：实现沿直线或弧线注记文字。

（5）插入文本文件（RTEXT）：该命令把文本文件插入到当前图形中。

（6）编辑文字（TEXTEDIT）：执行此命令，选择待编辑的文本，文本处于可编辑状态，用户可以修改注记文字的内容。

（7）设置文字高度（SETTEXTHEIGHT）：重新设置文字注记的高度。

（8）炸碎文字（TXTEXP）：将文字炸碎成独立的线状实体，即原来的文字对象炸碎后变为二维多段线组成的图形对象。

（9）MTEXT->TEXT（MTEXTTOTEXT）：把多行文字转变为多个单行文字。

（10）文字消隐（TEXTMASK）：当注记文字与图形有交叉或遮盖时，此功能将消隐掉（并未删除或打断）被文字遮盖的图形部分。

（11）取消文字消隐（TEXTUNMASK）：是“文字消隐”命令的逆操作，相当于执行一次“放弃”（UNDO）命令，即令“文字消隐”后的文字对象还原。

（12）定义字形（STYLE）：系统弹出“文字样式”对话框，用于设置当前文字样式。

6.3.4　图层控制

图层控制命令按钮位于“功能区”选项板中“编辑”选项卡下的“图层控制”面板

中，相应的菜单命令在“编辑”|“图层控制”菜单的子菜单中，如图 6-26 所示。

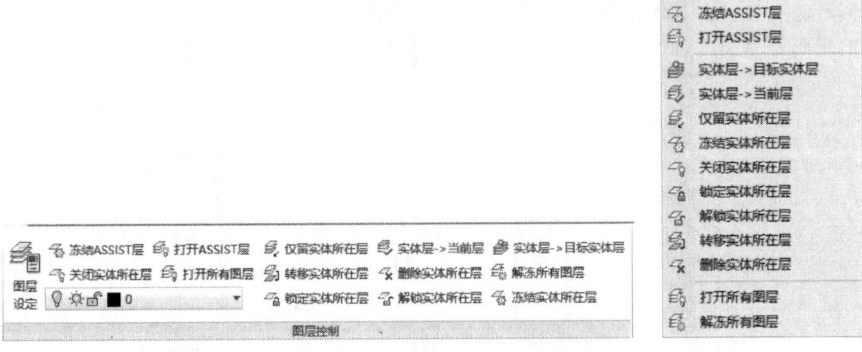

图 6-26　“图层控制”面板及菜单

各命令按钮的功能如下：

（1）图层设定：用于添加、删除和重命名图层或更改图层特性。

（2）冻结 ASSIST 层：冻结 ASSIST（骨架线）层。

（3）打开 ASSIST 层：解冻 ASSIST（骨架线）层。

（4）实体层->目标实体层（LAYMCH）：将所选实体的图层转换为目标实体的图层。

（5）实体层->当前层（LAYCUR）：将所选实体图层转换至当前图层。

（6）仅留实体所在层（LAYISO）：关闭除所选实体图层外的所有图层。

（7）冻结实体所在层（LAYFRZ）：将所选实体所在图层冻结。若所选图层是当前层，则命令区会提示，要求确认是否冻结当前层。

（8）关闭实体所在层（LAYOFF）：不显示所选实体所在的图层。

（9）锁定实体所在层（LAYLCK）：锁定所选实体所在的图层。

（10）解锁实体所在层（LAYULK）：将被锁定的图层解锁，是 LAYLCK 的逆操作。

（11）转移实体所在层（LAYMRG）：将所选实体所在层（一层或多层）合并到目标实体层中。

（12）删除实体所在层（LAYDEL）：将所选实体所在图层及该图层上所有实体删除掉。

（13）打开所有图层（LAYON）：将所有图层打开。

（14）解冻所有图层（LAYTHW）：将所有图层解冻。

（15）图层控制 GCD：单击该下拉列表框，展开当前图形的图层下拉列表。选择一个图层，并进行下列操作：

①单击图标，图标变为，关闭所选图层，该图层对象在图形中不显示；再次单击图标，则打开所选图层；关闭当前层时，系统弹出“当前层被关闭”信息框。

②单击图标，图标变为，冻结所选图层，该图层对象在图形中不显示；再次单击图标，则打开所选图层；不能冻结当前图层。

③单击图标，图标变为，锁定所选图层，该图层对象在图形中仍然显示，也可以被选中，但是不能被编辑或修改；再次单击图标，则打开所选图层。在大型图形中，

冻结不需要的图层将加快显示和重生成的操作速度。

④图标■表示图层的颜色，不可编辑。

⑤在图层下拉列表中，单击“层名”（如 GCD）选项，所选图层被置为当前图层。

6.3.5　选择对象

对图形对象进行编辑、修改之前，首先要选择这些对象。在 CASS 中，除了点选、框选、栏选、圈选、套索等选择对象方法之外，还有 3 种建立选择集的方法，即过滤选择集、批量选目标和按属性选择。

1. 过滤选择集

过滤选择集用于创建按对象类型和特性过滤的选择集。其操作过程如下：

在快速访问工具栏选择“显示菜单栏”选项，单击“编辑”菜单项，在弹出的菜单中执行“过滤选择集”命令（QUICKSELECTEX），或在“功能区”选项板中，选择“编辑”选项卡中的“其他”面板，单击“过滤选择集”按钮，打开“快速选择”对话框，如图 6-27 所示。其建立过滤选择集的过程与“快速选择”一致。

以 CASS 自带的“STUDY.dwg”为例，按图 6-27 设置过滤条件，单击“确定”按钮，所创建的过滤选择集如图 6-28 所示。

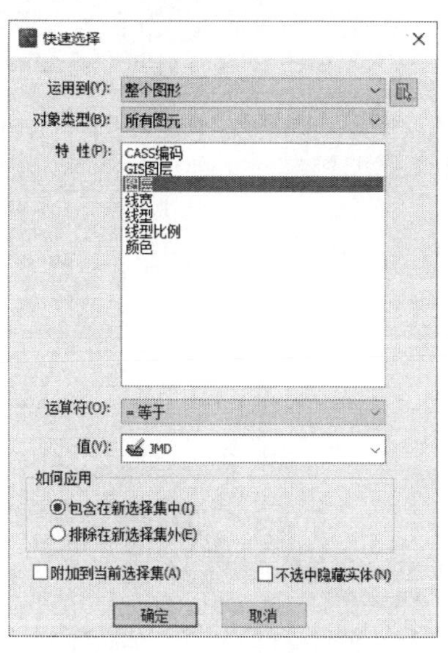

图 6-27　“快速选择”对话框

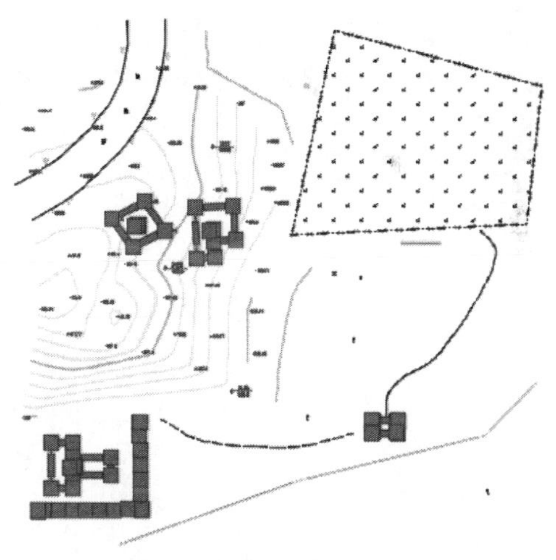

图 6-28　过滤选择集结果

2. 批量选目标

在快速访问工具栏选择“显示菜单栏”选项，单击“编辑”菜单项，在弹出的菜单中执行“批量选目标”命令（MSSX），或在“功能区”选项板中，选择“编辑”选项卡中的“其他”面板，单击“批量选目标”按钮，命令行提示如下：

输入过滤属性序号[(1)块名/(2)颜色/(3)实体/(4)图层/(5)线型/(6)编码/(7)样式/(8)厚度/(9)向量]

单击命令选项，或输入过滤属性序号并按 Enter 键，选取一个对象，系统将提取其属性值作为检索条件，或直接输入属性值并按 Enter 键确认，完成批量选目标。

以“STUDY.dwg”为例，选择过滤属性为“图层”，单击任意一个房屋对象，并按 Enter 键，批量选取目标的结果与图 6-28 相同。

3. 按属性选择

若图形实体具有属性信息，则可以根据实体属性值构建过滤器，选择与其相匹配的对象。操作过程如下：

（1）在快速访问工具栏选择“显示菜单栏”选项，单击“编辑”菜单项，在弹出的菜单中执行“按属性选择”命令（SXXZ），系统弹出“选择实体过滤器”对话框，如图 6-29 所示。

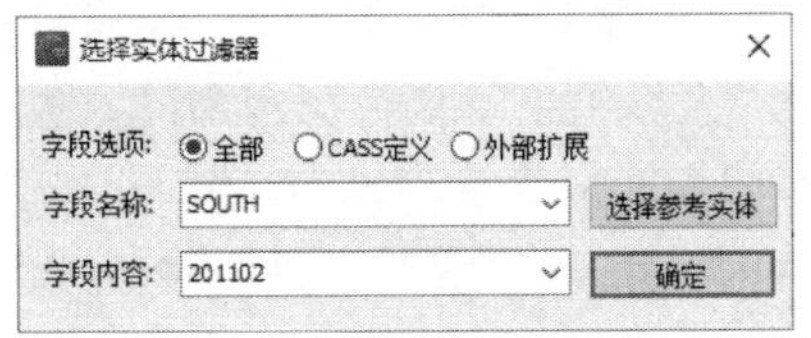

图 6-29　“选择实体过滤器”对话框

（2）输入字段名称，或单击“选择参考实体”按钮，选择图形实体，在“字段名称”下拉列表中选择字段名作为过滤条件。其中，字段名称的类型、说明可通过如下方式查看：在快速访问工具栏选择“显示菜单栏”选项，单击“检查入库”菜单项，在弹出的菜单中执行“地物属性结构设置”命令（ATTSETUP），或在“功能区”选项板中，选择“检查入库”选项卡中的“属性设置”面板，单击“地物属性结构设置”按钮，系统弹出“属性结构设置”对话框，如图 6-30 所示。

（3）输入字段内容，构建过滤条件，即“对象.属性字段=字段名称”，单击“确定”按钮，系统将选择符合过滤条件的所有对象。以“STUDY.dwg”为例，按图 6-29 设置过滤条件，系统选择“SOUTH 属性字段=201102”（即等高线计曲线）的所有对象，如图 6-31 所示。

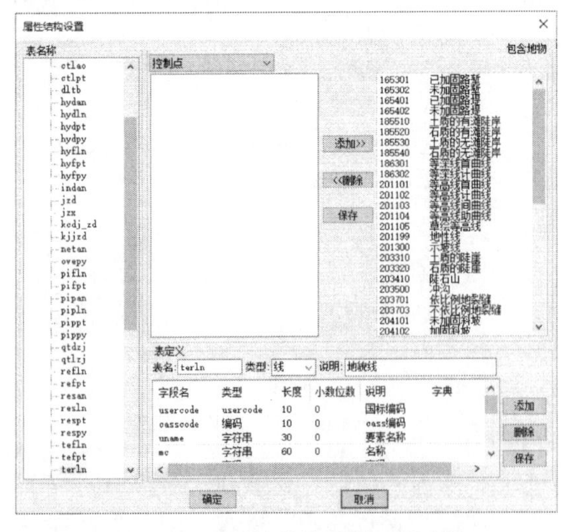

图 6-30　“属性结构设置”对话框

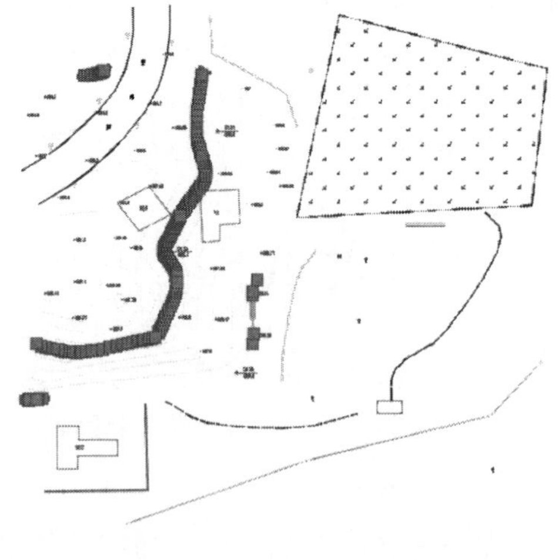

图 6-31　按属性选择示例

6.3.6　属性面板

在 CASS 中，属性面板位于屏幕左侧，默认处于打开状态，如图 6-32（a）所示。在属性面板关闭的情况下，可按如下操作打开属性面板：

在快速访问工具栏选择“显示菜单栏”选项，单击“显示”菜单项，在弹出的菜单中执行“打开属性面板”命令（CASSTOOLBOX），或在“功能区”选项板中，选择“显示”选项卡中的“工具”面板，单击“打开属性面板”按钮，即可打开属性面板。

(a)　　　　(b)

图 6-32　属性面板

属性面板包括两个选项卡：图层（图 6-32（a））和属性（图 6-32（b））。各主要选项的功能如下：

（1）最小化按钮：最小化属性面板，仅显示选项卡标题，拖动鼠标至选项卡，可以动态显示属性面板。

（2）关闭按钮：关闭属性面板。

（3）重新载入：刷新属性面板。

（4）隐藏选中的实体（PARHIDE）：单击该按钮，并选择对象实体，则隐藏所选对象。

（5）显示所有实体：显示包括隐藏实体在内的所有实体。

（6）只列出图上实体：单击该按钮，图层中只显示当前图形中包含实体的 CASS 编码类型（图 6-33（a）），不包含实体的 CASS 编码类型所在的图层仍然显示，但图层前不显示折叠按钮，同时按钮变为“将列出全部实体”。再次单击该按钮，图层状态切换至“列出全部实体”，显示所有 CASS 编码类型（图 6-33（b））。若图层中包含多个编码类型，则图层前显示折叠按钮，单击该按钮可以展开显示图层中的所有编码类型。

在图 6-33（b）中，“等高线首曲线（26）”中的 26 指当前图形中包含 26 条首曲线。双击“CASS 编码类型”（如 201101），可以选择当前类型的所有对象，即全选当前图形中的 26 条首曲线；右击“CASS 编码类型”，则执行新建当前“CASS 编码类型”实体

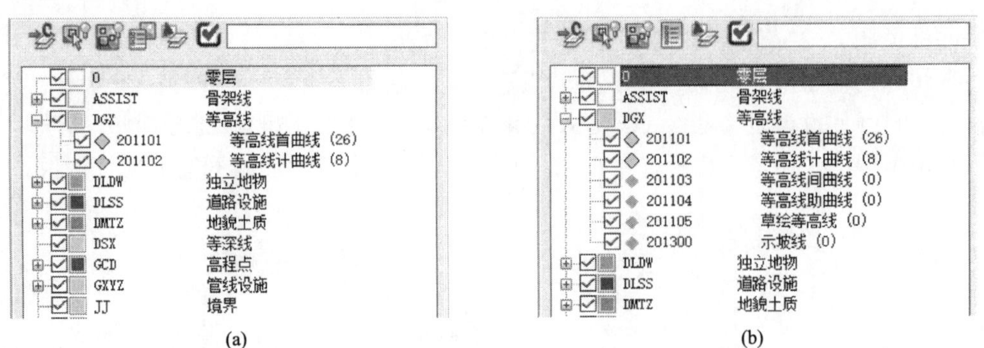

图 6-33　只列出图上实体与列出全部实体的图层比较

命令，用户可在绘图区域绘制该类型实体；“CASS 编码类型”前的复选框与图层前的复选框一样，去掉勾选，则不显示此类实体。

（1）将以 GIS 图层显示：单击此按钮，将显示所有 GIS 图层，若图层包含实体，则图层前显示折叠按钮，否则不显示折叠按钮，此时“将以 GIS 图层显示”按钮变为“将以 CAD 图层显示”，再次单击该按钮，则切换至初始状态，以 CAD 图层显示。

（2）图层操作信息实时显示：该复选框默认处于勾选状态，此时增加或删除对象实体时，属性面板将实时显示图层操作信息；去掉勾选，则不同步显示。

（3）搜索栏：查找并显示当前图形中符合搜索条件的图形实体类型。支持输入实体要素名称进行模糊搜索，也可直接输入 CASS 编码进行精确搜索。例如，在搜索栏中输入“线”，则在当前图形中搜索实体要素名称包含“线”的所有类型，搜索结果如图 6-34（a）所示；在搜索栏中输入“201101”，则搜索 CASS 编码类型为 201101 的实体，搜索结果如图 6-34（b）所示。

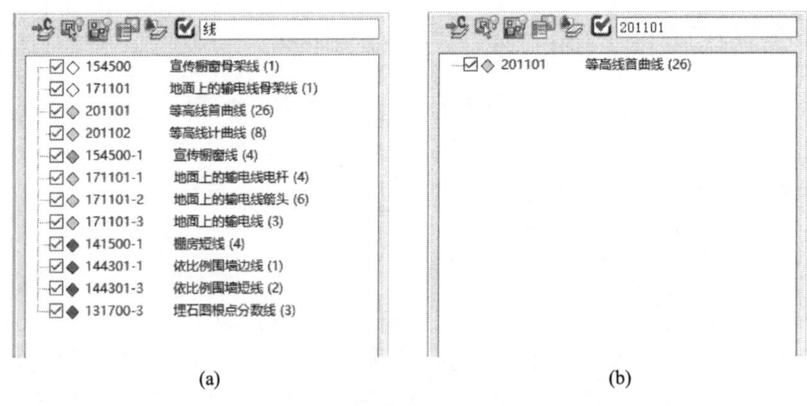

图 6-34　搜索内容与搜索结果

（4）“定位”按钮：居中显示所选对象实体。

6.3.7　地物绘制菜单

CASS 的地物绘制菜单位于屏幕右侧，默认处于打开状态，如图 6-35 所示。若地物绘制菜单处于关闭状态，在快速访问工具栏选择“显示菜单栏”选项，单击“显示”菜单项，在弹出的菜单中执行“地物绘制菜单”命令，或在“功能区”选项板中，选择“显示”选项卡中的“工具”面板，单击“地物绘制菜单”按钮，即可打开地物绘制菜单。

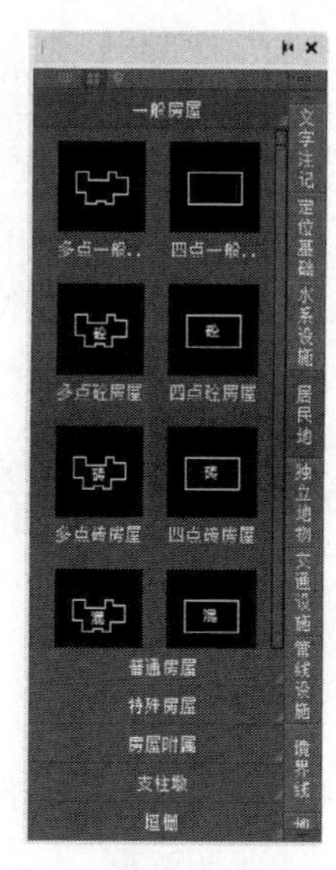

图 6-35　地物绘制菜单（一）

各主要选项的功能如下：

（1）列表显示：以列表显示图式符号。

（2）图标显示：以图标显示图式符号。CASS 默认以“图标显示”。

（3）坐标定位：切换至“坐标定位”选项卡，再次单击该选项，返回“列表显示”或“图标显示”状态。

（4）地物菜单：包括文字注记、定位基础、水系设施、居民地、独立地物、交通设施、管线设施、境界线、地貌土质、植被土质 10 种，通过单击不同的地物菜单可在菜单之间进行切换。

（5）菜单按钮：每一个地物菜单包含多个菜单按钮，单击按钮可显示当前菜单下的图式符号。此时选择“列表显示”或“图标显示”选项，可切换不同的显示样式，也可单击菜单按钮右下方的展开按钮，以窗口形式显示所有的图式符号，如图 6-36 所示。

（6）“坐标定位”选项卡：包括搜索栏、坐标定位、点号定位、电子平板和地物匹配等选项。其中，搜索栏支持“首字母组合”“要素名称”“CASS 编码”3 种搜索方式。例如，搜索等高线首曲线时，可输入“等高线”的首字母组合“dgx”或“曲线”，也可以直接输入 CASS 编码“201101”，搜索结果如图 6-37 所示。在搜索结果列表中，用户单击相应的按钮，即可绘制该类地物或地貌符号。其余选项将在第 7 章介绍。

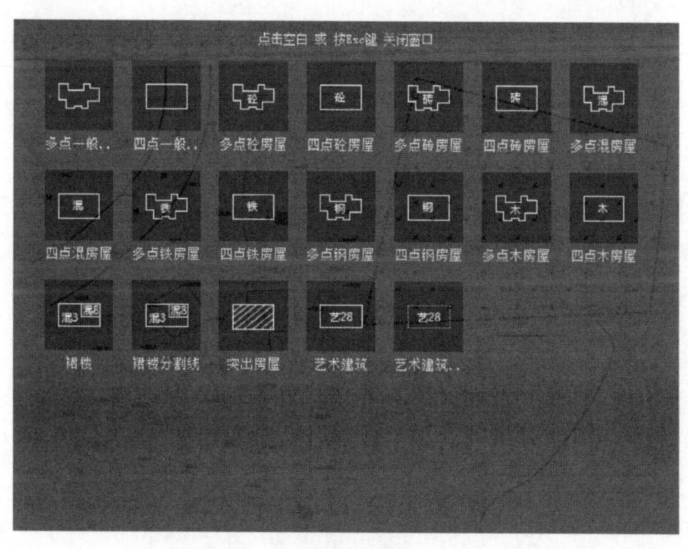

图 6-36　地物绘制菜单（二）

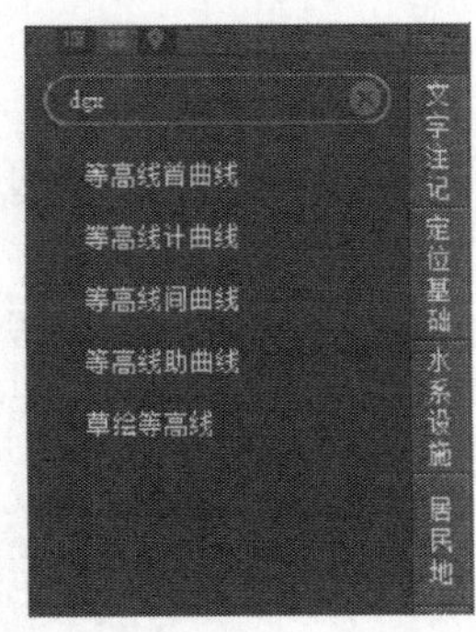

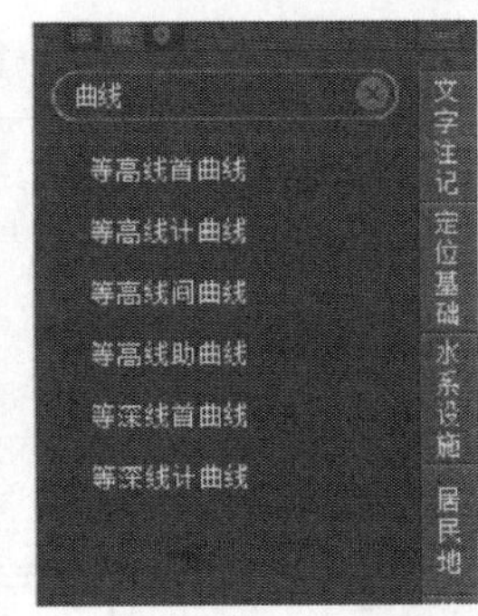

图 6-37　三种方式的搜索结果

6.4　CASS 数图管理

6.4.1　数据通信与管理

1. 数据通信

1）读取全站仪数据

利用 CASS 读取全站仪数据有两种方式：一种是通过 RS232 串口通信电缆连接全站仪和计算机，采用联机方式直接读取；另一种方式是根据全站仪导出的通信文件，按照其规定格式，转换为 CASS 坐标文件格式。从全站仪读取数据的步骤如下：

（1）在快速访问工具栏选择“显示菜单栏”选项，单击“数据”菜单项，在弹出的菜单中执行“读取全站仪数据”命令（TOTALSTATION），或在“功能区”选项板中，选择“数据”选项卡中的“读取/转换”面板，单击“读取全站仪数据”按钮，系统弹出“全站仪内存数据转换”对话框，如图 6-38 所示。

（2）在图 6-38 的仪器下拉列表中，选择对应的仪器型号，使用通信电缆将全站仪与计算机相连接，勾选“联机”复选框，分别单击相应单选按钮选择通讯口、波特率、数据位、停止位、校验等参数，使其与全站仪的通信参数保持一致；“超时”默认值为“10 秒”，也可在文本框中输入新值；在“CASS 坐标文件”文本框中输入导出后的坐标文件名及其完整路径，也可单击“选择文件”按钮进行设置。

（3）单击“转换”按钮，系统弹出 AutoCAD 消息框（图 6-39），先在计算机上按 Enter 键，然后在全站仪上按回车键，系统将把全站仪存储的数据传输至指定文件中。

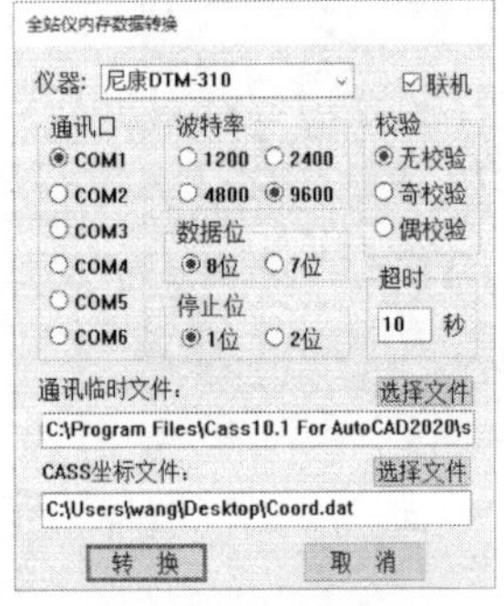

图 6-38　“全站仪内存数据转换”对话框

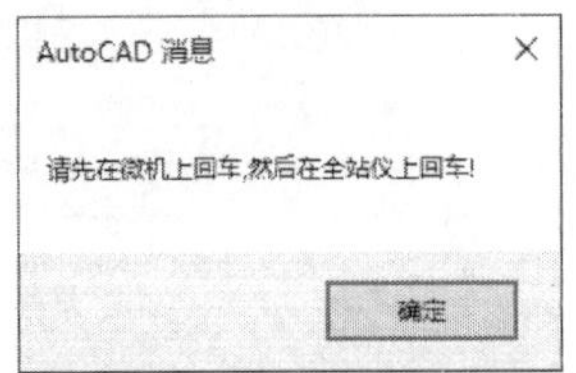

图 6-39　AutoCAD 消息框

需要说明的是，若全站仪的数据文件已经导出至计算机中，此时需要去掉“联机”复选框。在图 6-38 的“仪器”下拉列表中，选择对应的仪器型号，并在“通讯临时文件”文本框中，设置包括全站仪数据文件名在内的完整路径，然后在“CASS 坐标文件”文本框中，输入导出后的坐标文件名及其完整路径。上述设置完毕后，单击“转换”按钮，完成数据格式的转换。此功能仅对“仪器”下拉列表中列出的全站仪型号有效。

2）发送数据至全站仪

带有内存的全站仪或其他外部存储设备与计算机相连后，CASS 可将坐标数据文件传送至全站仪。坐标数据发送菜单按钮如图 6-40 所示。

以发送至“南方 NTS-320”全站仪为例，其操作过程如下：

（1）在快速访问工具栏选择“显示菜单栏”选项，单击“数据”菜单项，在弹出的菜单中执行“坐标数据发送”|“微机-->南方 NTS-320”命令，或在“功能区”选项板中，选择“数据”选项卡中的“读取/转换”面板，单击“坐标数据发送”按钮右侧的下三角按钮，在弹出的菜单按钮中，单击“微机-->南方 NTS-320”按钮。

（2）在弹出的“输入 CASS 坐标数据文件名”对话框中，选择待发送的文件名，单击“打开”按钮，命令行提示：

请选择通信口[（1）串口 COM1/（2）串口 COM2/（3）串口 COM3/（4）串口 COM4]<1>：

①选择通信口，或者输入串口代号，并按 Enter 键。系统默认采用 COM1 串口，若选择 COM1 通信口，则直接按 Enter 键确认。

②命令行显示“请设置南方 NTS-320 通信参数为：单向（通信协议），1200（波特率），N（校验），8（数据位），1（停止位）”，并弹出消息框（图 6-41）。

③按上述提示设置全站仪的通信参数，按回车键确认，然后在计算机上按 Enter 键，CASS 将把坐标数据文件传送至南方 NTS-320 全站仪。

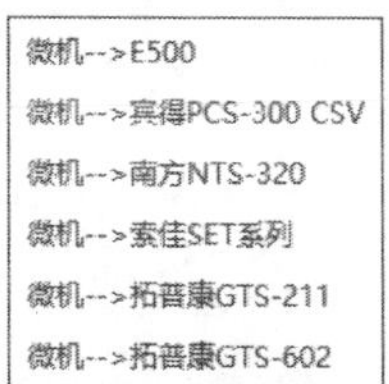

图 6-40　坐标数据发送菜单按钮

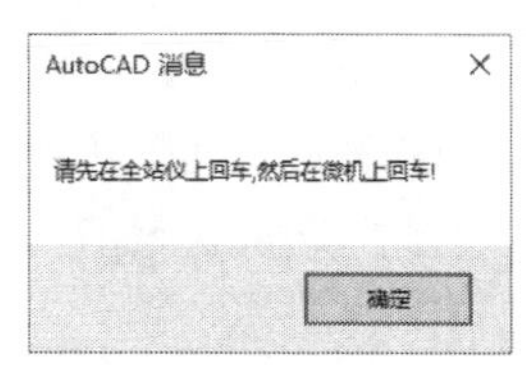

图 6-41　数据传送消息框

3）数据格式转换

数据格式转换可将特定仪器在测量过程中生成的数据文件，转换为 CASS 坐标数据文件。CASS 支持数据转换的格式，如图 6-42 所示。

以标准 RTK 格式转换为例，操作过程如下：

（1）在快速访问工具栏选择“显示菜单栏”选项，单击“数据”菜单项，在弹出的菜单中选择“坐标数据格式转换”|“标准 RTK 格式”命令，或在“功能区”选项板中，选择“数据”选项卡中的“读取/转换”面板，单击“坐标数据格式转换”按钮右侧的下三角按钮，在弹出的菜单按钮中，单击“标准 RTK 格式”按钮。

（2）系统弹出“输入标准 RTK 格式坐标数据文件名”对话框，选择坐标数据文件，

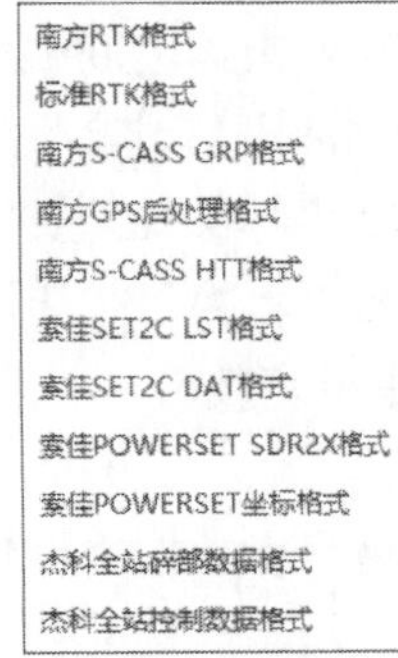

图 6-42　CASS 支持数据转换的格式

单击“打开”按钮。

（3）在弹出的“输入 CASS 坐标数据文件”对话框中，输入坐标数据文件名，单击“保存”按钮，系统自动完成格式转换。

2. *原始测量数据的录入与转换*

此功能可以根据 2 个已知点的坐标及外业原始测量数据（包括水平角、垂直角、斜距、仪器高、镜高），按极坐标法计算出各测点的三维坐标。原始测量数据的录入与转换均包括“需要控制点”和“不需控制点”两种方式，下面以“不需控制点”为例，说明其具体操作过程。

（1）在快速访问工具栏选择“显示菜单栏”选项，单击“数据”菜单项，在弹出的菜单中执行“原始测量数据录入”|“不需要控制点坐标文件”命令，或在“功能区”选项板中，选择“数据”选项卡中的“读取/转换”面板，单击“原始测量数据录入”按钮右侧的下三角按钮，在弹出的菜单按钮中，单击“不需要控制点坐标文件”按钮。

（2）在弹出的“CASS10 原始数据文件名”对话框中，选择保存路径，输入文件名（此文件的扩展名为“.hvs”），单击“保存”按钮。

（3）系统弹出“原始测量信息录入”对话框，如图 6-43 所示。输入测站信息和测量信息，单击“记录”按钮，完成当前点号测量信息的保存。此时，测量信息的文本框清空，为输入下一个测点做准备。若测站有多个前视，则依次输入测量信息，并单击“记录”按钮，保存测量信息。所有测量信息输入完毕，单击“退出”按钮，关闭当前窗口。

在图 6-43 中，定向起始值指测站点至定向点的方向观测值，默认值为 0，若该值非零，则输入实际值；代码指测量地物的简编码，可通过查看“简编码定义文件 JCODE.DEF”和“符号定义文件 WORK.DEF”来确定，此值为可选项；水平角指以当前点号为前视的方向观测值；竖直角指观测方向的天顶距。

注：定向起始值、水平角和竖直角的格式均为“度.分秒”，即观测值按小数输入，整数部分为“度”，小数点后第 1、2 位为“分”，第 3、4 位为“秒”，不满两位的，加 0 补齐。例如，“136 度 8 分 54 秒”记为 136.0854。

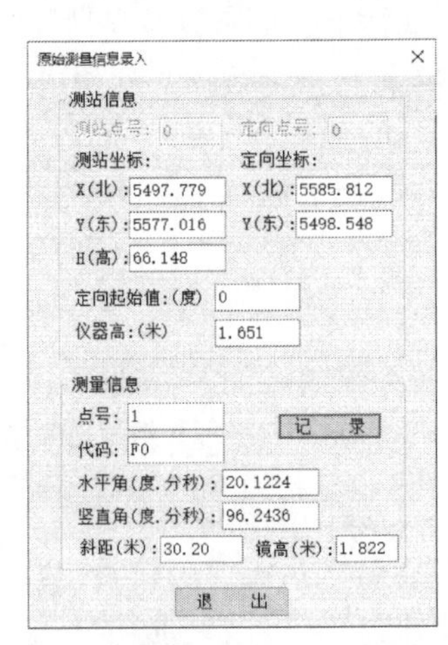

图 6-43　“原始测量信息录入”对话框

（1）在快速访问工具栏选择“显示菜单栏”选项，单击“数据”菜单项，在弹出的菜单中执行“原始数据格式转换”|“不需要控制点坐标文件”命令，或在“功能区”选项板中，选择“数据”选项卡中的“读取/转换”面板，单击“原始数据格式转换”按钮右侧的下三角按钮，在弹出的菜单按钮中，单击“不需要控制点坐标文件”按钮。

（2）命令行提示“请选择斜距测量方法[(1)测距仪/(2)经纬仪视距法]<1>”，根据实际测量方式，单击相应的选项，或者输入选项序号，按 Enter 键确认。

两种斜距测量方法在计算平距和高差时的方法不同。设两点间斜距为 S，垂直角为 α，采用测距仪时，平距 D 和高差 h 的计算方法如下：

$$D = S\cos\alpha,\ h = S\sin\alpha$$

采用经纬仪视距法时，平距 D 和高差 h 的计算方法如下：

$$D = S\cos^2\alpha,\ h = D\tan\alpha$$

(3)在弹出的“输入原始数据文件名”对话框中，选择数据文件(扩展名为“.hvs”)，单击“打开”按钮；然后，在弹出的“输入生成的坐标文件名”对话框中，选择合适的保存路径，输入坐标文件名，单击“保存”按钮，系统自动根据原始测量数据计算出各测点坐标，并将其保存至坐标文件中。

需要说明的是：与“不需控制点”相比，选择“需要控制点”录入原始测量数据时，需要先指定控制点数据文件名，且在原始测量信息录入时，需要在文本框中分别输入测站点号和定向点号。除此之外，其余处理方式一致。

3. *数据编辑与修改*

1）批量修改数据

批量修改数据功能主要实现对坐标数据进行批量化修改，包括加固定常数、乘固定常数和 XY 互换等，以满足 CASS 坐标文件格式的需要。操作方式如下：

在快速访问工具栏选择“显示菜单栏”选项，单击“数据”菜单项，在弹出的菜单中执行“批量修改坐标数据”命令(CHDATA)，或在“功能区”选项板中，选择“数据”选项卡中的“修改”面板，单击“批量修改坐标数据”按钮，系统弹出“批量修改坐标数据”对话框，如图 6-44 所示。

在图 6-44 中，依次输入原始数据文件名、更改后数据文件名及其保存路径，分别在“选择需要处理的数据类型”“修改类型”栏中单击相应的单选按钮，并输入东方向、北方向和高程的改正值，单击“确定”按钮完成数据修改。其中，若修改类型为“加固定常数”，改正值单位为“米”；若为“乘固定常数”，改正值是一个比例系数，无量纲；若为“XY 交换”，则改正值无须输入。

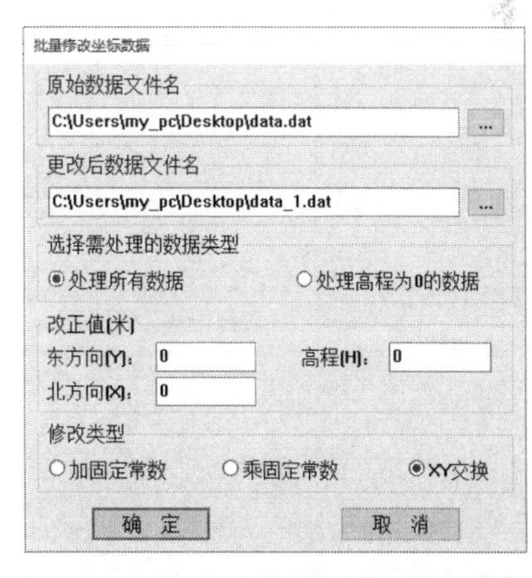

图 6-44　“批量修改坐标数据”对话框

2）数据分幅

数据分幅功能允许用户从坐标数据文件中提取指定范围内测点的坐标数据，并将其生成新的坐标数据文件。该命令的执行过程如下：

(1) 在快速访问工具栏选择“显示菜单栏”选项，单击“数据”菜单项，在弹出的菜单中执行“数据分幅”命令 (SJFF)，或在“功能区”选项板中，选择“数据”选项卡中的“修改”面板，单击“数据分幅”按钮。

(2) 在弹出的“输入原始坐标数据文件名”对话框中，选择待分幅的坐标数据文件，该文件应与当前图形的坐标数据文件保持一致，单击“打开”按钮。

（3）在弹出的“输入分幅坐标数据文件名”对话框中，输入分幅后的坐标数据文件名及其保存路径，单击“保存”按钮。

（4）命令行提示“选择分幅方式[(1)根据矩形区域/(2)根据封闭复合线]<1>”，根据实际需要，选择分幅方式。系统默认分幅方式为“根据矩形区域”，若选择该项，可直接按 Enter 键，在命令行输入分幅矩形的西南角坐标或单击图形合适位置拾取该点坐标，再输入东北角坐标或指定其在图面的位置，系统自动检索该区域内的测点，提取其点号、编码、坐标等信息，并输出至分幅坐标数据文件中；若选择“根据封闭复合线”选项进行数据分幅，则需要事先在当前图形中绘制一条闭合复合线，然后执行数据分幅命令，并选择分幅方式为“根据封闭复合线”，根据命令行提示，选择该复合线，即可完成数据分幅。

6.4.2　数据辅助计算

1. 交会计算

CASS 共提供了 5 种交会计算功能，包括前方交会、后方交会、方向交会、边长交会和支距量算等。交会计算命令按钮位于“功能区”选项板中“工具”选项卡下的“交会”面板中，相应的菜单命令在“工具”菜单的二级菜单中。其中，交会画板如图 6-45 所示。

1）前方交会

在快速访问工具栏选择“显示菜单栏”选项，单击“工具”菜单项，在弹出的菜单中执行“前方交会”命令（QFJH），或在“功能区”选项板中，选择“工具”选项卡中的“交会”面板，单击“前方交会”按钮。系统弹出“前方交会”对话框，如图 6-46 所示。

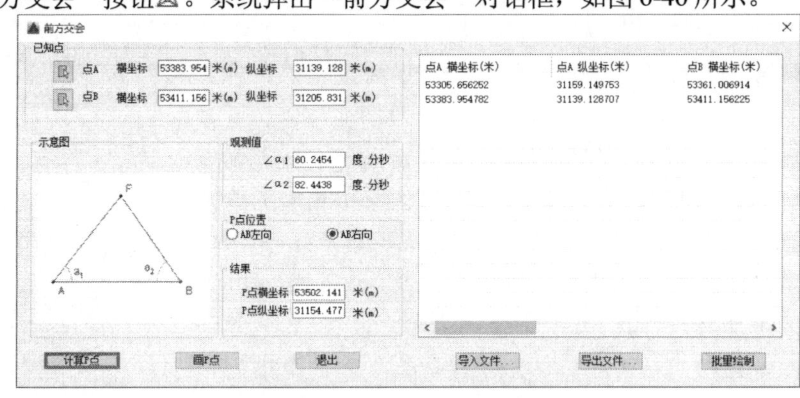

图 6-45　交会画板　　　　图 6-46　“前方交会”对话框

在图 6-46 中，主要功能选项的含义如下：

（1）“已知点”选项区：包括已知点 A、B 的横、纵坐标，可以直接输入坐标值，也可单击拾取按钮，在图形中捕捉特定点以获取其坐标值。

（2）“观测值”选项区：指 α_1、α_2 的水平角观测值，格式为“度.分秒”。

（3）“P 点位置”选项区：单选按钮“AB 左向”指 A、B、P 三点按逆时针分布，而“AB 右向”则指 A、B、P 三点按顺时针分布。

（4）“计算 P 点”按钮：单击该按钮，CASS 按前方交会方法计算出 P 点坐标，并显示在“结果”一栏中，同时在右侧列表中追加一条记录。

（5）“画 P 点”按钮：根据“结果”一栏中 P 点的坐标，在当前图形中展点。

（6）“导入文件”按钮：导入前方交会坐标数据文件。

（7）“导出文件”按钮：将右侧列表中的计算结果导出，生成前方交会坐标数据文件，其扩展名为“.dat”。

（8）“批量绘制”按钮：根据右侧列表中显示的 P 点坐标，在当前图形中批量展点。

2）后方交会

在快速访问工具栏选择“显示菜单栏”选项，单击“工具”菜单项，在弹出的菜单中执行“后方交会”命令（HFJH），或在“功能区”选项板中，选择“工具”选项卡中的“交会”面板，单击“后方交会”按钮。系统弹出“后方交会”对话框，如图 6-47 所示。

根据示意图中已知点和水平角之间的分布情况，分别输入或拾取已知点的坐标，并录入 α_1、α_2 的水平角观测值，单击“计算 P 点”按钮，即可按后方交会法计算出 P 点坐标。

3）方向交会

在快速访问工具栏选择“显示菜单栏”选项，单击“工具”菜单项，在弹出的菜单中执行“方向交会”命令（ANGDIST），或在“功能区”选项板中，选择“工具”选项卡中的“交会”面板，单击“方向交会”按钮。系统弹出“方向交会”对话框，如图 6-48 所示。

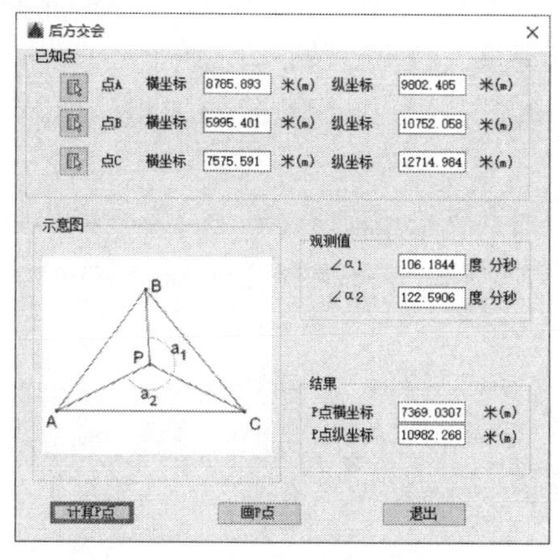

图 6-47　“后方交会”对话框

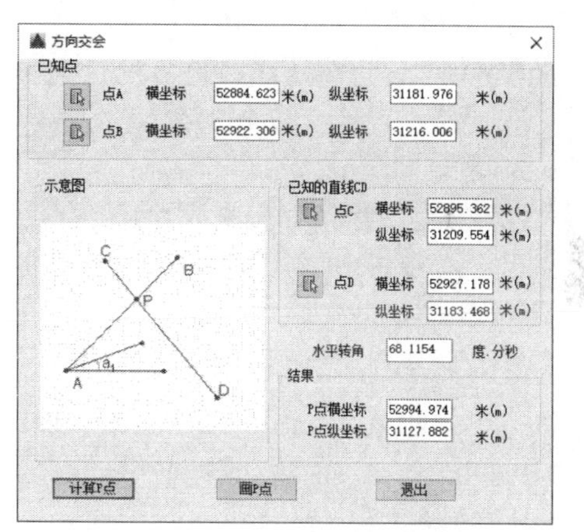

图 6-48　“方向交会”对话框

在图 6-48 中，分别输入已知点 A、B 及已知直线端点 C、D 的平面坐标，并录入水平转角，单击“计算 P 点”按钮，即可得到交会点 P 的平面坐标。其中，水平转角指 AB 以 A 点为基点，按顺时针转过的角度，其取值范围为[0°, 180°]。

4）边长交会

在快速访问工具栏选择“显示菜单栏”选项，单击“工具”菜单项，在弹出的菜单中执行“边长交会”命令（INTERSU），或在“功能区”选项板中，选择“工具”选项卡中的“交会”面板，单击“边长交会”按钮。系统弹出“边长交会”对话框，如图 6-49 所示。

在图 6-49 中，输入已知点 A、B 的平面坐标和 AP、BP 的水平距离，选择 P 点位置，单击“计算 P 点”按钮，即可实现边长交会。其中，P 点位置的含义同“前方交会”。

5）支距量算

在快速访问工具栏选择“显示菜单栏”选项，单击“工具”菜单项，在弹出的菜单中执行“支距量算”命令（ZHIJU），或在“功能区”选项板中，选择“工具”选项卡中的“交会”面板，单击“支距量算”按钮。系统弹出“支距量算”对话框，如图 6-50 所示。

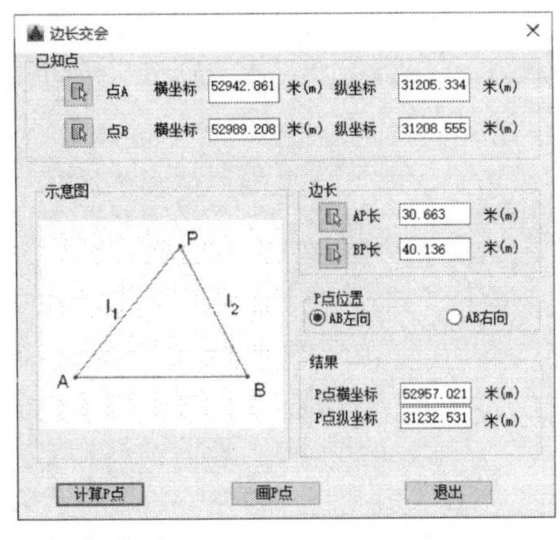

图 6-49　“边长交会”对话框

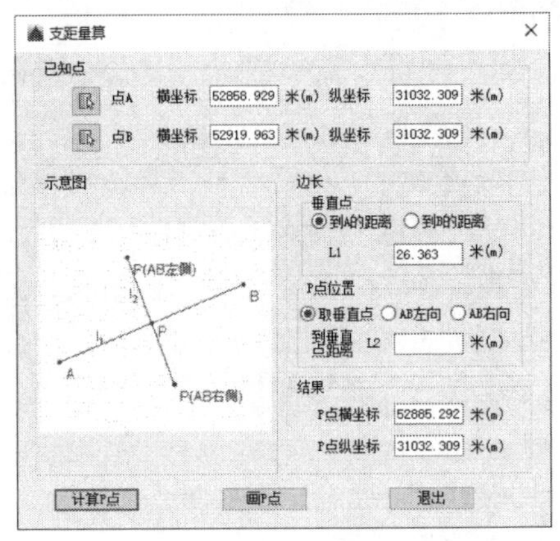

图 6-50　“支距量算”对话框

在图 6-50 中，输入已知点 *A*、*B* 的平面坐标，在“垂直点”一栏中，选择并输入到 *A*（或 *B*）的距离 L_1，然后在“P 点位置”一栏中，单击选择“取垂直点”、“AB 左向”或“AB 右向”单选按钮，并输入 *P* 点到垂直点的距离 L_2（*P* 点位于 *AB* 线上，即 *P* 点位置“取垂直点”时，L_2 不必输入），单击“计算 P 点”按钮，即可计算出 *P* 点坐标。

2. 导线平差

CASS 中提供了导线平差功能，可以实现单一附合导线的简易平差，计算并输出导线点坐标。其操作步骤如下。

1）导线记录

在快速访问工具栏选择“显示菜单栏”选项，单击“数据”菜单项，在弹出的菜单中执行“导线记录”命令（ADJRECORD），或在“功能区”选项板中，选择“数据”选项卡中的“导线”面板，单击“导线记录”按钮。系统弹出“导线记录”对话框，如图 6-51 所示。

在图 6-51 中，主要功能选项的功能如下：

（1）“图上拾取”按钮：单击该按钮，通过图面选择控制点符号，获取该点坐标信息。

（2）“序号”标签：表示当前记录的流水号。

（3）“左角”文本框：指导线测量时的水平角（左角），格式为“度.分秒”。

（4）“垂直角”文本框：当测量三维导线时，垂直角为前视方向线的天顶距；若所测导线为平面导线，此项为“90.0000”，且令仪器高与棱镜高相等。此项格式为“度.分秒”。

（5）“向上”“向下”按钮：单击“向上”“向下”按钮，可以向上或向下翻阅记录，查看或修改导线测量数据。

（6）“插入”“删除”按钮：单击“插入”“删除”按钮，可以增加或删除导线测量数据。

如图 6-51 所示，输入导线记录文件名、起始站与终止站的测站点、定向点坐标、附合导线的全部测量数据后，单击“存盘退出”按钮。

2）导线平差

在快速访问工具栏选择“显示菜单栏”选项，单击“数据”菜单项，在弹出的菜单中执行“导线平差”命令（ADJUST），或在“功能区”选项板中，选择“数据”选项卡中的“导线”面板，单击“导线平差”按钮。系统弹出“输入导线记录文件名”对话框，选择上一步保存的导线记录文件名，单击“打开”按钮。系统完成导线平差计算，并显示精度评定结果，如图 6-52 所示。

若要保存平差后坐标，单击“是”按钮，在弹出的“输入坐标数据文件名”对话框中，选择或输入文件名及保存路径，单击“保存”按钮即可；若无须保存，则单击“否”按钮。

3. 坐标换带

在 CASS 中，坐标换带功能可以实现不同椭球基准下，大地坐标与平面坐标、平面坐标与平面坐标之间的相互转换，其转换类型包括单点转换、批量转换、图形转换等。

在快速访问工具栏选择“显示菜单栏”选项，单击“数据”菜单项，在弹出的菜单中执行“坐标换带”命令，或在“功能区”选项板中，选择“数据”选项卡中的“修改”面板，单击“坐标换带”按钮。系统弹出“坐标换带”对话框，如图 6-53 所示。

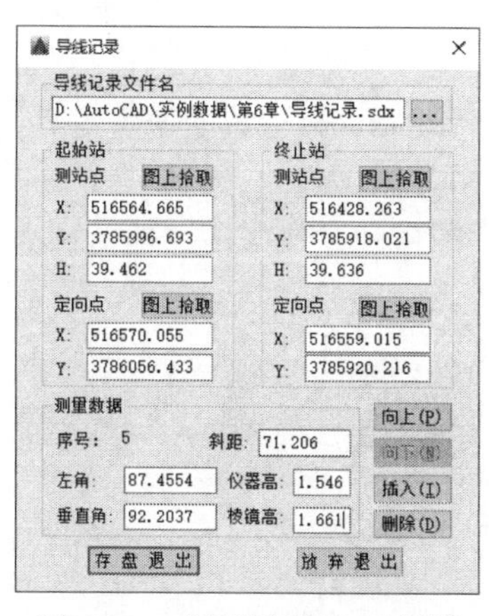

图 6-51　“导线记录”对话框

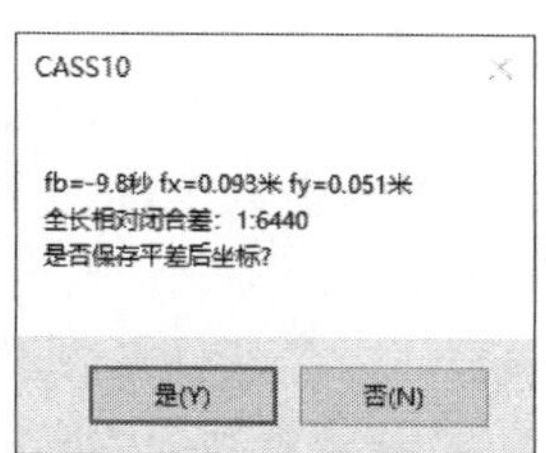

图 6-52　导线平差精度评定结果

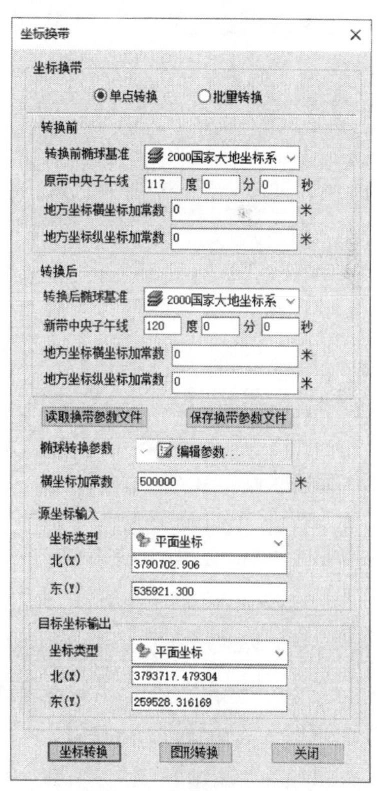

图 6-53　“坐标换带”对话框

在图 6-53 中，主要功能选项的含义如下：

（1）“坐标换带”选项区：包括“单点转换”和“批量转换”2 个单选按钮。“批量转换”需要指定源坐标输入、目标坐标输出的文件名及其保存路径，所指定的文件包括平面坐标和大地坐标两种类型。两者的不同之处在于：前者的源坐标的输入和目标坐标的输出均以单点坐标的形式，而后者是以文件形式。

其中，平面坐标的文件格式采用 CASS 坐标数据文件格式，其格式如下：

1 点点名，1 点编码，1 点 *Y*（东）坐标，1 点 *X*（北）坐标，1 点高程

…

N 点点名，*N* 点编码，*N* 点 *Y*（东）坐标，*N* 点 *X*（北）坐标，*N* 点高程

文件说明：

①文件内每一行代表一个点。

②每个点 *Y*（东）坐标、*X*（北）坐标、高程的单位均是“米”。

③编码内不能含有逗号，即使编码为空，其后的逗号也不能省略。

④所有的逗号均在半角方式下输入。

大地坐标的文件格式如下：

1 点点名，1 点编码，1 点大地经度 *L*，1 点大地维度 *B*，1 点高程

…

N 点点名，*N* 点编码，*N* 点大地经度 *L*，*N* 点大地维度 *B*，*N* 点高程

文件说明：大地经度 *L*、大地维度 *B* 采用“度-分-秒”格式，以短横线作为分隔符，其他要求与平面坐标格式一致。

（2）“转换前（后）椭球基准”下拉列表框：包括 2000 国家大地坐标系、北京-54 坐标系、西安-80 坐标系和 WGS84 坐标系 4 种坐标系。不同的坐标系对应着不同的地球椭球，其解算模型也不同。在实际应用中，用户根据实际情况选择其一即可。

（3）“原（新）带中央子午线”文本框：指源坐标或目标坐标所在分带的中央子午线，包括 3 度带、6 度带、1.5 度带或任意分带的中央子午线等。

（4）“地方坐标横（纵）坐标加常数”文本框：地方坐标系的平移参数，仅当坐标类型为平面坐标时有效，默认值为 0。

（5）“读取换带参数文件”按钮：从外部文本文件中读取转换前、转换后的换带参数，包括椭球基准、中央子午线、地方坐标横（纵）坐标加常数等。

（6）“保存换带参数文件”按钮：将当前转换前、转换后的换带参数保存至外部文本文件。

（7）“横坐标加常数”文本框：源（目标）坐标值中的横坐标与其自然坐标之间的差值，仅当坐标类型为平面坐标时有效，默认值为 500000 米，即坐标系向西侧平移 500km。

（8）“坐标类型”下拉列表框：包括平面坐标和大地坐标。

（9）“坐标转换”按钮：单击该按钮，可以完成坐标换带计算。

（10）“图形转换”按钮：单击该按钮，对当前图形进行换带计算。

1）坐标换带计算

如图 6-53 所示，依次设置转换前、后的换带参数，也可单击“读取换带参数文件”按钮，通过选择准备好的换带参数文件，完成参数设置；在“源坐标输入”一栏中，分

别输入北（X）、东（Y）方向的坐标值，单击“坐标转换”按钮，系统完成坐标换带计算，并将计算结果显示在“目标坐标输出”一栏中。

若换带前后的平面坐标为自然坐标，则需在“横坐标加常数”文本框中输入“0”。

若需批量换带计算，则需先按 CASS 坐标数据文件格式准备好坐标数据文件。然后，在图 6-53 的对话框中，单击“批量转换”单选按钮，分别单击“源坐标输入”“目标坐标输出”功能区中的“选择”按钮，指定输入、输出坐标文件名称及其完整路径，单击“坐标转换”按钮，可以完成批量平面坐标的换带计算，并将计算结果保存至输出坐标文件中。

除上述功能之外，坐标换带功能还可以实现图形的直接转换。如图 6-53 所示，分别设置转换前、后的换带参数，包括椭球基准、中央子午线及横坐标加常数、纵坐标加常数，无须输入源坐标，直接单击“图形转换”按钮，系统弹出询问对话框，提示“本操作将改变所有图形实体，是否继续？”，单击“是”按钮，系统将自动完成图形转换。转换后，单击标准工具栏上的“全部”按钮，CASS 将显示转换后的图形。

2）大地坐标与平面坐标的互换

在图 6-53 所示的坐标换带对话框中，依次选择或输入转换前、转换后的换带参数，在“源坐标输入”一栏中，打开“坐标类型”下拉列表框，在下拉列表中选择大地坐标，按“度-分-秒”格式分别输入大地纬度 B 和大地经度 L，目标坐标输出的坐标类型按“平面坐标”不变，单击“坐标转换”按钮，系统自动完成“高斯正算”，即将大地坐标转换为平面坐标，并将计算结果显示在“目标坐标输出”一栏，如图 6-54（a）所示。

(a)

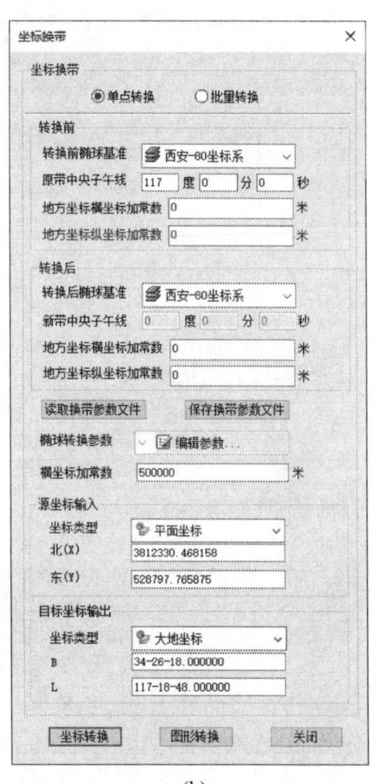

(b)

图 6-54　大地坐标与平面坐标的互换计算

若将平面坐标转换为大地坐标，则在“源坐标输入”“目标坐标输出”一栏中，分别打开“坐标类型”下拉列表框，在下拉列表中分别选择平面坐标、大地坐标，输入待转换的坐标值，单击“坐标转换”按钮，系统完成“高斯反算”，并在“目标坐标输出”一栏显示计算出的大地坐标值，如图 6-54（b）所示。

“横坐标加常数”及批量计算等功能与坐标换带计算一致，不再赘述。

4. 坐标转换

在 CASS 中，坐标转换功能可将单点、图形或数据从一个平面直角坐标系转到另一个平面直角坐标系中，支持四参数转换和七参数转换 2 种方式，前者需要至少 2 个公共点的坐标，后者则至少需要 3 个公共点的坐标。

在快速访问工具栏选择“显示菜单栏”选项，单击“地物编辑”菜单项，在弹出的菜单中执行“坐标转换”命令（TRANSFORM），或在“功能区”选项板中，选择“地物编辑”选项卡中的“图形修改”面板，单击“坐标转换”按钮。系统弹出“坐标转换”对话框，如图 6-55 所示。

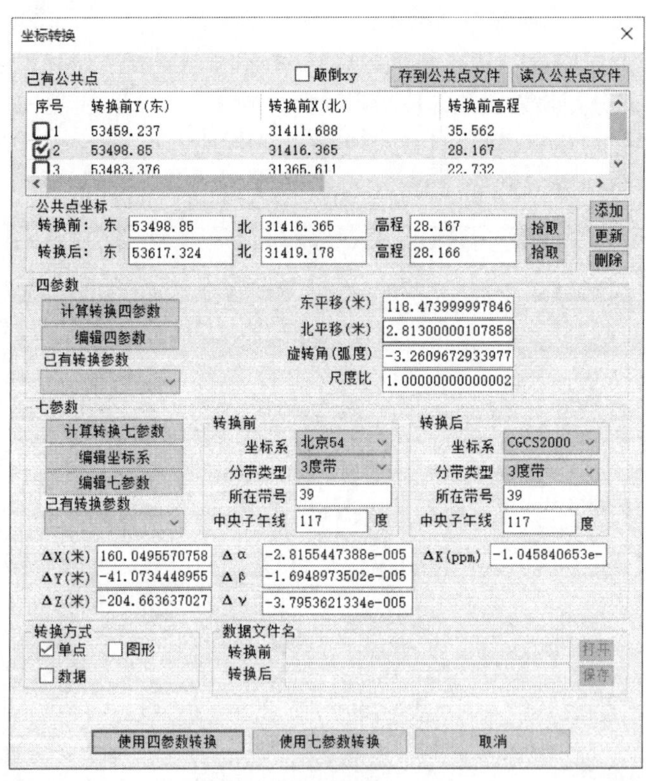

图 6-55　“坐标转换”对话框

在图 6-55 中，主要功能选项的含义如下：

（1）“存到公共点文件”按钮：将已有公共点坐标保存至外部文本文件，其文件格式如下：

1 点转换前 *Y*（东）坐标，1 点转换前 *X*（北）坐标，1 点转换前高程：1 点转换后 *Y*（东）坐标，1 点转换后 *X*（北）坐标，1 点转换后高程…

*N*点转换前*Y*（东）坐标，*N*点转换前*X*（北）坐标，*N*点转换前高程：*N*点转换后*Y*（东）坐标，*N*点转换后*X*（北）坐标，*N*点转换后高程

文件说明：

①文件内每一行代表一个点；

②每点*Y*（东）坐标、*X*（北）坐标、高程的单位均是“米”；

③所有的逗号、冒号均在半角方式下输入。

（2）“读入公共点文件”按钮：从外部文本文件导入公共点转换前、转换后坐标至“已有公共点”列表中。

（3）“颠倒 xy”：勾选该复选框，则转换前、转换后的*Y*（东）和*X*（北）2 列数据互换。

（4）“拾取”按钮：单击该按钮，在当前图形中选择实体，系统自动提取坐标，并将其显示在对话框中。

（5）“添加”按钮：在“公共点坐标”一栏中，输入（或拾取）转换前、转换后的坐标，单击“添加”按钮，公共点坐标将追加至“已有公共点”列表中。

（6）“更新”按钮：在“已有公共点”列表中，选择待修改的公共点，其转换前和转换后的坐标将显示在“公共点坐标”一栏的文本框中，根据需要修改坐标值，然后单击“更新”按钮，更新“已有公共点”列表中的坐标值。

（7）“删除”按钮：在“已有公共点”列表中，选择待删除的公共点，单击“删除”按钮，删除该公共点。

（8）“计算转换四（七）参数”按钮：单击该按钮，系统自动计算转换四（七）参数，并将结果显示在按钮右侧的文本框中。

（9）“编辑四（七）参数”按钮：以“编辑四参数”按钮为例，单击该按钮将弹出“编辑四参数”对话框，系统将计算出的转换四参数填至相应的文本框中，如图 6-56 所示。

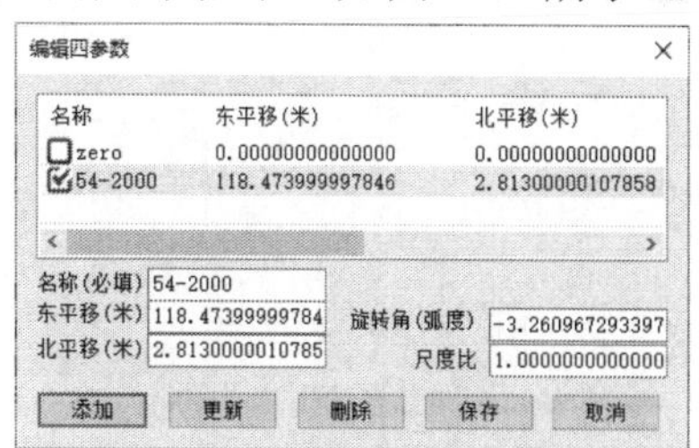

图 6-56　“编辑四参数”对话框

在图 6-56 中，用户可根据需要修改转换四参数值，在“名称（必填）”文本框中填入合适的名称，如“54-2000”，单击“添加”按钮，则当前转换参数添加至已有列表中，然后单击“保存”按钮，关闭对话框。下一次进行坐标转换时，在“坐标转换”对话框中，打开“已有转换参数”下拉列表框，选择“54-2000”选项，相应的转换参数自动填入相应的对话框中，即可进行坐标转换，无须再次计算转换四参数。“编辑七参数”按钮功能同上。

（1）“编辑坐标系”按钮：单击该按钮，在弹出的“编辑坐标系”对话框中，用户可以添加、删除坐标系，也可对地球椭球的长轴、扁率等参数值进行修改、保存。

（2）“转换方式”选项区：包括单点转换、图形转换和数据转换 3 种方式。需要说明的是，若选择“图形”转换方式，则在执行“坐标转换”命令之前，必须先打开待转换的图形。

以七参数转换为例，坐标转换的操作过程如下。

1）计算七参数

在“坐标转换”对话框中，通过单击“读入公共点文件”或“添加”按钮输入至少3个公共点坐标，分别设置转换前、转换后参数，包括坐标系、分带类型、所在带号和中央子午线。若坐标系下拉列表中没有相应的坐标类型，可单击“编辑坐标系”，在弹出的“编辑坐标系”对话框中添加坐标名称及其相应椭球参数。完成上述设置后，单击“计算转换七参数”按钮，完成七参数的计算，计算结果显示在相应的文本框中。同时，在命令行中，逐行显示七参数残差、东坐标最大误差、北坐标最大误差及高程最大误差等数值。

2）保存七参数

单击“编辑七参数”按钮，在弹出的“编辑七参数”对话框中，输入名称后，分别单击“添加”“保存”按钮，完成七参数的保存。若七参数已经保存，则直接打开“已有转换参数”下拉列表框，在下拉列表中选择相应的参数名称，七参数自动显示出来。

3）使用七参数转换

根据实际转换需求，在“转换方式”一栏，勾选“单点”、“图形”或“数据”等复选框。不同的“转换方式”对应着不同的操作方法，分述如下：

（1）“单点”转换方式：勾选“单点”复选框，单击“使用七参数转换”按钮，命令行提示“请输入需要转换点的坐标（东，北，高程）：”，分别输入坐标值，以半角逗号作为分隔符，按 Enter 键确认输入，或者单击提取相应的坐标值，则在命令行中显示“转换后的坐标是（东，北，高程）：”。用户可以再次输入需要转换点的坐标，直至完成所有点的坐标转换，按 Enter 键或 Esc 键，结束命令。

（2）“图形”转换方式：勾选“图形”复选框，单击“使用七参数转换”按钮，命令行提示“请选择要转换的图形实体：”，点选或框选待转换的实体；然后右击或按 Enter 确认，系统自动完成图形转换；转换后，单击标准工具栏上的“全部”按钮，CASS 将显示转换后的图形。

（3）“数据”转换方式：勾选“数据”复选框，此时“数据文件名”一栏的文本框、“打开”按钮处于可用状态，分别设置转换前、后的数据文件名及存储路径，单击“使用七参数转换”按钮，系统自动完成坐标转换，并将转换后的坐标保存至转换后数据文件中。

6.4.3 实体编码管理

1. 查看实体编码

在快速访问工具栏选择“显示菜单栏”选项，单击“数据”菜单项，在弹出的菜单中执行“查看实体编码”命令（GETP），或在“功能区”选项板中，选择“数据”选项卡中的“实体编码”面板，单击“查看实体编码”按钮，命令行显示“选择图形实体<直接回车退出>”，拾取待查图形实体，系统弹出 AutoCAD 消息框（图 6-57），返回该实体的 CASS 编码、国际编码、实体名称及其所在 GIS 图层等。

图 6-57 实体编码查看窗口

单击“确定”按钮，关闭 AutoCAD 消息框。此时鼠标处于拾取状态，可多次拾取其他图形实体，查看相应实体的编码，直至按 Enter 键或右击结束该命令。

2. 加入实体编码

“加入实体编码”，又称为“刷编码”，常常被用来给没有 CASS 编码的实体加入 CASS 编码。其操作方式如下：

在快速访问工具栏选择“显示菜单栏”选项，单击“数据”菜单项，在弹出的菜单中执行“加入实体编码”命令（PUTP），或在“功能区”选项板中，选择“数据”选项卡中的“实体编码”面板，单击“加入实体编码”按钮，命令行显示“输入代码(C)/<选择已有地物>”。系统提供两种输入代码的方式：一种是在命令行输入“C”按 Enter 键，直接输入 CASS 编码；另一种是拾取已有 CASS 编码的图形实体，系统自动读取其编码。

用户可以选择任意一种代码输入方式，然后移动鼠标，采用点选方式逐一选择待加入编码的图形实体，或者采用框选、栏选或圈选方式批量选择实体，最后右击或按 Enter 键确认选择，系统将为所选图形实体加入 CASS 编码。加入编码后的图形实体，其所在图层、线型和颜色等将随 CASS 编码而做相应变化。

3. 生成用户编码

在快速访问工具栏选择“显示菜单栏”选项，单击“数据”菜单项，在弹出的菜单中执行“生成用户编码”命令（CHANGECODE），或在“功能区”选项板中，选择“数据”选项卡中的“实体编码”面板，单击“生成用户编码”按钮，命令行提示“请选择：[(1)保存用户编码/(2)保存 CASS 编码]<1>”，选择相应的选项，系统自动将图形中所有实体的编码写到该实体的厚度属性中。前者保存的是实体定义文件 INDEX.INI 中的用户编码，而后者保存的是 CASS 编码。

4. 编辑实体编码

在快速访问工具栏选择“显示菜单栏”选项，单击“数据”菜单项，在弹出的菜单中执行“编辑实体编码”命令（MODIFYCODE），或在“功能区”选项板中，选择“数据”选项卡中的“实体编码”面板，单击“编辑实体编码”按钮，命令行显示“选择地物实体<直接回车退出>：”，拾取待编辑实体。若所选实体为点状地物，系统弹出“修改点状地物”对话框；若为线状地物，则弹出“修改线状地物”对话框，如图 6-58 所示。

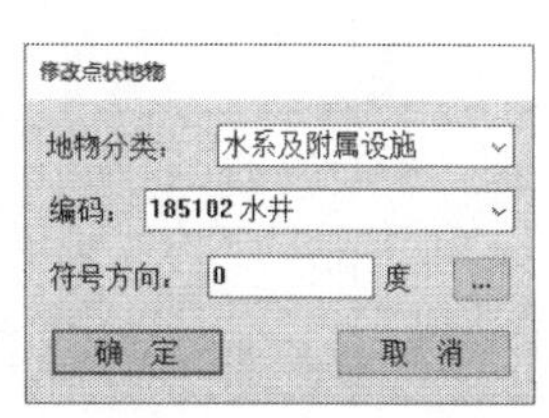

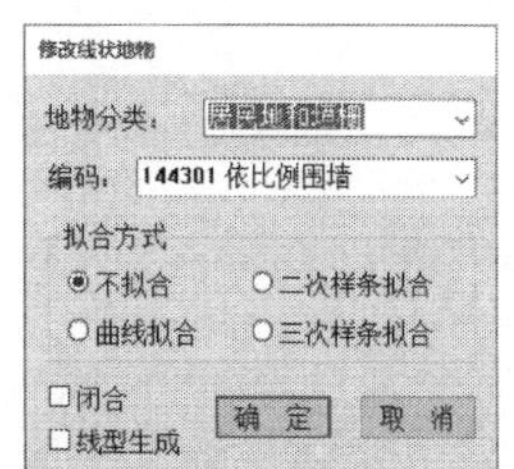

图 6-58　修改点状、线状地物对话框

用户根据实际需要，可对图 6-58 中的选项进行修改，单击“确定”按钮，系统完成相应的修改并关闭对话框。此时鼠标仍处于拾取状态，允许用户编辑其他实体编码，按 Enter 键或右击结束命令。

从功能上看，该命令可以看作“加入实体编码”命令的扩充，相对于“加入实体编码”命令而言，编辑实体代码除了能够为图形实体加入编码，还包括改变点状符号方向、重新选择线状地物的拟合方式及是否闭合等选项。

思考题

1. CASS 软件的主要功能有哪些？
2. 如何实现 CASS 的图形打印输出功能？
3. CASS 提供哪些快速选择对象的功能？
4. 在 CASS 中，属性面板和地物绘制菜单的功能是什么？关闭两个功能模块后，如何能够重新打开呢？
5. 数据辅助计算包括哪些功能？
6. 坐标换带和坐标转换模块能够实现哪些数据换算？又如何实现呢？
7. 在 CASS 中，实体编码的目的是什么？

第 7 章　绘制地形图

绘制地形图是 CASS 的主要功能之一，根据作业模式的不同，CASS 提供了 3 种地形图绘制方法，分别是实测法、3D 模型法和白纸图数字化。

实测法是根据全站仪、GNSS RTK（全球导航卫星系统实时动态定位）或电子经纬仪实测获得的地物特征点和地貌特征点的空间位置信息和属性信息进行地形图绘制的一种方法。该方法制图精度高、成图方法灵活，是 CASS 绘制地形图的常用方法。在实际工作中，通常按“两步法”进行，即先绘制平面图，再在平面图上生成等高线，从而实现地形图绘制。

3D 模型法是根据无人机航测、三维激光扫描等技术生成的数字表面模型（digital surface model，DSM）而进行的一种三维制图方法。该方法外业观测时间少，制图成本低、周期短、效率高，且精度能够满足大比例尺地形图制图要求，是目前数字地图制作领域的重要研究热点，也是未来数字制图发展方向之一。

白纸图数字化是将已有纸质图纸进行矢量化的一种方式，包括手扶跟踪数字化和扫描矢量化两种方法。前者借助数字化仪，利用定标器将图纸要素逐一扫描，生成数字化的图形文件；后者先使用扫描仪将白纸图生成光栅图像，再利用 CASS 扫描矢量化功能实现白纸图数字化。目前此法已很少使用。

其中，实测法是目前技术最成熟、功能最齐全、应用最广泛的一种绘图方法，本章重点介绍此方法绘制地形图的主要过程。

7.1　绘制平面图

在 CASS 中，按照数据采集方式的不同，实测法绘制平面图分为草图法、简码法和电子平板法。

1）草图法

在外业数字测图时，每一测站均使用仪器内存或电子手簿记录碎部点三维坐标，绘图员现场绘制碎部点的工作草图，注明地物的相关位置、地貌的地形线、点号及其连接信息，丈量记录、地理名称和说明注记等；在内业 CASS 制图时，根据碎部点坐标和草图进行绘图。这种方法外业观测效率高，硬件配置要求低，但内业工作量较大。

2）简码法

在测站上将全站仪或 GNSS RTK 测得的碎部点三维坐标及其编码信息记录到仪器的内存或电子手簿中，室内连接装有 CASS 软件的计算机编辑成图。这种方法的编码信息中包含了描述实体属性的野外地物码和一些描述连接关系的野外连接码，因此内业成图效率高，但该法要求作业员能够熟记各种地物简码（或编码），当地物比较凌乱或地形较复杂时，用这种方法作业速度慢且容易出错。

3）电子平板法

将装有 CASS 的笔记本电脑或掌上电脑（统称为电子平板），通过电缆线（或者蓝牙）与仪器相连，所测的碎部点能够即时在屏幕上显示，如同传统测图，绘图员可在电子平板的屏幕上直接绘图，所测即所得。电子平板法的优点是现场成图，效果直观，正确率高，但是该法也有明显的不足，如电子平板在野外环境下屏幕不易看清、电池续航时间有限、外业观测时间长等。

7.1.1　草图法

1. *数据准备*

外业测量数据只有整理成扩展名为“. DAT”的坐标数据文件（文件格式详见 6.4.2 节），才能被 CASS 软件识别并接收。因此，在内业制图之前，需要先获取外业测量数据文件，然后按上述格式要求进行转换。CASS 提供了 3 种数据格式转换功能。

1）读取全站仪数据

可以通过联机方式直接从南方、拓普康、索佳、尼康、徕卡、宾得、科力达、瑞得等品牌全站仪或南方电子手簿 E500 中读取实测坐标数据，并将其转换成坐标数据文件，也可以将已经导出的临时通信文件转换成坐标数据文件。

2）坐标数据格式转换

将已经导出的南方 RTK、标准 RTK、南方 GPS、南方 S-CASS 及部分索佳、杰科全站仪的数据文件直接转换成坐标数据文件。

3）原始测量数据录入和转换

根据电子经纬仪或光学经纬仪的实测数据，如水平角、竖直角、斜距、仪器高、镜高等信息，以及测站坐标、定向坐标等测站信息，计算出实测点号的三维坐标，并将其保存为坐标数据文件。

上述 3 种格式转换的具体操作过程，详见 6.4.1 节。

对于某些特殊类型的全站仪，如全站仪品牌不常见或者型号比较新，无法使用上述 3 种格式转换方式。通常情况下，可通过全站仪自带的通信软件，将实测数据导出，或通过仪器 USB 接口使用 U 盘将数据复制至计算机，打开数据文件，并按“坐标数据文件”格式手工完成格式转换。

2. *作业流程*

草图法绘制平面图的基本流程如下。

1）定显示区

在快速访问工具栏选择“显示菜单栏”选项，单击“绘图处理”菜单项，在弹出的菜单中执行“定显示区”命令（HTCS），或在“功能区”选项板中，选择“绘图处理”选项卡中的“显示”面板，单击“定显示区”按钮，系统弹出“输入坐标数据文件名”对话框，选择已经准备好的坐标数据文件，单击“打开”按钮。

命令行显示当前显示区的最大坐标、最小坐标，完成绘图显示区的设置。

2）确定绘图比例尺

单击“绘图处理”菜单项，在弹出的菜单中执行“改变当前图形比例尺”命令

（GBBLC1），或在“功能区”选项板中，选择“绘图处理”选项卡中的“显示”面板，单击“改变当前图形比例尺”按钮，命令行提示如下：

当前比例尺为　1：0

输入新比例尺<1：500>1：

输入新比例尺分母，如 1000，按 Enter 键确认，即将当前图形的比例尺设置为 1：1000。系统默认新比例尺为 1：500，若当前图形比例尺为 1：500，直接按 Enter 键即可。

3）展野外测点

在 CASS 中，展野外测点的菜单项位于“绘图处理”菜单中，如图 7-1（a）所示，相应的工具按钮位于“绘图处理”选项卡中的“展点”面板中，如图 7-1（b）所示。

各子菜单功能如下：

（1）展野外测点点号：展绘各测点的点名及点位。

（2）展野外测点代码：展绘各测点的编码及点位。

（3）展野外测点点位：仅展绘各测点位置。

（4）切换展点注记：选择“切换展点注记”选项，或在“展点”面板中单击“切换展点注记”按钮，系统弹出“切换展点注记”对话框，如图 7-2 所示。用户可在“展测点点位”、“展测点点号”、“展测点代码”和“展测点高程”之间任意切换，单击相应选项的单选按钮，然单击“确定”按钮即可。

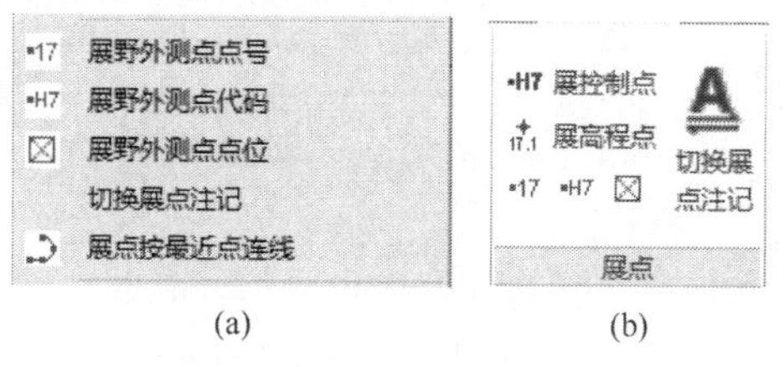

(a)　　(b)

图 7-1　“展点”菜单与面板

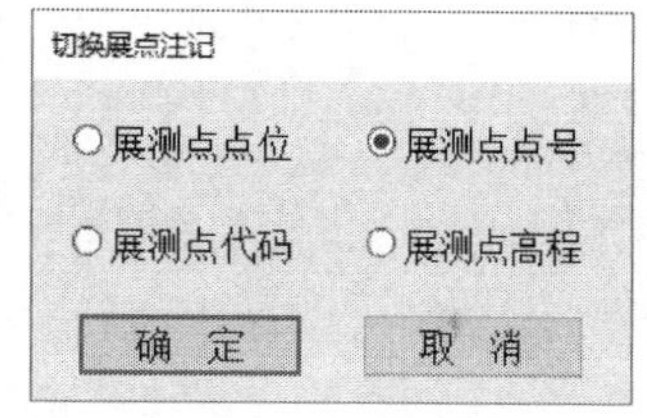

图 7-2　“切换展点注记”对话框

例如，坐标数据文件中某一行数据为“10，A70，54176.6853，31209.0784，47.045”，表明该测点点号为 10，测点代码为 A70（路灯），三维坐标为（54176.6853，31209.0784，47.045），则“展测点点位”、“展测点点号”、“展测点代码”和“展测点高程”的显示结果如图 7-3 所示。

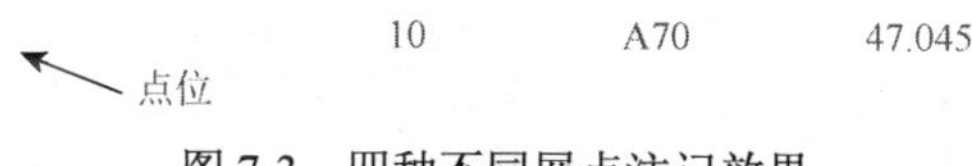

图 7-3　四种不同展点注记效果

（5）展点按最近点连线：选择“展点按最近点连线”选项，或在“功能区”选项板中，选择“绘图处理”选项卡中的“快速成图”面板，单击“展点按最近点连线”按钮，命令行显示如下提示：

请输入点的最大连线距离（米）：<100.000>

输入最大连线距离值，按 Enter 键确认。系统默认最大连线距离为 100m，若无须改变，直接按 Enter 键即可。然后，通过点选或框选方式选择测点，右击或按 Enter 键确认，CASS 将按设定的最大距离进行自动连线，即点间距小于设定值的测点都将以直接相连。

实例 7-1　现拟以 CASS 安装目录下“\DEMO\STUDY.DAT”为坐标数据文件绘制 1∶1000 地形图，试新建一个图形，设置其展点号字高为 2，并展野外测点点号。

（1）双击桌面 CASS 图标，打开 CASS 软件。若已经打开，在“功能区”选项板中，选择“文件”选项卡，单击“新建打开”面板中的“新建图形文件”按钮，新建一个图形文件。

（2）单击“新建打开”面板中的“图形存盘”按钮，在弹出的“图形另存为”对话框中，更改保存目录为“D：\AutoCAD\实例数据\第 7 章”，在“文件名（N）：”一栏中输入“STUDY”，单击“保存”按钮。

（3）在快速访问工具栏选择“显示菜单栏”选项，单击“文件”菜单项，在弹出的菜单中执行“CASS 参数设置”命令(CASSSETUP)，或在“功能区”选项板中，选择“文件”选项卡中的“配置”面板，单击“CASS 参数设置”按钮，系统弹出“CASS 参数设置”对话框，在右侧栏的“展点号字高”文本框中输入 2（如图 7-4），单击“确定”按钮关闭对话框。

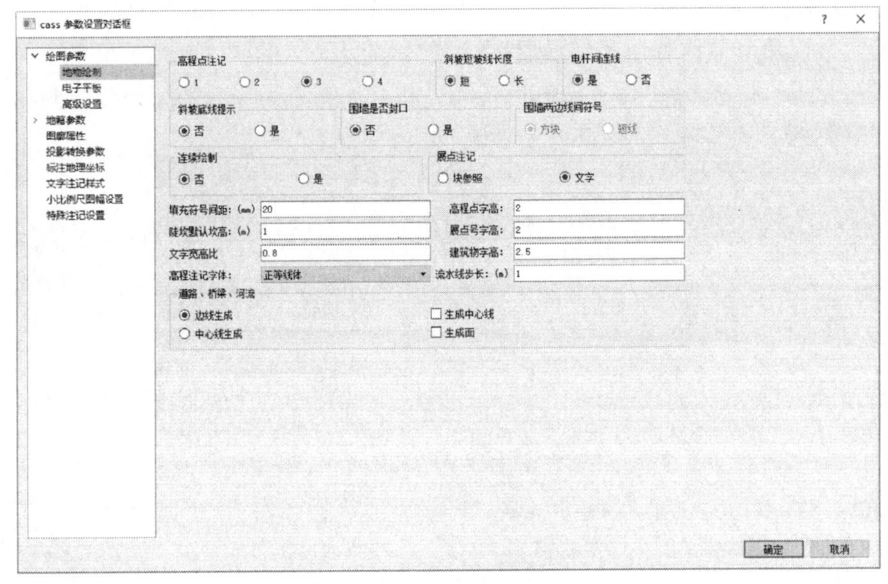

图 7-4　CASS 参数设置

（4）在“功能区”选项板中，选择“绘图处理”选项卡中的“显示”面板，单击“定显示区”按钮，系统弹出“输入坐标数据文件名”对话框，选择 CASS 安装目录下“\DEMO\ STUDY.DAT”文件，单击“打开”按钮。命令行显示如下提示信息：

最小坐标（米）：X=31036.221，Y=53077.691

最大坐标（米）：X=31257.455，Y=53306.090

（5）单击“显示”面板中的“改变当前图形比例尺”按钮，命令行显示如下：

当前比例尺为　1∶0

输入新比例尺<1∶500>1：

在命令行输入“1000”并按 Enter 键，命令行提示如下：

是否自动改变符号大小？（1）是（2）否<1>

按 Enter 键，完成比例尺设置。

（6）在“功能区”选项板中，选择“绘图处理”选项卡中的“展点”面板，单击“展野外测点点号”按钮，系统弹出“输入坐标数据文件名”对话框，选择 CASS 安装目录下“\DEMO\ STUDY.DAT”文件，单击“打开”按钮，系统展野外测点点号，如图 7-5 所示。

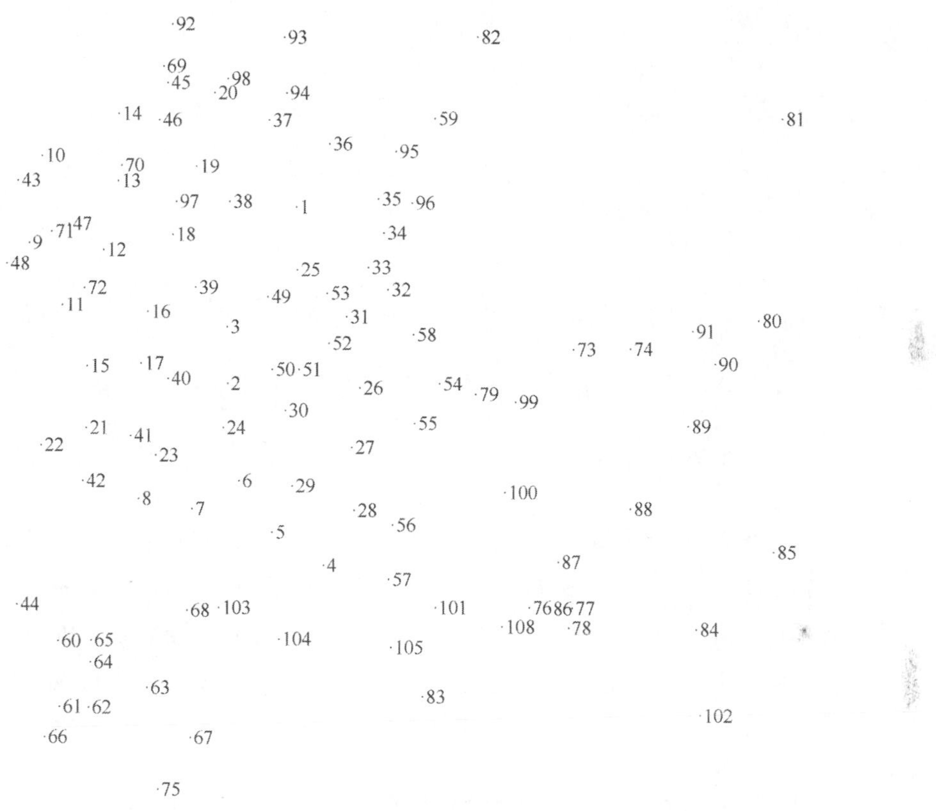

图 7-5　展野外测量点点号

4）绘制平面图

根据野外作业时绘制的工作草图，按照自上而下或分门别类的原则，先选择一个地物，在屏幕右侧“地物绘制菜单”中单击相应的地形图图式符号，再按照工作草图中标注的点号连接顺序依次相连，完成该地物的绘制，然后再绘制第二个地物符号，以此类推，逐一完成所有地物符号的绘制。

CASS 配有完备的符合最新国家标准《国家基本比例尺地图图式 第 1 部分：1∶500 1∶1000 1∶2000 地形图图式》（GB/T 20257.1—2017）的符号库，并定制包括 0 层在内的 25 个图层。在绘图时，仅需选择正确的图式符号进行图形绘制，系统自动将新绘制的图形划归至特定图层（图 7-6），而无须将所在图层置为当前图层，但必须保证该图层为打开状态，且未被冻结或锁定。

如图 7-6 所示，“植被土质”类的图式符号对应着 ZBTZ 层，在 CASS 中绘制的“植被土质”图形对象都将划归至 ZBTZ 图层。新绘制“植被土质”图形时，ZBTZ 图层可以不是当前图层，但必须保证该层处于打开状态，且未被冻结或锁定，否则系统将弹出 AutoCAD 消息框，如图 7-7 所示。

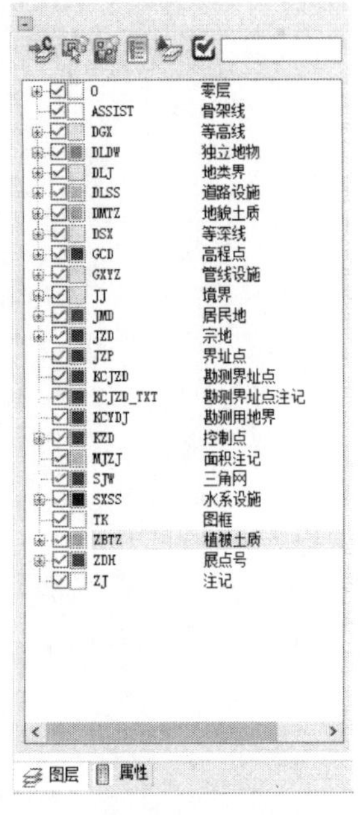

图 7-6　属性面板

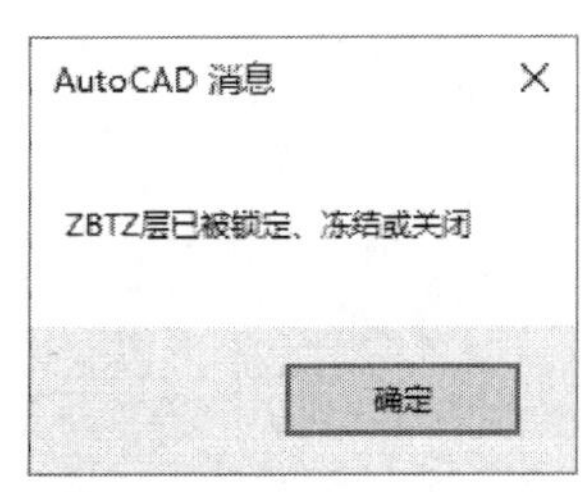

图 7-7　AutoCAD 消息框

在绘制平面图过程中，需要为系统指定测点。CASS 提供两种测点定位方式：坐标定位和点号定位。坐标定位可以直接输入坐标值（平面坐标或三维坐标）确定点位，也可通过设置对象捕捉方式，精确捕捉测点实现定位；点号定位则通过直接输入点号进行测点定位。CASS 系统默认的定位方式为坐标定位（坐标定位前的复选标志表明系统当前的定位方式），如图 7-8 所示。

若采用点号定位方式，在右侧地物绘制菜单栏中，单击“点号定位”按钮，在弹出的“选择点号对应的坐标点数据文件名”对话框中，选择或输入坐标数据文件名，单击“打开”按钮，完成点号定位设置。此时“点号定位”前带有复选标志，且地物菜单栏右上角显示蓝色方框（图 7-8），即可采用点号定位方式绘制地物符号。

在使用点号定位过程中，在命令行中输入“P”并按 Enter 键确认，即可切换为坐标定位方式。若再次输入“P”并按 Enter 键确认，则返回至点号定位方式。

值得说明的是，在点号定位方式下，单击图 7-9 中的“坐标定位”选项，则完全切换至坐标定位方式，无法返回点号定位方式。但仍然可以单击“点号定位”选项，通过选择点号对应的坐标点数据文件名重新进入点号定位方式。该设置方法对大区域地形图绘制尤为重要，因为大幅地形图往往需要多次绘制才能完成，每次绘制前重新设置点号定位方式，有利于方便、快捷地完成图形绘制。

在绘图过程中，可随时通过单击“坐标定位”按钮，显示坐标定位菜单栏，根据需要重新选择定位方式。

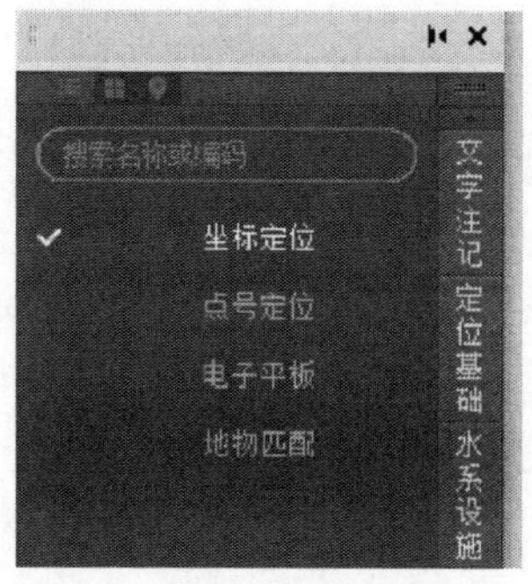

图 7-8　坐标定位与点号定位图

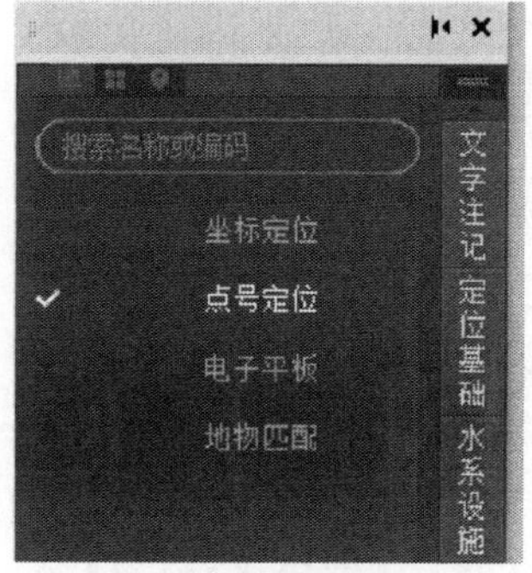

7-9　CASS 的点号定位方式

下面以一个实例来说明两种定位方式的使用方法。

实例 7-2　在图 7-5 所示展野外测点的基础上，绘制图 7-10 所示的平面图。

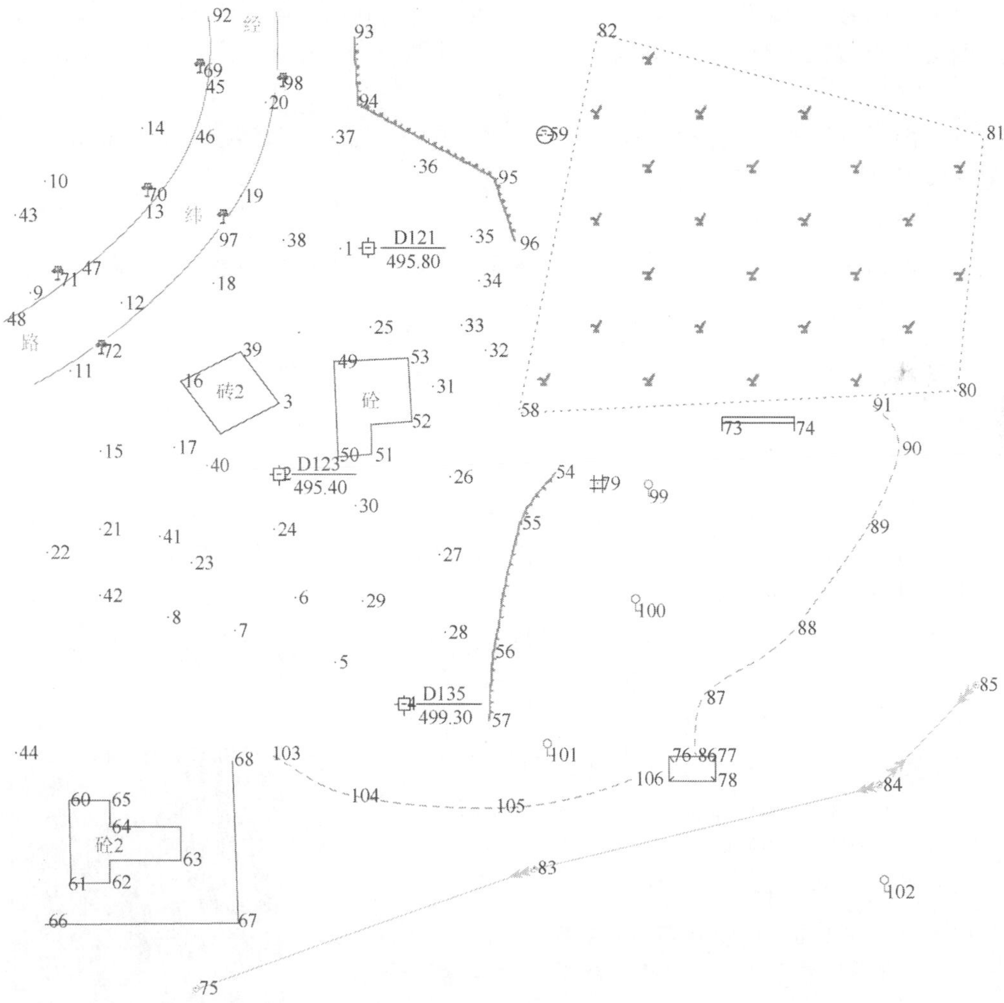

图 7-10　STUDY 平面图

说明：在图 7-10 中，1、2、4 分别为埋石图根点，“等级-点号：”分别是 D121、D123、D135；99、100、101、102 为果树独立树；79 为水井；69、70、71、72、97、98 为路灯；59 为不依比例尺肥气池；73—74 为双柱宣传橱窗；92—45—46—13—47—48 为县道乡道村道的一侧边线，19 为道路另一侧边线上的测点，其名称“经纬路”按道路走向间隔显示且字头朝北；54—55—56—57 为坎高 1m 的拟合未加固陡坎；93—94—95—96 为坎高 1m 的拟合加固陡坎；86—87—88—89—90—91 为拟合小路；103—104—105—106 为拟合不依比例尺乡村路；68—67—66 为墙宽 0.3m 的不拟合依比例围墙；75—83—84—85 为地面输电线；49—50—51—52—53 为 1 层多点砼房屋；60—61—62—63—64—65 为 2 层多点砼房屋（62、63 之间墙角点至 62 的距离为 0.45m）；3—39—16 为 2 层砖结构四点房；76—77—78 为四点棚房；58—80—81—82 为边界不拟合且保留边界的菜地。

作业步骤如下：

1）点号定位

选择“地物绘制菜单”栏中“点号定位”选项，在弹出的对话框中选择 CASS 系统安装目录下的“\DEMO\ STUDY.DAT”文件，单击“打开”按钮，完成点号定位设置。

2）点状符号绘制

该平面图中包含埋石图根点、果树独立树、水井、路灯、宣传橱窗、不依比例尺肥气池 6 种类型地物，依次绘制如下：

（1）绘制埋石图根点。

在“地物绘制菜单”栏中执行“定位基础”|“埋石图根点”命令，命令行提示如下信息：

命令：DD

输入地物编码：<131100>131700

指定点：

鼠标定点 P/<点号>

在命令行中输入“1”并按 Enter 键，命令行提示“等级-点号：”，输入“D121”并按 Enter 键，完成当前埋石图根点的绘制。如图 7-11 所示。

D121
495.80

图 7-11　点号定位法绘制埋石图根点

注：上述命令行提示信息中，尖括号内的 131100 是指上次绘制地物符号的编码，其后的 131700 为当前地物编码。

在“地物绘制菜单”栏中执行“定位基础”|“埋石图根点”命令，或连续 2 次按 Enter 键或空格键，输入“2”并按 Enter 键，再输入“D123”按 Enter 键，完成 2 号点的绘制；同理完成 4 号点的绘制。

（2）绘制果树独立树。

单击菜单栏顶部“坐标定位”按钮，重新显示坐标定位菜单栏。在“搜索名称或编码”一栏输入“果树”，检索结果如图 7-12 所示。

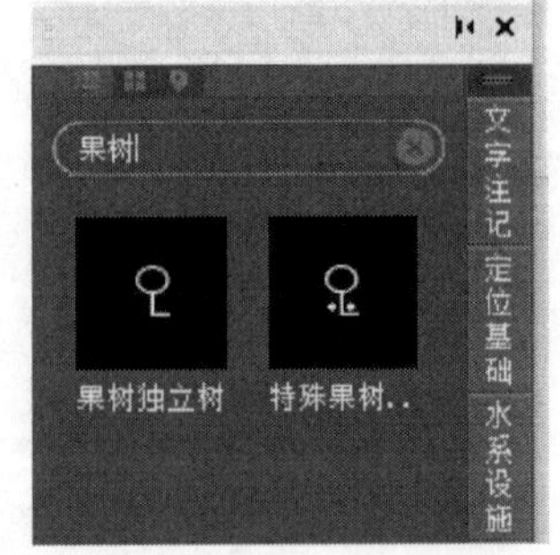

图 7-12　“果树”的检索结果

在图 7-12 所示的检索结果中，选择“果树独立树”选项，命令行提示信息如下：

命令：DD

输入地物编码：<131700>213803

指定点：

鼠标定点 P/<点号>

在命令行中输入“99”并按 Enter 键，完成果树独立树的绘制。

连续按 2 次 Enter 键或空格键，输入“100”并按 Enter 键，完成果树独立树的重复绘制。重复该步骤，依次在点号 101、102 绘制果树独立树。

（3）绘制水井。

在“搜索名称或编码”一栏输入“shui”（或者 shuij、shuijing、sj），系统自动检索出符合条件的图式符号列表，在列表中选择“水井”符号，并在命令行中输入“79”并按 Enter 键，完成水井的绘制。

（4）绘制路灯。

路灯的 CASS 编码是 155210，在“搜索名称或编码”一栏输入 155210，搜索结果中显示“路灯”图式符号。选择该符号，在命令行中输入“69”，按 Enter 键，完成当前路灯的绘制。

连续按 2 次 Enter 键或空格键，输入“70”并按 Enter 键，完成路灯的重复绘制。重复该步骤，依次在点号 71、72、97、98 等位置绘制路灯。

（5）绘制宣传橱窗。

在“地物绘制菜单”栏中执行“独立地物”|“其他设施”|“双柱宣传橱窗”命令，在命令行中输入“73”，按 Enter 键，命令行显示：

DD[曲线 Q/边长交会 B/跟踪 T/区间跟踪 N/垂直距离 Z/平行线 X/两边距离 L/圆 Y/内部点 O 点 P/<点号>]

在命令行中输入“74”，按 Enter 键，命令行显示：

DD[曲线 Q/边长交会 B/跟踪 T/区间跟踪 N/垂直距离 Z/平行线 X/两边距离 L/隔一点 J/隔点延伸 D/微导线 A/延伸 E/插点 I/回退 U/换向 H/反向 F 点 P/<点号>]

直接按 Enter 键，完成双柱宣传橱窗的绘制。

（6）绘制不依比例尺肥气池。

在“搜索名称或编码”一栏输入“fqc”（肥气池的汉语拼音“feiqichi”的首字母组合，系统不区分字母大小写），在列表中选择“不依比例尺肥气池”符号，在命令行中输入“59”并按 Enter 键，完成不依比例尺肥气池绘制。

3）线状符号绘制

图 7-10 所示的 STUDY 平面图中包含平行的县道乡道村道、小路、不依比例尺乡村路、加固陡坎、未加固陡坎和地面上输电线、依比例围墙 7 种线状符号。其绘制方法如下：

（1）绘制平行的县道乡道村道。

在“地物绘制菜单”栏中执行“交通设施”|“城际公路”|“平行的县道乡道村道”命令，命令行提示如下信息：

命令：DL

输入地物编码：<153902>163300

请输入点号：

在命令行中输入“92”，按 Enter 键，命令行显示：

DL[曲线 Q/边长交会 B/跟踪 T/区间跟踪 N/垂直距离 Z/平行线 X/两边距离 L/圆 Y/内部点 O 点 P/<点号>]

在命令行中输入“45”，按 Enter 键，命令行显示：

DL[曲线 Q/边长交会 B/跟踪 T/区间跟踪 N/垂直距离 Z/平行线 X/两边距离 L/隔一点 J/隔点延伸 D/微导线 A/延伸 E/插点 I/回退 U/换向 H/反向 F 点 P/<点号>]

在命令行中输入“46”，按 Enter 键，命令行显示：

DL[曲线 Q/边长交会 B/跟踪 T/区间跟踪 N/垂直距离 Z/平行线 X/两边距离 L/闭合 C/隔一闭合 G/隔一点 J/隔点延伸 D/微导线 A/延伸 E/插点 I/回退 U/换向 H/反向 F 点 P/<点号>]

依次在命令行中输入“13”“47”“48”，并分别按 Enter 键。48 号点是平行道路的最后一点，再次按 Enter 键，结束道路边线的绘制，命令行提示如下信息：

拟合线<N>?

输入“Y”并按 Enter 键，拟合道路边线。若不拟合道路边线，则直接按 Enter 键即可。命令行显示：

1. 边点式/2.边宽式/(按 Esc 键退出)：<1>

确定道路的另一条边线有 2 种方式，即边点式和边宽式，系统默认为边点式。边点式通过先绘制道路的一条边线，然后指定另外边线上的一个点来绘制平行道路；与边点式不同的是，边宽式通过输入道路宽度来绘制平行道路。在此，选择边点式，直接按 Enter 键。命令行提示：

对面一点：

鼠标定点 P/<点号>

输入“19”并按 Enter 键，完成平行的县道乡道村道绘制。如图 7-13 所示。

（2）绘制小路。

在“地物绘制菜单”栏中执行“交通设施”|“乡村道路”|“小路”命令，在命令行中输入“86”，按 Enter 键。然后，在命令行输入“P”，按 Enter 键切换至坐标定位方式继续绘制。

右击屏幕下方状态栏中的对象捕捉按钮，或单击对象捕捉按钮右侧的▾，在弹出的菜单中勾选“节点”选项，并去除其他选项，如图 7-14 所示。采用坐标定位方式，依次单击捕捉 87、88、89、90、91 等点，最后按 Enter 键结束小路绘制，命令行提示如下：

拟合线<N>?

输入“Y”并按 Enter 键，完成拟合小路绘制。

此次拟合小路采用了先“点号定位”后“坐标定位”的方式进行绘制，当前定位方式仍为点号定位，只是临时切换至坐标定位方式。

注：设置节点捕捉方式有多种，如选择图 7-14 中的“对象捕捉设置”选项，在弹出的“草图设置”对话框中，勾选“启动对象捕捉”和“节点”复选框；也可在快速访问

工具栏选择“显示菜单栏”选项，执行“工具”|“物体捕捉模式”|“节点”命令，或在“功能区”选项板中，选择“工具”选项卡中的“捕捉”面板，单击“圆心点”按钮◎右侧的下三角按钮▾，在弹出的下拉菜单按钮中单击“节点”按钮◦；也可以在地物绘制过程中，按 Shift 键+鼠标右键，在弹出的快捷菜单中选择“节点”选项，或在命令行输入“NOD”。需要注意的是，只有最后一种为指定对象捕捉，其他均为执行对象捕捉。

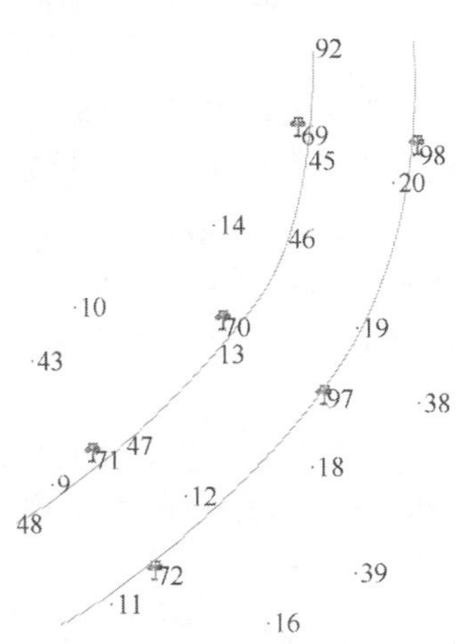

图 7-13　绘制的平行县道乡道村道

图 7-14　节点捕捉设置

（3）绘制不依比例尺乡村路。

在“搜索名称或编码”一栏输入“XCL”（乡村路的首字母组合），搜索出 3 个与乡村路有关的图式符号：依比例尺乡村路虚线、依比例尺乡村路实线、不依比例尺乡村路，如图 7-15 所示。

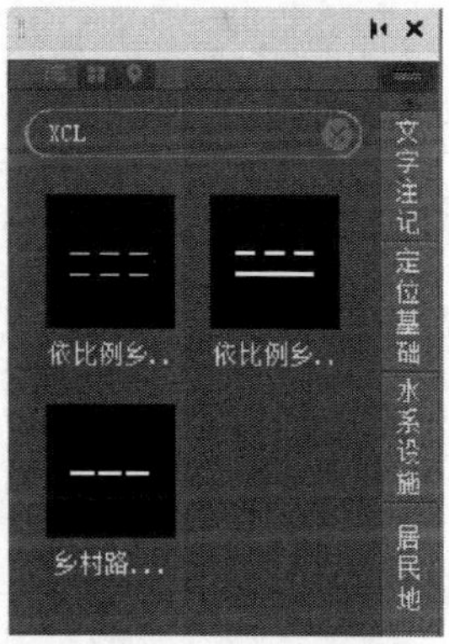

在列表中选择“不依比例尺乡村路”符号，依次单击捕捉 103、104、105、106 点，最后按 Enter 键结束乡村路绘制，输入“Y”并按 Enter 键，完成拟合的不依比例尺乡村路的绘制。

当前的定位模式临时切换至坐标定位方式，因此不依比例尺乡村路采用坐标定位的节点捕捉方式进行绘制。若节点的坐标已知，如后期补测得到，还可以直接输入坐标值进行坐标定位。

图 7-15　“XCL”搜索结果

（4）绘制加固陡坎。

在“地物绘制菜单”栏中执行“地貌土质”|“人工地貌”|“加固陡坎”命令，直接按 Enter 键确认坎高为 1m。依次在命令行中输入“93”“94”“95”“96”，并分别按 Enter 键。加固陡坎绘制结束时，连续按两次 Enter 键，不拟合加固陡坎的绘制完成。

（5）绘制未加固陡坎。

在“地物绘制菜单”栏中执行“地貌土质”|“人工地貌”|“未加固陡坎”命令，直接按 Enter 键确认坎高为 1m。

当前的定位模式仍为坐标定位方式，移动鼠标依次单击捕捉 54、55、56 点。此时，如果有必要，可以再次切换至点号定位方式。在命令行输入“P”，并按 Enter 键，返回至点号定位方式，命令行提示：

DD[曲线 Q/边长交会 B/跟踪 T/区间跟踪 N/垂直距离 Z/平行线 X/两边距离 L/闭合 C/隔一闭合 G/隔一点 J/隔点延伸 D/微导线 A/延伸 E/插点 I/回退 U/换向 H/反向 F 点 P/<点号>]

输入“57”并按 Enter 键，把未加固陡坎延长至 57 点，按 Enter 键确认陡坎绘制结束，输入“Y”并按 Enter 键，拟合的未加固陡坎绘制完成。

该未加固陡坎采用先“坐标定位”后“点号定位”方式绘制，此时 CASS 的定位方式为点号定位。需要特别指出的是，无论是先采用“点号定位”后切换至“坐标定位”，还是先采用“坐标定位”后切换至“点号定位”，都是为了说明：在绘图中，可以根据实际情况随时切换定位方式。一般情况下，当有测点点号时，采用“点号定位”方式绘图更方便一些，特别是对测区情况不熟悉时，其比“坐标定位”方式绘图效率要高。

（6）绘制地面上输电线。

在“搜索名称或编码”一栏输入“输电线”，搜索出 5 个与输电线有关的图式符号：地面上的输电线、地面下的输电线、输电线电缆标、依比例输电线入地口和不依比例尺输电线入地口。

在列表中选择“地面上的输电线”符号，依次在命令行中输入“75”“83”“84”“85”，并分别按 Enter 键。输电线绘制结束时，按 Enter 键确认，命令行提示“请选择端点符号绘制方式：[(1)绘制电杆和箭头/(2)不绘制/(3)只绘制箭头]<1>”，系统默认端点符号绘制方式为 1（绘制电杆和箭头），直接按 Enter 键，结束绘制命令，完成地面上输电线的绘制。

（7）绘制依比例围墙。

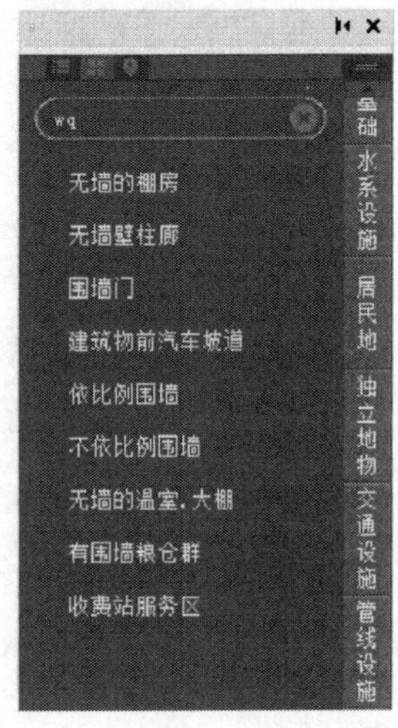

图 7-16　列表显示“wq”搜索结果

在“搜索名称或编码”一栏输入“wq”（围墙的汉语拼音首字母组合），搜索出 9 个图式符号。在图标显示下，一部分图式符号无法完全显示，单击“列表显示”按钮，显示结果如图 7-16 所示。

在列表中选择“依比例尺围墙”符号，依次在命令行中输入“68”“67”“66”，并分别按 Enter 键。围墙绘制结束时，按 Enter 键确认，命令行提示“拟合线<N>？”，直接按 Enter 键；命令行提示“输入墙宽（左+右–）：<0.300>”，采用默认墙宽 0.3m，按 Enter 键结束绘制命令，完成墙宽为 0.3m 的不依比例尺围墙的绘制。

说明：墙宽的正负号代表另一侧墙边线的位置，“+”代表在当前绘制墙边线的左侧，“–”代表在当前绘制墙边线的右侧。

4）面状符号绘制

图 7-10 所示 STUDY 平面图中包括多点砼房屋、四点砖房屋、四点棚房和菜地 4 种面状图式符号，其绘制方法如下。

（1）绘制多点砼房屋。

在“地物绘制菜单”栏中执行“居民地”|“一般房屋”|“多点砼房屋”命令，依次输入“49”“50”“51”，并分别按 Enter 键。命令行提示如下：

DD[曲线 Q/边长交会 B/跟踪 T/区间跟踪 N/垂直距离 Z/平行线 X/两边距离 L/闭合 C/隔一闭合 G/隔一点 J/隔点延伸 D/微导线 A/延伸 E/插点 I/回退 U/换向 H/反向 F 点 P/<点号>]

此时绘制出的房屋如图 7-17（a）所示。正常情况下，应该继续指定 51 和 52 之间的墙角点，但是该点并未实测，此时可在命令行输入“J”，并按 Enter 键确认，即隔一点，继续绘制下一个点。

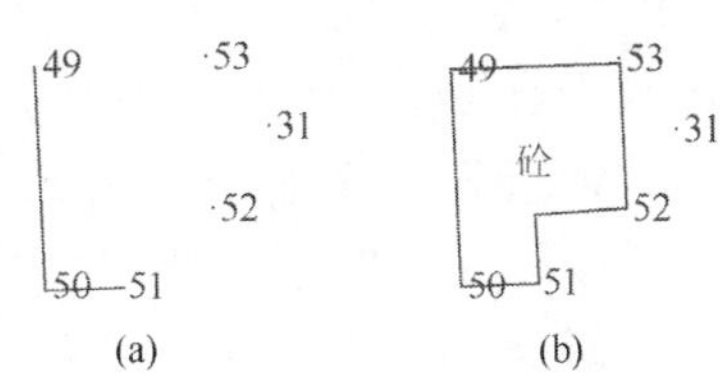

图 7-17　绘制多点砼房屋

再依次输入“52”“53”，并分别按 Enter 键。输入“C”，按 Enter 键，令房屋闭合。

命令行提示“输入层数（有地下室输入格式：房屋层数-地下层数）<1>：”，系统默认房屋层数为 1，直接按 Enter 键，多点砼房屋绘制完成，如图 7-17（b）所示。

下面再绘制另外一个多点砼房屋。

连续按 2 次 Enter 键或空格键，重复多点砼房屋命令，依次输入“60”“61”“62”，并分别按 Enter 键。输入“A”并按 Enter 键，或选择“微导线 A”选项，命令行显示：

微导线-向左转(L)/向右转(R)/相对坐标(X)/键盘输入角度(K)/<指定方向点（只确定平行和垂直方向），直接回车向前>

移动鼠标，在与 62—63 连线相垂直且靠近 63 一侧的位置，单击，命令行显示“距离<m>：”，输入“0.45”并按 Enter 键。

输入“63”，按 Enter 键。

输入“J”，按 Enter 键。

依次输入“64”“65”，并分别按 Enter 键。

输入“C”，按 Enter 键。

命令行提示“输入层数（有地下室输入格式：房屋层数-地下层数）<1>：”，输入 2 并按 Enter 键，完成 2 层多点砼房屋的绘制。

（2）绘制四点砖房屋。

在“地物绘制菜单”栏中执行“居民地”|“一般房屋”|“四点砖房屋”命令，命令行提示如下：

1. 已知三点/2.已知两点及宽度/3.已知两点及对面一点/4.已知四点<3>：

CASS 提供 4 种绘制四点砖房屋的方法，默认是方式 3，即已知两点及对面一点。输入“1”并按 Enter 键。在命令行依次输入“3”“39”“16”，并分别按 Enter 键。然后输入“2”并按 Enter 键，完成四点砖房屋的绘制。

说明：根据三点绘制四点房屋时，需按顺时针或逆时针方向连续输入 3 点。

（3）绘制四点棚房。

在“地物绘制菜单”栏中执行“居民地”|“普通房屋”|“四点棚房”命令，输入“1”

并按 Enter 键。在命令行依次输入“76”“77”“78”，并分别按 Enter 键，完成四点棚房的绘制。

（4）绘制菜地。

在“地物绘制菜单”栏中执行“植被土质”|“耕地”|“菜地”命令，命令行提示如下：

请选择：[(1)绘制区域边界/(2)绘出单个符号/(3)封闭区域内部点/(4)选择边界线]<1>

直接按 Enter 键，或选择“（1）绘制区域边界”选项，在命令行依次输入“58”“80”“81”“82”“C”，并分别按 Enter 键，命令行显示如下“拟合线<N>？”，按 Enter 键，不拟合边界线。命令行显示如下：

请选择：[(1)保留边界/(2)不保留边界]<1>

按 Enter 键，或选择“（1）保留边界”选项，保留菜地边界，完成菜地绘制。

5）注记

在图 7-10 中，道路注记“经纬路”的注记排列方式为屈曲字列，该注记方式需要先沿着道路中线绘制一条复合线，绘制方式如下：

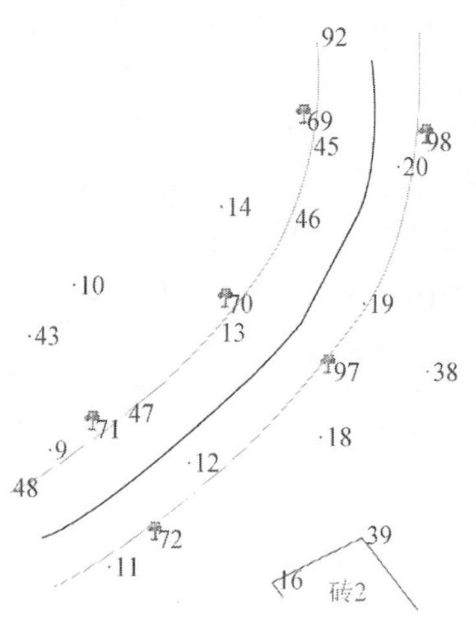

图 7-18　沿道路中线绘制一条曲线

在快速访问工具栏选择“显示菜单栏”选项，单击“工具”菜单项，在弹出的菜单中执行“画曲线”命令（QUXIAN），或在“功能区”选项板中，选择“工具”选项卡中的“画线”面板，单击“画曲线”按钮，命令行提示“第一点：<[跟踪 T/区间跟踪 N]>”，沿着道路中线依次单击，绘制一条曲线，如图 7-18 所示。

在“地物绘制菜单”栏中执行“文字注记”|“通用注记”命令，系统弹出“文字注记信息”对话框，在“注记内容”文本框中输入“经纬路”，在“注记排列”栏中选择“屈曲字列”单选按钮，在“注记类型”栏中选择“交通设施”单选按钮，其他选项采用默认值，如图 7-19 所示。

单击“确定”按钮，命令行提示“选择线状地物：”，单击选择图 7-18 中的曲线，完成道路注记，注记信息自动划归至“DLSS”图层中。删除曲线，文字注记效果如图 7-20 所示。

注：绘制文字注记辅助线也可采用“画复合线”或“多功能复合线”命令。

另外，在图 7-19 中，注记排列除了屈曲字列之外，还有水平字列、垂直字列和雁行字列。水平字列和垂直字列指定注记内容按水平方向、垂直方向紧密排列，如图 7-21 所示。要让注记内容按水平方向或垂直方向等间隔排列，则需选择雁行字列。

雁行字列通过指定直线的两个端点，令注记内容沿着直线等间隔排列。雁行字列和屈曲字列的注记效果如图 7-22 所示，勾选掉“字头朝北”复选框后的对比效果如图 7-23 所示。

所有地物符号均已绘制完毕。在屏幕左侧“属性面板”中，分别单击 ASSIST（骨架线）、ZDH（展点号）等图层的复选框标记☑，去掉勾选，关闭两个图层，完成平面图的绘制，如图 7-24 所示。

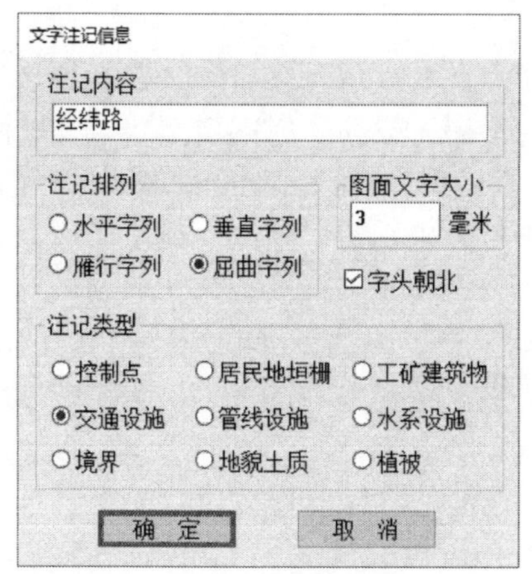

图 7-19　“文字注记信息”对话框

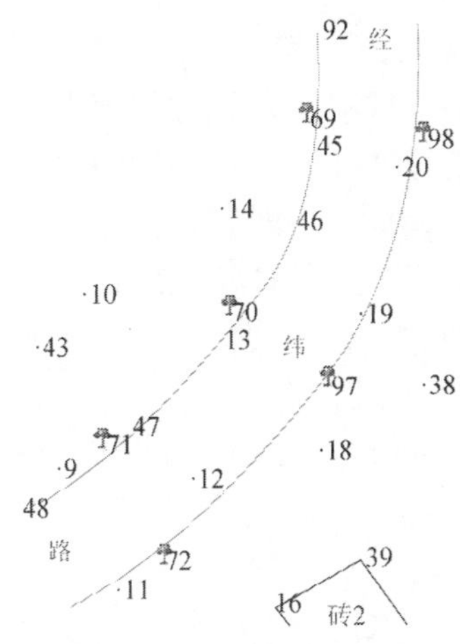

图 7-20　“经纬路”注记效果

图 7-21　水平字列和垂直字列

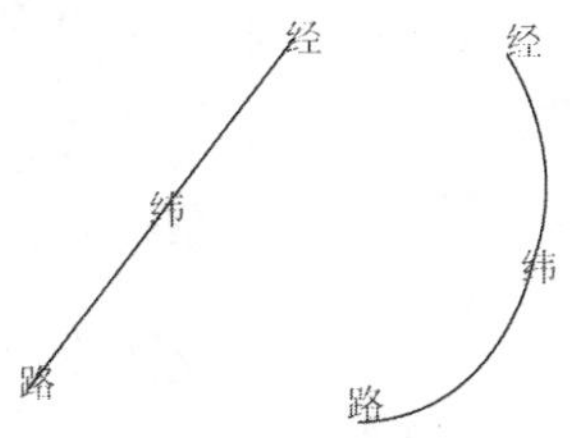

图 7-22　雁形字列和屈曲字列对比

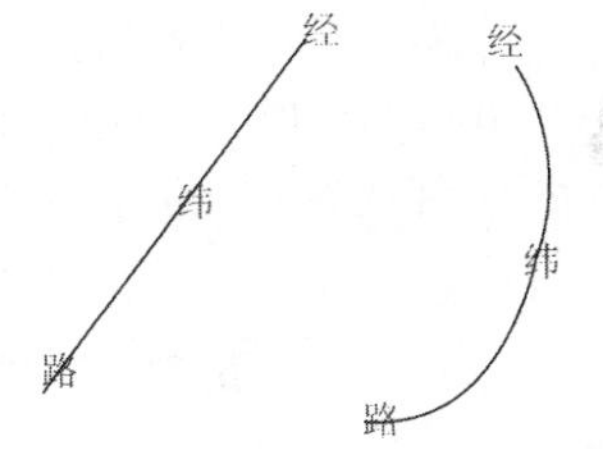

图 7-23　勾选掉“字头朝北”复选框的效果

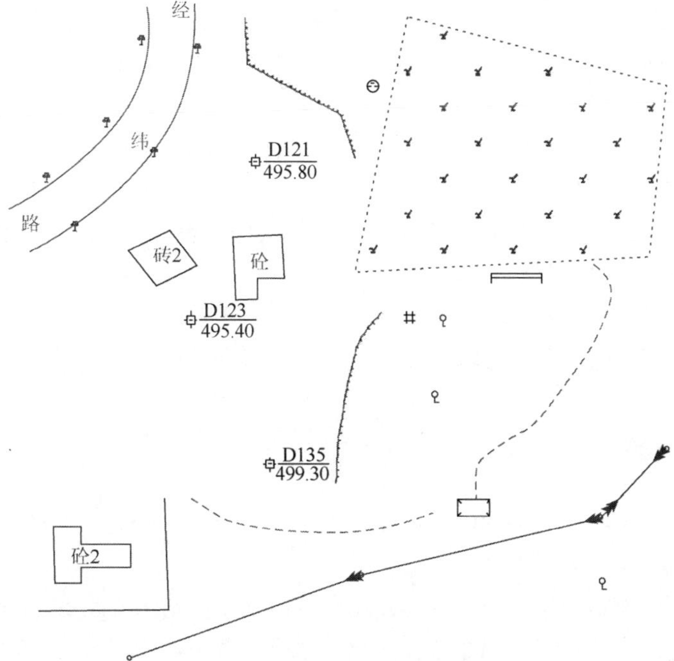

图 7-24　绘制完成的平面图

3. 编码引导法

编码引导法是草图法绘图的一种改进，该法将草图整理成编码引导文件，由 CASS 调用该引导文件，同时根据坐标数据文件实现自动绘图，提高了成图效率。可见编码引导法需要编码引导文件和坐标数据文件两种文件，前者提供每一种地物的编码（或简码）及按一定顺序排列的实测点号，后者提供每一个点号的坐标值，因此，该法又称为编码引导文件+无码坐标数据文件自动绘图法。

1）引导文件格式

编码引导文件是用户根据“草图”编辑生成的，其扩展名为“. YD”。数据格式如下：

Code，N_1，N_2，···，N_n，E

......

E

其中：文件中的每一行代表一个地物，Code 为该地物的地物编码；N_n 为构成该地物的第 n 点的点号，N_1，N_2，…，N_n 的排列顺序应与实际连接顺序一致；每一行行尾以字母 E 作为地物结束标志；最后一行的字母 E 为文件结束标志。

说明：文件中的分隔符均为英文半角的逗号“，”；引导文件中的字母 E 可以省略；多个相同类型的点状地物可以写在一行中，以“，”作为分隔符。

可按下列方式打开引导文件并进行编辑：

（1）在快速访问工具栏选择“显示菜单栏”选项，单击“编辑”菜单项，在弹出的菜单中执行“编辑文本文件”命令（NOTEPAD），或在“功能区”选项板中，选择“编辑”选项卡中的“图元”面板，单击“编辑文本文件”按钮，在弹出的对话框中，选择引导文件，单击“打开”按钮。

（2）右击引导文件，在弹出的快捷菜单中执行“打开方式”|“选择其他应用”命令，在弹出的对话框中，选择“记事本”选项，并单击“确定”按钮。

2）CASS 编码与简码

CASS 提供两套编码体系，其一是图式符号编码（以下简称编码），另一套是野外操作码（以下简称简码）。

（1）CASS 编码。CASS 提供由 6 位数字组成的图式符号编码，每一个图式符号对应着一个编码。CASS 编码的规则是：

1+中华人民共和国国家标准地形图图式编号+顺序号+0 或 1

其中：第一个数字“1”起始必须加；“中华人民共和国国家标准地形图图式编号”指《国家基本比例尺地图图式 第 1 部分：1∶500、1∶1000、1∶2000 地形图图式》（GB/T 20257.1—2017）中符号的编号（如三角点编号为 3.1.1，其编码用 311）；“顺序号”为从 0 开始的顺序编号。

例如，三角点编码为 1+311+0+0，即 131100；一般房屋编码为 1+411+0+1，即 141101；砼房屋编码为 1+411+1+1，即 141111。

用户也可任意追加编码，但骨架线必须是六位且不能与原 CASS 编码重复。

注：骨架线是 CASS（4.0 版本以上）地物符号的数据组织形式，带有附属符号的复杂的线状、面状符号均以骨架线的形式绘制，便于地物的编辑和比例尺转换。点状符号、

文字注记及简单的线状和面状符号没有骨架线。

查看 CASS 编码及其定义的方式如下：在快速访问工具栏选择“显示菜单栏”选项，单击“文件”菜单项，在弹出的菜单中执行“CASS 系统配置文件”命令，或在“功能区”选项板中，选择“文件”选项卡中的“配置”面板，单击“CASS 系统配置文件”按钮，系统弹出“系统配置文件设置”对话框，如图 7-25 所示。

系统配置文件设置

符号定义文件 WORK.DEF　实体定义文件 INDEX.INI　简编码定义文件 JCODE.DEF

编码	图层	类别	第一参数	第二参数	说明
131100	kzd	20	gc113	3	三角点
131200	kzd	20	gc014	3	土堆上的...
131300	kzd	20	gc114	2	小三角点
131400	kzd	20	gc015	2	土堆上的...
131500	kzd	20	gc257	2	导线点
131600	kzd	20	gc258	2	土堆上的...
131700	kzd	20	gc259	2	埋石图根点
131800	kzd	20	gc261	2	不埋石图...
131900	kzd	20	gc260	2	土堆上的...
132100	kzd	20	gc118	3	水准点
133000	kzd	20	gc168	3	卫星定位...
133100	kzd	20	gc331	3	卫星定位...
134100	kzd	20	gc112	2	独立天文点
140001	jmd	0	yangtai	0	阳台
140110	jmd	5	continuous	0.1	裙楼分割线
140120	jmd	5	x39	0	艺术建筑...
141101	jmd	8	continuous	0	一般房屋
141102	jmd	8	continuous	0	[illegible]

添 加　删 除　保 存　退 出

图 7-25　“系统配置文件设置”对话框

在图 7-25 对话框中，用户可以通过双击某一编码记录的任一字段获得焦点，编辑修改已有的 CASS 编码定义，也可以通过的“添加”“删除”按钮，实现图式符号的添加与删除。

CASS 共有 910 种编码，全部的编码符号定义保存在 cassconfig.db（CASS 安装目录下“\system”文件夹中）的 Workdef 表中，如图 7-26 所示。

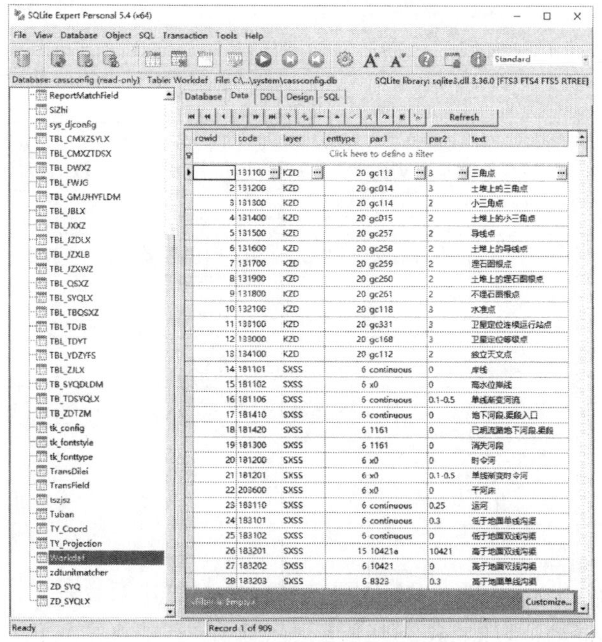

rowid	code	layer	enttype	par1	par2	text
1	131100	KZD	20	gc113	3	三角点
2	131200	KZD	20	gc014	3	土堆上的三角点
3	131300	KZD	20	gc114	2	小三角点
4	131400	KZD	20	gc015	2	土堆上的小三角点
5	131500	KZD	20	gc257	2	导线点
6	131600	KZD	20	gc258	2	土堆上的导线点
7	131700	KZD	20	gc259	2	埋石图根点
8	131900	KZD	20	gc260	2	土堆上的埋石图根点
9	131800	KZD	20	gc261	2	不埋石图根点
10	132100	KZD	20	gc118	3	水准点
11	138100	KZD	20	gc331	3	卫星定位连续运行站点
12	133000	KZD	20	gc168	3	卫星定位等级点
13	134100	KZD	20	gc112	2	独立天文点
14	181101	SXSS	6	continuous	0	岸线
15	181102	SXSS	6	x0	0	高水位岸线
16	181106	SXSS	6	continuous	0.1-0.5	单线渐变河流
17	181410	SXSS	6	continuous	0	地下河段.渠段入口
18	181420	SXSS	6	1161	0	已明流路地下河段.渠段
19	181300	SXSS	6	1161	0	消失河段
20	181200	SXSS	6	x0	0	时令河
21	181201	SXSS	6	x0	0.1-0.5	单线渐变时令河
22	203600	SXSS	6	x0	0	干河床
23	183110	SXSS	6	continuous	0.25	运河
24	183101	SXSS	6	continuous	0.3	低于地面单线沟渠
25	183102	SXSS	6	continuous	0	低于地面双线沟渠
26	183201	SXSS	15	10421a	10421	高于地面双线沟渠
27	183202	SXSS	6	10421	0	高于地面双线沟渠
28	183203	SXSS	6	8323	0.3	高于地面单线沟渠

图 7-26　cassconfig.db 中的 Workdef 表

（2）CASS 简码。CASS 简码，又称野外操作码，即这种操作码位数少、易于记忆，方便在外业实测中使用。CASS 简码的命名规则如下：

①简码由字母、数字混合而成，其中第一位必须是英文字母（不区分大小写），后面是范围为 0～99 的数字，无意义的 0 可以省略，例如，A 和 A00 等价、F1 和 F01 等价，因此简码分 1 位码、2 位码和 3 位码 3 种。

②简码之后可跟参数，1 位码、2 位码与参数间增加连接符“-”，而 3 位码后可直接跟参数。参数包括控制点的点名，房屋的层数，陡坎的坎高、墙宽等。

③简码第一个字母不能是“P”，该字母只代表平行信息。

④简码区分拟合与不拟合，需要分别定制简码。例如，以“U”“Q”“B”开头，表示拟合边界，而以“K”“X”“H”开头则不拟合边界。

CASS 的点状、线状、面状地物符号的简码定义规则如表 7-1 所示。

表 7-1　点状、线状、面状地物符号简码表

序号	符号类别	定义规则
1	点状符号	A+（00～99），如 A14 为水井，对应的 CASS 编码为 185102
2	坎类	拟合边界：U+数（0-陡坎，1-加固陡坎，2-斜坡，3-加固斜坡，4-垄，5-陡崖，6-干沟） 不拟合边界：K+数（0-陡坎，1-加固陡坎，2-斜坡，3-加固斜坡，4-垄，5-陡崖，6-干沟）
3	线类	拟合边界：Q+数（0-实线，1-内部道路，2-小路，3-大车路，4-建筑公路，5-地类界，6-乡、镇界，7-县、县级市界，8-地区、地级市界，9-省界线） 不拟合边界：X+数（0-实线，1-内部道路，2-小路，3-大车路，4-建筑公路，5-地类界，6-乡、镇界，7-县、县级市界，8-地区、地级市界，9-省界线）
4	植被土质	拟合边界：B-数（0-旱地，1-水稻，2-菜地，3-天然草地，4-有林地，5-行树，6-狭长灌木林，7-盐碱地，8-沙地，9-花圃） 不拟合边界：H-数（0-旱地，1-水稻，2-菜地，3-天然草地，4-有林地，5-行树，6-狭长灌木林，7-盐碱地，8-沙地，9-花圃）
5	垣栅类	W+数（0，1-宽为 0.3m 的围墙，2-栅栏，3-铁丝网，4-篱笆，5-活树篱笆，6-不依比例围墙，不拟合，7-不依比例围墙，拟合）
6	铁路类	T+数（0-标准铁路（大比例尺），1-标（小），2-窄轨铁路（大），3-窄（小），4-轻轨铁路（大），5-轻（小），6-缆车道（大），7-缆车道（小），8-架空索道，9-过河电缆）
7	电力线类	D+数（0-电线塔，1-高压线，2-低压线，3-通信线）
8	房屋类	F+数（0-坚固房，1-普通房，2-一般房屋，3-建筑中房，4-破坏房，5-棚房，6-简单房）
9	管线类	G+数（0-架空（大），1-架空（小），2-地面上的，3-地下的，4-有管堤的）
10	控制点	C+数（0-图根点，1-埋石图根点，2-导线点，3-小三角点，4-三角点，5-土堆上的三角点，6-土堆上的小三角点，7-天文点，8-水准点，9-界址点）
11	圆形物	Y+数（0 半径，1-直径两端点，2-圆周三点） Y012，1 绘制以 1 为圆心半径为 12 的圆；Y1，1，2 绘制 1—2 为直径的圆；Y2，1，2，3 绘制三点圆
12	平行体	P，线上点号，通过点号

CASS 简码通过定义文件 JCODE.DEF（保存在 CASS 安装目录下的“SYSTEM”文件夹中）与 CASS 编码相关联。JCODE.DEF 的文件格式如下：

```
CASS 简码,CASS 编码
......
END
```

说明：文件每行定义一个野外操作码，最后一行以“END”结束。

用户可以直接编辑 JCODE.DEF 文件以满足自己的需要，也可以单击图 7-25“系统配置文件设置”对话框的“简编码定义文件 JCODE.DEF”选项来查看已有简码的定义（图 7-27），并通过双击任一字段获得焦点，编辑修改 CASS 简码定义，或通过“添加”“删除”按钮，实现 CASS 简码的添加与删除。

系统配置文件设置

符号定义文件 WORK.DEF　实体定义文件 INDEX.INI　简编码定义文件 JCODE.DEF

简编码	原编码
K0	204201
U0	204201
K1	204202
U1	204202
K2	204101
U2	204101
K3	204102
U3	204102
K4	205402
U4	205402
K5	203320
U5	203320
K6	183502
U6	183502
X0	163300
Q0	163300
X1	164400
Q1	164400

添 加　删 除　保 存　退 出

图 7-27　CASS 简码定义及其定义

注：简码位数最多是 3 位，因此对于表 7-1 中任何一类地物符号，最多可以定义 100 种地物符号简码。目前的 CASS 系统已完成所有点状地物符号简码（A00～A99）的定义，当需要定义新的点状地物符号简码时，将无法通过“添加”功能实现，只能修改不常用的简码定义来实现；而对于新的线状或面状地物符号的简码定义，则没有这条限制，可以在遵循“CASS 简码命名规则”和“线状、面状地物符号简码定义规则”的前提下，“添加”新简码定义，也可通过修改已有简码的原编码实现简码重定义。

3）编码引导法绘制平面图

编码引导法绘制平面图的基本步骤如下：

（1）根据工作草图，编辑引导文件。

（2）定显示区。

（3）设置图形比例尺。

（4）展野外测点点号。

（5）在快速访问工具栏选择“显示菜单栏”选项，单击“绘图处理”菜单项，在弹出的菜单中执行“编码引导”命令（BMYD），或在“功能区”选项板中，选择“绘制处理”选项卡中的“快速成图”面板，单击“编码引导”按钮，在弹出的“输入编码引导文件名”对话框中，选择准备好的引导文件，单击“打开”按钮，然后在弹出的“输入坐标数据文件名”对话框中，选择坐标数据文件名，单击“打开”按钮，CASS 将自动完成地物绘制。

实例 7-3　仍以“STUDY.DAT”为坐标数据文件，根据图 7-10 生成编码引导文件，并按编码引导法绘制平面图。

分析：草图法绘制平面图可以采用“点号定位”和“坐标定位”两种定位方式。对于外业测量有困难的点，可以不必实测其坐标，而是通过量测该点至两个或两个以上已知点的距离，采用距离交会法绘制该点。若相邻边线正交，还可以通过微导线、隔一点、隔一闭合或隔点延伸等多种方式实现手工插点，特别适合复杂地物（如多点房屋）的绘制。相比草图法而言，编码引导法只能采用点号定位，因此要求实测地物所有碎部点（包括交点、拐点等地物轮廓点或中心点等）的坐标，否则编码引导法无法绘制正确的平面图。为此，补测 107 点、108 点、109 点，其坐标分别为（31161.451，53168.388）、（31080.247，53117.667）和（31086.230，53131.758），其中 107 点为多点砼房屋 49—50—51—52—53 中 51、52 之间的墙角点，108 点、109 点分别是多点砼房屋 60—61—62—63—64—65 中 62、63 之间和 63、64 之间的墙角点。

编码引导法的操作流程如下：

（1）在快速访问工具栏选择“显示菜单栏”选项，单击“文件”菜单项，在弹出的菜单中执行“CASS 系统配置文件”命令，或在“功能区”选项板中，选择“文件”选项卡中的“配置”面板，单击“CASS 系统配置文件”按钮，系统弹出“系统配置文件设置”对话框，选择“简编码定义文件 JCODE.DEF”页面，单击“添加”按钮，分别增加双柱宣传橱窗、不依比例尺乡村路、多点砖房屋 3 个简码定义（图 7-28），单击“保存”按钮更新 JCODE.DEF 文件，然后单击“退出”按钮关闭对话框。

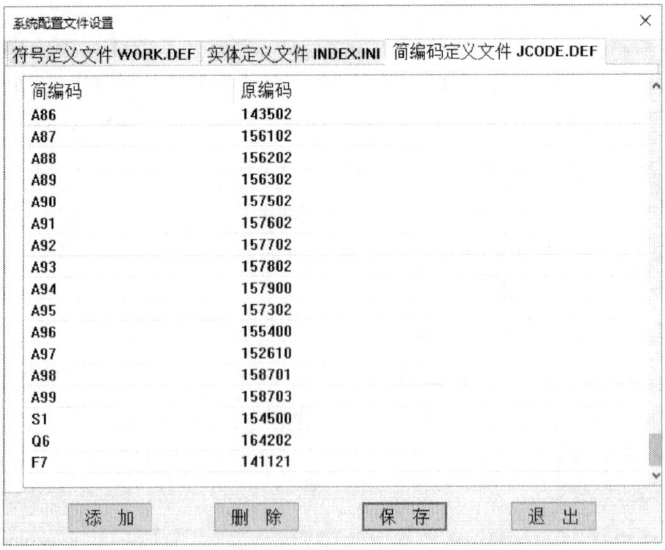

简编码	原编码
A86	143502
A87	156102
A88	156202
A89	156302
A90	157502
A91	157602
A92	157702
A93	157802
A94	157900
A95	157302
A96	155400
A97	152610
A98	158701
A99	158703
S1	154500
Q6	164202
F7	141121

图 7-28　追加简码定义

（2）打开 CASS 系统安装目录下的“\DEMO”文件夹，复制、粘贴一个“STUDY.DAT”

文件的副本，并命名为“STUDY_YD.DAT”，右击该文件，在弹出的快捷菜单中选择“打开方式”|“选择其他应用”，在弹出的对话框中选择“记事本”选项，单击“确定”按钮，打开数据文件。向文件追加 107、108、109 三点记录（图 7-29），按 Ctrl+S 键保存。在当前文件夹中，右击空白位置，在弹出的快捷菜单中选择“新建”|“文本文档”选项，并重新命名该文档为“STUDY.YD”（扩展名为“. YD”），打开该文件，根据图 7-10 所示草图，建立编码引导文件，如图 7-30 所示。

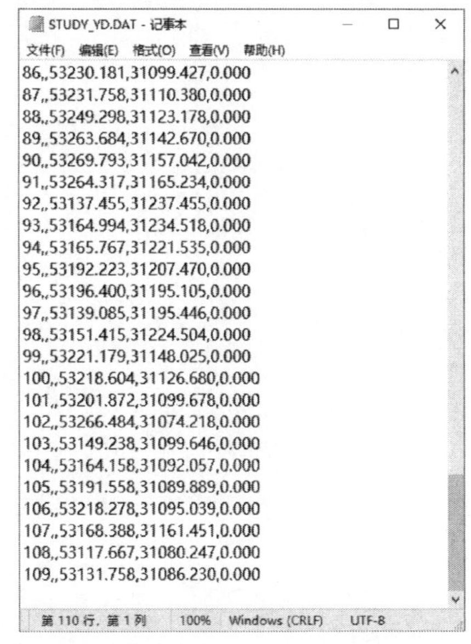


```
86,,53230.181,31099.427,0.000
87,,53231.758,31110.380,0.000
88,,53249.298,31123.178,0.000
89,,53263.684,31142.670,0.000
90,,53269.793,31157.042,0.000
91,,53264.317,31165.234,0.000
92,,53137.455,31237.455,0.000
93,,53164.994,31234.518,0.000
94,,53165.767,31221.535,0.000
95,,53192.223,31207.470,0.000
96,,53196.400,31195.105,0.000
97,,53139.085,31195.446,0.000
98,,53151.415,31224.504,0.000
99,,53221.179,31148.025,0.000
100,,53218.604,31126.680,0.000
101,,53201.872,31099.678,0.000
102,,53266.484,31074.218,0.000
103,,53149.238,31099.646,0.000
104,,53164.158,31092.057,0.000
105,,53191.558,31089.889,0.000
106,,53218.278,31095.039,0.000
107,,53168.388,31161.451,0.000
108,,53117.667,31080.247,0.000
109,,53131.758,31086.230,0.000
```

图 7-29　STUDY_YD.DAT 文件内容

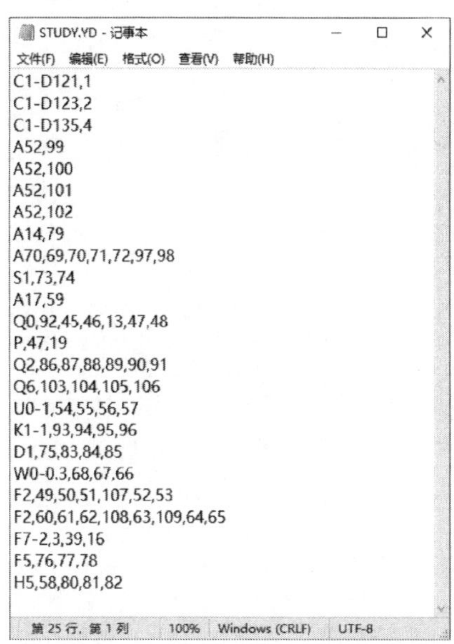


```
C1-D121,1
C1-D123,2
C1-D135,4
A52,99
A52,100
A52,101
A52,102
A14,79
A70,69,70,71,72,97,98
S1,73,74
A17,59
Q0,92,45,46,13,47,48
P,47,19
Q2,86,87,88,89,90,91
Q6,103,104,105,106
U0-1,54,55,56,57
K1-1,93,94,95,96
D1,75,83,84,85
W0-0.3,68,67,66
F2,49,50,51,107,52,53
F2,60,61,62,108,63,109,64,65
F7-2,3,39,16
F5,76,77,78
H5,58,80,81,82
```

图 7-30　STUDY.YD 文件内容

（3）在“功能区”选项板中，选择“文件”选项卡中的“配置”面板，单击“CASS 参数配置”按钮，在弹出的“CASS 参数设置”对话框中，双击左侧列表栏中的“绘图参数”选项，选择展开列表中的“高级设置”选项，在右侧“简码识别房屋与填充是否自动封闭”一栏，单击“是”单选按钮，单击“确定”按钮关闭对话框。

注：“简码识别房屋与填充是否自动封闭”的默认选项是“否”，此时采用“编码引导”或“简码识别”绘制平面图，房屋和填充边界是开放的，无法自动封闭。

（4）在“功能区”选项板中，选择“绘图处理”选项卡中的“显示”面板，单击“定显示区”按钮，系统弹出“输入坐标数据文件名”对话框，选择 CASS 安装目录下的“\DEMO\ STUDY_YD.DAT”文件，单击“打开”按钮。

（5）单击“显示”面板中的“改变当前图形比例尺”按钮，将新比例尺设置为 1∶1000。

（6）在“功能区”选项板中，选择“绘图处理”选项卡中的“展点”面板，单击“展野外测点点号”按钮，在系统弹出的对话框中，选择 CASS 安装目录下的“\DEMO\ STUDY_YD.DAT”文件，单击“打开”按钮，系统展出野外测点点号。

（7）在“功能区”选项板中，选择“绘制处理”选项卡中的“快速成图”面板，单击“编码引导”按钮，在弹出的“输入编码引导文件名”对话框中，选择 CASS 安装目录下的“\DEMO\ STUDY.YD”文件，单击“打开”按钮；然后在弹出的“输入坐标数据文件名”对话框中，选择同目录下的“STUDY_YD.DAT”文件，单击“打开”按钮，系统自动完成平面图绘制。

（8）检查绘制图形与草图是否一致，确认无误后，在屏幕左侧“属性面板”中，去掉 ASSIST（骨架线）、ZDH（展点号）等图层的勾选标记☑，关闭两个图层，完成平面图的绘制，如图 7-31 所示。

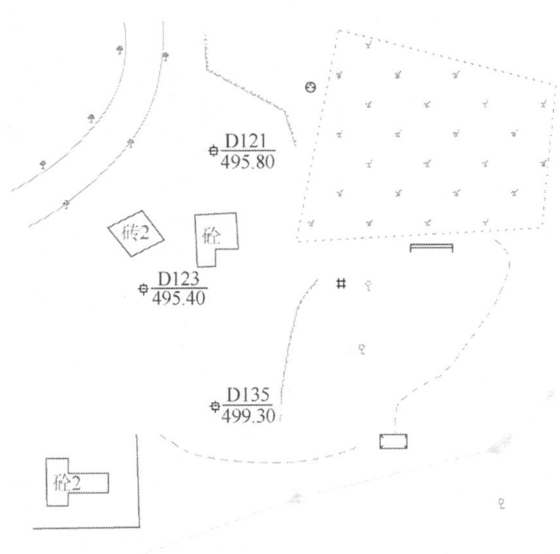

图 7-31　编码引导法绘制的平面图

注：对于房屋类和符号定义文件 WORK.DEF 中第 14 类别地物（即四点连成的地物，如室外电梯、依比例门墩、有盖的水池、停车楼、站台雨棚、依比例电线塔等 16 种地物），若编码引导文件中仅提供三个点，系统会自动给出第四个点并完成绘制。另外，若某一简码对应的 CASS 编码在 CASS 系统中并不存在，系统将根据所提供的点绘制复合线，所属图层为 0 层。

7.1.2　简码法

简码法抛弃了草图法中的工作草图，也无须建立编码引导法所必需的引导文件，而是在野外数据采集时，将工作草图和引导文件所包含的 CASS 简码及描述点-点相连的连接码直接保存在坐标数据文件中，内业 CASS 成图时，根据坐标数据文件完成图形绘制。

因此，简码法所生成的坐标数据文件中，除了要求准确输入地物的 CASS 简码之外，还需要录入连接码，以明确点-点之间的连接关系。在内业成图时，对于点状地物，CASS 将根据其坐标和 CASS 简码直接绘制相应的地物符号；而对于线状或面状地物的绘制，CASS 将根据第一点的 CASS 简码以及与该点有连接关系的其他点共同绘制出地物图形符号。

1. 连接码的定义规则

CASS 连接码及其含义如表 7-2 所示。

表 7-2　CASS 连接码及其含义

序号	连接码	含义
1	+	当前点与上一点相连，连接顺序自上而下
2	–	当前点与上一点相连，连接顺序自下而上
3	*n*+	当前点与上 *n*+1 点相连，连接顺序自上而下
4	*n*–	当前点与上 *n*+1 点相连，连接顺序自下而上
5	P	该点将绘制平行体
6	+A$	断点标识符，连接顺序为上一点连接当前点
7	–A$	断点标识符，连接顺序为当前点连接上一点

连接码的具体使用方法如下：

1）“+”“–”连接码

这两种连接码都是与上一点相连接，但连接次序相反。当连续观测某一地物时，常使用这两种连接码。道路、房屋等无连接顺序要求，上述两种连接码等价，而对于有绘制方向要求的地物（如陡坎、围墙等），则需要根据绘制方向选择正确的连接码。绘制坎高 1m 的加固陡坎时，不同连接码（图 7-32）的绘制效果如图 7-33 所示。

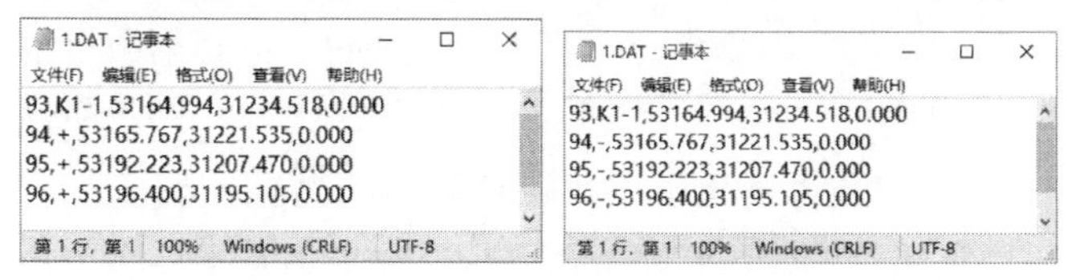

1.DAT - 记事本
文件(F) 编辑(E) 格式(O) 查看(V) 帮助(H)
93,K1-1,53164.994,31234.518,0.000
94,+,53165.767,31221.535,0.000
95,+,53192.223,31207.470,0.000
96,+,53196.400,31195.105,0.000
第 1 行，第 1　100%　Windows (CRLF)　UTF-8

1.DAT - 记事本
文件(F) 编辑(E) 格式(O) 查看(V) 帮助(H)
93,K1-1,53164.994,31234.518,0.000
94,-,53165.767,31221.535,0.000
95,-,53192.223,31207.470,0.000
96,-,53196.400,31195.105,0.000
第 1 行，第 1　100%　Windows (CRLF)　UTF-8

图 7-32　含“+”“–”连接码的坐标数据文件

图 7-33　加固陡坎绘制结果对比图

2）“*n*+”“*n*–”连接码

与“+”“–”连接码相似，“*n*+”和“*n*–”的功能都是将当前点与前 *n*+1 点相连，而连接顺序相反。在野外实测过程中，为了提高实测速度而采用交叉观测，或者当地物比较复杂需要多个测站才能完成时，构成同一地物的各观测点之间有跳点现象，“*n*+”和“*n*–”连接码可以方便地将测点与其他相邻点相连。如图 7-34（a）的坐标数据文件中，连接码“21+”将 80 与 58 点相连，简码法绘制结果如图 7-34（b）所示。

从图 7-34 可以看出，坐标数据文件中的点号并不是从 1 开始的。实际上，CASS 坐标数据文件中的点号与“展野外测点点号”按钮 所展点号一致，该点号可以是字母、数字或其他任意符号的组合，既可以从任意数字开始，也可以不连续，甚至也允许重复点号的出现。在简码法绘图时，“*n*+”“*n*–”连接码中的 *n* 指当前点与待连接点之间间隔点的总数，其值等于当前点顺序号–待连接点顺序号–1。

注：无论是线状地物还是面状地物，绘制方式除了利用“+”“–”连接码顺序连接之外，还可以同时采用顺序连接和逆序连接两种方式共同完成地物符号绘制，尤其是对于复杂地物的绘制而言，由于观测顺序不同，常常会选择双向绘制方式。例如，实测某一建筑物时，第 1 测站观测 1～5 点，第 2 测站观测 6～8 点，其图形及坐标数据文件如图 7-35 所示。

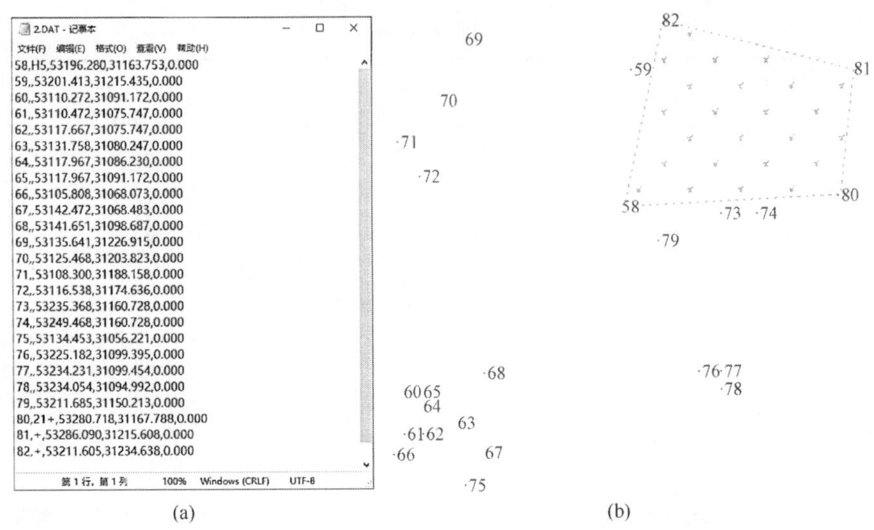

图 7-34　菜地的坐标数据文件及绘制结果

3）“P”连接码

该码是平行码，表明该点将绘制平行的线状地物符号。正确绘制线状地物符号的要求是：含“P”连接码的点号只要保证大于线状地物任意一点的点号即可，但必须小于下一个线状地物的最小点号。例如，篱笆的测点点号最小值和最大值分别是 12、36，而篱笆之后的下一个线状地物是小路，其测点点号的最小值为 44，因此只要测点点号大于 12 且小于 44 的任何一个离散点（不在篱笆上），设置其简码为“P”，即可绘制通过该点的平行篱笆。

4）“+A$”“–A$”连接码

“+A$”“–A$”为断点标识符，A$可以是任意的助记字符，“+”“–”表示连接顺序，其含义同上。A$往往成对出现，且可以重复使用。当第一个 A$出现时，当前线状或面状地物符号绘制暂停，直至遇到下一个 A$时，两点相连，继续地物符号的绘制，中间间隔测点个数并无限制要求。一对 A$出现后，A$仍然可以继续使用。如图 7-36（a）所示，第 1 测站观测 1～4 点，第 2 测站观测 51～54 点，中间间隔 46 个点，使用断点标识符后的坐标数据文件如图 7-36（b）所示，其中“...”省略了 46 行数据。

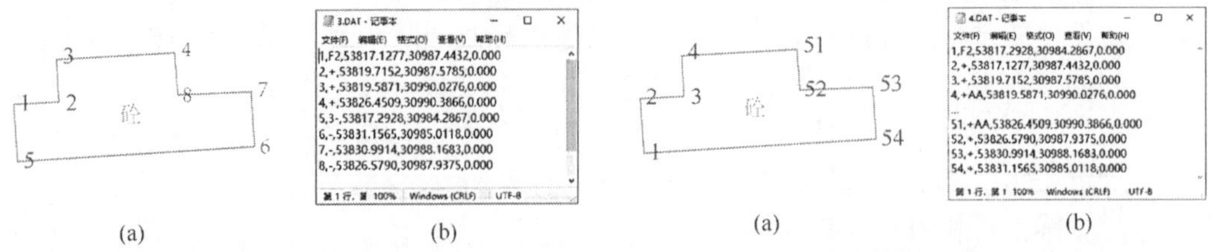

图 7-35　双向绘制方式及其数据文件　　　　图 7-36　断点标识符使用示例

在上述 CASS 连接码中，“+”“–”“n+”“n–”4 种连接码广泛应用于线状、面状地物符号的绘制中，熟练掌握其连接方式，特别是一些特殊连接方式，将有助于提高绘图的准确性和便捷性。下面以一个实例进行说明。

实例 7-4　如图 7-37（a）所示的一个加固陡坎，第一次观测时，测得 1、2 两点，第二次观测时又加测 3、4、5 点。各点连接码的设置如图 7-37（b）所示，可以在不调整点顺序的前提下，绘制出正确图形。

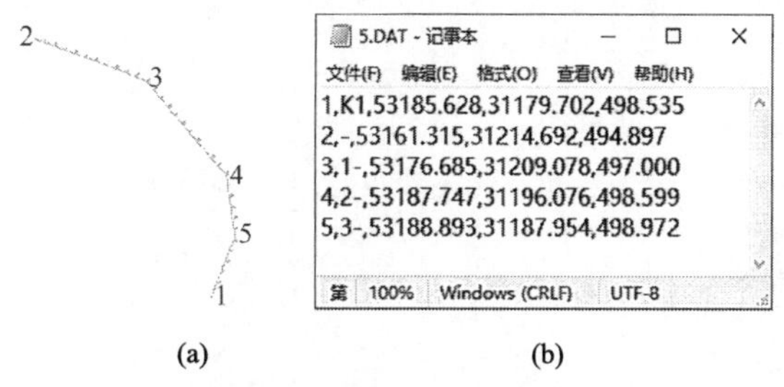

(a)　　(b)

图 7-37　加固陡坎及其各测点连接码

因此，CASS 系统提供的上述连接码极大地放宽了野外观测对测点顺序的要求，但是这些连接码使用不当也会出现连接错误，查找错误原因往往不是一件容易的事情。在野外实测过程中，有时很难保证输入地物符号简码及地物点号之间连接关系的正确性，所以在内业测图时，需要认真、反复地校对绘制地物符号及连接关系是否与实际相符，特别是连接关系。

实践经验表明，上述连接码并不是万能的，限于实地碎部点的观测顺序，有时仅仅采用连接码无法绘制出正确图形，与其绞尽脑汁反复校验、调整连接码，不如适当调整测点的先后顺序，使其与地物的连接关系一致，这样可以极大地降低连接码的复杂性，有利于进一步提高内业成图的效率。

2. 作业流程

简码法绘制平面图的基本步骤如下：

（1）定显示区。

（2）设置图形比例尺。

（3）展野外测点点号。

（4）在快速访问工具栏选择“显示菜单栏”选项，单击“绘图处理”菜单项，在弹出的菜单中执行“简码识别”命令（BMSB），或在“功能区”选项板中，选择“绘制处理”选项卡中的“快速成图”面板，单击“简码识别”按钮，在弹出的“输入简编码坐标数据文件名”对话框中，选择准备好的坐标数据文件，单击“打开”按钮，完成简码法绘图。

（5）检查绘制图形与实际情况是否一致，一般可打印出纸质图形到现场检查，或者将绘制图形与实测时拍照的数码相片进行对比，若存在连接错误，重复修改坐标数据文件，直至无误。

（6）在屏幕左侧“属性面板”中，去掉 ASSIST（骨架线）、ZDH（展点号）等图层的勾选标记☑，关闭两个图层，完成平面图的绘制。

实例 7-5　根据“STUDY.DAT”坐标数据文件及图 7-24 的平面图，按照简码法绘图的要求及简码、连接码的定义规则，重新编辑修改“STUDY.DAT”文件，使其能够通过“简码识别”功能完成平面图绘制。

将“STUDY.DAT”另存为“STUDY_JM.DAT”，文件中各测点的点号与顺序号一致。限于篇幅，为了显示方便，在此仅列举出有简码的测点，省略掉与平面图绘制无关的测点。最终的简码识别文件如图 7-38 所示。

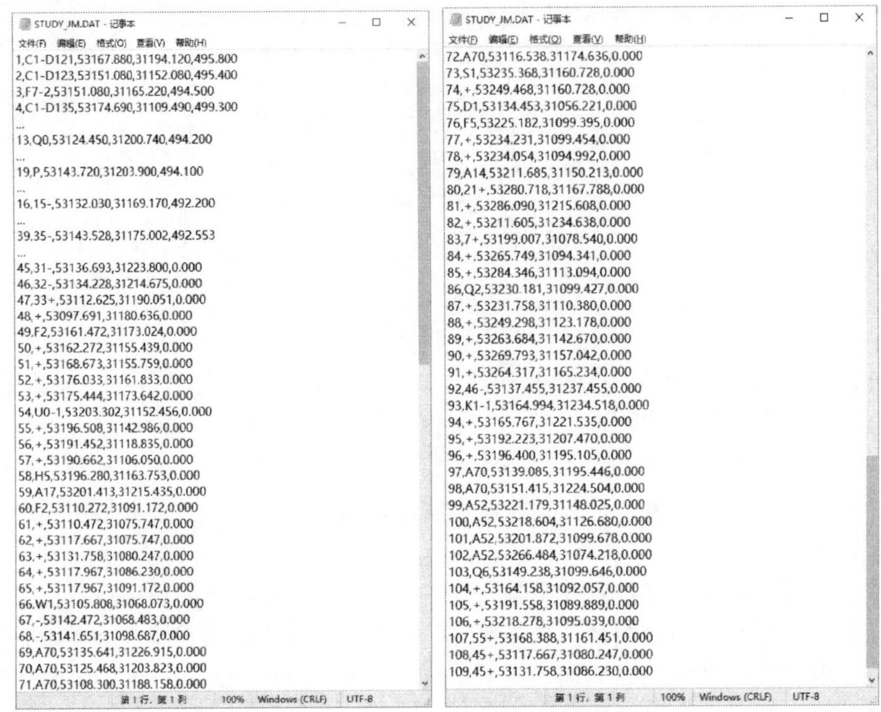

STUDY_JM.DAT - 记事本

文件(F) 编辑(E) 格式(O) 查看(V) 帮助(H)

```
1,C1-D121,53167.880,31194.120,495.800
2,C1-D123,53151.080,31152.080,495.400
3,F7-2,53151.080,31165.220,494.500
4,C1-D135,53174.690,31109.490,499.300
...
13,Q0,53124.450,31200.740,494.200
...
19,P,53143.720,31203.900,494.100
...
16,15-,53132.030,31169.170,492.200
...
39,35-,53143.528,31175.002,492.553
...
45,31-,53136.693,31223.800,0.000
46,32-,53134.228,31214.675,0.000
47,33+,53112.625,31190.051,0.000
48,+,53097.691,31180.636,0.000
49,F2,53161.472,31173.024,0.000
50,+,53162.272,31155.439,0.000
51,+,53168.673,31155.759,0.000
52,+,53176.033,31161.833,0.000
53,+,53175.444,31173.642,0.000
54,U0-1,53203.302,31152.456,0.000
55,+,53196.508,31142.986,0.000
56,+,53191.452,31118.835,0.000
57,+,53190.662,31106.050,0.000
58,H5,53196.280,31163.753,0.000
59,A17,53201.413,31215.435,0.000
60,F2,53110.272,31091.172,0.000
61,+,53110.472,31075.747,0.000
62,+,53117.667,31075.747,0.000
63,+,53131.758,31080.247,0.000
64,+,53117.967,31086.230,0.000
65,+,53117.967,31091.172,0.000
66,W1,53105.808,31068.073,0.000
67,-,53142.472,31068.483,0.000
68,-,53141.651,31098.687,0.000
69,A70,53135.641,31226.915,0.000
70,A70,53125.468,31203.823,0.000
71,A70,53108.300,31188.158,0.000
```

第 1 行，第 1 列　100%　Windows (CRLF)　UTF-8

STUDY_JM.DAT - 记事本

文件(F) 编辑(E) 格式(O) 查看(V) 帮助(H)

```
72,A70,53116.538,31174.636,0.000
73,S1,53235.368,31160.728,0.000
74,+,53249.468,31160.728,0.000
75,D1,53134.453,31056.221,0.000
76,F5,53225.182,31099.395,0.000
77,+,53234.231,31099.454,0.000
78,+,53234.054,31094.992,0.000
79,A14,53211.685,31150.213,0.000
80,21+,53280.718,31167.788,0.000
81,+,53286.090,31215.608,0.000
82,+,53211.605,31234.638,0.000
83,7+,53199.007,31078.540,0.000
84,+,53265.749,31094.341,0.000
85,+,53284.346,31113.094,0.000
86,Q2,53230.181,31099.427,0.000
87,+,53231.758,31110.380,0.000
88,+,53249.298,31123.178,0.000
89,+,53263.684,31142.670,0.000
90,+,53269.793,31157.042,0.000
91,+,53264.317,31165.234,0.000
92,46-,53137.455,31237.455,0.000
93,K1-1,53164.994,31234.518,0.000
94,+,53165.767,31221.535,0.000
95,+,53192.223,31207.470,0.000
96,+,53196.400,31195.105,0.000
97,A70,53139.085,31195.446,0.000
98,A70,53151.415,31224.504,0.000
99,A52,53221.179,31148.025,0.000
100,A52,53218.604,31126.680,0.000
101,A52,53201.872,31099.678,0.000
102,A52,53266.484,31074.218,0.000
103,Q6,53149.238,31099.646,0.000
104,+,53164.158,31092.057,0.000
105,+,53191.558,31089.889,0.000
106,+,53218.278,31095.039,0.000
107,55+,53168.388,31161.451,0.000
108,45+,53117.667,31080.247,0.000
109,45+,53131.758,31086.230,0.000
```

第 1 行，第 1 列　100%　Windows (CRLF)　UTF-8

图 7-38　“简码识别”的坐标数据文件

在图 7-38 中，对调了点 16 和点 19 位置，目的是能够正确绘制出平行的县道乡道村道。根据图 7-38 的坐标数据文件，按上述简码法绘制平面图的基本步骤进行绘制，所得结果与图 7-24 一致。

7.1.3　电子平板法

电子平板法是小平板测图过程的数字化，两者的绘图原理相同，小平板测图属于模拟测图，而电子平板法则属于数字测图。

相比其他方法，电子平板法绘图采用“现场测-现场绘”一体化测图模式，所见即所得，成图准确率最高，特别适合地物、地形复杂的测区。随着计算机软硬件技术的进步，小型化、大容量、高性能、电池续航能力长的便携计算机不断出现，制约电子平板法绘图发展的硬件问题逐渐得到解决，电子平板法适用范围得到进一步拓展。

1. 测前准备

电子平板法测图前的准备工作包括 3 方面的内容。

1）测绘器材的准备

便携计算机（内装 CASS 软件）1 台；

全站仪或电子经纬仪（包括已充满电的电池及数据通信电缆）1 台及配套三脚架 1 个；

棱镜和对中杆 2～3 套；

对讲机若干，根据外业作业人数而定；

有条件时，也可以配备安置计算机的支撑平台。

2）人员的安排

一般情况下，电子平板法测图时安排 3～4 人，其中测量员 1 名，绘图员 1 名，跑尺员 1～2 名。为了提高观测速度，可再增加 2 名跑尺人员，同时顾及低出错率，一般不超过 4 人；若人员较少，最少要保证 2 人才能开展测图工作，其中 1 人跑尺，另 1 人兼任测量员和绘图员。

3）图根控制点资料的准备

在数字测图过程中，图根控制测量先于碎部点采集。在碎部点采集时，需要使用图根控制点成果资料，因此需要将测区图根控制点坐标值按“坐标数据文件”的格式整理好，并复制至便携计算机中。

2. 作业流程

为了叙述方便，在此选择图 7-10 中的 D121、D123 和 D135 3 个图根控制点，生成图根控制点文件，命名为 STUDY_CP.DAT（图 7-39），保存至 CASS 安装目录下“\DEMO”文件夹下，其坐标文件格式为“点号，控制点名，Y，X，Z”。

图 7-39　图根控制点坐标数据文件

下面在 STUDY_CP.DAT 文件的基础上，简要说明电子平板法绘图的主要过程。

1）安置仪器

选择待测区域，在区域内的已知图根控制点上架设全站仪（或电子经纬仪），对中整平后，用数据通信电缆连接便携计算机。打开全站仪，查看并记录全站仪通信参数。

在便携计算机上运行 CASS 软件，在快速访问工具栏选择“显示菜单栏”选项，单击“文件”菜单项，在弹出的菜单中执行“CASS 参数设置”命令，或在“功能区”选项板中，选择“文件”选项卡中的“配置”面板，单击“CASS 参数设置”按钮，系统弹出“CASS 参数设置”对话框，双击“绘图参数”选项，在展开列表中选择“电子平板”选项，如图 7-40 所示。

在图 7-40 中，选择对应的“仪器类型”（如南方、拓普康、徕卡、索佳、尼康等）及通讯口，设置通讯口、波特率、数据位、停止位、检校等通信参数，使其与全站仪保持一致，输入通信超时提醒时间，根据绘图内容选择“展高程点”或“展点号”，绘制地物或地貌符号时选择“展点号”，若采集高程点以绘制等高线，则选择“展高程点”，上述设置完毕，单击“确定”按钮关闭对话框。

另外，如果仪器类型列表中并未列出实测所用仪器类型，或者其他原因导致全站仪与计算机之间无法实现即时通信，则可以在“仪器类型”中选择“手工输入观测值”选项，并单击“确定”按钮。在后续的测图过程中，CASS 无法直接接收全站仪实测数据，而需要通过人工输入完成测点定位，此时依然可实现电子平板法测图。

2）定显示区

在“功能区”选项板中，选择“绘图处理”选项卡中的“显示”面板，单击“定显示区”按钮，在弹出的对话框中选择“STUDY_CP.DAT”选项。

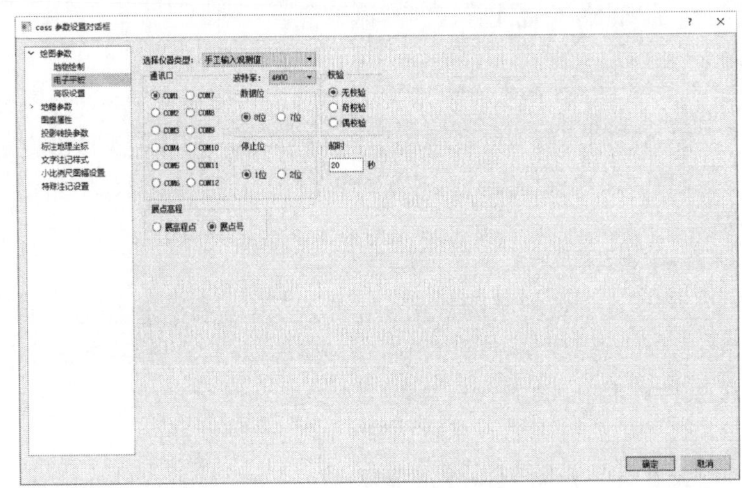

图 7-40　“电子平板”参数设置窗口

3）展控制点

在“绘图处理”选项卡中的“展点”面板，单击“展控制点”按钮，系统弹出“展绘控制点”对话框，单击按钮，在弹出的对话框中选择 CASS 安装目录下的“\demo\STUDY_CP.DAT”文件，在“控制点类型”一栏中选择“埋石图根点”单选按钮，如图 7-41 所示，单击“确定”按钮，系统在屏幕上展绘出 D121、D123 和 D135 3 个图根控制点。

注：在坐标数据文件中，若控制点的 CASS 编码未给定，则以图 7-41 中选中的控制点类型展绘控制点；若给定了 CASS 编码，则以 CASS 编码指定的控制点类型为准，而不论该类型与图 7-41 中选中的控制点类型是否一致。

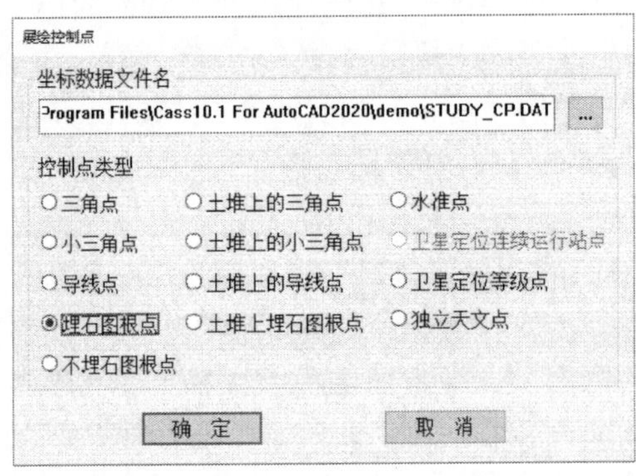

图 7-41　“展绘控制点”对话框

4）电子平板测站设置

在计算机屏幕右侧的地物绘制菜单栏中，单击“电子平板”选项，系统弹出“电子平板测站设置”对话框，如图 7-42 所示。

各选项的功能如下：

(1)“坐标数据文件名”文本框：含图根控制点的坐标数据文件及其完整路径，可直接输入，或单击按钮[...]，在弹出的对话框中进行选择。

（2）“定向方式”选项区：包括定向点定向和方位角定向。前者通过测站点坐标和定向点坐标实现定向；后者通过输入定向方位角实现定向。上述两种方式均要求输入测站点的坐标值，因此定向的时候，测站定位可以同时完成。

（3）“拾取”按钮：单击该按钮，在图面上捕捉选择相应的控制点，则提取该点坐标值并在相应的文本框中显示。

（4）“点号”文本框：输入点号后，单击“点号”按钮可以从坐标数据文件中提取该点坐标并显示。

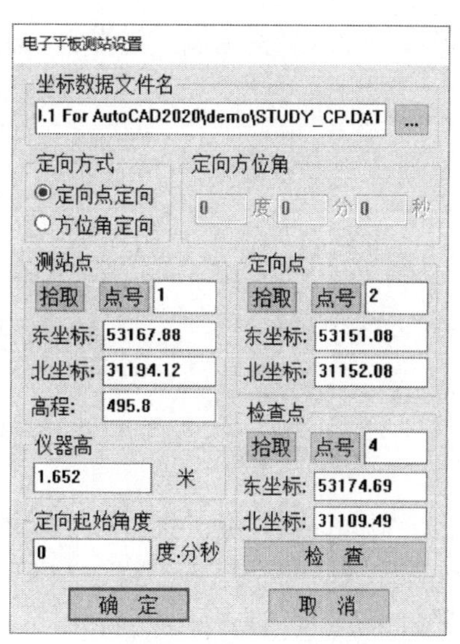

图 7-42　“电子平板选项及测站设置”对话框

（5）“定向起始角度”文本框：全站仪瞄准定向点时，水平度盘显示的读数，一般通过置零功能令其为 0。

（6）“检查”按钮：单击该按钮，系统弹出信息框，显示全站仪瞄准检查点时水平度盘读数的理论值。

如图 7-42 所示，完成各选项设置，单击“检查”按钮，系统弹出信息框（图 7-43），若与实际度盘读数相差不超过 20″，则认为符合要求，单击“确定”按钮完成测站设置；否则应该检查超限原因，直至符合要求。

5）点状地物绘制

（1）绘制不依比例尺肥气池。绘图者在“地物绘制菜单”栏中执行“独立地物”|“农业设施”|“不依比例尺肥气池”命令，测量者使用全站仪望远镜瞄准位于肥气池中心的花杆棱镜并按测量键，CASS 接收测量数据，弹出“全站仪连接”对话框，如图 7-44 所示。

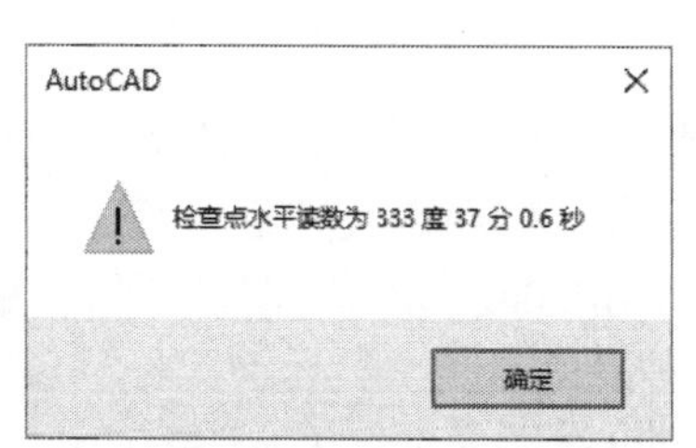

图 7-43　检查时的 AutoCAD 信息框

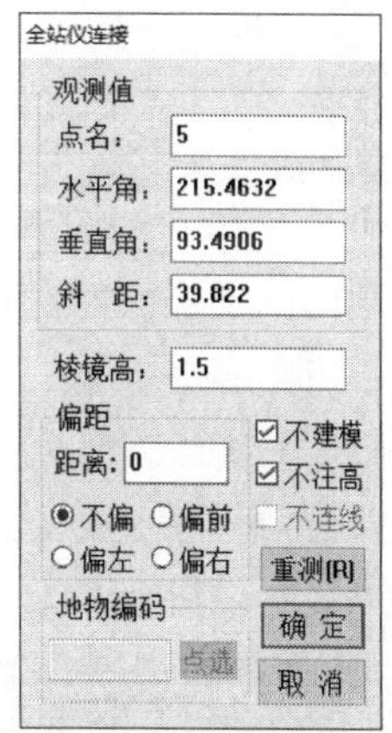

图 7-44　“全站仪连接”对话框

在图 7-44 中，各选项的功能如下：

①“棱镜高”文本框：花杆底端到棱镜中心的距离。

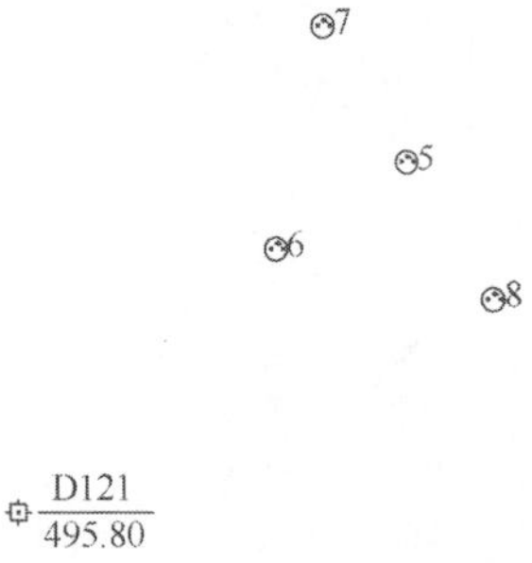

②“偏距”选项区：实际待测地物点与花杆棱镜之间的水平距离，分不偏、偏前、偏左、偏右 4 种选项。如图 7-45 所示，测站点为 D121，花杆的实际位置为 5，则 5、6、7、8 分别表示不偏、偏前、偏左和偏右，即偏前、偏左、偏右是相对视线方向而言的。

图 7-45　4 种偏离示意图

③“不建模”复选框：当前测点不参加地形建模计算，如房角点。

④“不注高”复选框：当前测点不标注高程值。

⑤“不连线”复选框：测量线状地物或面状地物时，该选项可用。勾选该项，则当前测点不与上一测点相连，此时地物编码处于可编辑状态，输入地物编码，或通过单击“点选”按钮选择同类地物以获取编码，单击“确定”完成绘制。

⑥“重测”按钮：单击该按钮，各选项值恢复至系统默认值，等待全站仪传输新测数据。

在图 7-44 中，输入棱镜高为 1.5m，选择“不偏”单选按钮，并勾选“不建模”“不注高”复选框，单击“确定”按钮，完成不依比例尺肥气池的绘制。

（2）绘制高程点。在“功能区”选项板中，选择“文件”选项卡中的“配置”面板，单击“CASS 参数设置”按钮，在“CASS 参数设置”对话框中，选择“展高程点”，单击“确定”按钮完成设置。

前视人员将花杆底端放置在地面上，令花杆的圆气泡居中；绘图人员在“地物绘制菜单”栏中执行“地貌土质”|“高程点”|“一般高程点”命令，命令行提示“是否将所展的点追加到数据文件中？（1）否（2）是<1>”，按 Enter 键，选择默认值 1，即将所测高程点追加至坐标数据文件中，以便用于地形建模和绘制等高线；测量人员瞄准棱镜并测量。

在弹出的“全站仪连接”窗口中，勾选掉“不建模”“不注高”复选框，单击“确定”按钮，命令行提示“输入高程：<498.980>”，若无须改变则按 Enter 键，完成高程点的绘制。

重复上述步骤依次完成另外 2 个高程点的绘制。

需要注意的是，在测量过程中，花杆底端应与地面接触，且尽量保持花杆铅垂；仪器高和棱镜高用小钢尺量测 2 次，精确至毫米，取其均值作为最终值。

6）线状、面状地物绘制

（1）绘制四点房屋。在“地物绘制菜单”栏中执行“居民”|“一般房屋”|“四点房屋”命令，命令行提示“1.已知三点/2.已知两点及宽度/3.已知两点及对面一点/4.已知四点<3>：”，输入“1”并按 Enter 键，选择“已知三点”绘制四点房屋。前视人员与测量人员相互配合，依次测量房屋 3 个拐角点，完成房屋测绘。

若全站仪与便携计算机之间的通信出现故障，可以选择手工输入观测值的方式完成电子平板法测图。其操作过程如下：

在“功能区”选项板中，选择“文件”选项卡中的“配置”面板，单击“CASS 参数设置”按钮，系统弹出“CASS 参数设置”对话框，在“选择仪器类型”一栏中，在下拉列表中选择“手工输入观测值”选项，单击“确定”按钮，关闭对话框。

下面按手工输入观测值的方式绘制加固陡坎和菜地。

（2）绘制加固陡坎。加固陡坎的 CASS 编码为 204202，在“搜索名称或编码”一栏输入“204202”，选择检索出来的“加固陡坎”符号，在弹出的“全站仪连接”对话框中，手工输入 12 点的观测值，如图 7-46 所示。单击“确定”按钮，命令行提示如下：

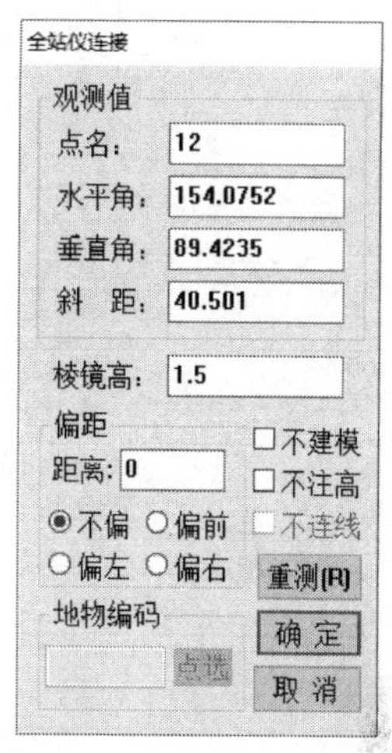

图 7-46　手工输入观测值

曲线 Q/边长交会 B/跟踪 T/区间跟踪 N/垂直距离 Z/平行线 X/两边距离 L/圆 Y/内部点 O<鼠标定点，回车键连接，Esc 键退出>

按 Enter 键，继续输入 13、14、15 点观测值，加固陡坎绘制完成。

最后，按 Esc 键退出命令，命令行显示“拟合线<N>？”，直接按 Enter 键，完成不拟合加固陡坎的绘制。

在上述绘图过程中，每一点连接完成后，默认进入“鼠标定位”状态，用户可以采用对象捕捉方式、输入相对（或绝对）坐标的方式定点。

（3）绘制菜地。在“搜索名称或编码”一栏输入“cd”，在检索结果中选择“菜地”符号，命令行提示“请选择：（1）绘制区域边界（2）绘出单个符号（3）封闭区域内部点（4）选择边界线<1>”，按 Enter 键，选择绘制区域边界。在弹出的“全站仪连接”对话框中，手工输入 16 点的观测值（水平角 295.0803；天顶距 84.1518；斜距 41.787），单击“确定”按钮。

按 Enter 键，重复输入 17、18、19 点观测值。输入“C”，按 Enter 键闭合边界。命令行提示“拟合线<N>？”，直接按 Enter 键，即不拟合边界线。命令行提示“请选择：（1）保留边界（2）不保留边界<1>”，按 Enter 键选择“保留边界”选项，菜地符号绘制完成。

其他点状、线状、面状地物符号的绘制与上述过程类似，按照上述方法即可完成电子平板法测图。

3. 自由续接

在电子平板法测图时，常常遇到下述情况：

（1）为了提高测图效率而采用多镜测量时，绘图工作需要在不同地物之间切换。

（2）由于待测地物、地貌的尺寸大、特征点数量多，或因不通视等原因，无法在一个测站采集到该地物或地貌的所有特征点，需要多测站才能实现。

（3）因为工作安排变动、恶劣天气或施测人员的安全受到威胁等，野外测绘工作被迫中止。

上述情况下，都会产生尚未绘制完的图形符号。对于这些图形符号，CASS 提供“自由续接”命令来进一步完成图形符号的绘制。操作过程如下：

（1）在测站点安置全站仪，启动 CASS 软件，打开尚未绘制完成的图形文件，并进行电子平板测站设置。若在测绘过程中，则可忽略该步骤，直接进行第二步。

（2）单击屏幕右侧快捷工具栏中的“自由续接” （DZPB）按钮，命令行提示“选择要连接的复合线：<回车输入测尺名>”，拾取待续接的图形符号，命令行显示如下：

切换 S/测尺 R/曲线 Q/边长交会 B/跟踪 T/区间跟踪 N/垂直距离 Z/平行线 X/两边距离 L/闭合 C/隔一闭合 G/隔一点 J/隔点延伸 D/微导线 A/延伸 E/插点 I/回退 U/换向 H/反向 F<鼠标定点，回车键连接，Esc 键退出>

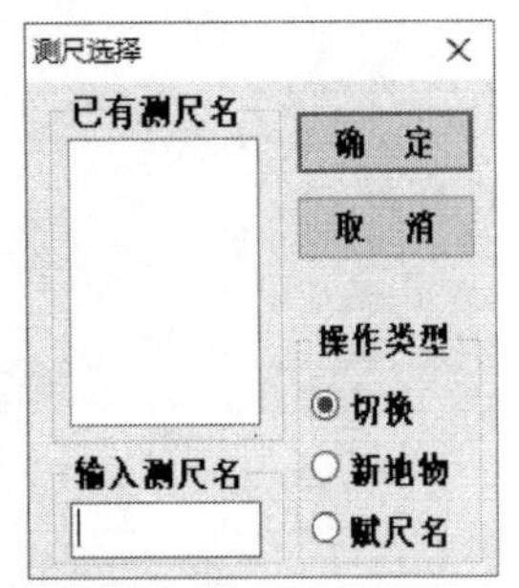

图 7-47　“测尺选择”对话框

此时，用户可以采用打开捕捉方式进行鼠标定点或输入坐标进行坐标定点，按 Enter 键则弹出“全站仪连接”窗口，读取实测数据按电子平板法定点，也可输入除 S、R 之外的命令选项进行辅助定点。按 Esc 键则退出当前命令。

若未选择复合线而是直接按 Enter 键，则弹出“测尺选择”对话框（图 7-47），服务于多尺测量。

（3）“自由续接”允许用户在不同图形符号之间任意切换，不论当前图形符号是否绘制完成，均可切换至另一图形符号进行绘制；若有必要，还可以随时切换回当前图形符号继续绘制。“自由续接”提供了两种切换方式，即“切换 S”和“测尺 R”。前者采用鼠标拾取待续接对象，方便灵活，但需要绘图员能够准确判断当前所测对象的图形符号；后者则弹出图 7-47 所示的“测尺选择”对话框，绘图员可以为不同图形符号赋予测尺名，绘图者只要选择不同的测尺名，即可切换至相应的图形符号，特别适合于多尺测量的情况。

实例 7-6　现有尚未绘制完的图形，如图 7-48 所示，参照图 7-10，试采用“自由续接”命令，完成剩余图形的绘制。

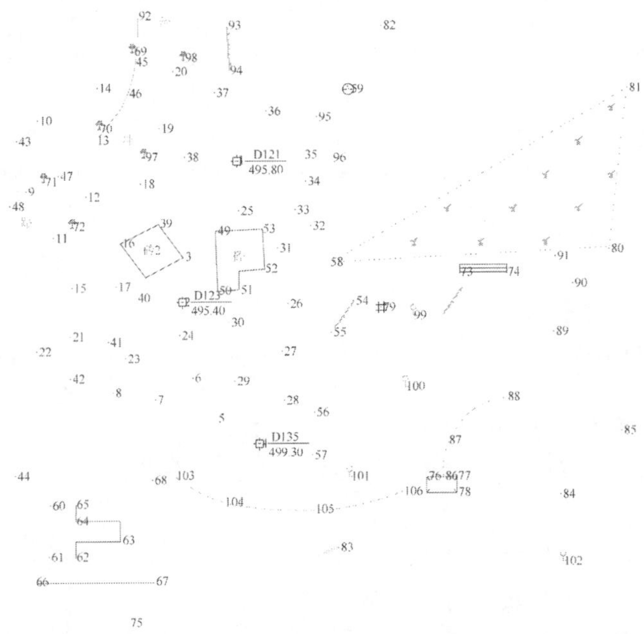

图 7-48　“自由续接”绘制图形

为了叙述方便，在此采用鼠标定位。若采用电子平板法绘图，除定点方式不同之外，其他完全一致。操作过程如下：

（1）单击“自由续接”按钮，选择小路 86—87—88，依次捕捉 89、90、91 等点。

（2）在命令行中，输入“S”并按 Enter 键，选择未加固陡坎 54—55，依次捕捉 56、57 点。

（3）在命令行中，输入“S”并按 Enter 键，选择加固陡坎 93—94，依次捕捉 95、96 点。

（4）在命令行中，输入“S”并按 Enter 键，选择依比例围墙 66—67 的骨架线，若连接点为 66，输入“H”并按 Enter 键换向，捕捉 68 点，完成围墙骨架线绘制。

（5）在命令行中，输入“S”并按 Enter 键，选择地面输电线 75—83 的骨架线，依次捕捉 84、85 点，完成地面输电线的骨架线绘制。

（6）在命令行中，输入“S”并按 Enter 键，选择菜地边界（若未保留边界，则需要选择其骨架线），在弹出的信息框中，单击“是”按钮，捕捉 82 点，输入“C”并按 Enter 键完成菜地边界的绘制，按 Esc 键退出“自由续接”命令。

（7）在快速访问工具栏选择“显示菜单栏”选项，单击“地物编辑”菜单项，在弹出的菜单中执行“重新生成”命令（RECASS），或在“功能区”选项板中，选择“地物编辑”选项卡中的“重构”面板，单击“重新生成”按钮，命令行显示“选择需重构的实体：/手工选择实体(S)/<重构所有实体>”，输入“S”并按 Enter 键，分别选择依比例围墙、地面输电线、菜地的骨架线或边界线，完成上述图形符号的绘制。绘制结果如图 7-49 所示。

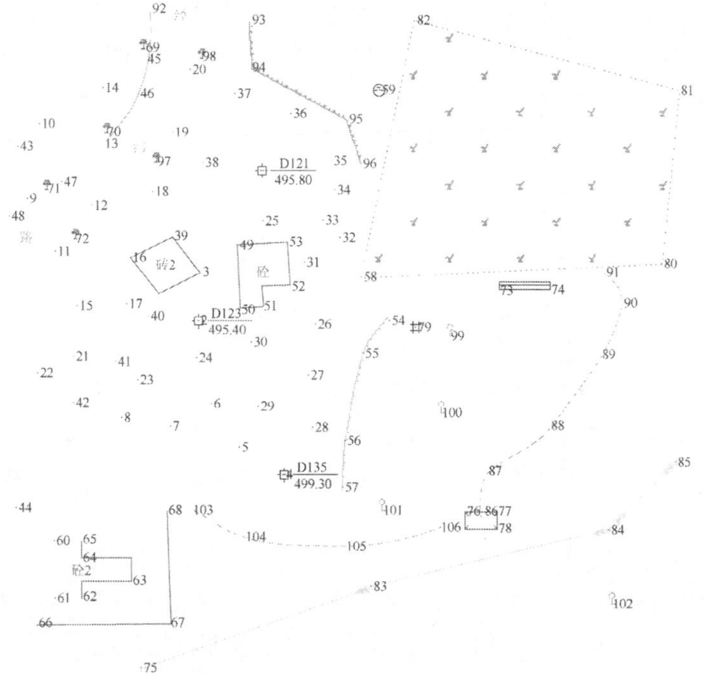

图 7-49　“自由续接”绘制结果

从该实例可以看出，对于无骨架线的线状符号，如小路、未加固陡坎、加固陡坎等，“自由续接”命令可以一次性完成剩余图形符号的绘制；对于有骨架线的线状符号（如围墙、电力线、通信线、铁路、斜坡、陡崖等）或有充填符号的面状符号（如菜地、园地、林地、草地、土质等），续接其骨架线或边界线后，还需要执行“重新生成”命令，才能完成图形符号的绘制。

值得说明的是，“自由续接”命令并不能完成所有图形符号的续接绘制，如图 7-48 中的平行的县道乡道村道、多点砼房屋，“自由续接”命令就无法完成图形符号的绘制。对于双线的线状符号（如双线道路、土堤、双线河流、双线田埂、拦水坝、水库溢洪道等）及含结构注记、楼层注记的一般房屋和普通房屋，需要使用画线命令中的“跟踪”或“区间跟踪”选项实现图形符号的续接绘制。

仍以图 7-48 为例，平行的县道乡道村道、多点砼房屋的续接绘制过程如下：

（1）在“地物绘制菜单”栏中执行“交通设施”|“城际公路”|“平行的县道乡道村道”命令，命令行中显示“第一点：<[跟踪 T/区间跟踪 N]>”，输入“T”并按 Enter 键，或单击“跟踪”选项；命令行提示“选择跟踪线：”，拾取道路边线 92—45—46—13，若当前点不是 13 而是 92，则可输入“H”进行换向操作（或者输入“U”进行回退操作，以令绘制方向正确），依次捕捉 47、48 点；按 Enter 键，命令行提示“拟合线<N>？”，输入“Y”并按 Enter 键，拟合道路边线；命令行提示“1.边点式/2.边宽式/（按 Esc 键退出）：<1>”，直接按 Enter 键，选择边点式绘制道路；命令行提示“对面一点：”，捕捉 19 点，完成平行道路的绘制。

（2）在“地物绘制菜单”栏中执行“居民地”|“一般房屋”|“多点砼房屋”命令，依次捕捉 60、61 点，命令行提示“[曲线 Q/边长交会 B/跟踪 T/区间跟踪 N/垂直距离 Z/平行线 X/两边距离 L/隔一点 J/隔点延伸 D/微导线 A/延伸 E/插点 I/回退 U/换向 H/反向 F<指定点>]”，单击“跟踪”选项，选择复合线 62—63—64—65；输入“C”并按 Enter 键，命令行提示“输入层数（有地下室输入格式：房屋层数-地下层数）<1>：”；输入“2”并按 Enter 键，完成多点砼房屋的绘制。

4. 注意事项

电子平板法采用野外实测、现场成图的作业方法时，一般外业时间较长，除了配备仪器遮阳伞、计算机备用电源及必要的防护设备之外，还需要注意以下事项：

（1）为了降低因计算机死机或其他特殊情况引发的测图程序意外中止而带来的测图损失，在实测过程中，绘图员应该每间隔 10min 或 20min 及时保存图形文件，或通过右击，在弹出的快捷菜单中选择“选项”选项，在弹出的“选项”对话框中，选择“打开和保存”页面，在“文件安全措施”一栏，勾选“自动保存”复选框，并根据实际情况设置保存间隔分钟数。

（2）在线状、面状地物绘制时，所选择的测点宜应按顺时针或逆时针排列，避免跳点现象。对于有方向要求的地物，如陡坎、围墙等，尽量按照规定的方向依次排列。若与所绘制的方向相反，应及时采用“线型换向”功能调整为正确符号。

（3）尽量以“地物”为单元进行数据采集，测绘完成一个地物后，再测绘下一个地物，以减少在不同地物之间的切换。若多地物或多棱镜观测，绘图人员要及时命名“新地物”“赋尺名”，在变换地物或棱镜时，再及时执行“切换”操作以继续某一地物的绘制。

（4）遇到测区地物复杂、观测困难的情况，可以采用灵活的定点方式，包括绘图命令中提供的命令选项、鼠标（捕捉）定位等。

7.2　绘制等高线

地形图包括地物和地貌两部分，其中地物用地物符号来表示，而地貌则有两种表示法，即地貌符号和等高线。其中，特殊地貌（如陡坎、陡崖等）采用地貌符号表示，其绘制方法与地物符号相同；除特殊地貌之外，表示地貌的最常用方式是等高线，CASS 等高线模块可以完成等高线的绘制、修饰。

在绘制等高线之前，需要建立数字地面模型（DTM），目前主要有两种方法，即不规则三角网（TIN）模型和规则格网（GRID）模型。CASS 采用 TIN 模型，根据实测的离散高程点数据建立 DTM，既保留了原有关键的地形特征，又能够适合不规则形状区域的建模。另外，CASS 也根据离散高程点数据通过内插算法生成 GRID 模型，即数字高程模型（DEM），用于三维模型浏览、DEM 数据转换等。

在 CASS 中，绘制等高线包括展高程点、绘地性线、三角网的建立与修改、等高线绘制与整饰 4 步，下面分别说明。

7.2.1　展高程点

在 CASS 中，展高程点的菜单项位于“绘图处理”菜单中，相应的工具按钮位于“绘图处理”选项卡中的“展点”和“高程点”两个面板中，如图 7-50 所示。除“展高程点”按钮位于“展点”面板中，其他命令按钮被放置在“高程点”面板中。

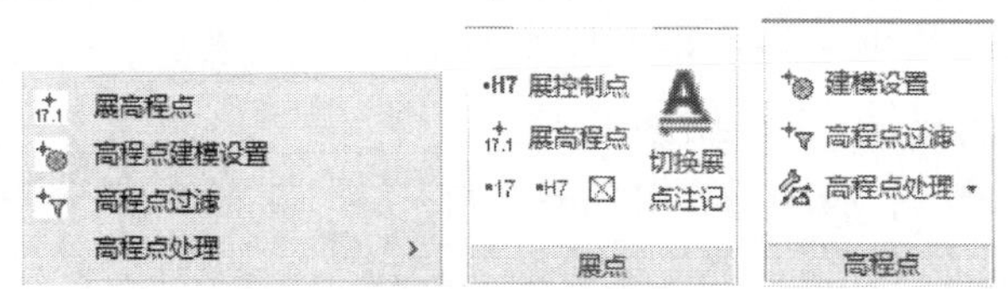

图 7-50　展高程点的菜单项及面板

各菜单功能如下：

（1）展高程点：单击“展高程点”菜单项，或在“展点”面板中单击“展高程点”按钮，系统弹出“输入坐标数据文件名”对话框，选择高程点的坐标数据文件，单击“打开”按钮，命令行提示“注记高程点的距离（米）<直接回车全部注记>：”，按 Enter 键，CASS 自动展绘各高程点的点位及高程注记。

注：使用“展野外测点点号”、“展野外测点代码”和“展野外测点点位”等命令展野外测点后，再执行“切换展点注记”命令，也可以展绘野外测点点位及其高程，但这与展高程点有所不同。前者所展点位及高程无实体编码，位于 ZDH（展点号）图层；后者的 CASS 编码为 202101，位于 GCD（高程点）图层。在 CASS 中，若选择“由图面高程点”建立 DTM，其高程点必须通过“展高程点”进行展绘。

（2）高程点建模设置：执行“高程点建模设置”命令（GCDDTM），或在“高程点”面板中单击“建模设置”按钮，拾取待设置高程点并按Enter键，系统弹出设置窗口（图7-51），在下拉列表中选择“参加建模”（默认值）选项或“不参加建模”选项，然后按Enter键完成建模设置。若对多个高程点进行建模设置，在拾取高程点时，可以采用“窗口”、“窗交”或“栏选”等方式选择后，依次设置选项，直至完成所有设置。

（3）高程点过滤：执行“展野外测点点位”命令（GCDGUOLV），或在“高程点”面板中单击“高程点过滤”按钮，在弹出的“高程点过滤”对话框（图7-52）中，输入过滤距离的最大值，或者单击“依高程值过滤”单选按钮，并输入高程值过滤的最大值和最小值，单击“确定”按钮，CASS将过滤掉符合过滤条件的高程点。

（4）高程点处理：选择“高程点处理”菜单项，或在“高程点”面板中单击“高程点处理”按钮右侧的下三角按钮，将弹出如图7-53所示的菜单。

图7-51　建模设置窗口

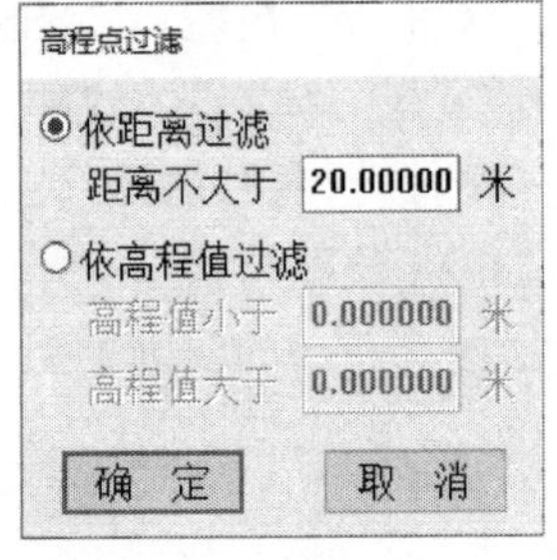

图7-52　“高程点过滤”对话框

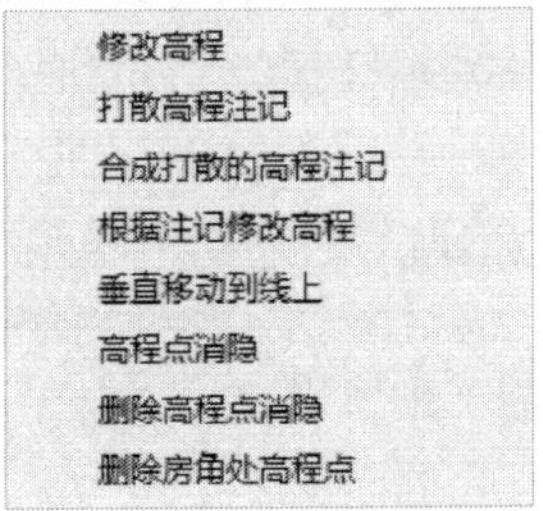

图7-53　高程点处理的二级菜单

各菜单选项的功能如下：

（1）修改高程（CHANGEGCD）命令：执行该命令，选择待修改的高程点并按Enter键，在命令行输入修改后的高程并按Enter键，即可完成高程修改。若同时修改多点高程，可采用“窗口”、“窗交”或“栏选”等方式选择多个高程点，输入修改后的高程值，则同时修改当前选择的所有高程点的高程值。

双击待修改的高程点，将弹出“增强属性编辑器”对话框，如图7-54所示。在“值”文本框中输入修改后的高程值，单击“确定”按钮，可以完成对高程注记值的修改，但并不能改变该点的高程值，还需要使用“根据注记修改高程”命令，才能令两者一致。

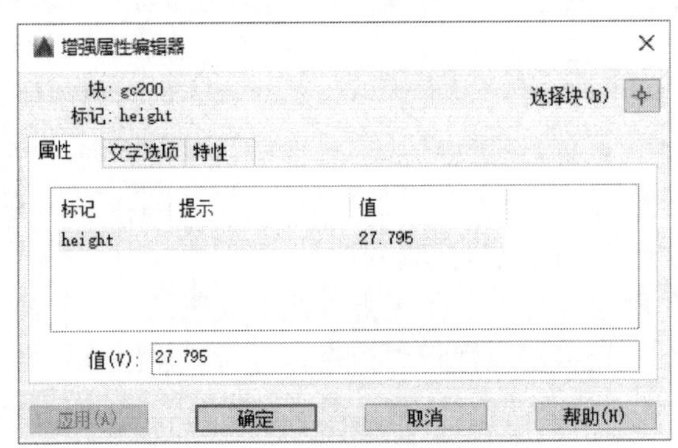

图7-54　“增强属性编辑器”对话框

（2）打散高程注记（EXPLODEGCD）命令：执行该命令，选择高程点，即可将高程点的点位和高程注记打散，形成两种实体——一般高程点（编码为 202101）和高程点注记（编码为 202111）。此时，双击高程点注记可以进行修改，但并不改变高程点的高程值。

（3）合成打散的高程注记（RESUMEGCD）命令：该命令与“打散高程注记”为一对功能相反的互逆命令。执行该命令，选择已经被打散的高程点及其高程注记，命令行提示“请输入注记搜索宽度<100>：”，根据实际情况输入搜索范围值并按 Enter 键，可将两者再次合成。若仅选择高程点，则根据高程点的高程值重新生成高程注记。

（4）根据注记修改高程（HEIGHTFROMTEXT）命令：若高程点的注记值与高程值不一致，执行该命令则将高程点的高程值修改为注记值。

（5）垂直移动到线上（GCDJIAOZHEN）命令：执行该命令，并依次选择线及待移动的高程点，则将高程点沿垂线方向移动至直线上。

（6）高程点消隐（GCDXY）命令：若高程点位于线上，执行该命令，可对线进行消隐处理。

（7）删除高程点消隐（DELGCDXY）命令：与“高程点消隐”为一对互逆命令，可以取消对线的消隐。

（8）删除房角处高程点（DELFJGCD）命令：执行该命令，将自动检索全图，删除所有房角处的高程点。

7.2.2　绘地性线

地性线，又称为地貌特征线，包括山脊线和山谷线。生成的等高线与地性线相交时必须保持正交，为此 CASS 提供了专门绘制地性线的功能，通过绘制地性线，为生成的 DTM 施加约束条件，使得生成的 DTM 中不出现穿越地性线的三角形，从而保证等高线能够真实地反映实际地形起伏状况。

CASS 的绘制地性线菜单项位于“等高线”菜单中，相应的工具按钮位于“等高线”选项卡中的“地性线”面板中，如图 7-55 所示。

各菜单项的功能如下：

（1）绘制地性线：在 CASS 中，要求绘制的地性线经过测点，因此，在绘制地性线之前，应先展高程点，然后执行“绘制地性线”命令，并打开对象捕捉功能，根据地性线的实际走向依次选择各测点，最后按 Enter 键完成地性线绘制。地性线的 CASS 编码为 201199，属于 RIDGE 图层。

（2）生成坎底地性线（DXXFROMKAN）：执行该命令，选取要生成坎底地性线的陡坎，输入偏移距离（默认值为 0.25m）并按 Enter 键，然后输入坎底地性线高程并按 Enter 键确认，即可完成坎底地性线的绘制。若坎底地性线包含多个节点，且各点的高程并不一致，则可采用“修改三维线高程”命令实现高程重置。

（3）修改三维线高程（SET3DPT）：该命令可以实现对三维线各点高程的修改重置。执行该命令，并选择待修改的三维线，系统弹出“三维坐标”对话框，如图 7-56 所示。在“Z”文本框中输入高程值，并通过单击<或>按钮浏览其余各点，以完成所有点的高程设置。

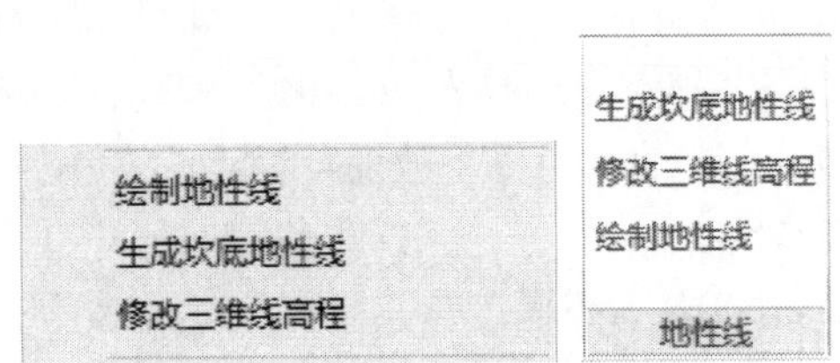

图 7-55　“地性线”菜单与面板

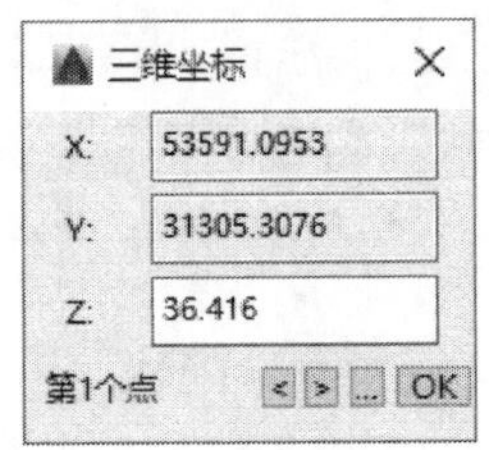

图 7-56　“三维坐标”对话框

在图 7-56 中，各选项的功能如下：

（1）“X”“Y”“Z”：当前节点的三维坐标值，其中“Z”为可编辑状态，可在文本框中输入数值以设置当前点的高程值，而“X”“Y”处于不可编辑状态，但可以单击 ... 按钮，并在屏幕上拾取一点，重置当前点的 X、Y 坐标值。

（2）<、>：上移一点和下移一点。

（3）OK：将当前点的 Z 值赋予所有点。

（4）×：保存赋值并退出窗口。

7.2.3　三角网的建立与修改

CASS 提供了完善的三角网生成功能，并且允许编辑、修改三角网，其相关的菜单项位于“等高线”菜单中，工具按钮位于“等高线”选项卡中的“三角网”面板中，如图 7-57 所示。

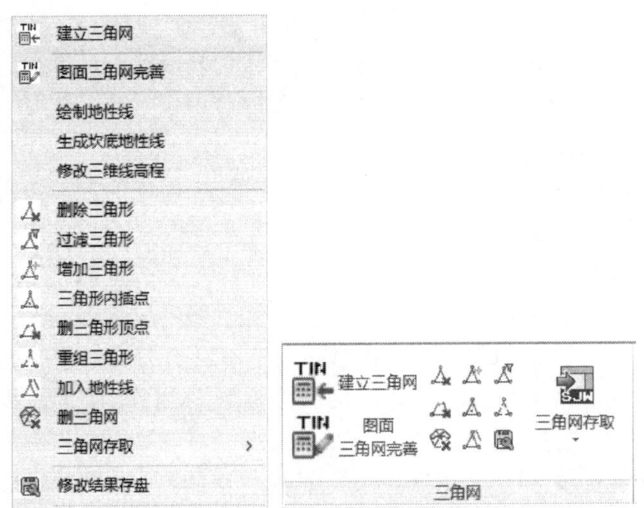

图 7-57　“三角网”菜单和面板

在图 7-57 中，各菜单项按其功能可分为两大类：建立三角网和修改三角网，下面分别进行说明。

1. 建立三角网

在快速访问工具栏中选择“显示菜单栏”选项，单击“等高线”菜单项，在弹出的菜单中执行“建立三角网”命令（LINKSJX），或在“功能区”选项板中，选择“等高线”

选项卡中的“三角网”面板，单击“建立三角网”按钮，系统弹出“建立 DTM”对话框，如图 7-58 所示。

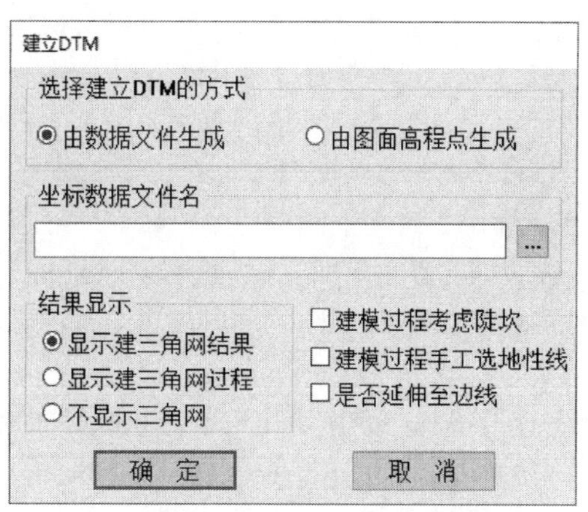

图 7-58　“建立 DTM”对话框

在图 7-58 中，各选项的含义如下：

（1）选择建立 DTM 的方式：包括“由数据文件生成”和“由图面高程点生成”两种方式。前者需要通过单击按钮，指定坐标数据文件名及其完整的路径，然后单击“确定”按钮即可完成三角网的建立。若选择后者，单击“确定”按钮，命令行提示“请选择：（1）选取高程点的范围（2）直接选取高程点或控制点<1>”，系统默认第 1 种选取方式，直接按 Enter 键，选取建模区域边界，系统根据建模区域内的高程点建立三角网；若选择“（2）直接选取高程点或控制点”，则可按住 Shift 然后单击进行点选，或按窗口、窗交、栏选等方式选择高程点或控制点，选择完毕后按 Enter 键，即可建立三角网。

（2）结果显示：分 3 种显示形式，即“显示建三角网结果”、“显示建三角网过程”和“不显示三角网”。第 1 种为系统默认显示方式，第 2 种动态显示建三角网的过程，第 3 种则不显示建立的三角网，但仍然可以绘制等高线。对于大、中型的三角网，第 3 种方式的建模效率最高，其次是第 1 种方式，第 2 种方式效率最低。

（3）建模过程考虑陡坎：建模范围内有陡坎时，勾选该复选框，则陡坎参与建立三角网，新建三角网将不会穿越陡坎。

（4）建模过程手工选地性线：若已经采集了地性线上的高程点数据，且地性线已绘制完毕，勾选此选项，通过手工选取地性线，新建三角网将不会穿越地性线，新绘制的等高线将与地性线相垂直。

（5）是否延伸至边线：当选择“由图面高程点生成”选项，且勾选此选项时，通过选择计算区域边界线（允许是任意形状的闭合多边形），并输入边界插值间隔（默认 20m），则新建三角网延伸至区域边界线。

CASS 建立三角网时所生成的三角网文件以“.sjw”为扩展名。当选择“由数据文件生成”选项生成三角网时，CASS 在数据文件所在的同一目录下建立同名的三角网文件；若选择“直接选取高程点或控制点”方式，则生成的三角网保存为 CASS 安装目录下的“\system\sjx$.sjw”文件。

实例 7-7　以 CASS 安装目录下的“\demo\Dgx.dat”文件为坐标数据文件建立三角网。

作业步骤如下：

（1）定显示区。在快速访问工具栏选择“显示菜单栏”选项，单击“绘图处理”菜单项，在弹出的菜单中执行“定显示区”命令（HTCS），或在“功能区”选项板中，选择“绘图处理”选项卡中的“显示”面板，单击“定显示区”按钮，在弹出的对话框中，选择 CASS 安装目录下的“\demo\Dgx.dat”文件，单击“打开”按钮。

（2）展高程点。选择“绘图处理”选项卡中的“展点”面板，单击“展高程点”按钮，系统弹出“输入坐标数据文件名”对话框，选择“Dgx.dat”文件，并单击“打开”按钮，命令行提示“注记高程点的距离（米）<直接回车全部注记>：”，按 Enter 键完成高程点的展绘。

（3）建立三角网。选择“等高线”选项卡中的“三角网”面板，单击“建立三角网”按钮，在弹出的“建立 DTM”对话框中，单击按钮，选择“Dgx.dat”文件，其他选择默认值，单击“确定”按钮完成三角网的建立，如图 7-59 所示。

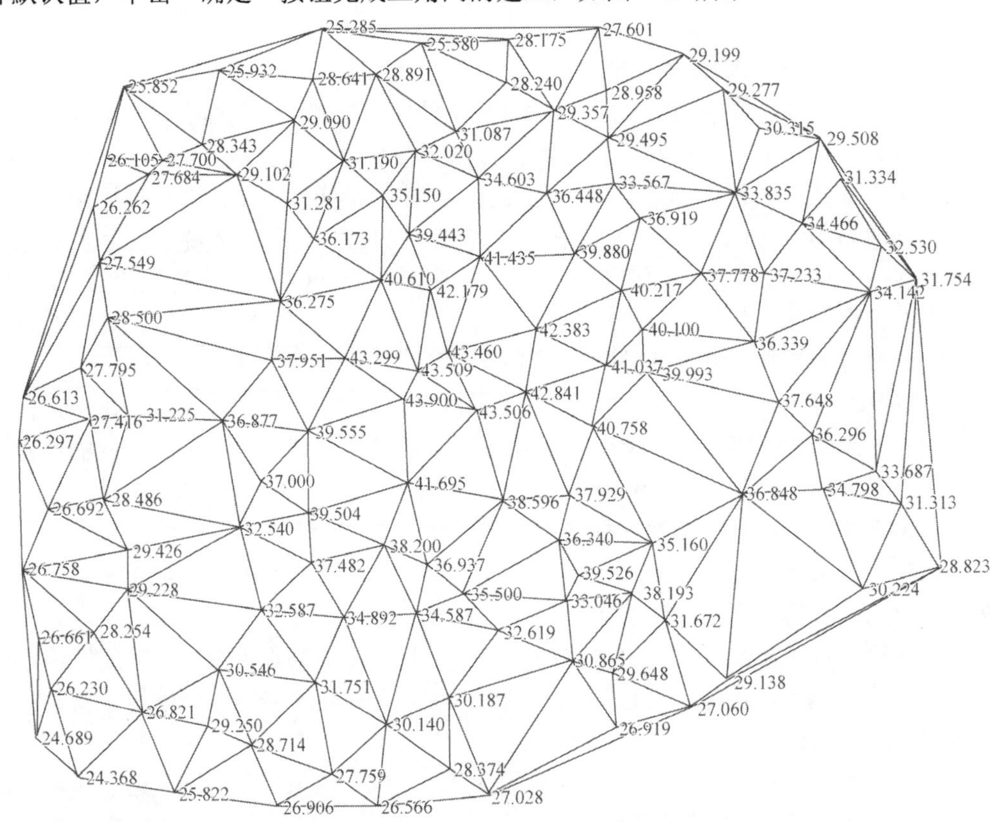

图 7-59　根据“DGX.DAT”建立的三角网

为了更好地说明“陡坎”和“地性线”对建立三角网的影响，仅选择“DGX.DAT”中的部分高程点，绘制一条“加固陡坎”和一条“地性线”，如图 7-60 所示。

考虑陡坎、地性线而建立的三角网如图 7-61（a）所示，而不考虑时的三角网如图 7-61（b）所示，两者存在明显的差异。

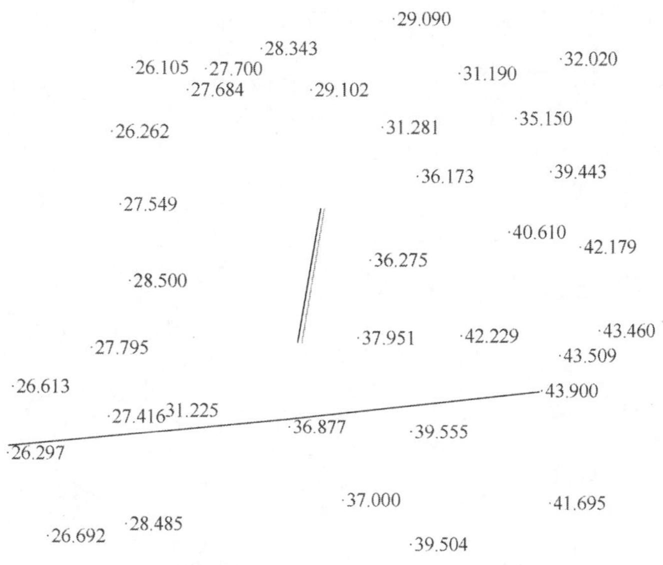

图 7-60　高程点与陡坎、地性线分布图

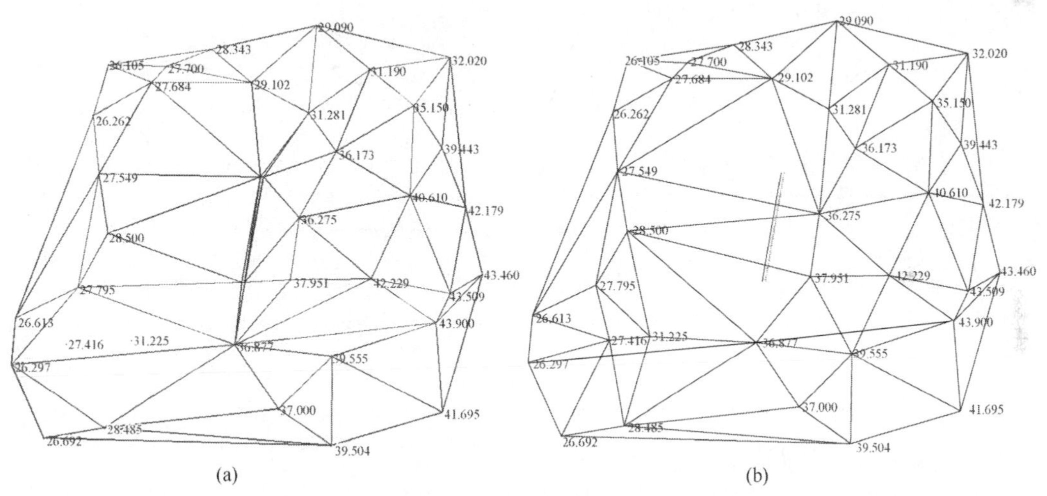

图 7-61　陡坎、地性线对建立三角网的影响

在图 7-59 所示图形中，增加图幅边界，并在建立三角网时勾选“是否延伸至边线”复选框，生成的三角网如图 7-62 所示。

“是否延伸至边线”选项是 CASS 10.0 的新增功能，由图 7-62 可以看出，该选项可令新建的三角网充满整个多边形围起的区域，这对绘制图幅范围内的全部等高线有着重要意义。

2. 修改三角网

由于地形条件复杂、离散高程点分布不均匀等，按上述方法建立的三角网与实际地形存在着一定的差异，此时需要对三角网进行适当修改，以便生成的等高线能够反映真实的地形起伏状况。CASS 提供了包括图面三角网完善、删除三角形、增加三角形等在内的 11 种功能。

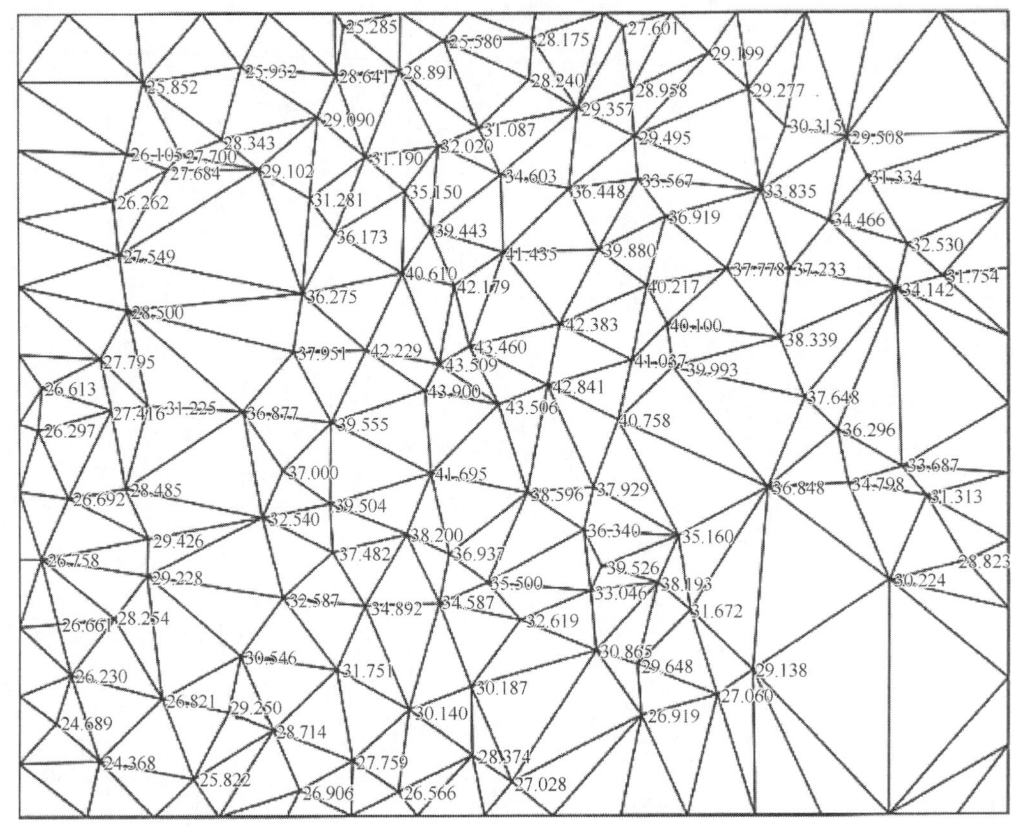

图 7-62　延伸至边线时的三角网

1）图面三角网完善

该命令（APPENDSJX）可以在不改变当前三角网的前提下，将不同的三角网组合成一个完整的三角网。特别适合于不同观测时期已建三角网的重组与完善，既保证了前期测绘成果的稳定性，又兼顾了三角网的时效性和完整性。另外，该命令也适用于一些特殊建模需求，如构建垂直设计面三角网等。

该命令的实质是：在保证已建三角网独立不变的前提下，令各三角网的最外边缘点及尚未参与建网的测点一起建立三角网。因此，若选择要处理的对象中仅有高程点、控制点而没有三角网，该命令与“建立三角网”命令完全等效。

仍以坐标数据文件“DGX.DAT”为例，假设该数据分 3 期观测，前两期观测成果所建立的三角网如图 7-63（a）所示，则第三期观测完成后，执行“图面三角网完善”命令，所得三角网如图 7-63（b）所示，这与图 7-59 的三角网存在一定的差别。因此，用户需要根据实际情况做出判断，确定是否有必要全面重新建立三角网。

2）删除三角形

在新建立的三角网中，若存在多余的三角网，如道路、房屋、水系等范围内的三角网，则在绘制等高线之前，必须删除。执行该命令（ERASESJX），选择待删除的三角形，或通过窗口、窗交或栏选选择多个三角形，并按 Enter 键可以删除所选三角形。也可以先选择三角形，再执行“删除三角形”命令或按 Delete 键直接删除。

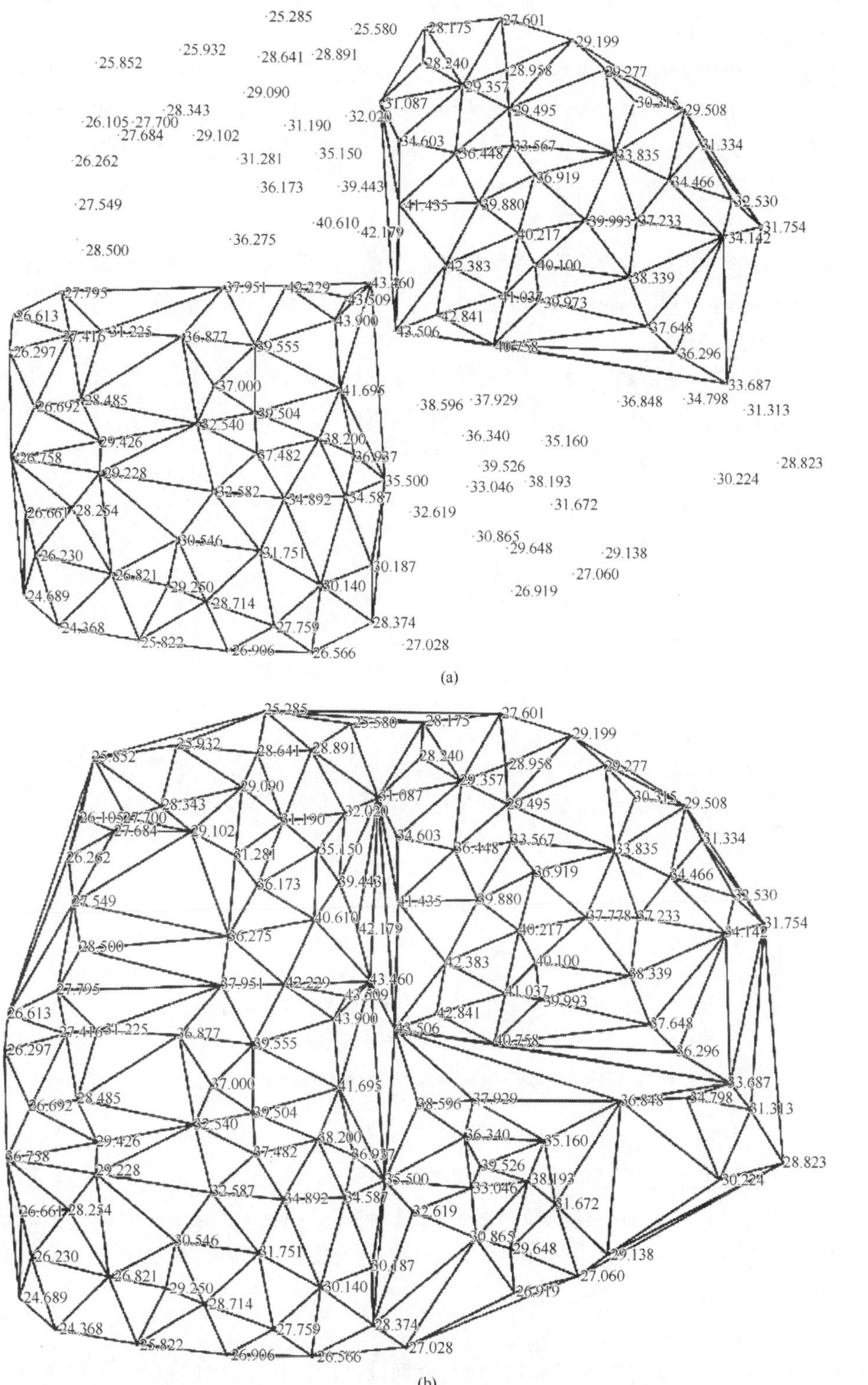

图 7-63　图面三角网完善前后对比图

3）过滤三角形

该功能将删除不符合过滤条件的三角形。执行该命令（FILTER_SJX），命令行提示“请输入最小角度：(0-30)<10 度>”，输入最小角度值按 Enter 键确认；命令行提示“请输入三角形最大边长最多大于最小边长的倍数：<10.0 倍>”，输入允许的最大倍数并按 Enter 键，系统将自动删除符合过滤条件的三角形。

4）增加三角形

执行该命令（JSJW），通过选择并指定已有的三个测点，生成新的三角形，或通过输入测点的平面坐标及其高程增加新测点，然后根据三个顶点建立三角形。

5）三角形内插点

执行该命令（INSERT_SJX），在三角形内指定一点，并输入其高程值，则系统删除原有的三角形，重新生成三个三角形，如图 7-64 所示。需要注意的是，该命令仅适用于三角形内插点，并不是适用于其他多边形的情况。

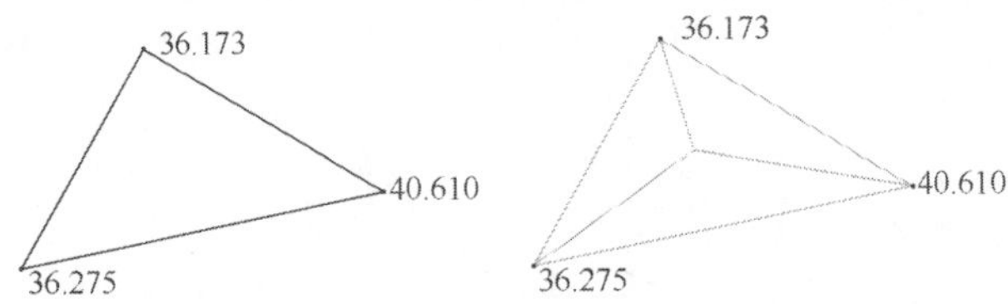

图 7-64　三角形内插点前后对比图

6）删三角形顶点

执行该命令（ERASE_SJX），系统将删除选定的三角形顶点，同时删除所有包含该顶点的三角形，然后根据剩余的测点重新生成三角形，如图 7-65 所示。该功能适用于 DTM 中存在错误高程点时的三角网修正。

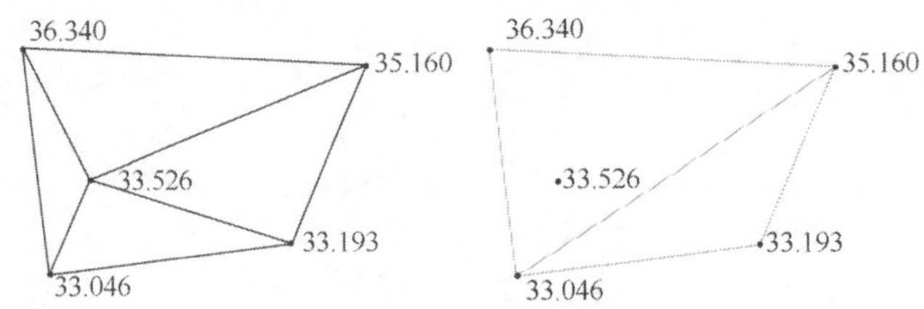

图 7-65　删三角形顶点前后对比图

7）重组三角形

该命令通过手工选择三角形公共边重组三角网。执行该命令（RE_SJX），指定两个相邻三角形的公共边，系统自动将两个三角形删除，并将两个三角形的另外两点连接起来构成两个新的三角形，如图 7-66 所示。如果两个三角形的形状无法重组，系统会弹出“三角形形状不适合重组”消息框。

8）加入地性线

执行该命令（VALLEY），同时打开对象捕捉功能，根据实际情况依次连接测点，完成地性线绘制，CASS 将根据地性线相应修改三角网，确保根据三角网生成的等高线与地性线正交。当然用户也可以先执行“绘制地性线”命令，完成地性线绘制，然后单击“建立三角网”按钮，并勾选“建模过程手工选地性线”复选框，通过拾取地性线建立三角网，两种方法所得结果完全一致。

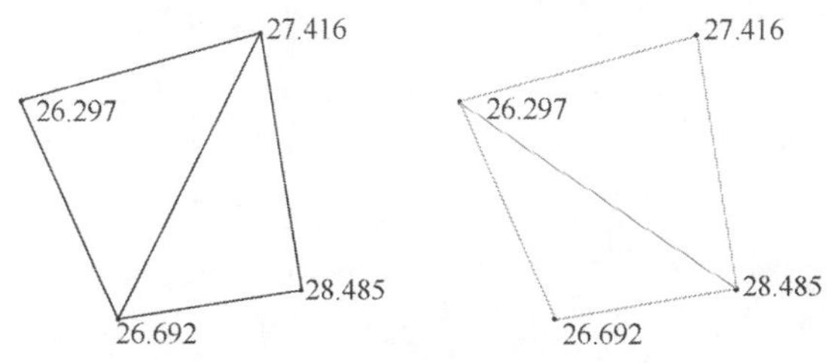

图 7-66　重组三角形前后对比图

9）删三角网

执行该命令（DELSJX），将删除整个三角网。若隐藏三角网，可以关闭三角网所在图层“SJW”。

10）三角网存取

三角网存取包括写入文件（WRITESJW）和读出文件（READSJW）。前者可以将当前三角网写入外部文件（扩展名为“.SJW”）中，且允许选择并保存三角网中的部分三角形；后者则将外部三角网文件读入 CASS 中。

11）修改结果存盘

三角网一旦经过修改，如上述的删除、过滤、增加、重组三角形等，执行该命令（SSJW）将修改后的三角网保存至 CASS 安装目录下的“\system\DTMSJW.SJW”文件。

注：新增、改变或重组后的三角形仍然属于“SJW”图层，但颜色由红色变为青色，以示区别。

7.2.4　等高线绘制与整饰

CASS 的绘制地性线菜单项位于“等高线”菜单中，相应的工具按钮位于“等高线”选项卡中的“等高线”面板中，如图 7-67 所示。

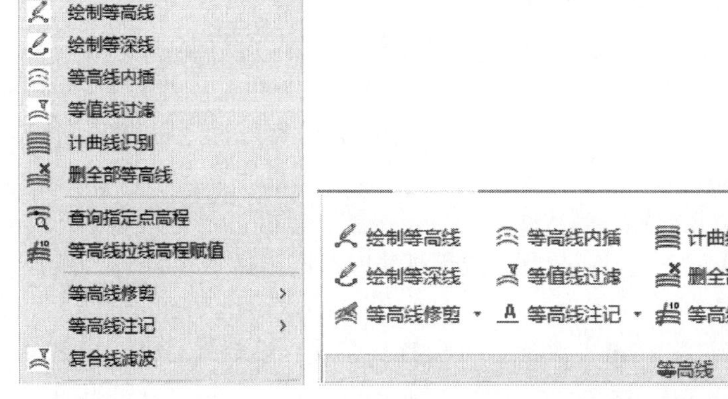

图 7-67　“等高线”菜单与面板

1. 绘制等高线

1）绘制等高线

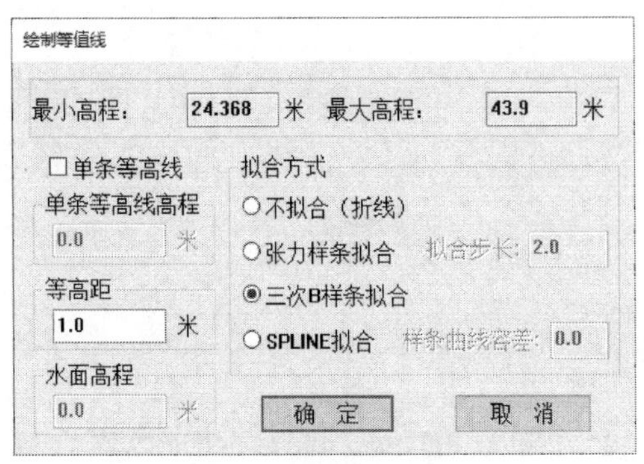

图 7-68　“绘制等值线”对话框

在快速访问工具栏选择“显示菜单栏”选项，单击“等高线”菜单项，在弹出的菜单中执行“绘制等高线”命令（DZX），或在“功能区”选项板中，选择“等高线”选项卡中的“等高线”面板，单击“绘制等高线”按钮，系统弹出“绘制等值线”对话框，如图 7-68 所示。

在图 7-68 中，各选项的功能如下：

（1）“最小高程”“最大高程”文本框：指图面高程点的最小高程和最大高程，由 CASS 自动提取并显示，不可编辑。

（2）“单条等高线”复选框：勾选该复选框，“等高距”文本框变灰不可用，而“单条等高线高程”文本框变为可编辑状态，输入有效高程值（位于最小高程和最大高程之间），单击“确定”按钮，CASS 绘制设定高程的等高线。

（3）“等高距”文本框：该选项默认状态为可编辑，设置等高距并单击“确定”按钮，则以设定等高距追踪全部等高线。

（4）“水面高程”文本框：当单击“绘制等深线”按钮时，“水面高程”为可编辑状态，输入水面高程值，单击“确定”按钮，高于此高程值的等深线将用实线表示，否则用虚线表示。

（5）“拟合方式”选项区：CASS 提供 4 种拟合方式，即“不拟合（折线）”、“张力样条拟合”、“三次 B 样条拟合”（系统默认值）和“SPLINE 拟合”，其特点如下：

①不拟合（折线）：生成的等高线数据量较小，生成速度最快，绘出的等高线为不光滑的折线，主要用于修改三角网后观察等高线效果。

②张力样条拟合：生成的等高线数据量较大，速度比不拟合（折线）稍慢，但绘出的等高线与实际地形符合得较好，也比折线更美观。

③三次 B 样条拟合：生成的等高线最光滑，外观也最为美观，但是会有少许失真，导致部分等高线没有经过高程点。

④SPLINE 拟合：其优点在于即使被断开后仍然是样条曲线，可以进行后续编辑修改，缺点是容易发生线条交叉现象。

注：一般情况下，在绘制大面积等高线时，为了提高编辑效率，在初期修改三角网的过程中，使用不拟合（折线）方式，而最终生成等高线时，则选择三次 B 样条拟合，以便得到更光滑、美观的等高线。

以图 7-59 的三角网为基础，按 2m 等高距、三次 B 样条拟合绘制等高线，并删除三角网，所得等高线如图 7-69 所示。

2）等高线内插

当等高线过于稀疏而难以反映地形地貌特征时，可使用“等高线内插”命令

(CONTOUR)，在两条等高线之间插入等高线。需要注意的是，该功能绘制的等高线类型仍为首曲线，而非间曲线或助曲线。若改变等高线类型，需要执行“数据”|“编辑实体地物编码”命令（MODIFYCODE），通过修改等高线的 CASS 编码来实现。

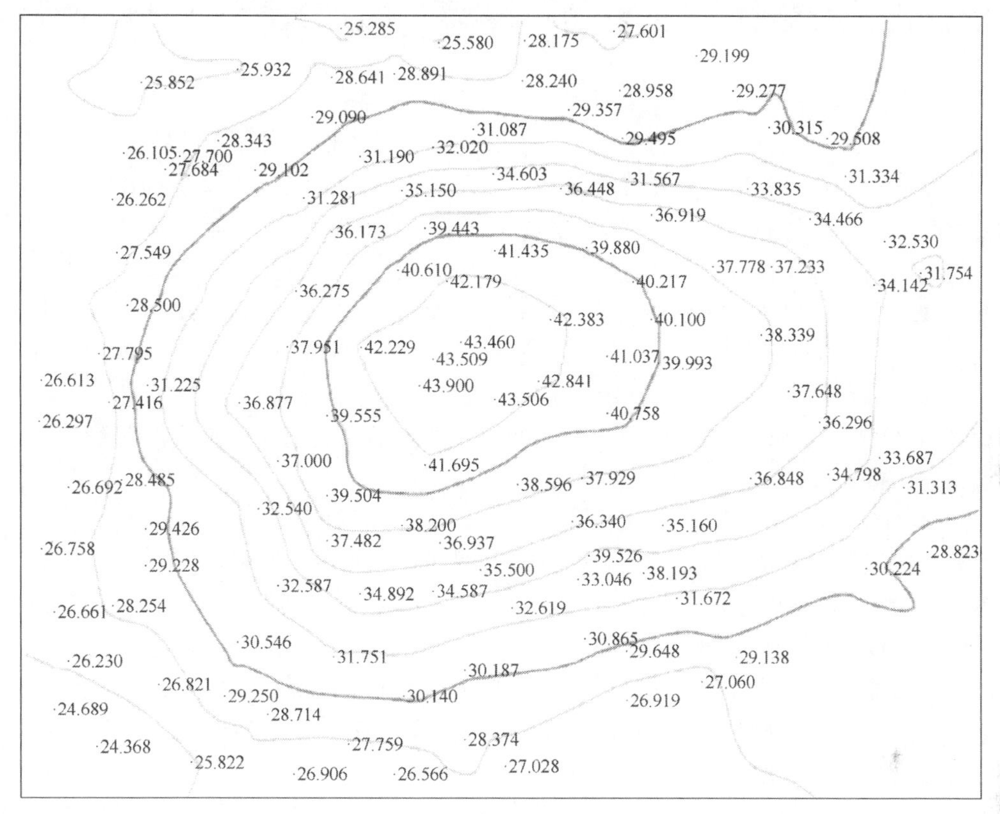

图 7-69　绘制的等高线

等高线内插的操作过程如下：在“功能区”选项板中，选择“等高线”选项卡中的“等高线”面板，单击“等高线内插”按钮，依次选择两条等高线，输入内插等高线数（最小值为 1），然后输入内插后滤波参数（默认值为 0.2）并按 Enter 键，CASS 自动插入等高线。

2. 等高线修改

1）等值线过滤

当生成的等高线或等深线过密时，执行该命令（DGXGUOLV），输入新等高距，系统将删除多余的等值线。

2）计曲线识别

等高线过滤后，其等高距发生变化，原有的计曲线不再正确，此时需要执行“计曲线识别”命令（IDENTIFYJQX），输入新等高距，系统将重新识别计曲线，并将不再是计曲线的等高线改为等高线首曲线。

3）删全部等高线

该命令（DELDGX）可删除当前图形中全部等高线，但不包括等高线注记。

4）等高线拉线高程赋值

当需要重新为等高线进行高程赋值时，该命令通过指定起始位置和终止位置确定一条连线，输入起始高程和等高距，则与连线相交的等高线将重新被赋值，同时命令行显示包括所拉线与等高线的交点个数、第一条等高线高程值及最后一条等高线高程值等提示信息。

5）复合线滤波

该命令（JJJD）的主要功能是减少复合线（包括等高线）上结点的数目，以方便用户进一步修改复合线。经过复合线滤波处理后，再执行“文件”|“清理图形”命令，可大幅度减小图形文件的大小，有利于图形文件的分发与保存。

复合线滤波的操作过程如下：在“功能区”选项板中，选择“等高线”选项卡中的“等高线”面板，单击“复合线滤波”按钮，命令行提示“请选择：[（1）只处理等值线/（2）处理所有复合线]<1>：”，系统默认选择第 1 种方式，输入选项号并按 Enter 键，或选择相应的选项；命令行显示“请输入滤波阈值<0.5 米>：”，滤波阈值指滤波后相邻结点之间的最小距离值，该值越大，滤波删除的结点也越多，输入滤波阈值并选择滤波对象，按 Enter 键完成复合线滤波。

3. 等高线修剪

等高线遇到建筑物、双线道路、坡坎、双线河渠、水库、池塘及各类点状符号、注记等均应中断，CASS 提供“批量修剪等高线”、“切除指定二线间等高线”和“切除指定区域内等高线”3 种等高线修剪工具。

在“功能区”选项板中，选择“等高线”选项卡中的“等高线”面板，单击“等高线修剪”按钮右侧的下三角按钮，将弹出下拉菜单按钮，如图 7-70 所示。

1）批量修剪等高线

该命令（PLTRDGX）可以同时完成多种类型、多个地物的等高线修剪。执行命令时，系统弹出“等高线修剪”对话框，如图 7-71 所示。

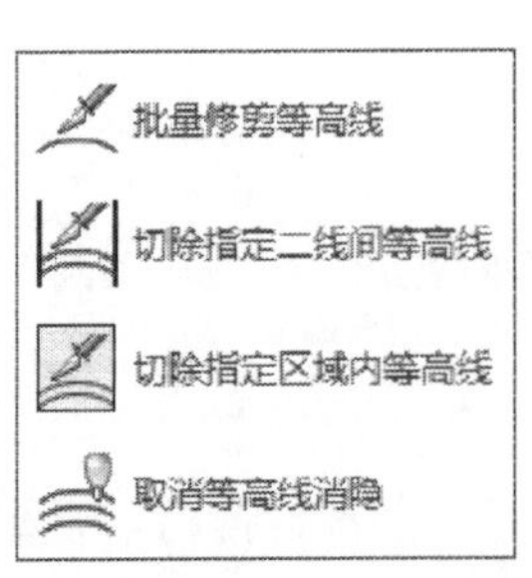

图 7-70　“等高线修剪”的下拉菜单按钮

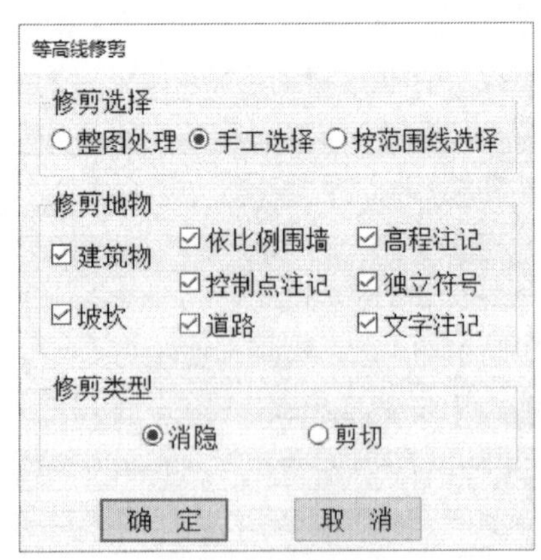

图 7-71　“等高线修剪”对话框

在图 7-71 中，各选项的含义如下：

（1）“修剪选择”选项区：指修剪地物的选择方式，即通过设置选择方式确定修剪地物集，包括“整图处理”“手工选择”“按范围线选择”。其中，第 1 种方式的范围最大，为整个图形；若选择其余两种方式，则需要手工拾取修剪地物或指定修剪地物的边界线。

（2）“修剪地物”选项区：按照制图规范要求，等高线遇到建筑物、道路或陡坎时应中断。另外，为了便于识图，等高线不应压盖点状地物及各类注记等符号。CASS 的修剪地物类型共有 8 种，其中的道路仅包括地铁、轻轨线路、电车轨道等部分地物类型，而非全部道路，因此，有时还需要利用“切除指定二线间等高线”功能实现修剪，或者进行手工修剪。

（3）“修剪类型”选项区：包括“消隐”和“剪切”两种方式，前者通过后置等高线的绘图次序，使其位于剪切地物之下，实现等高线在视觉上的消隐；后者则将等高线遮挡地物的部分直接剪切掉。若选择“消隐”方式，可以通过“取消等高线消隐”命令使等高线恢复至初始状态，但若选择“剪切”方式，则无法恢复。

2）切除指定二线间等高线

该命令（TRTWOLINE）通过指定两条线（不能相交）切除两条线之间的等高线，一般多用切除穿越平行道路（如平行的高速公路、国道、省道、县道、乡道、村道等）的等高线。

3）切除指定区域内等高线

该命令（TREGION）切除闭合区域内的等高线。该命令与“切除指定二线间等高线”的修剪方式均为切除，而非消隐。

4）取消等高线消隐

执行批量修剪等高线时，若修剪方式为“消隐”，执行该命令，则可以取消等高线消隐，使其恢复至原始状态。

需要特别指出的是，由于实际地形地貌的复杂性，以及实测数据不可避免的局限性，经过修剪后的等高线有时仍与实际存在一定差异，此时，手工编辑修改等高线将是一种合适的选择。为了提高手工编辑效率，先执行“复合线滤波”命令减少结点数目是非常必要的，然后选择待编辑的等高线，使用夹点菜单（图 7-72），即可进行等高线编辑，或单击夹点进入夹点编辑模式进行等高线修改。

4. 等高线注记

在“功能区”选项板中，选择“等高线”选项卡中的“等高线”面板，单击“等高线注记”按钮右侧的下三角按钮，将弹出下拉菜单按钮，如图 7-73 所示。

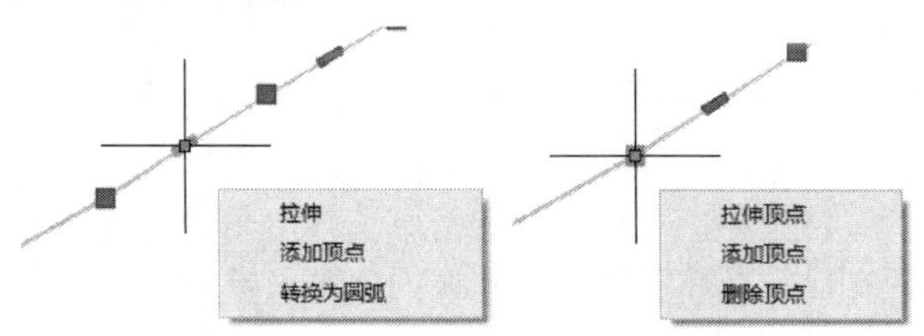

图 7-72　等高线修改的夹点菜单

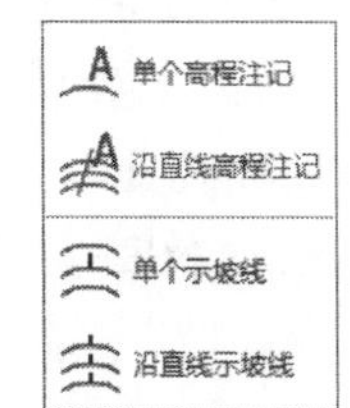

图 7-73　“等高线注记”的下拉菜单按钮

1）单个高程注记

该命令（GCZJ）实现单条等高（深）线的高程注记，其前提是等高（深）线含有高程信息，否则应先使用“等高线拉线高程赋值”命令或“批量修改复合线高”命令添加高程信息。执行该命令，通过选择待注记的等高（深）线，且依法线方向指定相邻一条等高（深）线，系统自动完成高程注记，注记的字头沿着法线指向上坡方向。

2）沿直线高程注记

通过指定一条或多条从低向高绘制的直线，该命令（GCSPZJ）能够完成与该直线相交的全部等高线（或计曲线）的高程注记。若辅助直线为复合线、多功能复合线，则高程注记沿着复合线首、末两点确定的直线方向标注。

根据图 7-61 建立的三角网，以等高距 1m 绘制等高线，仅对计曲线进行高程注记，执行“批量修剪等高线”命令（PLTRDGX），在“等高线修剪”对话框中，单击“整图处理”单选按钮，其他选项按默认值，绘制结果如图 7-74 所示。从图中可以看出，陡坎、地性线对等高线有着明显的影响。

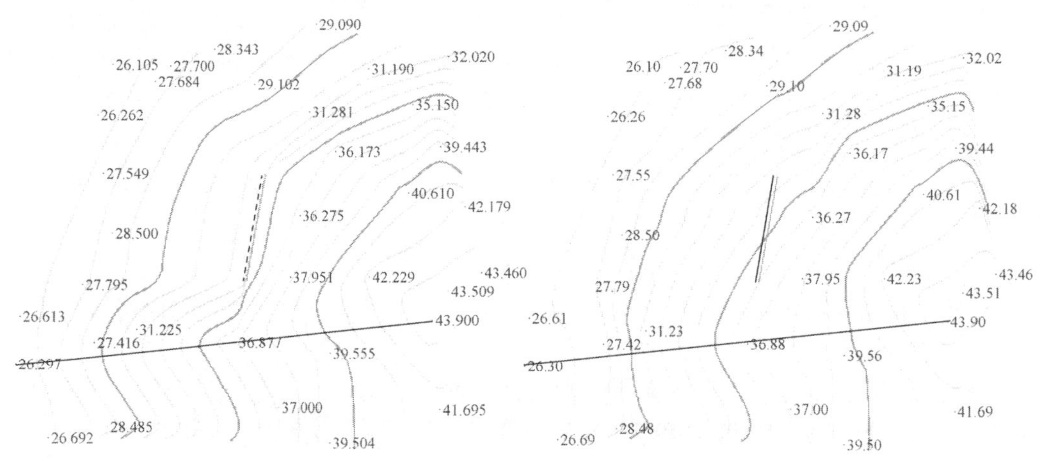

图 7-74　陡坎、地性线对等高线的影响

3）单个示坡线

该命令（SPZJ）为单条等高线增加沿法线方向指向下坡的示坡线，其操作过程与“单个高程注记”命令相似。在地形平缓等高线稀疏的区域，为等高线增加示坡线有利于快速识图。

4）沿直线示坡线

与“沿直线高程注记”命令相似，“沿直线示坡线”命令（GCSPZJ）能够为批量等高线添加示坡线。

5. 查询指定点高程

“查询指定点高程”命令（HEIGHT）可以根据高程点数据文件计算出指定点的高程值。其操作过程如下：

在“功能区”选项板中，选择“等高线”选项卡中的“等高线”面板，单击“查询指定点高程”按钮，在弹出的对话框中指定数据文件，命令行提示“是否在图上注记？(1) 是 (2) 否<1>”，默认选项为 1，即在图上注记指定的高程点，根据需要输入选项号并按 Enter 键确认，单击指定点位或者直接输入点的 *X*、*Y* 坐标值，系统将在命令行显示当前点的三维坐标值。若已经选择“在图上注记”选项，则在指定点位插入“一般高程点”（CASS 编码为 202101），并标注其高程值。

该功能要求查询点位于“高程点数据文件”中最小坐标、最大坐标所确定的矩形范围之内，否则系统将结束命令，并弹出“查询点在范围之外，请重新指定高程数据文件”消息框。

实例 7-8　在实例 7-2 的基础上，根据其高程点坐标数据文件“STUDY.DAT”绘制等高线，并完成等高线注记和修剪。

操作过程如下：

（1）在 CASS 中，打开“D：\AutoCAD\实例数据\第 7 章\STUDY.DWG”文件。

（2）在“功能区”选项板中，选择“绘图处理”选项卡中的“展点”面板，单击“展高程点”按钮，系统弹出“输入坐标数据文件名”对话框，选择 CASS 安装目录下的“\DEMO\ STUDY.DAT”文件，单击“打开”按钮并按 Enter 键，完成展高程点。

（3）选择“等高线”选项卡中的“三角网”面板，单击“建立三角网”按钮，系统弹出“建立 DTM”对话框；单击按钮，在弹出的“输入坐标数据文件名”对话框中，选择 CASS 安装目录下的“\DEMO\ STUDY.DAT”文件，其他选项采用默认值，单击“确定”按钮，建立三角网。

（4）选择“等高线”选项卡中的“三角网”面板，单击“过滤三角形”按钮，按系统默认值进行过滤。系统共删除 6 个形状不符合条件的三角形，但误删一个包含控制点 D135 的三角形，需要补齐。单击“增加三角形”按钮，指定 D135 及 497.400、500.000 高程点，新增一个三角形。

（5）选择“等高线”选项卡中的“等高线”面板，单击“绘制等高线”按钮，系统弹出“绘制等值线”对话框，单击“确定”按钮，绘制等高线。

单击“属性面板”中 SJW 复选框，取消其复选标志。若不再使用三角网，也可单击“删三角网”按钮，将其直接删除。

单击“图形存盘”按钮，更新原图形文件。若有需要，也可选择“文件”选项卡中的“保存”面板，单击“图形改名存盘”按钮，输入新的文件名并保存图形文件。

（6）在命令行输入“LINE”命令并按 Enter 键，根据地形起伏状况，绘制一条从低向高的直线。然后，选择“等高线”选项卡中的“等高线”面板，单击“等高线注记”按钮右侧的下三角按钮，在弹出的下拉菜单中单击“单个高程注记”按钮，命令行提示“请选择：[(1)只处理计曲线/(2)处理所有等高线]<1>”，直接按 Enter 键选择仅处理计曲线，选择上述直线并按 Enter 键，完成高程注记并结束命令。

（7）在“等高线”面板，单击“等高线修剪”按钮右侧的下三角按钮，在弹出的下拉菜单中单击“批量修剪等高线”按钮，在弹出的“等高线修剪”对话框中，单击“整图处理”单选按钮，并去掉坡坎、依比例围墙、道路、独立符号等复选标记，其他采用默认值，单击“确定”按钮。

再次单击“等高线修剪”按钮右侧的下三角按钮，在弹出的下拉菜单中单击“切除指定二线间等高线”按钮，依次选择“经纬路”的两条边线。

（8）至此，STUDY 地形图绘制完毕，最终绘制的图形如图 7-75 所示。选择“文件”

选项卡中的“保存”面板，单击“图形存盘”按钮，保存图形文件。

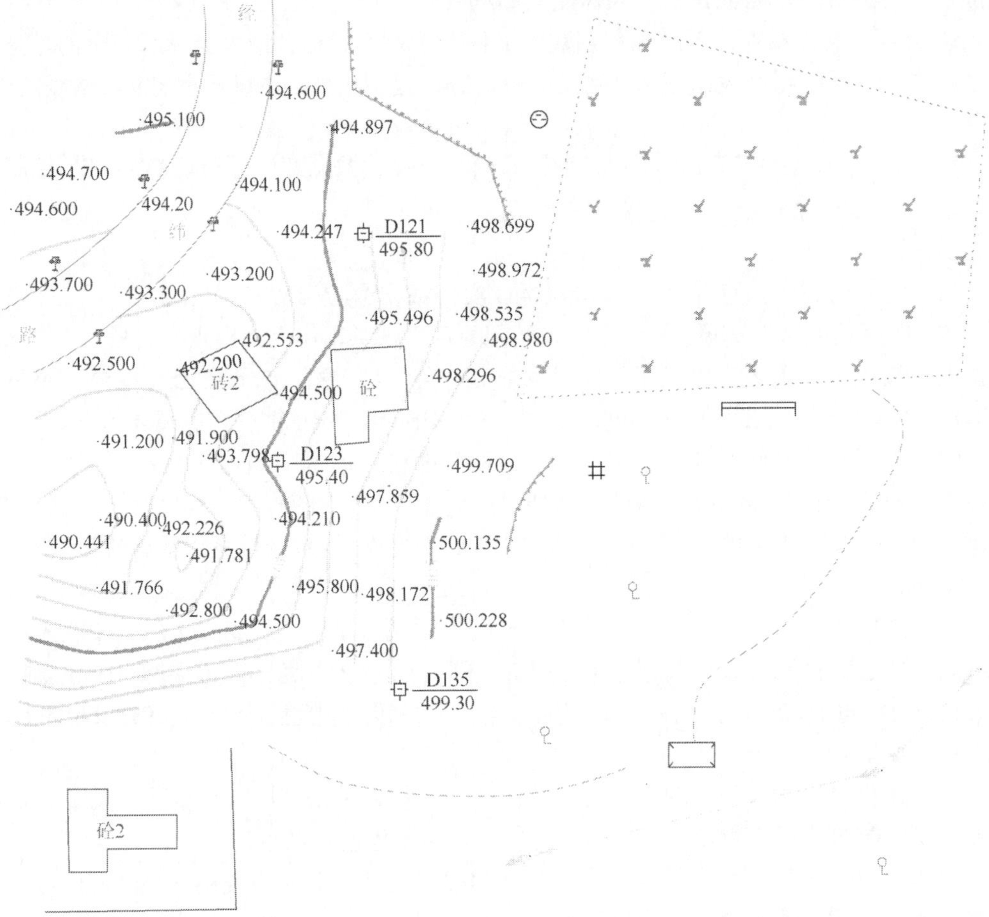

图 7-75　STUDY 地形图

7.2.5　其他应用

在 CASS 中，根据高程点数据文件，除了生成三角网、绘制等高线之外，还可以完成绘制三维模型、坡度分析、国际 DEM 转换等功能，其菜单项及功能面板如图 7-76 所示。

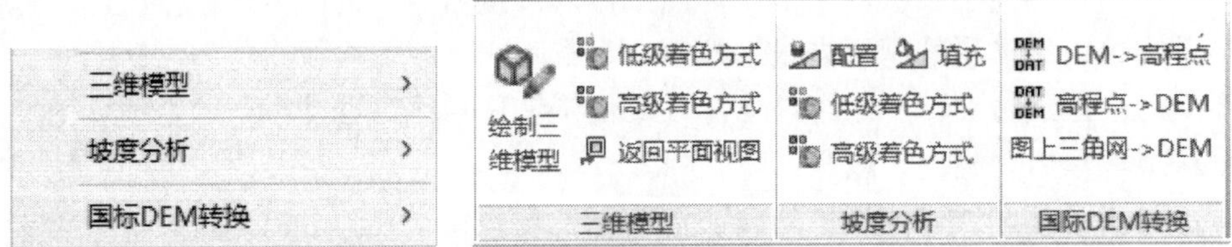

图 7-76　等高线的其他应用

1. 三维模型

在 CASS 中，“三维模型”面板包含“绘制三维模型”、“低级着色方式”、“高级着色方式”和“返回平面视图”4 个功能按钮。其中，“绘制三维模型”按钮根据高程点数据文件建立 DEM，“低级着色模式”“高级着色模式”按钮将三维模型进行半色调或全色调着色处理，方便视觉观察、浏览，“返回平面视图”按钮则删除三维图形并返回到平面视图。

以 CASS 安装目录下“\demo\Dgx.dat”高程点数据文件为例，绘制、浏览三维模型的操作过程如下：

（1）在“功能区”选项板中，选择“等高线”选项卡中的“三维模型”面板，单击“绘制三维模型”按钮（VSHOW），在弹出的“输入高程点数据文件名”对话框中，选择“Dgx.dat”文件，单击“打开”按钮，命令行提示如下：

最大高程：43.90 米，最小高程：24.37 米

输入高程乘系数<1.0>：

该系数越大，高低的对比越大；反之，若系数越小，高低的对比也越小。输入“3”并按 Enter 键。

（2）命令行提示如下：

整个区域东西向距离=276.96 米，南北向距离=224.77 米

输入网格间距<8.0>：

网格间距越小，则方格越小，生成的三维模型越精细，同时耗时也越多，特别是建模区域较大时。此处直接按 Enter 键，采用默认的 8.0m 作为网格间距。

（3）CASS 自动内插各方格节点高程，然后根据各点高程建立三维曲面。命令行提示“是否拟合？（1）是（2）否<1>”，按 Enter 键，选择“拟合”方式，建立的三维模型如图 7-77 所示。

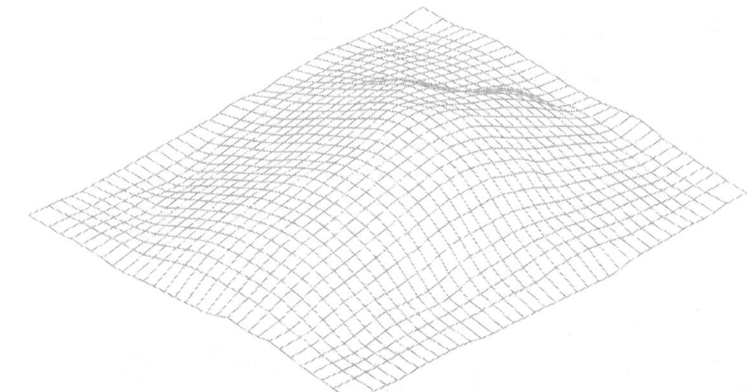

图 7-77　Dgx 三维模型

（4）单击 ViewCube 可以旋转三维模型以观察不同视图时的地形起伏状况，如左视图、右视图、西南等轴测视图等，或者单击“导航栏”中的平移、范围缩放、动态观察等按钮查看三维模型的具体细节部分。

（5）单击“低级着色模式”按钮（SHADE），效果图如图 7-78（a）所示。

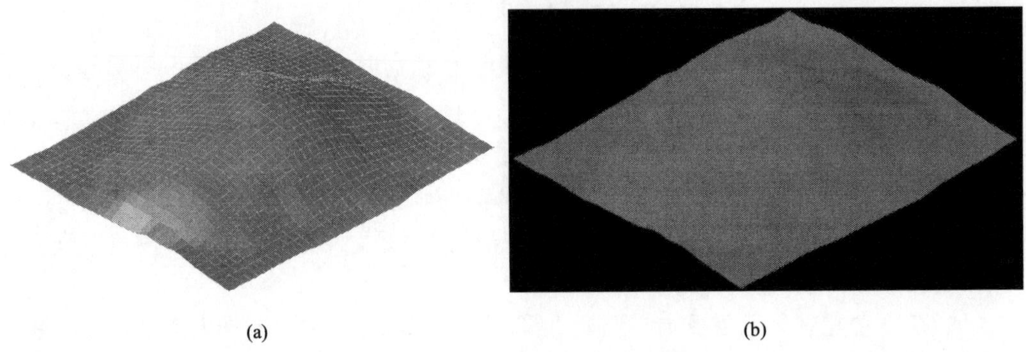

(a)　　(b)

图 7-78　低级、高级着色模式下的着色效果图

（6）单击“高级着色模式”按钮（RENDER），效果图如图 7-78（b）所示。

2. 坡度分析

在 CASS 中，坡度分析分两步进行。以图 7-59 所建立的三角网为例，其坡度分析过程如下：

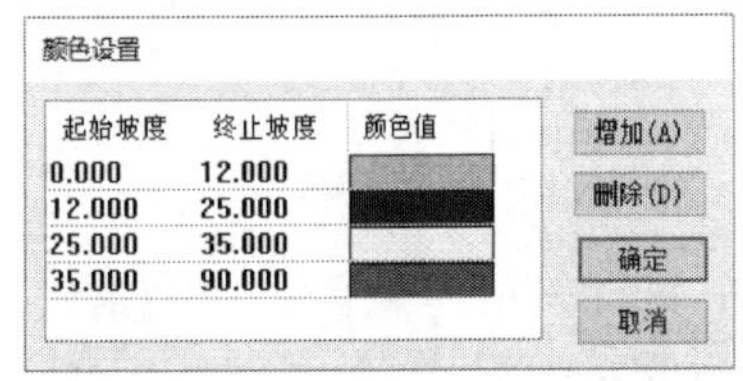

图 7-79　“颜色设置”对话框

（1）在“功能区”选项板中，选择“等高线”选项卡中的“坡度分析”面板，单击“配置”按钮（SLOPECONFIG），系统弹出“颜色设置”对话框，如图 7-79 所示。用户可以通过“增加”“删除”按钮调整坡度分类数，也可以通过双击每一条记录的“起始坡度”、“终止坡度”或“颜色值”等字段进行编辑修改，修改完毕后单击“确定”按钮保存所做设置。

（2）单击“坡度分析”面板中的“填充”按钮（SLOPECOLOR），命令行提示“请选择填充方式：[(1)斜线填充/(2)实心填充]<1>”。

系统默认采用第 1 种斜线填充方式，直接按 Enter 键选择该方式，则命令行提示“请输入斜线间隔：<1.0>”，该间隔距离越大，充填的斜线越稀疏，输入间隔数值并按 Enter 键确认，命令行显示填充三角形的有关统计信息，包括如下内容：

共填充 233 个三角形

坡度在 0.0 和 12.0 间，面积为 43859.289 平方米

坡度在 12.0 和 25.0 间，面积为 7263.766 平方米

坡度在 25.0 和 35.0 间，面积为 0.000 平方米

坡度在 35.0 和 90.0 间，面积为 112.745 平方米

若选择第 2 种实心填充方式，则按图 7-79 所标定的颜色进行单色填充。斜线、实心填充效果如图 7-80 所示。

3. 国际 DEM 转换

国际 DEM 转换包含“高程点→DEM”（GCDTODEM）和“DEM→高程点”（DEMTOGCD）一对互逆命令，从而实现不同软件（如 SuperMap、Global Mapper 等）之间的数据共享。

DEM 文件的扩展名为“.dem”，有两种不同的数据组织方式，即 NSDTF-DEM 和

USGS-DEM。前者是一种明码的中国国家标准空间数据的交换格式，遵从《地理空间数据交换格式》（GB/T 17798—2007）中的格网数据组织规范；而后者是一种由美国地质调查局所定义的公开的 DEM 数据格式标准，使用范围相对较广。两者都是明码的数据交换格式，CASS 所生成的 DEM 属于第 1 种，其头文件每行数据对应的含义如下。

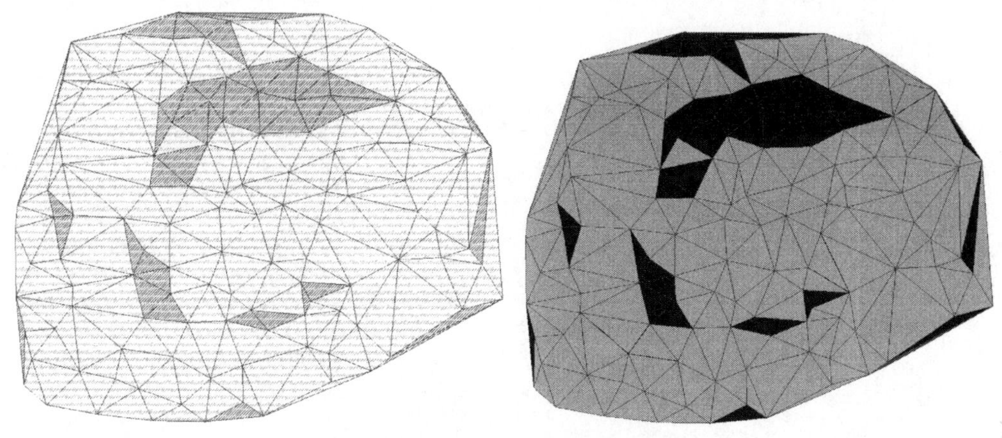

图 7-80　斜线、实心填充效果对比

DataMark：中国地球空间数据交换格式-格网数据交换格式（CNSDTF-RAS 或 CNSDTF-DEM）的标志。

Version：该空间数据交换格式的版本号，如 1.0。

Unit：坐标单位，K 表示千米，M 表示米，D 表示以“度”为单位的经纬度，S 表示以“度分秒”表示的经纬度（坐标格式为 DDDMMSS.SSSS，DDD 为度，MM 为分，SS.SSSS 为秒）。

Alpha：方向角。

Compress：压缩方法。0 表示不压缩，1 表示游程编码。

Xo：左上角原点 *X* 坐标。

Yo：左上角原点 *Y* 坐标。

DX：*X* 方向的间距。

DY：*Y* 方向的间距。

Row：行数。

Col：列数。

HZoom：高程放大倍率。设置高程的放大倍率，使高程数据可以整数存储，如高程精度精确到厘米，则高程的放大倍率为 100。

上述内容为头文件的基本部分，不可缺省。

头文件之后就是 DEM 的栅格高程值（以毫米为单位），若某栅格值为–99999，则表示该栅格高程值为“空”。DEM 文件格式如图 7-81 所示。

在 CASS 中，由高程点转 DEM 分 3 种转换方式：根据坐标数据文件、根据图上高程点和根据图上三角网。针对同一个坐标数据文件，前两者所建立的 DEM 文件完全一致，但第 3 种方式建立的 DEM 在有效栅格数目上有微小差异，但并不影响 DEM 的整体精度。

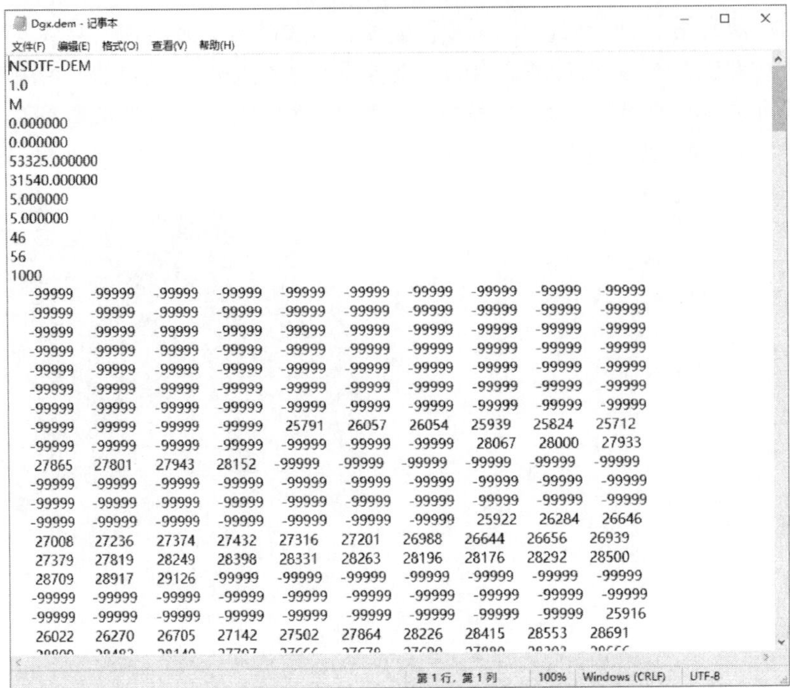

```
Dgx.dem - 记事本
文件(F) 编辑(E) 格式(O) 查看(V) 帮助(H)
NSDTF-DEM
1.0
M
0.000000
0.000000
53325.000000
31540.000000
5.000000
5.000000
46
56
1000
 -99999 -99999 -99999 -99999 -99999 -99999 -99999 -99999 -99999 -99999
 -99999 -99999 -99999 -99999 -99999 -99999 -99999 -99999 -99999 -99999
 -99999 -99999 -99999 -99999 -99999 -99999 -99999 -99999 -99999 -99999
 -99999 -99999 -99999 -99999 -99999 -99999 -99999 -99999 -99999 -99999
 -99999 -99999 -99999 -99999 -99999 -99999 -99999 -99999 -99999 -99999
 -99999 -99999 -99999 -99999 -99999 -99999 -99999 -99999 -99999 -99999
 -99999 -99999 -99999 -99999 -99999 -99999 -99999 -99999 -99999 -99999
 -99999 -99999 -99999 -99999  25791  26057  26054  25939  25824  25712
 -99999 -99999 -99999 -99999 -99999 -99999 -99999  28067  28000  27933
  27865  27801  27943  28152 -99999 -99999 -99999 -99999 -99999 -99999
 -99999 -99999 -99999 -99999 -99999 -99999 -99999 -99999 -99999 -99999
 -99999 -99999 -99999 -99999 -99999 -99999 -99999 -99999 -99999 -99999
 -99999 -99999 -99999 -99999 -99999 -99999 -99999  25922  26284  26646
  27008  27236  27374  27432  27316  27201  26988  26644  26656  26939
  27379  27819  28249  28398  28331  28263  28196  28176  28292  28500
  28709  28917  29126 -99999 -99999 -99999 -99999 -99999 -99999 -99999
 -99999 -99999 -99999 -99999 -99999 -99999 -99999 -99999 -99999 -99999
 -99999 -99999 -99999 -99999 -99999 -99999 -99999 -99999 -99999  25916
  26022  26270  26705  27142  27502  27864  28226  28415  28553  28691
第 1 行，第 1 列    100%    Windows (CRLF)    UTF-8
```

图 7-81　DEM 文件格式

国际 DEM 转换的操作过程如下：

1）由高程点转 DEM

（1）在“功能区”选项板中，选择“等高线”选项卡中的“国际 DEM 转换”面板，单击“高程点—>DEM”按钮，命令行提示“请选择：[(1)根据坐标数据文件/(2)根据图上高程点/(3)根据图上三角网]：<1>”，输入选项号（默认选择第 1 种方式）并按 Enter 键，或者单击相应的选项。系统弹出“输入要生成的 DEM 数据文件名”对话框，输入 DEM 文件名并选择保存路径，单击“保存”按钮。

（2）按照命令行提示，分别指定两个角点，以确定输出 DEM 的范围。

（3）命令行显示“请选择 DEM 点间距（单位：米）：<5>”，输入点间距按 Enter 确认。

（4）命令行提示“请选择高程精度[(1)1 米/(2)0.1 米/(3)0.01 米/(4)0.001 米]：<3>”，单击相应的选项确定 DEM 的高程精度。若选择第 1 种“根据坐标数据文件”生成 DEM，则在弹出的“输入高程点数据文件名”对话框中选择相应的数据文件名，单击“打开”按钮，系统自动完成 DEM 的建立，而另外两种生成方式则根据已有矩形范围选择高程点或三角网来建立 DEM。

根据“Dgx.DAT”坐标数据文件，以其外包矩形作为 DEM 范围，并选择点间距为 5m，高程精度为 0.001m，所建立的 DEM 文件如图 7-81 所示。

2）由 DEM 转高程点

单击“DEM—>高程点”按钮，在弹出的“选择要读入的 DEM 数据文件名”对话框中指定 DEM 文件，并在弹出的“输入要生成的 CASS 坐标数据文件名”对话框中输入坐标数据文件名及其保存路径，命令行提示“横向隔几行读入一个高程点？<0>”，输入读取高程点时的横向间隔行数并按 Enter 键，再输入纵向间隔列数，按 Enter 完成 DEM 到高程点数据文件的转换。系统默认横向、纵向间隔行列数为 0，即读取 DEM 中所有有效的高程值，并将其转换成“.DAT”为扩展名的坐标数据文件。

7.3　图形编辑与整饰

图形绘制完毕后，还需要进行自检、互检、审查、校对等工作，对于检查出的问题需及时修改，直至与实际地物、地貌分布特征相吻合，且满足地图制图规范要求。CASS 提供了丰富的图形编辑、修改等功能，便于用户高效、便捷地完成图形修改。

图形编辑与整饰的功能菜单主要位于地物编辑菜单中，相应的工具按钮主要位于“地物编辑”选项卡中的各个面板中。为了叙述方便，在此仅介绍面板按钮的使用方法，而菜单项的功能与使用从略。在实际应用中，用户可根据自己的习惯任选其一，两种方法所得结果一致。

7.3.1　地物修改与修剪

1. 图形重构

图形重构包括“重新生成”命令（RECASS）和“符号重置”命令，其面板如图 7-82 所示。

图 7-82　“图形重构”面板

（1）重新生成：对于有骨架线的线状地物（如围墙、电力线、通信线、有坡底线的斜坡等），若其骨架线位置发生变化，执行该命令则可按修改后的骨架线重新生成图形符号；对于含有充填符号的面状图形，若边界线的位置发生变化，执行该命令则按新边界重新充填符号。实际应用中，用户可通过执行“地物编辑”|“重新生成”命令或单击“重构”面板中的“重新生成”按钮或单击 CASS 实用工具栏中的命令按钮重实现该功能。另外，该功能要求在“对象编组”状态为“关”的情况下使用。与此功能相似的还有 REGEN、REDRAW2 个命令。REGEN 命令在当前视口内重新生成整个图形，同时对图形中的圆弧和圆、复杂的线型（坎坡等）进行重新显示，常用于删除执行某些编辑操作后遗留在显示区域中的零散像素，或者在圆弧、复杂线型的不正确显示（圆弧显示为折线、坎坡等不显示坎毛）时，令其重新正确显示，该命令要求在“对象编组”状态为“开”的情况下使用。REDRAW 命令则是刷新当前视口中的显示，主要用于删除当前视口中的某些操作而遗留的临时图形。

（2）符号重置：遍历当前图形中的所有实体符号，根据实体符号的 CASS 编码，重置符号的颜色、图层、线型等，使其与符号定义文件（WORK.DEF）相一致。该功能主要用于其他软件转换后图形符号的规范化。例如，其他软件输出图形中，有些实体虽然有正确的 CASS 编码，但符号样式不正确，执行该命令，即可纠正此类错误。

2. 地物修改

地物修改面板包括修改坎高（ASKAN）、修改墙宽（WALLWIDTH）、电力电信、线型换向（HUAN）、修改拐点和修改台阶（SETLT）6 个命令，其面板如图 7-83 所示。

（1）修改坎高：执行该命令并选择待修改的陡坎线，命令行提示“请选择修改坎高方式[（1）逐个修改/（2）统一修改]<1>”，系统默认选择第 1 种方式，选择该方式，命令行显示“当前坎高=1.000 米，输入新坎高<默认当前值>：”，依次可以完成所有拐点的坎高设置；若选择第 2 种方式，命令行显示“请输入修改后的统一坎高：<1.000>”，输入新坎高并按 Enter 键，完成坎高的统一修改。

（2）修改墙宽：单击“修改墙宽”按钮，选择围墙的骨架线（黑色），在命令行输入新的墙宽，系统根据骨架线和墙宽重新绘制围墙。

（3）电力电信：单击“电力电信”按钮，系统弹出“电力电信线编辑”对话框，如图 7-84 所示。

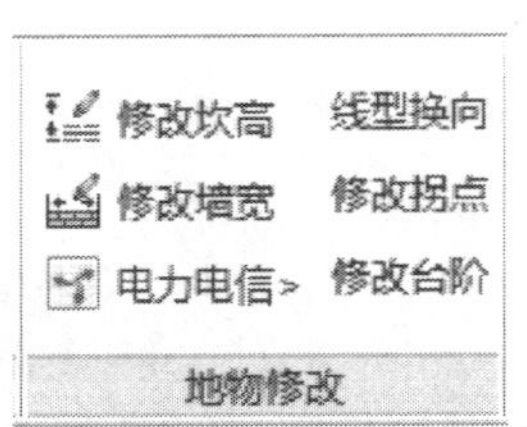

图 7-83　“地物修改”面板

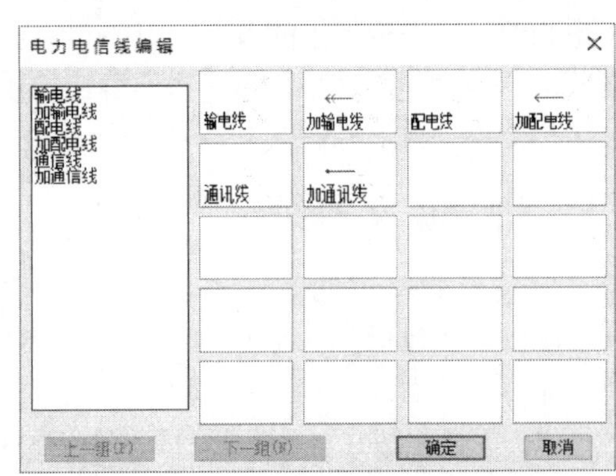

图 7-84　“电力电信线编辑”对话框

在图 7-84 中包括 2 类符号，第 1 类为输电线、配电线和通信线，第 2 类为加输电线、加配电线和加通信线。

绘制第 1 类符号时，命令行提示“给出起始位：”，输入坐标值或采用鼠标定位指定电杆位；命令行将显示“是否画电杆？（1）是（2）否<1>”，输入 1（选择是）画出电杆，如果电杆已画好则输入 2，按 Enter 键确认；命令行连续两次提示“给一方向终止点：”，分别给出两个方向的电线终止点，将会在两个方向上分别绘出箭头符号。

当电力电信线多于两根时，应该使用第 2 类符号，如加输电线、加配电线或加通信线。此时命令行提示“请选择电杆、电线架、电线塔、变压器：”，若选取的是要加线的电杆，在电线终止方向上单击，即可添加电力电信线。

（4）线型换向：该功能将改变线状地物符号（如陡坎、栅栏）的绘制方向，即按相反的结点顺序重新连接线状地物。对于没有方向标志的线状地物而言，换向后虽然看不出变化，但连线顺序已改变。该命令允许选择多个不同类型的线性符号进行批量换向。

（5）修改拐点：针对符号定义文件 WORK.DEF 中的第 10 类地物符号（如悬空通廊、台阶、起重机轨道等），若采用“平行的多点边”或“不平行的多点边”方式绘制，则可以使用“修改拐点”命令修改骨架线拐点。

（6）修改台阶：若台阶（包括台阶、有边台阶、完整的长城及砖石城墙台阶、天桥台阶）按“平行的多点边”或“不平行的多点边”方式绘制，则该命令能够实现对台阶的编辑修改。对于如图 7-85（a）所示的台阶，执行“修改台阶”命令，选择台阶的骨架线，命令行提示“[(1)选择特征点/(2)点选线段/(3)输入节点[a-b]]<1>”，直接按 Enter 键选择第 1 种方式，启用对象捕捉方式并勾选“端点”复选框，移动鼠标分别拾取 2、11、10、3 及 4、9、8、5 等特征点，按 Enter 键结束命令，修改后的台阶如图 7-85（b）所示，该方式要求所选择的特征点必须能构成封闭区域。若选择第 2 种方式，则分别拾取线段 2-3、11-10 和线段 4-5、9-8；选择第 3 种方式，则在命令行依次输入 2-3、11-10 和 4-5、9-8，最后按 Enter 键结束命令。上述 3 种方式的修改结果相同。

3. 批量缩放

批量缩放面板包括缩放文字（CTEXT）、缩放符号（CBLOCK）、缩放圆圈（CCIRCLE）等命令，其面板如图 7-86 所示。

（1）缩放文字：实现对选定文字的平移、比例缩放或指定文字大小等操作。选定文字有 3 种方式：逐个拾取或框选多个文字对象，通过指定图层、颜色或字体得到满足条件的选择集，通过指定目录选择目录下图形文件中的文字对象等。

（2）缩放符号：对选定的单个（或多个）点状符号按比例缩放。点状符号的选定方式包括点选或框选符号、指定图层选择图层中的所有符号 2 种方式。

（3）缩放圆圈：通过指定缩放比例或固定半径缩放圆圈。圆圈的选择方式同“缩放符号”。

4. 图形修改

图形修改面板包括房檐改正、直角纠正、方向同化、坐标转换、测站改正和二维图形等命令，如图 7-87 所示。其中，坐标转换的使用方法见 6.4.2 节。

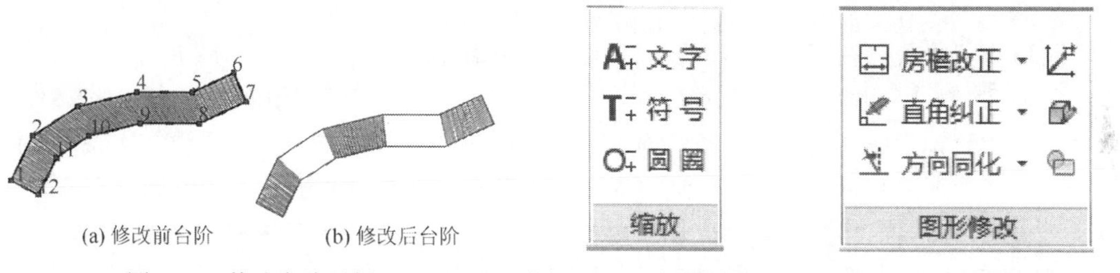

图 7-85　修改台阶示例　图 7-86　“批量缩放”面板　图 7-87　“图形修改”面板

（1）房檐改正：包括“房檐改正”按钮和“收集改正后的房檐”按钮。“房檐改正”按钮通过选择房屋并指定房檐改正的边（一条边、多条边或所有边），输入房檐改正的距离（内正外负），则可为房屋在指定边（或所有边）添加房檐。房屋向内、向外房檐改正 1m 的对比情况如图 7-88 所示。“收集改正后的房檐”按钮的功能是将改正后的房檐用红色标记显示出来。

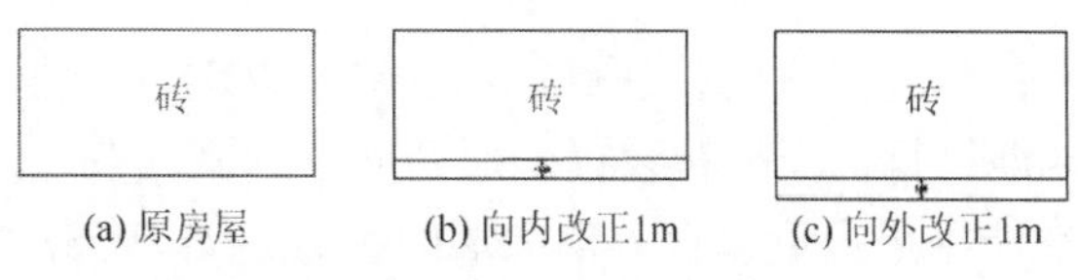

图 7-88　向外、向内房檐改正对比图

（2）直角纠正：包括“单角纠正”命令和“整体纠正”命令，其按钮分别为、。两者都可以将多边形内角纠正为直角，也都允许批量纠正，不同之处在于：前者需要“点取基准边靠近要修改折角处”，被点取的基准边在纠正过程中保持方向不变；而后者仅需“选择要纠正的房屋”，系统将自动纠正所有拐角，并尽量使各顶点纠正前后位移最小。

（3）方向同化：包括“垂直化”按钮和“平行化”按钮。命令执行时，通过指定参考线、待修正实体及旋转基点，系统将绕旋转基点编辑指定实体的方向，使其与参考线方向垂直或者平行。该命令允许批量操作，按 Enter 键结束命令。

（4）测站改正：在设置测站过程中，若出现选点（测站点或定向点）有误、控制点的坐标值输入有误或采用假定坐标等情况，则该测站的观测成果将发生整体平移或旋转。“测站改正”模块通过指定纠正前、纠正后的两个同名点（如测站点和定向点，或者其他特征点，如房角点、道路拐点等），并选择待改正的图形实体，CASS 将自动完成改正计算，将选定实体调整到正确位置。若进一步指定“纠正前数据文件名”和“纠正后数据文件名”，系统将读取纠正前的测点坐标值，经过改正计算，将改正后的结果保存至纠正后数据文件中。该功能充分发挥了已有数据的最大效用，尽可能地避免了不必要的重测现象。

（5）二维图形：执行该命令，系统弹出“本功能将删除实体的高程信息，是否继续？”的询问框，单击“是”按钮将删除实体的高程信息，命令行提示“是否处理高程点和等高线？（Y/N）<N>”，默认为 N（不处理），按 Enter 键结束命令。若输入“Y”并按 Enter 键，则高程点和等高线的高程信息也将被删除。

5. 窗口修剪

窗口修剪面板包括窗口删剪、窗口剪切、局部存盘等命令，如图 7-89 所示。

（1）窗口删剪：包括“窗口删剪”命令（CKSJ）和“依指定多边形删剪”命令（PLSJ），两者的按钮分别为、。执行命令时，通过指定两个角点生成一个矩形窗口或者选择一个已有多边形，并用一点指定剪切方向。若点在窗口之外，则删剪窗口外的所有图形，并且如果图形与窗口相交，则会先切断再删除；反之，则删除窗口内的所有图形。

（2）窗口剪切：包括“窗口剪切”命令（CKJQ）和“依指定多边形剪切”命令（PLJQ），命令按钮分别为和。窗口剪切与窗口删剪的执行方式相同，功能也相似，区别在于前者仅剪切掉与窗口相交的图形，而后者还删除位于剪切范围的所有图形。

（3）局部存盘（SAVET）：包括“窗口内的图形存盘”按钮和“多边形内图形存盘”按钮，其功能是将指定窗口或多边形内的图形进行改名存盘，局部存盘后图形中的所有“编组”将自动取消。若选择“多边形内图形存盘”选项，则多边形也同时被存盘。局部存盘主要用于图形分幅或水利、公路、铁路测量中“带状地形图”的分段保存。

6. 其他编辑功能

在“其他”面板中包含了接边检查、图形接边（MAPJOIN）、删除附属符号（DELFH）、求中心线、地物打散、地物特征匹配和设置图形精度 7 种命令按钮，如图 7-90 所示。

（1）接边检查：该功能用于批量检查多幅图形的接边错误。单击“接边检查”按钮，系统弹出“接边检查”对话框（图 7-91），单击“添加文件”按钮选择接边检查文件，设置检查参数后，单击“确定”按钮，系统自动生成接边检查临时文件；此时命令行提示

“请输入接边线起点：<输入 P 选取接边线，按 Enter 退出>”，依次输入接线边的起点绘制接边线或者输入“P”选择接边线，按 Enter 键确认，系统自动完成接边检查，同时删除接边检查临时文件。若检查中存在接边错误，则在“信息浏览器”（图 7-92）中列表显示，双击列表中的一条错误记录，系统显示当前错误在接边后图形中的位置；若无接边错误，系统将直接显示接边后的图形，无提示信息。

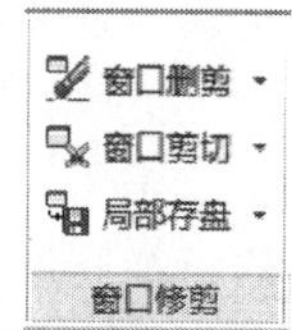

图 7-89　“窗口修剪”面板

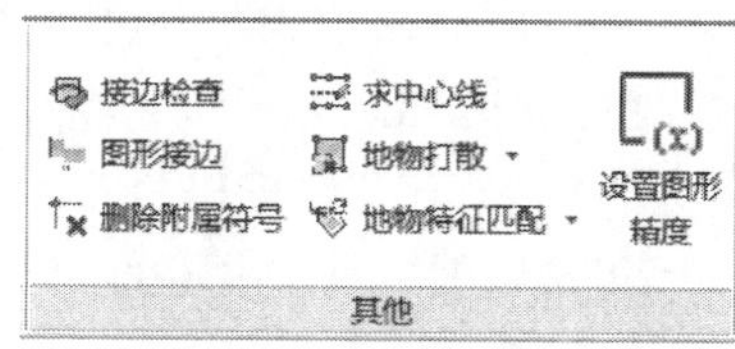

图 7-90　“其他”面板

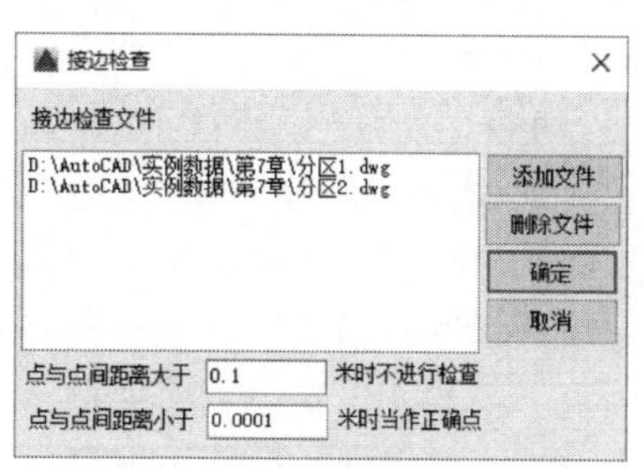

图 7-91　“接边检查”对话框

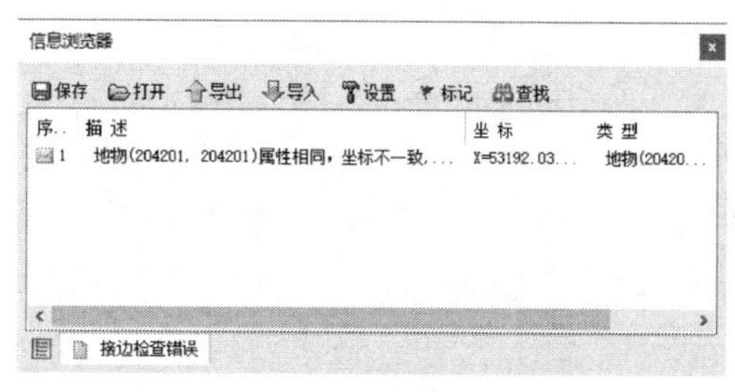

图 7-92　信息浏览器

（2）图形接边：两幅图进行拼接时，同一地物在两幅图中是两个独立的图形，由于测量误差的存在，往往存在接边不一致的现象。图形接边的功能是修正接边矛盾，并把同一地物的两个部分拼接起来形成一个整体。单击选择“图形接边”按钮，系统弹出“图形接边”对话框，如图 7-93 所示。

在图 7-93 中，各选项的功能如下：

（1）“操作方式”选项区：有“手工”、“全自动”和“半自动”3 种方式。“手工”方式每次接一对边；“全自动”方式是批量接多对边；“半自动”是每接一对边前提问是否连接。后两种方式要求先“批量选择第一部分实体”，然后再“批量选择第二部分实体”，两次选择的实体数目必须相等。

（2）“接边最大距离”文本框：允许两条边接边的最大距离，若大于该值，则不可连接。

（3）“无结点最大角度”文本框：一对线接边时，若交角不超过设置值，接边后为一条复合线；否则生成一条折线，相接处有节点。

（4）“接边改正”选项区：包括自动拼接和自动移点。前者是指接边后，两个对象会合并成一个对象；后者是指接边后，两个对象不会自动合并。

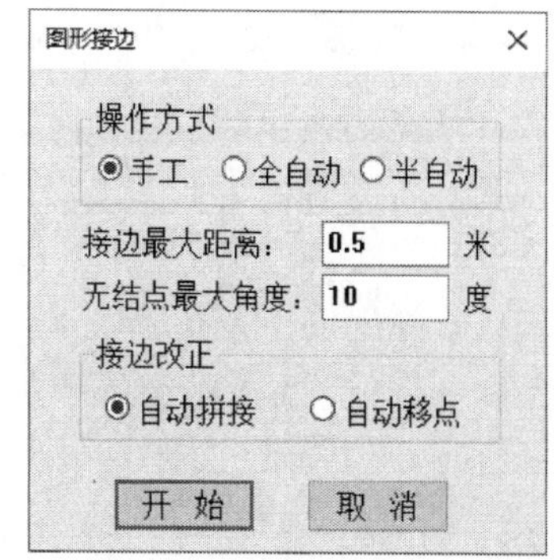

图 7-93　“图形接边”对话框

注：对于有骨架线的图形符号，应选择骨架线进行接边，然后再单击“重构”面板

中的“重新生成”按钮，重新生成图形符号。

（1）删除附属符号：用于删除图形接边后重复的附属符号。

（2）求中心线：单击“求中心线”按钮，依次选择两条编码相同的复合线，系统自动绘制一条相同编码的中心线。若所选两条复合线编码不同，系统将弹出“两条复合线编码不相同”消息框，并结束命令。

（3）地物打散：该功能把图块、复杂线型实体打散成简单实体，以便能够进一步编辑、修改或在 AutoCAD 中显示，包括“打散独立图块”命令（EXPLODEBLOCK）和“打散复杂线型”命令（EXPLODELINE），相应的按钮分别为、。在命令执行时，两者均可采用“手工选取要打散的复杂线形实体”或“打散相同编码的复杂线形实体”进行打散，不同之处在于：前者适用于独立图块的打散，且一次只能打散一级，若图块由多级实体生成，还需多次执行打散命令才能完成；后者则适用于将 CASS 特有的复杂线型打散。

（4）地物特征匹配：该功能将一个实体的地物特征匹配给另一个（或多个）实体，包括“单个刷”命令（SINGLEBRUSH）和“批量刷”命令（BATCHBRUSH），命令按钮分别为和。“单个刷”命令执行时，先输入“s”并按 Enter 键确认，在弹出的“特性匹配”对话框（图 7-94）中进行匹配特性设置，完毕后单击“确定”按钮，选择源对象，再逐个拾取或通过窗口、窗交、栏选等方式选择待修改的目标对象，按 Enter 键即可完成特征匹配。“批量刷”的设置方式与“单个刷”相同，不同之处在于，选择修改目标对象时，仅需要选择一个实体，系统自动把当前图形中与此编码相同的所有实体进行特征匹配。

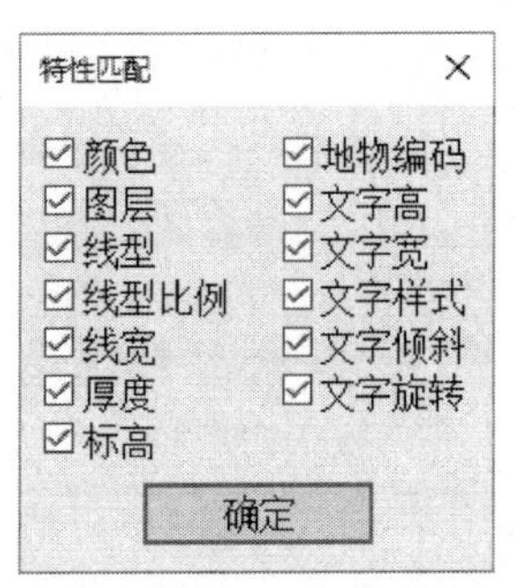

图 7-94　“特性匹配”对话框

（5）设置图形精度：单击“设置图形精度”按钮，系统弹出“改变图形精度会导致几何图形面积变化，是否继续”询问框，单击“是”按钮，输入小数点精度（正整数）并按 Enter 键确认，则改变图形坐标（顶点 X、Y 坐标）的小数位数。

7.3.2　图案填充

填充面板包括植被填充、土质填充、图案填充、突出房屋填充、符号等分内插 5 项功能，如图 7-95 所示。

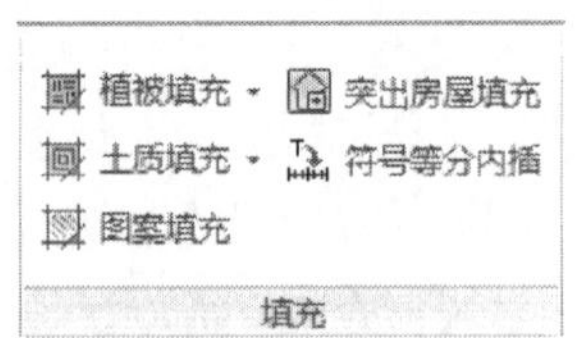

图 7-95　“填充”面板

（1）植被填充：单击“植被填充”按钮右侧的下三角按钮，在弹出的下拉菜单中选择植被类型（包括稻田、旱地、菜地等在内的 22 种植被，涉及耕地、园地、林地、草地、城市绿地 5 种类型），然后选择要填充的封闭复合线，系统自动完成植被填充，同时边界复合线的线型、线型比例、线宽、颜色和图层也相应变化。该命令要求所选复合线必须是封闭的。

（2）土质填充：在指定区域内进行各种土质的填充，支持包括沙地、石块地、盐碱地等在内的 8 种土质类型。其操作过程与植被填充一致。

（3）图案填充：该命令（SOTIAN）实现在指定的封闭复合线区域内填充选定图案，

如实心、右斜线、左斜线、横线、竖线、斜方格或正方格等，填充的图案保存在 0 层。命令执行过程如下：单击“图案填充”按钮，在命令行中选择填充方案，输入充填间距，选择封闭复合线或手工定点绘制填充边界，并在系统弹出的“选择颜色”对话框中设置颜色，单击“确定”按钮完成图案填充。

（4）突出房屋填充：执行命令时，选择已有房屋，系统将删除原房屋的注记，改变房屋类型为突出房屋（CASS 编码为 141104），并填充斜线（CASS 编码为 141104-1）。该按钮与“植被填充”“土质填充”均执行同一命令（TIAN）。

（5）符号等分内插：该命令（NEICHA）实现在两个相同点状符号之间进行等距离内插。命令执行过程如下：单击“符号等分内插”按钮，先后选择两个点状符号，输入内插符号数，系统自动在两个点状符号连线上等距离内插出规定个数的符号。若两次选择的独立符号不同，系统将弹出“请选择相同符号”的信息框。

7.3.3　复合线编辑

CASS 中提供了 29 种复合线编辑命令，用户可根据实际需要选用。常用的 14 种命令按钮放置在“复合线编辑”面板中（图 7-96（a）），单击“复合线编辑”面板下方的“面板展开器”，显示滑出式“绘图”面板，其中包含剩余的 15 种命令按钮（图 7-96（b））。限于篇幅，在此仅介绍常用的 14 种命令，其余命令的使用可参考 CASS 帮助文件。

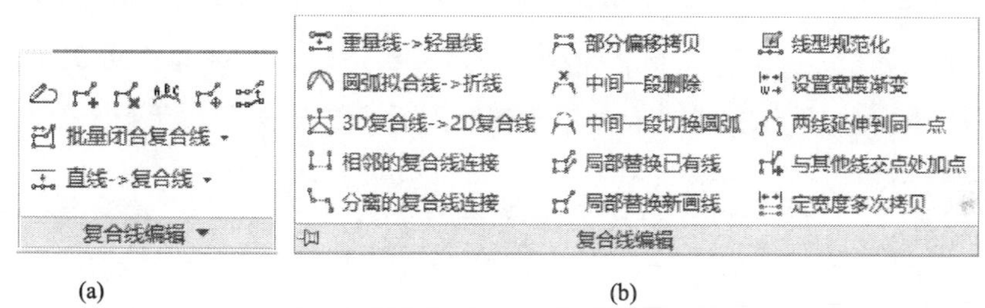

(a)　(b)

图 7-96　复合线编辑面板与滑出式“复合线编辑”面板

1）复合线编辑

该命令（PEDIT）将对复合线线型、线宽、顶点、拟合等属性进行修改。各命令选项的功能见 4.7.1 节。

2）复合线上加点

单击“复合线上加点”按钮，在复合线上指定插入点位置，移动鼠标指定添加点的新位置。

3）复合线上删点

单击“复合线上删点”按钮，选取要删除顶点的复合线，并指定待删除点，则在复合上删除该点。

4）复合线上批量加节点

单击“复合线上批量加节点”按钮，选中要编辑的复合线，输入加点间距，系统自动在所选的复合线上按距离批量增加节点。复合线批量加节点是以线段为基础进行的，若遇到线段的端点，则从下一线段的起点重新开始按距离增加节点。

5）移动复合线顶点

单击“移动复合线顶点”按钮，在要移动顶点处选取复合线，并移动鼠标指定顶点移动后的位置，可实现复合线顶点的任意移动。

6）对象整合

单击“对象整合”按钮，依次选择作为参考的多段线及被整合的多段线，输入整合的距离，则两条多段线间距小于整合距离的部分，以参考多段线为基准，被整合在一起，如图 7-97 所示。

7）批量修改复合线

单击“批量闭合复合线”按钮右侧的下三角按钮，将弹出如图 7-98 所示的下拉菜单按钮，分别能够批量实现复合线的闭合、拟合、修改高程、修改线宽功能。

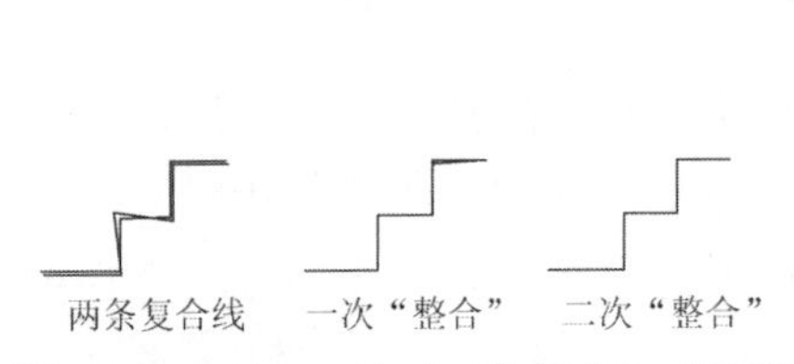

图 7-97　一次、二次“对象整合”对比图

图 7-98　“批量闭合复合线”下拉菜单按钮

（1）批量闭合复合线：单击“批量闭合复合线”按钮，选择一条未闭合复合线，也可框选多个未闭合复合线，按 Enter 键确认，则所选复合线首尾相连形成闭合。

（2）批量拟合复合线：该命令对选中的复合线批量进行拟合或取消拟合。单击“批量拟合复合线”按钮，命令行提示“[（D）不拟合/（S）样条拟合/（F）圆弧拟合]<F>”，选择相应的拟合方法；命令行显示“空回车选目标/<输入图层名>：”，直接按 Enter 键，则可使用点选或框选方式选择复合线，若输入图层名，将对该图层内所有的复合线进行操作。

（3）批量修改复合线高：单击“批量修改复合线高”按钮，输入修改后的高程，选择单个或多个复合线并按 Enter 键，完成复合线高程的修改。

（4）批量修改复合线宽：该命令实现对多条复合线宽度的批量修改。单击“批量修改复合线宽”按钮，命令行提示“空回车选目标/<输入图层名>：”，按 Enter 键并点选或框选待修改的复合线，也可输入图层名，选择该图层内所有的复合线，按 Enter 键确认，命令行将显示“请选择：1.按固定宽度/2.按比例缩放/3.根据 INDEX.INI 文件<1>”，输入选项号并按 Enter 键，若选择前两种修改方式，则还需要输入修改后的复合线宽、线宽缩放比，系统自动完成所选复合线宽度的修改。

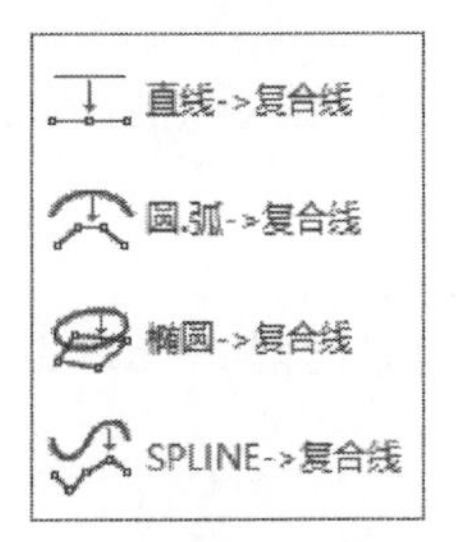

图 7-99　“直线->复合线”下拉菜单按钮

8）转换成复合线

单击“直线->复合线”按钮右侧的下三角按钮，弹出如图 7-99 所示的下拉菜单按钮，包括“直线->复合线”按钮、“圆弧->复合线”按钮、“椭圆->复合线”按钮和“SPINE->复合

线”按钮，可分别将直线、圆弧、椭圆、样条曲线转换成复合线。

7.3.4　图形属性转换

在“图形属性转换”面板中，包括 15 种单一属性转换按钮和多属性批量转换按钮，如图 7-100 所示。前者可以实现图层、编码、图块、线型、字形等单一属性之间的快速转换，而后者则可实现多种属性之间的混合转换。

1）单一属性转换

上述 15 种单一属性转换均包含单个处理和批量处理两种方式，且操作方式一致。下面以两个实例简要说明“图层->图层”的单一处理、批量处理的操作过程。

实例 7-9　以图 7-75 为例，使用“图层->图层”的单一处理功能按钮，将 ZDH（展点号）层所有实体转换至 0 层。

操作过程如下：

（1）打开图形文件（“D：\AutoCAD\实例数据\第 7 章\STUDY.DWG”）。

（2）选择“地物编辑”选项卡中的“图形属性转换”面板，单击“图层->图层”按钮右侧的下三角按钮，在弹出的下拉菜单按钮中选择“单个处理”按钮，命令行显示“转换前图层：”，输入“ZDH”并按 Enter 键，命令行显示“转换后图层：”，输入“0”并按 Enter 键，命令行提示“共转换 106 个图形实体”。ZDH 层的 106 个图形实体成功转换至 0 层。

实例 7-10　仍以图 7-75 为例，使用“图层->图层”的批量处理功能按钮，将图层 DLDW（独立地物）、DMTZ（地貌土质）和 KZD（控制点）的实体分别转换至 ZBTZ（植被土质）、DLDW（独立地物）、GCD（高程点）图层。

操作过程如下：

（1）新建一个文件名为“图层批量转换.txt”的文本文件（图 7-101），保存至“D：\AutoCAD\实例数据\第 7 章”目录下。

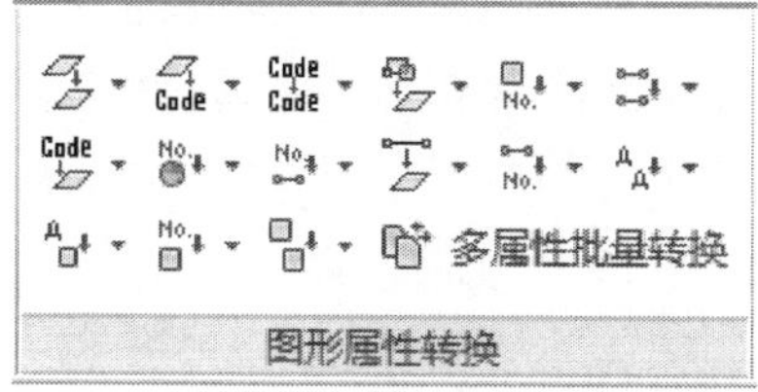

图 7-100　“图形属性转换”面板

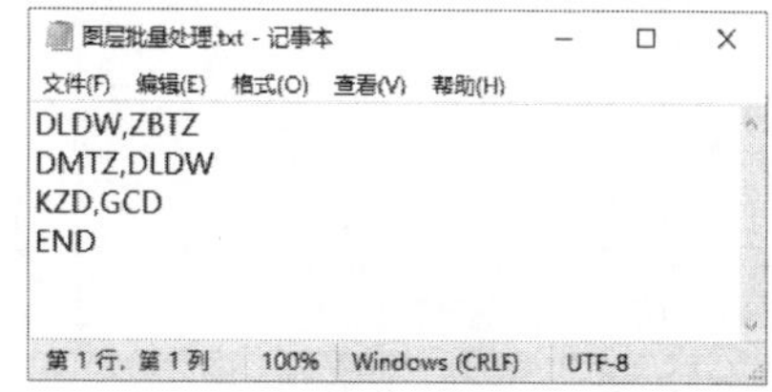

图 7-101　“图层批量转换”配置文件

（2）打开图形文件（“D：\AutoCAD\实例数据\第 7 章\STUDY.DWG”）。

（3）选择“地物编辑”选项卡中的“图形属性转换”面板，单击“图层->图层”按钮右侧的下三角按钮，在弹出的下拉菜单按钮中选择“批量处理”按钮，在弹出的“输入索引文件名”对话框中，选择第（1）步所建立的“图层批量转换.txt”文件，单击“打开”按钮。命令行提示“共转换 25 个图形实体”，其中包括 DLDW 的 11 个实体、DMTZ 的 2 个实体和 KZD 的 12 个实体，实现了“图层->图层”的批量处理功能。

从实例 7-10 可以看出，单一属性批量处理时的索引文件格式为：

转换前属性 1，转换后属性 1

转换前属性 2，转换后属性 2

…

END

同理，在进行其他单一属性批量转换时，需先按上述格式建立一个配置文件，然后单击相应转换的“批量处理”按钮，并选择配置文件，即可完成批量转换。

2）多属性批量转换

与单一属性批量处理功能相似，多属性批量转换也需要在转换前事先建立一个配置文件，每一种属性转换的格式如下：

*转换前属性，转换后属性

转换前属性 1，转换后属性 1

…

转换前属性 *n*，转换后属性 *n*

如图 7-102 所示，该配置文件包含 4 类属性转换，除了“图层->图层”转换有两种之外，其余 3 类都只有 1 种转换，以最后一种属性转换为例，其含义是：将当前图形中，字形为“hz”的所有实体转换至 ZDH 图层。

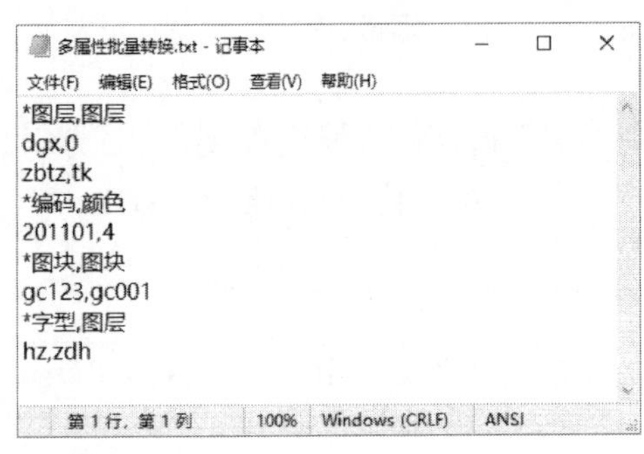
多属性批量转换.txt - 记事本
文件(F) 编辑(E) 格式(O) 查看(V) 帮助(H)

*图层,图层
dgx,0
zbtz,tk
*编码,颜色
201101,4
*图块,图块
gc123,gc001
*字型,图层
hz,zdh

第 1 行，第 1 列　100%　Windows (CRLF)　ANSI

图 7-102　“多属性批量转换”配置文件

“多属性批量转换”操作过程与单一属性批量处理相似，不再赘述。

7.3.5　图幅分幅

“图幅分幅”菜单项位于“绘图处理”菜单中，相应的工具按钮位于“绘图处理”选项卡中的“图幅分幅”面板中，如图 7-103 所示。图幅分幅命令主要包括单一图幅和批量分幅 2 大类，前者主要用于单幅图形的图幅网格的生成，而后者则主要用于多幅图幅的批量输出。

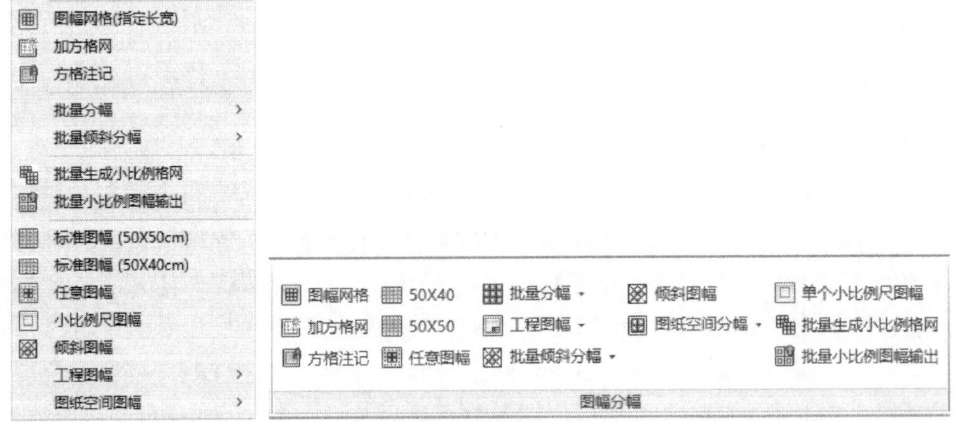

图 7-103　“图幅分幅”菜单与面板

1. 单一图幅

1）图幅网格

该命令（TFWG）通过输入图上方格长度、宽度并指定图幅网格区域的左下角点和右上角点，在当前图形中生成矩形分幅网格。此命令主要用于生成整个测区或大幅图形的图幅网格，以方便用户进行后续的窗口删剪、窗口剪切或局部存盘等操作。

2）加方格网

通过指定图形区域的左下角点和右上角点，该命令（HFGW）在指定区域内每隔 10cm（图上）绘制 5mm 长的十字线，以标记坐标格网交叉点。

3）方格注记

选择该命令（FGZJ）并移动鼠标指定附近需注记的“十”字线，系统将为“十”字符号加注坐标值。该命令并不要求必须同时打开对象捕捉功能或选择相应的方格“十”字线，系统将自动选择距离鼠标最近的方格“十”字线进行方格注记。

4）标准图幅

该功能将为已分幅的图形加图框，系统支持 50cm×40cm、50cm×50cm 等规格。以 50cm×50cm 的图框为例，其添加过程如下：

（1）在快速访问工具栏选择“显示菜单栏”选项，单击“绘图处理”菜单项，在弹出的菜单中执行“标准图幅（50cm×50cm）”命令，或在“功能区”选项板中，选择“绘图处理”选项卡中的“图幅分幅”面板，单击“标准图幅（50cm×50cm）”按钮，系统弹出“图幅整饰”对话框，如图 7-104 所示。

在图 7-104 中，各主要选项的功能如下：

①“接图表”选项区：每幅图均有 8 幅相邻图形，其邻接图形的图名需要手工输入；若不输入，则系统按邻接图形的图廓西南角坐标编号自动生成图幅结合表。

②“左下角坐标”选项区：“东”“北”文本框显示图框左下角的 Y、X 坐标，可以手工输入，也可通过单击“图面拾取”按钮在当前图形中拾取坐标。除此之外，还包括“取整到图幅”、“取整到十米”、“取整到米”和“不取整，四角坐标与注记可能不符”4 个单选按钮。其中，“取整到图幅”按照地形图标准分幅，根据左下角坐标自动确定标准图幅的西南角图廓坐标。例如，1∶500 地形图标准分幅大小为 50cm×50cm，其图幅图廓西南角坐标的尾数必须为 000m、250m、500m 或 750m，即坐标的尾数为 250m 的整数倍。“取整到十米”和“取整到米”则将左下角坐标自动向下进行截尾取整，而“不取整，四角坐标与注记可能不符”则将实际坐标作为图幅西南角图廓坐标，但有可能出现四角点的坐标与注记不吻合的现象。

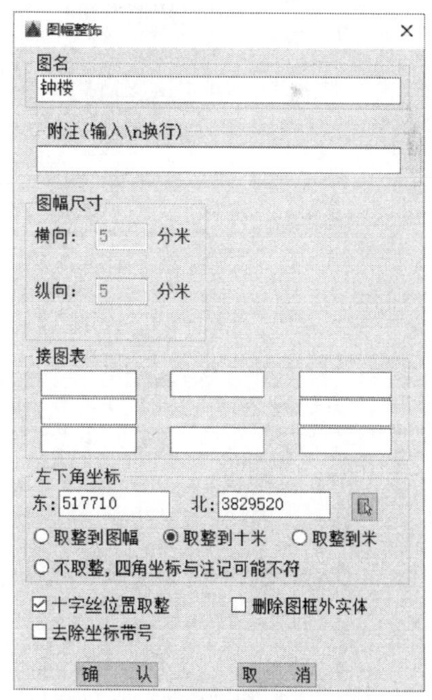

图 7-104　“图幅整饰”对话框

③“删除图框外实体”复选框：若实际图形大于图框，则系统自动删除图框外部的图形。

④“去除坐标带号”复选框：当图形坐标为国家统一坐标时，四角点的坐标注记自动删除带号。

（2）在图 7-104 中，输入图名和左下角坐标，根据实际情况确定“附注”“接图表”等其他选项，单击“确认”按钮，完成图框的添加。

注：单位名称和坐标系统、高程系统可以在加图框前定制，图框的图形文件存放在“\Cass10.1\blocks”目录中，50cm×40cm、50cm×50cm 的图框文件名分别为 AC45TK.DWG 和 AC50TK.DWG，用户可以根据实际需要编辑后存盘更新。另外，CASS 提供图廓属性的设置功能，方法如下：

在快速访问工具栏选择“显示菜单栏”选项，单击“文件”菜单项，在弹出的菜单中执行“CASS 参数设置”命令，或在“功能区”选项板中，选择“文件”选项卡中的“配置”面板，单击“CASS 参数设置”按钮，系统弹出“cass 参数设置”对话框，在左侧列表栏中选择“图廓属性”选项（图 7-105），可对图廓属性参数进行重新设置，完毕后单击“确定”按钮保存所做修改，并关闭对话框。

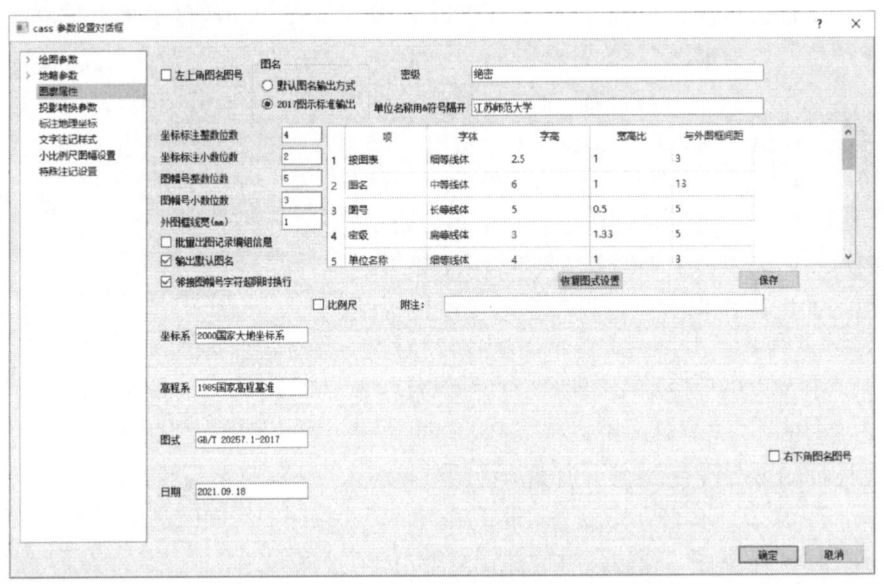

图 7-105　图廓属性设置选项栏

5）任意图幅

“任意图幅”命令允许为任意图幅尺寸的图形添加图框，“标准图幅”可以看作是此功能的一种特例。

在“功能区”选项板中，选择“绘图处理”选项卡中的“图幅分幅”面板，单击“任意图幅”按钮，命令行提示“选择任意图框定义方式：[(1)原有定义方式/(2)自定义图框两角]<1>”。系统默认采用第 1 种方式定义图框，直接按 Enter 键选择第 1 种方式，系统弹出“图幅整饰”对话框（图 7-104），图形尺寸一栏中的横向、纵向文本框处于可编辑状态，用户可以输入其实际值；若单击“(2) 自定义图框两角”选项，命令行将显示“用鼠标器指定图框范围--请输入图框左下角：”，单击确定图框左下角位置，同样的方法确定右上角位置，系统自动将图框的横向、纵向长度和左下角坐标显示在弹出的“图幅整饰”对话框中，剩余操作过程与标准图幅相同，设置完毕后，单击“确定”按钮完成任意图框的绘制。

6）工程图幅

“工程图幅”的功能是为当前图形添加 0、1、2、3、4 号工程图框，其图上尺寸分别为：1189mm×841mm、841mm×594mm、594mm×420mm、420mm×297mm 和 297mm×210mm。以添加 0 号工程图框为例，其操作过程如下：

在“功能区”选项板中，选择“绘图处理”选项卡中的“图幅分幅”面板，单击“工程图幅”按钮右侧的下三角按钮，在弹出的下拉菜单按钮中选择“0 号图框”选项，命令行提示“用鼠标器指定内图框左下角点位：”，单击确定图框左下角的位置，此时命令行显示“要角图章.指北针吗<N>：”直接按 Enter 键，则选择系统默认值“N”，即不要角图章、指北针；若需要，则输入“Y”并按 Enter 键确认选择，系统完成 0 号工程图框的绘制。

7）倾斜图幅

与“标准图幅”不同，“倾斜图幅”命令所绘制的图框与坐标格网有一定的夹角，并加绘指北针以指示方向。当测图区域为狭长条带型且其延伸方向与坐标轴存在一定的夹角时，采用“倾斜图幅”将有利于节约图纸空间。

在“功能区”选项板中，选择“绘图处理”选项卡中的“图幅分幅”面板，单击“倾斜图幅”按钮，在弹出的“图幅整饰”对话框中输入图名，并在“图形尺寸”一栏中输入横向、纵向长度值，根据实际情况输入接图表及其他选项，单击“确定”按钮，命令行提示“输入两点定出图幅旋转角，第一点：”，分别指定第一点和第二点以确定图幅旋转角，其中第一点将作为图框左下角点；命令行显示“是否旋转图框中点状地物和文字[(1)旋转/(2)不旋转]<1>”，单击相应的命令选项，系统完成倾斜图幅的绘制。

8）图纸空间分幅

该命令将图框绘制到布局中，包括 50cm×40cm、50cm×50cm 和任意图幅 3 种分幅方式，其操作过程与在模型空间中添加图幅完全一致。

2. 批量分幅

1）批量分幅

当绘图区域范围较大时，所绘图形有必要分割成多幅图形，从而便于图形的存储、检索和使用。批量分幅能够将图形按 50cm×50cm、50cm×40cm 的标准图幅或自定义尺寸进行自动分幅，CASS 支持批量输出到文件和批量输出图纸空间 2 种方式。

批量分幅的操作过程如下：

(1) 建立格网。在快速访问工具栏选择“显示菜单栏”选项，单击“绘图处理”菜单项，在弹出的菜单中执行“批量分幅”|“建立格网”命令（FENFU），或在“功能区”选项板中，选择“绘图处理”选项卡中的“图幅分幅”面板，单击“批量分幅”按钮右侧的下三角按钮，在弹出的下拉菜单按钮中单击“建立格网”按钮。

此时，命令行提示“请选择图幅尺寸[(1)50*50/(2)50*40/(3)自定义尺寸]<1>”，选择相应的选项，命令行显示“输入测区一角：”，移动鼠标至合适位置单击，确定测区的一角点，按同样方法确定测区范围对角线上的另外一点；命令行提示“是否去除坐标带号[(1)是/(2)否]<2>”，此选项仅对国家统一坐标有效，若控制点、碎部点的坐标没有采用国家统一坐标，而是采用自然坐标或其他相对坐标，两种选项所得结果无区别，用户可根据实际情况选择相应的命令选项；命令行将提示“请输入批量分幅的取整方式[(1)取整到图幅/(2)取整到十米/(3)取整到米]<1>”，选择相应的命令选项确定批量分幅的取整方式，系统自动完成格网划分。图 7-106 为添加 50cm×50cm 的格网后的某小区平面图。

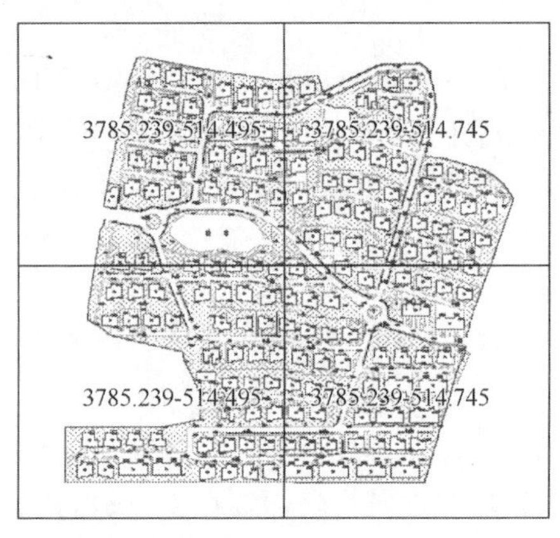

图 7-106　建立 50cm×50cm 格网

（2）批量输出到文件。单击“图幅分幅”面板中“批量分幅”按钮右侧的下三角按钮，在弹出的下拉菜单按钮中单击“批量输出到文件”按钮，系统弹出“请输入分幅图目录名”对话框，选择或输入拟保存分幅图形文件的文件夹名称，单击“选择文件夹”按钮；命令行提示“是否去除坐标带号[(1)是/(2)否]<2>”，选择相应的选项，命令行显示“请选择批量图幅取整方式[(1)取整到图幅/(2)取整到十米/(3)取整到米]<1>”，选择相应的选项；命令行继续提示“是否按格网内的图名输出[(0)是/(1)否]<0>”，系统默认将格网内的图名作为输出文件的图名，即以图廓西南角坐标编号为图名，此时直接按 Enter 键即可，若选择“（1）否”选项，则需要用户输入自定义图名；命令行提示“图幅接边表周边图幅是否为空[(0)空/(1)非空]<1>”，选择相应的选项，系统将根据上述限定要求自动分割图形，生成独立的分幅图形文件，并保存至所选目录中。

（3）批量输出图纸空间。图形建立格网后，还可以批量输出图纸空间。单击“图幅分幅”面板中“批量分幅”按钮右侧的下三角按钮，在弹出的下拉菜单按钮中单击“批量输出图纸空间”按钮，命令行提示“是否按格网内的图名输出[(0)是/(1)否]<0>”，此选项含义同“批量输出文件”，操作方式也一致，设置完毕后，系统自动批量追加布局窗口，并输出图纸空间。

注：该命令要求“布局和模型选项卡”处于显示状态，若未显示，则需在绘图窗口右击，在弹出的快捷菜单中选择“选项”菜单项，在弹出的“选项”对话框中，选择“显示”选项卡，并在“布局元素”一栏中勾选“显示布局和模型选项卡”复选框。

在批量分幅的下拉菜单按钮中，还有一个“图幅接边”按钮，该按钮可以把批量输出后相邻图幅中被截断的线、面等 CASS 实体进行自动连接或拼接，形成一个完整的实体。若某一线实体或面实体跨越多个图幅，执行该命令，系统将会自动将其连接，因此该命令可以看作“批量输出到文件”的逆命令。其操作过程如下：

（1）在快速访问工具栏选择“显示菜单栏”选项，单击“工具”菜单项，在弹出的菜单中执行“批量插入图块”命令，或在“功能区”选项板中，选择“工具”选项卡中的“块”面板，单击“批量插入图块”按钮，在弹出的对话框中，选择图幅接边的图形文件，单击“打开”按钮，在图形窗口中显示待接边的分幅图形文件。

（2）接下来，单击“绘图处理”菜单项，在弹出的菜单中执行“批量分幅”|“图幅接边”命令，或在“功能区”选项板中，选择“绘图处理”选项卡中的“图幅分幅”面板，单击“批量分幅”按钮右侧的下三角按钮，在弹出的下拉菜单按钮中单击“图幅接边”按钮，系统自动实现图幅接边功能，无须人工干预。

注：“图幅接边”命令要求跨域图幅的线、面实体有 CASS 编码，否则无法完成图幅接边；另外，在“地物编辑”选项卡的“其他”面板中有一个“图形接边”按钮，“图形接边”的功能与“图幅接边”相似，但是“图形接边”仅能实现相邻线实体的拼接。

2）批量倾斜分幅

批量倾斜分幅包括“普通分幅”和“700 米公路分幅”两种功能。前者将图形按照一定要求分成任意大小和角度的图幅；后者将图形沿公路以 700m 为一个长度单位进行分幅。两种功能的操作过程如下：

（1）普通分幅。

①打开拟倾斜分幅的图形文件，在“功能区”选项板中，选择“工具”选项卡中的“画线”面板，单击“画复合线”按钮，沿着绘图区域的长轴方向或指定方向绘制一条复合线作为分幅中心线。

②在快速访问工具栏选择“显示菜单栏”选项，单击“绘图处理”菜单项，在弹出的菜单中执行“批量倾斜分幅”|“普通分幅”命令，或在“功能区”选项板中，选择“绘图处理”选项卡中的“图幅分幅”面板，单击“批量倾斜分幅”按钮右侧的下三角按钮，在弹出的下拉菜单按钮中单击“普通分幅”按钮，系统弹出“批量倾斜图幅”对话框（图 7-107（a）所示），设置图幅横向和纵向尺寸，单击“确定”按钮。

③在“请输入分幅图目录名”对话框中，设置分幅后图形文件的保存路径，单击“确定”按钮。

④根据命令行提示，选择已绘制的分幅中心线，命令行将显示“是否去除坐标带号[(1)是/(2)否]<2>”，选择相应的选项，系统自动实现批量倾斜分幅功能，并将分幅后的图形文件保存至所选目录中。

（2）700 米公路分幅。

①打开公路图形文件，单击“画线”面板中“画复合线”按钮，沿着公路延伸长轴方向绘制一条复合线作为中心线。

②在快速访问工具栏选择“显示菜单栏”选项，单击“绘图处理”菜单项，在弹出的菜单中执行“批量倾斜分幅”|“700 米公路分幅”命令，或在“功能区”选项板中，选择“绘图处理”选项卡中的“图幅分幅”面板，单击“批量倾斜分幅”按钮右侧的下三角按钮，在弹出的下拉菜单按钮中单击“700 米公路分幅”按钮，系统弹出“700 米分幅参数设置”对话框（图 7-107（b）所示），设置图框尺寸、中线分割间距、起点里程和里程注记文字大小等参数，单击“确定”按钮。

③在“请输入分幅图目录名”对话框中，设置分幅后图形文件的保存路径，单击“确定”按钮。

④选择已绘制的分幅中心线，系统自动完成公路图形文件的批量倾斜分幅功能，为分幅图形文件添加里程注记文字、指北针等，并将分幅后的图形文件保存至所选目录中。

注：在分幅参数设置时，图框尺寸和中线分割间距都可以根据实际情况进行调整，但中线分割间距应小于图框宽度，否则分幅后的图形将超出图框范围。

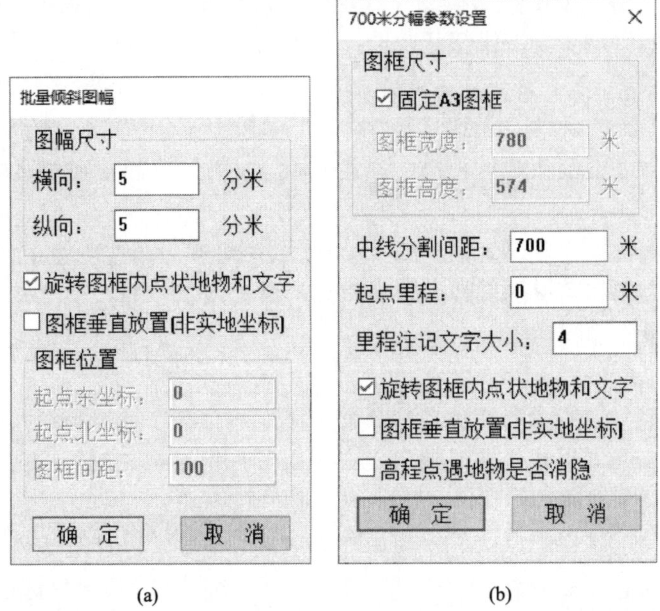

(a)　　(b)

图 7-107　“批量倾斜图幅”和“700 米分幅参数设置”对话框

在 CASS 中，“图幅分幅”面板中除了上述常用命令之外，还包括“单个小比例尺分幅”、“批量生成小比例格网”及“批量小比例图幅输出”等命令，考虑到 CASS 软件主要面向 1∶500、1∶1000 和 1∶2000 等大比例尺地形图的绘制，有关小比例尺的图幅分幅功能在此从略，详细操作过程可参考帮助文件。

实例 7-11　以图 7-75 的 STUDY 地形图为例，使用“任意图幅”功能为 STUDY 添加图框。

操作过程如下：

（1）在快速访问工具栏选择“显示菜单栏”选项，单击“绘图处理”菜单项，在弹出的菜单中执行“任意图幅”命令，或“功能区”选项板中，选择“绘图处理”选项卡中的“图幅分幅”面板，单击“任意图幅”按钮▦，命令行提示“选择任意图框定义方式: [(1)原有定义方式/(2)自定义图框两角]<1>”，选择“（2）自定义图框两角”选项。

（2）命令行提示“用鼠标器指定图框范围--请输入图框左下角：”，移动鼠标至 STUDY 左下角空白处，单击确定图框左下角位置，同样的方法确定图框的右上角位置。

（3）在弹出的“图幅整饰”对话框的图名文本框中输入“STUDY 地形图”，其他参数采用系统默认值，单击“确认”按钮，完成图框的添加。添加图框后的 STUDY 地形图如图 7-108 所示。

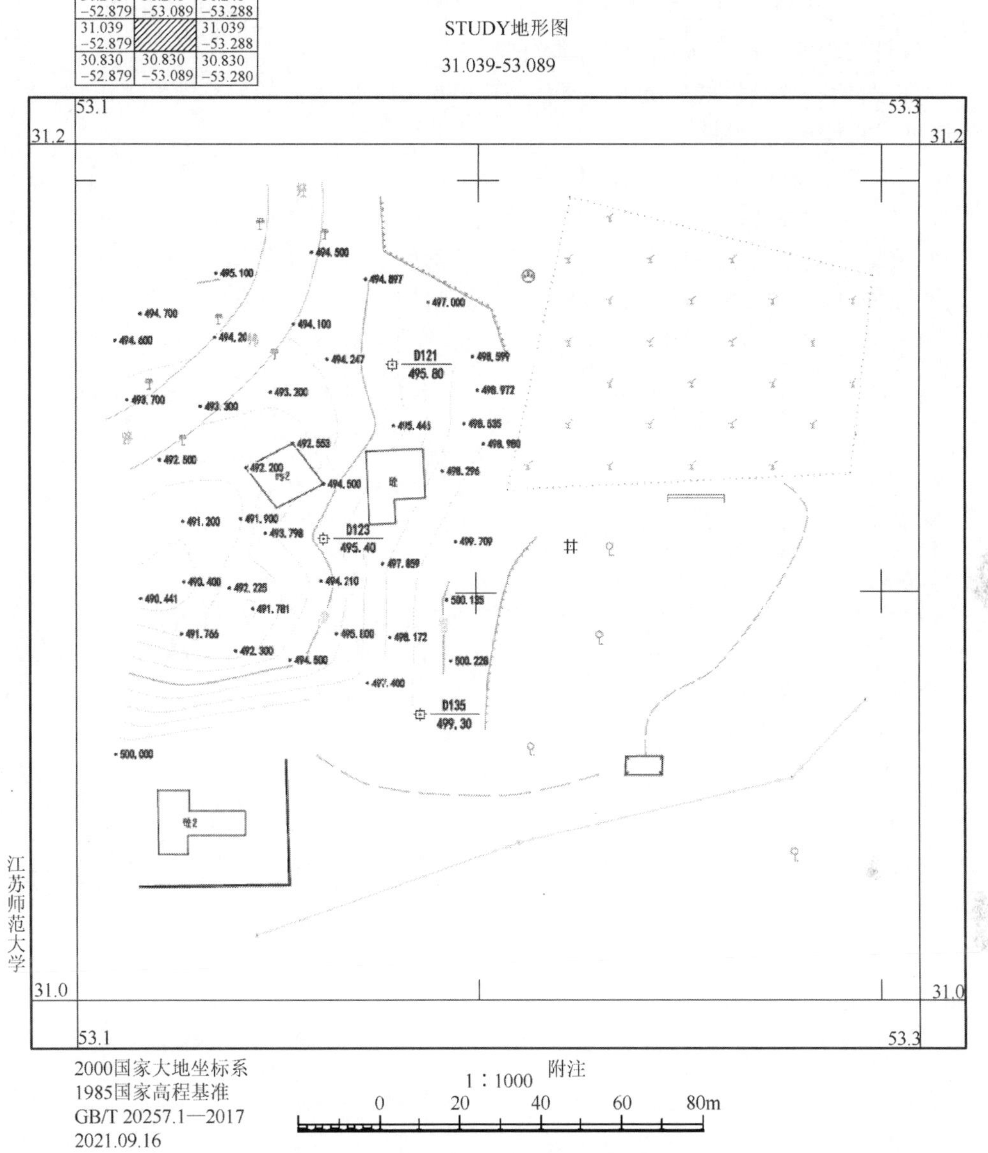

图 7-108　添加图框后的 STUDY 地形图

思考题

1. CASS 提供了哪些绘制地形图的模式？

2. 按数据采集方式，实测法绘制平面图分哪几种方式？

3. 草图法绘制平面图包括哪些主要步骤？

4. 点号定位和坐标定位有何不同？如何实现两者之间的切换呢？

5. 简述编码引导和简码识别绘制平面图的基本流程。两者有哪些异同之处？各分别需要准备哪些数据文件？

6. CASS 编码和 CASS 连接码有何区别？均有何用途？

7. 电子平板法绘制平面图有何优缺点？“自由续接”可以实现哪些功能？

8. 简述 CASS 绘制等高线的基本操作流程。

9. 在“陡坎”“地性线”处的等高线有哪些特点？CASS 如何实现含“陡坎”“地性线”情况下的等高线绘制呢？

10. CASS 的地物编辑模块包括哪些主要功能？

11. “重新生成”命令的主要功能是什么？

12. 图形分幅的目的是什么？CASS 提供了哪些图形分幅功能？

13. 如何为绘制完毕的图形添加图框？

第 8 章　绘制地籍图

绘制地籍图是 CASS 系统的核心功能之一。为了能够便捷、高效地完成地籍图表的绘制，CASS 提供了“地籍”和“土地利用”两大功能模块，能够完成包括地籍图、宗地图、土地利用现状图、勘测定界图、地籍表格等地籍图表的绘制。本章将重点讲述地籍图、宗地图、土地利用现状图的绘制。

8.1　概　　述

地籍图是地籍管理的重要依据，其内容包括地籍要素和必要的地形要素。其中，地籍要素指各级行政界线和土地权属界线、地籍要素编号、土地坐落、土地权属主名称等信息；必要的地形要素指与地籍管理有关的一些房屋、道路、水系、垣栅及地物和地理名称等。因此，在地形图（或平面图）的基础上，根据测图比例尺、制图规范及权属管理等方面的要求对地物进行综合取舍，然后再添加地籍要素，即可完成地籍图的绘制。

宗地是指权利上具有同一性的地块，即同一土地权利相连成片的用地范围，宗地具有固定的位置和明确的权利边界，并可同时辨认出确定的权利、利用、质量和时态等土地基本要素。以宗地为单位编绘的地籍图称为宗地图。宗地图是描述权利人、宗地位置、界址点、界址线关系、宗地权属界线、面积、宗地内建筑物位置与性质、与相邻宗地关系的分宗地籍图，主要用作土地使用合同书、土地使用证及房地产登记卡的附图，与所附的证件享有同等的法律效力。

土地利用现状图是土地利用现状调查的主要成果之一，它是地籍管理和土地管理工作的重要基础资料，能够反映区内各种土地利用类型面积、分布和利用状况。土地利用现状图包括图廓线及公里网线、各级行政界、水系、各种地类界及符号、线状地物、居民地、道路、必要的地貌要素、各要素的注记等内容。为使图面清晰，平原地区适当注记高程点，丘陵山区只绘计曲线。

CASS 系统提供了完善的地籍制图功能及编辑命令，能够实现上述 3 种地图的绘制。另外，CASS 还提供了绘制勘测定界图（包括块状、线状）功能，考虑到南方数码专门推出了“CASS 勘测定界版”软件用于勘测定界，其功能更为完善，适用范围也更广，因此，有关勘测定界图制作可以参考“CASS 勘测定界版”软件使用说明，在此从略。

8.2　绘制地籍图方法

在地籍图中，地形要素主要采用地物符号和地貌符号来表达，一般不绘制等高线（除山区外），仅在起伏变化较大的地区适当注记高程点。其地形要素的选取遵循以下原则：

（1）具有宗地划分或划分参考意义的地物和地貌，如墙、埋设的界标、沟、路、坎、建筑物底层的投影线等。

（2）具有土地利用现状分类划分意义或划分参考意义的地物或地貌，如田埂、地类界、沟、渠、建筑物底层的投影线等。

（3）土地上的重要附着物，如水系、道路、构筑物、建筑物等。

（4）地面上重要的管线，如万伏以上高压线、裸露的大型管道（工厂内部的管线可以根据需要考虑）等，而不考虑地表面下的各种管线（如下水道、自来水管、井盖等）及构筑物等。

在经取舍后的地形图上绘制地籍要素，即可完成地籍图的绘制。其中，地籍要素包括宗地界址点与界址线、地籍号注记、土地权属主名称、土地利用现状分类代码等内容。CASS 提供了“绘制权属线”功能模块，用于绘制地籍要素。

8.2.1　绘制权属线

权属线，又称界址线，是土地权属界址线的简称，指相邻宗地之间的分界线。权属线的转折点，即拐点，称为界址点。在进行宗地权属调查时，界址点应由宗地相邻双方指界人在现场共同认定，确认的界址点上要设置永久固定界标，进行编号。

CASS 中提供了 3 种绘制权属线的命令，即直接绘制权属线、复合线转为权属线和依权属文件绘制权属线。在使用上述命令绘制权属线之前，应先进行地籍参数设置。

1. 地籍参数设置

在快速访问工具栏选择“显示菜单栏”选项，单击“文件”菜单项，在弹出的菜单中执行“CASS 参数设置”命令(CASSSETUP),或在“功能区”选项板中,选择“文件”选项卡中的“配置”面板,单击“CASS 参数设置”按钮,系统弹出“CASS 参数设置”对话框，单击左侧栏的“地籍参数”的折叠按钮，弹出的下拉列表包括“地籍图及宗地图”“界址点”“地籍成果管理”等选项。选择“地籍图及宗地图”选项，窗口的右侧栏显示相应的设置选项，如图 8-1 所示。

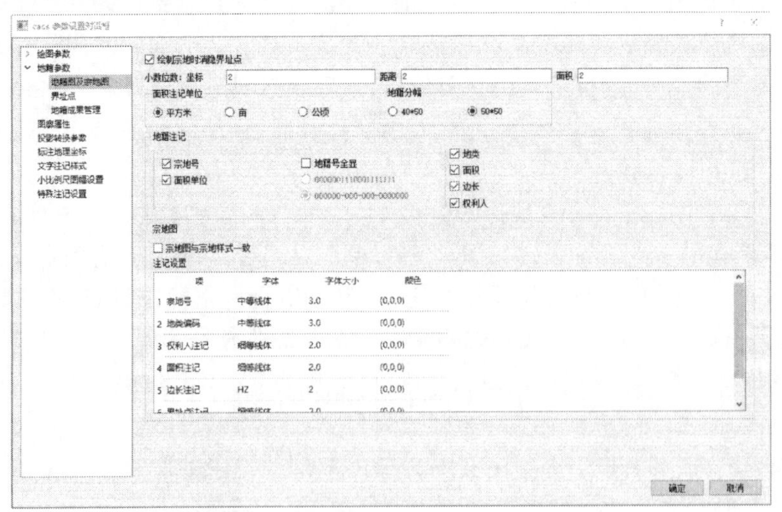

图 8-1　“地籍图及宗地图”参数设置

在图 8-1 中，各选项栏的功能如下：

（1）地籍图及宗地图：设置地籍图及宗地图中显示的坐标、距离、面积的小数位数、面积注记单位、地籍分幅方式、地籍注记内容（包括是否注记宗地号、地类、面积、面积单位、边长、权利人等）、是否消隐界址点，以及宗地图中各注记项的字体、大小和颜色等信息。其中，勾选地籍注记一栏中的“宗地号”复选框，系统在绘制地籍图和宗地图时显示宗地号，若再勾选“地籍号全显”复选框，其下方两个单选按钮（0000001110001111111 和 000000-000-000-0000000）处于可选状态，任选其一可以确定地籍号的全显方式（共有 19 位码，前 6 位代表县级行政区，第 7～9 位代表地籍区，第 10～12 位代表地籍子区，后 7 位为宗地号）；若不勾选“地籍号全显”复选框，则仅显示 7 位编码的宗地号（其中，第 1、2 位分别表示土地所有权类型和宗地特征码，后 5 位为宗地顺序号）。

（2）界址点：设置绘制权属时是否标注界址点号、界址点前缀、界址点起始点位置、界址点编号方式、界址点编号方向、界址点成果表输出格式等信息。其中，界址点编号默认是街坊内编号，即相邻两宗地的界址点编号是连续的；若选择“宗地内编号”选项，则每一宗地的界址点编号都从 1 开始。

（3）地籍成果管理：设置地籍表格默认保存路径。

2. 绘制权属线

在快速访问工具栏选择“显示菜单栏”选项，单击“地籍”菜单项，在弹出的菜单中执行“绘制权属线”命令（JZLINE），或在“功能区”选项板中，选择“地籍”选项卡中的“权属线”面板，单击“绘制权属线”按钮，命令行显示“第一点：<[跟踪 T/区间跟踪 N]>”，直接输入界址点坐标或者打开对象捕捉模式精确捕捉图上点位，也可以单击“跟踪”或“区间跟踪”命令选项，沿一条已有的线绘制权属线。所有点输入完毕后，若需要闭合多边形，则输入“C”并按 Enter 键，否则直接按 Enter 键，系统弹出“权属区属性”对话框，如图 8-2 所示。

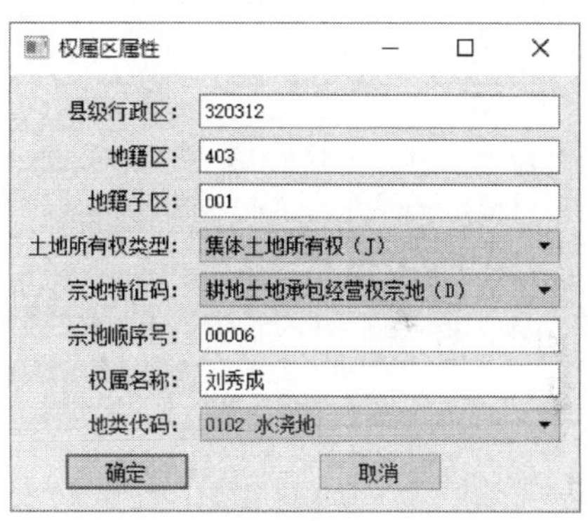

图 8-2　“权属区属性”对话框

在图 8-2 中，各选项功能如下：

（1）县级行政区：指行政区划数字代码。即按照《中华人民共和国行政区划代码》（GB/T 2260—2007）所采用的三层六位数字码。其中：

第一层（即第一、二位）表示省（自治区、直辖市、特别行政区）。

第二层（即第三、四位）表示市（地区、自治州、盟、直辖市所属市辖区和县的汇总码），其中，01～20、51～70 表示市，01、02 还用于表示直辖市所属市辖区、县汇总码；21～50 表示地区（自治州、盟）；90 表示省（自治区）直辖县级行政区划汇总码。

第三层（即后两位）表示县（自治县、县级市、旗、自治旗、市辖区、林区、特区），其中，01～20 表示市辖区，地区（自治州、盟）辖县级市，市辖特区以及省（自治区）直辖县级行政区划中的县级市，01 通常表示市辖区汇总码；21～80 表示县、自治县、旗、自治旗、林区、地区辖特区；81～99 表示省（自治区）辖县级市。

（2）地籍区：又称街道，是指在县级行政辖区内，以乡（镇）、街道办事处或城市社区为基础结合明显线性地物划分的稳定区域，并按《县级以下行政区划代码编制规则》（GB/T 10114-2003），采用三位数字构成的系列顺序码。其中：001～099 表示街道（地区）；100～199 表示镇（民族镇）；200～399 表示乡、民族乡、苏木；代码区间 001～399 以外可以自行定义，如“江苏省徐州市铜山区新区街道”的行政区划代码是 320312（其中 32 指江苏省，03 指徐州市，12 指铜山区），地籍区代码是 051。

（3）地籍子区：又称街坊，是指在地籍区内，以行政村、居委会或街坊为基础结合明显线性地物划分的稳定区域，也采用三位数字构成的系列顺序码。

（4）土地所有权类型：包括国家土地所有权（G）、集体土地所有权（J）和土地所有权争议（Z）3 种。

（5）宗地特征码：包括集体土地所有权宗地（A）、地表建设用地使用权宗地（B）、地上建设用地使用权宗地（S）、地下建设用地使用权宗地（X）、宅基地使用权宗地（C）、耕地土地承包经营权宗地（D）、林地使用权宗地（E）、草原使用权宗地（F）、使用权未确定或有争议的土地（W）、其他类型宗地（Y）10 种。

（6）宗地顺序号：指宗地的流水号，一般在地籍子区范围内按“从西到东、从北到南”的原则编制宗地顺序号。在实际权属线绘制过程中，系统自动累加宗地顺序号。

（7）权属名称：又称权属主，指宗地权利人。

（8）地类代码：指《土地利用现状分类》（GB/T 21010—2017）列举的 73 个二级类的数字编码。例如，水浇地的地类代码是 0102。

上述信息输入完毕后，单击“确定”按钮，命令行显示“输入宗地号注记位置：”，移动鼠标至合适位置或直接捕捉图形的几何中心标志*，系统完成权属线绘制。绘制结果如图 8-3 所示。

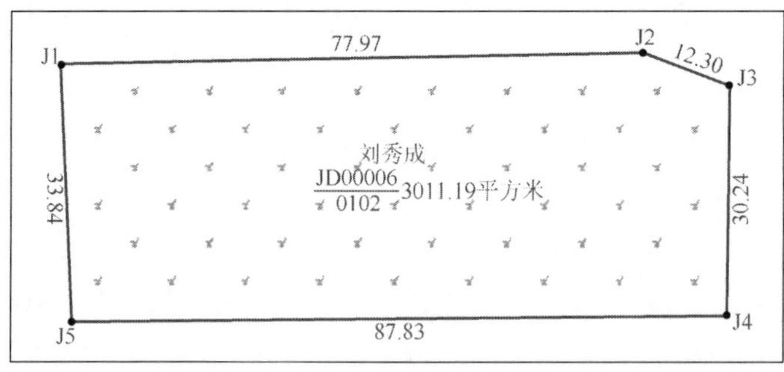

图 8-3　绘制权属线

注：“绘制权属线”命令有自动闭合和自动追踪功能。当用户输入最后一个界址点时，若未选择“闭合”命令选项，而是直接按 Enter 键结束绘制，自动闭合功能可以自动连接首末界址点，令权属线自动闭合，并在首末界址点处显示红色圆圈（可使用 REGEN 命令加以消除）以示自动闭合。若新绘制宗地的权属线与已绘制宗地之间有公共权属线，则可采用对象捕捉方式，令公共权属线的两端点作为新绘权属线的首末点，自动追踪功能将自动追踪首末点之间的权属线，形成一条完整的权属线。

另外，绘制权属线时，定位界址点除了上述输入点坐标、捕捉已有点等方式之外，还可以采用“点号定位”方式（操作方法见 7.1.1 节），并通过 P 键在“点号定位”与“坐标定位”之间进行任意切换。

3. 复合线转为权属线

该功能用于将图上已有复合线转为权属线，要求所选的复合线为封闭复合线，否则命令行提示“请选择要转换的封闭复合线：该实体不是封闭复合线”，但对复合线的所在图层、颜色不做要求。命令执行过程如下：

在快速访问工具栏选择“显示菜单栏”选项，单击“地籍”菜单项，在弹出的菜单中执行“复合线转为权属线”命令（PLTOJZLINE），或在“功能区”选项板中，选择“地籍”选项卡中的“权属线”面板，单击“复合线转为权属线”按钮，选择要转换的封闭复合线，系统将弹出“权属区属性”对话框（图 8-2）；完成属性设置后，单击“确定”按钮，移动鼠标并单击确定宗地号注记位置，系统自动将复合线转为权属线，并按“地籍参数设置”添加界址点点号、界址点圆圈、权属线边长、地籍注记等内容。

4. 依权属文件绘权属图

在快速访问工具栏选择“显示菜单栏”选项，单击“地籍”菜单项，在弹出的菜单中执行“依权属文件绘权属图”命令（HQST），或在“功能区”选项板中，选择“地籍”选项卡中的“权属线”面板，单击“依权属文件绘权属图”按钮，系统弹出“输入权属信息数据文件名”对话框，选择相应的权属信息文件，单击“确定”按钮，命令行提示“输入范围（宗地号.街坊号或街道号）<全部>：”，直接按 Enter 键，系统将绘制权属信息文件中的所有宗地；若输入宗地号（19 位码）、街坊号（12 位码）或街道号（9 位码），则可以绘制某一宗地或某一街坊、街道所属的全部宗地。

该功能可以批量绘制权属界线，绘制过程无须人工干预，是一种高效、便捷的绘制方法。使用该命令前，需要编辑、生成权属信息文件（扩展名是“.qs”）。该文件包括宗地号、权属名称、地类代码、界址点号及其坐标等，主要用于绘制权属图和输出各种地籍报表。其格式如下：

宗地号
权属名称
地类代码
界址点号
界址点坐标 *Y*（东方向）
界址点坐标 *X*（北方向）
…
E
…
E

格式说明如下：

（1）第一个“…”代表第一宗地的其余界址点号及其坐标 *Y*、*X*，每一个界址点包含 3 行数据，即界址点号、界址点坐标 *Y*（东方向）和界址点坐标 *X*（北方向）。

（2）第一个字母“E”为当前宗地的结束标志，即从宗地号开始到“E”包含了当前宗地的所有权属信息数据。每一个宗地均以宗地号开始，以“E”作为宗地结束标志。

（3）第二个“…”代表其余宗地的权属信息数据。

（4）最后一个字母“E”为文件结束标志。

（5）界址点坐标的单位为米。每块宗地结束行的字母 E 后面是可选项，表示宗地面积，用逗号隔开，使用“用界址线生成权属”功能生成的权属信息文件有此项。

（6）文件中各界址点坐标 Y、X 的小数位数与地籍参数设置对话框中的坐标小数位数保持一致。

注：使用“依权属文件绘权属图”命令绘制权属图时，若权属线显示不完整，输入“REGEN”进行刷新即可显示完整；特殊情况下，若绘制的权属图未注记界址点号，执行 RECASS 命令重构所有实体，也可以选择“地籍”|“注记界址点点名”|“全图注记”菜单项，或“地籍”|“宗地重构”菜单项，即可显示界址点名。

8.2.2 生成权属文件

CASS 提供了 4 种常用的权属信息文件的生成方法，分别介绍如下。

1. *权属合并*

此功能根据权属引导文件和界址点坐标数据文件生成权属信息文件。操作过程如下：

在快速访问工具栏选择“显示菜单栏”选项，单击“地籍”菜单项，在弹出的菜单中执行“权属文件生成”|“权属合并”命令（QSHB），或在“功能区”选项板中，选择“地籍”选项卡中的“权属文件”面板，单击“权属合并”按钮，在弹出的“输入权属引导文件名”对话框中，选择权属引导文件名（扩展名是“.yd”），单击“打开”按钮；系统弹出“输入坐标点（界址点）数据文件名”对话框，选择相应的数据文件名（一般与权属引导文件同名，扩展名为“.dat”），单击“打开”按钮；系统弹出“输入地籍权属信息数据文件名”对话框，选择合适的保存路径并输入权属信息文件名，单击“保存”按钮，系统将按上述两个文件自动生成权属信息文件。

在命令执行过程中，若命令行显示“权属合并完毕！”，表明“权属合并”命令在执行过程中未出现错误，成功生成权属信息文件；若提示“点名###不存在”，则说明权属引导文件中的宗地界址点与坐标数据文件不匹配，权属信息文件生成失败。

权属合并功能需要用户提供权属引导文件和坐标数据文件（文件格式详见 6.4.2 节），前者用以提供各个宗地的权属信息及界址点信息，由手工编辑而成，其文件格式如下：

宗地号，权属名称，土地类别，界址点号，界址点号，…，界址点号，E

宗地号，权属名称，土地类别，界址点号，界址点号，…，界址点号，E

…

宗地号，权属名称，土地类别，界址点号，界址点号，…，界址点号，E

E

说明：

（1）宗地号按“6 位行政区划代码+3 位地籍区号+3 位地籍子区号+2 位特征码+5 位顺序号”19 位码表示。

（2）每一行的字段之间以半角逗号“，”作为分隔符。

（3）每一行末尾的字母 E 为宗地结束标志。

（4）最后一行的字母 E 为文件结束标志。

2. 由图形生成

在快速访问工具栏选择“显示菜单栏”选项，单击“地籍”菜单项，在弹出的菜单中执行“权属文件生成”|“由图形生成”命令（HANDQS），或在“功能区”选项板中，选择“地籍”选项卡中的“权属文件”面板，单击“由图形生成”按钮，命令行显示“请选择：[(1)界址点号按序号累加/(2)手工输入界址点号]<1>”。

其中，若选择“（1）界址点号按序号累加”选项，则当生成权属信息文件时，每一宗地的界址点号均按输入顺序依次累加，且每一宗地的第一个界址点号为 1；若选择“（2）手工输入界址点号”选项，则每次输入界址点后，系统将提示用户“输入代码：”，即指定界址点号。

单击相应的选项，在弹出的对话框中输入地籍权属信息数据文件名，单击“保存”按钮。根据系统提示依次输入宗地号（19 位码）、权属主、地类号等信息，命令行提示“指定点：<回车结束>”，按直接输入坐标或捕捉已有点的方式依次指定界址点。

当前宗地所有点指定完毕后，按 Enter 键结束当前宗地权属信息的录入，命令行提示“选择：[(1)继续下一宗地/(2)退出]<1>”，直接按 Enter 键或选择“（1）继续下一宗地”选项，则继续下一宗地的权属信息录入；若选择“（2）退出”选项，则结束当前命令，系统自动生成权属信息文件。

3. 由复合线生成

在快速访问工具栏选择“显示菜单栏”选项，单击“地籍”菜单项，在弹出的菜单中执行“权属文件生成”|“由复合线生成”命令（PLINEQS），或在“功能区”选项板中，选择“地籍”选项卡中的“权属文件”面板，单击“由复合线生成”按钮，在弹出的对话框中，输入地籍权属信息数据文件名并单击“保存”按钮，命令行显示“选择复合线（回车结束）：”。

选择封闭的复合线，若所选线不满足要求，则命令行提示“请选择封闭复合线”。依次输入行政区划代码（6 位）、地籍区（3 位）、地籍子区（3 位）、宗地号（2 位特征码+5 位顺序号）、权属主、地类号等信息，命令行显示“该宗地已写入权属信息文件！”，表明当前宗地的权属信息写入成功。

选择下一复合线，重复按上述步骤，直至把所有宗地权属信息全部写入权属信息文件，最后按 Enter 键结束命令。

4. 由界址线生成

在快速访问工具栏选择“显示菜单栏”选项，单击“地籍”菜单项，在弹出的菜单中执行“权属文件生成”|“由界址线生成”命令（JIEZHIQS），或在“功能区”选项板中，选择“地籍”选项卡中的“权属文件”面板，单击“由界址线生成”按钮，在弹出的对话框中，输入地籍权属信息数据文件名并单击“保存”按钮，命令行显示“[(1)手工选择界址线/(2)指定区域边界]<1>”。

选择“（1）手工选择界址线”选项，可以采用点选、窗口、窗交或栏选等方式选择界址线，选择“(2) 指定区域边界”选项，则可通过指定区域边界，选择位于区域内的所有界址线。系统默认第 1 种方式，直接按 Enter 键，根据命令行提示选择对象，系统自动生成所选界址线权属信息文件，并提示用户“共读入###块宗地”。

除了上述 4 种方式之外，CASS 还提供了“权属信息文件合并”功能，通过一次性选择多个权属信息文件，并指定新生成的权属信息文件名，将多个权属文件信息合并到新的权属文件中。

实例 8-1　根据坐标数据文件 South.DAT 及其权属引导文件 South.yd 绘制地籍图。

1）生成平面图

在快速访问工具栏选择“显示菜单栏”选项，单击“绘图处理”菜单项，在弹出的菜单中执行“简码识别”命令（BMSB），或在“功能区”选项板中，选择“绘制处理”选项卡中的“快速成图”面板，单击“简码识别”按钮，命令行显示“绘图比例尺 1：<500>”，按 Enter 键确认，在弹出的“输入简编码坐标数据文件名”对话框中，选择 CASS 安装目录下的“\DEMO\ South.DAT”文件，完成平面图绘制。

2）生成权属信息文件

在“功能区”选项板中，选择“地籍”选项卡中的“权属文件”面板，单击“权属合并”按钮，在弹出的“输入权属引导文件名”对话框中，选择 CASS 安装目录下的“\DEMO\ South.yd”文件（图 8-4），单击“打开”按钮，并在“输入坐标点（界址点）数据文件名”对话框中，选择同一目录下的“South.DAT”文件，单击“打开”按钮；在系统弹出的“输入地籍权属信息数据文件名”对话框中，选择默认保存路径并输入权属信息文件名“South”，单击“保存”按钮，系统生成权属信息文件“South.qs”。

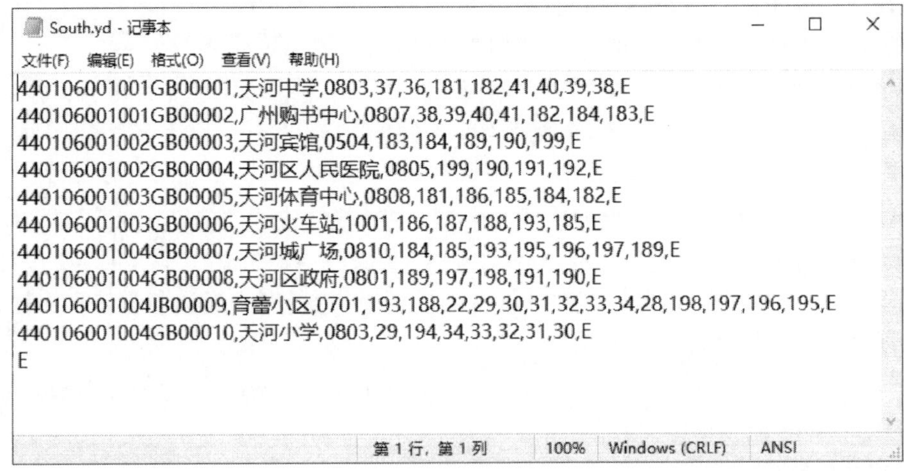
South.yd - 记事本
文件(F) 编辑(E) 格式(O) 查看(V) 帮助(H)
440106001001GB00001,天河中学,0803,37,36,181,182,41,40,39,38,E
440106001001GB00002,广州购书中心,0807,38,39,40,41,182,184,183,E
440106001002GB00003,天河宾馆,0504,183,184,189,190,199,E
440106001002GB00004,天河区人民医院,0805,199,190,191,192,E
440106001003GB00005,天河体育中心,0808,181,186,185,184,182,E
440106001003GB00006,天河火车站,1001,186,187,188,193,185,E
440106001004GB00007,天河城广场,0810,184,185,193,195,196,197,189,E
440106001004GB00008,天河区政府,0801,189,197,198,191,190,E
440106001004JB00009,育蕾小区,0701,193,188,22,29,30,31,32,33,34,28,198,197,196,195,E
440106001004GB00010,天河小学,0803,29,194,34,33,32,31,30,E
E
第 1 行，第 1 列　100%　Windows (CRLF)　ANSI

图 8-4　权属引导文件 South.yd

3）绘制权属线

在“功能区”选项板中，选择“地籍”选项卡中的“权属线”面板，单击“依权属文件绘权属图”按钮，系统弹出“输入权属信息数据文件名”对话框，选择“South.qs”文件，单击“确定”按钮，命令行提示“输入范围（宗地号.街坊号或街道号）<全部>：”，直接按 Enter 键，系统将绘制权属信息文件中的所有宗地，如图 8-5 所示。

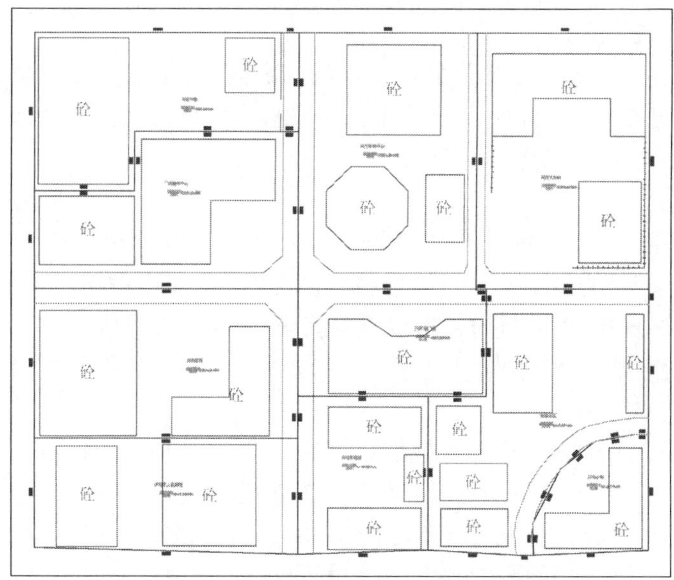

图 8-5　根据权属信息文件绘制的地籍图

8.2.3　界址点修改与编辑

1. 界址点编辑

在快速访问工具栏选择“显示菜单栏”选项，单击“地籍”菜单项，在弹出的菜单中选择“界址点编辑”菜单项，其子菜单及其相应的面板按钮如图 8-6 所示。

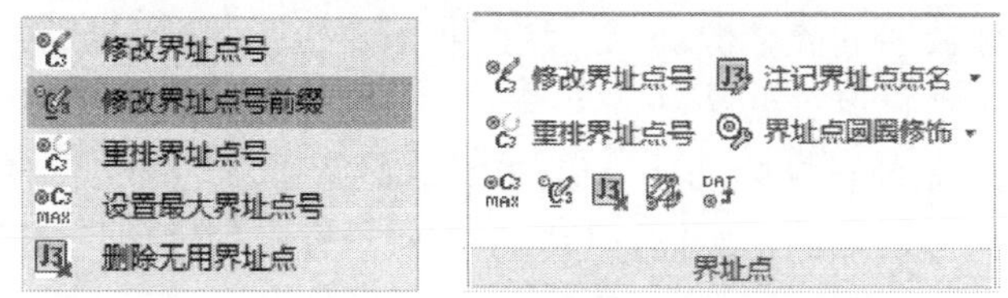

图 8-6　“界址点编辑”子菜单及其面板按钮

1）修改界址点号

“修改界址点号”命令用于修改界址点的点号注记。执行该命令时，命令行提示“选择对象”，采用点选方式，或采用窗口、窗交、栏选等方式选择待修改的界址点，右击确定选择，在命令行输入新的点号注记并按 Enter 键，完成界址点号的修改。若选择的界址点为多个，则逐一输入对应的新点号并按 Enter 键确认修改；若直接按 Enter 键则中止当前命令执行。

警告

已存在号码为J211的界址点
坐标: X=30736.640 Y = 39680.690

OK

图 8-7　“警告”对话框

界址点号具有唯一性，若修改后的新点号在地籍图中已经存在，则系统弹出“警告”对话框，如图 8-7 所示。

注：虽然双击界址点号，也可令其进入编辑状态，修改界址点号，但无法修改该界址点的“界址点号”属性值，因此，此种修改方式无效。

2）修改界址点号前缀

“修改界址点号前缀”命令用于添加、删除或修改界址点点号前缀。执行命令时，在命令行输入固定界址点号前缀字母并按 Enter 键，然后选择待修改的界址点并按 Enter 键确认选择，系统自动完成点号前缀的修改。

3）重排界址点号

执行“重排界址点号”命令，系统弹出“本功能将批量改变界址点名，是否继续？”信息框，若单击“否”按钮，则中止命令执行；若单击“是”按钮，命令行显示“[(1)手工选择按生成顺序重排/(2)区域内按生成顺序重排/(3)区域内按从上到下从左到右顺序重排/(4)界址点定向重排]<1>”，默认选项为（1），即“手工选择按生成顺序重排”。

各命令选项功能如下：

（1）“（1）手工选择按生成顺序重排”选项：通过点选或采用窗口、窗交、栏选等方式选择界址点对象，并输入界址点号起始值，对所选界址点号进行重排。重排后的界址点起点位置及编号方向与绘制权属线时的 CASS 地籍参数（包括界址点起点位置、界址点编号方向）保持一致。若选择多个宗地进行界址点编号重排，则该选项重排结果与“（2）区域内按生成顺序重排”相同。

（2）“（2）区域内按生成顺序重排”选项：通过指定区域边界、输入界址点号起始值，将区域范围内的所有宗地按照绘制的先后顺序重排界址点号。重排后的界址点起点位置及编号方向与“（1）手工选择按生成顺序重排”选项相同。

（3）“（3）区域内按从上到下从左到右顺序重排”选项：通过指定区域边界、输入界址点号起始值，将区域范围内所有宗地按照先上后下、先左后右的顺序重排界址点号。该选项重排后的界址点号起点位置均为“从西北角开始”，界址点编号方向为“顺时针方向”，而与 CASS 地籍参数设置无关。

（4）“（4）界址点定向重排”选项：通过指定宗地界址线的起点、终点及其前进方向，令界址点号按照设定界址点的起始位置和编号方向进行定向排列，每次仅能重排一宗地的界址点号。

4）设置最大界址点号

执行“设置最大界址点号”命令，命令行返回当前的最大界址点号，若需重新设置，则输入新的最大界址点号并按 Enter 键确认（直接按 Enter 键不做修改）。设置完毕后，则下一宗地的起始界址点号等于新的最大界址点号加 1。

5）删除无用界址点

执行“删除无用界址点”命令，系统弹出“本功能将删除全部无界址线通过的界址点圆圈，是否继续？”信息框，若单击“是”按钮，系统自动删除当前图形中无界址线通过的界址点圆圈及其点号注记，并在命令行提示“共删除###个无用界址点圆圈”；若单击“否”按钮，则退出当前命令。

注：该功能并不同时删除地籍注记。

2. 注记界址点点名

在“功能区”选项板中，选择“地籍”选项卡中的“界址点”面板，单击“注记界址点点名”按钮右侧的下三角按钮▾，在弹出的下拉菜单中，包括全图注记、局部注记和删除注记3 个按钮。

其功能分别如下：

（1）全图注记：执行该命令，命令行提示“是否控制注记密度，（Y）是，（N）否<N>：”，若按 Enter 键，则不考虑注记密度，直接注记当前图形中所有宗地的界址点名；若输入“Y”并按 Enter 键，命令行显示“请输入需要注记的最短距离，<10.0>米：”，输入注记之间的最短距离值并按 Enter 确认，完成界址点名注记。

（2）局部注记：与全图注记命令功能相同，区别之处在于，该命令仅注记所选宗地的界址点点名。

（3）删除注记：执行该命令，按点选或窗口、窗交或栏选等方式选择界址点点名，将删除所选注记。即使所选对象包括其他图形实体，如长度、地籍注记或界址线等，该命令也仅删除界址点点名注记。

实例 8-2　为实例 8-1 绘制的地籍图注记界址点点名增加界址点前缀“J”，按生成顺序重排界址点点号（界址点号起始值为 1）。

（1）在快速访问工具栏选择“显示菜单栏”选项，单击“地籍”菜单项，在弹出的菜单中选择“注记界址点点名”|“全图注记”菜单，或在“功能区”选项板中，选择“地籍”选项卡中的“界址点”面板，单击“注记界址点点名”按钮右侧的下三角按钮，在弹出的下拉菜单中单击“全图注记”按钮，按 Enter 键完成所有宗地界址点点名的注记。

（2）在“功能区”选项板中，选择“地籍”选项卡中的“界址点”面板，单击“修改界址点点号前缀”按钮，在命令行输入“J”并按 Enter 键，框选所有宗地并右击，完成界址点点号前缀的添加。

（3）在“功能区”选项板中，选择“地籍”选项卡中的“界址点”面板，单击“重排界址点号”按钮，在弹出的 CASS 信息框中单击“是”按钮；直接按 Enter 键或单击“（1）手工选择按生成顺序重排”选项，命令行提示“选择对象”；框选所有宗地的界址点对象，在命令行输入界址点起始值 1 并按 Enter 键确认，完成界址点点号重排。

最终结果（局部）如图 8-8 所示。

3. 界址点圆圈修饰

在“功能区”选项板中，选择“地籍”选项卡中的“界址点”面板，单击“界址点圆圈修饰”按钮右侧的下三角按钮，在弹出的下拉菜单中包括“圆圈剪切”“生成消隐”和“取消消隐”3 个按钮。其功能分别如下：

（1）圆圈剪切：剪切掉界址点圆圈内的界址线，使其符合制图规范。一般情况下，该命令在地籍图打印输出时使用。

（2）生成消隐：该命令的视图效果同圆圈剪切，但并未剪切界址线，不会影响到权属线的整体性及界址点的修改、编辑。

（3）取消消隐：生成消隐的逆命令，恢复消隐前的视图状态。

4. 调整宗地内界址点顺序

该命令用于调整宗地内界址点成果输出时的先后顺序，即在不改变地籍图上界址点号的情况下，令输出表格（如界址点成果表、宗地图的界址点坐标表等）的界址点顺序发生改变。

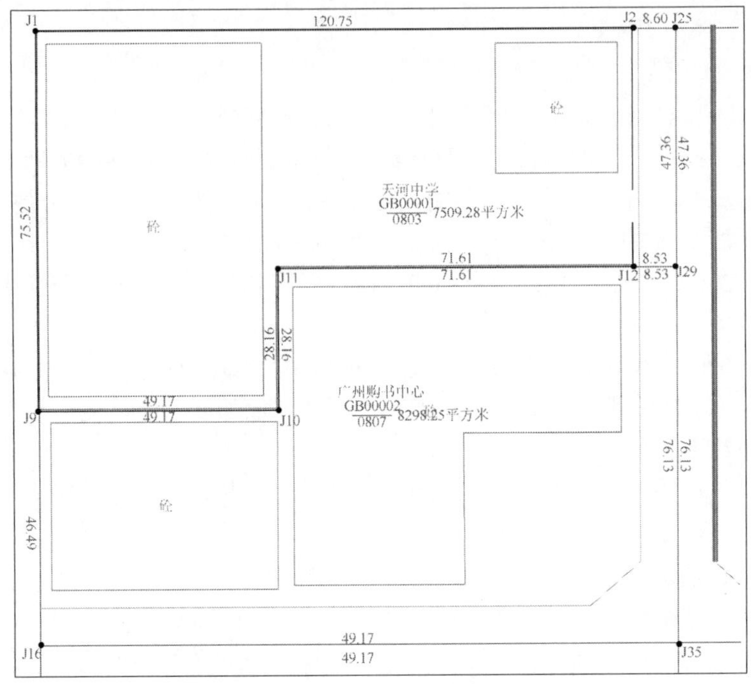

图 8-8　修改后的 SOUTH 地籍图（局部）

在快速访问工具栏选择“显示菜单栏”选项，单击“地籍”菜单项，在弹出的菜单中选择“调整宗地内界址点顺序”菜单，或在“功能区”选项板中，选择“地籍”选项卡中的“界址点”面板，单击“调整宗地内界址点顺序”按钮，选择待修改的宗地并确认，命令行提示“请选择指定界址线起点方式：[(1)西北角/(2)手工指定]<1>”，根据需要单击相应的选项；命令行将显示“请选择界址点排列方式：[(1)逆时针/(2)顺时针]<2>”，确认选择界址点排列方式后，若界址线起点方式为“（1）西北角”，则系统自动完成顺序调整；若选择“（2）手工指定”，则还需要指定界址线的起点位置，才能实现界址点顺序的调整。

5. 界址点生成数据文件

该命令以宗地为单位将图上已有界址点生成为地籍权属信息文件。命令执行时，通过点选或窗口、窗交或栏选等方式选择一宗地或多宗地，右击确认选择，在弹出的“输入地籍权属信息数据文件名”对话框中，选择合适的保存路径并输入文件名，单击“保存”按钮，即可生成数据文件。

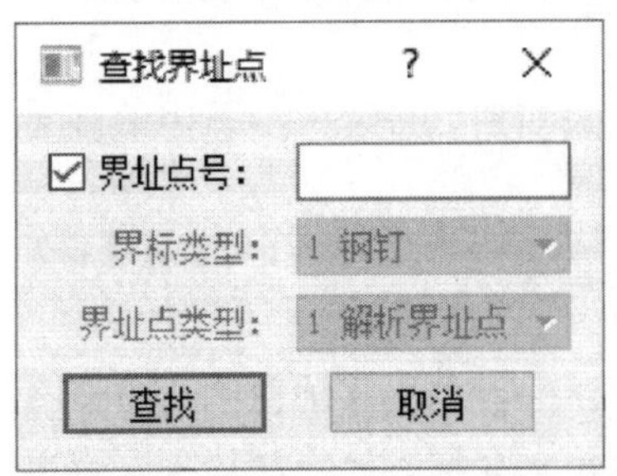

图 8-9　“查找界址点”对话框

6. 查找界址点

在快速访问工具栏选择“显示菜单栏”选项，单击“地籍”菜单项，在弹出的菜单中执行“查找界址点”命令（CZJZD），或在“功能区”选项板中，选择“地籍”选项卡中的“属性读入/输出”面板，单击“查找界址点”按钮，系统弹出“查找界址点”对话框，如图 8-9 所示。

系统默认以“界址点号”为检索条件查找界址点。在界址点号文本框中输入待查点号，单击“查找”按钮，系统开始查找界址点。若查找结果唯一，则自动定位至该点且令其居中显示；查找结果有多个时，系统弹出“查找结果”对话框，列表显示所有的界址点及其坐标，单击任意一个界址点，图形自动缩放后居中定位至该点；若查找结果为“空”，则系统弹出信息框，提示“没有指定的界址点！”。该功能支持模糊查找，含有检索条件值的界址点号都作为检索结果显示出来，供用户选择。若检索条件为“空”，单击“查找”按钮，系统将显示列表所有的界址点号。

除上述查找方式之外，单击“界址点号”复选框，取消复选标记，可以通过选择界标类型和界址点类型进行联合查找。

8.2.4　绘制地籍表格

CASS 输出或绘制的地籍表格包括：

（1）界址点成果表（图面）。

（2）单个界址点成果表。

（3）批量输出界址点成果表。

（4）界址点坐标表。

（5）以地籍子区为单位界址点坐标表。

（6）以地籍区为单位宗地面积汇总表。

（7）城镇土地分类面积统计表。

（8）单个地籍调查表。

（9）批量输出地籍调查表。

（10）城镇建筑密度统计表。

（11）城镇容积率统计表。

（12）地籍区面积统计表。

（13）地籍子区面积统计表。

（14）面积分类统计表。

（15）地籍区面积分类统计表。

（16）地籍子区面积分类统计表。

下面以常用的界址点坐标表为例，说明其操作过程。

在快速访问工具栏选择“显示菜单栏”选项，单击“地籍”菜单项，在弹出的菜单中执行“绘制地籍表格”|“界址点坐标表”命令（JZDZB），或在“功能区”选项板中，选择“地籍”选项卡中的“表格”面板，单击“成果统计表”按钮右侧的下三角按钮，在弹出的下拉菜单中选择“界址点坐标表”按钮，移动鼠标至合适位置单击指定表格的左上角点，命令行显示“请选择定点方法[(1)选取封闭复合线/(2)逐点定位]<1>”，选择定点方法或在命令行输入选项号并按 Enter 键确认。

若选择“（1）选取封闭复合线”选项，则在图面上选择复合线或宗地，系统自动生成界址点坐标表，按 Esc 键退出命令；若选择“（2）逐点定位”选项，则需要先打开对象捕捉功能且对象捕捉模式设为“圆心”，然后移动光标逐一指定界址点，界址点坐标表将动态显示新添界址点的坐标，结束时按 Enter 键，系统自动追加首界址点坐标。

以图 8-5 的地籍图为例，选择 GB00001 号宗地，其界址点坐标表如表 8-1 所示。

表 8-1　界址点坐标表

点号	*X*	*Y*	加长
37	30299.73	40049.67	
			120.75
36	30299.73	40170.41	
			8.60
181	30299.75	40179.01	
			47.36
182	30252.39	40178.95	
			8.53
41	30252.36	40170.42	
			71.61
40	30252.38	40098.81	
			28.16
39	30224.22	40098.81	
			49.17
38	30224.21	40049.65	
			75.52
37	30299.73	40049.67	
S=7509.28 平方米 合 11.26 亩			

注：按“（1）选取封闭复合线”选项生成的界址点坐标表中，点号顺序与界址点绘图顺序一致，而与界址点的起点位置、界址点编号方向等无关；若使用过“调整宗地内界址点顺序”命令，则按调整后的界址点顺序输出。按“（2）逐点定位”选项生成的界址点坐标表中，点号采用 1，2，3，…进行顺序编号。

8.2.5　点之记

CASS 提供绘制“界址点点之记图”的功能，其操作过程如下：

1）插入点之记图框

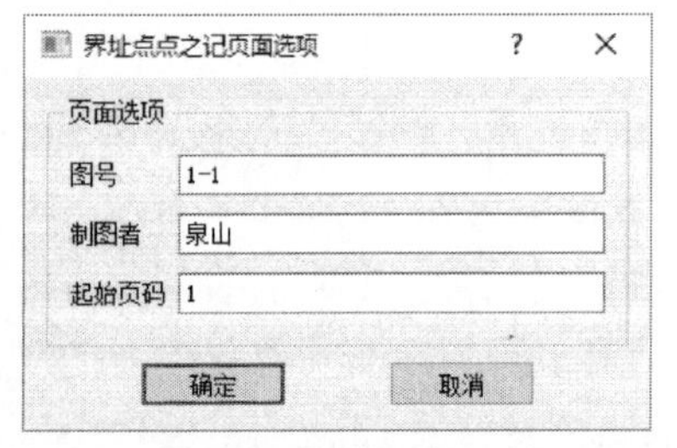

图 8-10　“界址点点之记页面选项”对话框

在快速访问工具栏选择“显示菜单栏”选项，单击“地籍”菜单项，在弹出的菜单中执行“界址点点之记图”|“插入点之记图框”命令，或在“功能区”选项板中，选择“地籍”选项卡中的“点之记”面板，单击“插入点之记图框”按钮，指定第一个点之记的存放位置，系统弹出“界址点点之记页面选项”对话框（图 8-10），输入图号、制图者和起始页码，单击“确定”按钮，系统在指定位置插入点之记图框。

需要注意的是，执行“插入点之记图框”命令，系统将在指定点插入 1 页点之记图框，可为 4 个界址点创建点之记。当界址点数量超过 4 个时，无须再次执行该命令，系统自动在当前页右侧添加一页。若当前图形中已插入点之记图框，执行上述命令时，系统将弹出 AutoCAD 信息框，提示用户“已经指定过点之记的位置，是否重新指定？”，单击“是”按钮，将删除所有点之记。

2）绘制点之记图

在“功能区”选项板中，选择“地籍”选项卡中的“点之记”面板，单击“绘制点之记图”按钮，拉框选择界址点，并指定点之记范围一角、另一角，命令行提示“绘制点之记方式[(1)框内全选/(2)手动选择]<1>”，系统默认选项为“(1) 框内全选”，直接按 Enter 键，系统自动将界址点点之记按照自上而下、自左向右的顺序绘制。若指定点之记范围内图形实体较多，为了图面显示简洁、清晰，则可单击“(2) 手动选择”选项，手动选择点之记图中显示的图形实体。

3）尺寸标注

在“功能区”选项板中，选择“地籍”选项卡中的“点之记”面板，单击“尺寸标注”按钮，打开对象捕捉功能，分别指定界址点和附近地物特征点，系统弹出“当前边长”对话框，显示两点之间的距离。允许用户输入实际边长值，若无须改变，则单击“确定”按钮完成尺寸标注。

以图 8-5 地籍图的界址点为例，部分界址点点之记如图 8-11 所示。

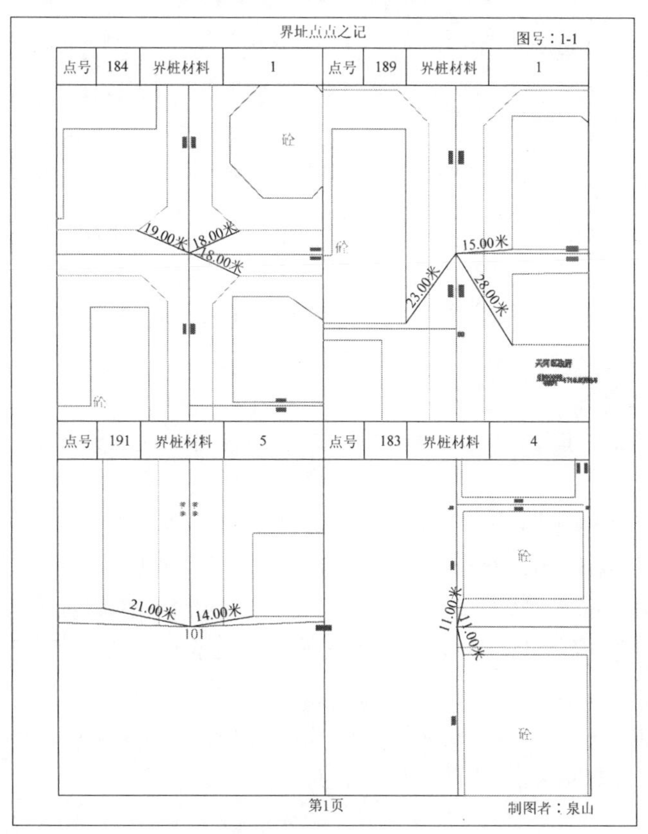

图 8-11　界址点点之记

在图 8-11 中，界桩材料的取值包括 1、2、3、4、5、6、9，分别代表钢钉、水泥桩、石灰桩、喷涂、瓷标志、无标志、其他。

8.3　绘制宗地图

8.3.1　宗地查找与编辑

1. 查找宗地

在快速访问工具栏选择“显示菜单栏”选项，单击“地籍”菜单项，在弹出的菜单中执行“查找宗地”命令（CZZD），或在“功能区”选项板中，选择“地籍”选项卡中的“属性读入/输出”面板，单击“查找宗地”按钮，系统弹出“查找宗地”对话框，如图 8-12 所示。

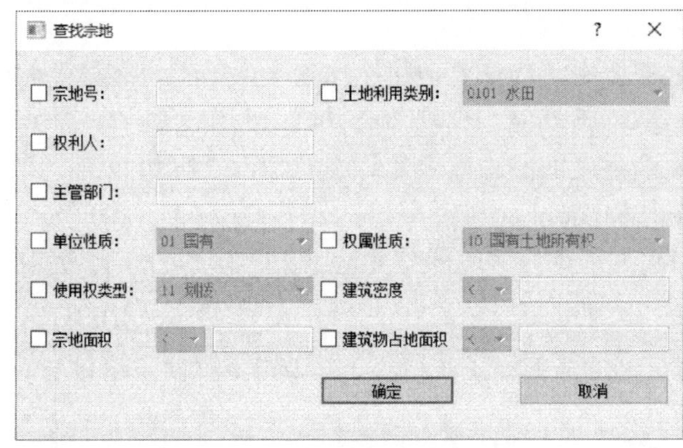

图 8-12　“查找宗地”对话框

图 8-12 中提供了包括宗地号、权利人、主管部门等在内的 10 种查找条件，可以采用单一检索条件或联合检索条件查找符合条件的宗地。勾选一个或多个检索条件复选框，输入相应的检索值，单击“确定”按钮，系统开始查找宗地并返回查找结果。其查找和返回结果的规则与查找界址点一致，在此不再赘述。

2. 宗地加界址点

在快速访问工具栏选择“显示菜单栏”选项，单击“地籍”菜单项，在弹出的菜单中执行“宗地加界址点”命令，或在“功能区”选项板中，选择“地籍”选项卡中的“宗地”面板，单击“宗地加界址点”按钮，移动鼠标至插入点位置并单击，或直接输入坐标并按 Enter 键，确定插入点位置，命令行提示“指定添加点的新位置：<原位置>”；启动对象捕捉并设置捕捉模式，指定新添加界址点的位置，或在命令行输入新点坐标值按 Enter 键确认，完成新界址点的添加。若直接按 Enter 键，则在指定插入点位置添加界址点。

新添加的界址点号等于当前最大界址点号+1。如需进一步调整界址点号，可使用“修改界址点号”或“重排界址点号”等命令实现。

3. 宗地合并

在快速访问工具栏选择“显示菜单栏”选项，单击“地籍”菜单项，在弹出的菜单中执行“宗地合并”命令，或在“功能区”选项板中，选择“地籍”选项卡中的“宗地”面板，单击“宗地合并”按钮，依次选择第一宗地及其相邻的第二宗地，在弹出的CASS信息框中单击“是”按钮，系统自动完成宗地的合并，同时删除合并后无界址线通过的界址点圆圈及点号注记，并添加地籍注记。

合并后的宗地号与第一宗地相同，其界址点号也重新排列。

4. 宗地分割

在快速访问工具栏选择“显示菜单栏”选项，单击“地籍”菜单项，在弹出的菜单中执行“宗地分割”命令，或在“功能区”选项板中，选择“地籍”选项卡中的“宗地”面板，单击“宗地分割”按钮，依次选择要分割的宗地及分割线（人工绘制的与宗地相交的复合线），系统自动将一宗地分割成两宗地。分割后的两宗地的宗地属性相同，需要使用“修改宗地属性”命令进行修改。

5. 宗地重构

宗地重构命令根据图上界址线重新生成图形。当宗地界址点或界址线发生移动时，执行该命令，可刷新界址线长度、宗地面积的地籍注记，并为移动后的界址点赋予新的界址点号，但并不删除旧界址点号。若要删除旧界址点号，需要执行“删除无用界址点”命令。

6. 宗地重排

宗地重排命令用于修改选中的宗地的编号信息。执行该命令时，系统弹出 CASS 信息框，提示用户“本功能将修改宗地编码，是否继续？”，单击“是”按钮，选择宗地对象，在弹出的“宗地编号重排”对话框中，输入宗地编号，并单击“确定”按钮，系统完成宗地编号的修改。该功能支持宗地编号批量修改，若选择多个宗地对象，新输入的宗地编号将被赋予左上角的宗地，其他宗地编号按照从左到右、自上而下的顺序自动累加。

8.3.2　宗地属性修改

1. 修改建筑物属性

在快速访问工具栏选择“显示菜单栏”选项，单击“地籍”菜单项，在弹出的菜单中选择“修改建筑物属性”菜单，其子菜单及其相应的面板按钮如图 8-13 所示。

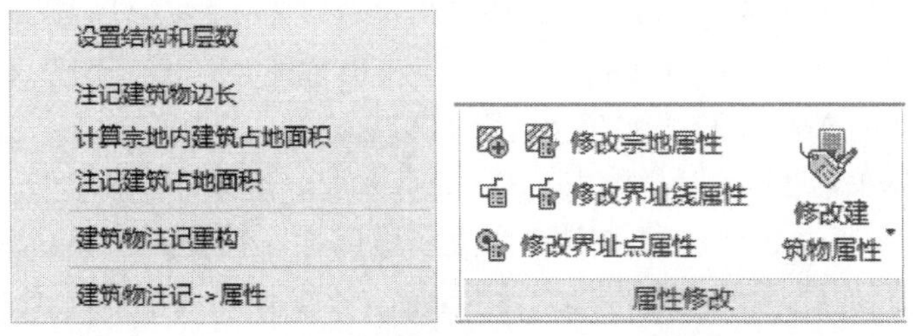

图 8-13　“修改建筑物属性”子菜单及其面板按钮

1）设置结构和层数

“设置结构和层数”命令用于重新设置建筑物的结构、层数、地下房屋层数、注记高度等信息。执行该命令时，点选或者框选建筑物对象，右击确认选择，在弹出的“建筑物信息”对话框（图 8-14）中，输入相应的信息并单击“确定”按钮，完成建筑物信息的重置。

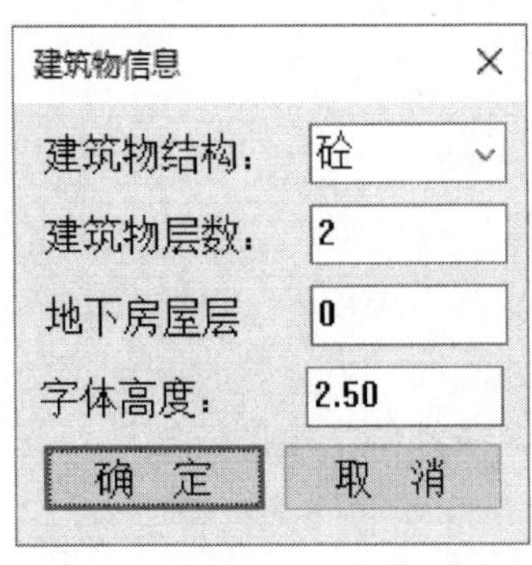

图 8-14 “建筑物信息”对话框

2）注记建筑物边长

执行“注记建筑物边长”命令，依次设置注记边长的最小阈值、注记字体、注记字高等信息，然后选择待注记的建筑物，系统自动注记建筑物边长。

3）计算宗地内建筑占地面积

“计算宗地内建筑占地面积”命令用于计算并显示宗地内所有建筑物的总面积。执行该命令时，单击宗地界址线，系统弹出 CASS 信息框，显示所选宗地的宗地号、宗地面积和建筑占地面积等信息。

4）注记建筑占地面积

“注记建筑占地面积”命令的功能是为建筑物添加面积注记、阴影线等内容。执行该命令，命令行显示“[(1)选目标/(2)选图层/(3)选指定图层的目标]<1>”。各选项含义如下：

（1）选目标：可采用点选方式或窗口、窗交、栏选等方式选择指定建筑物对象。

（2）选图层：要求用户指定图层名，则该图层中的所有闭合多边形对象都将注记面积。

（3）选指定图层的目标：通过既指定图层又选择目标的方式，可以提高选择注记对象的准确率。

单击相应的选项，选择注记对象，系统自动添加面积注记，同时命令行提示“是否对统计区域加青色阴影线？<Y>”，直接按 Enter 键则添加青色阴影线。若无需阴影线，则输入“N”并按 Enter 键。

5）建筑物注记重构

执行“建筑物注记重构”命令，逐一或批量拾取待重构注记的建筑物，系统根据建筑物的结构、层数、地下房屋层数、注记高度等信息重新生成建筑物注记。当遇到建筑物注记被误删或注记错误时，可使用该功能重新添加正确的建筑物注记。

2. 修改宗地属性

在快速访问工具栏选择“显示菜单栏”选项，单击“地籍”菜单项，在弹出的菜单中执行“修改宗地属性”命令，或在“功能区”选项板中，选择“地籍”选项卡中的“属性修改”面板，单击“修改宗地属性”按钮，拾取宗地并右击确认选择，系统弹出“宗地属性”对话框（图 8-15），根据实际情况填写相应信息，录入完毕后单击“确定”按钮，完成宗地属性修改。

另外，也可以通过属性选项卡直接修改宗地属性。操作方法是：先选择宗地，再单击属性面板的属性选项卡（图 8-16），通过录入或选择相应的属性值，完成宗地属性修改。

3. 修改界址线、界址点属性

在快速访问工具栏选择“显示菜单栏”选项，单击“地籍”菜单项，在弹出的菜单中执行“修改界址线属性”命令，或在“功能区”选项板中，选择“地籍”选项卡中的

“属性修改”面板，单击“修改界址线属性”按钮，拾取宗地界址线并右击确认选择，系统弹出“界址线属性对话框”对话框，如图 8-17 所示。

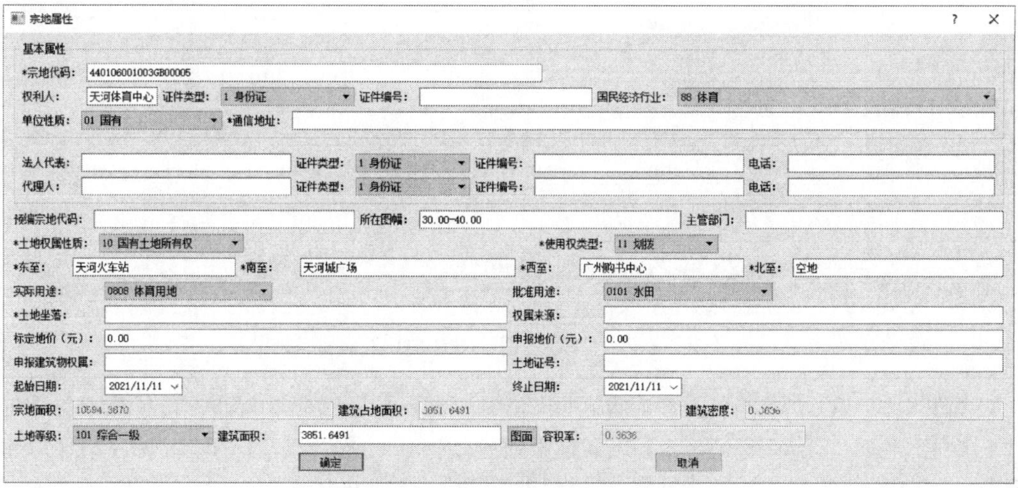

图 8-15　“宗地属性”对话框

图 8-16　宗地属性选项卡

界址线属性对话框

当前宗地地籍号：440106001001GB00001

	起始点号	终止点号	界址线长度	界址间距	界线性质	界址线类别	界址线位置	本宗指界人	本宗指界日期	邻宗指界人
1	J38	J37	75.523	75.523	600001 已定界	1 围墙	3 外			
2	J37	J36	120.746	120.746	600001 已定界	1 围墙	3 外			
3	J36	J181	8.600	8.600	600001 已定界	8 其他	2 中			
4	J181	J182	47.361	47.361	600001 已定界	8 其他	2 中			
5	J182	J41	8.528	8.528	600001 已定界	8 其他	2 中			
6	J41	J40	71.607	71.607	600001 已定界	1 围墙	3 外			
7	J40	J39	28.160	28.160	600001 已定界	1 围墙	3 外			
8	J39	J38	49.166	49.166	600001 已定界	1 围墙	3 外			

确定　　复制属性　　取消

图 8-17　“界址线属性对话框”对话框

在图 8-17 中，既可以设置界址线属性，也可以对已设置的界址线属性进行修改。其中，对于界址线性质、界址线类别、界址线位置等属性，可以通过双击该属性，在弹出的下拉列表中选择属性值，而本宗指界人、本宗指界日期、邻宗指界人、邻宗指界日期等属性，则需要手工录入，所有信息录入完毕后，单击“确定”按钮，完成界址线属性修改。

修改界址线属性的时候，若不同的界址点的同一属性值相同，可以使用“复制属性”功能来提高属性设置效率。操作方法是：先设置某一属性字段值，然后采用“Ctrl 键（或 Shift 键）+单击”方式选择该字段值及其他界址点的同一字段，单击“复制属性”按钮实现属性值的快速复制。

“修改界址点属性”命令的功能及操作方式与上述完全一致。

4. 界址线类别自动判别

在快速访问工具栏选择“显示菜单栏”选项，单击“地籍”菜单项，在弹出的菜单中执行“界址线类别自动判别”命令，或在“功能区”选项板中，选择“地籍”选项卡中的“属性修改”面板，单击“界址线类别自动判别”按钮，以点选方式或窗口、窗交、栏选等方式选择待判别的界址线，右击确认，系统自动识别该界址线的类别（包括围墙、栅栏、铁丝网等），并更新界址线类别的属性值。

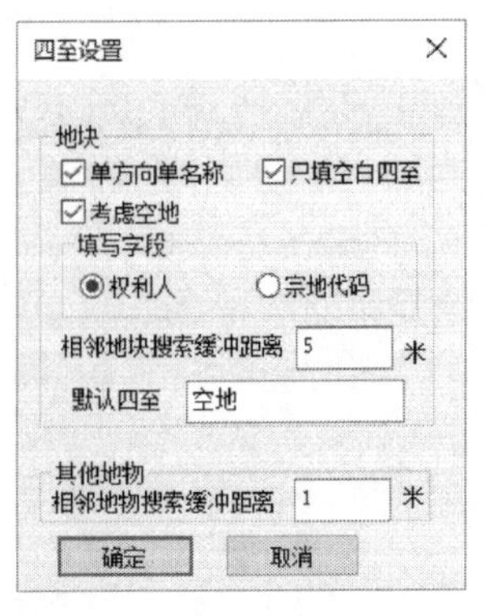

图 8-18　“四至设置”对话框

5. 宗地四至添加

在快速访问工具栏选择“显示菜单栏”选项，单击“地籍”菜单项，在弹出的菜单中执行“宗地四至添加”命令，或在“功能区”选项板中，选择“地籍”选项卡中的“属性修改”面板，单击“宗地四至添加”按钮，系统弹出“四至设置”对话框，如图 8-18 所示。

在图 8-18 中，各选项含义如下：

（1）“单方向单名称”复选框：勾选该项，东、南、西、北四个方向的每一个方向仅填写一个相邻宗地名称，若某一方向有多个相邻宗地，则只填写公共界址线最长的宗地名称；不勾选此项，则每一个方向填写所有相邻宗地名称。

（2）“只填空白四至”复选框：勾选该项，系统仅填写空白的四至字段，对于已填写的四至字段不予处理。

（3）“考虑空地”复选框：勾选该项，在相邻地块搜索中考虑空地。

（4）“填写字段”选项区：包括权利人和宗地代码，其默认值为“权利人”。

（5）“相邻地块搜索缓冲距离”文本框：设置搜索缓冲距离，与当前地块之间的距离小于搜索缓冲距离的毗邻地块将被系统搜索出来。

（6）“默认四至”文本框：设置四至默认值。

（7）“相邻地物搜索缓冲距离”文本框：设置搜索缓冲距离，与当前地块之间的距离小于搜索缓冲距离的毗邻地物将被系统搜索出来。

“四至设置”选项设置完毕后，单击“确定”按钮，采用点选方式或窗口、窗交、栏选等方式选择需要添加四至的宗地，右击确认选择，系统自动完成宗地四至的添加。

8.3.3　宗地输出

在快速访问工具栏选择“显示菜单栏”选项，单击“地籍”菜单项，在弹出的菜单中执行“绘制宗地图框”|“单个绘制宗地图”命令，或在“功能区”选项板中，选择“地籍”选项卡中的“宗地图框”面板，单击“单个绘制宗地图”按钮，系统弹出“宗地图参数设置”对话框，如图 8-19 所示。

图 8-19　“宗地图参数设置”对话框

在图 8-19 中，主要选项的功能如下：

（1）“比例尺设置方式”下拉列表框：包括“自动计算”和“用户指定”两种方式。若选择前者，需要同时指定比例尺分母倍数，系统根据宗地大小自动计算宗地图比例尺，使比例尺分母是设置值的整数倍；若选择后者，需要在“用户设定比例尺”一栏中输入用户指定的比例尺分母。

（2）“绘制坐标表”复选框：勾选该项，则在宗地图右侧绘制界址点坐标表。

（3）“位置”下拉列表框：包括“宗地图位置”和“实地位置”两个选项。若选择前者，单击“确定”按钮，可以在当前图形中绘制宗地图，但宗地图中的界址点坐标与实际坐标并不一致，仅作图形输出使用；若选择后者，同时勾选“保存到文件”复选框，单击“确定”按钮，系统自动生成宗地图，并将其保存为“.dwg”文件，同时保留原有的坐标系统。

（4）“符号大小不变”复选框：勾选此项，宗地图的符号大小保持不变。

（5）“图内仅保留建筑物”复选框：勾选此项，宗地图内仅保留建筑物；否则，其他的地物也会保留在宗地图内。

（6）“图幅范围”下拉列表框：包括满幅、不满幅、本宗地 3 个选项。选择“满幅”选项时，绘制的宗地图将充满宗地图框；选择“本宗地”选项时，则仅绘制当前所选宗地（四周有留白，且不绘制四至宗地的权利人、宗地号、宗地地类等信息）；选择“不满幅”选项时，一般需要同时设置“不满幅外扩距离”，系统以本宗地外扩距离为图幅范围绘制宗地图，同时标注相邻宗地权利人、宗地号、宗地地类等信息。

（7）“宗地图大小”下拉列表框：包括 32 开、16 开、A4 竖、A4 横、A3 竖、A3 横 6 种选项，用户可根据实际情况选择宗地图大小。

（8）“绘制宗地注记的分数线”复选框：勾选此选项，在宗地图中绘制宗地注记的分数线；否则，不绘制。

在图 8-19 中的选项设置完毕之后，单击“确定”按钮，命令行提示“请确定范围：”，拉框选择待绘制的宗地，然后移动鼠标至合适位置单击确定宗地图左下角位置，系统自动完成宗地的绘制。

注：拉框选择宗地时，一般要求拉框范围超过宗地范围，但尽量避免范围过大而包含多宗地的情况。否则，需要进一步确定主宗地，才能绘制宗地图。

按上述操作方式，以图 8-5 地籍图为例，宗地图参数设置如图 8-19 所示，选择 GB00001 宗地，绘制的宗地图如图 8-20 所示。

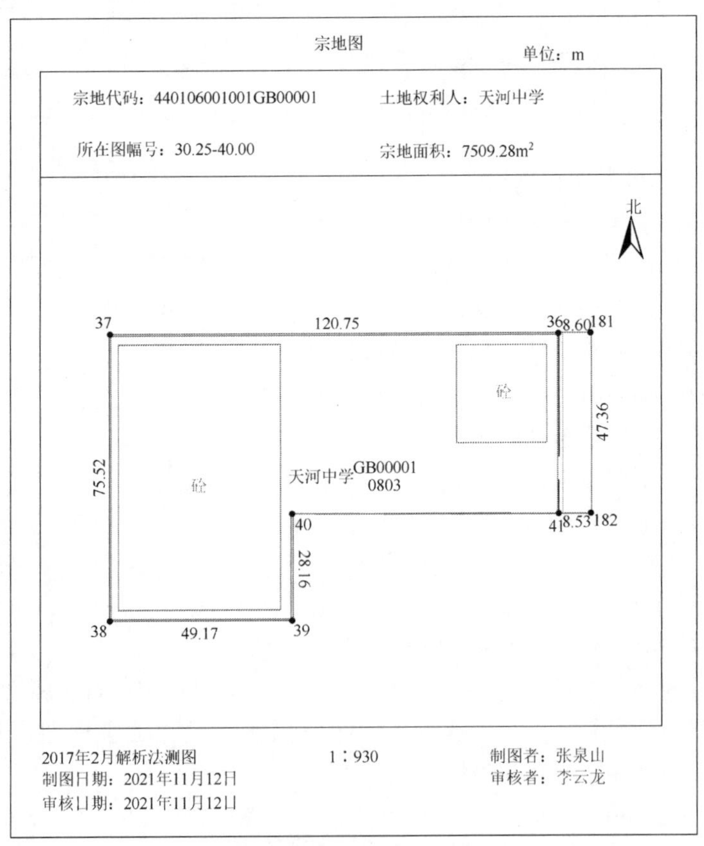

图 8-20　GB00001 宗地图

除“单个绘制宗地图”命令之外，CASS 还提供了“批量输出宗地图”命令，其操作方式与此相同。

8.4　绘制土地利用现状图

土地利用现状详查，又称土地详查，主要用于城镇土地利用情况的统计工作，即按照《土地利用现状分类》（GB/T 21010—2017）开展土地调查、登记、统计和管理等工作，全面查清土地资源和利用状况，并绘制土地利用现状图，为科学规划、合理利用、有效保护土地资源提供依据。

在 CASS 中，“土地利用”模块提供了丰富的土地详查功能，包括绘制行政区界、绘制权属区界、生成图斑（包括面状图斑、线状图斑、零星图斑）、地类要素属性和拓扑操作、统计土地利用面积等。

8.4.1　绘制区界

1. 绘制境界线

在快速访问工具栏选择“显示菜单栏”选项，单击“土地利用”菜单项，在弹出的菜单中选择“绘制境界线”菜单，其子菜单及其相应的面板按钮如图 8-21 所示。

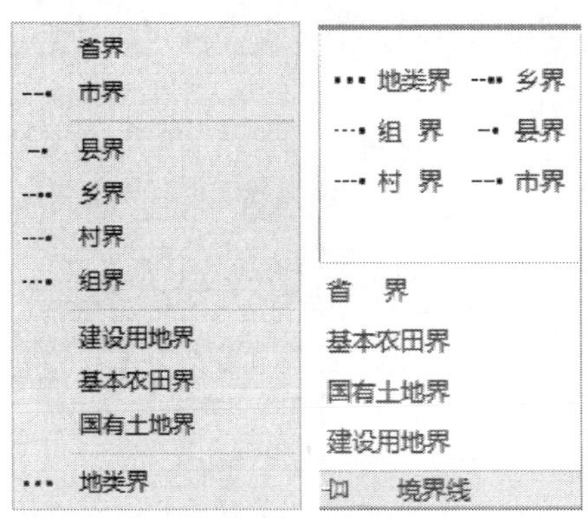

图 8-21　“绘制境界线”子菜单及其面板按钮

从图 8-21 中可以看出，CASS 提供了包括地类界、乡界、组界等在内的 10 种境界线绘制命令。以地类界绘制为例，其操作过程如下：

选择“地类界”菜单或单击“地类界”命令按钮···，用户可以采用坐标定位法、点号定位法，或使用“跟踪 T/区间跟踪 N”命令选项选择已有的线状实体等方式指定点，所有点指定完毕后，输入“C”并按 Enter 键完成地类界绘制。

其他境界线的绘制方式同上。10 种境界线的 CASS 编码及线型、图层如表 8-2 所示。

表 8-2　10 种境界线属性信息

境界线	CASS 编码	线型	图层
省界	191201	912a	JJ（境界）
市界	191301	913a	JJ（境界）

续表

境界线	CASS 编码	线型	图层
县界	191401	914a	JJ（境界）
乡界	191501	915a	JJ（境界）
村界	191600	916	JJ（境界）
组界	191700	917	JJ（境界）
建设用地界	193100	连续	KCDJ_YDJ
基本农田界	193200	连续	KCDJ_JBNTJ
国有土地界	193300	连续	KCDJ_QSJ
地类界	216100	1161	ZBTZ（植被土质）

2. 绘制权属区

CASS 提供地籍区和地籍子区两种权属区的绘制功能。在快速访问工具栏选择“显示菜单栏”选项，单击“土地利用”菜单项，在弹出的菜单中选择“面状行政区”|“地籍区绘制”或“地籍子区绘制”菜单，依次指定各点位置，最后输入“C”并按 Enter 键，系统弹出“行政区属性”对话框（图 8-22），在区划代码文本框中输入代码值（地籍区和地籍子区的代码分别为 9、12 位编码），单击“确定”按钮，完成权属区绘制。

3. 绘制行政区界

在快速访问工具栏选择“显示菜单栏”选项，单击“土地利用”菜单项，在弹出的菜单中选择“面状行政区”菜单，其子菜单及其相应的面板按钮如图 8-23 所示。

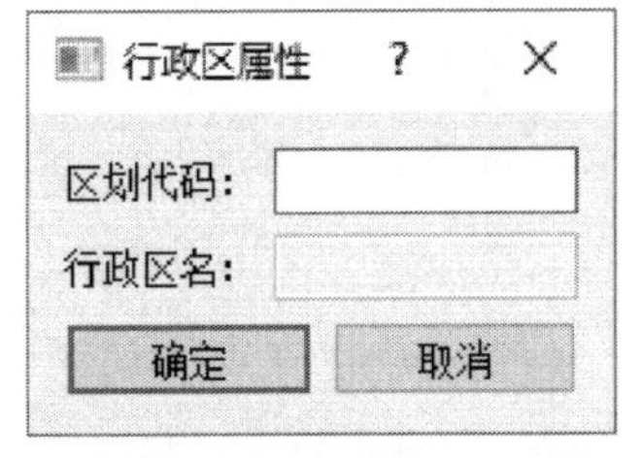

图 8-22　“行政区属性”对话框

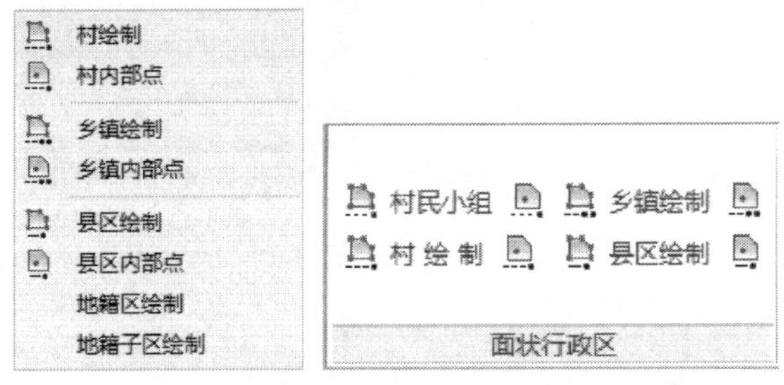

图 8-23　“面状行政区”子菜单及其面板按钮

在土地利用现状图中，行政区界按级别划分，从大到小分别是县区界、乡镇界、村界、村民小组。对于每一级的行政区界，CASS 均提供两种绘制方法。以村绘制为例，其操作过程如下：

1）直接绘制

在快速访问工具栏选择“显示菜单栏”选项，单击“土地利用”菜单项，在弹出的菜单中执行“面状行政区”|“村绘制”命令，或在“功能区”选项板中，选择“土地利用”选项卡中的“面状行政区”面板，单击“村绘制”按钮，采用坐标定位法或点号定位法依次指定各界点，最后输入“C”并按 Enter 键，系统弹出“行政区属性”对话框（如图 8-22 所示，不同之处在于“行政区名”文本框处于可编辑状态），分别输入区划代

码和行政区名，单击“确定”按钮，移动鼠标至合适位置单击指定行政区域注记位置，系统完成村绘制。

若在“行政区属性”对话框中单击“取消”按钮，则不绘制行政区注记，但所绘制的行政区保留。

2）内部点生成

在快速访问工具栏选择“显示菜单栏”选项，单击“土地利用”菜单项，在弹出的菜单中执行“面状行政区”|“村内部点”命令，或在“功能区”选项板中，选择“土地利用”选项卡中的“面状行政区”面板，单击“村内部点”按钮，命令行提示“输入行政区内部一点：”，选择一个区域，单击指定内部点，系统自动搜索闭合区域并高亮显示；若未检测到闭合区域，则命令行显示“找不到封闭区域”。如果亮显的闭合区域正确，直接按 Enter 键，系统弹出“行政区属性”对话框（图 8-22），输入相应信息，单击“确定”按钮，完成村绘制；否则，输入“N”并按 Enter 键结束命令，或直接按 Esc 键中止命令执行。

上述两种绘制方法都可以实现行政区绘制，但两者的适用情况不同。当图上已有行政区的边界线时，可采用第二种方式，通过指定已存在的封闭区域内部点自动绘制行政区，而无须重复绘制边界线，系统支持搜索行政区界、境界线、权属线、地类界线或其他复合线所围成的封闭区域。

在 CASS 中，绘制县区界、乡镇界与上述过程一致，而绘制村民小组时，存在两点不同：其一是二级菜单不同，即在快速访问工具栏选择“显示菜单栏”选项，单击“土地利用”菜单项，在弹出的菜单中执行“村民小组”|“绘制”（或“内部点生成”）命令；其二是“属性”对话框不同，如图 8-24 所示，需要输入地籍编号、土地属性和使用类型等信息。

8.4.2　绘制地类

1. 绘制面状图斑

1）绘图生成

在快速访问工具栏选择“显示菜单栏”选项，单击“土地利用”菜单项，在弹出的菜单中执行“图斑”|“绘图生成”命令(DLJLINE)，或在“功能区”选项板中，选择“土地利用”选项卡中的“图斑”面板，单击“绘图生成”按钮，采用坐标定位法、点号定位法依次指定各点，最后输入“C”并按 Enter 键形成封闭线，系统弹出“图斑信息”对话框，如图 8-25 所示。

在图 8-25 中，输入相应的图斑信息，单击“确定”按钮完成图斑绘制，并标注图斑属性信息（图 8-26）；若单击“取消”按钮，则不标注图斑信息，并且删除已绘制的封闭线。在图 8-26 中，“12”为图斑号，“0906”为地类号，“25561.94”为面积（单位：m^2）。

连续使用“绘图生成”命令绘制图斑时，图 8-25 中的图斑号将自动累加，权属信息保留上一次填入的信息，方便图斑属性信息录入。

注：图 8-25 中的坐落单位一般指管辖概念，有时与权属单位并不一致。坐落单位名称需填写至最基层管理单元，农村部分是指农村基层管理单元，一般为具有村民委员会

的行政村；城市部分是指城镇基层管理单元，一般为具有居民委员会的社区；若街道下无社区，应为具有街道办事处的街道。

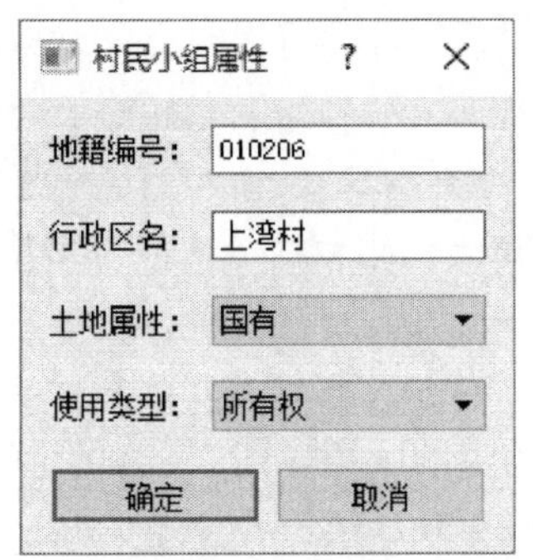

图 8-24　“村民小组属性”对话框

图 8-25　“图斑信息”对话框

另外，该命令与“绘制权属线”命令既有相同之处，又有不同之处。相同之处在于：两者都有自动闭合功能，即当用户输入最后一个点时，直接按 Enter 键结束绘制，则系统自动连接首末点，令复合线自动闭合，并在首末点处显示红色圆圈（可输入 REGEN 命令加以消除）。不同之处在于：该命令没有自动追踪功能，若新绘制图斑与已有图斑或其他复合线之间有公共线，需要使用“跟踪”或“区间跟踪”命令选项提高绘制效率，实现图斑的正确绘制。

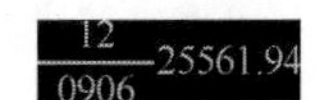

图 8-26　图斑标注信息

2）已有封闭线

在快速访问工具栏选择“显示菜单栏”选项，单击“土地利用”菜单项，在弹出的菜单中执行“图斑”|“已有封闭线”命令（DLJEXIST），或在“功能区”选项板中，选择“土地利用”选项卡中的“图斑”面板，单击“已有封闭线”按钮，选择已有封闭复合线，在弹出的“图斑信息”对话框中录入相应信息，单击“确定”按钮完成图斑绘制。

注：该命令一次仅能选择一条封闭复合线生成图斑，不能批量选择。

3）内部点生成

在快速访问工具栏选择“显示菜单栏”选项，单击“土地利用”菜单项，在弹出的菜单中执行“图斑”|“内部点生成”命令（DLJINSIDE），或在“功能区”选项板中，选择“土地利用”选项卡中的“图斑”面板，单击“内部点生成”按钮，在闭合区域内部单击指定一个内部点，命令行提示“是否忽略隐藏线（1）忽略（2）不忽略：<1>”，输入选项序号并按 Enter 键确认选择，系统自动搜索闭合区域并高亮显示，命令行显示“是否正确？（Y/N）<Y>”；否则命令行显示“找不到封闭区域”。

若亮显的闭合区域正确，直接按 Enter 键确认选择。此时若所选区域未绘制图斑，系统弹出“图斑信息”对话框（图 8-25），录入相应信息，单击“确定”按钮完成图斑绘制；否则，命令行显示“该区域内已经存在有图斑”，并结束命令执行。

4）由界址线生成图斑

“由界址线生成图斑”命令适用于界址线（或权属线）与图斑边界一致的情况，能够将图形中现有的界址线作为图斑边界生成图斑，并将原先宗地与图斑的共有属性转换到图斑中。其操作过程如下：

在快速访问工具栏选择“显示菜单栏”选项，单击“土地利用”菜单项，在弹出的菜单中执行“图斑”|“由界址线生成图斑”命令（ZDTOTB），命令行提示“[(1)全图生成/(2)选择宗地生成]<1>”，单击相应的选项。若选择“（1）全图生成”选项，无须选择宗地；否则，若采用第二种方式“（2）选择宗地生成”，则还需要采用点选、窗口、窗交或栏选等方式选择宗地。

根据命令行提示信息，输入起始图斑编号，系统自动按“自右向左、自下向上”的图斑编号顺序生成图斑，并在命令行显示“搜索到###个宗地，共生成图斑###个”的信息。

2. 绘制线状图斑

CASS 提供两种绘制线状图斑的方式：绘制生成命令（LINEDLJ）和选线生成命令（SELLINEDLJ）。前者适用于图上尚无相应的线状图形实体，需要先绘制再生成图斑；后者则适用于图上已有线状实体，仅需选择即可生成图斑。执行上述命令，绘制（或选择）线状图形实体后，系统弹出“线状地类属性”对话框（图 8-27），输入线状地类名称、地类代码、线状地类宽度、偏移参数和扣除参数等属性信息，单击“确定”按钮，生成线状图斑。

3. 绘制零星图斑

在快速访问工具栏选择“显示菜单栏”选项，单击“土地利用”菜单项，在弹出的菜单中执行“零星地类”命令（POINTDLJ），或在“功能区”选项板中，选择“土地利用”选项卡中的“零星地类”面板，单击“零星地类”按钮，采用坐标定位法、点号定位法或交会法指定零星地类位置，系统弹出“零星地类属性”对话框（图 8-28），选择地类代码并输入零星地类面积，单击“确定”按钮，完成零星图斑绘制。

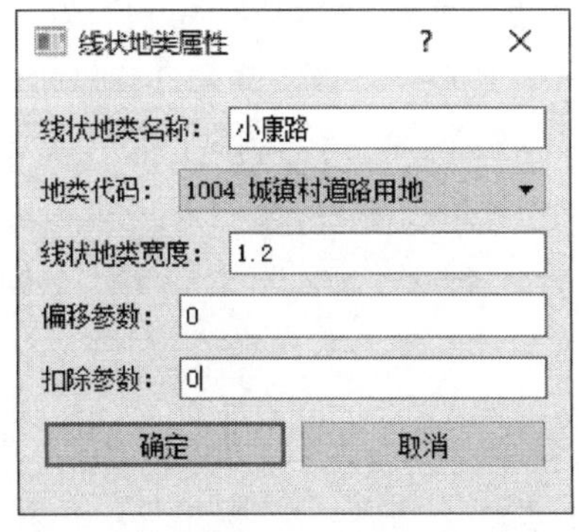

图 8-27　“线状地类属性”对话框

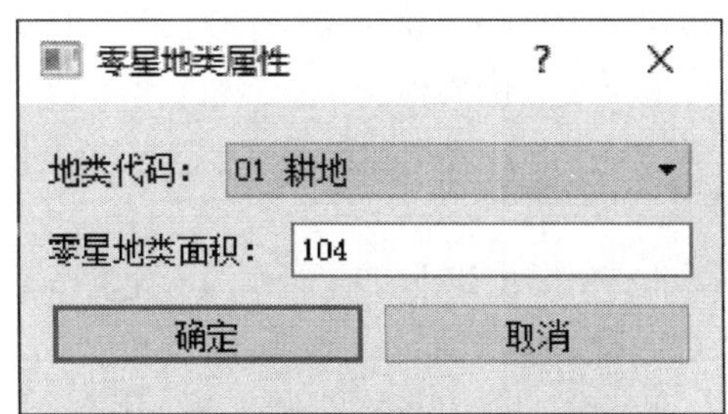

图 8-28　“零星地类属性”对话框

8.4.3 地类检查及属性修改

1. 地类检查

1）线状地类检查

该命令主要用于检查是否存在跨越图斑的线状地类。执行该命令时，若当前图形中不存在跨越图斑的线状地类，则命令行提示“图形中不存在跨越图斑的线状地类”；否则，系统弹出 CASS 信息框，提示“图中存在跨越图斑的线状地类，是否纠正？”。单击“Yes”按钮，程序自动以图斑边线切割所有跨越图斑的线状地类，并在命令行显示“共修改###个线状地类”。

2）线状地类扩面

该命令可将线状地类按照其宽度属性数据转换为面状图斑。执行该命令时，采用点选、窗口、窗交或栏选等方式选择线状地类，选择完毕后按 Enter 键或右击确认选择，系统自动将所选线状地类转换为面状图斑，同时命令行显示“共处理了###条面状地类”。线状地类扩面后，还需要使用“地类要素属性修改”或者“图斑加属性”命令进一步完善图斑属性信息。

3）图斑叠盖检查

该命令用于检查图面上是否存在相互叠盖的面状图斑，并提示叠盖的位置。执行该命令时，选择图斑的最外边界线，系统自动完成该边界线范围内所有图斑的叠盖检查。若检查通过，则命令行显示“检查完成，没有发现图斑交叉与空隙问题”；否则，在命令行显示存在空隙的图斑号及其起点、终点坐标信息，如图 8-29 所示。

```
1,图斑 6 存在空隙
起点: 53061.818,30525.599  终点:
53244.663,30625.178
2,图斑 1 存在空隙
起点: 53061.818,30525.599  终点:
53155.255,30342.066
检查完成
```

图 8-29　图斑叠盖检查消息

2. 属性修改

在快速访问工具栏选择“显示菜单栏”选项，单击“土地利用”菜单项，在弹出的菜单中执行“地类要素属性修改”命令（DLJINFO），或在“功能区”选项板中，选择“土地利用”选项卡中的“检查”面板，单击“地类要素属性修改”按钮，选择面状图斑、线状地类或零星地类，系统分别弹出图 8-25、图 8-27、图 8-28 的地类属性对话框，用户编辑相应属性后，单击“确定”按钮完成地类要素属性修改。

对于面状图斑属性修改，还可以使用“图斑加属性”命令，通过指定图斑内部一点，选择相应的图斑，进而完成图斑属性修改。需要注意的是，该命令不能用于线状地类和零星地类要素的属性修改。

8.4.4 面积统计

CASS 提供如下四种面积统计功能。

1. 图斑面积统计

在快速访问工具栏选择“显示菜单栏”选项，单击“土地利用”菜单项，在弹出的菜单中执行“图斑”|“统计面积”命令（DLJAREA），或在“功能区”选项板中，选择“土地利用”选项卡中的“图斑”面板，单击“绘图生成”按钮，单击指定统计表左

上角位置，命令行提示“（1）选目标（2）选边界<1>”，输入选项序号并按 Enter 键确认，然后直接选择图斑或通过指定统计区域边界选择图斑，右击，系统在当前图形的指定位置生成“土地分类面积统计表”，如表 8-3 所示。

表 8-3　土地分类面积统计表

序号	地类名称（有二级类的列二级类）	地类号	面积/m^2	备注
1	教育用地	0803	10123.06	
2	城镇住宅用地	0701	9547.89	
3	机关团体用地	0801	4716.92	
4	公园与绿地	0810	4696.56	
5	铁路用地	1001	10342.86	
6	体育用地	0808	10594.39	
7	医疗卫生用地	0805	6946.25	
8	旅馆用地	0504	9284.08	
9	文化设施用地	0807	8299.25	
合计			74551.26	

2. 分级面积控制

该命令主要用于检查上下级行政区的统计面积是否一致。在快速访问工具栏选择“显示菜单栏”选项，单击“土地利用”菜单项，在弹出的菜单中执行“分级面积控制”命令，或在“功能区”选项板中，选择“土地利用”选项卡中的“统计”面板，单击“分级面积控制”按钮，系统自动对当前图形进行面积检查。如果某一级行政区与其下一级的子面积之和不相等，则命令行输出相应的提示信息，如“编号为牛头山的组区面积与内部图斑面积之和不相等”；若通过分级面积控制检查，则命令行显示“检查完毕，各级面积控制正确”。

3. 统计土地利用面积

该命令主要用于检查上下级行政区的统计面积是否一致。在快速访问工具栏选择“显示菜单栏”选项，单击“土地利用”菜单项，在弹出的菜单中执行“统计土地利用面积”命令（STATDLJ），或在“功能区”选项板中，选择“土地利用”选项卡中的“统计”面板，单击“统计土地利用面积”按钮，选择行政区或权属区，命令行显示“请选择输出方式：<1>输出到 Excel<2>输出到 CAD 图纸：<1>”，输入相应的选项序号，并按 Enter 键确认。

若选择“（1）输出到 Excel”选项，指定 Excel 文件名及保存路径后，系统将统计结果输出至 Excel 表；若选择“（2）输出到 CAD 图纸”选项，命令行提示“输入每页行数：<20>”，输入每页行数（默认值为 20），并单击指定分类面积统计表的左上角坐标，系统自动完成城镇土地分类面积统计表的绘制，如表 8-4 所示。

表 8-4　城镇土地分类面积统计表

填表单位：牛头山　　　　统计年度：　　　面积单位：平方米

行政单位	城镇土地总面积	耕地	园地	林地	草地	商服用地	工矿仓储用地	住宅用地	公共管理与公共服务用地	特殊用地	交通运输用地	水域及水利设施用地	其他土地	备注
		小计	小计	小计	小计	小计	小计	小计	小计	小计	小计	小计	小计	
		01	02	03	04	05	06	07	08	09	10	11	12	
牛头山	131840.17	11105.45	14531.49	11221.49	20430.50	9284.08	0.00	9547.89	45376.41	0.00	10342.86	0.00	0.00	

4. 图斑面积汇总

该命令首先生成图斑面积汇总表，然后将其输出到 Excel。在快速访问工具栏选择“显示菜单栏”选项，单击“土地利用”菜单项，在弹出的菜单中执行“图斑面积汇总”命令，或在“功能区”选项板中，选择“土地利用”选项卡中的“统计”面板，单击“图斑面积汇总”按钮，选择要计算的图斑，按 Enter 键或右击确认选择，系统弹出“图斑表设计”对话框（图 8-30），设置相应选项后，单击“输出到 EXCEL”按钮，指定 Excel 文件名及保存路径后，完成图斑面积汇总表的输出。

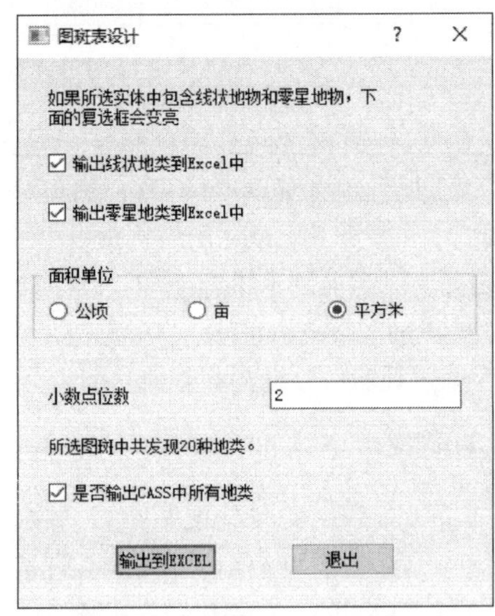

图 8-30　“图斑表设计”对话框

8.5　检 查 入 库

CASS 是一个地形地籍成图软件系统，能够完成地形成图、地籍成图等专业制图工作，同时，CASS 又是一个 GIS 前端数据处理系统，提供了入库检查、数据质检等功能，能够满足地图入库要求，支持输出 GOOGLE 地球格式、ARC/INFO SHP 格式、ArcGIS 10 MDB 格式、MAPINFO MIF/MID 格式、国家空间矢量格式等多种数据格式，便于用户实现 GIS 空间数据库的建设和更新。

与以绘图为目的的地形地籍成图相比，空间数据建库对图形数据、属性数据提出了更高的要求，包括逻辑一致性、属性数据完备性、属性编码正确性、注记的完整性等。为此，CASS 提供了属性设置、实体检查、数据质检、格式输出等功能，先通过检查以便及时发现错误、改正错误，保证源数据的准确性和规范性，使其满足数据入库的要求。在此基础上，再进行入库，从而实现数据检查、数据入库的一体化，提高了建库效率。

8.5.1　属性设置

通常情况下，数字地图中的图形实体仅包括要素代码、颜色、图层等必要的基本属性信息，这显然无法满足 GIS 空间数据库的建库要求。根据数字地图建立 GIS 空间数据库，要求所输入的数字地图必须包含 GIS 空间数据库所需的属性信息，且属性信息与空间信息能够关联起来。另外，属性数据结构还要易于扩展、维护，所存储的属性数据便于检索和编辑。

CASS 采用实体扩展属性的方法管理图形实体，实体的扩展属性数据中存储着地物编码和大量的属性信息，有利于图形和属性的一体化操作及数据逻辑一致性的维护，从而在保证了图形编辑灵活性的同时，又保证了建库时的数据完整性。

在 CASS 中，图形实体的属性设置分两步进行：首先进行地物属性结构设置，即为每一类地物定义扩展属性的表名、表类型及表结构；然后为地物的扩展属性进行赋值。

1. 地物属性结构设置

在快速访问工具栏选择“显示菜单栏”选项，单击“检查入库”菜单项，在弹出的菜单中执行“地物属性结构设置”命令（ATTSETUP），或在“功能区”选项板中，选择“检查入库”选项卡中的“属性设置”面板，单击“地物属性结构设置”按钮，系统弹出“属性结构设置”对话框，如图 8-31 所示。

在图 8-31 中，CASS 定义了包括 basic 在内的 61 个 GIS 表，并为每一个表配置了相应的地物种类，能够满足常规空间数据建库的需要。另外，用户可在“属性结构设置”对话框中重新划分每一张 GIS 表所包含的地物种类，或者增加、删除表格及重新定义表结构，从而实现图形实体扩展属性的用户定制功能。“属性结构设置”对话框的选项含义如下：

（1）“表名称”选项区：列表框中显示了所有已定义的实体扩展属性表，与空间数据库中的表名一一对应。单击任一表名，则该表所包含的地物将显示在“包含地物”一栏中的列表框中，表定义（包括表类型、表说明及空间要素属性结构表）显示在右下侧。右击某一表名，或在“表名称”列表框的任意位置右击，弹出的快捷菜单中包含“添加”和“删除”菜单项。若选择“添加”选项，则新增一个属性表；若选择“删除”选项，则可删除当前属性表。

（2）“包含地物”选项区：在该栏的右侧列表框中显示了当前属性表包含的地物实体，当 DWG 文件转出成 SHP 文件时，这些地物保存在以“属性表名”命名的图层中。选择其中一个地物类型，单击“<<删除”按钮，将从当前属性表中移除该地物；打开该栏左上角的下拉列表框，在弹出的下拉列表中显示了包括控制点、居民地等在内的 11 个实体

层，选择其中一个实体层时，下方列表框中显示了该层中尚未被赋予属性表的地物实体，根据实际需要，选择一个地物实体，单击“添加>>”按钮，该实体被添加到当前属性表中；当属性表中包含的地物类型发生变化时，单击“保存”按钮确认当前修改。

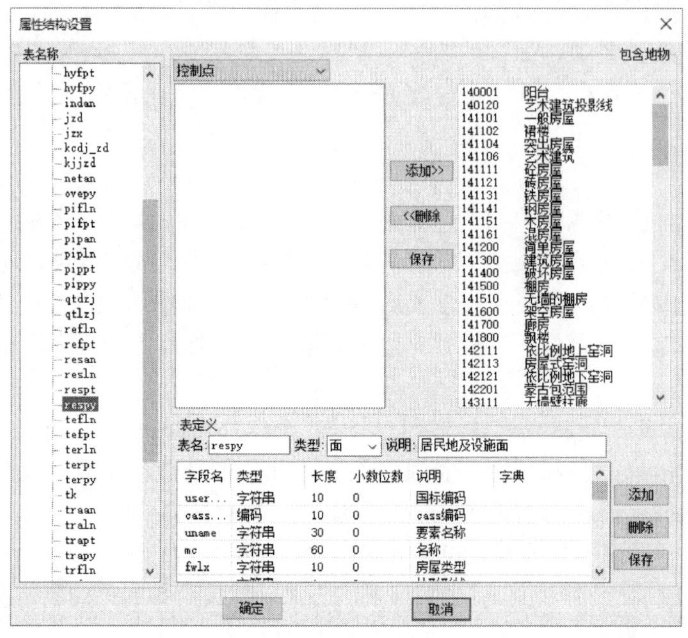

图 8-31　“属性结构设置”对话框

（3）“表定义”选项区：该栏中显示了所选属性表的名称，类型，说明以及每个字段的名称、类型、长度、小数位数、说明、字典。单击“添加”按钮，在当前所选字段之前插入一条新字段，默认与当前字段一致，若未选择字段名，则在最后增加一个新字段；选择某一字段，单击“删除”按钮，即可删除该字段。当表定义修改后，需要单击“保存”按钮以确认当前修改，否则无效。

在 CASS 中，根据地形图图式将所有图形要素分为 11 个实体层，即控制点、居民地、独立地物、交通设施、管线设施、水系设施、境界线、地貌土质、植被园林、地籍信息和地类信息，每一图层所包含的图形要素由符号定义文件 WORK.DEF 定义。根据 GIS 要素的种类将上述实体层的图形实体进一步划分为点、线、面、注记 4 类，每一类对应着一张 GIS 表，其对应关系由实体定义文件 INDEX.INI 确定，如图 8-32 所示。

用户可以通过编辑修改图 8-32 所示的实体定义文件重新定义图形符号与 GIS 表之间的对应关系。

CASS（10.0 版本以上）将多个配置文件整合为一个 cassconfig.db（位于 CASS 安装目录下的“\system”文件夹）进行管理，可在 SQLiteExpert 中打开并编辑该文件。与“地物属性结构设置”功能有关的表除了 WORK.DEF 表、INDEX.INI 表之外，还有 Attributefield 表和 Attributetable 表，前者存储各个地物的属性字段，通过此表可以定义地物的属性表结构（图 8-33），各字段含义如表 8-5 所示；后者存储 GIS 表名称。因此，用户也可基于 SQLiteExpert 直接修改上述配置文件，完成地物属性结构的设置。

图 8-32　实体定义文件

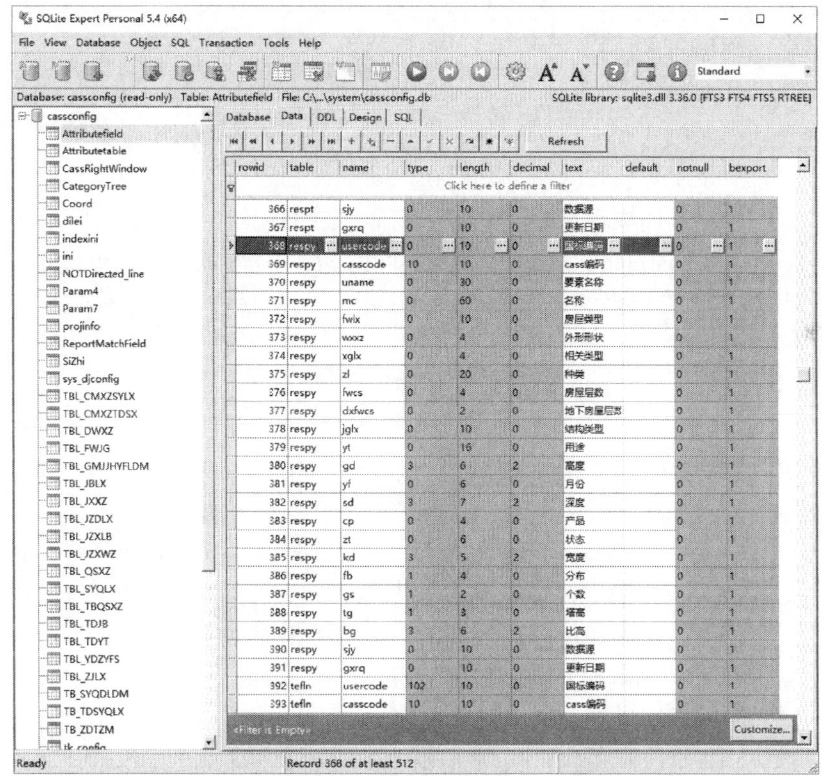

图 8-33　cassconfig.db 中的 Attributefield 表

表 8-5　Attributefield 表的字段含义

字段名称	说明
table	GIS 表名称
name	存储字段名

续表

字段名称	说明
type	类型
length	字段长度
decimal	小数位数
text	显示的中文字段名
default	默认值
notnull	是否允许空值
bexport	是否允许输出

2. 地物属性赋值

CASS 提供了两种地物属性赋值的方法：批量赋实体属性和复制实体附加属性。前者通过指定属性字段名、手工输入其属性值，为选择的多个实体赋值，一次仅能为多个实体的同一属性字段进行赋值；后者将实体的属性值复制给其他实体，该命令仅适用于同一类型实体之间属性的复制。

1）批量赋实体属性

在快速访问工具栏选择“显示菜单栏”选项，单击“检查入库”菜单项，在弹出的菜单中执行“批量赋实体属性”命令，或在“功能区”选项板中，选择“检查入库”选项卡中的“属性设置”面板，单击“批量赋实体属性”按钮，命令行提示“请输入字段名：”输入字段名并按 Enter 键确认，此时命令行显示“请输入字段内容：”输入属性值并按 Enter 键确认，逐个选择实体，或采用窗口、窗交、栏选等方式选择实体，最后右击，完成批量实体属性赋值。

若实体属性字段名未知，可按下面方法进行查找：

（1）查看 GIS 表名。在快速访问工具栏选择“显示菜单栏”选项，单击“数据”菜单项，在弹出的菜单中执行“查看实体代码”命令（GETP），或在“功能区”选项板中，选择“数据”选项卡中的“实体编码”面板，单击“查看实体代码”按钮，选择图形实体，系统弹出的 AutoCAD 消息框中显示该实体所在的 GIS 图层，GIS 表名与其相同。以图 7-108 中的平行的县道乡道村道“经纬路”为例，AutoCAD 消息框如图 8-34 所示，该实体所在的 GIS 表为 traln。

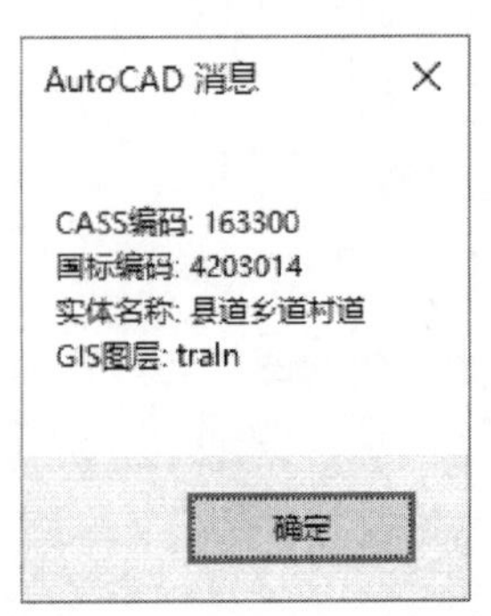

图 8-34　AutoCAD 消息框

另外，根据实体的 CASS 编码，在图 8-32 中的实体定义文件 INDEX.INI 中也可以查询到该实体的 GIS 表名。

（2）查看属性字段名。在“功能区”选项板中，选择“检查入库”选项卡中的“属性设置”面板，单击“地物属性结构设置”按钮，系统弹出“属性结构设置”对话框（图 8-31），在对话框左侧列表框中选择表名，右下侧显示了所选表格的属性表结构，包括字段名、类型等信息。也可以打开 cassconfig.db 中的 Attributefield 表（图 8-33），在表名（table）字段下方空白栏中输入表名（如 traln），按 Enter 键即可显示当前属性表结构。

2）复制实体附加属性

在快速访问工具栏选择“显示菜单栏”选项，单击“检查入库”菜单项，在弹出的菜单中执行“复制实体附加属性”命令，或在“功能区”选项板中，选择“检查入库”选项卡中的“属性设置”面板，单击“复制实体附加属性”按钮，根据命令行提示选择被复制属性的实体，然后选择要复制属性表的实体，右击或按 Enter 键，完成实体之间属性表的复制，并结束命令。

8.5.2　实体检查

1. 图形实体检查

图形实体检查可以实现编码正确性检查、属性完整性检查等共计 10 种项目的检查或修改，这是数据入库前的最基本检查。其检查结果保存在记录文件 CheckDwg.log（位于 CASS 安装目录下的“\system”文件夹中）。

在快速访问工具栏选择“显示菜单栏”选项，单击“检查入库”菜单项，在弹出的菜单中执行“图形实体检查”命令（CHECKDWG），或在“功能区”选项板中，选择“检查入库”选项卡中的“实体检查”面板，单击“图形实体检查”按钮，系统弹出“图形实体检查”对话框，如图 8-35 所示。

在图 8-35 中，主要选项功能如下：

（1）“编码正确性检查”复选框：检查地物是否有 CASS 编码。

（2）“属性完整性检查”复选框：检查地物的属性值是否完整。

（3）“图层正确性检查”复选框：检查地物是否按 CASS 规定的图层放置。

（4）“符号线型线宽检查”复选框：检查线状地物所使用的线型、线宽是否正确。

（5）“线自相交检查”复选框：检查地物之间是否相交。

（6）“高程注记检查”复选框：检查图面高程点注记与点位实际的高程是否相符。

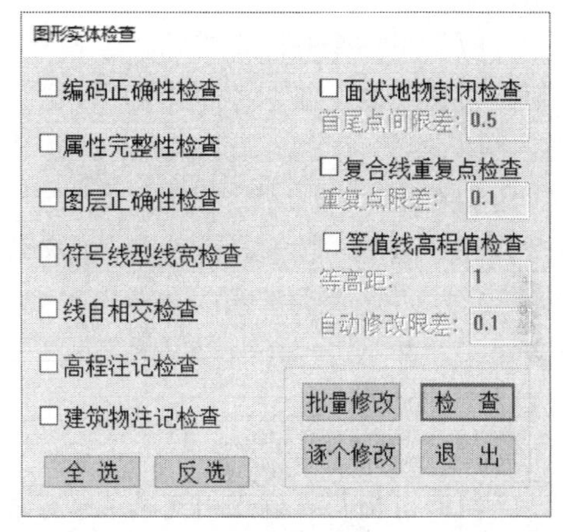

图 8-35　“图形实体检查”对话框

（7）“建筑物注记检查”复选框：检查建筑物图面注记与建筑物实际属性是否相符。

（8）“面状地物封闭检查”复选框：此项为面状地物入库前的必选项，用于检查面状地物是否封闭。选择该项时，允许用户自定义“首尾点间限差”（默认为 0.5m）。若首尾点未闭合且首尾点的距离小于限差，则 CASS 将其首尾强行闭合；若首尾点的距离大于限差，则用新线将首尾点相连，从而形成封闭的面状地物。

（9）“复合线重复点检查”复选框：此选项与复合线滤波功能相似，可以在保证复合线原有走向的前提下，根据设定的“重复点限差”（允许用户自定义，默认为 0.1m）删除不必要的结点，以减少复合线上的结点数目。

（10）“等高线高程值检查”复选框：检查等高线高程值是否正确。选择该项时，允许用户重新设置“等高距”和“自动修改限差”。CASS 根据等高距自动计算出等高线的高程值，若等高线的计算值与扩展属性中的高程值之间的差值小于自动修改限差，系统将以计算值作为高程值。

（11）“检查”按钮：单击该按钮，CASS 将对当前图形按已选择的检查项进行自动检查，并将检查结果显示在“信息浏览器”窗口的“图形检查结果”栏中，如图 8-36 所示。双击列表中的错误记录，可以定位到当前错误，方便用户直接修改。

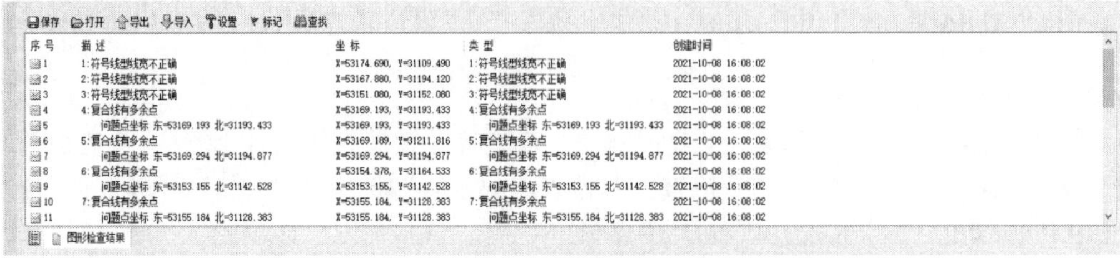

序号	描述	坐标	类型	创建时间
1	1:符号线型线宽不正确	X=53174.690, Y=31109.490	1:符号线型线宽不正确	2021-10-08 16:08:02
2	2:符号线型线宽不正确	X=53167.880, Y=31194.120	2:符号线型线宽不正确	2021-10-08 16:08:02
3	3:符号线型线宽不正确	X=53151.080, Y=31152.080	3:符号线型线宽不正确	2021-10-08 16:08:02
4	4:复合线有多余点	X=53169.193, Y=31193.433	4:复合线有多余点	2021-10-08 16:08:02
5	问题点坐标 东=53169.193 北=31193.433	X=53169.193, Y=31193.433	问题点坐标 东=53169.193 北=31193.433	2021-10-08 16:08:02
6	5:复合线有多余点	X=53169.189, Y=31211.816	5:复合线有多余点	2021-10-08 16:08:02
7	问题点坐标 东=53169.294 北=31194.877	X=53169.294, Y=31194.877	问题点坐标 东=53169.294 北=31194.877	2021-10-08 16:08:02
8	6:复合线有多余点	X=53154.378, Y=31164.533	6:复合线有多余点	2021-10-08 16:08:02
9	问题点坐标 东=53153.155 北=31142.528	X=53153.155, Y=31142.528	问题点坐标 东=53153.155 北=31142.528	2021-10-08 16:08:02
10	7:复合线有多余点	X=53155.184, Y=31128.383	7:复合线有多余点	2021-10-08 16:08:02
11	问题点坐标 东=53155.184 北=31128.383	X=53155.184, Y=31128.383	问题点坐标 东=53155.184 北=31128.383	2021-10-08 16:08:02

图 8-36　图形检查结果

（12）“批量修改”按钮：单击该按钮，CASS 将对当前图形按已选择的检查项进行自动检查并修改，同时弹出 CheckDwg.log 记录文件，显示对当前图形检查结果的修改情况。

（13）“逐个修改”按钮：该按钮与批量修改的功能相似，不同之处在于，单击该按钮时，在命令行显示检查出的错误类型并询问用户是否纠正，如“复合线含有重复点，是否纠正<Y>？”，按 Enter 键，则 CASS 自动纠正当前错误，输入“N”并按 Enter 键，则不做纠正，此时命令行将显示下一条待纠正的错误直至所有检查结果显示完毕。在命令执行过程中，按 Esc 键可以中止命令执行。

注：“检查”按钮的功能与“批量修改”“逐个修改”不同，仅检查图形并显示检查结果，并不进行任何错误的修改。

2. 点检查

1）检查、删除伪节点

伪节点指两条编码相同的线状地物之间存在的共同交点。在 CASS 入库检查时，主要针对首尾相连的两条线状实体之间的伪节点进行处理，该类伪节点是由于同一线状地物分多次绘制而产生的，必须将其删除，而三条及三条以上的同类线状实体之间的交点为合理的伪节点。

（1）检查伪节点。在快速访问工具栏选择“显示菜单栏”选项，单击“检查入库”菜单项，在弹出的菜单中执行“检查伪节点”命令，选择要进行伪节点检查的线状实体，右击确认选择，命令行提示“请选择检查的节点数目：1.两个节点 2.所有节点 3.奇数节点 4.偶数节点<1>”，输入选项号并按 Enter 键，然后输入检查阈值（默认值为 0.001m），按 Enter 键，检查结果显示在“信息浏览器”窗口的“伪节点检查”栏中。

（2）删除伪节点。在快速访问工具栏选择“显示菜单栏”选项，单击“检查入库”菜单项，在弹出的菜单中执行“删除伪节点”命令，或在“功能区”选项板中，选择“检查入库”选项卡中的“实体检查”面板，单击“删除伪节点”按钮，命令行显示“[(1)

手工选择/(2)全图选择]<2>”，若选择第一项会提示选择要处理的实体，系统将删除这些实体的伪节点；若选择第二项则删除全图的伪节点。

2）检查面悬挂点

当同一图层的线划相交时，两线划应有共同的交点，否则就会出现悬挂点。如图 8-37 所示，在平面图上，右侧房屋的左上墙角点位于左侧房屋的右侧线上，但左侧房屋在交点处不存在节点，该点即为悬挂点。CASS 提供对宗地、图斑、房屋和地块 4 种面悬挂点的检查。

在快速访问工具栏选择“显示菜单栏”选项，单击“检查入库”菜单项，在弹出的菜单中执行“检查面悬挂点”命令，命令行提示“面悬挂点检查（1）宗地（2）图斑（3）房屋（4）地块<1>：”，选择相应的选项，CASS 将对当前图形进行面悬挂点检查，检查结果显示在“信息浏览器”窗口的“面悬挂点检查”栏中。

3）删除复合线多余点

该命令（JJJD）与“等高线”|“复合线滤波”的功能一致。

4）坐标文件检查

坐标文件检查主要对 CASS 坐标数据文件进行检查，判断该数据文件是否符合坐标数据文件的格式。执行该命令，在弹出的“输入要检查的数据文件名”对话框中，选择待检查的坐标数据文件，系统自动进行检查，并将检查结果显示在“DataFile.err”文件中，供用户参考。

5）点位误差检查

该命令根据实际测定地物点坐标和图上同名点坐标，计算点中误差，主要用于数字地图的检查和质量评定。每一幅图一般选取 20～50 个采样点。其执行过程如下：

在快速访问工具栏选择“显示菜单栏”选项，单击“检查入库”菜单项，在弹出的菜单中执行“点位误差检查”命令，或在“功能区”选项板中，选择“检查入库”选项卡中的“实体检查”面板，单击“点位误差检查”按钮，系统弹出“计算点中误差”对话框，如图 8-38 所示。

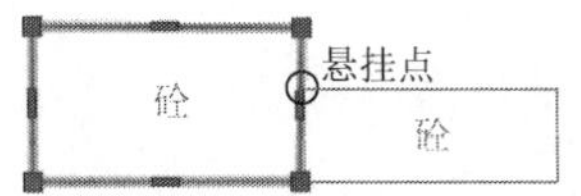

图 8-37　常见悬挂点示例

图 8-38　“计算点中误差”对话框

在图 8-38 中，主要功能选项的含义如下：

（1）打开：用于导入检核点和实测点的坐标数据。支持文本文件（*.txt）和坐标数据文件（*.dat）两种格式。文本文件的数据格式如下：

检核 y（东）坐标，观测 y（东）坐标，检核 x（北）坐标，观测 x（北）坐标

…

END

文件格式说明：文件内每一行代表一个点；每个点坐标的单位均为“米”；最后一行的 END 可以省略；所有的逗号在英文半角方式下输入。

（2）保存：单击此按钮，若数据有效性检查通过，则弹出“另存为”对话框，输入文件名，即可把所有点的检核坐标和观测坐标保存至外部文本文件；否则，弹出“数据不完整!!! ”信息框。

（3）增加一行：增加一行空白记录。

（4）删除一行：删除当前记录。

（5）拾取点：选择某一条记录，先右击列表中的一项，再单击此按钮，即可拾取点，并返回点坐标。

（6）绘制误差表：单击该按钮，先进行数据有效性检查，若通过检查，输入或指定表格左下角点，则在当前图形中插入“点位中误差计算表”；否则，弹出“数据不完整!!! ”信息框。

（7）设置精度：设置点位中误差的有效数字，包括 0.0、0.00、0.000 和 0.0000 4 种格式，单位为“米”。

（8）计算：计算并显示 x 差值、y 差值及点位中误差，单位为“米”。计算公式如下：

$$\Delta x = x_{检核} - x_{观测}，\quad \Delta y = y_{检核} - y_{观测}，\quad m = \sqrt{\frac{1}{n}\sum\left(\Delta x^2 + \Delta y^2\right)}$$

3. 等高线检查

在 CASS 中，“检查入库”模块包括穿越地物检查、高程注记检查、拉线高程检查和相交检查、边长误差检查 5 种检查。

1）等高线穿越地物检查

该命令自动检查当前图形中的等高线是否穿越地物（包括建筑物、道路等）。若有等高线穿越，则将检查出的错误记录显示在“信息浏览器”窗口的“等高线穿越”栏中，双击任一记录，可以定位该错误的位置；否则，弹出“图中没有发现等高线与房屋或道路相交”的消息框。

2）等高线高程注记检查

该命令用于检查等高线的高程注记是否有错，即等高线高程注记与等高线的“高程”属性值是否一致。若不一致，则存在等高线注记错误，系统将检查出的错误记录显示在“信息浏览器”窗口的“等高线注记”栏中，并将图中错误的等高线注记显示为红色以示区别；否则，命令行提示“没有发现错误的等高线注记”。

3）等高线拉线高程检查

该命令的功能是进行等高线高程递增递减检查。执行该命令，指定起始位置、终止

位置确定拉线，检查拉线所通过的等高线是否存在“等高线高程没有递增或递减”情况。若存在，则在“信息浏览器”窗口的“等高线高程递增递减检查”栏中显示检查结果；若不存在，则命令行提示“所拉线与等高线共有***个交点，没有发现错误”。

4）等高线相交检查

该命令用于检查等高线之间是否相交。执行该命令时，选择要检查的等高线，若存在等高线相交的情况，则在“信息浏览器”窗口的“等高线相交”栏中显示检查结果，一个交点为一条记录；否则，命令行显示“没有发现等高线相交”。

5）边长误差检查

该命令根据图上边长与人工实测边长的差值计算边长误差。与“点位误差检查”相似，该功能主要服务于数字地图的检查和质量评定。每一幅图的量测边数一般不少于 20 处。

在快速访问工具栏选择“显示菜单栏”选项，单击“检查入库”菜单项，在弹出的菜单中执行“边长误差检查”命令，或在“功能区”选项板中，选择“检查入库”选项卡中的“实体检查”面板，单击“边长误差检查”按钮，系统弹出“计算线中误差”对话框，如图 8-39 所示。

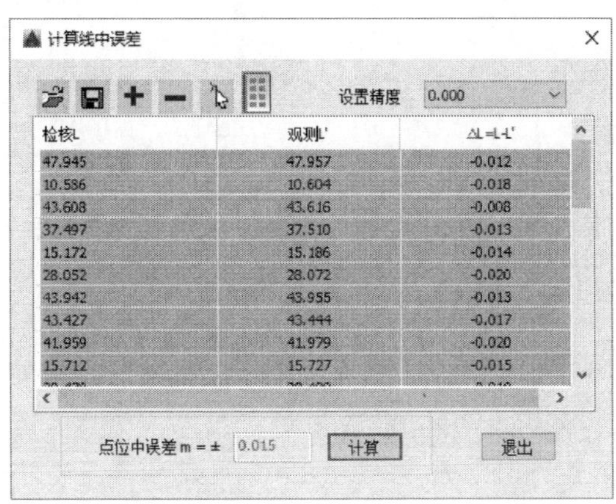

图 8-39　“计算线中误差”对话框

图 8-39 中各选项功能同“计算点中误差”对话框，输入检核边长、观测边长，单击“计算”按钮，即可计算出线中误差。

4. 面检查

1）手动跟踪构面

该命令把并不连续的复合线连接起来构成一个面，原有的复合线仍然保留，新构成面域的 CASS 编码、图层颜色等属性与选择的第一段复合线相同。

在快速访问工具栏选择“显示菜单栏”选项，单击“检查入库”菜单项，在弹出的菜单中执行“手动跟踪构面”命令，或在“功能区”选项板中，选择“检查入库”选项卡中的“其他”面板，单击“手动跟踪构面”按钮，命令行显示“选取要连接的一段边线：<回车结束，Esc 取消>”，选择第一条复合线，复合线以红色、加粗显示，然后选择第二条复合线，系统自动计算该复合线首末端点与已有复合线首末端点的距离，按照距离最近原则进行联结，依次类推，直至完成最后一条复合线的联结，按 Enter 键自动闭合复合线形成面域，并结束命令。在命令执行过程中，按 Esc 键可中止命令执行。

注：该命令同样适用于将首尾连接的多段复合线连接起来构成一个面。

2）搜索封闭房屋

该命令自动搜索某一指定图层上复合线围成的闭合多边形，并根据搜索结果生成多点一般房屋（CASS 编码为 141101），其图层为 JMD（居民地），原有图形实体的属性保持不变。

在快速访问工具栏选择"显示菜单栏"选项，单击"检查入库"菜单项，在弹出的菜单中执行"搜索封闭房屋"命令，或在"功能区"选项板中，选择"检查入库"选项卡中的"其他"面板，单击"搜索封闭房屋"按钮，命令行显示"请输入旧图房屋所在图层："，输入图层名（如 0 层）并按 Enter 键，系统将该图层中复合线围成的面域生成一般房屋。

5. 图形实体检查

1）过滤无属性实体

该命令的功能是过滤掉图形中无属性的实体，即删除当前图形中无 CASS 编码的图形实体。

在快速访问工具栏选择"显示菜单栏"选项，单击"检查入库"菜单项，在弹出的菜单中执行"过滤无属性实体"命令，或在"功能区"选项板中，选择"检查入库"选项卡中的"实体检查"面板，单击"过滤无属性实体"按钮，在弹出的"输入过滤图形文件名"对话框中，输入文件名并单击"保存"按钮，系统自动对当前图形进行无属性实体过滤，并将过滤掉的实体保存至过滤图形文件中。

2）删除重复实体

删除重复实体命令用于删除完全重复的实体。命令执行过程如下：

在快速访问工具栏选择"显示菜单栏"选项，单击"检查入库"菜单项，在弹出的菜单中执行"删除重复实体"命令，或在"功能区"选项板中，选择"检查入库"选项卡中的"实体检查"面板，单击"删除重复实体"按钮，弹出的信息框中显示"本功能将删除完全重复的实体，是否继续"。单击"是"按钮，系统自动对当前图形进行逐层搜索并删除完全重复的实体，同时命令行显示已完成搜索的图层及每一图层删除重复实体的个数。

8.5.3 数据质检

数据质检功能由 CASS 的"质检模块"完成，分 3 步进行：第一步，打开逻辑规则编辑器，根据质检内容自定义数据质检方案，也可通过修改已有质检方案（如 CASS 安装目录下的"\demo\成果数据质检方案.tsk"）来实现；第二步，在任务列表中加载数据质检方案并执行质检，显示质量检查结果；第三步，导出质检报告。

1. 逻辑规则编辑器

在快速访问工具栏选择"显示菜单栏"选项，单击"质检模块"菜单项，在弹出的菜单中执行"编辑工具"|"逻辑规则编辑器"命令，或在"功能区"选项板中，选择"质检模块"选项卡中的"编辑工具"面板，单击"逻辑规则编辑器"按钮，系统弹出"成果数据质检方案逻辑规则编辑器"窗口，如图 8-40 所示。

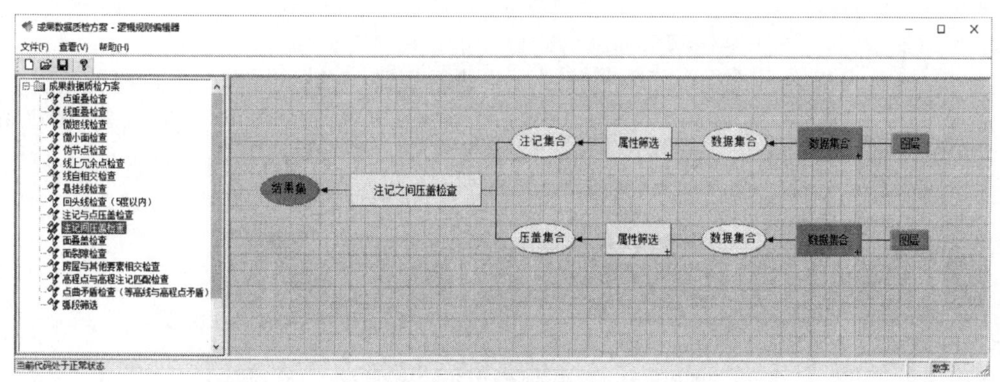

图 8-40　“成果数据质检方案逻辑规则编辑器”窗口

注：每单击一次“逻辑规则编辑器”按钮都会打开一个新的界面，多个编辑器界面可以同时进行编辑操作。

右击图 8-40 中左侧“规则创建区”的不同位置，将弹出不同的快捷菜单，如图 8-41 所示；右击右侧的“规则编辑区”选项（如集合项、规则项），也将弹出不同的快捷菜单，如图 8-42 所示。

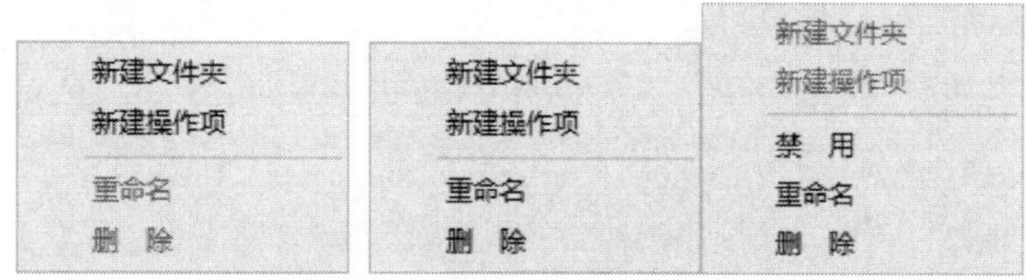

图 8-41　“规则创建区”快捷菜单

在图 8-41 中，各菜单项功能如下：

（1）新建文件夹：在规则创建区中的树状列表中新建一个文件夹。若已选择文件夹，则在当前文件下新建一个子文件夹；否则，新增一个一级文件夹。

（2）新建操作项：在当前文件夹中新建一个操作项。

（3）禁用：禁用当前操作项。

（4）重命名：重命名文件夹或操作项。单击某文件夹或操作项，也可实现重命名功能。

（5）删除：删除当前选择的文件夹或操作项。

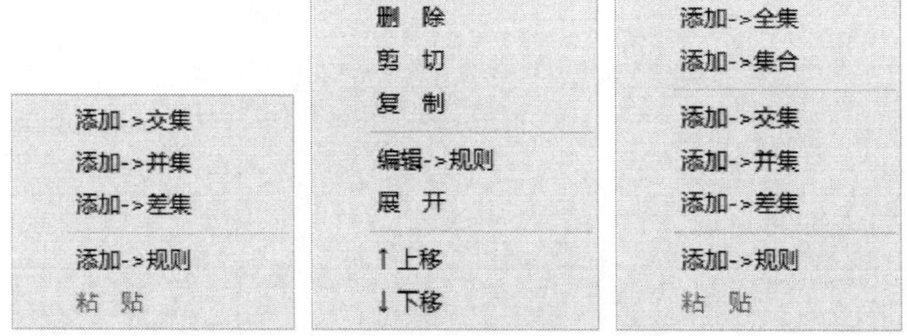

图 8-42　“规则编辑区”快捷菜单

在图 8-42 中，各菜单项功能如下：

（1）添加->规则：此菜单项用于新增一条逻辑规则。单击此菜单项，在弹出的“规则列表”窗口（图 8-43（a））中选择一条规则，单击“确定”按钮；在弹出的“规则编辑器”对话框（图 8-43（b））中，“规则名”文本框显示当前的规则名称，选择缺陷类型（包括致命缺陷、严重缺陷、重缺陷、轻缺陷和微缺陷 5 种），并在参数列表中设置必要的参数值，单击“确定”按钮，完成规则的添加。

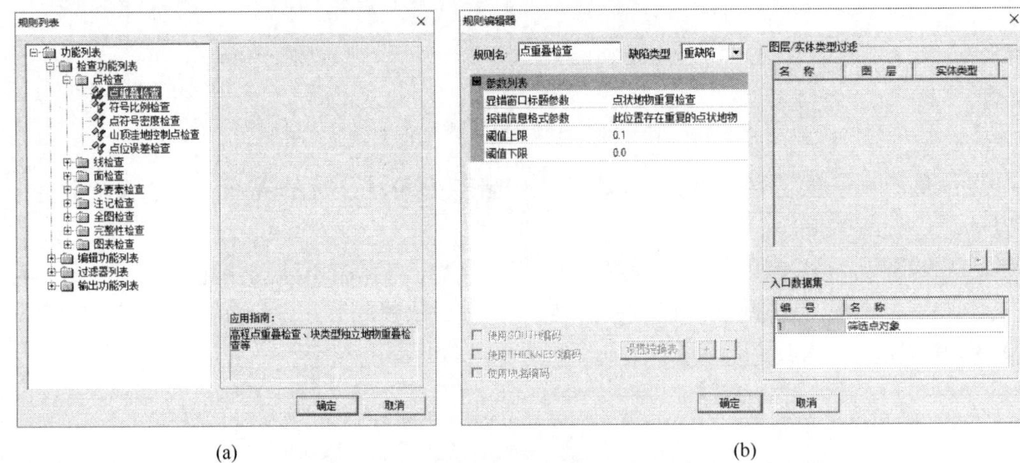

(a)　　　　(b)

图 8-43　添加规则

（2）编辑->规则：弹出“规则编辑器”对话框（图 8-43（b）），用于规则参数列表的查看及参数值的编辑、修改。

（3）添加->集合：此菜单项用于为逻辑规则添加需要处理的数据集合。选择该菜单项，系统弹出“规则编辑器”对话框（图 8-44）。与图 8-43（b）的对话框相比，该对话框的规则名显示为“数据集合”，且添加按钮 + 、删除按钮 - 处于可用状态。

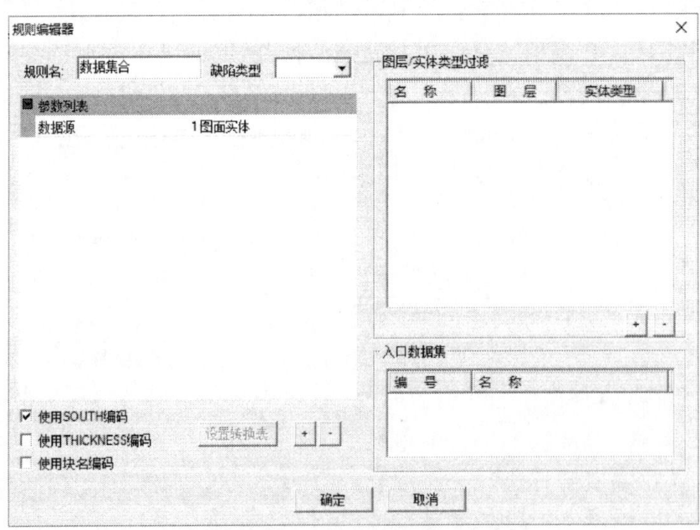

图 8-44　添加数据集

图 8-44 左下角为数据集编码选择区，可用于数据集的筛选。勾选“使用 SOUTH 编码”、“使用 THICKNESS 编码”（开思标准数据的通用存储编码）或“使用块名编码”复选框，并单击按钮，在弹出的“请输入”对话框中输入字段值，即可新增过滤参数；选择某一参数，单击按钮，则删除该参数。

注：编码字段值支持使用通配符“*”。

图 8-44 右上角的“图层/实体类型过滤”一栏提供了图层过滤和实体类型过滤 2 种过滤条件，两者既可以单独使用，也可以组合使用。单击按钮或按钮可以完成过滤条件的新增、删除。新增的过滤条件中，“名称”项一般显示为“图层”，用户可以双击获取焦点进行编辑修改；“图层”项设置为待过滤图层名；“实体类型”项用于设置实体类型过滤对象，常见实体类型及含义如下：

（1）“POINT”：点类型，用于选择所有点类型的数据对象；

（2）“LINE”：线类型，指用 LINE 命令画出来的线；

（3）“*LINE”：含通配符的线类型，包括所有的线类型；

（4）“POLYLINE”：二维多段线，又称轻量线，指用 PLINE 命令绘制的多段线；

（5）“LWPOLYLINE”：三维多段线，又称重量线，指含有“Z”值的多段线；

（6）“*POLYLINE”：含通配符的多段线，包括二维多段线和三维多段线；

（7）“CIRCLE”：圆类型；

（8）“INSERT”：块类型；

（9）“TEXT”：注记类型。

除上述添加数据集合方法之外，还可以添加全集或两个集合的交集、并集、差集等。

（1）展开：若某一规则包含多项参数，单击该菜单则展开参数列表，相应菜单项显示为“收拢”。

（2）删除：在弹出的“消息框”中，单击“确定”按钮，则删除当前规则之后的所有规则、集合。

（3）剪切：该菜单项与“粘贴”为一对命令，可以移动规则的位置。

（4）复制：该菜单项与“粘贴”为一对命令，可以实现规则的复制。当不同规则所处理的对象相同时，该方法可以提高编辑效率。

（5）↑上移：在当前列表中向上移一个位置，该命令与“↓下移”为一对互逆命令。

实例 8-3　建立一个质检方案，实现多边形房屋的闭合性检查及建筑物的注记检查。

建立过程如下：

1）新建文件夹

右击逻辑规则编辑器的“规则创建区”，在弹出的快捷菜单中，选择“新建文件夹”选项；右击新建的文件夹，在弹出的快捷菜单中，选择“重命名”选项，将文件夹命名为“房屋闭合及注记质检方案”。

2）新建操作项

右击新建的文件夹，在弹出的快捷菜单中，选择“新建操作项”选项，再次右击新建操作项，在弹出的快捷菜单中，选择“重命名”选项，将操作项命名为“房屋闭合检查”；重复该步骤，新建“房屋注记检查”操作项。

3）设置方案名称

选择“文件”|“设置方案名”菜单，在弹出的“方案名称”窗口中，输入“房屋闭合及注记质检方案”，单击“确定”按钮。

4）添加规则

选择规则创建区的“房屋闭合检查”操作项，右击规则编辑区的“结果集”，在弹出的快捷菜单中，选择“添加->规则”选项，系统弹出“规则列表”窗口，执行“功能列表”|“检查功能列表”|“面检查”|“面闭合检查”命令，在弹出的“规则编辑器”窗口中，在缺陷类型下拉列表中选择“重缺陷”选项，单击“确定”按钮，完成规则添加。

同理，选择“房屋注记检查”操作项，右击“结果集”，在弹出的快捷菜单中，选择“添加->规则”选项，并在弹出的“规则列表”窗口中，执行“功能列表”|“检查功能列表”|“注记检查”|“建筑物注记检查”命令，在弹出的“规则编辑器”窗口中，选择缺陷类型为“重缺陷”，单击“确定”按钮，完成规则添加。

5）添加数据集

选择“房屋闭合检查”操作项，右击“检查对象”，在弹出的快捷菜单中，选择“添加->集合”选项；在弹出的“规则编辑器”对话框中，选择缺陷类型为“重缺陷”，勾选“使用 SOUTH 编码”，单击+按钮，在弹出的“请输入”对话框中的字段值文本框中输入“1411*1”，其中“*”为通配符，即检查 141101（多点一般房屋）、141111（多点砼房屋）、141121（多点砖房屋）、141131（多点铁房屋）、141141（多点钢房屋）、141151（多点木房屋）、141161（多点混房屋）7 种类型房屋。重复该步骤，分别输入“141200”“141300”，把多点一般房屋、多点建筑中房屋 2 种类型纳入检查范围。

单击“图层/实体类型过滤”栏中的添加按钮+，在新增过滤条件中，在图层字段输入“JMD”，实体类型字段选择“*POLYLINE”选项（图 8-45），单击“确定”按钮，完成数据集的添加。

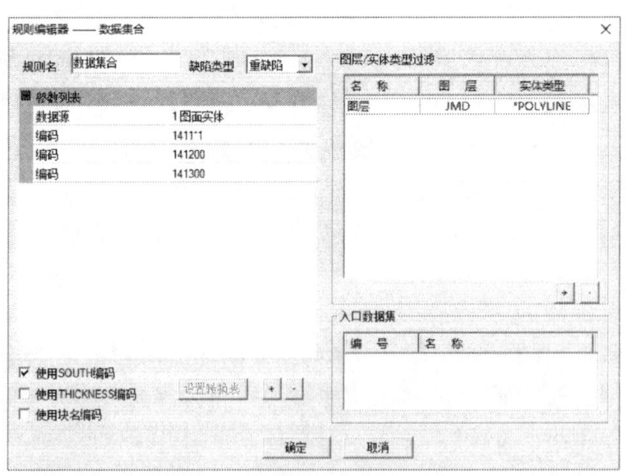

图 8-45　房屋闭合检查的数据集

选择“房屋注记检查”操作项，右击“建筑物集合”，在弹出的快捷菜单中，选择“添加->集合”选项；在弹出的“规则编辑器”对话框中，选择缺陷类型为“重缺陷”，单击“图层/实体类型过滤”栏中的添加按钮，在新增过滤条件中，在图层字段输入“JMD”，实体类型字段选择“*POLYLINE”选项，单击“确定”按钮，完成数据集的添加。

同理，右击“建筑物注记集合”，在弹出的快捷菜单中，选择“添加->集合”选项；在弹出的“规则编辑器”对话框中，选择缺陷类型为“重缺陷”，单击“图层/实体类型过滤”栏中的添加按钮，在新增过滤条件中，在图层字段输入“JMD”，实体类型字段选择“TEXT”选项，单击“确定”按钮。

6）保存方案

单击“文件”|“保存”菜单，或者单击工具栏中的“保存”按钮，在弹出的“另存为”对话框中，选择合适的保存路径并输入“房屋闭合及注记质检方案”，单击“保存”按钮，完成质检方案的设置，如图 8-46 所示。

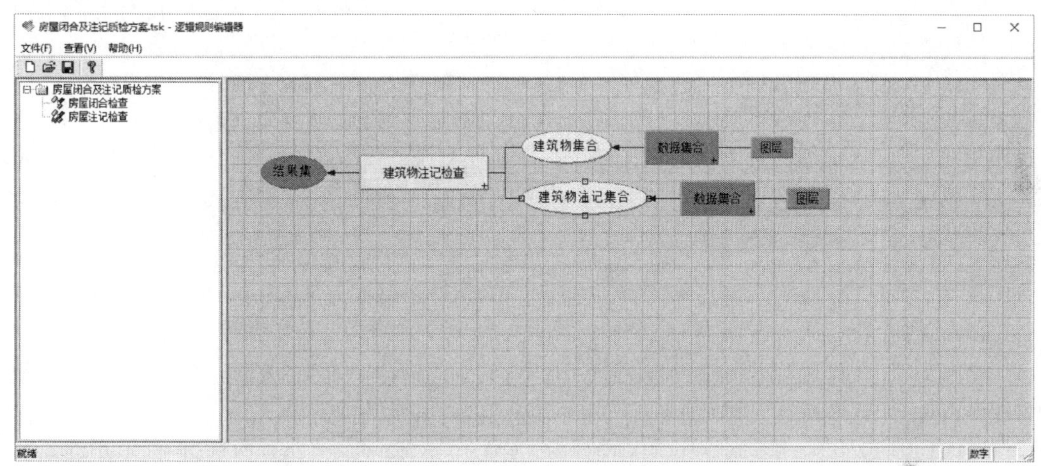

图 8-46　房屋闭合及注记质检方案

2. 任务列表

在快速访问工具栏选择“显示菜单栏”选项，单击“质检模块”菜单项，在弹出的菜单中执行“显示任务”|“任务列表”命令，或在“功能区”选项板中，选择“质检模块”选项卡中的“显示任务”面板，单击“任务列表”按钮，系统弹出“规则列表”窗口，如图 8-47 所示。

图 8-47　“规则列表”窗口

在图 8-47 中，各选项功能如下：

（1）+：单击此按钮，在弹出的“打开”对话框中，选择质检方案文件或输入质检方案文件名，单击“打开”按钮，可以导入质检方案，同时右侧下拉列表框中增加该列表项。如果多次单击该按钮，导入了多个质检方案，则可通过单击右侧下拉列表框，在弹出的下拉列表项选择不同选项，以实现不同质检方案之间的切换。

（2）-：单击此按钮，系统弹出 AutoCAD 消息框，询问用户是否确认移除方案，单击“是”按钮，当前方案被移除，同时移除右侧下拉列表框中的列表项。

（3）开始：单击此按钮，系统将对当前图形进行质检，并将质量检查结果显示在“信息浏览器”中。

以图 8-46 的房屋闭合及注记质检方案为例，导入此方案，单击“开始”按钮，质检结果如图 8-48 所示，包括面闭合检查和建筑物注记检查 2 项内容，双击任意一项记录，将在图形中定位该错误。

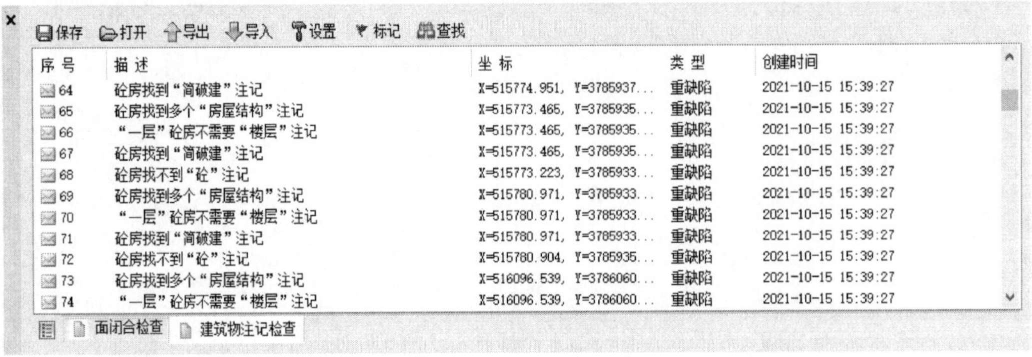

保存　打开　导出　导入　设置　标记　查找

序号	描述	坐标	类型	创建时间
64	砼房找到“简破建”注记	X=515774.951, Y=3785937...	重缺陷	2021-10-15 15:39:27
65	砼房找到多个“房屋结构”注记	X=515773.465, Y=3785935...	重缺陷	2021-10-15 15:39:27
66	“一层”砼房不需要“楼层”注记	X=515773.465, Y=3785935...	重缺陷	2021-10-15 15:39:27
67	砼房找到“简破建”注记	X=515773.465, Y=3785935...	重缺陷	2021-10-15 15:39:27
68	砼房找不到“砼”注记	X=515773.223, Y=3785933...	重缺陷	2021-10-15 15:39:27
69	砼房找到多个“房屋结构”注记	X=515780.971, Y=3785933...	重缺陷	2021-10-15 15:39:27
70	“一层”砼房不需要“楼层”注记	X=515780.971, Y=3785933...	重缺陷	2021-10-15 15:39:27
71	砼房找到“简破建”注记	X=515780.971, Y=3785933...	重缺陷	2021-10-15 15:39:27
72	砼房找不到“砼”注记	X=515780.904, Y=3785935...	重缺陷	2021-10-15 15:39:27
73	砼房找到多个“房屋结构”注记	X=516096.539, Y=3786060...	重缺陷	2021-10-15 15:39:27
74	“一层”砼房不需要“楼层”注记	X=516096.539, Y=3786060...	重缺陷	2021-10-15 15:39:27

面闭合检查　建筑物注记检查

图 8-48　质检结果

3. 导出报告

导出报告功能可以将信息浏览器中的所有信息导出并生成报告，CASS 支持导出 XML 和 Excel 两种格式。以 Excel 为例，导出报告的操作过程如下：

在快速访问工具栏选择“显示菜单栏”选项，单击“质检模块”菜单项，在弹出的菜单中执行“输出报告”|“导出报告（excel）”命令，或在“功能区”选项板中，选择“质检模块”选项卡中的“输出报告”面板，单击“导出报告（excel）”按钮，在命令行中输入项目名称，CASS 即可将质检结果导出至 Excel 文件。

8.5.4　格式输入与输出

除了能够支持“*.dwg”和“*.dxf”图形文件及“*.cas”图形交换文件等常规格式之外，CASS 还可以将图形文件输出为 GOOGLE 地球格式、ARC/INFO SHP 格式、ArcGIS10 MDB 格式、MAPINFO MIF/MID 格式和国家空间矢量格式等 GIS 格式，而其输入格式支持 GOOGLE 地球格式、ARC/INFO SHP 格式和 ArcGIS10 MDB 格式。相关菜单项及面板如图 8-49 所示。

在此，仅以输出、输入 ARC/INFO SHP 格式为例，简要介绍其操作过程。

1. 输出 ARC/INFO SHP 格式

在快速访问工具栏选择“显示菜单栏”选项，单击“检查入库”菜单项，在弹出的菜单中执行“输出 ARC/INFO SHP 格式”命令（CASSTOSHP），或在“功能区”选项板中，选择“检查入库”选项卡中的“输出”面板，单击“输出 ARC/INFO SHP 格式”按钮，系统弹出“生成 SHAPE 文件”对话框（图 8-50），设置是否转换无编码实体、弧段内插点间隔角度及文字转换方式等选项，单击“确定”按钮；然后在弹出的对话框中，指定生成 SHP 文件目录名，单击“确定”按钮完成 SHP 格式文件的转换。

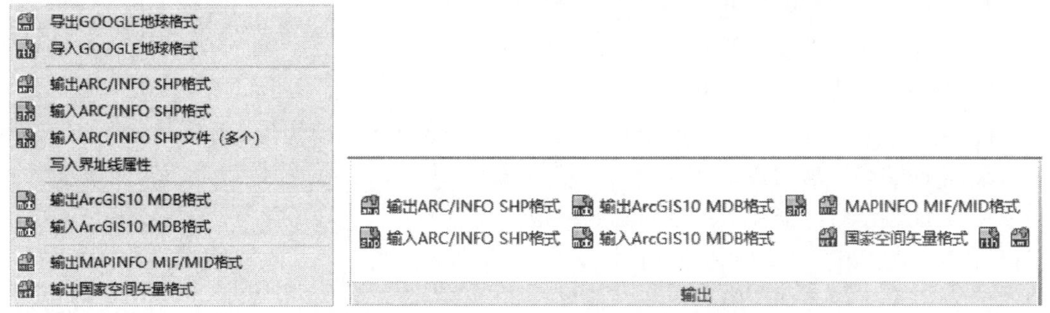

图 8-49　格式输入与输出的菜单项及面板

2. 输入 ARC/INFO SHP 格式

在快速访问工具栏选择“显示菜单栏”选项，单击“检查入库”菜单项，在弹出的菜单中执行“输入 ARC/INFO SHP 格式”命令（SHPTOCASS2），或在“功能区”选项板中，选择“检查入库”选项卡中的“输出”面板，单击“输入 ARC/INFO SHP 格式”按钮，在弹出的对话框中选择要读入的 SHAPE 文件名并单击“打开”按钮，系统弹出“字段匹配”对话框，打开匹配表名下拉列表框，在下拉列表中选择匹配表名（一般与 SHP 文件名一致），单击“确定”按钮，完成 SHP 格式文件的导入，如图 8-51 所示。

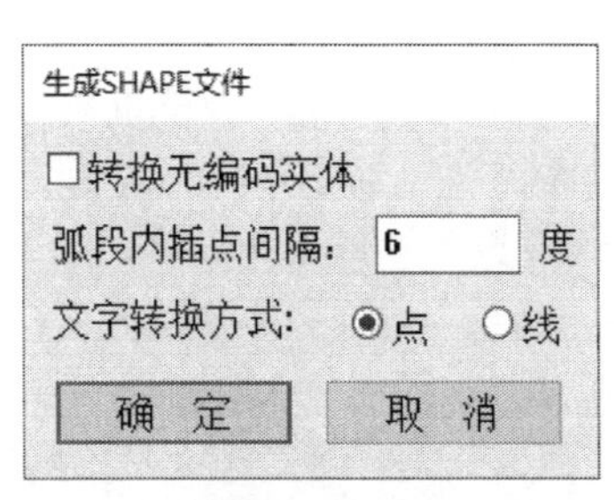

图 8-50　“生成 SHAPE 文件”对话框

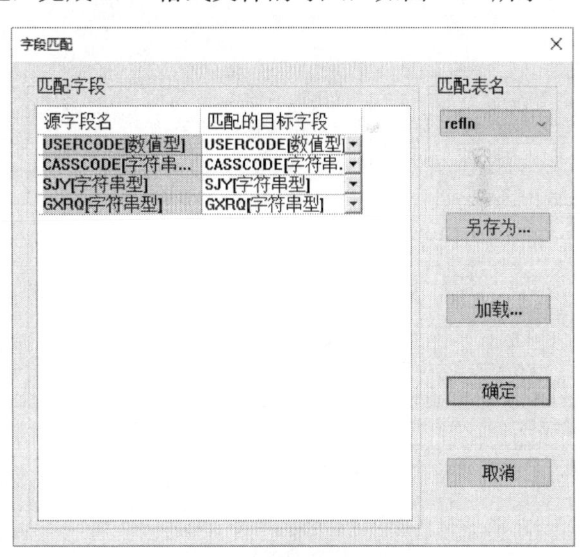

图 8-51　“字段匹配”对话框

上述方式每次仅能输入一个 SHP 文件，当文件较多时，输入的效率不高。为此，CASS 提供了一次性输入多个 ARC/INFO SHP 格式文件命令（SHPTOCASS），选择“检查入库”|“输入 ARC/INFO SHP 格式（多个）”菜单，或单击“输出”面板中的“输入 ARC/INFO SHP 格式（多个）”命令按钮，在弹出的对话框中，指定 SHP 文件所在的目录名，单击“确定”按钮，系统将该文件夹下所有 SHP 文件导入至 CASS。

思考题

1. 在 CASS 中，如何进行地籍参数设置？
2. 生成权属文件包括哪些方式？如何实现？
3. 绘制权属线有哪几种方式？各有何特点？
4. 执行“重排界址点号”命令时，其四个命令选项的功能是什么？
5. 如何实现宗地的查找、合并、分割、重排？
6. 宗地输出时，需要设置哪些基本参数？
7. 在 CASS 中，“土地利用”模块提供了哪些基本功能？
8. 在 CASS 中，如何绘制面状、线状、点状图斑？
9. 如何实现地物属性结构设置？如何进行地物属性赋值？
10. “实体检查”模块可以实现哪些检查功能？
11. 使用逻辑规则编辑器建立质检方案的基本流程是什么？
12. CASS 支持输入、输出哪些图形文件格式？

第9章　CASS的工程应用功能

本章主要介绍 CASS 在工程中的基本应用，包括基本几何要素的查询、断面图的绘制、公路曲线设计、土方量计算、图数转换、图幅管理等。

9.1　基本几何要素的查询

在 CASS 中，基本几何要素的查询包括点坐标查询、距离查询和面积查询等。

9.1.1　点坐标查询

在 CASS 中，执行“点坐标查询”有以下 3 种方式：

（1）在快速访问工具栏选择“显示菜单栏”选项，单击“工程应用”菜单项，在弹出的菜单中执行“查询指定点坐标”命令（CXZB）。

（2）在“功能区”选项板中，选择“工程应用”选项卡中的“查询计算”面板，单击“查询指定点坐标”按钮。

（3）在“CASS 实用工具栏”中，单击“查询坐标”按钮。

在“点号定位”模式下，按上述方式之一执行命令后，命令行提示如下：

查询指定点：

鼠标定点 P/<点号>

输入待查询点的“点号”，并按 Enter 键或右击，则在命令行显示该点坐标的查询结果。所得结果为该点在测量坐标系中的坐标值（X，Y），这与状态栏显示的坐标顺序刚好相反，其原因是状态栏中显示的坐标属于笛卡儿坐标系而非测量坐标系的坐标值。

如果待查询点并未标注点名，则可以输入“P”，切换至“鼠标定点”模式，设置“对象捕捉模式”，移动鼠标选取所要查询的点，即可得到该点的测量坐标。

注意：命令行提示信息与定位方式有关，若提示信息包含“鼠标定点 P/<点号>”，则表明 CASS 的定位模式为“点号定位”；否则为“坐标定位”，此时仅可以用鼠标选点查询，无法进行点号查询。因此，有必要提前设置定位方式，方法如下：单击右侧屏幕图标，根据需要单击“坐标定位”或“点号定位”按钮，进入相应的定位模式。

9.1.2　距离查询

1. 距离和方位查询

在 CASS 中，执行“距离和方位查询”命令有以下 3 种方式：

（1）在快速访问工具栏选择“显示菜单栏”选项，单击“工程应用”菜单项，在弹出的菜单中执行“查询两点距离和方位”命令（DISTUSER）。

（2）在“功能区”选项板中，选择“工程应用”选项卡中的“查询计算”面板，单击“查询两点距离和方位”按钮右侧的下三角按钮，在弹出的下拉菜单按钮中单击“查询两点距离及方位”按钮。

（3）在屏幕左侧“CASS 实用工具栏”中，单击按钮。

在“点号定位”模式下，按上述 3 种方式之一执行命令，命令行提示如下：

第一点：

鼠标定点 P/<点号>

输入起点的“点号”，按 Enter 键或右击确认输入。然后，根据命令行提示，输入终点的“点号”，则在命令行显示两点间的距离和方位角。

2. 图上距离查询

在快速访问工具栏选择“显示菜单栏”选项，单击“工程应用”菜单项，在弹出的菜单中执行“查询图上两点距离”命令，或在“功能区”选项板中，选择“工程应用”选项卡中的“查询计算”面板，单击“查询两点距离和方位”按钮右侧的下三角按钮，在弹出的下拉菜单按钮中单击“查询图上两点距离”按钮，设置对象捕捉模式，分别选择第一点、第二点，命令行中将显示两点的图面距离和当前图形比例尺。

3. 线长查询

在快速访问工具栏选择“显示菜单栏”选项，单击“工程应用”菜单项，在弹出的菜单中执行“查询线长”命令，或在“功能区”选项板中，选择“工程应用”选项卡中的“查询计算”面板，单击“查询线长”按钮，移动光标逐个拾取（或框选）待查询的线状实体，所有实体选择完毕后右击，则在命令行中显示线状实体总数和实体总长度。

若要获得每一个线状实体的线长，则需要分别进行查询。

9.1.3　面积查询

1. 查询实体面积

在 CASS 中，查询实体面积包括如下功能。

1）查询实体面积

在快速访问工具栏选择“显示菜单栏”选项，单击“工程应用”菜单项，在弹出的菜单中执行“查询实体面积”命令（AREAUSER），或在“功能区”选项板中，选择“工程应用”选项卡中的“查询计算”面板，单击“查询实体面积”按钮，命令行提示如下：

[(1)选取实体边线/(2)点取实体内部点/(S)注记设置]<1>

选择选项（1）或（2），然后根据命令行提示信息，选择实体边线或单击实体内部点，CASS 即可完成实体面积查询，并将查询结果标注在实体内部；单击选择“（S）注记设置”选项，系统将弹出面积注记设置对话框，用以设置标记的小数位及是否注记。

2）计算指定范围的面积

在快速访问工具栏选择“显示菜单栏”选项，单击“工程应用”菜单项，在弹出的菜单中执行“计算指定范围的面积”命令（JSMJ），或在“功能区”选项板中，选择“工程应用”选项卡中的“面积计算”面板，单击“计算指定范围的面积”按钮，命令行提示如下：

[(1)选目标/(2)选图层/(3)选指定图层的目标]<1>

命令选项的含义如下：

（1）选目标：该选项为默认项，需要手工逐一选择实体目标。

（2）选图层：指定图层名，系统自动计算该图层中所有实体目标的面积。

（3）选指定图层的目标：指定图层名并选择该图层中某些特定实体目标。

选择命令选项，并根据命令行提示指定实体目标，按 Enter 键确认选择，CASS 将计算出的实体面积（单位：m^2）标注在实体目标内部。同时，系统提示“是否对统计区域加青色阴影线？<Y>”，若加青色阴影线，则直接按 Enter 键（图 9-1）；否则，输入“N”并按 Enter 键结束命令。

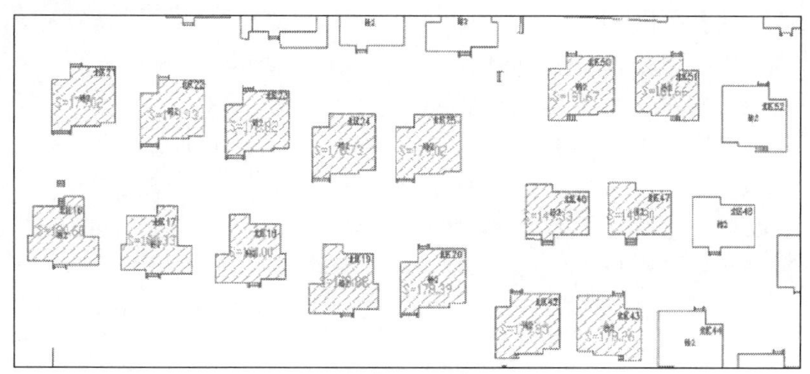

图 9-1　计算指定范围的面积

3）指定点所围成的面积

在“点号定位”模式下，单击快速访问工具栏，在下拉菜单中选择“显示菜单栏”选项，单击“工程应用”菜单项，在弹出的菜单中执行“指定点所围成的面积”命令（PAREA），或在“功能区”选项板中，选择“工程应用”选项卡中的“面积计算”面板，单击“指定点所围成的面积”按钮，在“点号定位”模式下，依次输入点号，所有点输入完毕，按 Enter 键结束命令，计算面积显示在命令行中。若在“坐标定位”模式下，则仅可以通过单击来指定点。

4）统计指定区域的面积

该项功能是在完成“计算指定范围的面积”或“指定点所围成的面积”后，计算指定区域的总面积。操作过程如下：

在快速访问工具栏选择“显示菜单栏”选项，单击“工程应用”菜单项，在弹出的菜单中执行“统计指定区域的面积”命令（TJMJ），或在“功能区”选项板中，选择“工程应用”选项卡中的“面积计算”面板，单击“统计指定区域的面积”按钮，逐一选择待统计的实体目标，也可采用窗口或多边形窗口批量选择已计算面积的区域，按 Enter 键确认选择，统计结果将显示在命令行中。例如，图 9-1 的统计结果是：总面积=2814.39m^2。

2. 计算表面积

“查询实体面积”所计算的面积均为实体在水平面上的投影面积，而表面积是指实体表面展开时的面积。当实体表面为水平面时，实体面积等于表面积，而当地表有起伏时，实体面积总是小于其表面积。

表面积很难用常规的算法模型精确地计算出来，特别是在地貌复杂的区域，计算结果与地形起伏变化程度及采样点数量有关。在 CASS 中，表面积的计算思路是：根据采样高程点，通过内插方法获得具有等距离间隔边界点的高程，然后进行 DTM 建模，在三维空间内将高程点连接为带坡度的三角形，计算出所有三角形面积之和，即为选定区域的表面积。

在 CASS 中，计算表面积有如下 3 种方式。

1）根据坐标文件

在快速访问工具栏选择“显示菜单栏”选项，单击“工程应用”菜单项，在弹出的菜单中执行“计算表面积”|“根据坐标文件”命令，或在“功能区”选项板中，选择“工程应用”选项卡中的“查询计算”面板，单击“计算表面积”按钮右侧的下三角按钮，在弹出的下拉菜单按钮中单击“根据坐标文件”按钮，选择计算区域边界线，在弹出的对话框中选择坐标文件，单击“打开”按钮，输入边界点的插值间隔（默认值为 20m）并按 Enter 键，CASS 完成圈定区域的 DTM 建模和表面积计算（图 9-2），计算结果显示在命令行中，同时生成 surface.log 文件（位于 CASS 安装目录下的 system 文件夹中），包括所有三角形的编号、点坐标、边长和表面积，如图 9-3 所示。

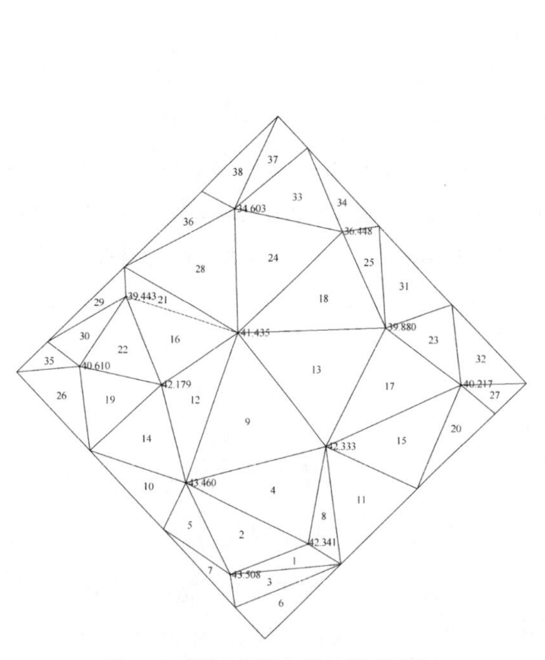

图 9-2　根据坐标文件计算表面积

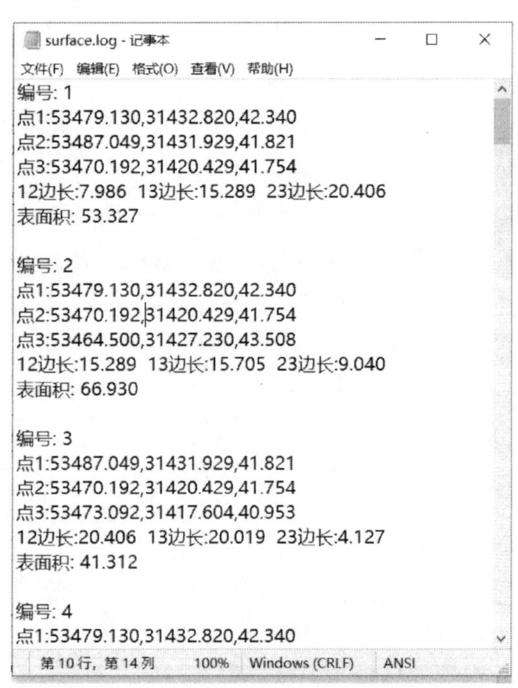
surface.log - 记事本

文件(F)　编辑(E)　格式(O)　查看(V)　帮助(H)

编号: 1
点1:53479.130,31432.820,42.340
点2:53487.049,31431.929,41.821
点3:53470.192,31420.429,41.754
12边长:7.986　13边长:15.289　23边长:20.406
表面积: 53.327

编号: 2
点1:53479.130,31432.820,42.340
点2:53470.192,31420.429,41.754
点3:53464.500,31427.230,43.508
12边长:15.289　13边长:15.705　23边长:9.040
表面积: 66.930

编号: 3
点1:53487.049,31431.929,41.821
点2:53470.192,31420.429,41.754
点3:53473.092,31417.604,40.953
12边长:20.406　13边长:20.019　23边长:4.127
表面积: 41.312

编号: 4
点1:53479.130,31432.820,42.340

第 10 行，第 14 列　100%　Windows (CRLF)　ANSI

图 9-3　surface.log 文件

2）根据图上高程点

在快速访问工具栏选择“显示菜单栏”选项，单击“工程应用”菜单项，在弹出的菜单中执行“计算表面积”|“根据图上高程点”命令，或在“功能区”选项板中，选择“工程应用”选项卡中的“查询计算”面板，单击“计算表面积”按钮右侧的下三角按钮，在弹出的下拉菜单按钮中单击“根据图上高程点”按钮，选择计算区域边界线，

输入边界点的插值间隔距离并按 Enter 键，CASS 将根据图上现有的高程点计算边界插值点的高程，完成圈定区域的 DTM 建模，并将表面积计算结果显示在命令行中，同时生成 surface.log 文件。

3）根据三角网

在快速访问工具栏选择“显示菜单栏”选项，单击“工程应用”菜单项，在弹出的菜单中执行“计算表面积”|“根据三角网”命令，或在“功能区”选项板中，选择“工程应用”选项卡中的“查询计算”面板，单击“计算表面积”按钮右侧的下三角按钮，在弹出的下拉菜单按钮中单击“根据三角网”按钮，按住 Shift 键，依次选择三角形，或采用窗口、框选、栏选等方式批量选择三角形，右击完成选择，CASS 为每一个三角形标注编号，计算出的总表面积显示在命令行中，并生成 surface.log 文件。

从应用角度来看，第 1、2 种方式的功能相似，均能够计算圈定区域的表面积，但是计算结果存在差异，主要原因在于边界插值点高程的计算方式不同。“根据坐标文件”计算时，文件中全部的高程点均参与计算；而“根据图上高程点”计算时，只有被选定的高程点参与边界插值点的高程计算。实践经验表明，当边界线附近的地形起伏变化较大时，选择“根据图上高程点”计算表面积，所得结果更合理一些。

9.2　断面图的绘制

在工程规划设计时，往往需要了解两点之间的地面起伏情况，为此需要绘制沿某一指定方向的断面图。CASS 系统提供了四种绘制断面图的方法，包括根据已知坐标、根据里程文件、根据等高线和根据三角网。

9.2.1　根据已知坐标绘制断面图

根据已知坐标绘制断面图的主要步骤如下：

（1）先根据实际工程需要，在命令行执行 PLINE 命令，绘制复合线作为断面线。

（2）在快速访问工具栏选择“显示菜单栏”选项，然后单击“工程应用”菜单项，在弹出的菜单中执行“绘断面图”|“根据已知坐标”命令（DMT_DAT），或在“功能区”选项板中，选择“工程应用”选项卡中的“绘断面图”面板，单击“根据已知坐标”按钮，拾取断面线，系统弹出“断面线上取值”对话框，如图 9-4 所示。

在图 9-4 中，主要选项的功能如下：

①“选择已知坐标获取方式”选项区：包括“由数据文件生成”和“由图面高程点生成”2 个单选按钮。前者指通过选择高程点数据文件获取已知坐标，选择此项，则需要在“坐标数据文件名”栏中指定高程点数据文件；后者指将图面已有高程点的三维坐标信息作为已知坐标。

②“采样点间距”文本框：断面线上相邻两顶点之间的距离大于采样点间距时，系统每隔一个间距内插一个采样点。

③“考虑线上结点”复选框：勾选此项，“分段采样”和“整体采样”为可选状态。当断面线为折线时，“分段采样”指将断面线视为由多段直线组成，分别进行采样；“整体采样”指不考虑折线形式，按距离累加进行采样。

④“起始里程”文本框：道路断面的起点里程，默认值为 0。

⑤“考虑相交地物”复选框：勾选此项，断面线与地物的交点将被作为采样点。

⑥“输出 EXCEL 表格”复选框：默认不勾选此项。若勾选此项，CASS 将“纵断面成果表”输出至 Excel 表格。

(3) 如图 9-4 所示，指定坐标数据文件名，采样点间距和起始里程采用默认值，单击“确定”按钮，弹出“绘制纵断面图”对话框，如图 9-5 所示。

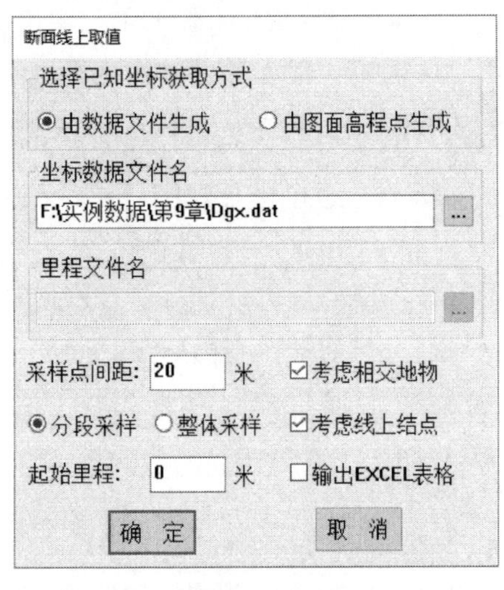

图 9-4 “断面线上取值”对话框

图 9-5 “绘制纵断面图”对话框

在图 9-5 中，主要选项的功能如下：

①“断面图比例”选项区：设置横向、纵向比例尺，默认值分别为 1∶500 和 1∶100。

②“断面图位置”选项区：指定断面左下角的纵、横坐标，可以手工输入，也可以单击…按钮，在图面上拾取。

③“平面图”选项区：若选择“绘制”单选按钮，则在绘制的断面图下方，同时绘制以断面线为中线指定宽度（默认值为 40m）范围内的平面图；若选择“不绘制”单选按钮，则不绘制平面图。

④其他选项：包括标尺、标注和注记等，一般采用默认值。

(4) “绘制断面图”对话框的参数设置完毕后，单击“确定”按钮，完成断面图绘制。

按上述步骤绘制出的一张纵断面图，如图 9-6 所示。该图清晰地反映了沿纵断面线上的地形起伏状况。

9.2.2 根据里程文件绘制断面图

1. 里程文件格式

CASS 的断面里程文件扩展名是“.HDM”，文件格式如下：

BEGIN，断面里程：断面序号

第一点里程，第一点高程

第二点里程，第二点高程

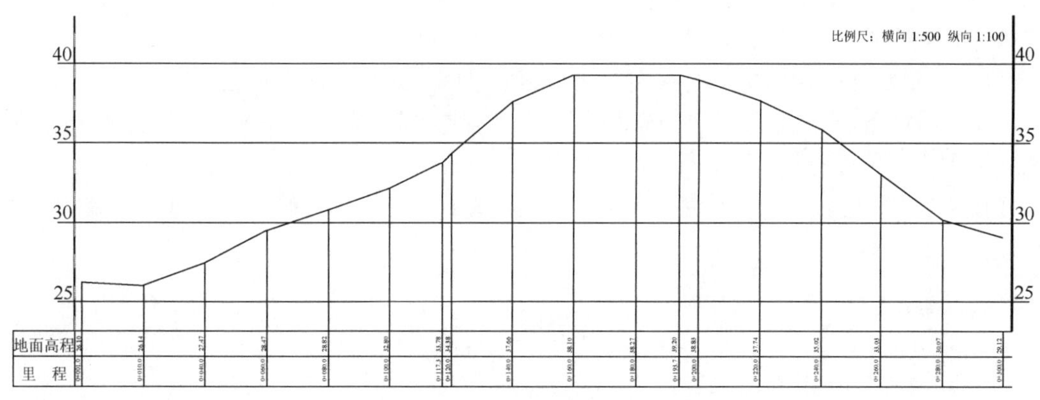

图 9-6　纵断面图

…

NEXT

另一期第一点里程，第一点高程

另一期第二点里程，第二点高程

…

BEGIN，断面里程：断面序号（下一个断面）

…

文件格式说明：

（1）每个断面第一行以“BEGIN”开始；“断面里程”表示当前横断面中桩的里程；“断面序号”从“1”开始并按断面里程从小到大的顺序增加。

（2）一个里程文件允许包含多个断面的信息，一个断面信息内也允许有该断面不同时期的断面数据。

（3）文件中的标点符号均为英文半角符号。

2. 生成里程文件

里程文件可以按照上述格式进行手工输入、编辑或修改。除此之外，CASS 提供了 5 种生成里程文件的方法：由纵断面线生成、由复合线生成、由等高线生成、由三角网生成和由坐标文件生成。

1）由纵断面线生成

在快速访问工具栏选择“显示菜单栏”选项，单击“工程应用”菜单项，在弹出的菜单中执行“生成里程文件”|“由纵断面线生成”|“新建”命令，或在“功能区”选项板中，选择“工程应用”选项卡中的“里程文件”面板，单击“由纵断面生成”按钮右侧的下三角按钮，在弹出的下拉菜单按钮中单击“新建”按钮，拾取纵断面线，系统弹出“由纵断面生成里程文件”对话框，如图 9-7 所示。

在图 9-7 中，各选项含义如下：

（1）“中桩点获取方式”选项区：包括“结点”“等分”“等分且处理结点”3 个单选按钮。其中，“结点”表示仅在结点处设置横断面，此时“横断面间距”为“灰色”，呈不可编辑状态；“等分”表示不考虑结点，从首结点开始按横断面间距设置横断面；

“等分且处理结点”是上述两种方式的合并。

（2）“横断面间距”文本框：相邻两个断面之间的距离，默认值为 20m。

（3）“横断面左边长度”“横断面右边长度”文本框：横断面左边、右边至中桩点距离，为大于 0 的任意值。

图 9-7 中各选项设置完毕后，单击“确定”按钮，则系统自动沿纵断面线生成横断面线，如图 9-8 所示。

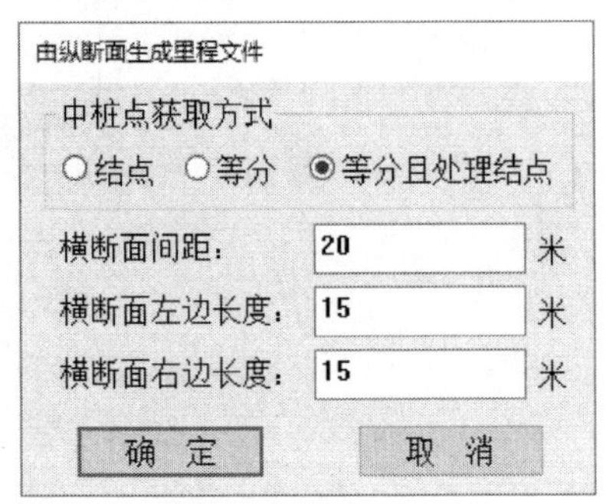

图 9-7 “由纵断面生成里程文件”对话框

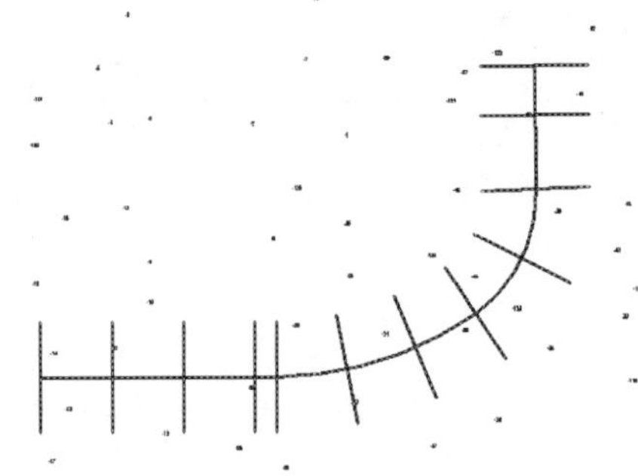

图 9-8 按“结点”方式沿纵断面线生成的横断面线

对于生成的横断面线，CASS 提供了相应的修改功能。

（1）“添加”按钮：在指定位置添加新的横断面线。

（2）“变长”按钮：改变已有横断面的左边、右边长度。

（3）“剪切”按钮：通过设置纵断面和切割边界线，剪掉横断面的多余部分。

（4）“设计”按钮：通过选择切割边界线和横断面线，为两线的交点指定设计高程。

（5）“横断面加点”按钮：为选定的横断面加点并赋高程值。

根据需要，分别执行上述命令，完成横断面的修改。然后，在快速访问工具栏选择“显示菜单栏”选项，单击“工程应用”菜单项，在弹出的菜单中执行“生成里程文件”|“由纵断面线生成”|“生成”命令，或在“功能区”选项板中，选择“工程应用”选项卡中的“里程文件”面板，单击“由纵断面生成”按钮右侧的下三角按钮，在弹出的下拉菜单按钮中单击“生成”按钮，选取纵断面线，系统弹出“生成里程文件”对话框，如图 9-9 所示。

在图 9-9 中，主要选项的功能如下：

（1）“数据文件名”文本框：当选中“坐标数据文件”单选按钮或“三角网数据文件”单选按钮时，为计算横断面插值点高程而指定的坐标数据文件或三角网数据文件（包括其完整路径）。

（2）“生成的里程文件名”文本框：指定新生成的里程文件名及其完整路径。

（3）“里程文件对应的数据文件名”文本框：文件中包含着里程文件中所有点的坐标信息。

（4）“断面线插值间距”文本框：地面起伏较大或横断面长度较大时，通过设置插值间距，增加插值点。

（5）“起始里程”文本框：设置纵断面线起始结点的里程。

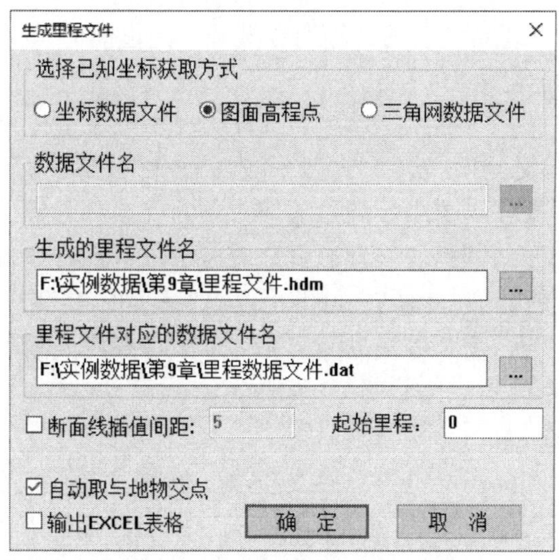

图 9-9　“生成里程文件”对话框

按图 9-9 所示设置选项后，单击“确定”按钮，系统自动生成包含所有横断面线的里程文件及其数据文件，如图 9-10 所示。

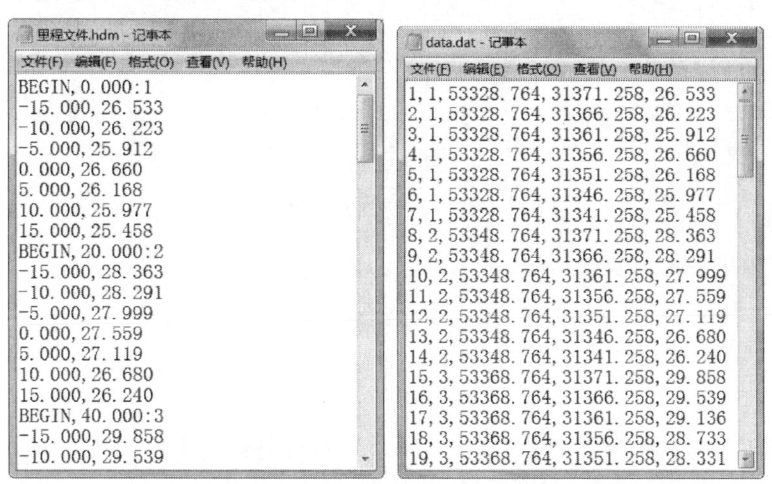

里程文件.hdm - 记事本

文件(F) 编辑(E) 格式(O) 查看(V) 帮助(H)

```
BEGIN,0.000:1
-15.000,26.533
-10.000,26.223
-5.000,25.912
0.000,26.660
5.000,26.168
10.000,25.977
15.000,25.458
BEGIN,20.000:2
-15.000,28.363
-10.000,28.291
-5.000,27.999
0.000,27.559
5.000,27.119
10.000,26.680
15.000,26.240
BEGIN,40.000:3
-15.000,29.858
-10.000,29.539
```

data.dat - 记事本

文件(F) 编辑(E) 格式(O) 查看(V) 帮助(H)

```
1,1,53328.764,31371.258,26.533
2,1,53328.764,31366.258,26.223
3,1,53328.764,31361.258,25.912
4,1,53328.764,31356.258,26.660
5,1,53328.764,31351.258,26.168
6,1,53328.764,31346.258,25.977
7,1,53328.764,31341.258,25.458
8,2,53348.764,31371.258,28.363
9,2,53348.764,31366.258,28.291
10,2,53348.764,31361.258,27.999
11,2,53348.764,31356.258,27.559
12,2,53348.764,31351.258,27.119
13,2,53348.764,31346.258,26.680
14,2,53348.764,31341.258,26.240
15,3,53368.764,31371.258,29.858
16,3,53368.764,31366.258,29.539
17,3,53368.764,31361.258,29.136
18,3,53368.764,31356.258,28.733
19,3,53368.764,31351.258,28.331
```

图 9-10　由纵断面线生成的里程文件及数据文件

2）由复合线生成

在快速访问工具栏选择“显示菜单栏”选项，单击“工程应用”菜单项，在弹出的菜单中执行“生成里程文件”|“由复合线生成”|“普通断面”命令（PLPTDM），或在“功能区”选项板中，选择“工程应用”选项卡中的“里程文件”面板，单击“由复合线生成”按钮右侧的下三角按钮，在弹出的下拉菜单按钮中单击“普通断面”按钮，拾取断面线，系统弹出“断面线上取值”对话框，如图 9-4 所示，此时“里程文件名”一栏变为可用状态。

选择已知坐标获取方式，设置里程文件名及其保存路径，并输入采样点间距和起始里程，单击“确定”按钮，系统自动生成里程文件。

此外，由复合线生成里程文件时，还可以选择“隧道断面”生成方式。

3）由等高线或三角网生成

在快速访问工具栏选择“显示菜单栏”选项，单击“工程应用”菜单项，在弹出的菜单中执行“生成里程文件”|“由等高线生成”或“由三角网生成”命令，也可以在“功能区”选项板中，选择“工程应用”选项卡中的“里程文件”面板，单击“由等高线生成”按钮或“由三角网生成”按钮，系统弹出“选择要输入的里程文件名”对话框，设置里程文件名及其保存路径，单击“保存”按钮，生成里程文件。

注：进行该操作之前，需要先根据坐标文件生成等高线或三角网，否则，系统将出现“没有交点”提示信息。

4）由坐标文件生成

在快速访问工具栏选择“显示菜单栏”选项，单击“工程应用”菜单项，在弹出的菜单中执行“生成里程文件”|“由坐标文件生成”命令，或在“功能区”选项板中，选择“工程应用”选项卡中的“里程文件”面板，单击“由坐标文件生成”按钮，系统弹出“由坐标文件生成里程文件”对话框，如图 9-11 所示。

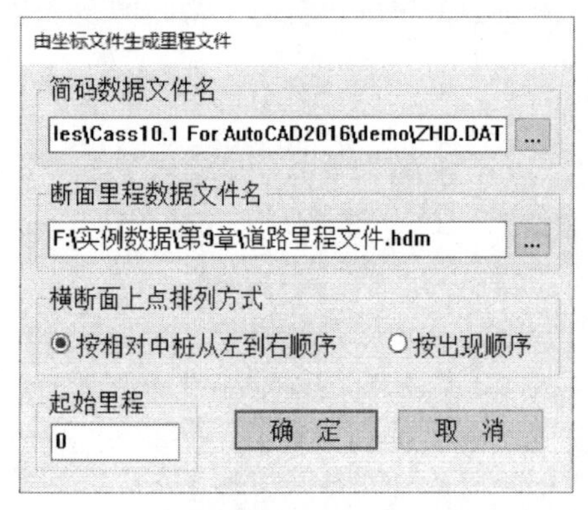

图 9-11　“由坐标文件生成里程文件”对话框

图 9-11 中的简码数据文件格式如下：

点号，M_1，X 坐标，Y 坐标，高程

点号，1，X 坐标，Y 坐标，高程

…

点号，M_2，X 坐标，Y 坐标，高程（下一个横断面）

点号，2，X 坐标，Y 坐标，高程

…

点号，M_i，X 坐标，Y 坐标，高程（第 i 个横断面）

点号，i，X 坐标，Y 坐标，高程

…

其中，代码 M_i 表示道路中心点，代码 i 表示该点是道路横断面 M_i 上的点。

按上述格式组织数据后，在图 9-11 对话框中指定简码数据文件名、断面里程数据文件名、横断面上点排列方式、起始里程等内容，然后单击“确定”按钮，系统生成里程文件。

3. 根据里程文件绘制断面图的过程

（1）生成里程文件。

（2）在快速访问工具栏选择“显示菜单栏”选项，单击“工程应用”菜单项，在弹出的菜单中执行“绘断面图”|“根据里程文件”命令，或在“功能区”选项板中，选择“工程应用”选项卡中的“绘断面图”面板，单击“绘制断面”按钮右侧的下三角按钮，在弹出的下拉菜单按钮中单击“根据里程文件”按钮，在弹出的“输入断面里程数据文件名”对话框中，选择断面里程文件，单击“打开”按钮，弹出“绘制纵断面图”对话框，如图 9-5 所示。

（3）设置断面比例、断面图位置、起始里程、标尺、标注和注记等参数，单击“确定”按钮，完成断面图绘制。

根据图 9-10 所示的里程文件绘制的其中一个断面图如图 9-12 所示。

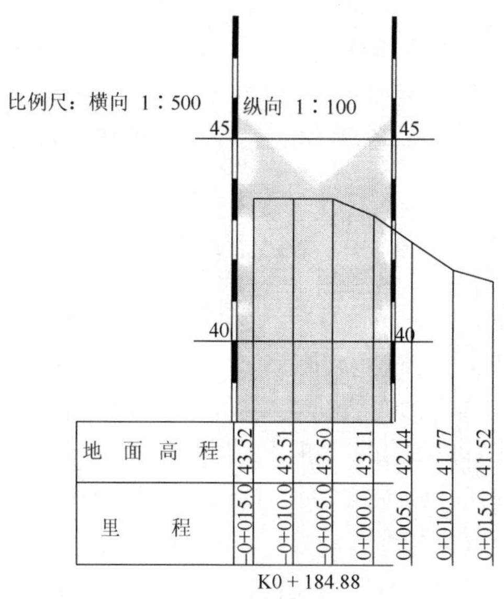

图 9-12　根据里程文件绘制的断面图

在上述 5 种生成里程文件的方法中，由复合线生成、由等高线生成和由三角网生成 3 种方法仅生成纵断面里程文件，而由纵断面线生成和由坐标文件生成 2 种方法能够生成横断面里程文件，因此后 2 种方法可以同时绘制纵、横断面图。

注：若选择“根据里程文件”绘制断面图，将无法同时绘制纵、横断面图。解决办法是：在快速访问工具栏选择“显示菜单栏”选项，单击“工程应用”菜单项，在弹出的菜单中执行“断面法土方计算”|“道路断面”命令，或在“功能区”选项板中，选择“工程应用”选项卡中的“土方计算”面板，单击“断面法土方计算”按钮右侧的下三角按钮，在弹出的下拉菜单按钮中单击“道路断面”按钮，在弹出的“断面设计参数”对话框中，选择里程文件，单击“确定”按钮；系统弹出“没有设计信息，是否继续绘制断面？”对话框，单击“确定”按钮；将弹出“绘制断面图”对话框，参数设置完毕后，单击“确定”按钮，完成断面图绘制。所绘制的断面图包含纵断面图和所有的横断面图。

9.2.3　根据等高线或三角网绘制断面图

在 CASS 中，根据三角网绘制断面图的过程如下：在快速访问工具栏选择“显示菜单栏”选项，单击“工程应用”菜单项，在弹出的菜单中执行“绘断面图”|“根据等高线”命令，或在“功能区”选项板中，选择“工程应用”选项卡中的“绘断面图”面板，单击“绘断面图”按钮右侧的下三角按钮，在弹出的下拉菜单按钮中单击“根据等高线”按钮，拾取断面线，系统将弹出“绘制断面图”对话框，设置参数后，单击“确定”按钮，完成断面图绘制。

根据三角网绘制断面图的过程与上述过程一致。需要注意的是，“根据等高线”法和“根据三角网”法的采样点选取方式不同，前者将断面线与等高线的交点作为采样点，后者则根据断面线与三角网的交点作为采样点。因此，即使等高线由同一个三角网生成，两种方法绘制出的断面图也并不相同。

根据等高线或三角网绘制断面图的基本原理是：根据三角网或等高线计算出与断面线交点的三维坐标，先生成断面里程数据，然后绘制断面图。这与 9.2.2 节中先“由等高线生成”或“由三角网生成”里程文件，再“根据里程文件”绘制断面图所得结果完全一致。

9.3　公路曲线设计

由于受到地形、地物、水文、地质等因素的影响和制约，公路在平面上不可能是一条直线，而是由许多直线段和曲线段组合而成，其中的曲线段称为平曲线。在公路曲线设计中，常用的平曲线包括单圆曲线和复曲线。具有单一半径的曲线称为单圆曲线；具有两个或两个以上不同半径的曲线称为复曲线。

在 CASS 中，公路曲线设计包括单圆曲线设计和复曲线设计两个模块，可以实现相应平曲线的曲线要素和采样点坐标的计算。

9.3.1　单圆曲线设计

在快速访问工具栏选择“显示菜单栏”选项，单击“工程应用”菜单项，在弹出的菜单中执行“公路曲线设计”|“单个交点处理”命令（pointcurve），或在“功能区”选项板中，选择“工程应用”选项卡中的“绘断面图”面板，单击“公路曲线设计”按钮右侧的下三角按钮，在弹出的下拉菜单按钮中单击“单个交点处理”按钮，弹出“公路曲线计算”对话框，如图 9-13 所示。

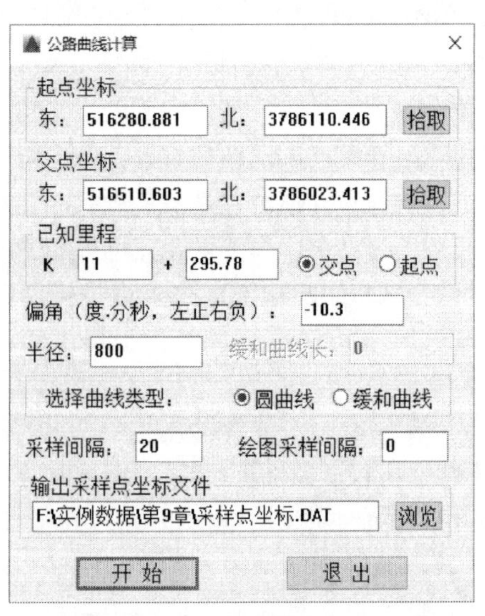

图 9-13　“公路曲线计算”对话框

在图 9-13 中，公路曲线的设计信息如下：

（1）起点坐标、交点坐标：分别指线路的起算点、转折点的坐标，可手工录入坐标值，也可以单击“拾取”按钮，选用合适的对象捕捉方式，在图上选取点并提取其坐标。

（2）已知里程：可以设置线路交点或起点的里程，默认值为 K0+0。

（3）曲线设计要素：包括偏角、半径和曲线类型，其中曲线偏角为曲线的转向角，单位为“度.分秒”，并按“左正右负”取值，即线路左转向时，取正值；右转向时，取负值。

（4）采样间隔和绘图采样间隔：分别指圆曲线放样时中线桩的间隔距离和绘图时采样点的间隔距离，单位为“米”。

（5）输出采样点坐标文件：指定道路中线桩的坐标文件名及完整路径，扩展名为“.dat”。单击“浏览”按钮，在弹出的“输入要生成的采样坐标数据文件名”对话框中，输入“文件名”，单击“保存”按钮，自动生成坐标文件名及完整路径。该项默认值为“空”，此时将不输出采样点坐标。

公路曲线的设计信息设置完毕后，单击“开始”按钮，在屏幕上移动光标指定平曲线要素表左上角点，系统自动绘制设计后的圆曲线、平曲线要素表和采样点坐标表，如图 9-14 所示。若同时指定了“输出采样点坐标文件”，则同时生成采样点坐标文件。

采样点坐标表

里程	X	Y
k11+050.124	3786110.446	516280.881
k11+060.000	3786106.947	516290.117
k11+080.000	3786099.861	516308.819
k11+100.000	3786092.775	516327.522
k11+120.000	3786085.690	516346.225
k11+140.000	3786078.604	516364.927
k11+160.000	3786071.518	516383.630
k11+180.000	3786064.432	516402.333
k11+200.000	3786057.347	516421.036
k11+220.000	3786050.261	516439.738
k11+222.270	3786049.457	516441.861
k11+240.000	3786042.992	516458.370
k11+260.000	3786035.263	516476.816
k11+280.000	3786027.074	516495.062
k11+295.574	3786020.384	516509.126
k11+300.000	3786018.433	516513.098
k11+320.000	3786009.343	516530.913
k11+340.000	3785999.811	516548.494
k11+360.000	3785989.842	516565.832
k11+368.878	3785985.278	516573.447

平曲线要素表

JD		偏角		R	T	L	E	ZY	QZ	YZ
		左偏	右偏							
1	K11+295.780		10°30′0.0″	800.000	73.510	146.628	3.370	K11+222.270	K11+295.574	K11+358.878

图 9-14　平曲线要素表和采样点坐标表

9.3.2　复曲线设计

在 CASS 中，复曲线的设计包括以下 2 个步骤。

1. 要素文件录入

在快速访问工具栏选择“显示菜单栏”选项，单击“工程应用”菜单项，在弹出的菜单中执行“公路曲线设计”|“要素文件录入”命令（putroadata），或在“功能区”选项板中，选择“工程应用”选项卡中的“绘断面图”面板，单击“公路曲线设计”按钮右侧的下三角按钮，在弹出的下拉菜单按钮中单击“要素文件录入”按钮，命令行提示如下：

（1）偏角定位（2）坐标定位：<1>

其中，“偏角定位”“坐标定位”是指确定平曲线交点的方式，默认选项为“偏角定位”。单击选择“（1）偏角定位”或“（2）坐标定位”选项时，将弹出不同的“公路要素录入”对话框，如图 9-15、图 9-16 所示。

在图 9-15、图 9-16 的“公路曲线要素录入”对话框中，各选项的含义如下：

（1）“要素文件名”文本框：指定拟存储公路曲线要素的文件名及其完整路径，扩展名为“.qx”。该项可以直接手工输入，也可以单击“浏览”按钮，在弹出的“输入公路曲线要素文件名”对话框中输入“文件名”，单击“保存”按钮，自动生成要素文件名及完整路径。

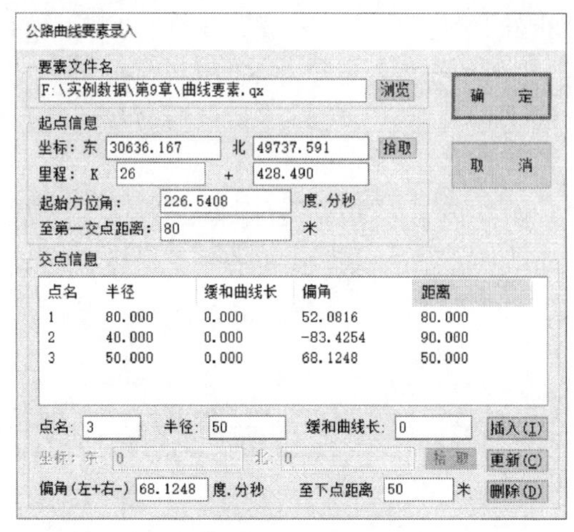

图 9-15　偏角定位时的公路要素录入对话框

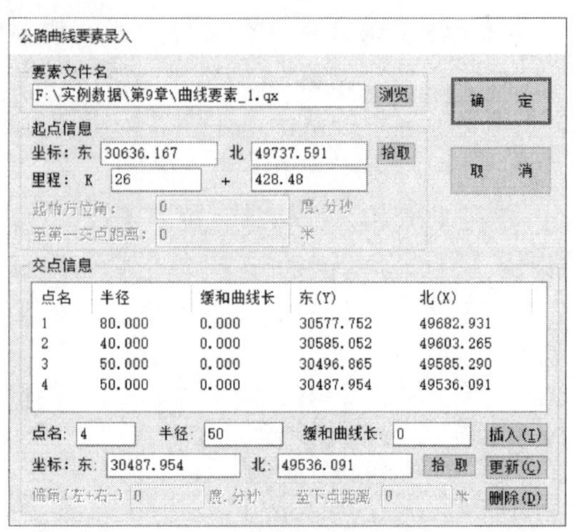

图 9-16　坐标定位时的公路要素录入对话框

（2）“起点信息”选项区：选择偏角定位（图 9-15）时，起点信息包括起点的坐标、里程、起始方位角、至第一交点距离选项内容。其中，起始方位角是指起点至第一交点连线的坐标方位角，系统根据起点坐标及起始方位角、至第一交点距离可以计算出第一交点的坐标。若选择坐标定位（图 9-16）时，起始方位角、至第一交点距离的文本框变为灰色，处于不可编辑状态，仅需输入坐标、里程信息即可。单击“拾取”按钮，可以通过在图上选取起点，快速提取其坐标信息。

（3）“交点信息”选项区：以图 9-15 为例，包括点名、半径、缓和曲线长、偏角、距离信息。点名是指交点的名称，仅允许输入整数；半径是指当前圆曲线的半径；缓和曲线长按实际设计值输入，若当前曲线不包含缓和曲线，则取值为 0；偏角指当前圆曲线的转向角，按“左正右负”取值；距离指当前交点至下一圆曲线交点的距离，系统根据偏角和距离等信息可以计算出下一交点的坐标。

每一交点的上述信息录入完毕后，单击“插入”按钮，则交点信息添加至交点信息列表框中，依次可以追加多个交点信息，直至所有交点信息输入完毕。若其中输入有误，可以单击点名，选中该条记录，然后单击“删除”按钮，删除该点信息；也可以单击点名选中该条记录，然后修改相应的选项，并单击“更新”按钮进行改正。

若选择坐标定位（图 9-16），交点信息的最后两项变为“东（Y）”“北（X）”，对话框下部的“偏角”“至下点距离”文本框变为灰色，处于不可编辑状态，而“坐标：‘东’‘北’”文本框和“拾取”按钮变为可用状态，供用户输入交点的坐标信息，或单击“拾取”按钮从图上提取交点坐标信息。

公路曲线要素录入完毕后，单击“确定”按钮，生成公路曲线要素文件，并关闭对话框。

在实际应用中，用户可手工编辑或修改公路曲线要素文件，进而提高设计效率。偏角定位和坐标定位分别生成不同格式的公路曲线要素文件。

（1）偏角定位的公路曲线要素文件格式：

ANGLE，起点 X 坐标，起点 Y 坐标，起始里程，A=起始方位角，D=至第一交点距

JD 交点序号，*A*=偏角，*D*=至下点距，*R*=圆曲线半径，Lh=缓和曲线长

（2）坐标定位的公路曲线要素文件格式：

COORD，起点 *X* 坐标，起点 *Y* 坐标，起始里程

JD 交点序号，*X*=交点 *X* 坐标，*Y*=交点 *Y* 坐标，*R*=圆曲线半径，Lh=缓和曲线长

注：在上述两种文件中，第一行为起点信息；从第二行开始，每一行代表一个交点信息，总交点数不能少于两个；若圆曲线不含有缓和曲线，则令 Lh=0；最后一行为空行，且此行不可缺少。

2. 要素文件处理

根据曲线要素文件进行公路曲线设计的过程如下：

（1）在快速访问工具栏选择“显示菜单栏”选项，单击“工程应用”菜单项，在弹出的菜单中执行“公路曲线设计”|“要素文件处理”命令（roadcurve），或在“功能区”选项板中，选择“工程应用”选项卡中的“绘断面图”面板，单击“公路曲线设计”按钮右侧的下三角按钮，在弹出的下拉菜单按钮中单击“要素文件处理”按钮，系统弹出对话框，如图 9-17 所示。

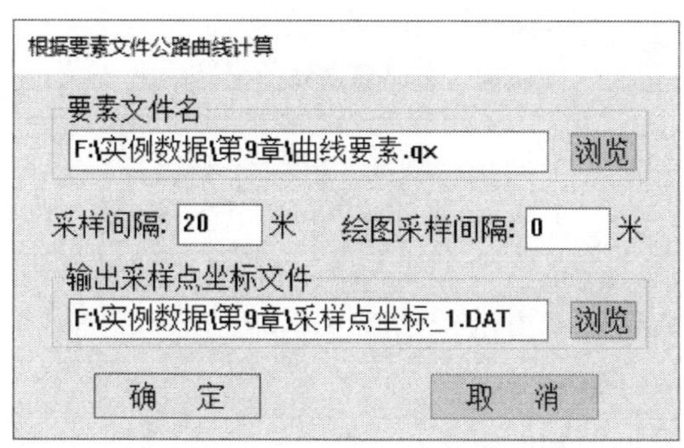

图 9-17　“根据要素文件公路曲线计算”对话框

（2）单击“浏览”按钮，在弹出的“输入公路曲线要素文件名”对话框中，选择已经生成的要素文件名，单击“打开”按钮，返回到图 9-17 所示的对话框界面。

（3）设置采样间隔和绘图采样间隔。

（4）设置输出采样点坐标文件的完整路径名，若无须输出采样点坐标，则此项为“空”，单击“确定”按钮。

（5）在屏幕上移动光标指定平曲线要素表左上角点，系统自动绘制设计后的复曲线设计图、各单一圆曲线要素表和采样点坐标表，如图 9-18 所示。若指定了“输出采样点坐标文件”，则同时生成采样点坐标文件。

需要指出的是，如果图 9-17 中的要素文件为坐标定位格式，则系统先根据坐标反算求取坐标方位角和至下一点距离，进而计算出圆曲线偏角，再按偏角定位格式进行道路曲线设计计算，单击“确定”按钮时，命令行有如下提示：

选择由坐标推算偏角的方式：（1）精确取偏角值（2）将偏角值取整为秒<1>

系统提供 2 种选项：“精确取偏角值”和“将偏角值取整为秒”，默认值为第 1 种选项。用户可根据实际精度要求，输入选项编号，按 Enter 键确认即可。

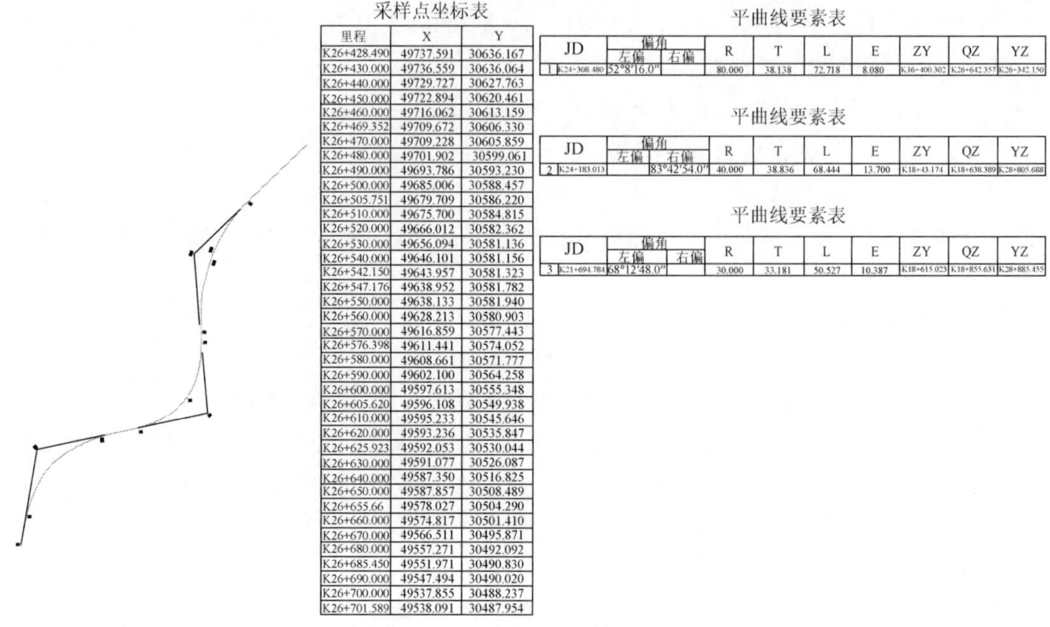

采样点坐标表

里程	X	Y
K26+428.490	49737.591	30636.167
K26+430.000	49736.559	30636.064
K26+440.000	49729.727	30627.763
K26+450.000	49722.894	30620.461
K26+460.000	49716.062	30613.159
K26+469.352	49709.672	30606.330
K26+470.000	49709.228	30605.859
K26+480.000	49701.902	30599.061
K26+490.000	49693.786	30593.230
K26+500.000	49685.006	30588.457
K26+505.751	49679.709	30586.220
K26+510.000	49675.700	30584.815
K26+520.000	49666.012	30582.362
K26+530.000	49656.094	30581.136
K26+540.000	49646.101	30581.156
K26+542.150	49643.957	30581.323
K26+547.176	49638.952	30581.782
K26+550.000	49638.133	30581.940
K26+560.000	49628.213	30580.903
K26+570.000	49616.859	30577.443
K26+576.398	49611.441	30574.052
K26+580.000	49608.661	30571.777
K26+590.000	49602.100	30564.258
K26+600.000	49597.613	30555.348
K26+605.620	49596.108	30549.938
K26+610.000	49595.233	30545.646
K26+620.000	49593.236	30535.847
K26+625.923	49592.053	30530.044
K26+630.000	49591.077	30526.087
K26+640.000	49587.350	30516.825
K26+650.000	49587.857	30508.489
K26+655.66	49578.027	30504.290
K26+660.000	49574.817	30501.410
K26+670.000	49566.511	30495.871
K26+680.000	49557.271	30492.092
K26+685.450	49551.971	30490.830
K26+690.000	49547.494	30490.020
K26+700.000	49537.855	30488.237
K26+701.589	49538.091	30487.954

平曲线要素表

JD		偏角		R	T	L	E	ZY	QZ	YZ
		左偏	右偏							
1	K24+308.480	52°8′16.0″		80.000	38.138	72.718	8.080	K16+400.302	K26+642.357	K26+342.150

平曲线要素表

JD		偏角		R	T	L	E	ZY	QZ	YZ
		左偏	右偏							
2	K24+183.013		83°42′54.0″	40.000	38.836	68.444	13.700	K18+43.174	K18+638.389	K28+805.688

平曲线要素表

JD		偏角		R	T	L	E	ZY	QZ	YZ
		左偏	右偏							
3	K21+694.784	68°12′48.0″		30.000	33.181	50.527	10.387	K18+615.023	K18+855.631	K28+885.455

图 9-18　公路复曲线的设计结果

9.4　土方量计算

土方量计算是工程施工中的一个重要环节，其计算结果直接影响到整个工程的费用概算。在 CASS 中，土方量计算方法包括以下 4 种。

1）三角网法

三角网法根据实地测定的地面点坐标（X，Y，Z）和场地设计高程，通过生成三角网，计算每一个三棱锥的填挖方量，最后累计得到指定范围内填方和挖方的土方量，并绘出填挖分界线。该法根据实测数据通过建立三角网模型直接计算土方量，计算过程简洁且实测数据易于获得，因此，在实际工作中得到了广泛应用。

2）断面法

断面法是根据多个实测横断面进行土方量计算的一种方法。该法适用于地形沿纵向变化比较连续而横向变化不连续的情况，或地形狭长、挖填深度较大且不规则的地段，如河道、航道、道路、垃圾填埋场等。

3）方格网法

方格网法将场地划分成若干个正方形格网，然后计算每个四棱柱的体积，从而将所有四棱柱的体积汇总得到总的土方量。该法适用于大面积的土石方估算以及一些地形起伏较小、坡度变化平缓场地的土石方计算。

4）等高线法

等高线法根据两条等高线所围的面积和两者之间的高差计算土方量，该法主要适用于缺乏高程点数据但有等高线数据（白纸图扫描矢量化后的数字地形图）的情况。

9.4.1　三角网法

1. 根据坐标文件

根据坐标文件计算土方量的主要过程如下：

（1）根据实际工程需要，在命令行执行 PLINE 命令，绘制复合线并令其闭合，圈定待计算区域。

（2）在快速访问工具栏选择“显示菜单栏”选项，单击“工程应用”菜单项，在弹出的菜单中执行“三角网法土方计算”|“根据坐标文件”命令，或在“功能区”选项板中，选择“工程应用”选项卡中的“土方计算”面板，单击“根据坐标文件”按钮，选取计算区域边界线，在弹出的对话框中，设置高程点数据文件名，单击“打开”按钮，系统弹出“DTM 土方计算参数设置”对话框，如图 9-19 所示。

在图 9-19 中，各选项的功能如下：

①“平场标高”文本框：场地平整后的设计标高。

②“边界采样间距”文本框：边界插值点之间的距离，默认值为 20m。

③“导出 excel 路径设置”文本框：设置导出 Excel 文件名及其保存路径。导出的 excel 文件包括每一个三角形的编号、挖方、填方、三角形面积及三个节点的开挖前标高、设计标高和施工高差等信息。

④“边坡设置”选项区：勾选“处理边坡”复选框后，激活“向上放坡”和“向下放坡”两个单选按钮，当平场高程低于实地高程时选择“向上放坡”选项，否则选择“向下放坡”选项，并输入坡度值。

（3）参数设置完毕后，单击“确定”按钮，系统弹出信息框，显示填方量和挖方量数值，如图 9-20 所示，同时在命令行显示填方量、挖方量数值。

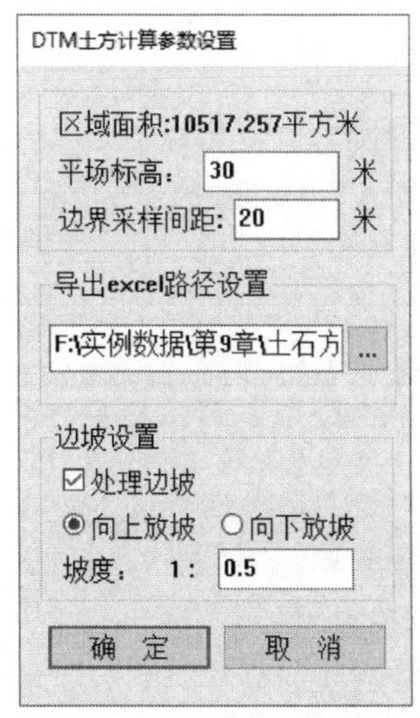

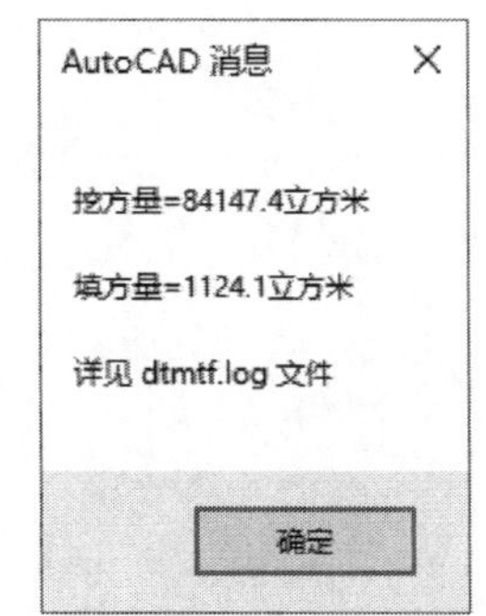

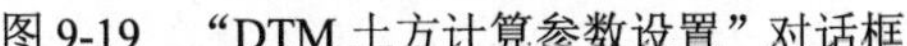
图 9-19　“DTM 土方计算参数设置”对话框　　图 9-20　土方量计算信息框

（4）单击“确定”按钮，关闭图 9-20 所示的信息框，命令行提示：

请指定表格左下角位置：<直接回车不绘表格>

移动光标至图上合适位置处单击，系统绘制土石方计算表格，如图 9-21 所示。导出的 excel 文件如图 9-22 所示。

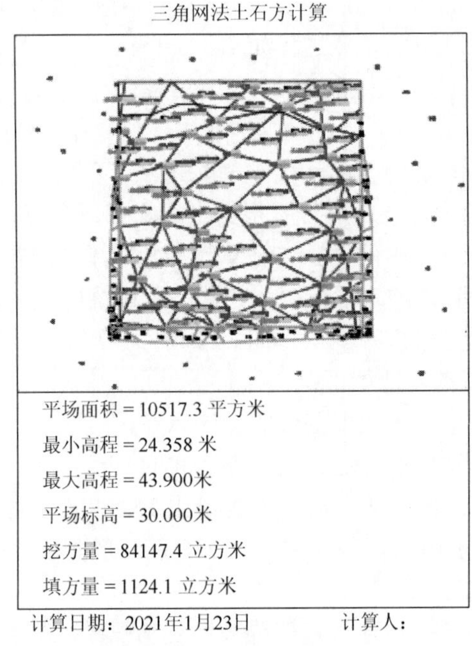

图 9-21　土石方计算表格

A	B	C	D	E	F	G	H	I	J	K	L	M	N
				三角形节点1			三角形节点2			三角形节点3			
三角形编号	挖方	填方	三角形面积	开挖前标高	设计标高	施工高差	开挖前标高	设计标高	施工高差	开挖前标高	设计标高	施工高差	平均高差
1	938.33	0.00	76.371	42.340	30.000	12.340	41.011	30.000	11.011	43.508	30.000	13.508	12.286
2	1934.35	0.00	147.630	42.340	30.000	12.340	43.508	30.000	13.508	43.460	30.000	13.460	13.103
3	669.73	0.00	53.500	41.011	30.000	11.011	43.508	30.000	13.508	43.036	30.000	13.036	12.518
4	2891.57	0.00	227.484	42.340	30.000	12.340	43.460	30.000	13.460	42.333	30.000	12.333	12.711
5	1314.18	0.00	97.405	43.508	30.000	13.508	43.460	30.000	13.460	43.508	30.000	13.508	13.492
6	1146.26	0.00	85.858	43.508	30.000	13.508	43.036	30.000	13.036	43.508	30.000	13.508	13.351
7	2456.15	0.00	206.343	42.340	30.000	12.340	42.333	30.000	12.333	41.036	30.000	11.036	11.903
8	4161.62	0.00	335.362	43.460	30.000	13.460	42.333	30.000	12.333	41.435	30.000	11.435	12.409
9	1200.80	0.00	92.022	43.460	30.000	13.460	43.508	30.000	13.508	42.179	30.000	12.179	13.049
10	1044.79	0.00	77.498	43.036	30.000	13.036	43.508	30.000	13.508	43.900	30.000	13.900	13.482
11	2271.81	0.00	200.302	42.340	30.000	12.340	41.036	30.000	11.036	40.649	30.000	10.649	11.342
12	2872.44	0.00	256.572	42.333	30.000	12.333	41.036	30.000	11.036	40.217	30.000	10.217	11.195
13	1900.99	0.00	153.827	43.460	30.000	13.460	41.435	30.000	11.435	42.179	30.000	12.179	12.358
14	3372.36	0.00	300.673	42.333	30.000	12.333	41.435	30.000	11.435	39.880	30.000	9.880	11.216
15	2252.00	0.00	186.130	43.508	30.000	13.508	42.179	30.000	12.179	40.610	30.000	10.610	12.099
16	1203.30	0.00	91.800	43.036	30.000	13.036	43.900	30.000	13.900	42.387	30.000	12.387	13.108
17	1230.62	0.00	93.141	43.508	30.000	13.508	43.900	30.000	13.900	42.229	30.000	12.229	13.212
18	1239.89	0.00	109.400	42.340	30.000	12.340	40.649	30.000	10.649	41.011	30.000	11.011	11.334
19	150.82	0.00	13.946	41.036	30.000	11.036	40.649	30.000	10.649	40.758	30.000	10.758	10.814
20	2325.44	0.00	215.120	42.333	30.000	12.333	40.217	30.000	10.217	39.880	30.000	9.880	10.810
21	960.32	0.00	91.886	41.036	30.000	11.036	40.217	30.000	10.217	40.100	30.000	10.100	10.451
22	1655.70	0.00	150.257	41.435	30.000	11.435	42.179	30.000	12.179	39.443	30.000	9.443	11.019
23	2324.20	0.00	251.145	41.435	30.000	11.435	39.880	30.000	9.880	36.448	30.000	6.448	9.254
24	3249.34	0.00	268.189	43.508	30.000	13.508	40.610	30.000	10.610	42.229	30.000	12.229	12.116
25	1219.17	0.00	113.474	42.179	30.000	12.179	40.610	30.000	10.610	39.443	30.000	9.443	10.744
26	1417.11	0.00	110.378	43.900	30.000	13.900	42.387	30.000	12.387	42.229	30.000	12.229	12.839
27	1161.11	0.00	109.583	41.036	30.000	11.036	40.758	30.000	10.758	39.993	30.000	9.993	10.596
28	83.75	0.00	8.200	40.649	30.000	10.649	40.758	30.000	10.758	39.235	30.000	9.235	10.214
29	1571.93	0.00	174.554	40.217	30.000	10.217	39.880	30.000	9.880	36.919	30.000	6.919	9.005
30	792.03	0.00	76.329	41.036	30.000	11.036	40.100	30.000	10.100	39.993	30.000	9.993	10.376
31	678.87	0.00	69.304	40.217	30.000	10.217	40.100	30.000	10.100	39.070	30.000	9.070	9.796
32	2044.12	0.00	240.658	41.435	30.000	11.435	39.443	30.000	9.443	34.603	30.000	4.603	8.494
33	1739.90	0.00	232.129	41.435	30.000	11.435	36.448	30.000	6.448	34.603	30.000	4.603	7.495
34	1284.44	0.00	190.803	39.880	30.000	9.880	36.448	30.000	6.448	33.867	30.000	3.867	6.732
35	2027.60	0.00	198.581	40.610	30.000	10.610	42.229	30.000	12.229	37.792	30.000	7.792	10.210
36	826.21	0.00	98.345	40.610	30.000	10.610	39.443	30.000	9.443	35.150	30.000	5.150	8.401
37	2243.09	0.00	193.407	42.387	30.000	12.387	42.229	30.000	12.229	40.177	30.000	10.177	11.598
38	1447.53	0.00	144.820	40.758	30.000	10.758	39.993	30.000	9.993	39.235	30.000	9.235	9.995

图 9-22　导出的 excel 文件（部分）

2. 根据图上高程点

在 CASS 中，根据图上高程点计算土方量的主要过程如下：

（1）在快速访问工具栏选择“显示菜单栏”选项，单击“绘图处理”菜单项，在弹出的菜单中执行“展高程点”命令，或在“功能区”选项板中，选择“绘图处理”选项卡中的“展点”面板，单击“展高程点”按钮，在弹出的对话框中输入文件名，单击“打开”按钮，系统提示“注记高程点的距离（米）：”，输入数值后（或直接）按 Enter 键，系统展点完毕。

（2）绘制复合线并令其闭合，圈定待计算区域，并根据实际情况删除不参与土方量计算的高程点。

（3）单击“工程应用”菜单项，在弹出的菜单中执行“三角网法土方计算”|“根据图上高程点”命令，或在“功能区”选项板中，选择“工程应用”选项卡中的“土方计算”面板，单击“根据坐标文件”按钮右侧的下三角按钮，在弹出的下拉菜单按钮中单击“根据图上高程点”按钮，选取计算区域边界线，在弹出的对话框中设置高程点数据文件名，单击“打开”按钮，系统弹出“DTM 土方计算参数设置”对话框，如图 9-19 所示。后续操作步骤与“根据坐标文件”一致，不再赘述。

3. 根据图上三角网

“根据坐标文件”和“根据图上高程点”计算土方量时，均先根据高程点建立三角网模型，再计算土方量，但系统自动生成的三角网有时与实际并不相符，导致土石方计算结果误差较大。因此，有必要先修改三角网，使其与实际地形相符，然后再“根据图上三角网”计算土方量。

在快速访问工具栏选择“显示菜单栏”选项，单击“工程应用”菜单项，在弹出的菜单中执行“三角网法土方计算”|“根据图上三角网”命令，或在“功能区”选项板中，选择“工程应用”选项卡中的“土方计算”面板，单击“根据坐标文件”按钮右侧的下三角按钮，在弹出的下拉菜单按钮中单击“根据图上三角网”按钮，输入“平场标高（米）：”并按 Enter 键确认，命令行提示“请在图上选取三角网：”，用拾取框逐个选取三角形，或者用框选、栏选方式进行批量选取，选择完毕后右击，系统弹出“填、挖土方量”信息框，并在图上绘出填挖边界线。

注：该方法计算土方量时，并不要求给定区域边界，系统以所选三角形的最外边界作为区域边界，因此务必正确选择三角形。

4. 计算两期间土方

“计算两期间土方”功能是指计算相邻两期观测之间的填、挖土方量和施工范围，其主要过程如下：

（1）在快速访问工具栏选择“显示菜单栏”选项，单击“等高线”菜单项，在弹出的菜单中执行“建立三角网”命令，或在“功能区”选项板中，选择“等高线”选项卡中的“三角网”面板，单击“建立三角网”按钮，在弹出的“建立 DTM”对话框中，输入第一期观测的“坐标数据文件名”，或者指定图面高程点，建立第一期三角网。

（2）在“功能区”选项板中，选择“等高线”选项卡中的“三角网”面板，单击“写入文件”按钮，输入三角网文件名后，单击“保存”按钮，保存第一期三角网。

（3）重复步骤（1），输入第二期观测的“坐标数据文件名”，建立第二期三角网。

（4）在“功能区”选项板中，选择“工程应用”选项卡中的“土方计算”面板，单击“根据坐标文件”按钮右侧的下三角按钮，在弹出的下拉菜单按钮中单击“计算两期间土方”按钮，命令行提示“第一期三角网：（1）图面选择（2）三角网文件<2>”，右击，在弹出的“输入三角网文件名”对话框中，输入第一期三角网文件名，单击“打开”按钮；命令行提示“第二期三角网：（1）图面选择（2）三角网文件<2>”，输入“1”并按 Enter 键，框选第二期三角网，右击，系统弹出“填、挖土方量”信息框，并在命令行中显示总挖方、总填方，绘图区域显示两期三角网叠加的效果，如图 9-23 所示。其中，青色部分为高程变化区域，红色部分为尚未施工区域。

（5）命令行提示“请指定表格左上角位置：<直接回车不绘表格>”，若无须绘制表格，可直接右击；否则，移动光标到合适位置，单击，绘制两期间土方计算表格，如图 9-24 所示。

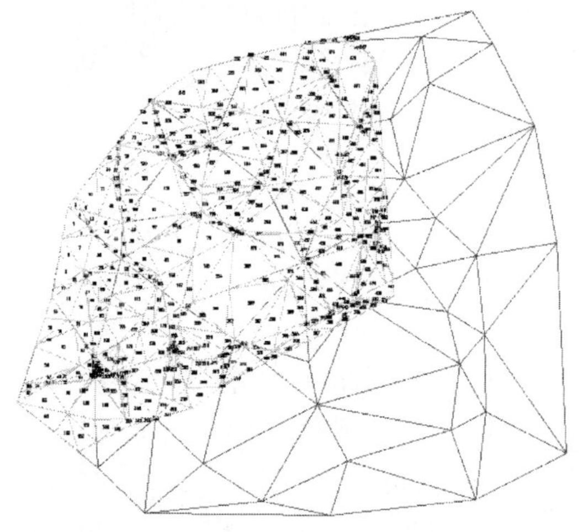

图 9-23　两期间土方计算效果

两期间土方计算

	一期	二期
平场面积	50487.3平方米	28032.9平方米
三角形数	224	85
最大高程	43.900 米	30.997 米
最小高程	24.368 米	30.022 米
挖方量	51006.5 立方米	
填方量	2478.7 立方米	

计算日期：2021年1月23日　　计算人：
审核人：

图 9-24　两期间土方计算表

5. 区域土方量平衡

有的场地在平整前的设计标高未知，或者对设计标高未做限制性要求，这一类场地适合按照“区域土方量平衡”的原则进行平整，即令挖方量刚好等于填方量，不需要额外的填方量，也不产生多余的挖方量，从而节省大量的运输费用，同时可以提高施工效率。

在 CASS 中，按“区域土方量平衡”原则进行土方量计算时，有 2 种方式：根据坐标文件和根据图上高程点。其中，“根据坐标文件”的操作过程如下：

在快速访问工具栏选择“显示菜单栏”选项，单击“工程应用”菜单项，在弹出的菜单中执行“区域土方量平衡”|“根据坐标文件”命令，或在“功能区”选项板中，选择“工程应用”选项卡中的“土方计算”面板，单击“区域土方平衡”按钮右侧的下三角按钮，在弹出的下拉菜单按钮中单击“根据坐标文件”按钮，选取计算区域边界线，在弹出的对话框中，设置高程点数据文件名，单击“打开”按钮；输入边界插值间隔并右击确认，系统弹出信息框，包括土方平衡高度、填方量、挖方量等，同时在命令行中显示上述计算结果。若无须绘制表格，可直接右击结束命令；否则，移动光标至合适位置，然后单击，绘制土方计算表格（图 9-25），图中的黑色折线为填挖边界线。

当地形起伏较大且“根据坐标文件”所圈定区域的范围远大于平整区域时，距离平整范围较远的高程点无助于提高土方量的计算精度，因此需要先删除这一类高程点，然后采用“根据图上高程点”进行区域土方量平衡计算，所得结果将更加符合实际情况。

9.4.2　断面法

1. *断面法的基本原理*

断面法计算土方量的基本原理是：根据横断面实测信息和设计参数，计算出每一个断面的填面积（S_1^{T}，$S_2^{\mathrm{T}},\cdots,S_n^{\mathrm{T}}$）和挖面积（$S_1^{\mathrm{W}},S_2^{\mathrm{W}},\cdots,S_n^{\mathrm{W}}$），再根据各横断面的间距（$L_1, L_2, \cdots, L_n$），按式（9-1）计算相邻断面之间的填方量（$V_1^{\mathrm{T}},V_2^{\mathrm{T}},\cdots,V_n^{\mathrm{T}}$）和挖方量（$V_1^{\mathrm{W}},V_2^{\mathrm{W}},\cdots,V_n^{\mathrm{W}}$），最后累计得到填方总量和挖方总量。

$$V_i^{\mathrm{T}} = \frac{V_i^{\mathrm{T}} + V_{i+1}^{\mathrm{T}}}{2} \times L_i，\ V_i^{\mathrm{W}} = \frac{V_i^{\mathrm{W}} + V_{i+1}^{\mathrm{W}}}{2} \times L_i, i = 1,2,\cdots,n \tag{9-1}$$

其中，横断面的实测信息、横断面间距由里程文件提供（见 9.2.2 节“由纵断面线生成”和“由坐标文件生成”），设计参数则根据不同的断面形状分为道路断面、场地断面和任意断面 3 种类型。

2. *道路断面*

1）道路断面的设计参数设置

（1）使用“断面设计参数”对话框进行设置。在快速访问工具栏选择“显示菜单栏”选项，单击“工程应用”菜单项，在弹出的菜单中执行“断面法土方计算”|“道路断面”命令，或在“功能区”选项板中，选择“工程应用”选项卡中的“土方计算”面板，单击“断面法土方计算”按钮右侧的下三角按钮，在弹出的下拉菜单按钮中单击“道路断面”按钮，弹出“断面设计参数”对话框，如图 9-26 所示。

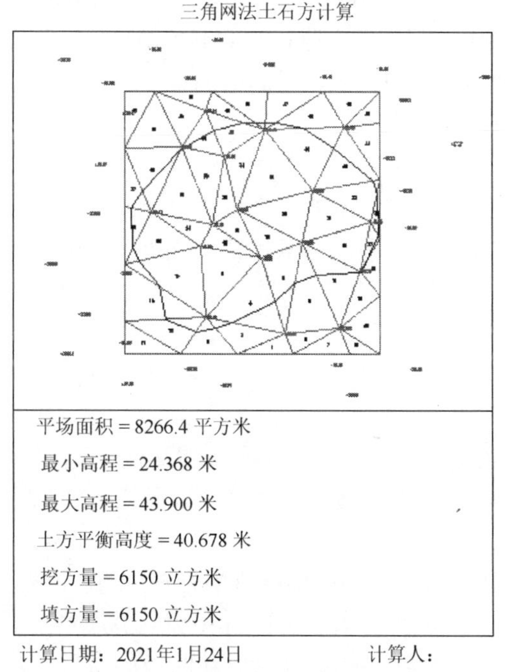

图 9-25　区域土方量平衡计算结果

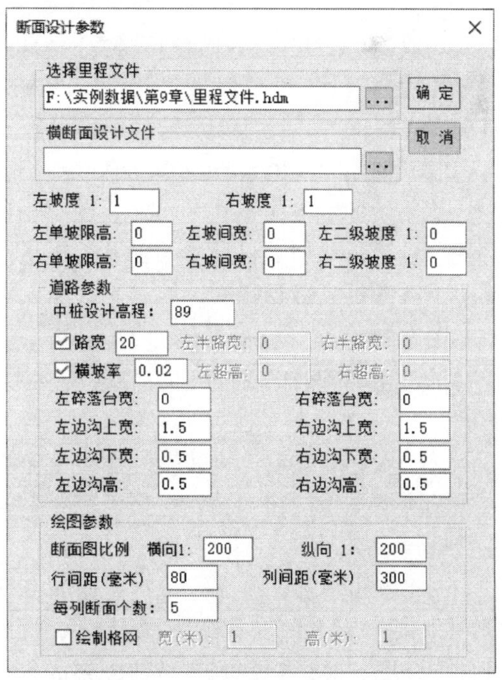

图 9-26　“断面设计参数”对话框

以一个道路的左侧为例，其道路参数含义如图 9-27 所示。

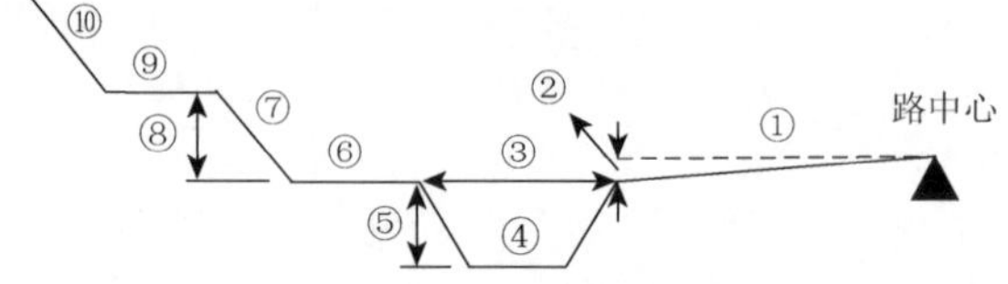

图 9-27　道路参数示意图

①：左半路宽；②：左超高；③：左边沟上宽；④：左边沟下宽；⑤：左边沟高；⑥：左碎落台宽；⑦：左坡度；⑧：左单坡限高；⑨：左坡间宽；⑩：左二级坡度

在图 9-26 中，道路参数说明如下：

①坡度：包括左坡度、右坡度、左二级坡度、右二级坡度等，数值越大坡度越缓，反之坡度越陡，最小值为 0；当边坡存在左、右二级坡度时，必须先输入左、右单坡限高，否则左、右二级坡度无效。CASS 系统自动处理坡度的显示方式，当设计高程大于断面高程时，边坡显示为“下坡”，反之则显示为“上坡”。此外，设计高程与断面高程之差小于单坡限高时，二级坡度将不显示。

②路宽：勾选“路宽”复选框时，左半路宽=右半路宽=路宽/2；否则，可以单独设置左（右）半路宽。

③横坡率：勾选“横坡率”复选框，左（右）超高= –横坡率×左（右）半路宽；否则，可以单独设置左（右）超高。横坡率与左（右）超高的符号相反，当路中心高于左右两边时，横坡率取正值，而左（右）超高取负值。

④参数必选项：包括中桩设计高程、路宽（或左、右半路宽）、左坡度、右坡度和横坡率（或左、右超高），其他道路参数为可选项。若某一项不存在，则其值取 0。

如图 9-26 所示，输入道路参数，单击“确定”按钮，完成道路断面设计参数设置，且所有横断面的设计参数均按窗口中参数进行统一设置。

（2）使用“道路设计参数文件”进行设置。在“土方计算”面板中单击“断面法土方计算”按钮右侧的下三角按钮，在弹出的下拉菜单按钮中单击“道路设计参数文件”按钮，弹出“道路设计参数设置”对话框，如图 9-28 所示。双击待修改横断面的任一字段，可以进入编辑状态，用户可以输入新值，单击“保存”按钮更新道路设计参数。

图 9-28 主要按钮的功能如下：

①“打开”按钮：打开已有的道路设计参数文件（扩展名为“.txt”），重新进行编辑、修改。

②“保存”按钮：将编辑、修改完毕的道路设计参数保存至外部文本文件。

③“增加”按钮：在选定横断面之前插入一行设计参数。若未选定横断面，则追加一行设计参数。

④“批量增加”按钮：一次性增加多行设计参数，且横断面序号为行顺序号。

⑤“复制”按钮：单击选择某一横断面的一个设计参数，按住 Shift 键单击选择待复制的横断面，单击“复制”按钮，完成参数复制；若单击选择的是“横断面序号”，则实现剩余所有参数的复制。

图 9-28　“道路设计参数设置”对话框

⑥“删除”按钮：实现删除断面的功能，使得设计断面总数与实际相吻合。

另外，道路设计参数文件也可以直接手工创建，其文件格式如下：

断面序号，H=中桩设计高程，Z_I=1∶左坡度，Y_I=1∶右坡度，ZW=左宽，YW=右宽，A=横坡率，ZC=左超高，YC=右超高，ZTG=左单坡限高，YTG=右单坡限高，ZWH=左坡间宽，YWH=右坡间宽，Z_{I2}=1∶左二级坡度，Y_{I2}=1∶右二级坡度，ZSL=左碎落台宽，YSL=右碎落台宽，ZWG=左边沟上宽，YWG=右边沟上宽，ZDG=左边沟下宽，YDG=右边沟下宽，ZHG=左边沟高，YHG=右边沟高

…

END

格式说明：断面序号为顺序递增的阿拉伯数字，每一行为一个横断面的设计参数，总行数必须与横断面总数相等；文件所有符号均为英文半角符号；文件以 END 作为结束标志。

2）道路纵横断面图的绘制

在“断面设计参数”对话框（图 9-26）“选择里程文件”一栏中，选择图 9-11 所生成的“道路里程文件.hdm”，在“横断面设计文件”一栏中选择 CASS 安装目录下“\DEMO\ZHD.TXT”文件，并设置合适的绘图参数，单击“确定”按钮；在弹出的“绘制纵断面图”对话框中，设置断面图比例和纵断面图位置，单击“确定”按钮，再指定横断面图起始位置，系统完成道路纵横断面图的绘制。

其中，第 2、7 个横断面图如图 9-29 所示。

3. 场地断面

在 CASS 中，场地断面的设计参数与断面里程数据一起保存在断面里程文件中。下面以一个实例说明其设置过程。

（1）在快速访问工具栏选择“显示菜单栏”选项，单击“绘图处理”菜单项，在弹出的菜单中执行“展高程点”命令，或在“功能区”选项板中，选择“绘图处理”选项卡中的“展点”面板，单击“展高程点”按钮，在弹出的对话框中，选择 CASS 安装

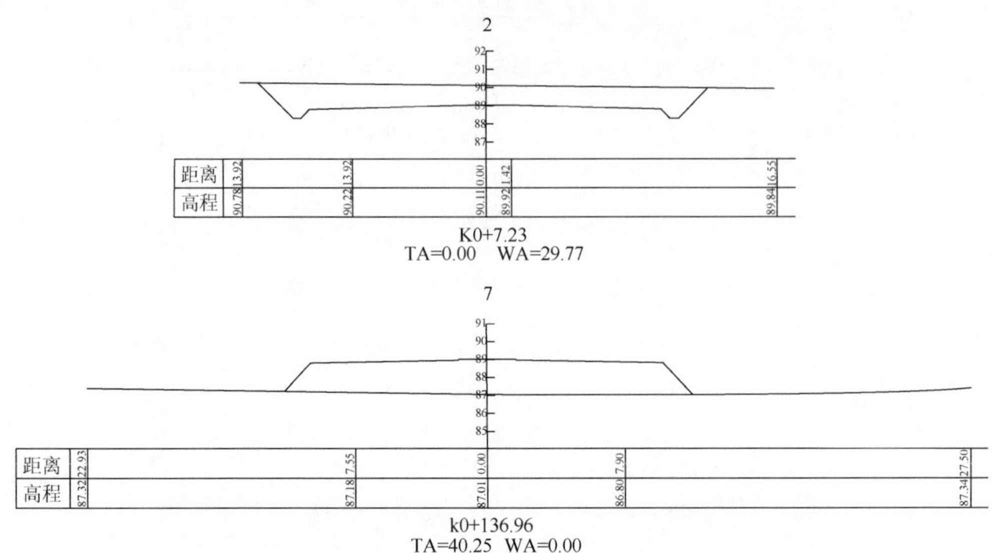

图 9-29　道路断面法的横断面图（部分）

目录下的“\DEMO\Dgx.dat”文件；在“功能区”选项板中，选择“工具”选项卡中的“画线”面板，单击“画复合线”按钮，绘制一个多边形场地及其纵断面线。

（2）在“功能区”选项板中，选择“工程应用”选项卡中的“里程文件”面板，单击“由纵断面生成”按钮右侧的下三角按钮，在弹出的下拉菜单按钮中单击“新建”按钮，选择纵断面线，在弹出的“由纵断面生成里程文件”对话框中，设置横断面间距、横断面左边长度、横断面右边长度分别为 20m、50m、50m，单击“确定”按钮。

（3）在“里程文件”面板中单击“由纵断面生成”按钮右侧的下三角按钮，在弹出的下拉菜单按钮中单击“剪切”按钮，选择纵断面线和切割边界线（场地边界线），完成多余横断面线的裁剪，如图 9-30 所示。

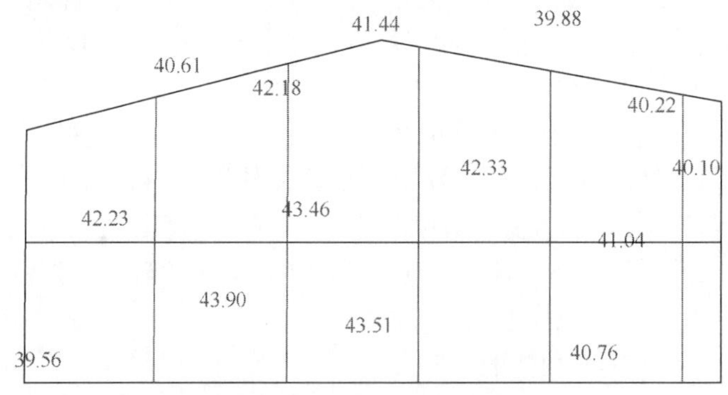

图 9-30　剪切后的场地及其纵断面线

（4）在“里程文件”面板中单击“由纵断面生成”按钮右侧的下三角按钮，在弹出的下拉菜单按钮中单击“设计”按钮，选择切割边界线，然后依次选择各个横断面线，并在弹出的“设计高程”输入框中输入横断面线首末两点的设计高程，本例中的设计高程为 40m。

（5）在“里程文件”面板中单击“由纵断面生成”按钮右侧的下三角按钮，在弹出的下拉菜单按钮中单击“生成”按钮，选择纵断面线，在弹出的“生成里程文件”对话框中，依次设置高程点数据文件名、生成的里程文件名、里程文件对应的数据文件名，断面线插值间距和起始里程取默认值，单击“确定”按钮，生成场地里程文件，如图 9-31 所示。

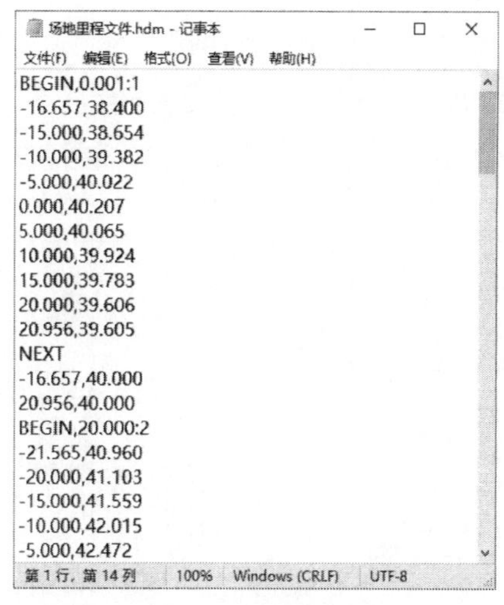

场地里程文件.hdm - 记事本

文件(F)　编辑(E)　格式(O)　查看(V)　帮助(H)

```
BEGIN,0.001:1
-16.657,38.400
-15.000,38.654
-10.000,39.382
-5.000,40.022
0.000,40.207
5.000,40.065
10.000,39.924
15.000,39.783
20.000,39.606
20.956,39.605
NEXT
-16.657,40.000
20.956,40.000
BEGIN,20.000:2
-21.565,40.960
-20.000,41.103
-15.000,41.559
-10.000,42.015
-5.000,42.472
```

第 1 行，第 14 列　100%　Windows (CRLF)　UTF-8

图 9-31　包含设计数据的场地里程文件

图 9-31 所示的文件中，BEGIN 至 NEXT 之间为第一个横断面的里程、高程数据，NEXT 至下一个 BEGIN 之间的两行数据为该横断面的设计数据。其中，第一字段为当前点距离纵断面线的里程数据，正值、负值分别表示该点位于沿纵断面前进方向的右侧、左侧；第二字段为设计高程。

（6）在“功能区”选项板中，选择“工程应用”选项卡中的“土方计算”面板，单击“断面法土方计算”按钮右侧的下三角按钮，在弹出的下拉菜单按钮中单击“场地断面”按钮，弹出“断面设计参数”对话框，在“选择里程文件”栏中，输入生成的里程文件，设置绘图参数，单击“确定”按钮；在弹出的“绘制纵断面图”对话框中，设置断面图比例和断面图位置，单击“确定”按钮，先绘制纵断面图，指定横断面图起始位置后，再绘制场地横断面图。绘制的纵断面图及其中 2 个横断面图如图 9-32 所示。

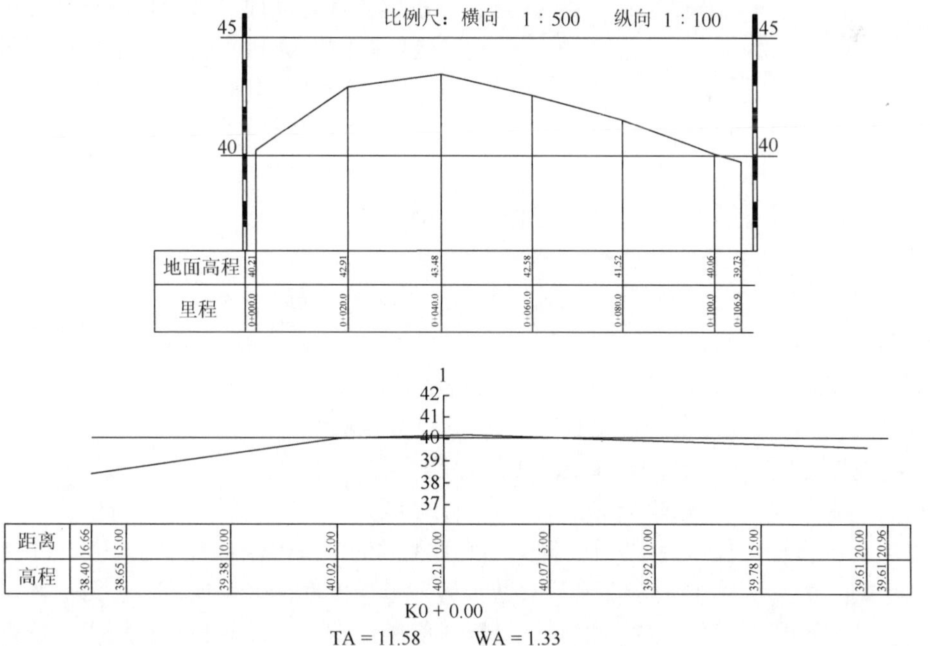

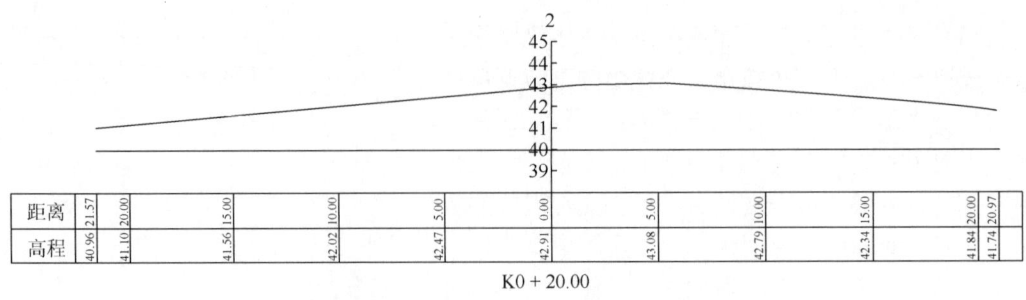

图 9-32　场地断面法的纵、横断面图（部分）

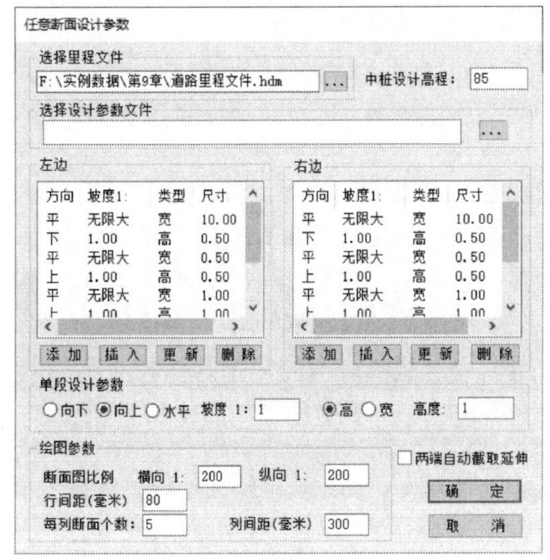

图 9-33　“任意断面设计参数”对话框

4. 任意断面

道路断面法适用于常规道路设计参数的设置，可以满足常见道路设计需求，但是对于一些复杂的道路断面，如含三级（或以上）坡度的道路断面，道路断面法无法实现，此时，可以采用任意断面法进行道路断面设计。

在快速访问工具栏选择“显示菜单栏”选项，单击“工程应用”菜单项，在弹出的菜单中执行“断面法土方计算”|“任意断面”命令，或在“功能区”选项板中，选择“工程应用”选项卡中的“土方计算”面板，单击“断面法土方计算”按钮右侧的下三角按钮，在弹出的下拉菜单按钮中单击“任意断面”按钮，弹出“任意断面设计参数”对话框，如图 9-33 所示。

图 9-33 中，部分选项的功能如下：

（1）“左边”、“右边”选项区：包括方向（分向下、向上、水平 3 类）、坡度、类型和尺寸等参数。

（2）“添加”按钮：追加一条单段设计参数。

（3）“插入”按钮：在当前记录前插入一条单段设计参数。

（4）“更新”按钮：更新当前记录中的设计参数。

（5）“删除”按钮：删除当前记录中的设计参数。

在“选择里程文件”栏中，选择图 9-11 所生成的“道路里程文件.hdm”，中桩设计高程为 85m，按图 9-33 完成断面设计参数设置，其他参数取默认值，单击“确定”按钮；在弹出的“绘制纵断面图”对话框中，设置断面图比例和断面图位置，单击“确定”按钮，先绘制纵断面图，指定横断面图起始位置后，再绘制道路横断面图。其中第 6、7 两个横断面图如图 9-34 所示。

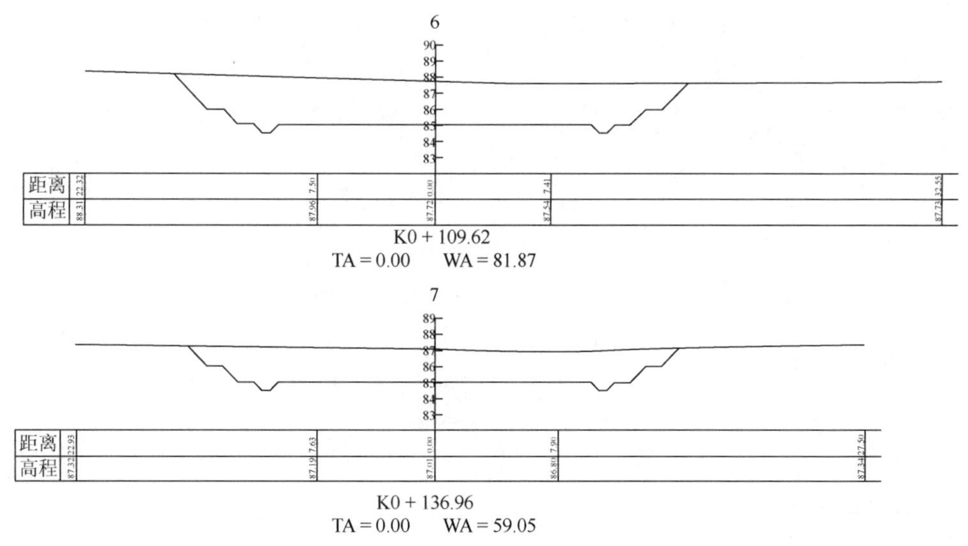

图 9-34　任意断面法的横断面图（部分）

5. 断面参数的修改

使用道路断面法、场地断面法和任意断面法绘制断面图时，CASS 系统提供了必要的编辑或修改功能，包括修改设计参数、编辑断面线、修改断面里程。

1）修改设计参数

在快速访问工具栏选择“显示菜单栏”选项，单击“工程应用”菜单项，在弹出的菜单中执行“断面法土方计算”|“修改设计参数”命令，或在“功能区”选项板中，选择“工程应用”选项卡中的“土方计算”面板，单击“断面法土方计算”按钮右侧的下三角按钮，在弹出的下拉菜单按钮中单击“修改设计参数”按钮，选择待修改横断面的断面线。

若当前横断面图采用道路断面法生成，则弹出图 9-26 所示的对话框；若采用任意断面法生成，则弹出图 9-33 所示的对话框。对话框中的选择里程文件、部分绘图参数等选项变灰，不允许修改。用户可根据实际情况修改横断面的设计参数，完毕后，单击“确定”按钮，完成设计参数的修改。

注：该命令所修改的设计参数仅为当前横断面的设计参数，若其他横断面参数也需要修改，则需要一一进行修改。另外，该命令并不适用“场地断面法”生成的横断面，此类断面设计参数的修改，可通过直接修改场地里程文件（图 9-31）中的设计值实现。

2）编辑断面线

在快速访问工具栏选择“显示菜单栏”选项，单击“工程应用”菜单项，在弹出的菜单中执行“断面法土方计算”|“编辑断面线”命令，或在“功能区”选项板中，选择“工程应用”选项卡中的“土方计算”面板，单击“断面法土方计算”按钮右侧的下三角按钮，在弹出的下拉菜单按钮中单击“编辑断面线”按钮，选择待修改横断面的断面线，弹出“修改断面线”对话框，如图 9-35 所示。

可通过双击任意一条记录中的“距中桩距离”“高程”等字段获得焦点，然后输入正确数值，也可以使用操作面板按钮，增加、删除或调整记录次序，完毕后单击“确定”按钮，实现断面线的修改。

图 9-35 “修改断面线”对话框

3）修改断面里程

在快速访问工具栏选择“显示菜单栏”选项，单击“工程应用”菜单项，在弹出的菜单中执行“断面法土方计算”|“修改断面里程”命令，或在“功能区”选项板中，选择“工程应用”选项卡中的“土方计算”面板，单击“断面法土方计算”按钮右侧的下三角按钮，在弹出的下拉菜单按钮中单击“修改断面里程”按钮，选择待修改横断面的断面线，在命令行中，输入该断面的新里程并按 Enter 键确认，完成断面里程的修改。

注：此命令无法同时修改该横断面在纵断面中的里程。

6. *断面法土方量计算过程*

断面法土方量计算的主要过程如下。

1）生成断面里程文件

在快速访问工具栏选择“显示菜单栏”选项，单击“工程应用”菜单项，在弹出的菜单中执行“生成里程文件”|“由纵断面线生成”命令或“由坐标文件生成”命令，也可以在“功能区”选项板中，选择“工程应用”选项卡中的“里程文件”面板，单击“由纵断面线生成”按钮或“由坐标文件生成”按钮，生成断面里程文件。

2）设置断面设计参数，绘制纵横断面图

在“功能区”选项板中，选择“工程应用”选项卡中的“土方计算”面板，单击“断面法土方计算”按钮右侧的下三角按钮，在弹出的下拉菜单按钮中单击“道路断面”按钮、“场地断面”按钮或“任意断面”按钮，设置断面设计参数，并绘制纵横断面图。

3）断面线及其设计参数的调整

在“功能区”选项板中，选择“工程应用”选项卡中的“土方计算”面板，单击“断面法土方计算”按钮右侧的下三角按钮，在弹出的下拉菜单按钮中单击“修改设计参数”按钮、“编辑断面线”按钮或“修改断面里程”按钮，修改断面线或某些断面的设计参数；若无须修改，则直接进入第 4 步。

4）计算土方量

在“功能区”选项板中，选择“工程应用”选项卡中的“土方计算”面板，单击“断面法土方计算”按钮右侧的下三角按钮，在弹出的下拉菜单按钮中单击“图面土方计算”按钮，系统提示“选择要计算土方的断面图：”，框选所有横断面，也可以根据实际需要选择某几个相邻的横断面，右击，系统提示“指定土石方计算表左上角位置：”，移动鼠标至图上合适位置，单击，生成土石方数量计算表。

以图 9-33 的任意断面法为例，系统生成的土石方数量计算表如图 9-36 所示。

土 石 方 数 量 计 算 表

里　程	中心高(m)		横断面积(m^2)		平均面积(m^2)		距离(m)	总数量(m^3)	
	填	挖	填	挖	填	挖		填	挖
K0+0.00		5.17	0.00	146.69					
					0.00	147.18	7.23	0.00	1063.93
K0+7.23		5.11	0.00	147.66					
					0.00	150.96	20.31	0.00	3066.55
K0+27.54		4.82	0.00	154.27					
					0.00	145.83	22.92	0.00	3343.07
K0+50.47		4.33	0.00	137.39					
					0.00	119.05	36.48	0.00	4343.28
K0+86.95		3.34	0.00	100.72					
					0.00	91.29	22.67	0.00	2070.05
K0+109.62		2.72	0.00	81.87					
					0.00	70.46	27.34	0.00	1926.15
K0+136.96		2.01	0.00	59.05					
					0.00	51.05	22.94	0.00	1171.21
K0+159.90		1.44	0.00	43.06					
					29.58	32.44	26.39	780.79	856.06
K0+186.29		0.73	59.17	21.81					
					29.58	38.38	184.07	5445.68	7064.25
K0+370.37		5.17	0.00	54.94					
合　计								6226.5	24904.6

图 9-36　土石方数量计算表

7. 二断面线间土方计算

“二断面线间土方计算”方法无需断面设计信息，而是根据两期实测断面信息计算出施工期间的总填方量和总挖方量，广泛应用于两个工期之间或两断面线之间土方量的计算。其主要过程如下：

（1）根据第一期、第二期的高程数据文件，在“功能区”选项板中，选择“工程应用”选项卡中的“里程文件”面板，单击“由纵断面线生成”按钮或“由坐标文件生成”按钮，分别生成两期的断面里程文件。

（2）在“功能区”选项板中，选择“工程应用”选项卡中的“土方计算”面板，根据断面类型，单击“断面法土方计算”按钮右侧的下三角按钮，在弹出的下拉菜单按钮中单击“道路断面”按钮、“场地断面”按钮或“任意断面”按钮，设置断面里程文件，单击“确定”按钮，绘制纵横断面图。

以图 9-30 为例，施工前和竣工后的断面里程文件分别为场地断面里程_1.hdm、场地断面里程_2.hdm。执行“场地断面”命令，令断面里程文件为“场地断面里程_1.hdm”，绘制施工前的纵横断面图。

（3）在“土方计算”面板中，单击“断面法土方计算”按钮右侧的下三角按钮，在弹出的下拉菜单按钮中单击“图上添加断面线”按钮，弹出“添加断面线”对话框，如图 9-37 所示。

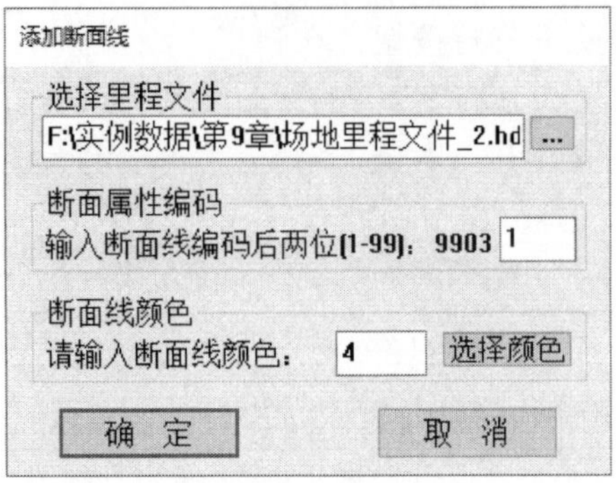

添加断面线

选择里程文件

F:\实例数据\第9章\场地里程文件_2.hd ...

断面属性编码

输入断面线编码后两位(1-99)：9903 1

断面线颜色

请输入断面线颜色：4 选择颜色

确　定　　取　消

图 9-37　“添加断面线”对话框

在“选择里程文件”栏中，选择另一期的里程文件，设置断面属性编码和断面线颜色，单击“确定”按钮，系统提示“选择要添加断面线的断面图”，框选需要添加断面线的断面图，右击，完成断面线添加，如图 9-38 所示。

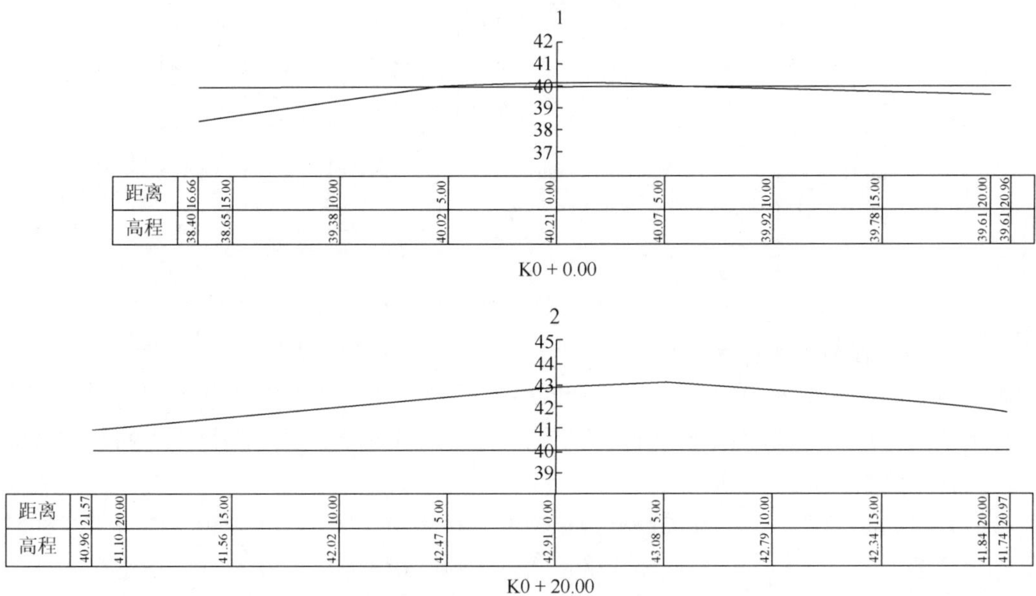

图 9-38　第一、二期断面添加断面线后的横断面图

（4）在“土方计算”面板中，单击“断面法土方计算”按钮右侧的下三角按钮，在弹出的下拉菜单按钮中单击“二断面线间土方计算”按钮，根据系统提示，分别选择第一、二期的断面线，并框选需要计算的断面图，右击确认，系统提示“指定土石方计算表左上角位置：”，移动鼠标至合适位置，单击，绘制土石方量计算表（图 9-39），同时命令行显示总挖方量和总填方量。

9.4.3　方格网法

方格网法计算土方量时，其设计平面可以是水平面、倾斜面或三角网。方格网法计算土方量的基本过程如下：

（1）根据实际工程需要，在命令行执行 PLINE 命令，绘制复合线并令其闭合，圈定待计算区域。

（2）在快速访问工具栏选择“显示菜单栏”选项，单击“工程应用”菜单项，在弹出的菜单中执行“方格网法土方计算”命令，或在“功能区”选项板中，选择“工程应用”选项卡中的“土方计算”面板，单击“方格网法土方计算”按钮右侧的下三角按钮，在弹出的下拉菜单按钮中单击“方格网法土方计算”按钮，选取计算区域边界线，系统弹出“方格网土方计算”对话框，如图 9-40 所示。

土 石 方 数 量 计 算 表

990300 - 990301

里 程	中心高(m)		横断面积(m²)		平均面积(m²)		距离(m)	总数量(m³)	
	填	挖	填	挖	填	挖		填	挖
K0+0.00	–0.00		11.58	1.33					
					5.79	48.91	20.00	115.82	978.05
K0+20.00	–0.00		0.00	96.48					
					0.00	120.52	20.00	0.00	2410.45
K0+40.00	–0.00		0.00	144.56					
					0.00	125.39	20.00	0.00	2507.72
K0+60.00	–0.00		0.00	106.21					
					0.00	80.87	20.00	0.00	1617.37
K0+80.00	–0.00		0.00	55.53					
					4.02	28.06	20.00	80.33	561.14
K0+100.00	–0.00		8.03	0.58					
					16.07	0.29	5.90	94.88	1.73
K0+105.00	–0.00		24.11	0.00					
合　计								291.0	8076.5

图 9-39　两断面线间的土石方数量计算表

在图 9-40 中，各选项的功能如下：

①“选择土方计算的方式”选项区：包括“由数据文件生成”和“由图面高程点生成”两种方式，提供已知坐标数据，从而插值计算出方格网角点的高程。

②“平面”单选按钮：场地平整的设计面为水平面，目标高程的输入值即为其设计高程。

③“斜面【基准点】”单选按钮：通过输入（或拾取）一个基准点及下坡方向上一点的坐标值，并输入斜面坡度和基准点设计高程，确定一个倾斜平面，以此作为设计面。

④“斜面【基准线】”单选按钮：通过输入（或拾取）两个基准点及下坡方向上一点的坐标值，并输入斜面坡度和两个基准点设计高程，确定一个倾斜平面，以此作为设计面。

⑤“三角网文件”单选按钮：当场地的设计平面既不是水平面，也不是倾斜面时，可以确定

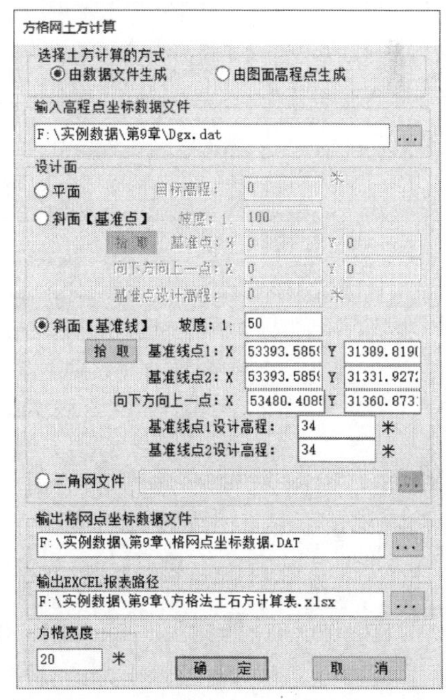

图 9-40　“方格网土方计算”对话框

一系列离散点的设计高程，通过建立 DTM，生成三角网文件，以此代表不规则的设计面。

⑥“输出格网点坐标数据文件”文本框：指定输出格网点坐标数据文件名及其保存路径。

⑦“输出 EXCEL 报表路径”文本框：将土石方计算结果输出至 Excel 文件，包括每一方格网编号、格网点坐标、目标高程、填挖方面积和填挖总方量等。

⑧“方格宽度”文本框：方格宽度越小，方格数量越多，计算精度也越高。但并非方格宽度设置得越小越好，方格宽度的选择与高程点密度、地形起伏情况有关，一般令方格宽度与高程点平均间距一致。

（3）如图 9-40 所示，输入高程点坐标数据文件名及其完整路径，输入设计面信息和方格宽度，单击“确定”按钮，根据系统提示，确定方格起始位置和方格倾斜方向，系统自动完成土方量计算，并在图上输出土方量计算结果，包括绘制填挖边界线，标注每一方格的角点高程及填挖方量，汇总出总面积、总填方、总挖方等信息，如图 9-41 所示。

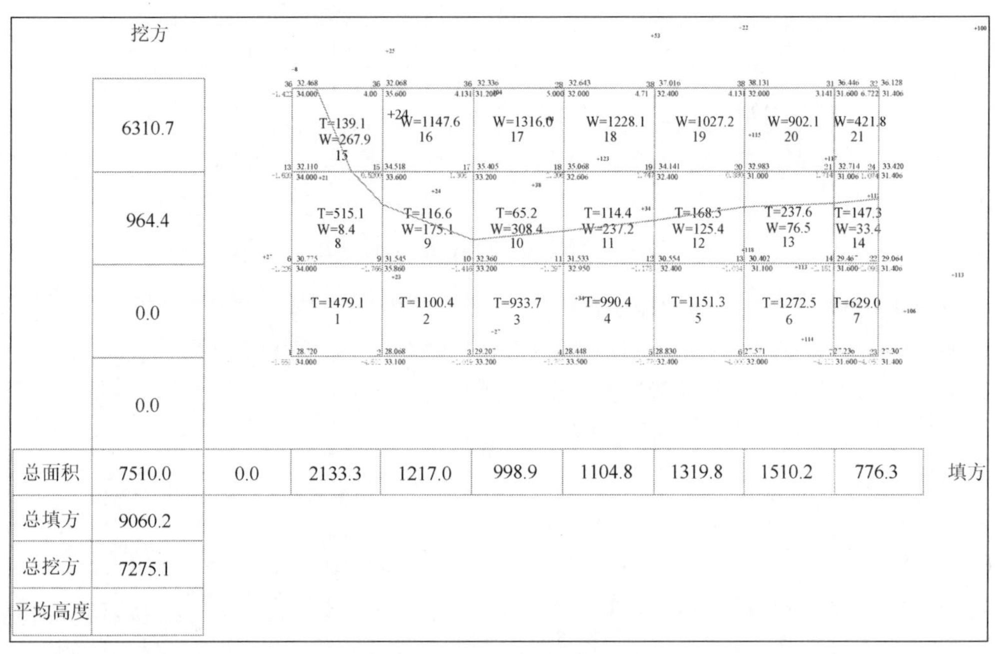

图 9-41　方格网法土方计算成果图

9.4.4　等高线法

1. 等高线法土方计算

该方法能够实现任意两条封闭等高线之间的土方量计算，其主要过程如下：

（1）在快速访问工具栏选择“显示菜单栏”选项，单击“工程应用”菜单项，在弹出的菜单中执行“等高线法土方计算”命令，或在“功能区”选项板中，选择“工程应用”选项卡中的“土方计算”面板，单击“等高线法土方计算”按钮，系统提示“选择参与计算的封闭等高线：”，采用点选、框选或栏选方式选择封闭的等高线，右击确认选择，系统提示“输入最高点高程：<直接回车不考虑最高点>”，输入最高点高程，或直接按 Enter 键不考虑最高点，屏幕弹出总方量信息框，如图 9-42 所示。

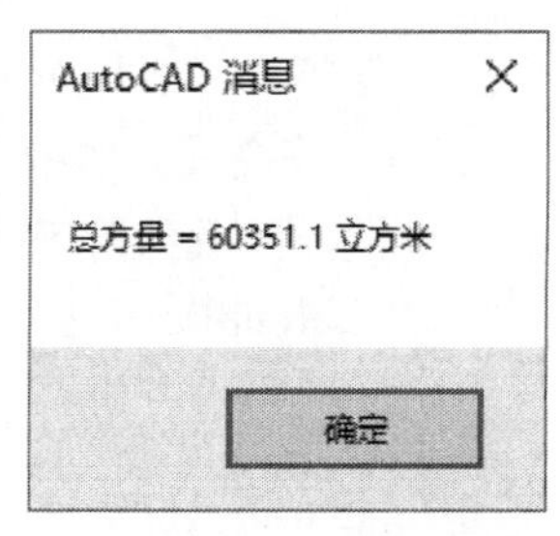

图 9-42　总方量信息框

（2）单击图 9-42 的“确定”按钮，系统提示“请指定表格左上角位置：<直接回车不绘表格>”，移动光标至合适位置，单击，绘制等高线法土石方计算表格（图 9-43），或者直接按 Enter 键，不绘制表格。

等高线法土石方计算

计算日期：2021年1月28日　　　　　　　计算人：

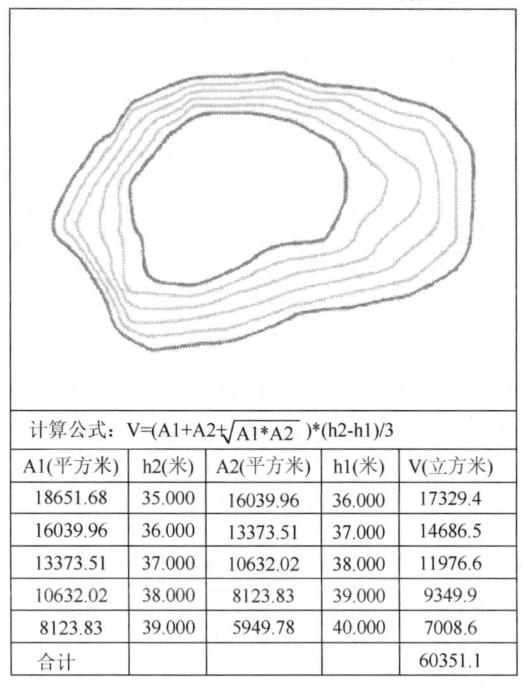

计算公式：$V=(A1+A2+\sqrt{A1*A2})*(h2-h1)/3$

A1(平方米)	h2(米)	A2(平方米)	h1(米)	V(立方米)
18651.68	35.000	16039.96	36.000	17329.4
16039.96	36.000	13373.51	37.000	14686.5
13373.51	37.000	10632.02	38.000	11976.6
10632.02	38.000	8123.83	39.000	9349.9
8123.83	39.000	5949.78	40.000	7008.6
合计				60351.1

图 9-43　等高线法土石方计算表格

图 9-44　“修改线状地物”对话框

2. 矢量化等高线的实体编码

白纸图扫描（或数字化仪）矢量化后的等高线，并不能直接用于土方量计算，其原因是：矢量化的等高线虽然有平面坐标和高程信息，但尚未进行实体编码。因此，基于矢量化等高线进行土方量计算前，需要对矢量化等高线进行实体编码。主要步骤如下：

（1）在快速访问工具栏选择“显示菜单栏”选项，单击“数据”菜单项，在弹出的菜单中执行“编辑实体地物编码”命令，或在“功能区”选项板中，选择“数据”选项卡中的“实体编码”面板，单击“编辑实体地物编码”按钮，拾取等高线，系统弹出“修改线状地物”对话框（图 9-44）。

（2）在“地物分类”下拉列表中，选择“地貌和土质”选项；在“编码”下拉列表中，根据等高线类型分别选择“201101 等高线首曲线”、“201102 等高线计曲线”、“201103 等高线间曲线”或“201104 等高线助曲线”选项，设置拟合方式后，单击“确定”按钮，完成当前等高线的实体编码。

（3）重复步骤（2），直至完成所有等高线的实体编码。所有矢量化等高线实体编码完成后，即可进行等高线法土石方计算。

9.5 图数转换

图数转换是指根据数字地图生成外部数据文件的过程，CASS 提供了 2 种图数转换方式：由图生成数据文件和由图生成交换文件。前者可以从数字地图上提取点、线实体的编码、点位坐标和高程等信息；后者将数字地图生成为一种数据格式公开的交换文件（扩展名为“.cas”），方便用户将数字地图的所有信息导入 GIS 系统，或者将其他数字化测绘成果导入 CASS 系统。

9.5.1 由图生成数据文件

在 CASS 中，共有 8 种生成数据文件的方式，打开“生成数据文件”功能有如下两种方法：

（1）在快速访问工具栏选择“显示菜单栏”选项，单击“工程应用”菜单项，“生成数据文件”子菜单项如图 9-45（a）所示，

（2）在“功能区”选项板中，选择“工程应用”选项卡，“数据文件生成”面板如图 9-44（b）所示，其中仅列举了常用的 6 项命令。

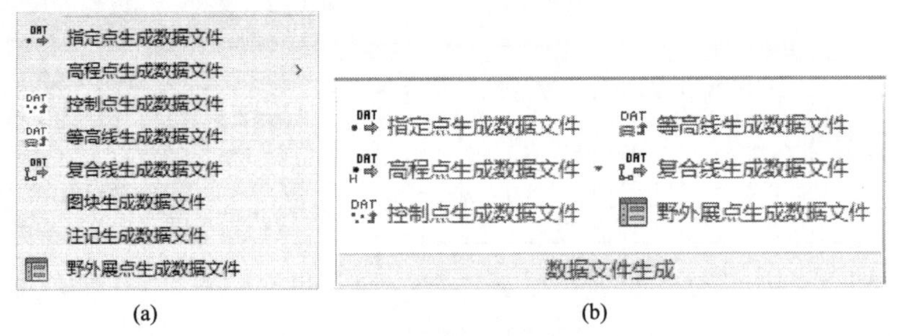

图 9-45 生成数据文件命令

1. 指定点生成数据文件

“指定点生成数据文件”命令（SHZHT）的功能：读取鼠标指定点的坐标，并生成数据文件。其执行过程如下：

（1）执行该命令时，根据系统提示输入坐标数据文件名。

（2）在屏幕上移动光标并单击指定点位，输入地物代码、点高程、点号等。

（3）重复上一步骤，直至完成所有点的指定。

（4）右击，系统提示“是否删除点位注记？[Y/N]<N>”，单击“N”选项或直接按 Enter 键，则保留图上的点位注记，结束命令执行，指定点的点号、地物代码、坐标、高程等信息保存至数据文件中。若要删除点位注记，则单击“Y”选项。

2. 高程点生成数据文件

“高程点生成数据文件”命令的功能是根据图上已有高程点生成高程点数据文件，高程点分“有编码高程点”、“无编码高程点”、“无编码水深点”和“海图水深注记”4 种类型。

1）有编码高程点生成数据文件

“有编码高程点”命令是“展高程点”的逆命令，使用“展高程点”命令在 CASS 中绘制的高程点，可以使用“有编码高程”命令生成数据文件。其操作过程如下：

单击“有编码高程点”按钮，根据系统提示输入坐标数据文件名；系统提示“请选择：[(1)选取高程点的范围/(2)直接选取高程点或控制点]<1>”，默认选项为“（1）选取高程点的范围”，直接按 Enter 键选择该选项，拾取闭合边界线，系统将根据位于边界线范围以内的高程点生成数据文件；若单击“（2）直接选取高程点或控制点”选项，则采用点选或框选方式直接选取图上高程点，按 Enter 或右击确认选择，系统自动根据所选高程点生成数据文件，并结束命令执行。

2）无编码高程点生成数据文件

与“有编码高程点”命令不同的是，“无编码高程点”命令无法根据“展高程点”命令展绘的高程点生成数据文件，执行此命令前，需要利用“高程点处理”|“打散高程注记”命令将高程点与高程点注记分开。

无编码高程点生成数据文件的操作过程如下：

单击“无编码高程点”按钮，根据系统提示输入坐标数据文件名；输入高程点所在层，按 Enter 键确认；系统提示“输入高程注记所在层：<直接回车取高程点实体 Z 值>”，若有相应的高程注记，则输入高程注记所在层，系统将注记值作为高程点的“Z 值”；否则，直接按 Enter 键，输出高程点实体的“位置 Z 坐标”值。

3）无编码水深点生成数据文件

单击“无编码水深点”按钮，输入坐标数据文件名，并输入水深点所在图层按 Enter 键确认，系统自动根据水深点生成数据文件。

需要注意的是，该命令与“无编码高程点”命令相似，无法根据“水上成图”|“一般水深注记”命令展绘的水深点生成数据文件，执行此命令前，需要利用“高程点处理”|“打散高程注记”命令将水深点与水深点注记分开。

4）海图水深注记生成数据文件

该命令是“水上成图”|“海图水深注记”的逆命令，利用“海图水深注记”命令在 CASS 中绘制的水深注记，可以使用“海图水深注记”命令生成数据文件。操作方法是：单击“海图水深注记”命令，并输入坐标数据文件名，系统自动生成数据文件。

3. 控制点成数据文件

该命令的功能是根据图上已有控制点生成坐标数据文件。单击“控制点成数据文件”按钮，输入坐标数据文件名，系统自动生成数据文件。

4. 等高线生成数据文件

“等高线生成数据文件”命令的功能是由等高线的结点生成坐标高程数据文件。其操作过程如下：

单击“等高线生成数据文件”按钮，输入坐标数据文件名；系统提示“请选择：[(1)处理全部等高线结点/(2)处理滤波后等高线结点]<1>”，默认值为 1，直接按 Enter 键选择该选项，系统将根据全部等高线结点生成数据文件；若选择“（2）处理滤波后等高线结点”选项，则先采用滤波方式减少数据量，然后再根据滤波后的等高线结点生成数据文件，单击该选项并输入滤波阈值（该值越大，输出点数越少），按 Enter 确认输入，系统将自动生成数据文件。

5. 复合线生成数据文件

“复合线生成数据文件”命令的功能是根据所选择的复合线生成坐标高程数据文件。其操作过程如下：

单击“复合线生成数据文件”按钮，输入坐标数据文件名；点选或框选复合线，并右击确认；依次输入坐标、高度小数位数（默认值为 3），按 Enter 键确认；系统提示“是否在多段线上注记点号[(1)是/(2)否]<1>”，默认值为 1，直接按 Enter 键选择该选项，即在屏幕上为复合线的结点注记点号；若无须注记点号，单击“（2）否”选项。

6. 图块生成数据文件

“图块生成数据文件”命令的功能是根据图块生成数据文件，该功能适合提取点状地物（如消防栓、水井、阀门、污水篦子等）的坐标高程数据。其操作过程如下：

在快速访问工具栏选择“显示菜单栏”选项，单击“工程应用”菜单项，在弹出的菜单中执行“图块生成数据文件”命令，输入坐标数据文件名并指定图块所在层，系统提示“高程点高程信息所在位置[(1)高程点属性值/(2)高程点 Z 值]<1>”，单击“（1）高程点属性值”选项，输入保存高程信息的属性字段名，按 Enter 键确认；若高程信息保存在高程点的“位置 Z 坐标”中，则单击“（2）高程点 Z 值”选项，系统将指定图层所有高程点的平面坐标信息和高程信息生成数据文件。

7. 注记生成数据文件

“注记生成数据文件”命令的功能是根据高程注记生成数据文件。其操作过程如下：

在快速访问工具栏选择“显示菜单栏”选项，单击“工程应用”菜单项，在弹出的菜单中执行“注记生成数据文件”命令，依次输入坐标数据文件名和高程注记所在层，系统将根据高程注记生成数据文件。值得注意的是，该命令生成的数据文件中的 X、Y 坐标为高程注记的图上坐标，而非高程点的实际位置。

8. 野外展点生成数据文件

“野外展点生成数据文件”命令的功能是根据野外展点（包括展野外测点点号、展野外测点代码和展野外测点点位等展绘的测点）生成数据文件。

单击“野外展点生成数据文件”按钮，输入坐标数据文件名；系统提示“请选择：[(1)选取野外测点的范围/(2)直接选取野外测点]<1>”，默认选项为 1，直接按 Enter 键选择该选项，拾取闭合边界线，系统将根据位于边界线范围以内的野外测点生成数据文件；若单击“（2）直接选取野外测点”选项，则采用点选或框选方式直接选取图上野外测点，按 Enter 键或右击确认选择，系统自动根据所选野外测点生成数据文件，并结束命令执行。

上述 8 种方式所生成文件的扩展名是“.DAT”，属于 CASS 系统的坐标数据文件类型。

9.5.2　由图生成交换文件

1. 生成交换文件

生成交换文件的主要过程如下：

（1）打开待转换的数字地图，如图 9-46 所示。

（2）在快速访问工具栏选择“显示菜单栏”选项，单击“数据”菜单项，在弹出的菜单中执行“生成交换文件”命令（INMAP），或在“功能区”选项板中，选择“数据”选项卡中的“交换文件”面板，单击“生成交换文件”按钮。

（3）在弹出的“输入 CASS 交换文件名”对话框中，输入交换文件名，如“校园图交换文件.cas”，单击“保存”按钮，系统自动生成 CASS 交换文件。

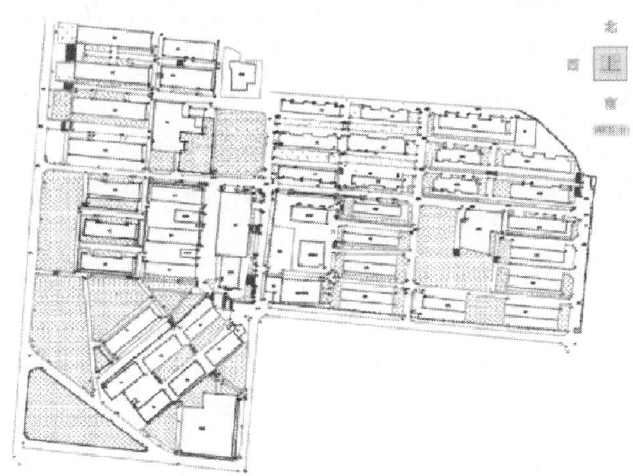

图 9-46　待转换的数字地图

2. 读入交换文件

在快速访问工具栏选择“显示菜单栏”选项，单击“数据”菜单项，在弹出的菜单中执行“读入交换文件”命令（OUTMAP），或在“功能区”选项板中，选择“数据”选项卡中的“交换文件”面板，单击“读入交换文件”按钮，系统弹出“输入 CASS 交换文件名”对话框，输入待打开的交换文件名，单击“打开”按钮，系统打开 CASS 交换文件。

3. 交换文件格式

CASS10.1 的数据交换文件扩展名是“.CAS”，总体格式如下：

CASS10.1
西南角坐标
东北角坐标
[层名]
实体类型
…
nil

实体类型

…

nil

…

[层名]

…

[层名]

…

END

在上述文件中，第一行和最后一行分别为 CASS10.1 和 END，标示 CASS 版本型号及文件结束符；第二、三行规定了图形的范围，即图形外包矩形的左下角、右上角坐标；从第四行开始，以图层为单位分成若干独立的部分，用中括号将层名括起来，作为该图层区的开始行，每层内部以实体类别划分开来，CASS 交换文件共有 POINT、LINE、ARC、CIRCLE、PLINE、SPLINE、TEXT、SPECIAL 8 种实体类型，文件中每层的每一种实体类型以实体类型名为开始行，以字符串“nil”为结束行，中间连续包括若干个该类型的实体，每个实体以字符“e”作为结束标志。

图 9-47 中“校园图交换文件.cas”的记录格式如下：

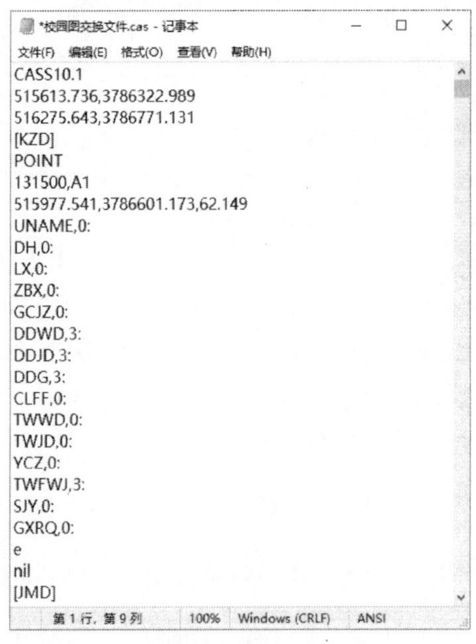

*校园图交换文件.cas - 记事本

文件(F) 编辑(E) 格式(O) 查看(V) 帮助(H)

CASS10.1
515613.736,3786322.989
516275.643,3786771.131
[KZD]
POINT
131500,A1
515977.541,3786601.173,62.149
UNAME,0:
DH,0:
LX,0:
ZBX,0:
GCJZ,0:
DDWD,3:
DDJD,3:
DDG,3:
CLFF,0:
TWWD,0:
TWJD,0:
YCZ,0:
TWFWJ,3:
SJY,0:
GXRQ,0:
e
nil
[JMD]

第 1 行，第 9 列　100%　Windows (CRLF)　ANSI

图 9-47　“校园图交换文件.cas”的记录格式

9.6　图 幅 管 理

数字地图绘制完毕后，按照数字地图档案化管理要求，需要对数字地图进行建库管理，实现数字地图的增加、删除、检索、显示等功能。CASS 提供了图幅管理模块，可以实现小型图库的建立和图形的检索、加载等。

9.6.1　图库建立

在快速访问工具栏选择“显示菜单栏”选项，单击“其他应用”菜单项，在弹出的菜单中执行“图幅信息操作”命令，或在“功能区”选项板中，选择“其他应用”选项卡中的“图幅管理”面板，单击“图幅信息”按钮，系统弹出“图幅信息操作”对话框，如图 9-48 所示。

图 9-48　“图幅信息操作”对话框

在图 9-48 中，各选项的功能如下：

（1）“地名库”选项卡：实现地名的添加、删除、查找等功能，每一条记录包含地名、左下坐标 X、左下坐标 Y、右上坐标 X、右上坐标 Y 5 个字段。

（2）“图形库”选项卡：实现图形库的添加、删除、查找等功能，每一条记录包含图号、图名、包含完整路径的文件名、左下坐标 X、左下坐标 Y、右上坐标 X、右上坐标 Y 7 个字段。

（3）“宗地图库”选项卡：实现宗地图库的添加、删除、查找等功能，每一条记录包含宗地号、包含完整路径的文件名 2 个字段。

（4）“查找”按钮：在“地名”文本框中输入待查找地名，单击“查找”按钮，若现有图库中有该地名，则系统高亮显示该条记录；否则系统提示“没有查到”。不同的图库，查找字段不同，在图形库中，查找字段是图号、图名，而宗地图库的查找字段名为宗地号。

（5）“添加”按钮：在图库“首记录”的位置添加一条空白记录。

（6）“删除”按钮：删除当前选择的记录。该操作仅删除图库中的记录，并不删除图形文件。

（7）“确定”按钮：完成对图库信息的保存，并关闭对话框。

（8）“取消”按钮：放弃对图库信息的修改，并关闭对话框。

另外，在“图幅信息操作”对话框中，鼠标的单击、双击操作功能如下：

（1）单击图库中一条记录的任一字段，可以选择当前记录。

（2）双击记录的地名、图号、图名、宗地号等字段时，当前字段处于可编辑状态。

（3）双击文件名，系统弹出“打开”对话框，可以重新选择“文件名”。

（4）双击“左下坐标 X”“左下坐标 Y”“右上坐标 X”“右上坐标 Y”中任一字段，系统行提示“请框选一个范围：”，用户可通过绘制一个矩形获取或变更当前记录的区域范围。

（5）右击图库中一条记录的任一字段，当前字段处于可编辑状态。

9.6.2　加载图形

在 CASS 中，有如下 3 种图形加载方式。

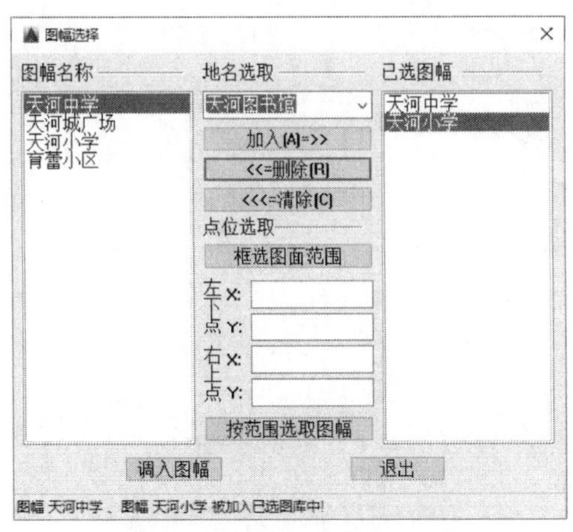

图 9-49　“图幅选择”对话框

1. 图幅显示

(1) 在快速访问工具栏选择“显示菜单栏”选项，单击“其他应用”菜单项，在弹出的菜单中执行“图幅显示”命令(SELMAP)，或在“功能区”选项板中，选择“其他应用”选项卡中的“图幅管理”面板，单击“图幅显示”按钮▣，系统弹出“图幅选择”对话框，如图 9-49 所示。

在图 9-49 中，各选项的功能如下：

①“图幅名称”列表框：在列表框中列出了图形库中所有“图名”。

②“已选图幅”列表框：在列表框中列出了当前被选中的“图名”。

③“地名选取”文本框：在下拉列表中包含了地名库中的所有“地名”，单击选择一个地名，系统根据其区域范围，检索出包含当前区域的图幅，与“已选图幅”取并集后，显示在“已选图幅”列表框中。

④“加入[A]=>>”按钮：单击该按钮或按 Alt+A 键，系统将“图幅名称”列表中的当前“图名”与“已选图幅”取并集后，显示在“已选图幅”列表框中。

⑤“<<=删除[R]”按钮：单击该按钮或按 Alt+R 键，删除“已选图幅”中的当前“图名”。

⑥“<<<=清除[C]”按钮：单击该按钮或按 Alt+C 键，清空“已选图幅”列表框。

⑦“框选图面范围”按钮：单击该按钮时，系统行提示“请框选一个范围：”，用户可通过绘制一个矩形确定图面范围。

⑧“按范围选取图幅”按钮：根据图面范围，系统自动在图库中检索出包含当前区域的图幅，与“已选图幅”取并集后，显示在“已选图幅”列表框中。

⑨“调入图幅”按钮：载入“已选图幅”中的所有图形。

(2) 在图 9-49 中，包括 3 种图幅选取方式。

①按“地名选取”：打开“地名选取”下拉列表框，选择需要的地名。

②按“点位选取”：单击“框选图面范围”按钮以确定左下角和右上角的 X、Y 坐标，然后单击“按范围选取图幅”按钮。

③手工选取：在“图幅名称”列表框中，单击待选图名，单击“加入[A]=>>”按钮，重复该步骤完成所有图名的添加。错选时，可配合使用“<<=删除[R]”或“<<<=清除[C]”按钮，保证所选图幅的正确性。

在上述 3 种方式中，任选其一，“已选图幅”中将列表显示已选的图名，单击“调入图幅”按钮，CASS 系统载入图形。

2. 图幅列表

在快速访问工具栏选择“显示菜单栏”选项，单击“其他应用”菜单项，在弹出的菜单中执行“图幅列表”命令(MAPBAR)，或在“功能区”选项板中，选择“其他应用”

选项卡中的“图幅管理”面板，单击“图幅列表”按钮，系统弹出“图幅列表”窗口，如图 9-50 所示。

在图 9-50 的“图幅列表”中，包括图名库和宗地库 2 种图库，单击图名库或宗地库前面的“+”，展开树状列表，双击一个图名或宗地号，或右击图名或宗地号，在弹出的快捷菜单中，选择“加载图形”选项，即可打开图形。

3. *超链接索引图*

在快速访问工具栏选择“显示菜单栏”选项，单击“其他应用”菜单项，在弹出的菜单中执行“绘超链接索引图”命令，或在“功能区”选项板中，选择“其他应用”选项卡中的“图幅管理”面板，单击“绘超链接索引图”按钮，CASS 系统根据图形库中各图幅的空间位置关系，以空间网格形式，在当前图形中绘制超链接索引图，如图 9-51 所示。移动光标至索引图的“图名”或“图号”上，系统提示该图名所链接的图形文件路径。若按住 Ctrl 键，并单击“图名”或“图号”，即可载入该图形。

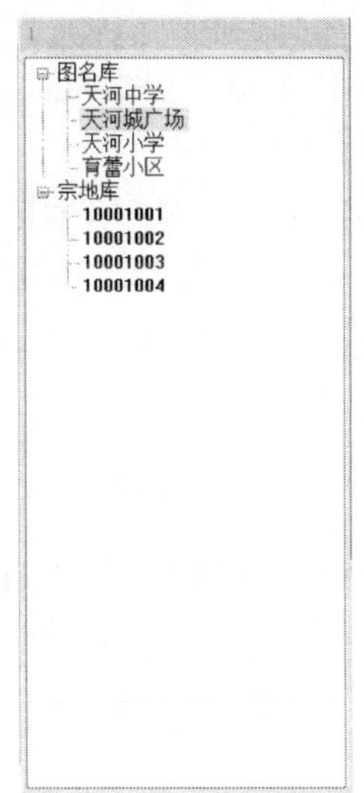

图 9-50　图幅列表

天河城广场 o–9	育蕾小区 P–9
天河中学 o–10	天河小学 P–10

图 9-51　超链接索引图

思考题

1. 实体面积和表面积有何不同？如何实现两种面积的查询？

2. 在 CASS 中，绘制断面图的方法有哪几种？每一种方法绘制断面图的具体过程是什么？

3. 试述里程文件的格式。生成里程文件有哪几种方式？

4. 土方量计算有哪几种方法？各有什么优缺点？

5. 三角网法土方量计算模块包括哪些功能？

6. 道路断面、场地断面和任意断面各有何特点？简述三种方法绘制纵横断面的操作过程。

7. 断面法计算土方量的原理是什么？如何实现二断面线间土方量计算？

第 10 章　基于图形交换 DXF 文件数据提取

10.1　DXF 文件格式解析

DXF 文件作为 AutoCAD 与其他软件进行数据交换的数据文件格式，已经成为行业标准。一个 DXF 文件由若干个组构成，每个组占两行，第一行为组码，第二行为组值。组码相当于数据类型的代码，它由 CAD 图形系统所规定，而组值为具体的数值，二者结合起来表示一个数据的含义和值。例如，代码 10 代表一个点的 X 坐标，占一行，而其第二行 4.5425 则是点 X 坐标的具体数值，二者结合起来表示一点。

DXF 文件的结构相当复杂，完整读取 DXF 文件也是一项异常烦琐的工程。在实际应用中，为了提取图形的实体信息，可以省略 DXF 文件中的许多项，只要获取其中的层表、块段和实体段，就可以完成相应几何图形的描述。

DXF 文件一般由标题段（HEADER）、类段（CLASSES）、表段（TABLES）、块段（BLOCKS）、实体段（ENTITIES）、对象段（OBJECTS）和结束段 7 部分组成。其中，实体段存储了 DXF 文件中图元的相关参数，是读取图元信息的重点段，所以本章对 DXF 文件的实体段进行详细解析。

10.1.1　标题段

标题段拥有 AutoCAD 的一般信息，每个参数有一个变量名和相关值。标题段主要记载的是 AutoCAD 标题变量的当前值或状态。标题变量主要记录了 AutoCAD 当前工作的环境，如当前用户坐标系的原点、图层名、线型、X 轴和 Y 轴的方向等信息。

标题段的组码和值如下：

```
0
SECTION
2
HEADER
…
0
ENDSEC
```

10.1.2　类段

类段记载应用程序定义的类的信息，这些类实例出现在 BLOCKS、ENTITIES 和 OBJECTS 段中。类定义在类的层次结构中是固定不变的。

类段的组码和值如下：

```
0
SECTION
```

```
2
CLASSES
…
0
ENDSEC
```

10.1.3　表段

线型表、图层表、字样表、视图表、用户坐标系统表、视窗配置表、标注字体表、申请符号表这些表组成了表段，在这些表中分别包含多个条目。

表段的组码和值如下：

```
0
SECTION
2
TABLES
…
0
ENDSEC
```

10.1.4　块段

块段记载块名、块的种类、插入基点、所在图层名、块的组成等信息。块分为图形块、带有属性的块和无名块这三种。无名块包括用 HATCH 命令生成的剖面线和用 DIM 命令完成的尺寸标准。

块段的组码和值如下：

```
0
SECTION
2
BLOCKS
…
0
ENDSEC
```

10.1.5　实体段

文件中的图形对象信息记载在实体段，包括图形对象的名称、所在图层、线型、颜色、坐标等信息。本段是读取 DXF 文件信息的重点段。

实体段的组码和值如下：

```
0
SECTION
2
ENTITIES
…
0
```

```
ENDSEC
```

10.1.6　对象段

除图元、符号表记录、符号表外所有的非图形对象都存储在对象段。

对象段的组码和值如下：

```
0
SECTION
2
OBJECTS
…
0
ENDSEC
```

10.1.7　结束段

本段意味着文件的结束，其组码和值如下：

```
0
EOF
```

10.2　DXF 文件中图元的表达方式

本节主要是对 DXF 文件实体段的信息进行分析，选取了点、直线、多段线、矩形、正多边形、文本、样条曲线的实体段部分，对其组码和值进行分析。

10.2.1　点

点实体段部分的组码及含义如表 10-1 所示。

表 10-1　点实体段的组码及含义

组码	含义
0	标志一个事物的开始
POINT	表示该组码描述的对象为点
5	句柄
1B1	
330	指向所有者词典的软键指针标识符/句柄
1F	
100	子类标记
AcDbEntity	
8	表示图层
Dian	
100	子类标记
AcDbPoint	
10	*X* 坐标

续表

组码	含义
2331.866039939679	
20	Y 坐标
1064.388777675157	
30	Z 坐标
0.0	

在读取点数据时，确定点的 X、Y、Z 坐标即可确定一个点，因此在点数据提取时，主要提取点的组码 10、20、30 及其值。除此之外，还需要通过组码 8、62 等，提取点的图层、颜色等信息。

10.2.2　直线

直线实体段部分的组码及含义如表 10-2 所示。

表 10-2　直线实体段的组码及含义

组码	含义
0	标志一个事物的开始
LINE	表示该段描述的是直线
5	句柄
1B8	
330	指向所有者词典的软键指针标识符/句柄
1F	
100	子类标记
AcDbEntity	
8	图层
zx	
100	子类标记
AcDbLine	
10	X_1 值
1411.990312171772	
20	Y_1 值
1374.48827658897	
30	Z_1 值
0.0	
11	X_2 值
2933.760044289735	
21	Y_2 值
1374.48827658897	
31	Z_2 值
0.0	

两点确定一条直线。提取直线数据时，直接提取组码 10、20、30、11、21、31 及其值，可以获取直线上两点的 X、Y、Z 值。通过这些点的坐标值，即可确定一条直线。除此之外，还需要读取直线所在的图层、颜色、线型等信息。

10.2.3 多段线、矩形、正多边形

多段线、矩形、正多边形实体部分的组码的含义和结构是相同的，因此通过表 10-3 的代码，解析多段线、矩形、正多边形三个元素。

表 10-3　多段线、矩形、正多边形实体部分的组码及含义

组码	含义
0	标志一个事物的开始
LWPOLYLINE	表示该段描述的是多段线或矩形或正多边形
5	句柄
1B9	
330	指向所有者词典的软键指针标识符/句柄
1F	
100	子类标记
AcDbEntity	
8	图层
ddx	
100	子类标记
AcDbPolyline	
90	点数
6	
70	开闭区间标志
0	
43	标高
0.0	
10	X 值
1722.401048370591	
20	Y 值
1578.700137789363	
10	X 值
1987.385837598989	
20	Y 值
1140.022804613315	
…	

在多段线、矩形、正多边形中，点数、标高以及各点的坐标决定了多段线的位置，因此在提取这些数据时，对组码 90、43、10、20 进行提取，以获得多段线的信息。除此之外，还需读取图层、颜色等信息。

10.2.4　文本

文本实体段的组码和含义如表 10-4 所示。

表 10-4　文本实体段的组码及含义

组码	含义
0	标志一个事物的开始
TEXT	表示该段描述的是文本
5	句柄
1B1	
102	组的开始
{ACAD_XDICTIONARY	“{”使应用程序通过把数据细分为表来组织它们的数据——开始
360	指向所有者词典的硬键指针标识符/句柄
1B2	
102	组的结束
}	“}”使应用程序通过把数据细分为表来组织它们的数据——结束
330	指向所有者词典的软键指针标识符/句柄
1F	
100	子类标记
AcDbEntity	
8	图层
0 @ 1	
100	子类标记
AcDbText	
10	*X* 值
1710.856877012615	
20	*Y* 值
1259.326243258521	
30	*Z* 值
0.0	
40	文字高度
543.5983427943966	
1	字符串本身
A	
7	文字样式名称

续表

组码	含义
Annotative	
100	子类标记
AcDbText	
1001	应用程序名称
AcadAnnotative	
1000	字符串
AnnotativeData	
1002	控制字符串
{	
1070	Integer
1	
1070	Integer
0	
1002	控制字符串
}	

通过读取文本的位置和文本内容，可以获取文本的全部信息。因此在提取文本数据时，需要读取文本的组码 62、10、20、30、40、1、50，从而获取文本的颜色，*X*、*Y*、*Z* 值，文本的高度，文本内容，以及文本的角度。

10.2.5 样条曲线

样条曲线实体部分的组码和值如表 10-5 所示。

表 10-5　样条曲线实体段的组码和含义

组码	含义
0	标志一个事物的开始
SPLINE	表示该段描述的是样条曲线
5	句柄
1B1	
330	指向所有者词典的软键指针标识符/句柄
1F	
100	子类标记
AcDbEntity	
8	图层
ytqx	
100	子类标记
AcDbSpline	
210	法线矢量的 *X* 值

续表

组码	含义
0.0	
220	法线矢量的 Y 值
0.0	
230	法线矢量的 Z 值
1.0	
70	样条曲线标志
8	
71	样条曲线的阶
3	
72	结点数目
9	
73	控制点数目
5	
74	拟合点数目
3	
42	结点公差
0.0000000001	
43	控制点公差
0.0000000001	
44	拟合公差
0.0000000001	
12	起始正切方向 X
-0.9983877468715094	
22	起始正切方向 Y
0.0567618436701178	
32	起始正切方向 Z
0.0	
13	结束正切方向 X
-0.9930676673979913	
23	结束正切方向 Y
0.1175440681987492	
33	结束正切方向 Z
0.0	
40	节点值
0.0	
…	
10	控制点 X
1593.694159194021	
20	控制点 Y
1495.502710463916	

续表

组码	含义
30	控制点 Z
0.0	
…	
11	拟合点 X
1593.694159194021	
21	拟合点 Y
1495.502710463916	
31	拟合点 Z
0.0	
…	

样条曲线的实体段部分记载了所在图层，样条曲线的法线矢量的 *X*、*Y*、*Z* 值，样条曲线的阶，结点的数目和公差，控制点和拟合点的数目、坐标及公差等信息。

在提取样条曲线时，提取样条曲线的阶、结点数目、控制点数目、结点坐标、控制点坐标，即可通过函数绘制出样条曲线，因此在提取数据时，主要读取组码 73、74、10、20、30、11、21、31 及其值，并编写样条曲线函数，即可确定样条曲线。

10.3 基于 VC++的 DXF 数据提取设计

为了能够将 AutoCAD 中的图形数据与其他软件应用进行数据交换，本节基于 V C++程序设计，编制了提取 DXF 中数据的代码。

10.3.1 声明结构体

“结构体”是一种构造类型，它由若干个“成员”组成。其中的每一个“成员”既可以是一个基本数据类型又可以是一个构造类型。结构体在使用前需要先对其进行声明，声明一个结构体表示的是创建一种新的类型名，要用新的类型名再进行定义变量。

数据提取设计中共声明了 4 个结构体，分别为 CAD_Point、CAD_Line、CAD_Pline、CAD_Text。

1）点的结构体 CAD_Point

结构体 CAD_Point 中，定义其成员 layer 为 CString 型，color 为整型，x、y、z 为双精度型。点的结构体 CAD_Point 的代码如下：

```
typedef struct CAD_Point
{
    CString layer;//图层
    int color;//颜色
    double x;//x 坐标
    double y;//y 坐标
    double z;//z 坐标
```

```
}CAD_Point;
```

2）直线的结构体 CAD_Line

结构体 CAD_Line 中，定义其成员 layer、linetype 为 CString 型，color、linewidth 为整型，x1、y1、z1、x2、y2、z2 为双精度型。直线的结构体 CAD_Line 的代码如下：

```
typedef struct CAD_Line
{
    CString layer;//图层
    int color;//颜色
    CString linetype;//线形
    int linewidth;//线宽
    double x1,y1,z1;//起点坐标
    double x2,y2,z2;//终点坐标
}CAD_Line;
```

3）多段线的结构体 CAD_Pline

结构体 CAD_Pline 中，定义其成员 layer、linetype 为 CString 型，color、linewidth、ds、bikaiBz 为整型，h、*x、*y 为双精度型。多段线的结构体 CAD_Pline 的代码如下：

```
typedef struct CAD_Pline
{
    CString layer;//图层
    int color;//颜色
    CString linetype;//线型
    int linewidth;//线宽
    double h;//标高
    int ds;//点数
    int bikaiBz;//=0,开曲线;=1,闭曲线
    double *x;//点 x 坐标
    double *y;//点 y 坐标
}CAD_Pline;
```

4）文本的结构体 CAD_Text

结构体 CAD_Text 中，定义其成员 layer、text 为 CString 型，color 为整型，x、y、z、height、angle 为双精度型。文本的结构体 CAD_Text 的代码如下：

```
typedef struct CAD_Text
{
    CString layer;//图层
    int color;//颜色
    double x,y,z;//文本起点坐标
    double height;//文本高度
    double angle;//文本方向
    CString text;//文本内容
}CAD_Text;
```

10.3.2　public 型函数

通过定义 public 函数，可以编译适合所有函数调用的参数。在数据提取设计中使用到的 public 函数如表 10-6 所示。

表 10-6　public 部分的函数

函数	含义
void GetDxfAllElements(CStdioFile *fp);	提取点、线、文本数据
void GetDxfPline(CStdioFile *fp);	提取多段线数据
void GetDxfLine(CStdioFile *fp);	提取直线数据
void GetDxfPoint(CStdioFile *fp);	提取点数据
void GetDxfText(CStdioFile *fp);	提取文字数据
int BSpline(int n,double x[],double y[],double xb[],double yb[]);	提取样条曲线数据
CArray<CAD_Point,CAD_Point&>m_pt;	定义点的动态数组
CArray<CAD_Line,CAD_Line&>m_line;	定义直线的动态数组
CArray<CAD_Pline,CAD_Pline&>m_pline;	定义多段线的动态数组
CArray<CAD_Text,CAD_Text&>m_text;	定义文本的动态数组
double m_minx,m_maxx;	定义 x 的最大、最小值
double m_miny,m_maxy;	定义 y 的最大、最小值
double m_minz,m_maxz;	定义 z 的最大、最小值

10.3.3　图形元素数据的提取

在设计中选取了点、直线、多段线、矩形、正多边形、文本、样条曲线等图形元素数据提取的代码。各元素数据提取的详细代码如表 10-7 所示。

表 10-7　元素数据提取的代码及含义

代码	含义
void GetDxfAllElements(CStdioFile *fp)	提取点、直线、多段线、矩形、正多边形、文本、样条曲线数据
{	
int code;	定义组码
char value[500];	定义 DXF 的“值”
BOOL stbz=0;	定义实体标志
BOOL lxbz=0;	定义图形类型标志。 =1,读取的元素为点； =2,读取的元素为直线； =3,读取的数据为多段线或矩形或正多边形； =4,读取的数据为文本； =5,读取的数据为样条曲线
double va;	定义变量 va
int jj,l,i,ds=0,txtbz=1;	定义变量 jj、l、i、ds、txtbz

续表

代码	含义
`CAD_Point pt;`	定义变量 pt
`CAD_Line line;`	定义变量 line
`CAD_Pline pline;`	定义变量 pline
`CAD_Text text;`	定义变量 text
`CArray<Bpoint,Bpoint&>l1;`	给 l1 的点提供动态存储
`CArray<Bpoint,Bpoint&>l2;`	给 l2 的点提供动态存储
`CArray<Bpoint,Bpoint&>l1;`	给 l1 的点提供动态存储
`double xx,yy,zz,*x,*y;`	定义变量 xx、yy、zz、*x、*y
`CString data;`	定义文件数据 data
`DWORD pos=0,len=fp->GetLength();`	定义文件位置变量 pos 和文件的长度变量 len，将 GetLength() 函数获得的文件长度赋值给 len
`while(pos<len)`	当文件未读完时，执行以下操作
`{`	
`fp->ReadString(data);`	获取文件数据
`data.TrimLeft();`	删除 data 字符串前面的空格
`sscanf(data,"%d",&code);`	读取 DXF 的“组码”
`fp->ReadString(data);`	获取文件数据
`data.TrimLeft();`	删除 data 字符串前面的空格
`sscanf(data,"%s",value);`	读取 DXF 的“值”
`pos=fp->GetPosition();`	获取位置
`if(code==2&&strcmp(value,"ENTITIES")==0)`	判断读取的是否为实体段
`stbz=1;`	是，实体标志为 1
`if(stbz>0)`	当读取内容为实体段时，执行以下操作
`{`	
`if(lxbz==0)`	当类型标志为 0 时，执行以下操作
`{`	
`if(code==0&&(strcmp(value,"POINT")==0 ||strcmp(value,"INSERT")==0))`	判断是否为点数据
`{`	
`lxbz=1;`	是，则类型标志值为 1
`pt.color=0;`	点的颜色值为 0
`}`	
`if(code==0&&strcmp(value,"LINE")==0)`	判断读取的是否为直线
`{`	
`lxbz=2;`	是，则类型标志的值为 2
`line.color=0;`	直线颜色的值为 0
`line.linetype="Continuous";`	定义直线的初始线型为 Continuous

续表

代码	含义
`line.linewidth=1;`	直线的线宽值为 1
`}`	
`if(code==0&& strcmp(value,"LWPOLYLINE")==0)`	判断读取内容是否为多段线、矩形或者正多边形
`{`	
`i=0;`	是,则 i 的值为 0
`lxbz=3;`	类型标志的值为 3
`pline.color=0;`	颜色值为 0
`pline.linetype="Continuous";`	线型为 Continuous
`pline.linewidth=1;`	线宽值为 1
`}`	
`if(code==0&&strcmp(value,"TEXT")==0)`	判断读取内容是否为文本
`{`	
`lxbz=4;`	是,则类型标志的值为 4
`text.color=0;`	文字颜色为 0
`txtbz=1;`	文字标志为 1
`}`	
`if(code==0&&strcmp(value,"SPLINE")==0)`	判断是否为拟合曲线
`{`	
`lxbz=5;`	是,则类型标志为 5
`pline.color=0;`	颜色值为 0
`pline.linetype="Continuous";`	线型为 Continuous
`pline.linewidth=1;`	线宽为 1
`pline.h=0.0;`	高为 0.0
`ds=0;`	点个数为 0
`i=0;`	i 为 0
`}`	
`}`	
`switch(lxbz)`	判断类型标志的值
`{`	
`case 1:`	类型标志的值为 1,读取点
`{`	
`if(code==8)`	读取点的图层
`{`	
`pt.layer=value;`	
`}`	
`else if(code==62)`	读取点的颜色
`{`	
`sscanf(value,"%d",&l);`	

续表

代码	含义
`pt.color=l;`	
`}`	
`else if(code==10)`	读取点的 x 值
`{`	
`sscanf(value,"%lf",&va);`	
`pt.x=va;`	
`m_minx=m_minx<va? m_minx:va;`	判断 x 是否超限
`m_maxx=m_maxx>va? m_maxx:va;`	判断 x 是否超限
`}`	
`else if(code==20)`	读取点的 y 值
`{`	
`sscanf(value,"%lf",&va);`	
`pt.y=va;`	
`m_miny=m_miny<va? m_miny:va;`	判断 y 值是否超限
`m_maxy=m_maxy>va? m_maxy:va;`	判断 y 值是否超限
`}`	
`else if(code==30)`	读取点的 z 值
`{`	
`sscanf(value,"%lf",&va);`	
`pt.z=va;`	
`m_minz=m_minz<va? m_minz:va;`	判断 z 值是否超限
`m_maxz=m_maxz>va? m_maxz:va;`	判断 z 值是否超限
`m_pt.Add(pt);`	将读取的点数据存入 m_pt
`lxbz=0;`	类型标志的值回归初始值
`}`	
`}`	
`break;`	打断
`case 2:`	标志的值为 2,读取直线
`{`	
`if(code==8)`	读取直线的图层
`line.layer=value;`	
`else if(code==6)`	读取直线的线型
`line.linetype=value;`	
`else if(code==62)`	读取直线的颜色
`{`	
`sscanf(value,"%d",&l);`	
`line.color=l;`	
`}`	
`else if(code==370)`	读取直线的线宽
`{`	

续表

代码	含义
sscanf(value,"%d",&l);	
line.linewidth=l;	
}	
else if(code==10)	读取直线 x1 值
{	
sscanf(value,"%lf",&va);	
line.x1=va;	
m_minx=m_minx<va? m_minx:va;	判断 x1 是否超限
m_maxx=m_maxx>va? m_maxx:va;	判断 x1 是否超限
}	
else if(code==20)	读取直线 y1 值
{	
sscanf(value,"%lf",&va);	
line.y1=va;	
m_miny=m_miny<va? m_miny:va;	判断 y1 是否超限
m_maxy=m_maxy>va? m_maxy:va;	判断 y1 是否超限
}	
else if(code==30)	读取直线 z1 值
{	
sscanf(value,"%lf",&va);	
line.z1=va;	
m_minz=m_minz<va? m_minz:va;	判断 z1 值是否超限
m_maxz=m_maxz>va? m_maxz:va;	判断 z1 值是否超限
}	
else if(code==11)	读取直线 x2 值
{	
sscanf(value,"%lf",&va);	
line.x2=va;	
m_minx=m_minx<va? m_minx:va;	判断 x2 值是否超限
m_maxx=m_maxx>va? m_maxx:va;	判断 x2 值是否超限
}	
else if(code==21)	读取直线 y2 值
{	
sscanf(value,"%lf",&va);	
line.y2=va;	
m_miny=m_miny<va? m_miny:va;	判断 y2 值是否超限
m_maxy=m_maxy>va? m_maxy:va;	判断 y2 值是否超限
}	
else if(code==31)	读取直线 z2 的值
{	

续表

代码	含义
`sscanf(value,"%lf",&va);`	
`line.z2=va;`	
`m_minz=m_minz<va? m_minz:va;`	判断 z2 值是否超限
`m_maxz=m_maxz>va? m_maxz:va;`	判断 z2 值是否超限
`m_line.Add(line);`	将读取的直线数据存入 m_line
`lxbz=0;`	类型标志的值回归初始值
`}`	
`}`	
`break;`	打断
`case 3:`	当类型标志值为 3 时,读取多段线、矩形或正多边形
`{`	
`if(code==8)`	读取图层
`pline.layer=value;`	
`else if(code==6)`	读取线型
`pline.linetype=value;`	
`else if(code==62)`	读取颜色
`{`	
`sscanf(value,"%d",&l);`	
`pline.color=l;`	
`}`	
`else if(code==370)`	读取线宽
`{`	
`sscanf(value,"%d",&l);`	
`pline.linewidth=l;`	
`}`	
`else if(code==90)`	读取点数
`{`	
`sscanf(value,"%d",&l);`	
`pline.ds=l;`	
`pline.x=new double[l+1];`	生成动态数组
`pline.y=new double[l+1];`	生成动态数组
`}`	
`else if(code==70)`	读取闭开标志
`{`	
`sscanf(value,"%d",&l);`	
`pline.bikaiBz=l;`	
`}`	
`else if(code==38)`	读取标高
`{`	

续表

代码	含义
sscanf(value,"%lf",&va);	
pline.h=va;	
m_minz=m_minz<va? m_minz:va;	判断标高是否超限
m_maxz=m_maxz>va? m_maxz:va;	判断标高是否超限
}	
else if(code==10)	读取 x 值
{	
sscanf(value,"%lf",&va);	
pline.x[i]=va;	
m_minx=m_minx<va? m_minx:va;	判断 x 值是否超限
m_maxx=m_maxx>va? m_maxx:va;	判断 x 值是否超限
}	
else if(code==20)	读取 y 值
{	
sscanf(value,"%lf",&va);	
pline.y[i]=va;	
m_miny=m_miny<va? m_miny:va;	判断 y 是否超限
m_maxy=m_maxy>va? m_maxy:va;	判断 y 是否超限
i++;	每运行一次,i 加 1
if(i==pline.ds)	当 i 等于点数时,执行以下操作
{	
lxbz=0;	类型标志回归初值
if(pline.bikaiBz==1)	当闭开情况为闭时
{	
pline.ds=pline.ds+1;	再增加一个点
pline.x[i]=pline.x[0];	首尾点 x 相同
pline.y[i]=pline.y[0];	首尾点 y 相同
}	
m_pline.Add(pline);	将读取的多段线、矩形、正多边形数据存入 m_pline
}	
}	
}	
break;	打断
case 4:	当类型标志值为 4 时,读取文本
{	
if(code==8)	读取文本图层
text.layer=value;	
else if(code==62)	读取文字颜色
{	

续表

代码	含义
`sscanf(value,"%d",&l);`	
`text.color=l;`	
`}`	
`else if(code==10)`	读取文本的 x 值
`{`	
`sscanf(value,"%lf",&va);`	
`text.x=va;`	
`m_minx=m_minx<va? m_minx:va;`	判断 x 是否超限
`m_maxx=m_maxx>va? m_maxx:va;`	判断 x 是否超限
`}`	
`else if(code==20)`	读取文本的 y 值
`{`	
`sscanf(value,"%lf",&va);`	
`text.y=va;`	
`m_miny=m_miny<va? m_miny:va;`	判断 y 是否超限
`m_maxy=m_maxy>va? m_maxy:va;`	判断 y 是否超限
`}`	
`else if(code==30)`	读取文本的 z 值
`{`	
`sscanf(value,"%lf",&va);`	
`text.z=va;`	
`m_minz=m_minz<va? m_minz:va;`	判断 z 是否超限
`m_maxz=m_maxz>va? m_maxz:va;`	判断 z 是否超限
`}`	
`else if(code==40)`	读取高
`{`	
`sscanf(value,"%lf",&va);`	
`text.height=va;`	
`}`	
`else if(code==1)`	读取文本内容
`{`	
`text.text=value;`	
`txtbz=0;`	文字标志为 0
`}`	
`else if(code==50)`	读取文本角度
`{`	
`sscanf(value,"%lf",&va);`	
`text.angle=va;`	
`}`	
`else if(txtbz==0&&code==100&& strcmp(value,"AcDbText")==0)`	当文字标志为 0，组码为 100 且值为 AcDbText

续表

代码	含义
{	
m_text.Add(text);	将读取的文本数据存储到 m_text
lxbz=0;	类型标志回归初始值
txtbz=1;	文本标志为 1
}	
}	
break;	打断
case 5:	当类型标志为 5 时,读取样条曲线
{	
if(code==8)	读取图层
pline.layer=value;	
else if(code==6)	读取线型
pline.linetype=value;	
else if(code==62)	读取颜色
{	
sscanf(value,"%d",&l);	
pline.color=l;	
}	
else if(code==370)	读取线宽
{	
sscanf(value,"%d",&l);	
pline.linewidth=l;	
}	
else if(code==70)	读取样条曲线标志
{	
sscanf(value,"%d",&ds);	
if(ds%2==0)	当为偶数时,样条曲线为闭
pline.bikaiBz=0;	
else	
pline.bikaiBz=1;	当为奇数时,样条曲线为开
}	
else if(code==73)	读取控制点数目
{	
sscanf(value,"%d",&ds);	
x=new double[ds+1];	首尾各增加 1 个点,保证曲线起点为首端点、终点为末端点
y=new double[ds+1];	
}	
else if(code==30)	读取 z 值
{	

续表

代码	含义
sscanf(value,"%lf",&zz);	
pline.h=zz;	
va=zz;	
m_minz=m_minz<va? m_minz:va;	判断 z 值是否超限
m_maxz=m_maxz>va? m_maxz:va;	判断 z 值是否超限
}	
else if(code==10)	读取 x 值
{	
sscanf(value,"%lf",&va);	
x[i]=va;	
m_minx=m_minx<va? m_minx:va;	判断 x 值是否超限
m_maxx=m_maxx>va? m_maxx:va;	判断 x 值是否超限
}	
else if(code==20)	读取 y 值
{	
sscanf(value,"%lf",&va);	
y[i]=va;	
m_miny=m_miny<va? m_miny:va;	判断 y 是否超限
m_maxy=m_maxy>va? m_maxy:va;	判断 y 是否超限
i++;	每循环一次,i 加 1
if(i==ds)	如果 i 等于 ds 执行以下操作
{	
lxbz=0;	
if(pline.bikaiBz==1 ||pline.bikaiBz>128)	如果曲线为开曲线
{	
ds++;	增加一个点
x[i]=x[0];	首尾点的坐标相同
y[i]=y[0];	首尾点的坐标相同
}	
double *xb=new double[20*ds+1];	生成动态数组
double *yb=new double[20*ds+1];	生成动态数组
int bsds=BSpline(ds,x,y,xb,yb);	调用样条曲线拟合
pline.ds=bsds;	将 bsds 的值赋给点
pline.x=new double[pline.ds+1];	生成动态数组
pline.y=new double[pline.ds+1];	生成动态数组
for(jj=0;jj<bsds;jj++)	
{	
pline.x[jj]=xb[jj];	获取 x 值

续表

代码	含义
pline.y[jj]=yb[jj];	获取 y 值
}	
m_pline.Add(pline);	将读取的数据存入 m_pline
ds=0;	点的值回归初值
i=0;	i 回归初值
if(x)delete []x;	删除 x
if(y)delete []y;	删除 y
if(xb)delete []xb;	删除 xb
if(yb)delete []yb;	删除 yb
}	
}	
}	
break;	打断
default:	
{	
}	
}	
if(stbz==1&&code==0 &&strcmp(value,"ENDSEC")==0)	当文件结束时
{	
stbz=0;	实体标志回归 0
goto aa;	输出 aa
}	
}	
}	
aa:	
AfxMessageBox("OK! ");	弹出 OK 对话框
}	

在上述表中提取样条曲线时，调用了样条曲线拟合函数，其代码如下：

```
int BSpline(int n,double x[],double y[],double xb[],double yb[])
{
      int i,j,zds=0;
      double a1,a2,a3,a4,t,t3,t2;
      double *xx,*yy;
      xx=new double[n+3];
      yy=new double[n+3];
      if(fabs(x[0]-x[n-1])<1.0e-10&&fabs(y[0]-y[n-1])<1.0e-10)//闭合曲线
      {
        i=0;
```

```
  xx[i]=x[n-2];
  yy[i]=y[n-2];
  i++;
  for(j=0;j<n;j++)
  {
    xx[i]=x[j];
    yy[i]=y[j];
    i++;
  }
  xx[i]=x[1];
  yy[i]=y[1];
  i++;
}
else
{
  i=0;
  xx[i]=2.0*x[0]-x[1];
  yy[i]=2.0*y[0]-y[1];
  i++;
  for(j=0;j<n;j++)
  {
    xx[i]=x[j];
    yy[i]=y[j];
    i++;
  }
  xx[i]=2.0*x[n-1]-x[n-2];
  yy[i]=2.0*y[n-1]-y[n-2];
  i++;
}
n=i;
if(n<4)
{
  for(i=0;i<n;i++)
  {
    xb[i]=xx[i];
    yb[i]=yy[i];
  }
  zds=n;
}
else
{
  for(i=0;i<n-3;i++)
  {
```

```
        for(t=0.0;t<1.0;t+=0.1)
        {
          t2=t*t;
          t3=t2*t;
          a1=(-t3+3.0*t2-3.0*t+1.0)/6.0;
          a2=(3.0*t3-6.0*t2+4.0)/6.0;
          a3=(-3.0*t3+3.0*t2+3.0*t+1.0)/6.0;
          a4=t3/6.0;
          xb[zds]=xx[i]*a1+xx[i+1]*a2+xx[i+2]*a3+xx[i+3]*a4;
          yb[zds]=yy[i]*a1+yy[i+1]*a2+yy[i+2]*a3+yy[i+3]*a4;
          zds++;
        }
        if(i==n-4)
        {
          t=1.0;
          t2=t*t;
          t3=t2*t;
          a1=(-t3+3.0*t2-3.0*t+1.0)/6.0;
          a2=(3.0*t3-6.0*t2+4.0)/6.0;
          a3=(-3.0*t3+3.0*t2+3.0*t+1.0)/6.0;
          a4=t3/6.0;
          xb[zds]=xx[i]*a1+xx[i+1]*a2+xx[i+2]*a3+xx[i+3]*a4;
          yb[zds]=yy[i]*a1+yy[i+1]*a2+yy[i+2]*a3+yy[i+3]*a4;
          zds++;
        }
      }
    }
    return zds;
}
```

10.3.4　提取图形元素数据的函数调用

图形元素数据提取可通过所建立的 MFC 工程的资源视图，打开 Menu 项的 IDR_MAINFRAME，建立菜单项进行调用。具体调用的函数如表 10-8 所示。

表 10-8　元素数据调用的代码及含义

代码	含义
`void CReadAutoCAD_DXFDoc::OnGetAll()`	调用点、直线、多段线、矩形、正多边形、文本、样条曲线数据
`{`	
`  CFileDialog dlg(TRUE,"","");`	打开文件
`dlg.m_ofn.lpstrFilter="CAD File(*.dxf)\0*.dxf\0";`	文件过滤器
`dlg.m_ofn.lpstrTitle="打开 AutoCAD dxf 格式文件";`	提示信息"打开 AutoCAD dxf 格式文件"

续表

代码	含义
`if(dlg.DoModal()==IDOK)`	单击 CPortDlg 对话框上的 OK 按钮,执行以下操作
`{`	
`CString filename=dlg.GetPathName();`	获得文件名
`CStdioFile fp;`	定义文件类型
`fp.Open(filename,CFile::modeRead);`	只读方式打开文件
`CAutoCADReadWrite m_pro;`	建立模块 m_pro
`m_pro.GetDxfAllElements(&fp);`	获取文件信息
`m_minx=m_pro.m_minx;`	获取 x 的最小值
`m_miny=m_pro.m_miny;`	获取 y 的最小值
`m_maxx=m_pro.m_maxx;`	获取 x 的最大值
`m_maxy=m_pro.m_maxy;`	获取 y 的最大值
`CString cs,ccs;`	定义 cs、ccs
`int m;`	定义 m
`CFile fl;`	定义 fl
`fl.Open("cad.txt",CFile::modeWrite |CFile::modeCreate);`	以写入方式或者创建方式打开文件
`ccs="";`	定义 ccs 为空
`for(i=0;i<m_pro.m_pt.GetSize();i++)`	
`{`	
`pt=m_pro.m_pt.GetAt(i);`	读取文件中的第 i 个点
`cs.Format("%.3f;%.3f;%.3f\r\n",pt.x,pt.y,pt.z);`	格式化 x、y、z 值
`ccs+=cs;`	将读取内容存入 ccs
`}`	
`fl.Write(ccs,ccs.GetLength());`	将点的 x、y、z 值写出来
`for(i=0;i<m_pro.m_line.GetSize();i++)`	定义 i 为 0,当 i 小于直线数量时,执行以下操作,每执行一次 i 加 1
`{`	
`line=m_pro.m_line.GetAt(i);`	获取直线 i
`cs.Format("layer=%s;x1=%.3f;y1=%.3f; x2=%.3f;y2=%.3f\r\n",line.layer,line.x1, line.y1,line.x2,line.y2);`	格式化直线的图层、x1、y1、x2、y2
`ccs+=cs;`	将读取内容存入 ccs
`}`	
`fl.Write(ccs,ccs.GetLength());`	将直线数据写出来
`for(i=0;i<m_pro.m_pline.GetSize();i++)`	定义 i 为 0,当 i 小于多段线或矩形或正多边形数时,执行以下操作,执行一次 i 加 1

续表

代码	含义
{	
pline=m_pro.m_pline.GetAt(i);	获取第 i 个多段线、矩形或正多边形
cs.Format("layer=%s;ds=%d;h=%f\r\n", pline.layer,pline.ds,pline.h);	格式化多段线、矩形、正多边形的图层、ds、标高
ccs+=cs;	将读取内容存入 ccs
for(int j=0;j<pline.ds;j++)	定义 j 为 0，当 j 小于多段线的点数时，执行以下操作
{	
cs.Format("%.3f;%.3f;%.3f\r\n", pline.x[j],pline.y[j],pline.h);	格式化多段线、矩形和正多边形的 x、y 和标高
ccs+=cs;	将读取的数据存入 ccs
}	
ccs+="\r\n";	换行
}	
fl.Write(ccs,ccs.GetLength());	写出多段线、矩形、样条曲线的数据
m=m_pro.m_pline.GetSize();	获取样条曲线大小
for(i=0;i<m;i++)	当 i 小于样条曲线时，执行以下操作
{	
pli=m_pro.m_pline.GetAt(i);	获取第 i 个样条曲线
cs.Format("pline\r\n");	换行
ccs+=cs;	将读取内容存入 ccs
for(int j=0;j<pli.ds;j++)	当 j 小于样条曲线点数时，执行以下操作
{	
cs.Format("%f,%f\r\n",pli.x[j],pli.y[j]);	格式化样条曲线的 x 和 y
ccs+=cs;	将读取的数据存入 ccs
}	
cs.Format("\r\n");	换行
ccs+=cs;	将读取内容存入 ccs
fl.Write(ccs,ccs.GetLength());	写出样条曲线的数据
}	
for(i=0;i<m_pro.m_text.GetSize();i++)	当 i 小于文本的大小时，执行以下操作
{	
text=m_pro.m_text.GetAt(i);	获取第 i 个文本
cs.Format("%.3f;%.3f;%.3f;%s\r\n", text.x,text.y,text.z,text.text);	格式化文本的 x、y、z、文本内容
ccs+=cs;	将读取内容存储在 ccs
}	

续表

代码	含义
fl.Write(ccs,ccs.GetLength());	写出文本数据
fl.Close();	关闭文件
fp.Close();	关闭文件
AfxMessageBox(ccs);	将读取的全部数据用对话框显示出来
}	
}	

思考题

1. 写出提取圆、圆弧图形元素的代码。
2. 如何提取块段中的块信息？
3. 根据所写代码如何将地形图信息提取应用到给定剖面线的剖面绘制？

第 11 章　生成 DXF 文件方法

AutoCAD 是一个功能很强的图形编辑软件，但其本身不具备强有力的计算和逻辑判断功能，而用高级语言编写的用户程序却具有很强的计算分析功能。在实际应用中，经常会遇到用户自己处理的图形数据，如何直接生成 AutoCAD 的图形数据文件，以便充分利用 AutoCAD 图形处理功能开展后续工作等问题。因此为了充分发挥 CAD 系统的作用，必须使 AutoCAD 与高级语言编写的用户程序共享 DXF 数据文件，以实现“参数化绘图”。DXF 文件的接口程序就应当具备将图形参数转换成 DXF 文件格式的数据或读取 DXF 文件中的有用信息。提取 DXF 文件中图形元素的方法已在第 10 章阐述，本章主要介绍生成 DXF 文件的方法。

AutoCAD 软件提供的 ASCII 码数据文件之一就是图形交换文件(DXF 文件)。由 10.1 节可知，DXF 文件由标题段（HEADER）、类段（CLASSES）、表段（TABLES）、块段（BLOCKS）、实体段（ENTITIES）、对象段（OBJECTS）和结束段 7 部分组成。本章以 2010 版本的 dxf 文件格式为例介绍生成 DXF 文件方法。

11.1　生成标题段

标题段内容主要为 AutoCAD 的环境变量。在生成本部分内容时，只是涉及图形元素对象的数量以及图形坐标 x、y、z 的最小最大值，其他内容直接采用系统原来设置的内容。

生成标题段时，可由 AutoCAD 新建一个图形文件，其中不绘制任何图形元素，然后另存为 dxf 文件（如 draw.dxf），在记事本中打开这个文件，复制以下内容即可：

```
0
SECTION
2
HEADER
…
0
ENDSEC//第 1 次出现
```

然后，将这部分内容直接编写成输出文件的格式，特别要注意的是，在写出图形文件时涉及图形坐标 x、y、z 的最小最大值，其相关部分是：

```
  9
$EXTMIN
 10
XXXXXX        用户根据图形坐标输入最小的 X 坐标值
 20
XXXXXX        用户根据图形坐标输入最小的 Y 坐标值
 30
```

```
XXXXXX        用户根据图形坐标输入最小的 Z 坐标值
  9
$EXTMAX
 10
XXXXXX        用户根据图形坐标输入最大的 X 坐标值
 20
XXXXXX        用户根据图形坐标输入最大的 Y 坐标值
 30
XXXXXX        用户根据图形坐标输入最大的 Z 坐标值
```

图形元素对象的数量的位置是：

```
  9
$HANDSEED
  5
XXXXXXX        十六进制的图形元素总的对象数量,包括系统占用的大约 512 个
```

这部分必须输入，否则生成的 dxf 文件在 AutoCAD 中不能正确打开，组码 5 下面的数据可写成 512+图形对象数量。用到的函数的参数含义如下：

fl 为生成的 dxf 文件指针；

n 为图形元素对象总数量；

minx 为最小 X 坐标；

miny 为最小 Y 坐标；

minz 为最小 Z 坐标；

maxx 为最大 X 坐标；

maxy 为最大 Y 坐标；

maxz 为最大 Z 坐标。

具体写成 C++函数如下：

```
void WriteDxfHeader(CFile *fl,int n,double minx,double miny,double minz,double maxx,double maxy,double maxz)
{
      CStringA cs;
      //标题段
      cs=_T("      0\r\nSECTION\r\n      2\r\nHEADER\r\n      9\r\n$ACADVER\r\n  1\r\nAC1015\r\n      9\r\n$ACADMAINTVER\r\n     70\r\n     20\r\n  9\r\n$DWGCODEPAGE\r\n  3\r\nANSI_936\r\n  9\r\n$INSBASE\r\n 10\r\n0.0\r\n 20\r\n0.0\r\n 30\r\n0.0\r\n  9\r\n");
      fl->Write(cs,cs.GetLength());

      cs.Format("$EXTMIN\r\n    10\r\n%f\r\n     20\r\n%f\r\n     30\r\n%f\r\n  9\r\n$EXTMAX\r\n           10\r\n%f\r\n           20\r\n%f\r\n  30\r\n%f\r\n",minx,miny,minz,maxx,maxy,maxz);
      fl->Write(cs,cs.GetLength());
```

```
    cs=_T("        9\r\n$LIMMIN\r\n     10\r\n0.0\r\n     20\r\n0.0\r\n
9\r\n$LIMMAX\r\n 10\r\n420.0\r\n 20\r\n297.0\r\n  9\r\n$ORTHOMODE\r\n 70\r\n
0\r\n   9\r\n$REGENMODE\r\n  70\r\n       1\r\n   9\r\n$FILLMODE\r\n  70\r\n
1\r\n   9\r\n$QTEXTMODE\r\n  70\r\n       0\r\n   9\r\n$MIRRTEXT\r\n  70\r\n
0\r\n  9\r\n$LTSCALE\r\n 40\r\n1.0\r\n  9\r\n$ATTMODE\r\n 70\r\n      1\r\n
9\r\n$TEXTSIZE\r\n   40\r\n2.5\r\n      9\r\n$TRACEWID\r\n    40\r\n1.0\r\n
9\r\n$TEXTSTYLE\r\n    7\r\nStandard\r\n     9\r\n$CLAYER\r\n    8\r\n0\r\n
9\r\n$CELTYPE\r\n    6\r\nByLayer\r\n   9\r\n$CECOLOR\r\n 62\r\n     256\r\n
9\r\n$CELTSCALE\r\n 40\r\n1.0\r\n  9\r\n$DISPSILH\r\n 70\r\n");
    fl->Write(cs,cs.GetLength());
    cs=_T("     0\r\n  9\r\n$DIMSCALE\r\n 40\r\n1.0\r\n  9\r\n$DIMASZ\r\n
40\r\n2.5\r\n      9\r\n$DIMEXO\r\n   40\r\n0.625\r\n      9\r\n$DIMDLI\r\n
40\r\n3.75\r\n       9\r\n$DIMRND\r\n    40\r\n0.0\r\n        9\r\n$DIMDLE\r\n
40\r\n0.0\r\n        9\r\n$DIMEXE\r\n    40\r\n1.25\r\n        9\r\n$DIMTP\r\n
40\r\n0.0\r\n  9\r\n$DIMTM\r\n 40\r\n0.0\r\n  9\r\n$DIMTXT\r\n 40\r\n2.5\r\n
9\r\n$DIMCEN\r\n     40\r\n2.5\r\n          9\r\n$DIMTSZ\r\n     40\r\n0.0\r\n
9\r\n$DIMTOL\r\n  70\r\n        0\r\n   9\r\n$DIMLIM\r\n  70\r\n        0\r\n
9\r\n$DIMTIH\r\n  70\r\n        0\r\n   9\r\n$DIMTOH\r\n  70\r\n        0\r\n
9\r\n$DIMSE1\r\n  70\r\n        0\r\n   9\r\n$DIMSE2\r\n  70\r\n        0\r\n
9\r\n$DIMTAD\r\n  70\r\n        1\r\n   9\r\n$DIMZIN\r\n  70\r\n        8\r\n
9\r\n$DIMBLK\r\n     1\r\n\r\n     9\r\n$DIMASO\r\n   70\r\n           1\r\n
9\r\n$DIMSHO\r\n   70\r\n           1\r\n    9\r\n$DIMPOST\r\n     1\r\n\r\n
9\r\n$DIMAPOST\r\n    1\r\n\r\n     9\r\n$DIMALT\r\n   70\r\n          0\r\n
9\r\n$DIMALTD\r\n    70\r\n                   3\r\n         9\r\n$DIMALTF\r\n
40\r\n0.03937007874016\r\n             9\r\n$DIMLFAC\r\n       40\r\n1.0\r\n
9\r\n$DIMTOFL\r\n 70\r\n");
    fl->Write(cs,cs.GetLength());
    cs=_T("      1\r\n   9\r\n$DIMTVP\r\n 40\r\n0.0\r\n   9\r\n$DIMTIX\r\n
70\r\n    0\r\n  9\r\n$DIMSOXD\r\n 70\r\n     0\r\n  9\r\n$DIMSAH\r\n 70\r\n
0\r\n     9\r\n$DIMBLK1\r\n     1\r\n\r\n      9\r\n$DIMBLK2\r\n      1\r\n\r\n
9\r\n$DIMSTYLE\r\n   2\r\nISO-25\r\n   9\r\n$DIMCLRD\r\n  70\r\n        0\r\n
9\r\n$DIMCLRE\r\n  70\r\n       0\r\n   9\r\n$DIMCLRT\r\n  70\r\n        0\r\n
9\r\n$DIMTFAC\r\n    40\r\n1.0\r\n       9\r\n$DIMGAP\r\n     40\r\n0.625\r\n
9\r\n$DIMJUST\r\n  70\r\n       0\r\n   9\r\n$DIMSD1\r\n  70\r\n        0\r\n
9\r\n$DIMSD2\r\n  70\r\n       0\r\n   9\r\n$DIMTOLJ\r\n  70\r\n        0\r\n
9\r\n$DIMTZIN\r\n  70\r\n       8\r\n   9\r\n$DIMALTZ\r\n  70\r\n        0\r\n
9\r\n$DIMALTTZ\r\n  70\r\n       0\r\n   9\r\n$DIMUPT\r\n  70\r\n        0\r\n
9\r\n$DIMDEC\r\n  70\r\n       2\r\n   9\r\n$DIMTDEC\r\n  70\r\n        2\r\n
9\r\n$DIMALTU\r\n  70\r\n       2\r\n   9\r\n$DIMALTTD\r\n  70\r\n        3\r\n
9\r\n$DIMTXSTY\r\n   7\r\nStandard\r\n   9\r\n$DIMAUNIT\r\n 70\r\n      0\r\n
9\r\n$DIMADEC\r\n  70\r\n        0\r\n   9\r\n$DIMALTRND\r\n  40\r\n0.0\r\n
9\r\n$DIMAZIN\r\n");
    fl->Write(cs,cs.GetLength());
```

```
    cs=_T("  70\r\n        0\r\n  9\r\n$DIMDSEP\r\n 70\r\n       44\r\n
9\r\n$DIMATFIT\r\n 70\r\n      3\r\n  9\r\n$DIMFRAC\r\n 70\r\n      0\r\n
9\r\n$DIMLDRBLK\r\n   1\r\n\r\n   9\r\n$DIMLUNIT\r\n 70\r\n       2\r\n
9\r\n$DIMLWD\r\n     70\r\n-2\r\n          9\r\n$DIMLWE\r\n     70\r\n-2\r\n
9\r\n$DIMTMOVE\r\n 70\r\n       0\r\n   9\r\n$LUNITS\r\n 70\r\n       2\r\n
9\r\n$LUPREC\r\n  70\r\n         4\r\n    9\r\n$SKETCHINC\r\n  40\r\n1.0\r\n
9\r\n$FILLETRAD\r\n  40\r\n0.0\r\n    9\r\n$AUNITS\r\n  70\r\n        0\r\n
9\r\n$AUPREC\r\n   70\r\n            4\r\n      9\r\n$MENU\r\n     1\r\n.\r\n
9\r\n$ELEVATION\r\n   40\r\n0.0\r\n     9\r\n$PELEVATION\r\n   40\r\n0.0\r\n
9\r\n$THICKNESS\r\n  40\r\n0.0\r\n   9\r\n$LIMCHECK\r\n  70\r\n        0\r\n
9\r\n$CHAMFERA\r\n    40\r\n0.0\r\n      9\r\n$CHAMFERB\r\n    40\r\n0.0\r\n
9\r\n$CHAMFERC\r\n    40\r\n0.0\r\n      9\r\n$CHAMFERD\r\n    40\r\n0.0\r\n
9\r\n$SKPOLY\r\n    70\r\n                 0\r\n        9\r\n$TDCREATE\r\n
40\r\n2456644.844744826\r\n                              9\r\n$TDUCREATE\r\n
40\r\n2456644.511411493\r\n  9\r\n$TDUPDATE\r\n 40\r\n2456644.847238496\r\n
9\r\n$TDUUPDATE\r\n");
    fl->Write(cs,cs.GetLength());
    cs=_T("     40\r\n2456644.513905162\r\n            9\r\n$TDINDWG\r\n
40\r\n0.0024942130\r\n       9\r\n$TDUSRTIMER\r\n    40\r\n0.0024940278\r\n
9\r\n$USRTIMER\r\n  70\r\n        1\r\n    9\r\n$ANGBASE\r\n   50\r\n0.0\r\n
9\r\n$ANGDIR\r\n  70\r\n       0\r\n   9\r\n$PDMODE\r\n  70\r\n       0\r\n
9\r\n$PDSIZE\r\n    40\r\n0.0\r\n       9\r\n$PLINEWID\r\n    40\r\n0.0\r\n
9\r\n$SPLFRAME\r\n 70\r\n      0\r\n  9\r\n$SPLINETYPE\r\n 70\r\n      6\r\n
9\r\n$SPLINESEGS\r\n 70\r\n     8\r\n  9\r\n");
    fl->Write(cs,cs.GetLength());

    cs.Format("$HANDSEED\r\n  5\r\n%X\r\n",n+465);
    fl->Write(cs,cs.GetLength());

    cs=_T("  9\r\n$SURFTAB1\r\n 70\r\n     6\r\n  9\r\n$SURFTAB2\r\n 70\r\n
6\r\n  9\r\n$SURFTYPE\r\n 70\r\n     6\r\n  9\r\n$SURFU\r\n 70\r\n      6\r\n
9\r\n$SURFV\r\n   70\r\n           6\r\n      9\r\n$UCSBASE\r\n     2\r\n\r\n
9\r\n$UCSNAME\r\n  2\r\n\r\n  9\r\n$UCSORG\r\n 10\r\n0.0\r\n 20\r\n0.0\r\n
30\r\n0.0\r\n  9\r\n$UCSXDIR\r\n 10\r\n1.0\r\n 20\r\n0.0\r\n 30\r\n0.0\r\n
9\r\n$UCSYDIR\r\n       10\r\n0.0\r\n       20\r\n1.0\r\n       30\r\n0.0\r\n
9\r\n$UCSORTHOREF\r\n  2\r\n\r\n  9\r\n$UCSORTHOVIEW\r\n 70\r\n      0\r\n
9\r\n$UCSORGTOP\r\n 10\r\n0.0\r\n 20\r\n0.0\r\n");
    fl->Write(cs,cs.GetLength());
    cs=_T("   30\r\n0.0\r\n        9\r\n$UCSORGBOTTOM\r\n    10\r\n0.0\r\n
20\r\n0.0\r\n    30\r\n0.0\r\n        9\r\n$UCSORGLEFT\r\n    10\r\n0.0\r\n
20\r\n0.0\r\n    30\r\n0.0\r\n       9\r\n$UCSORGRIGHT\r\n    10\r\n0.0\r\n
20\r\n0.0\r\n    30\r\n0.0\r\n       9\r\n$UCSORGFRONT\r\n    10\r\n0.0\r\n
20\r\n0.0\r\n    30\r\n0.0\r\n        9\r\n$UCSORGBACK\r\n    10\r\n0.0\r\n
```

```
20\r\n0.0\r\n    30\r\n0.0\r\n        9\r\n$PUCSBASE\r\n        2\r\n\r\n
9\r\n$PUCSNAME\r\n  2\r\n\r\n  9\r\n$PUCSORG\r\n 10\r\n0.0\r\n 20\r\n0.0\r\n
30\r\n0.0\r\n  9\r\n$PUCSXDIR\r\n 10\r\n1.0\r\n 20\r\n0.0\r\n 30\r\n0.0\r\n
9\r\n$PUCSYDIR\r\n      10\r\n0.0\r\n      20\r\n1.0\r\n      30\r\n0.0\r\n
9\r\n$PUCSORTHOREF\r\n  2\r\n\r\n  9\r\n$PUCSORTHOVIEW\r\n 70\r\n     0\r\n
9\r\n$PUCSORGTOP\r\n     10\r\n0.0\r\n     20\r\n0.0\r\n     30\r\n0.0\r\n
9\r\n$PUCSORGBOTTOM\r\n    10\r\n0.0\r\n    20\r\n0.0\r\n    30\r\n0.0\r\n
9\r\n$PUCSORGLEFT\r\n     10\r\n0.0\r\n     20\r\n0.0\r\n     30\r\n0.0\r\n
9\r\n$PUCSORGRIGHT\r\n    10\r\n0.0\r\n    20\r\n0.0\r\n    30\r\n0.0\r\n
9\r\n$PUCSORGFRONT\r\n    10\r\n0.0\r\n    20\r\n0.0\r\n    30\r\n0.0\r\n
9\r\n$PUCSORGBACK\r\n");
      fl->Write(cs,cs.GetLength());
      cs=_T(" 10\r\n0.0\r\n 20\r\n0.0\r\n 30\r\n0.0\r\n  9\r\n$USERI1\r\n
70\r\n    0\r\n  9\r\n$USERI2\r\n 70\r\n    0\r\n  9\r\n$USERI3\r\n 70\r\n
0\r\n  9\r\n$USERI4\r\n 70\r\n    0\r\n  9\r\n$USERI5\r\n 70\r\n    0\r\n
9\r\n$USERR1\r\n    40\r\n0.0\r\n        9\r\n$USERR2\r\n    40\r\n0.0\r\n
9\r\n$USERR3\r\n    40\r\n0.0\r\n        9\r\n$USERR4\r\n    40\r\n0.0\r\n
9\r\n$USERR5\r\n  40\r\n0.0\r\n    9\r\n$WORLDVIEW\r\n  70\r\n        1\r\n
9\r\n$SHADEDGE\r\n  70\r\n     3\r\n   9\r\n$SHADEDIF\r\n  70\r\n    70\r\n
9\r\n$TILEMODE\r\n  70\r\n     1\r\n   9\r\n$MAXACTVP\r\n  70\r\n    64\r\n
9\r\n$PINSBASE\r\n      10\r\n0.0\r\n      20\r\n0.0\r\n      30\r\n0.0\r\n
9\r\n$PLIMCHECK\r\n  70\r\n        0\r\n   9\r\n$PEXTMIN\r\n 10\r\n0.0\r\n
20\r\n0.0\r\n 30\r\n0.0\r\n  9\r\n$PEXTMAX\r\n 10\r\n0.0\r\n 20\r\n0.0\r\n
30\r\n0.0\r\n        9\r\n$PLIMMIN\r\n     10\r\n0.0\r\n     20\r\n0.0\r\n
9\r\n$PLIMMAX\r\n 10\r\n12.0\r\n 20\r\n9.0\r\n  9\r\n$UNITMODE\r\n 70\r\n
0\r\n   9\r\n$VISRETAIN\r\n 70\r\n      1\r\n   9\r\n$PLINEGEN\r\n 70\r\n
0\r\n  9\r\n$PSLTSCALE\r\n");
      fl->Write(cs,cs.GetLength());
      cs=_T(" 70\r\n       1\r\n   9\r\n$TREEDEPTH\r\n 70\r\n   3020\r\n
9\r\n$CMLSTYLE\r\n  2\r\nStandard\r\n  9\r\n$CMLJUST\r\n 70\r\n     0\r\n
9\r\n$CMLSCALE\r\n 40\r\n20.0\r\n  9\r\n$PROXYGRAPHICS\r\n 70\r\n     1\r\n
9\r\n$MEASUREMENT\r\n  70\r\n      1\r\n   9\r\n$CELWEIGHT\r\n370\r\n-1\r\n
9\r\n$ENDCAPS\r\n280\r\n      0\r\n   9\r\n$JOINSTYLE\r\n280\r\n      0\r\n
9\r\n$LWDISPLAY\r\n290\r\n      0\r\n   9\r\n$INSUNITS\r\n  70\r\n     4\r\n
9\r\n$HYPERLINKBASE\r\n    1\r\n\r\n     9\r\n$STYLESHEET\r\n     1\r\n\r\n
9\r\n$XEDIT\r\n290\r\n        1\r\n   9\r\n$CEPSNTYPE\r\n380\r\n       0\r\n
9\r\n$PSTYLEMODE\r\n290\r\n           1\r\n      9\r\n$FINGERPRINTGUID\r\n
2\r\n{E796E1A6-B0B0-4100-8B76-861DE1ACF2EE}\r\n       9\r\n$VERSIONGUID\r\n
2\r\n{ED8DF120-D60D-4CC9-A65B-02546A4E75C3}\r\n   9\r\n$EXTNAMES\r\n290\r\n
1\r\n     9\r\n$PSVPSCALE\r\n  40\r\n0.0\r\n     9\r\n$OLESTARTUP\r\n290\r\n
0\r\n  0\r\nENDSEC\r\n");
      fl->Write(cs,cs.GetLength());
    }
```

11.2 生成类段

在记事本中打开前述 draw.dxf 文件，复制以下内容即可：

```
0
SECTION
2
CLASSES
…
0
ENDSEC          第 2 次出现的位置
```

将这部分内容直接编写成输出文件的格式就可以了。具体的 C++函数如下：

```
void WriteDxfClasses(CFile *fl)
{
      CStringA cs;
      //类段
      cs=_T("    0\r\nSECTION\r\n    2\r\nCLASSES\r\n    0\r\nCLASS\r\n
1\r\nACDBDICTIONARYWDFLT\r\n          2\r\nAcDbDictionaryWithDefault\r\n
3\r\nObjectDBX Classes\r\n 90\r\n        0\r\n280\r\n      0\r\n281\r\n
0\r\n  0\r\nCLASS\r\n  1\r\nACDBPLACEHOLDER\r\n  2\r\nAcDbPlaceHolder\r\n
3\r\nObjectDBX Classes\r\n 90\r\n        0\r\n280\r\n      0\r\n281\r\n
0\r\n  0\r\nCLASS\r\n  1\r\nLAYOUT\r\n  2\r\nAcDbLayout\r\n  3\r\nObjectDBX
Classes\r\n  90\r\n         0\r\n280\r\n      0\r\n281\r\n      0\r\n
0\r\nCLASS\r\n     1\r\nDICTIONARYVAR\r\n     2\r\nAcDbDictionaryVar\r\n
3\r\nObjectDBX Classes\r\n 90\r\n        0\r\n280\r\n      0\r\n281\r\n
0\r\n   0\r\nCLASS\r\n    1\r\nTABLESTYLE\r\n    2\r\nAcDbTableStyle\r\n
3\r\nObjectDBX Classes\r\n 90\r\n     4095\r\n280\r\n      0\r\n281\r\n
0\r\n    0\r\nCLASS\r\n    1\r\nMATERIAL\r\n     2\r\nAcDbMaterial\r\n
3\r\nObjectDBX Classes\r\n 90\r\n     1153\r\n280\r\n      0\r\n281\r\n
0\r\n   0\r\nCLASS\r\n   1\r\nVISUALSTYLE\r\n   2\r\nAcDbVisualStyle\r\n
3\r\nObjectDBX Classes\r\n 90\r\n ");
      fl->Write(cs,cs.GetLength());
      cs=_T("    4095\r\n280\r\n    0\r\n281\r\n    0\r\n  0\r\nCLASS\r\n
1\r\nSCALE\r\n    2\r\nAcDbScale\r\n    3\r\nObjectDBX  Classes\r\n  90\r\n
1153\r\n280\r\n           0\r\n281\r\n           0\r\n    0\r\nCLASS\r\n
1\r\nMLEADERSTYLE\r\n                          2\r\nAcDbMLeaderStyle\r\n
3\r\nACDB_MLEADERSTYLE_CLASS\r\n 90\r\n    4095\r\n280\r\n     0\r\n281\r\n
0\r\n   0\r\nCLASS\r\n   1\r\nCELLSTYLEMAP\r\n   2\r\nAcDbCellStyleMap\r\n
3\r\nObjectDBX Classes\r\n 90\r\n     1152\r\n280\r\n      0\r\n281\r\n
0\r\n  0\r\nENDSEC\r\n");
      fl->Write(cs,cs.GetLength());
    }
```

11.3 生成表段

在记事本中打开前述 draw.dxf 文件，复制以下内容即可：

```
0
SECTION
2
TABLES
…
0
ENDSEC          第 3 次出现的位置
```

将这部分内容直接编写成输出文件的格式就可以了。具体的 C++函数如下：

```
void WriteDxfTables(CFile *fl)
{
      CStringA cs;
      //表段
      cs=_T("      0\r\nSECTION\r\n      2\r\nTABLES\r\n      0\r\nTABLE\r\n
2\r\nVPORT\r\n     5\r\n8\r\n330\r\n0\r\n100\r\nAcDbSymbolTable\r\n  70\r\n
1\r\n                                                      0\r\nVPORT\r\n
5\r\nEA\r\n330\r\n8\r\n100\r\nAcDbSymbolTableRecord\r\n100\r\nAcDbViewport
TableRecord\r\n    2\r\n*Active\r\n  70\r\n           0\r\n  10\r\n0.0\r\n
20\r\n0.0\r\n 11\r\n1.0\r\n 21\r\n1.0\r\n 12\r\n");
      fl->Write(cs,cs.GetLength());

      cs.Format("%f\r\n 22\r\n%f\r\n",(maxx+minx)*0.5,(maxy+miny)*0.5);
      fl->Write(cs,cs.GetLength());

      cs=_T("  13\r\n0.0\r\n  23\r\n0.0\r\n  14\r\n10.0\r\n  24\r\n10.0\r\n
15\r\n10.0\r\n 25\r\n10.0\r\n 16\r\n0.0\r\n 26\r\n0.0\r\n 36\r\n1.0\r\n ");
      fl->Write(cs,cs.GetLength());

      cs=_T(" 17\r\n0.0\r\n 27\r\n0.0\r\n 37\r\n0.0\r\n 40\r\n");
      fl->Write(cs,cs.GetLength());

      double vz=maxy-miny+12.0;
      if(maxx-minx>(2.2669*(maxy-miny)))
        vz=0.5*(maxx-minx-2.2669*(maxy-miny))+maxy-miny;
      cs.Format("%f\r\n",vz);
      fl->Write(cs,cs.GetLength());

      cs=_T("  41\r\n2.266917293233082\r\n  42\r\n50.0\r\n  43\r\n0.0\r\n
44\r\n0.0\r\n 50\r\n0.0\r\n 51\r\n0.0\r\n 71\r\n     0\r\n 72\r\n  1000\r\n
73\r\n     1\r\n 74\r\n     3\r\n 75\r\n     0\r\n 76\r\n     0\r\n 77\r\n
0\r\n   78\r\n                0\r\n281\r\n                0\r\n   65\r\n
```

```
1\r\n110\r\n0.0\r\n120\r\n0.0\r\n130\r\n0.0\r\n111\r\n1.0\r\n121\r\n0.0\r\
n131\r\n0.0\r\n112\r\n0.0\r\n122\r\n1.0\r\n132\r\n0.0\r\n          79\r\n
0\r\n146\r\n0.0\r\n    0\r\nENDTAB\r\n    0\r\nTABLE\r\n    2\r\nLTYPE\r\n
5\r\n5\r\n330\r\n0\r\n100\r\nAcDbSymbolTable\r\n  70\r\n          5\r\n
0\r\nLTYPE\r\n
5\r\n14\r\n330\r\n5\r\n100\r\nAcDbSymbolTableRecord\r\n100\r\nAcDbLinetype
TableRecord\r\n   2\r\nByBlock\r\n  70\r\n        0\r\n   3\r\n\r\n  72\r\n
65\r\n   73\r\n                 0\r\n   40\r\n0.0\r\n      0\r\nLTYPE\r\n
5\r\n15\r\n330\r\n5\r\n100\r\nAcDbSymbolTableRecord\r\n100\r\nAcDbLinetype
TableRecord\r\n   2\r\nByLayer\r\n  70\r\n        0\r\n   3\r\n\r\n  72\r\n
65\r\n 73\r\n    0\r\n 40\r\n0.0\r\n  0\r\n");
      fl->Write(cs,cs.GetLength());
      cs=_T("LTYPE\r\n
5\r\n16\r\n330\r\n5\r\n100\r\nAcDbSymbolTableRecord\r\n100\r\nAcDbLinetype
TableRecord\r\n  2\r\nContinuous\r\n 70\r\n     0\r\n  3\r\nSolid line\r\n
72\r\n       65\r\n  73\r\n         0\r\n  40\r\n0.0\r\n     0\r\nLTYPE\r\n
5\r\n1B4\r\n330\r\n5\r\n100\r\nAcDbSymbolTableRecord\r\n100\r\nAcDbLinetyp
eTableRecord\r\n  2\r\nCENTER\r\n 70\r\n     0\r\n  3\r\nCenter ____ _ ____ _
____ _ ____ _ ____ _ ____\r\n 72\r\n    65\r\n 73\r\n     4\r\n 40\r\n50.8\r\n
49\r\n31.75\r\n  74\r\n         0\r\n  49\r\n-6.349999999999999\r\n  74\r\n
0\r\n     49\r\n6.349999999999999\r\n     74\r\n                 0\r\n
49\r\n-6.349999999999999\r\n   74\r\n             0\r\n      0\r\nLTYPE\r\n
5\r\n1B5\r\n330\r\n5\r\n100\r\nAcDbSymbolTableRecord\r\n100\r\nAcDbLinetyp
eTableRecord\r\n  2\r\nDASHDOT\r\n 70\r\n     0\r\n  3\r\nDash dot __ . __ . __ .
__ . __ . __ . __ . __\r\n 72\r\n    65\r\n 73\r\n     4\r\n 40\r\n25.4\r\n
49\r\n12.7\r\n 74\r\n     0\r\n 49\r\n-6.349999999999999\r\n 74\r\n     0\r\n
49\r\n0.0\r\n 74\r\n     0\r\n 49\r\n-6.349999999999999\r\n 74\r\n");
      fl->Write(cs,cs.GetLength());
      cs=_T("                        0\r\n            0\r\nLTYPE\r\n
5\r\n1B6\r\n330\r\n5\r\n100\r\nAcDbSymbolTableRecord\r\n100\r\nAcDbLinetyp
eTableRecord\r\n  2\r\nDIVIDE\r\n 70\r\n     0\r\n  3\r\nDivide ____ . . ____ . .
____ . . ____ . . ____\r\n 72\r\n    65\r\n 73\r\n     6\r\n 40\r\n31.75\r\n
49\r\n12.7\r\n 74\r\n     0\r\n 49\r\n-6.349999999999999\r\n 74\r\n     0\r\n
49\r\n0.0\r\n 74\r\n     0\r\n 49\r\n-6.349999999999999\r\n 74\r\n     0\r\n
49\r\n0.0\r\n 74\r\n     0\r\n 49\r\n-6.349999999999999\r\n 74\r\n     0\r\n
0\r\nLTYPE\r\n
5\r\n1B7\r\n330\r\n5\r\n100\r\nAcDbSymbolTableRecord\r\n100\r\nAcDbLinetyp
eTableRecord\r\n        2\r\nDOT\r\n     70\r\n                  0\r\n
3\r\nDot . . . . . . . . . . . . . . . . . . . . . . . .\r\n 72\r\n    65\r\n
73\r\n     2\r\n 40\r\n6.349999999999999\r\n 49\r\n0.0\r\n 74\r\n     0\r\n
49\r\n-6.349999999999999\r\n   74\r\n             0\r\n      0\r\nENDTAB\r\n
0\r\nTABLE\r\n                                          2\r\nLAYER\r\n
5\r\n2\r\n330\r\n0\r\n100\r\nAcDbSymbolTable\r\n  70\r\n          1\r\n
```

```
0\r\nLAYER\r\n  5\r\n10\r\n102\r\n{ACAD_XDICTIONARY\r\n360\r\n13C\r\n ");
      fl->Write(cs,cs.GetLength());
      cs=_T("102\r\n}\r\n330\r\n2\r\n100\r\nAcDbSymbolTableRecord\r\n100\r
\nAcDbLayerTableRecord\r\n  2\r\n0\r\n 70\r\n     0\r\n 62\r\n     7\r\n
6\r\nContinuous\r\n370\r\n-3\r\n390\r\nF\r\n                0\r\nENDTAB\r\n
0\r\nTABLE\r\n                                              2\r\nSTYLE\r\n
5\r\n3\r\n330\r\n0\r\n100\r\nAcDbSymbolTable\r\n  70\r\n           3\r\n
0\r\nSTYLE\r\n
5\r\n11\r\n330\r\n3\r\n100\r\nAcDbSymbolTableRecord\r\n100\r\nAcDbTextStyl
eTableRecord\r\n   2\r\nStandard\r\n  70\r\n        0\r\n  40\r\n0.0\r\n
41\r\n1.0\r\n 50\r\n0.0\r\n 71\r\n     0\r\n 42\r\n2.5\r\n  3\r\ntxt\r\n
4\r\ngbcbig.shx\r\n                                          0\r\nSTYLE\r\n
5\r\n132\r\n330\r\n3\r\n100\r\nAcDbSymbolTableRecord\r\n100\r\nAcDbTextSty
leTableRecord\r\n   2\r\nAnnotative\r\n  70\r\n       0\r\n  40\r\n0.0\r\n
41\r\n1.0\r\n 50\r\n0.0\r\n 71\r\n    0\r\n 42\r\n2.5\r\n  3\r\ntxt.shx\r\n
4\r\ngbcbig.shx\r\n1001\r\nAcadAnnotative\r\n1000\r\nAnnotativeData\r\n100
2\r\n{\r\n1070\r\n     1\r\n1070\r\n     1\r\n1002\r\n}\r\n  0\r\nSTYLE\r\n
5\r\n1B3\r\n330\r\n3\r\n100\r\nAcDbSymbolTableRecord\r\n100\r\n");
      fl->Write(cs,cs.GetLength());
      cs=_T("AcDbTextStyleTableRecord\r\n   2\r\n\r\n  70\r\n        1\r\n
40\r\n0.0\r\n 41\r\n1.0\r\n 50\r\n0.0\r\n 71\r\n       0\r\n 42\r\n2.5\r\n
3\r\nltypeshp.shx\r\n     4\r\n\r\n      0\r\nENDTAB\r\n      0\r\nTABLE\r\n
2\r\nVIEW\r\n     5\r\n6\r\n330\r\n0\r\n100\r\nAcDbSymbolTable\r\n  70\r\n
0\r\n         0\r\nENDTAB\r\n           0\r\nTABLE\r\n          2\r\nUCS\r\n
5\r\n7\r\n330\r\n0\r\n100\r\nAcDbSymbolTable\r\n  70\r\n           0\r\n
0\r\nENDTAB\r\n                0\r\nTABLE\r\n                2\r\nAPPID\r\n
5\r\n9\r\n330\r\n0\r\n100\r\nAcDbSymbolTable\r\n  70\r\n           7\r\n
0\r\nAPPID\r\n
5\r\n12\r\n330\r\n9\r\n100\r\nAcDbSymbolTableRecord\r\n100\r\nAcDbRegAppTa
bleRecord\r\n    2\r\nACAD\r\n  70\r\n           0\r\n    0\r\nAPPID\r\n
5\r\n9E\r\n330\r\n9\r\n100\r\nAcDbSymbolTableRecord\r\n100\r\nAcDbRegAppTa
bleRecord\r\n   2\r\nACAD_PSEXT\r\n  70\r\n       0\r\n    0\r\nAPPID\r\n
5\r\n133\r\n330\r\n9\r\n100\r\nAcDbSymbolTableRecord\r\n100\r\nAcDbRegAppT
ableRecord\r\n   2\r\nAcadAnnoPO\r\n  70\r\n       0\r\n    0\r\nAPPID\r\n
5\r\n134\r\n330\r\n9\r\n100\r\nAcDbSymbolTableRecord\r\n100\r\n");
      fl->Write(cs,cs.GetLength());
      cs=_T("AcDbRegAppTableRecord\r\n     2\r\nAcadAnnotative\r\n  70\r\n
0\r\n                                                    0\r\nAPPID\r\n
5\r\n135\r\n330\r\n9\r\n100\r\nAcDbSymbolTableRecord\r\n100\r\nAcDbRegAppT
ableRecord\r\n  2\r\nACAD_DSTYLE_DIMJAG\r\n 70\r\n     0\r\n  0\r\nAPPID\r\n
5\r\n136\r\n330\r\n9\r\n100\r\nAcDbSymbolTableRecord\r\n100\r\nAcDbRegAppT
ableRecord\r\n     2\r\nACAD_DSTYLE_DIMTALN\r\n  70\r\n           0\r\n
0\r\nAPPID\r\n
```

```
5\r\n165\r\n330\r\n9\r\n100\r\nAcDbSymbolTableRecord\r\n100\r\nAcDbRegAppT
ableRecord\r\n  2\r\nACAD_MLEADERVER\r\n 70\r\n      0\r\n  0\r\nENDTAB\r\n
0\r\nTABLE\r\n                                                   2\r\nDIMSTYLE\r\n
5\r\nA\r\n330\r\n0\r\n100\r\nAcDbSymbolTable\r\n                          70\r\n
2\r\n100\r\nAcDbDimStyleTable\r\n                                        71\r\n
2\r\n340\r\n27\r\n340\r\n137\r\n
0\r\nDIMSTYLE\r\n105\r\n27\r\n330\r\nA\r\n100\r\nAcDbSymbolTableRecord\r\n
100\r\nAcDbDimStyleTableRecord\r\n    2\r\nISO-25\r\n  70\r\n          0\r\n
41\r\n2.5\r\n 42\r\n0.625\r\n 43\r\n3.75\r\n 44\r\n1.25\r\n 73\r\n    0\r\n
74\r\n                 0\r\n    77\r\n                 1\r\n    78\r\n
8\r\n140\r\n2.5\r\n141\r\n2.5\r\n143\r\n ");
     fl->Write(cs,cs.GetLength());
     cs=_T("0.03937007874016\r\n147\r\n0.625\r\n171\r\n       3\r\n172\r\n
1\r\n271\r\n         2\r\n272\r\n          2\r\n274\r\n         3\r\n278\r\n
44\r\n283\r\n                0\r\n284\r\n                 8\r\n340\r\n11\r\n
0\r\nDIMSTYLE\r\n105\r\n137\r\n330\r\nA\r\n100\r\nAcDbSymbolTableRecord\r\
n100\r\nAcDbDimStyleTableRecord\r\n  2\r\nAnnotative\r\n 70\r\n      0\r\n
40\r\n0.0\r\n  41\r\n2.5\r\n  42\r\n0.625\r\n  43\r\n3.75\r\n  44\r\n1.25\r\n
73\r\n          0\r\n  74\r\n          0\r\n  77\r\n          1\r\n  78\r\n
8\r\n140\r\n2.5\r\n141\r\n2.5\r\n143\r\n0.03937007874016\r\n147\r\n0.625\r
\n171\r\n    3\r\n172\r\n    1\r\n271\r\n    2\r\n272\r\n    2\r\n274\r\n
3\r\n278\r\n                44\r\n283\r\n                 0\r\n284\r\n
8\r\n340\r\n11\r\n1001\r\nAcadAnnotative\r\n1000\r\nAnnotativeData\r\n1002
\r\n{\r\n1070\r\n                                             1\r\n1070\r\n
1\r\n1002\r\n}\r\n1001\r\nACAD_DSTYLE_DIMJAG\r\n1070\r\n
388\r\n1040\r\n1.5\r\n1001\r\nACAD_DSTYLE_DIMTALN\r\n1070\r\n
392\r\n1070\r\n               0\r\n      0\r\nENDTAB\r\n      0\r\nTABLE\r\n
2\r\nBLOCK_RECORD\r\n  5\r\n1\r\n330\r\n0\r\n");
     fl->Write(cs,cs.GetLength());
     cs=_T("100\r\nAcDbSymbolTable\r\n     70\r\n                     1\r\n
0\r\nBLOCK_RECORD\r\n
5\r\n1F\r\n330\r\n1\r\n100\r\nAcDbSymbolTableRecord\r\n100\r\nAcDbBlockTab
leRecord\r\n    2\r\n*Model_Space\r\n340\r\n22\r\n     0\r\nBLOCK_RECORD\r\n
5\r\nD2\r\n330\r\n1\r\n100\r\nAcDbSymbolTableRecord\r\n100\r\nAcDbBlockTab
leRecord\r\n    2\r\n*Paper_Space\r\n340\r\nD3\r\n     0\r\nBLOCK_RECORD\r\n
5\r\nD6\r\n330\r\n1\r\n100\r\nAcDbSymbolTableRecord\r\n100\r\nAcDbBlockTab
leRecord\r\n      2\r\n*Paper_Space0\r\n340\r\nD7\r\n       0\r\nENDTAB\r\n
0\r\nENDSEC\r\n");
     fl->Write(cs,cs.GetLength());
   }
```

11.4 生 成 块 段

在记事本中打开前述 draw.dxf 文件，复制以下内容即可：

```
0
SECTION
2
BLOCKS
…
0
ENDSEC          第 4 次出现的位置
```

将这部分内容直接编写成输出文件的格式就可以了。具体的C++函数如下：

```
void WriteDxfBlocks(CFile *fl)
{
    CStringA cs;
    //块段
    cs=_T("    0\r\nSECTION\r\n    2\r\nBLOCKS\r\n    0\r\nBLOCK\r\n
5\r\n20\r\n330\r\n1F\r\n100\r\nAcDbEntity\r\n
8\r\n0\r\n100\r\nAcDbBlockBegin\r\n  2\r\n*Model_Space\r\n 70\r\n    0\r\n
10\r\n0.0\r\n 20\r\n0.0\r\n 30\r\n0.0\r\n  3\r\n*Model_Space\r\n  1\r\n\r\n
0\r\nENDBLK\r\n           5\r\n21\r\n330\r\n1F\r\n100\r\nAcDbEntity\r\n
8\r\n0\r\n100\r\nAcDbBlockEnd\r\n                      0\r\nBLOCK\r\n
5\r\nD4\r\n330\r\nD2\r\n100\r\nAcDbEntity\r\n   67\r\n          1\r\n
8\r\n0\r\n100\r\nAcDbBlockBegin\r\n  2\r\n*Paper_Space\r\n 70\r\n");
    fl->Write(cs,cs.GetLength());
    cs=_T("        0\r\n  10\r\n0.0\r\n  20\r\n0.0\r\n  30\r\n0.0\r\n
3\r\n*Paper_Space\r\n           1\r\n\r\n            0\r\nENDBLK\r\n
5\r\nD5\r\n330\r\nD2\r\n100\r\nAcDbEntity\r\n   67\r\n          1\r\n
8\r\n0\r\n100\r\nAcDbBlockEnd\r\n                      0\r\nBLOCK\r\n
5\r\nD8\r\n330\r\nD6\r\n100\r\nAcDbEntity\r\n   67\r\n          1\r\n
8\r\n0\r\n100\r\nAcDbBlockBegin\r\n  2\r\n*Paper_Space0\r\n 70\r\n    0\r\n
10\r\n0.0\r\n 20\r\n0.0\r\n 30\r\n0.0\r\n  3\r\n*Paper_Space0\r\n  1\r\n\r\n
0\r\nENDBLK\r\n     5\r\nD9\r\n330\r\nD6\r\n100\r\nAcDbEntity\r\n   67\r\n
1\r\n  8\r\n0\r\n100\r\nAcDbBlockEnd\r\n  0\r\nENDSEC\r\n");
    fl->Write(cs,cs.GetLength());
}
```

11.5　生成实体段

生成 dxf 文件最核心的部分就是生成实体段，AutoCAD 的图形元素类型较多，本节主要介绍点、直线、多段线、文字注记四个图形元素绘制的 dxf 格式文件，包括实体段的开始和结束。

1. 实体段开始部分

实体段开始部分格式如下：

```
0
SECTION
2
```

ENTITIES

具体的 C++函数如下：

```
void WriteDxfEntitiesStart(CFile *fl)//实体段开始
{
      CStringA cs;
      cs=_T("  0\r\nSECTION\r\n  2\r\nENTITIES\r\n");
      fl->Write(cs,cs.GetLength());
   }
```

2. 生成点

点的格式如下：

组码	含义
0	标志一个事物的开始
POINT	表示该组码描述的对象为点
5	句柄
XXXX	点的句柄值,即输入序号,十六进制格式
330	指向所有者词典的软键指针标识符/句柄
1F	
100	子类标记
AcDbEntity	
8	表示图层
XXXX	需要输入图层名
62	表示颜色
XXXX	需要输入颜色索引值
100	子类标记
AcDbPoint	
10	X 坐标
XXXX	需要输入 X 坐标值
20	Y 坐标
XXXX	需要输入 Y 坐标值
30	Z 坐标
XXXX	需要输入 Z 坐标值

上述格式中，凡是 XXXX 部分都是需要输入的内容，其他均为固定内容，不需要改变。用到的函数的参数含义如下：

fl 为生成的 dxf 文件指针；

id 为点的总图形元素对象序号；

layer 为点所在的图层名；

color 为点的颜色索引值；

x，y，z 为点的坐标。

具体的 C++函数如下：

```
void WriteDxfPoint(CFile *fl,int id,CStringA layer,int color,double x,double
y,double z)
```

```
{
      CStringA cs;
      cs.Format(" 0\r\nPOINT\r\n  5\r\n%X\r\n330\r\n1F\r\n100\r\nAcDbEntity\
r\n",id+461);
      fl->Write(cs,cs.GetLength());
      cs.Format("   8\r\n%s\r\n  62\r\n%6d\r\n100\r\nAcDbPoint\r\n",layer,
color);
      fl->Write(cs,cs.GetLength());
      cs.Format(" 10\r\n%f\r\n 20\r\n%f\r\n 30\r\n%f\r\n",x,y,z);
      fl->Write(cs,cs.GetLength());
    }
```

3. 生成直线

直线的格式如下：

组码	含义
0	标志一个事物的开始
LINE	表示该段描述的是直线
5	句柄
XXXX	直线的 handle，即输入对象的总序号，十六进制格式
330	指向所有者词典的软键指针标识符/句柄
1F	
100	子类标记
AcDbEntity	
8	表示图层
XXXX	需要输入图层名
6	表示线型
XXXX	需要输入绘制直线线型名，如 Continuous
62	表示颜色
XXXX	需要输入颜色索引值
370	表示直线线宽
XXXX	需要输入以毫米为单位乘以 100 的数值
100	子类标记
AcDbLine	
10	X_1 值
XXXX	需要输入 X_1 坐标值
20	Y_1 值
XXXX	需要输入 Y_1 坐标值
30	Z_1 值
XXXX	需要输入 Z_1 坐标值
11	X_2 值
XXXX	需要输入 X_2 坐标值
21	Y_2 值
XXXX	需要输入 Y_2 坐标值
31	Z_2 值

XXXX 需要输入 Z_2 坐标值

上述格式中，凡是 XXXX 部分均是需要输入的内容，其他均为固定内容，不需要改变。用到的函数的参数含义如下：

fl 为生成的 dxf 文件指针；

id 为直线段的总图形元素对象序号；

layer 为直线段所在的图层名；

color 为直线段的颜色索引值；

linewidth 为绘制直线段的线宽，以毫米为单位乘以 100 的数值；

linetype 为绘制直线段的线型；

x1，y1，z1 为直线段起点的坐标；

x2，y2，z2 为直线段终点的坐标。

具体的 C++函数如下：

```
void WriteDxfLine(CFile *fl,int id,CStringA layer,int color,int linewidth,
CStringA linetype,double x1,double y1,double z1,double x2,double y2,double z2)
{
     CStringA cs;
     cs.Format("  0\r\nLINE\r\n  5\r\n%X\r\n330\r\n1F\r\n100\r\nAcDbEntity\
r\n",id+461);
     fl->Write(cs,cs.GetLength());
     cs.Format("  8\r\n%s\r\n  6\r\n%s\r\n 62\r\n%6d\r\n370\r\n%6d\r\
n100\r\nAcDbLine\r\n",layer,linetype,color,linewidth);
     fl->Write(cs,cs.GetLength());
     cs.Format(" 10\r\n%f\r\n 20\r\n%f\r\n 30\r\n%f\r\n 11\r\n%f\r\n
21\r\n%f\r\n 31\r\n%f\r\n",x1,y1,z1,x2,y2,z2);
     fl->Write(cs,cs.GetLength());
}
```

4. 生成多段线

多段线的格式如下：

组码	含义
0	标志一个事物的开始
LWPOLYLINE	表示该段描述的是多段线或矩形或正多边形
5	句柄
XXXX	多段线的 handle，即输入对象的总序号，十六进制格式
330	指向所有者词典的软键指针标识符/句柄
1F	
100	子类标记
AcDbEntity	
8	表示多段线所在图层
XXXX	需要输入图层名
6	表示多段线的线型
XXXX	需要输入绘制多段线的线型名，如 Continuous

```
62                    表示颜色
XXXX                  需要输入颜色索引值
370                   表示多段线线宽
XXXX                  需要输入以毫米为单位乘以 100 的数值
100               子类标记
AcDbPolyline
90                  点数
XXXX                需要输入多段线的点数
70                  多段线开闭区间标志
 X                  需要输入多段线开闭标志,=0,开曲线;=1,闭曲线
43                  标高
XXXX                需要输入多段线的标高值
10                  X值
XXXX                    需要输入 Xi 坐标值
20                  Y值
XXXX                    需要输入 Yi 坐标值
…
```

上述格式中，凡是 XXXX 部分均是需要输入的内容，其他均为固定内容，不需要改变。用到的函数的参数含义如下：

fl 为生成的 dxf 文件指针；

id 为多段线的总图形元素对象序号；

layer 为多段线所在的图层名；

color 为多段线的颜色索引值；

linewidth 为绘制多段线的线宽，以毫米为单位乘以 100 的数值；

linetype 为绘制多段线的线型；

ds 为多段线点数；

bikai 为多段线的开闭情况标志，=0，开曲线；=1，闭曲线

x[]，y[]为多段线各点的坐标；

h 为多段线的标高值。

具体的 C++函数如下：

```
void WriteDxfPolyline(CFile *fl,int id,CStringA layer,int color,int linewidth,
CStringA linetype,int ds,int bikai,double x[],double y[],double h)
{
      CStringA cs;
      cs.Format("    0\r\nLWPOLYLINE\r\n    5\r\n%X\r\n330\r\n1F\r\  n100\r\
nAcDbEntity\r\n",id+461);
      fl->Write(cs,cs.GetLength());

      cs.Format("   8\r\n%s\r\n   6\r\n%s\r\n  62\r\n%6d\r\n370\r\n%6d\r\n
100\r\nAcDbPolyline\r\n 90\r\n%6d\r\n 70\r\n%6d\r\n",layer,linetype,color,
linewidth,ds,bikai);
```

```
    fl->Write(cs,cs.GetLength());
    cs.Format(" 43\r\n0.0\r\n 38\r\n%f\r\n",h);
    fl->Write(cs,cs.GetLength());

    for(int i=0;i<ds;i++)
    {
      cs.Format(" 10\r\n%f\r\n 20\r\n%f\r\n",x[i],y[i]);
      fl->Write(cs,cs.GetLength());
    }
}
```

5. 生成文字注记

文字注记的格式如下：

组码	含义
0	标志一个事物的开始
TEXT	表示该段描述的是文本
5	句柄
XXXX	文字注记的 handle，即输入对象的总序号，十六进制格式
330	指向所有者词典的软键指针标识符/句柄
1F	
100	子类标记
AcDbEntity	
8	表示文字注记所在图层
XXXX	需要输入图层名
62	表示颜色
XXXX	需要输入颜色索引值
100	子类标记
AcDbText	
10	*X* 值
XXXX	需要输入文字注记起点 *X* 坐标值
20	*Y* 值
XXXX	需要输入文字注记起点 *Y* 坐标值
30	*Z* 值
XXXX	需要输入文字注记起点 *Z* 坐标值
40	文字高度
XXXX	需要输入文字注记高度值
1	字符串本身
XXXX	需要输入文字注记值
50	文字注记方向角
XXXX	需要输入文字注记方向值
100	
AcDbText	

上述格式中，凡是 XXXX 部分均是需要输入的内容，其他均为固定内容，不需要改

变。用到的函数的参数含义如下：

fl 为生成的 dxf 文件指针；

id 为文字注记的总图形元素对象序号；

layer 为文字注记所在的图层名；

color 为文字注记的颜色索引值；

x，y，z 为文字注记点的坐标；

height 为文字注记高度值；

angle 为文字注记方向角值；

text 为文字注记内容。

具体的 C++函数如下：

```
void WriteDxfText(CFile *fl,int id,CStringA layer,int color,double x,double
y,double height,double angle,CStringA text)
{
      CStringA cs;
      cs.Format("0\r\nTEXT\r\n  5\r\n%X\r\n330\r\n1F\r\n100\r\nAcDbEntity\
r\n",id+461);
      fl->Write(cs,cs.GetLength());
      cs.Format("   8\r\n%s\r\n  62\r\n%6d\r\n100\r\nAcDbText\r\n",layer,
color);
      fl->Write(cs,cs.GetLength());
      cs.Format(" 10\r\n%f\r\n  20\r\n%f\r\n  30\r\n0.0\r\n  40\r\n%f\r\n
1\r\n%s\r\n 50\r\n%f\r\n100\r\nAcDbText\r\n",x,y,height,text,angle);
      fl->Write(cs,cs.GetLength());
}
```

6. 实体段结束部分

实体段结束格式如下：

```
0
ENDSEC
```

具体的 C++函数如下：

```
void WriteDxfEntitiesEnd(CFile *fl)//实体段结尾
{
      CStringA cs;
      cs=_T(" 0\r\nENDSEC\r\n");
      fl->Write(cs,cs.GetLength());
}
```

11.6　生成对象段

在记事本中打开前述 draw.dxf 文件，复制以下内容即可：

```
0
SECTION
2
```

```
OBJECTS
…
0
ENDSEC          第 6 次出现的位置
```

将这部分内容直接编写成输出文件的格式就可以了。具体的 C++函数如下：

```
void WriteDxfObjectSEction(CFile *fl)
{
     CStringA cs;
     cs=_T("   0\r\nSECTION\r\n   2\r\nOBJECTS\r\n   0\r\nDICTIONARY\r\n
5\r\nC\r\n330\r\n0\r\n100\r\nAcDbDictionary\r\n281\r\n              1\r\n
3\r\nACAD_COLOR\r\n350\r\n6B\r\n           3\r\nACAD_GROUP\r\n350\r\nD\r\n
3\r\nACAD_LAYOUT\r\n350\r\n1A\r\n       3\r\nACAD_MATERIAL\r\n350\r\n6A\r\n
3\r\nACAD_MLEADERSTYLE\r\n350\r\n12D\r\n
3\r\nACAD_MLINESTYLE\r\n350\r\n17\r\n
3\r\nACAD_PLOTSETTINGS\r\n350\r\n19\r\n
3\r\nACAD_PLOTSTYLENAME\r\n350\r\nE\r\n
3\r\nACAD_SCALELIST\r\n350\r\n10C\r\n
3\r\nACAD_TABLESTYLE\r\n350\r\n7E\r\n
3\r\nACAD_VISUALSTYLE\r\n350\r\nEF\r\n
3\r\nACDB_RECOMPOSE_DATA\r\n350\r\n15D\r\n
3\r\nAcDbVariableDictionary\r\n350\r\n5E\r\n
3\r\nDWGPROPS\r\n350\r\n1C0\r\n                       0\r\nDICTIONARY\r\n
5\r\n13C\r\n330\r\n10\r\n100\r\nAcDbDictionary\r\n280\r\n     1\r\n281\r\n
1\r\n                3\r\nADSK_XREC_LAYER_RECONCILED\r\n360\r\n1B8\r\n
0\r\nDICTIONARY\r\n
5\r\n6B\r\n102\r\n{ACAD_REACTORS\r\n330\r\nC\r\n102\r\n}\r\n330\r\nC\r\n10
0\r\nAcDbDictionary\r\n281\r\n              1\r\n      0\r\nDICTIONARY\r\n
5\r\nD\r\n102\r\n");
     fl->Write(cs,cs.GetLength());
     cs=_T("{ACAD_REACTORS\r\n330\r\nC\r\n102\r\n}\r\n330\r\nC\r\n100\r\n
AcDbDictionary\r\n281\r\n               1\r\n       0\r\nDICTIONARY\r\n
5\r\n1A\r\n102\r\n{ACAD_REACTORS\r\n330\r\nC\r\n102\r\n}\r\n330\r\nC\r\n10
0\r\nAcDbDictionary\r\n281\r\n    1\r\n 3\r\nModel\r\n350\r\n22\r\n 3\r\n
布局 1\r\n350\r\nD3\r\n  3\r\n 布局 2\r\n350\r\nD7\r\n  0\r\nDICTIONARY\r\n
5\r\n6A\r\n102\r\n{ACAD_REACTORS\r\n330\r\nC\r\n102\r\n}\r\n330\r\nC\r\n10
0\r\nAcDbDictionary\r\n281\r\n      1\r\n   3\r\nByBlock\r\n350\r\nED\r\n
3\r\nByLayer\r\n350\r\nEC\r\n              3\r\nGlobal\r\n350\r\nEE\r\n
0\r\nDICTIONARY\r\n
5\r\n12D\r\n102\r\n{ACAD_REACTORS\r\n330\r\nC\r\n102\r\n}\r\n330\r\nC\r\n1
00\r\nAcDbDictionary\r\n281\r\n                               1\r\n
3\r\nAnnotative\r\n350\r\n13B\r\n        3\r\nStandard\r\n350\r\n12E\r\n
0\r\nDICTIONARY\r\n
5\r\n17\r\n102\r\n{ACAD_REACTORS\r\n330\r\nC\r\n102\r\n}\r\n330\r\nC\r\n10
```

```
0\r\nAcDbDictionary\r\n281\r\n        1\r\n   3\r\nStandard\r\n350\r\n18\r\n
0\r\nDICTIONARY\r\n
5\r\n19\r\n102\r\n{ACAD_REACTORS\r\n330\r\nC\r\n102\r\n}\r\n330\r\nC\r\n")
;
      fl->Write(cs,cs.GetLength());
      cs=_T("100\r\nAcDbDictionary\r\n281\r\n                         1\r\n
0\r\nACDBDICTIONARYWDFLT\r\n
5\r\nE\r\n102\r\n{ACAD_REACTORS\r\n330\r\nC\r\n102\r\n}\r\n330\r\nC\r\n100
\r\nAcDbDictionary\r\n281\r\n                                        1\r\n
3\r\nNormal\r\n350\r\nF\r\n100\r\nAcDbDictionaryWithDefault\r\n340\r\nF\r\
n                                                      0\r\nDICTIONARY\r\n
5\r\n10C\r\n102\r\n{ACAD_REACTORS\r\n330\r\nC\r\n102\r\n}\r\n330\r\nC\r\n1
00\r\nAcDbDictionary\r\n281\r\n          1\r\n    3\r\nA0\r\n350\r\n10D\r\n
3\r\nA1\r\n350\r\n188\r\n                         3\r\nA2\r\n350\r\n189\r\n
3\r\nA3\r\n350\r\n18A\r\n                         3\r\nA4\r\n350\r\n18B\r\n
3\r\nA5\r\n350\r\n18C\r\n                         3\r\nA6\r\n350\r\n18D\r\n
3\r\nA7\r\n350\r\n18E\r\n                         3\r\nA8\r\n350\r\n18F\r\n
3\r\nA9\r\n350\r\n190\r\n                         3\r\nB0\r\n350\r\n191\r\n
3\r\nB1\r\n350\r\n192\r\n                         3\r\nB2\r\n350\r\n193\r\n
3\r\nB3\r\n350\r\n194\r\n                         3\r\nB4\r\n350\r\n195\r\n
3\r\nB5\r\n350\r\n196\r\n                         3\r\nB6\r\n350\r\n197\r\n
3\r\nB7\r\n350\r\n198\r\n                         3\r\nB8\r\n350\r\n199\r\n
3\r\nB9\r\n350\r\n19A\r\n                         3\r\nC0\r\n350\r\n19B\r\n
3\r\nC1\r\n350\r\n19C\r\n  3\r\nC2\r\n350\r\n");
      fl->Write(cs,cs.GetLength());
      cs=_T("19D\r\n  3\r\nC3\r\n350\r\n19E\r\n  3\r\nC4\r\n350\r\n19F\r\n
3\r\nC5\r\n350\r\n1A0\r\n                         3\r\nC6\r\n350\r\n1A1\r\n
3\r\nC7\r\n350\r\n1A2\r\n                         3\r\nC8\r\n350\r\n1A3\r\n
3\r\nC9\r\n350\r\n1A4\r\n                         3\r\nD0\r\n350\r\n1A5\r\n
3\r\nD1\r\n350\r\n1A6\r\n   3\r\nD2\r\n350\r\n1A7\r\n   0\r\nDICTIONARY\r\n
5\r\n7E\r\n102\r\n{ACAD_REACTORS\r\n330\r\nC\r\n102\r\n}\r\n330\r\nC\r\n10
0\r\nAcDbDictionary\r\n281\r\n        1\r\n   3\r\nStandard\r\n350\r\n7F\r\n
0\r\nDICTIONARY\r\n
5\r\nEF\r\n102\r\n{ACAD_REACTORS\r\n330\r\nC\r\n102\r\n}\r\n330\r\nC\r\n10
0\r\nAcDbDictionary\r\n281\r\n      1\r\n  3\r\n2dWireframe\r\n350\r\nF5\r\n
3\r\n3D    Hidden\r\n350\r\nF7\r\n       3\r\n3dWireframe\r\n350\r\nF6\r\n
3\r\nBasic\r\n350\r\nF4\r\n                3\r\nBrighten\r\n350\r\nFB\r\n
3\r\nColorChange\r\n350\r\nFF\r\n         3\r\nConceptual\r\n350\r\nF8\r\n
3\r\nDim\r\n350\r\nFA\r\n                 3\r\nFacepattern\r\n350\r\nFE\r\n
3\r\nFlat\r\n350\r\nF0\r\n            3\r\nFlatWithEdges\r\n350\r\nF1\r\n
3\r\nGouraud\r\n350\r\nF2\r\n  3\r\nGouraudWithEdges\r\n350\r\nF3\r\n");
      fl->Write(cs,cs.GetLength());
      cs=_T("                        3\r\nLinepattern\r\n350\r\nFD\r\n
```

```
3\r\nRealistic\r\n350\r\nF9\r\n            3\r\nThicken\r\n350\r\nFC\r\n
0\r\nXRECORD\r\n
5\r\n15D\r\n102\r\n{ACAD_REACTORS\r\n330\r\nC\r\n102\r\n}\r\n330\r\nC\r\n1
00\r\nAcDbXrecord\r\n280\r\n     1\r\n  90\r\n         1\r\n330\r\n7F\r\n
0\r\nDICTIONARY\r\n
5\r\n5E\r\n102\r\n{ACAD_REACTORS\r\n330\r\nC\r\n102\r\n}\r\n330\r\nC\r\n10
0\r\nAcDbDictionary\r\n281\r\n     1\r\n  3\r\nCANNOSCALE\r\n350\r\n146\r\n
3\r\nCMLEADERSTYLE\r\n350\r\n145\r\n     3\r\nCTABLESTYLE\r\n350\r\n84\r\n
3\r\nDIMASSOC\r\n350\r\n5F\r\n             3\r\nHIDETEXT\r\n350\r\n63\r\n
3\r\nINDEXCTL\r\n350\r\n1BC\r\n      3\r\nLIGHTINGUNITS\r\n350\r\n1BA\r\n
3\r\nMSLTSCALE\r\n350\r\n1B9\r\n        3\r\nPSOLHEIGHT\r\n350\r\n1BE\r\n
3\r\nPSOLWIDTH\r\n350\r\n1BD\r\n         3\r\nSORTENTS\r\n350\r\n1BB\r\n
0\r\nXRECORD\r\n
5\r\n1C0\r\n102\r\n{ACAD_REACTORS\r\n330\r\nC\r\n102\r\n}\r\n330\r\nC\r\n1
00\r\nAcDbXrecord\r\n280\r\n     1\r\n  1\r\nDWGPROPS COOKIE\r\n  2\r\n\r\n
3\r\n\r\n  4\r\n\r\n  6\r\n\r\n  7\r\n\r\n  8\r\nAdministrator\r\n");
      fl->Write(cs,cs.GetLength());
      cs=_T("
    9\r\n\r\n300\r\n=\r\n301\r\n=\r\n302\r\n=\r\n303\r\n=\r\n304\r\n=\r\n3
05\r\n=\r\n306\r\n=\r\n307\r\n=\r\n308\r\n=\r\n309\r\n=\r\n
40\r\n0.002494212962963\r\n                  41\r\n2456644.844744826\r\n
42\r\n2456644.847238496\r\n  1\r\n\r\n 90\r\n      0\r\n  0\r\nXRECORD\r\n
5\r\n1B8\r\n102\r\n{ACAD_REACTORS\r\n330\r\n13C\r\n102\r\n}\r\n330\r\n13C\
r\n100\r\nAcDbXrecord\r\n280\r\n     1\r\n290\r\n     1\r\n  0\r\nLAYOUT\r\n
5\r\n22\r\n102\r\n{ACAD_XDICTIONARY\r\n360\r\n1C1\r\n102\r\n}\r\n102\r\n{A
CAD_REACTORS\r\n330\r\n1A\r\n102\r\n}\r\n330\r\n1A\r\n100\r\nAcDbPlotSetti
ngs\r\n              1\r\n\r\n                2\r\nnone_device\r\n
4\r\nISO_A4_(210.00_x_297.00_MM)\r\n  6\r\n\r\n 40\r\n7.5\r\n 41\r\n20.0\r\n
42\r\n7.5\r\n     43\r\n20.0\r\n     44\r\n210.0\r\n     45\r\n297.0\r\n
46\r\n11.54999923706054\r\n   47\r\n-13.65000009536743\r\n   48\r\n0.0\r\n
49\r\n0.0\r\n140\r\n0.0\r\n141\r\n0.0\r\n142\r\n1.0\r\n143\r\n8.7040847547
39808\r\n 70\r\n 11952\r\n 72\r\n    1\r\n 73\r\n    0\r\n 74\r\n    0\r\n
7\r\n\r\n 75\r\n    0\r\n147\r\n");
      fl->Write(cs,cs.GetLength());
      cs=_T("0.1148885871608098\r\n148\r\n0.0\r\n149\r\n0.0\r\n100\r\nAcDb
Layout\r\n  1\r\nModel\r\n 70\r\n     1\r\n 71\r\n     0\r\n 10\r\n0.0\r\n
20\r\n0.0\r\n  11\r\n12.0\r\n  21\r\n9.0\r\n  12\r\n0.0\r\n  22\r\n0.0\r\n
32\r\n0.0\r\n  14\r\n0.0\r\n  24\r\n0.0\r\n  34\r\n0.0\r\n  15\r\n0.0\r\n
25\r\n0.0\r\n  35\r\n0.0\r\n146\r\n0.0\r\n  13\r\n0.0\r\n  23\r\n0.0\r\n
33\r\n0.0\r\n  16\r\n1.0\r\n  26\r\n0.0\r\n  36\r\n0.0\r\n  17\r\n0.0\r\n
27\r\n1.0\r\n                 37\r\n0.0\r\n                       76\r\n
0\r\n330\r\n1F\r\n331\r\nEA\r\n1001\r\nACAD_PSEXT\r\n1000\r\nNone\r\n1000\
r\nNone\r\n1000\r\nNot applicable\r\n1000\r\nThe layout will not be plotted
```

```
unless a new plotter configuration name is selected.\r\n1070\r\n    0\r\n
0\r\nLAYOUT\r\n
5\r\nD3\r\n102\r\n{ACAD_XDICTIONARY\r\n360\r\n1C4\r\n102\r\n}\r\n102\r\n{A
CAD_REACTORS\r\n330\r\n1A\r\n102\r\n}\r\n330\r\n1A\r\n100\r\nAcDbPlotSetti
ngs\r\n    1\r\n\r\n    2\r\n\r\n    4\r\n\r\n    6\r\n\r\n   40\r\n0.0\r\n
41\r\n0.0\r\n   42\r\n0.0\r\n   43\r\n0.0\r\n   44\r\n0.0\r\n   45\r\n0.0\r\n
46\r\n0.0\r\n 47\r\n0.0\r\n 48\r\n");
      fl->Write(cs,cs.GetLength());
      cs=_T("0.0\r\n
49\r\n0.0\r\n140\r\n0.0\r\n141\r\n0.0\r\n142\r\n1.0\r\n143\r\n1.0\r\n
70\r\n   688\r\n 72\r\n     0\r\n 73\r\n     0\r\n 74\r\n     5\r\n  7\r\n\r\n
75\r\n
16\r\n147\r\n1.0\r\n148\r\n0.0\r\n149\r\n0.0\r\n100\r\nAcDbLayout\r\n
1\r\n布局1\r\n 70\r\n     1\r\n 71\r\n     1\r\n 10\r\n0.0\r\n 20\r\n0.0\r\n
11\r\n12.0\r\n  21\r\n9.0\r\n  12\r\n0.0\r\n  22\r\n0.0\r\n  32\r\n0.0\r\n
14\r\n0.0\r\n  24\r\n0.0\r\n  34\r\n0.0\r\n  15\r\n0.0\r\n  25\r\n0.0\r\n
35\r\n0.0\r\n146\r\n0.0\r\n  13\r\n0.0\r\n  23\r\n0.0\r\n  33\r\n0.0\r\n
16\r\n1.0\r\n  26\r\n0.0\r\n  36\r\n0.0\r\n  17\r\n0.0\r\n  27\r\n1.0\r\n
37\r\n0.0\r\n  76\r\n            0\r\n330\r\nD2\r\n     0\r\nLAYOUT\r\n
5\r\nD7\r\n102\r\n{ACAD_XDICTIONARY\r\n360\r\n1C6\r\n102\r\n}\r\n102\r\n{A
CAD_REACTORS\r\n330\r\n1A\r\n102\r\n}\r\n330\r\n1A\r\n100\r\nAcDbPlotSetti
ngs\r\n    1\r\n\r\n    2\r\n\r\n    4\r\n\r\n    6\r\n\r\n   40\r\n0.0\r\n
41\r\n0.0\r\n   42\r\n0.0\r\n   43\r\n0.0\r\n   44\r\n0.0\r\n   45\r\n0.0\r\n
46\r\n0.0\r\n              47\r\n0.0\r\n              48\r\n0.0\r\n
49\r\n0.0\r\n140\r\n0.0\r\n141\r\n");
      fl->Write(cs,cs.GetLength());
      cs=_T("0.0\r\n142\r\n1.0\r\n143\r\n1.0\r\n  70\r\n    688\r\n  72\r\n
0\r\n  73\r\n          0\r\n  74\r\n          5\r\n    7\r\n\r\n  75\r\n
16\r\n147\r\n1.0\r\n148\r\n0.0\r\n149\r\n0.0\r\n100\r\nAcDbLayout\r\n
1\r\n布局2\r\n 70\r\n     1\r\n 71\r\n     2\r\n 10\r\n0.0\r\n 20\r\n0.0\r\n
11\r\n12.0\r\n  21\r\n9.0\r\n  12\r\n0.0\r\n  22\r\n0.0\r\n  32\r\n0.0\r\n
14\r\n0.0\r\n  24\r\n0.0\r\n  34\r\n0.0\r\n  15\r\n0.0\r\n  25\r\n0.0\r\n
35\r\n0.0\r\n146\r\n0.0\r\n  13\r\n0.0\r\n  23\r\n0.0\r\n  33\r\n0.0\r\n
16\r\n1.0\r\n  26\r\n0.0\r\n  36\r\n0.0\r\n  17\r\n0.0\r\n  27\r\n1.0\r\n
37\r\n0.0\r\n  76\r\n            0\r\n330\r\nD6\r\n     0\r\nMATERIAL\r\n
5\r\nED\r\n102\r\n{ACAD_XDICTIONARY\r\n360\r\n1CA\r\n102\r\n}\r\n102\r\n{A
CAD_REACTORS\r\n330\r\n6A\r\n102\r\n}\r\n330\r\n6A\r\n100\r\nAcDbMaterial\
r\n              1\r\nByBlock\r\n              0\r\nMATERIAL\r\n
5\r\nEC\r\n102\r\n{ACAD_XDICTIONARY\r\n360\r\n1C8\r\n102\r\n}\r\n102\r\n{A
CAD_REACTORS\r\n330\r\n6A\r\n102\r\n}\r\n330\r\n6A\r\n100\r\nAcDbMaterial\
r\n  1\r\nByLayer\r\n  0\r\nMATERIAL\r\n  5\r\nEE\r\n102\r\n");
      fl->Write(cs,cs.GetLength());
      cs=_T("{ACAD_XDICTIONARY\r\n360\r\n173\r\n102\r\n}\r\n102\r\n{ACAD_R
```

```
EACTORS\r\n330\r\n6A\r\n102\r\n}\r\n330\r\n6A\r\n100\r\nAcDbMaterial\r\n
1\r\nGlobal\r\n  43\r\n0.0007999999797903\r\n  43\r\n0.0\r\n  43\r\n0.0\r\n
43\r\n0.0\r\n  43\r\n0.0\r\n  43\r\n0.0007999999797903\r\n  43\r\n0.0\r\n
43\r\n0.0\r\n  43\r\n0.0\r\n  43\r\n0.0\r\n  43\r\n1.0\r\n  43\r\n0.0\r\n
43\r\n0.0\r\n          43\r\n0.0\r\n          43\r\n0.0\r\n          43\r\n1.0\r\n
49\r\n0.0007999999797903\r\n  49\r\n0.0\r\n  49\r\n0.0\r\n  49\r\n0.0\r\n
49\r\n0.0\r\n  49\r\n0.0007999999797903\r\n  49\r\n0.0\r\n  49\r\n0.0\r\n
49\r\n0.0\r\n  49\r\n0.0\r\n  49\r\n1.0\r\n  49\r\n0.0\r\n  49\r\n0.0\r\n
49\r\n0.0\r\n                                                        49\r\n0.0\r\n
49\r\n1.0\r\n142\r\n0.0007999999797903\r\n142\r\n0.0\r\n142\r\n0.0\r\n142\
r\n0.0\r\n142\r\n0.0\r\n142\r\n0.0007999999797903\r\n142\r\n0.0\r\n142\r\n
0.0\r\n142\r\n0.0\r\n142\r\n0.0\r\n142\r\n1.0\r\n142\r\n0.0\r\n142\r\n0.0\
r\n142\r\n0.0\r\n142\r\n0.0\r\n142\r\n1.0\r\n144\r\n0.0007999999797903\r\n
144\r\n0.0\r\n144\r\n0.0\r\n144\r\n0.0\r\n144\r\n0.0\r\n144\r\n");
      fl->Write(cs,cs.GetLength());
      cs=_T("0.0007999999797903\r\n144\r\n0.0\r\n144\r\n0.0\r\n144\r\n0.0\
r\n144\r\n0.0\r\n144\r\n1.0\r\n144\r\n0.0\r\n144\r\n0.0\r\n144\r\n0.0\r\n1
44\r\n0.0\r\n144\r\n1.0\r\n1001\r\nACAD\r\n1070\r\n-1\r\n1070\r\n
3\r\n1070\r\n     0\r\n1000\r\n\r\n1071\r\n          0\r\n1070\r\n     0\r\n
0\r\nMLEADERSTYLE\r\n
5\r\n13B\r\n102\r\n{ACAD_REACTORS\r\n330\r\n12D\r\n102\r\n}\r\n330\r\n12D\
r\n100\r\nAcDbMLeaderStyle\r\n170\r\n      2\r\n171\r\n      1\r\n172\r\n
0\r\n  90\r\n         2\r\n  40\r\n0.0\r\n  41\r\n0.0\r\n173\r\n      1\r\n
91\r\n-1056964608\r\n340\r\n14\r\n  92\r\n  -2\r\n290\r\n           1\r\n
42\r\n2.0\r\n291\r\n           1\r\n  43\r\n8.0\r\n    3\r\nStandard\r\n
44\r\n4.0\r\n300\r\n\r\n342\r\n11\r\n174\r\n                    1\r\n178\r\n
1\r\n175\r\n          1\r\n176\r\n          0\r\n  93\r\n-1056964608\r\n
45\r\n4.0\r\n292\r\n           0\r\n297\r\n           0\r\n  46\r\n4.0\r\n
94\r\n-1056964608\r\n  47\r\n1.0\r\n  49\r\n1.0\r\n140\r\n1.0\r\n293\r\n
1\r\n141\r\n0.0\r\n294\r\n     1\r\n177\r\n     0\r\n142\r\n1.0\r\n295\r\n
0\r\n");
      fl->Write(cs,cs.GetLength());
      cs=_T("296\r\n
1\r\n143\r\n3.75\r\n1001\r\nACAD_MLEADERVER\r\n1070\r\n          2\r\n
0\r\nMLEADERSTYLE\r\n
5\r\n12E\r\n102\r\n{ACAD_REACTORS\r\n330\r\n12D\r\n102\r\n}\r\n330\r\n12D\
r\n100\r\nAcDbMLeaderStyle\r\n170\r\n      2\r\n171\r\n      1\r\n172\r\n
0\r\n  90\r\n         2\r\n  40\r\n0.0\r\n  41\r\n0.0\r\n173\r\n      1\r\n
91\r\n-1056964608\r\n340\r\n14\r\n  92\r\n  -2\r\n290\r\n           1\r\n
42\r\n2.0\r\n291\r\n           1\r\n  43\r\n8.0\r\n    3\r\nStandard\r\n
44\r\n4.0\r\n300\r\n\r\n342\r\n11\r\n174\r\n                    1\r\n178\r\n
1\r\n175\r\n          1\r\n176\r\n          0\r\n  93\r\n-1056964608\r\n
45\r\n4.0\r\n292\r\n           0\r\n297\r\n           0\r\n  46\r\n4.0\r\n
```

```
94\r\n-1056964608\r\n   47\r\n1.0\r\n   49\r\n1.0\r\n140\r\n1.0\r\n293\r\n
1\r\n141\r\n0.0\r\n294\r\n      1\r\n177\r\n      0\r\n142\r\n1.0\r\n295\r\n
0\r\n296\r\n        0\r\n143\r\n3.75\r\n1001\r\nACAD_MLEADERVER\r\n1070\r\n
2\r\n                                                    0\r\nMLINESTYLE\r\n
5\r\n18\r\n102\r\n{ACAD_REACTORS\r\n330\r\n17\r\n102\r\n}\r\n330\r\n17\r\n
100\r\nAcDbMlineStyle\r\n  2\r\n");
      fl->Write(cs,cs.GetLength());
      cs=_T("STANDARD\r\n 70\r\n       0\r\n   3\r\n\r\n  62\r\n     256\r\n
51\r\n90.0\r\n 52\r\n90.0\r\n 71\r\n     2\r\n 49\r\n0.5\r\n 62\r\n   256\r\n
6\r\nBYLAYER\r\n  49\r\n-0.5\r\n  62\r\n       256\r\n     6\r\nBYLAYER\r\n
0\r\nACDBPLACEHOLDER\r\n
5\r\nF\r\n102\r\n{ACAD_REACTORS\r\n330\r\nE\r\n102\r\n}\r\n330\r\nE\r\n
0\r\nSCALE\r\n
5\r\n10D\r\n102\r\n{ACAD_REACTORS\r\n330\r\n10C\r\n102\r\n}\r\n330\r\n10C\
r\n100\r\nAcDbScale\r\n                                                70\r\n
0\r\n300\r\n1:1\r\n140\r\n1.0\r\n141\r\n1.0\r\n290\r\n                1\r\n
0\r\nSCALE\r\n
5\r\n188\r\n102\r\n{ACAD_REACTORS\r\n330\r\n10C\r\n102\r\n}\r\n330\r\n10C\
r\n100\r\nAcDbScale\r\n                                                70\r\n
0\r\n300\r\n1:2\r\n140\r\n1.0\r\n141\r\n2.0\r\n290\r\n                0\r\n
0\r\nSCALE\r\n
5\r\n189\r\n102\r\n{ACAD_REACTORS\r\n330\r\n10C\r\n102\r\n}\r\n330\r\n10C\
r\n100\r\nAcDbScale\r\n                                                70\r\n
0\r\n300\r\n1:4\r\n140\r\n1.0\r\n141\r\n4.0\r\n290\r\n                0\r\n
0\r\nSCALE\r\n
5\r\n18A\r\n102\r\n{ACAD_REACTORS\r\n330\r\n10C\r\n102\r\n}\r\n330\r\n10C\
r\n100\r\nAcDbScale\r\n 70\r\n    0\r\n300\r\n");
      fl->Write(cs,cs.GetLength());
      cs=_T("1:5\r\n140\r\n1.0\r\n141\r\n5.0\r\n290\r\n                0\r\n
0\r\nSCALE\r\n
5\r\n18B\r\n102\r\n{ACAD_REACTORS\r\n330\r\n10C\r\n102\r\n}\r\n330\r\n10C\
r\n100\r\nAcDbScale\r\n                                                70\r\n
0\r\n300\r\n1:8\r\n140\r\n1.0\r\n141\r\n8.0\r\n290\r\n                0\r\n
0\r\nSCALE\r\n
5\r\n18C\r\n102\r\n{ACAD_REACTORS\r\n330\r\n10C\r\n102\r\n}\r\n330\r\n10C\
r\n100\r\nAcDbScale\r\n                                                70\r\n
0\r\n300\r\n1:10\r\n140\r\n1.0\r\n141\r\n10.0\r\n290\r\n              0\r\n
0\r\nSCALE\r\n
5\r\n18D\r\n102\r\n{ACAD_REACTORS\r\n330\r\n10C\r\n102\r\n}\r\n330\r\n10C\
r\n100\r\nAcDbScale\r\n                                                70\r\n
0\r\n300\r\n1:16\r\n140\r\n1.0\r\n141\r\n16.0\r\n290\r\n              0\r\n
0\r\nSCALE\r\n
5\r\n18E\r\n102\r\n{ACAD_REACTORS\r\n330\r\n10C\r\n102\r\n}\r\n330\r\n10C\
```

```
r\n100\r\nAcDbScale\r\n                                         70\r\n
0\r\n300\r\n1:20\r\n140\r\n1.0\r\n141\r\n20.0\r\n290\r\n             0\r\n
0\r\nSCALE\r\n
5\r\n18F\r\n102\r\n{ACAD_REACTORS\r\n330\r\n10C\r\n102\r\n}\r\n330\r\n10C\
r\n100\r\nAcDbScale\r\n                                         70\r\n
0\r\n300\r\n1:30\r\n140\r\n1.0\r\n141\r\n30.0\r\n290\r\n    0\r\n");
      fl->Write(cs,cs.GetLength());
      cs=_T("                                        0\r\nSCALE\r\n
5\r\n190\r\n102\r\n{ACAD_REACTORS\r\n330\r\n10C\r\n102\r\n}\r\n330\r\n10C\
r\n100\r\nAcDbScale\r\n                                         70\r\n
0\r\n300\r\n1:40\r\n140\r\n1.0\r\n141\r\n40.0\r\n290\r\n             0\r\n
0\r\nSCALE\r\n
5\r\n191\r\n102\r\n{ACAD_REACTORS\r\n330\r\n10C\r\n102\r\n}\r\n330\r\n10C\
r\n100\r\nAcDbScale\r\n                                         70\r\n
0\r\n300\r\n1:50\r\n140\r\n1.0\r\n141\r\n50.0\r\n290\r\n             0\r\n
0\r\nSCALE\r\n
5\r\n192\r\n102\r\n{ACAD_REACTORS\r\n330\r\n10C\r\n102\r\n}\r\n330\r\n10C\
r\n100\r\nAcDbScale\r\n                                         70\r\n
0\r\n300\r\n1:100\r\n140\r\n1.0\r\n141\r\n100.0\r\n290\r\n           0\r\n
0\r\nSCALE\r\n
5\r\n193\r\n102\r\n{ACAD_REACTORS\r\n330\r\n10C\r\n102\r\n}\r\n330\r\n10C\
r\n100\r\nAcDbScale\r\n                                         70\r\n
0\r\n300\r\n2:1\r\n140\r\n2.0\r\n141\r\n1.0\r\n290\r\n               0\r\n
0\r\nSCALE\r\n
5\r\n194\r\n102\r\n{ACAD_REACTORS\r\n330\r\n10C\r\n102\r\n}\r\n330\r\n10C\
r\n100\r\nAcDbScale\r\n                                         70\r\n
0\r\n300\r\n4:1\r\n140\r\n4.0\r\n141\r\n1.0\r\n290\r\n               0\r\n
0\r\nSCALE\r\n  5\r\n195\r\n102\r\n{ACAD_REACTORS\r\n");
      fl->Write(cs,cs.GetLength());
      cs=_T("330\r\n10C\r\n102\r\n}\r\n330\r\n10C\r\n100\r\nAcDbScale\r\n
70\r\n     0\r\n300\r\n8:1\r\n140\r\n8.0\r\n141\r\n1.0\r\n290\r\n     0\r\n
0\r\nSCALE\r\n
5\r\n196\r\n102\r\n{ACAD_REACTORS\r\n330\r\n10C\r\n102\r\n}\r\n330\r\n10C\
r\n100\r\nAcDbScale\r\n                                         70\r\n
0\r\n300\r\n10:1\r\n140\r\n10.0\r\n141\r\n1.0\r\n290\r\n             0\r\n
0\r\nSCALE\r\n
5\r\n197\r\n102\r\n{ACAD_REACTORS\r\n330\r\n10C\r\n102\r\n}\r\n330\r\n10C\
r\n100\r\nAcDbScale\r\n                                         70\r\n
0\r\n300\r\n100:1\r\n140\r\n100.0\r\n141\r\n1.0\r\n290\r\n           0\r\n
0\r\nSCALE\r\n
5\r\n198\r\n102\r\n{ACAD_REACTORS\r\n330\r\n10C\r\n102\r\n}\r\n330\r\n10C\
r\n100\r\nAcDbScale\r\n                                         70\r\n
0\r\n300\r\n1/128\"=1'-0\"\r\n140\r\n0.0078125\r\n141\r\n12.0\r\n290\r\n
```

```
0\r\n                                                    0\r\nSCALE\r\n
5\r\n199\r\n102\r\n{ACAD_REACTORS\r\n330\r\n10C\r\n102\r\n}\r\n330\r\n10C\
r\n100\r\nAcDbScale\r\n                                              70\r\n
0\r\n300\r\n1/64\"=1'-0\"\r\n140\r\n0.015625\r\n141\r\n12.0\r\n290\r\n
0\r\n                                                    0\r\nSCALE\r\n
5\r\n19A\r\n102\r\n{ACAD_REACTORS\r\n330\r\n10C\r\n102\r\n");
     fl->Write(cs,cs.GetLength());
     cs=_T("}\r\n330\r\n10C\r\n100\r\nAcDbScale\r\n               70\r\n
0\r\n300\r\n1/32\"=1'-0\"\r\n140\r\n0.03125\r\n141\r\n12.0\r\n290\r\n
0\r\n                                                    0\r\nSCALE\r\n
5\r\n19B\r\n102\r\n{ACAD_REACTORS\r\n330\r\n10C\r\n102\r\n}\r\n330\r\n10C\
r\n100\r\nAcDbScale\r\n                                              70\r\n
0\r\n300\r\n1/16\"=1'-0\"\r\n140\r\n0.0625\r\n141\r\n12.0\r\n290\r\n
0\r\n                                                    0\r\nSCALE\r\n
5\r\n19C\r\n102\r\n{ACAD_REACTORS\r\n330\r\n10C\r\n102\r\n}\r\n330\r\n10C\
r\n100\r\nAcDbScale\r\n                                              70\r\n
0\r\n300\r\n3/32\"=1'-0\"\r\n140\r\n0.09375\r\n141\r\n12.0\r\n290\r\n
0\r\n                                                    0\r\nSCALE\r\n
5\r\n19D\r\n102\r\n{ACAD_REACTORS\r\n330\r\n10C\r\n102\r\n}\r\n330\r\n10C\
r\n100\r\nAcDbScale\r\n                                              70\r\n
0\r\n300\r\n1/8\"=1'-0\"\r\n140\r\n0.125\r\n141\r\n12.0\r\n290\r\n
0\r\n                                                    0\r\nSCALE\r\n
5\r\n19E\r\n102\r\n{ACAD_REACTORS\r\n330\r\n10C\r\n102\r\n}\r\n330\r\n10C\
r\n100\r\nAcDbScale\r\n                                              70\r\n
0\r\n300\r\n3/16\"=1'-0\"\r\n140\r\n0.1875\r\n141\r\n12.0\r\n290\r\n
0\r\n  0\r\nSCALE\r\n  5\r\n19F\r\n102\r\n{ACAD_REACTORS\r\n330\r\n");
     fl->Write(cs,cs.GetLength());
     cs=_T("10C\r\n102\r\n}\r\n330\r\n10C\r\n100\r\nAcDbScale\r\n  70\r\n
0\r\n300\r\n1/4\"=1'-0\"\r\n140\r\n0.25\r\n141\r\n12.0\r\n290\r\n    0\r\n
0\r\nSCALE\r\n
5\r\n1A0\r\n102\r\n{ACAD_REACTORS\r\n330\r\n10C\r\n102\r\n}\r\n330\r\n10C\
r\n100\r\nAcDbScale\r\n                                              70\r\n
0\r\n300\r\n3/8\"=1'-0\"\r\n140\r\n0.375\r\n141\r\n12.0\r\n290\r\n
0\r\n                                                    0\r\nSCALE\r\n
5\r\n1A1\r\n102\r\n{ACAD_REACTORS\r\n330\r\n10C\r\n102\r\n}\r\n330\r\n10C\
r\n100\r\nAcDbScale\r\n                                              70\r\n
0\r\n300\r\n1/2\"=1'-0\"\r\n140\r\n0.5\r\n141\r\n12.0\r\n290\r\n    0\r\n
0\r\nSCALE\r\n
5\r\n1A2\r\n102\r\n{ACAD_REACTORS\r\n330\r\n10C\r\n102\r\n}\r\n330\r\n10C\
r\n100\r\nAcDbScale\r\n                                              70\r\n
0\r\n300\r\n3/4\"=1'-0\"\r\n140\r\n0.75\r\n141\r\n12.0\r\n290\r\n    0\r\n
0\r\nSCALE\r\n
5\r\n1A3\r\n102\r\n{ACAD_REACTORS\r\n330\r\n10C\r\n102\r\n}\r\n330\r\n10C\
```

```
r\n100\r\nAcDbScale\r\n                                                       70\r\n
0\r\n300\r\n1\"=1'-0\"\r\n140\r\n1.0\r\n141\r\n12.0\r\n290\r\n           0\r\n
0\r\nSCALE\r\n  5\r\n1A4\r\n102\r\n{ACAD_REACTORS\r\n330\r\n");
      fl->Write(cs,cs.GetLength());
      cs=_T("10C\r\n102\r\n}\r\n330\r\n10C\r\n100\r\nAcDbScale\r\n   70\r\n
0\r\n300\r\n1-1/2\"=1'-0\"\r\n140\r\n1.5\r\n141\r\n12.0\r\n290\r\n
0\r\n                                                        0\r\nSCALE\r\n
5\r\n1A5\r\n102\r\n{ACAD_REACTORS\r\n330\r\n10C\r\n102\r\n}\r\n330\r\n10C\
r\n100\r\nAcDbScale\r\n                                                       70\r\n
0\r\n300\r\n3\"=1'-0\"\r\n140\r\n3.0\r\n141\r\n12.0\r\n290\r\n           0\r\n
0\r\nSCALE\r\n
5\r\n1A6\r\n102\r\n{ACAD_REACTORS\r\n330\r\n10C\r\n102\r\n}\r\n330\r\n10C\
r\n100\r\nAcDbScale\r\n                                                       70\r\n
0\r\n300\r\n6\"=1'-0\"\r\n140\r\n6.0\r\n141\r\n12.0\r\n290\r\n           0\r\n
0\r\nSCALE\r\n
5\r\n1A7\r\n102\r\n{ACAD_REACTORS\r\n330\r\n10C\r\n102\r\n}\r\n330\r\n10C\
r\n100\r\nAcDbScale\r\n                                                       70\r\n
0\r\n300\r\n1'-0\"=1'-0\"\r\n140\r\n12.0\r\n141\r\n12.0\r\n290\r\n
0\r\n                                                   0\r\nTABLESTYLE\r\n
5\r\n7F\r\n102\r\n{ACAD_XDICTIONARY\r\n360\r\n162\r\n102\r\n}\r\n102\r\n{A
CAD_REACTORS\r\n330\r\n7E\r\n102\r\n}\r\n330\r\n7E\r\n100\r\nAcDbTableStyl
e\r\n  3\r\nStandard\r\n 70\r\n     0\r\n 71\r\n      0\r\n 40\r\n1.5\r\n
41\r\n1.5\r\n280\r\n");
      fl->Write(cs,cs.GetLength());
      cs=_T("                    0\r\n281\r\n                         0\r\n
7\r\nStandard\r\n140\r\n4.5\r\n170\r\n      2\r\n 62\r\n      0\r\n 63\r\n
7\r\n283\r\n           0\r\n274\r\n-2\r\n284\r\n            1\r\n  64\r\n
0\r\n275\r\n-2\r\n285\r\n      1\r\n 65\r\n      0\r\n276\r\n-2\r\n286\r\n
1\r\n  66\r\n           0\r\n277\r\n-2\r\n287\r\n           1\r\n  67\r\n
0\r\n278\r\n-2\r\n288\r\n      1\r\n 68\r\n      0\r\n279\r\n-2\r\n289\r\n
1\r\n 69\r\n      0\r\n  7\r\nStandard\r\n140\r\n6.0\r\n170\r\n      5\r\n
62\r\n      0\r\n 63\r\n      7\r\n283\r\n      0\r\n274\r\n-2\r\n284\r\n
1\r\n  64\r\n           0\r\n275\r\n-2\r\n285\r\n           1\r\n  65\r\n
0\r\n276\r\n-2\r\n286\r\n      1\r\n 66\r\n      0\r\n277\r\n-2\r\n287\r\n
1\r\n  67\r\n           0\r\n278\r\n-2\r\n288\r\n           1\r\n  68\r\n
0\r\n279\r\n-2\r\n289\r\n                 1\r\n   69\r\n            0\r\n
7\r\nStandard\r\n140\r\n4.5\r\n170\r\n      5\r\n 62\r\n      0\r\n 63\r\n
7\r\n283\r\n           0\r\n274\r\n-2\r\n284\r\n            1\r\n  64\r\n
0\r\n275\r\n-2\r\n285\r\n");
      fl->Write(cs,cs.GetLength());
      cs=_T("    1\r\n 65\r\n    0\r\n276\r\n-2\r\n286\r\n     1\r\n 66\r\n
0\r\n277\r\n-2\r\n287\r\n      1\r\n 67\r\n      0\r\n278\r\n-2\r\n288\r\n
1\r\n 68\r\n      0\r\n279\r\n-2\r\n289\r\n      1\r\n 69\r\n         0\r\n
```

```
0\r\nVISUALSTYLE\r\n
5\r\nF5\r\n102\r\n{ACAD_REACTORS\r\n330\r\nEF\r\n102\r\n}\r\n330\r\nEF\r\n
100\r\nAcDbVisualStyle\r\n  2\r\n2dWireframe\r\n 70\r\n      4\r\n 71\r\n
0\r\n 72\r\n      2\r\n 73\r\n      1\r\n 90\r\n         0\r\n 40\r\n-0.6\r\n
41\r\n-30.0\r\n 62\r\n      5\r\n 63\r\n      7\r\n 74\r\n      1\r\n 91\r\n
4\r\n 64\r\n      7\r\n 65\r\n    257\r\n 75\r\n      1\r\n175\r\n      1\r\n
42\r\n1.0\r\n 92\r\n         0\r\n 66\r\n    257\r\n 43\r\n1.0\r\n 76\r\n
1\r\n 77\r\n      6\r\n 78\r\n      2\r\n 67\r\n      7\r\n 79\r\n      5\r\n170\r\n
0\r\n171\r\n      0\r\n290\r\n      0\r\n174\r\n      0\r\n 93\r\n         1\r\n
44\r\n0.0\r\n173\r\n                0\r\n291\r\n                0\r\n
45\r\n0.0\r\n1001\r\nACAD\r\n1000\r\nAcDbSavedByObjectVersion\r\n1070\r\n
0\r\n  0\r\n");
      fl->Write(cs,cs.GetLength());
      cs=_T("VISUALSTYLE\r\n
5\r\nF7\r\n102\r\n{ACAD_REACTORS\r\n330\r\nEF\r\n102\r\n}\r\n330\r\nEF\r\n
100\r\nAcDbVisualStyle\r\n  2\r\n3D  Hidden\r\n 70\r\n      6\r\n 71\r\n
1\r\n 72\r\n      2\r\n 73\r\n      2\r\n 90\r\n         0\r\n 40\r\n-0.6\r\n
41\r\n-30.0\r\n 62\r\n      5\r\n 63\r\n      7\r\n 74\r\n      2\r\n 91\r\n
2\r\n 64\r\n      7\r\n 65\r\n    257\r\n 75\r\n      2\r\n175\r\n      1\r\n
42\r\n40.0\r\n 92\r\n         0\r\n 66\r\n    257\r\n 43\r\n1.0\r\n 76\r\n
1\r\n 77\r\n      6\r\n 78\r\n      2\r\n 67\r\n      7\r\n 79\r\n      3\r\n170\r\n
0\r\n171\r\n      0\r\n290\r\n      0\r\n174\r\n      0\r\n 93\r\n         1\r\n
44\r\n0.0\r\n173\r\n                0\r\n291\r\n                0\r\n
45\r\n0.0\r\n1001\r\nACAD\r\n1000\r\nAcDbSavedByObjectVersion\r\n1070\r\n
0\r\n                                      0\r\nVISUALSTYLE\r\n
5\r\nF6\r\n102\r\n{ACAD_REACTORS\r\n330\r\nEF\r\n102\r\n}\r\n330\r\nEF\r\n
100\r\nAcDbVisualStyle\r\n  2\r\n3dWireframe\r\n 70\r\n      5\r\n 71\r\n
0\r\n 72\r\n      2\r\n 73\r\n      1\r\n 90\r\n         0\r\n 40\r\n-0.6\r\n");
      fl->Write(cs,cs.GetLength());
      cs=_T(" 41\r\n-30.0\r\n 62\r\n      5\r\n 63\r\n      7\r\n 74\r\n
1\r\n 91\r\n         4\r\n 64\r\n      7\r\n 65\r\n    257\r\n 75\r\n
1\r\n175\r\n      1\r\n 42\r\n1.0\r\n 92\r\n         0\r\n 66\r\n    257\r\n
43\r\n1.0\r\n 76\r\n      1\r\n 77\r\n      6\r\n 78\r\n      2\r\n 67\r\n
7\r\n 79\r\n         5\r\n170\r\n      0\r\n171\r\n      0\r\n290\r\n
0\r\n174\r\n      0\r\n 93\r\n         1\r\n 44\r\n0.0\r\n173\r\n
0\r\n291\r\n                                      0\r\n
45\r\n0.0\r\n1001\r\nACAD\r\n1000\r\nAcDbSavedByObjectVersion\r\n1070\r\n
0\r\n                                      0\r\nVISUALSTYLE\r\n
5\r\nF4\r\n102\r\n{ACAD_REACTORS\r\n330\r\nEF\r\n102\r\n}\r\n330\r\nEF\r\n
100\r\nAcDbVisualStyle\r\n  2\r\nBasic\r\n 70\r\n      7\r\n 71\r\n      1\r\n
72\r\n      0\r\n 73\r\n      1\r\n 90\r\n         0\r\n 40\r\n-0.6\r\n
41\r\n-30.0\r\n 62\r\n      5\r\n 63\r\n      7\r\n 74\r\n      0\r\n 91\r\n
4\r\n 64\r\n      7\r\n 65\r\n    257\r\n 75\r\n      1\r\n175\r\n      1\r\n
```

```
42\r\n1.0\r\n 92\r\n        8\r\n 66\r\n      7\r\n 43\r\n1.0\r\n 76\r\n
1\r\n 77\r\n");
      fl->Write(cs,cs.GetLength());
      cs=_T("      6\r\n 78\r\n       2\r\n 67\r\n        7\r\n 79\r\n
5\r\n170\r\n     0\r\n171\r\n     0\r\n290\r\n     0\r\n174\r\n     0\r\n
93\r\n          1\r\n 44\r\n0.0\r\n173\r\n      0\r\n291\r\n      1\r\n
45\r\n0.0\r\n1001\r\nACAD\r\n1000\r\nAcDbSavedByObjectVersion\r\n1070\r\n
0\r\n                                                 0\r\nVISUALSTYLE\r\n
5\r\nFB\r\n102\r\n{ACAD_REACTORS\r\n330\r\nEF\r\n102\r\n}\r\n330\r\nEF\r\n
100\r\nAcDbVisualStyle\r\n  2\r\nBrighten\r\n 70\r\n      12\r\n 71\r\n
2\r\n 72\r\n     2\r\n 73\r\n     1\r\n 90\r\n        0\r\n 40\r\n-0.6\r\n
41\r\n-30.0\r\n 62\r\n     5\r\n 63\r\n     7\r\n 74\r\n     1\r\n 91\r\n
4\r\n 64\r\n     7\r\n 65\r\n   257\r\n 75\r\n     1\r\n175\r\n     1\r\n
42\r\n1.0\r\n 92\r\n        8\r\n 66\r\n      7\r\n 43\r\n1.0\r\n 76\r\n
1\r\n 77\r\n     6\r\n 78\r\n     2\r\n 67\r\n     7\r\n 79\r\n     5\r\n170\r\n
0\r\n171\r\n     0\r\n290\r\n     0\r\n174\r\n     0\r\n 93\r\n        1\r\n
44\r\n50.0\r\n173\r\n                   0\r\n291\r\n                1\r\n
45\r\n0.0\r\n1001\r\nACAD\r\n1000\r\n");
      fl->Write(cs,cs.GetLength());
      cs=_T("AcDbSavedByObjectVersion\r\n1070\r\n                0\r\n
0\r\nVISUALSTYLE\r\n
5\r\nFF\r\n102\r\n{ACAD_REACTORS\r\n330\r\nEF\r\n102\r\n}\r\n330\r\nEF\r\n
100\r\nAcDbVisualStyle\r\n  2\r\nColorChange\r\n 70\r\n     16\r\n 71\r\n
2\r\n 72\r\n     2\r\n 73\r\n     3\r\n 90\r\n        0\r\n 40\r\n-0.6\r\n
41\r\n-30.0\r\n 62\r\n     5\r\n 63\r\n     8\r\n 74\r\n     1\r\n 91\r\n
4\r\n 64\r\n     7\r\n 65\r\n   257\r\n 75\r\n     1\r\n175\r\n     1\r\n
42\r\n1.0\r\n 92\r\n        8\r\n 66\r\n      8\r\n 43\r\n1.0\r\n 76\r\n
1\r\n 77\r\n     6\r\n 78\r\n     2\r\n 67\r\n     7\r\n 79\r\n     5\r\n170\r\n
0\r\n171\r\n     0\r\n290\r\n     0\r\n174\r\n     0\r\n 93\r\n        1\r\n
44\r\n0.0\r\n173\r\n                   0\r\n291\r\n                1\r\n
45\r\n0.0\r\n1001\r\nACAD\r\n1000\r\nAcDbSavedByObjectVersion\r\n1070\r\n
0\r\n                                                 0\r\nVISUALSTYLE\r\n
5\r\nF8\r\n102\r\n{ACAD_REACTORS\r\n330\r\nEF\r\n102\r\n}\r\n330\r\nEF\r\n
100\r\nAcDbVisualStyle\r\n  2\r\nConceptual\r\n 70\r\n       9\r\n 71\r\n
3\r\n 72\r\n");
      fl->Write(cs,cs.GetLength());
      cs=_T("    2\r\n 73\r\n     1\r\n 90\r\n        0\r\n 40\r\n-0.6\r\n
41\r\n-30.0\r\n 62\r\n     5\r\n 63\r\n     7\r\n 74\r\n     2\r\n 91\r\n
2\r\n 64\r\n     7\r\n 65\r\n   257\r\n 75\r\n     1\r\n175\r\n     1\r\n
42\r\n40.0\r\n 92\r\n        8\r\n 66\r\n      7\r\n 43\r\n1.0\r\n 76\r\n
1\r\n 77\r\n     6\r\n 78\r\n     2\r\n 67\r\n     7\r\n 79\r\n     3\r\n170\r\n
0\r\n171\r\n     0\r\n290\r\n     0\r\n174\r\n     0\r\n 93\r\n        1\r\n
44\r\n0.0\r\n173\r\n                   0\r\n291\r\n                0\r\n
```

```
45\r\n0.0\r\n1001\r\nACAD\r\n1000\r\nAcDbSavedByObjectVersion\r\n1070\r\n
0\r\n                                                     0\r\nVISUALSTYLE\r\n
5\r\nFA\r\n102\r\n{ACAD_REACTORS\r\n330\r\nEF\r\n102\r\n}\r\n330\r\nEF\r\n
100\r\nAcDbVisualStyle\r\n  2\r\nDim\r\n 70\r\n    11\r\n 71\r\n     2\r\n
72\r\n       2\r\n 73\r\n       1\r\n 90\r\n              0\r\n 40\r\n-0.6\r\n
41\r\n-30.0\r\n 62\r\n      5\r\n 63\r\n      7\r\n 74\r\n      1\r\n 91\r\n
4\r\n 64\r\n      7\r\n 65\r\n   257\r\n 75\r\n      1\r\n175\r\n      1\r\n
42\r\n1.0\r\n 92\r\n");
      fl->Write(cs,cs.GetLength());
      cs=_T("        8\r\n 66\r\n      7\r\n 43\r\n1.0\r\n 76\r\n      1\r\n
77\r\n      6\r\n 78\r\n      2\r\n 67\r\n      7\r\n 79\r\n      5\r\n170\r\n
0\r\n171\r\n     0\r\n290\r\n     0\r\n174\r\n     0\r\n 93\r\n        1\r\n
44\r\n-50.0\r\n173\r\n                  0\r\n291\r\n                  1\r\n
45\r\n0.0\r\n1001\r\nACAD\r\n1000\r\nAcDbSavedByObjectVersion\r\n1070\r\n
0\r\n                                                     0\r\nVISUALSTYLE\r\n
5\r\nFE\r\n102\r\n{ACAD_REACTORS\r\n330\r\nEF\r\n102\r\n}\r\n330\r\nEF\r\n
100\r\nAcDbVisualStyle\r\n  2\r\nFacepattern\r\n 70\r\n     15\r\n 71\r\n
2\r\n 72\r\n     2\r\n 73\r\n     1\r\n 90\r\n          0\r\n 40\r\n-0.6\r\n
41\r\n-30.0\r\n 62\r\n      5\r\n 63\r\n      7\r\n 74\r\n      1\r\n 91\r\n
4\r\n 64\r\n      7\r\n 65\r\n   257\r\n 75\r\n      1\r\n175\r\n      1\r\n
42\r\n1.0\r\n 92\r\n          8\r\n 66\r\n      7\r\n 43\r\n1.0\r\n 76\r\n
1\r\n 77\r\n     6\r\n 78\r\n     2\r\n 67\r\n     7\r\n 79\r\n     5\r\n170\r\n
0\r\n171\r\n     0\r\n290\r\n     0\r\n174\r\n     0\r\n 93\r\n        1\r\n
44\r\n0.0\r\n173\r\n");
      fl->Write(cs,cs.GetLength());
      cs=_T("                0\r\n291\r\n                        1\r\n
45\r\n0.0\r\n1001\r\nACAD\r\n1000\r\nAcDbSavedByObjectVersion\r\n1070\r\n
0\r\n                                                     0\r\nVISUALSTYLE\r\n
5\r\nF0\r\n102\r\n{ACAD_REACTORS\r\n330\r\nEF\r\n102\r\n}\r\n330\r\nEF\r\n
100\r\nAcDbVisualStyle\r\n  2\r\nFlat\r\n 70\r\n     0\r\n 71\r\n     2\r\n
72\r\n       1\r\n 73\r\n       1\r\n 90\r\n          2\r\n 40\r\n-0.6\r\n
41\r\n30.0\r\n 62\r\n      5\r\n 63\r\n      7\r\n 74\r\n      0\r\n 91\r\n
4\r\n 64\r\n      7\r\n 65\r\n   257\r\n 75\r\n      1\r\n175\r\n      1\r\n
42\r\n1.0\r\n 92\r\n          8\r\n 66\r\n      7\r\n 43\r\n1.0\r\n 76\r\n
1\r\n 77\r\n     6\r\n 78\r\n     2\r\n 67\r\n     7\r\n 79\r\n     5\r\n170\r\n
0\r\n171\r\n     0\r\n290\r\n     0\r\n174\r\n     0\r\n 93\r\n        1\r\n
44\r\n0.0\r\n173\r\n                  0\r\n291\r\n                  1\r\n
45\r\n0.0\r\n1001\r\nACAD\r\n1000\r\nAcDbSavedByObjectVersion\r\n1070\r\n
0\r\n                                                     0\r\nVISUALSTYLE\r\n
5\r\nF1\r\n102\r\n{ACAD_REACTORS\r\n330\r\nEF\r\n102\r\n}\r\n330\r\nEF\r\n
100\r\nAcDbVisualStyle\r\n  2\r\n");
      fl->Write(cs,cs.GetLength());
      cs=_T("FlatWithEdges\r\n 70\r\n      1\r\n 71\r\n      2\r\n 72\r\n
```

```
1\r\n 73\r\n     1\r\n 90\r\n       2\r\n 40\r\n-0.6\r\n 41\r\n30.0\r\n 62\r\n
5\r\n 63\r\n     7\r\n 74\r\n     1\r\n 91\r\n         4\r\n 64\r\n     7\r\n
65\r\n   257\r\n 75\r\n       1\r\n175\r\n       1\r\n 42\r\n1.0\r\n 92\r\n
0\r\n 66\r\n   257\r\n 43\r\n1.0\r\n 76\r\n     1\r\n 77\r\n     6\r\n 78\r\n
2\r\n  67\r\n        7\r\n  79\r\n        5\r\n170\r\n        0\r\n171\r\n
0\r\n290\r\n         0\r\n174\r\n         0\r\n  93\r\n                 1\r\n
44\r\n0.0\r\n173\r\n                   0\r\n291\r\n                     1\r\n
45\r\n0.0\r\n1001\r\nACAD\r\n1000\r\nAcDbSavedByObjectVersion\r\n1070\r\n
0\r\n                                                   0\r\nVISUALSTYLE\r\n
5\r\nF2\r\n102\r\n{ACAD_REACTORS\r\n330\r\nEF\r\n102\r\n}\r\n330\r\nEF\r\n
100\r\nAcDbVisualStyle\r\n   2\r\nGouraud\r\n  70\r\n        2\r\n  71\r\n
2\r\n 72\r\n     2\r\n 73\r\n     1\r\n 90\r\n        2\r\n 40\r\n-0.6\r\n
41\r\n30.0\r\n 62\r\n      5\r\n 63\r\n      7\r\n 74\r\n      0\r\n 91\r\n
4\r\n 64\r\n     7\r\n 65\r\n   257\r\n 75\r\n");
     fl->Write(cs,cs.GetLength());
     cs=_T("     1\r\n175\r\n     1\r\n 42\r\n1.0\r\n 92\r\n        0\r\n
66\r\n     7\r\n 43\r\n1.0\r\n 76\r\n      1\r\n 77\r\n      6\r\n 78\r\n
2\r\n  67\r\n        7\r\n  79\r\n        5\r\n170\r\n        0\r\n171\r\n
0\r\n290\r\n         0\r\n174\r\n         0\r\n  93\r\n                 1\r\n
44\r\n0.0\r\n173\r\n                   0\r\n291\r\n                     1\r\n
45\r\n0.0\r\n1001\r\nACAD\r\n1000\r\nAcDbSavedByObjectVersion\r\n1070\r\n
0\r\n                                                   0\r\nVISUALSTYLE\r\n
5\r\nF3\r\n102\r\n{ACAD_REACTORS\r\n330\r\nEF\r\n102\r\n}\r\n330\r\nEF\r\n
100\r\nAcDbVisualStyle\r\n   2\r\nGouraudWithEdges\r\n  70\r\n        3\r\n
71\r\n      2\r\n 72\r\n      2\r\n 73\r\n       1\r\n 90\r\n         2\r\n
40\r\n-0.6\r\n  41\r\n30.0\r\n  62\r\n        5\r\n  63\r\n       7\r\n  74\r\n
1\r\n  91\r\n          4\r\n  64\r\n       7\r\n  65\r\n    257\r\n  75\r\n
1\r\n175\r\n      1\r\n  42\r\n1.0\r\n  92\r\n        0\r\n  66\r\n   257\r\n
43\r\n1.0\r\n  76\r\n       1\r\n  77\r\n       6\r\n  78\r\n       2\r\n  67\r\n
7\r\n  79\r\n          5\r\n170\r\n         0\r\n171\r\n         0\r\n290\r\n
0\r\n174\r\n");
     fl->Write(cs,cs.GetLength());
     cs=_T("         0\r\n  93\r\n                1\r\n  44\r\n0.0\r\n173\r\n
0\r\n291\r\n                                                          1\r\n
45\r\n0.0\r\n1001\r\nACAD\r\n1000\r\nAcDbSavedByObjectVersion\r\n1070\r\n
0\r\n                                                   0\r\nVISUALSTYLE\r\n
5\r\nFD\r\n102\r\n{ACAD_REACTORS\r\n330\r\nEF\r\n102\r\n}\r\n330\r\nEF\r\n
100\r\nAcDbVisualStyle\r\n   2\r\nLinepattern\r\n  70\r\n     14\r\n  71\r\n
2\r\n  72\r\n      2\r\n  73\r\n       1\r\n  90\r\n         0\r\n  40\r\n-0.6\r\n
41\r\n-30.0\r\n  62\r\n      5\r\n  63\r\n       7\r\n  74\r\n      1\r\n  91\r\n
4\r\n  64\r\n       7\r\n  65\r\n    257\r\n  75\r\n       7\r\n175\r\n      7\r\n
42\r\n1.0\r\n  92\r\n          8\r\n  66\r\n        7\r\n  43\r\n1.0\r\n  76\r\n
1\r\n 77\r\n     6\r\n 78\r\n     2\r\n 67\r\n     7\r\n 79\r\n     5\r\n170\r\n
```

```
0\r\n171\r\n    0\r\n290\r\n    0\r\n174\r\n    0\r\n 93\r\n       1\r\n
44\r\n0.0\r\n173\r\n                        0\r\n291\r\n                1\r\n
45\r\n0.0\r\n1001\r\nACAD\r\n1000\r\nAcDbSavedByObjectVersion\r\n1070\r\n
0\r\n                                                  0\r\nVISUALSTYLE\r\n
5\r\nF9\r\n102\r\n{ACAD_REACTORS\r\n330\r\nEF\r\n");
       fl->Write(cs,cs.GetLength());
       cs=_T("102\r\n}\r\n330\r\nEF\r\n100\r\nAcDbVisualStyle\r\n
2\r\nRealistic\r\n 70\r\n    8\r\n 71\r\n    2\r\n 72\r\n    2\r\n 73\r\n
1\r\n 90\r\n        0\r\n 40\r\n-0.6\r\n 41\r\n-30.0\r\n 62\r\n     5\r\n
63\r\n    7\r\n 74\r\n    1\r\n 91\r\n       0\r\n 64\r\n    7\r\n 65\r\n
257\r\n 75\r\n    1\r\n175\r\n    1\r\n 42\r\n1.0\r\n 92\r\n       8\r\n
66\r\n     8\r\n 43\r\n1.0\r\n 76\r\n     1\r\n 77\r\n      6\r\n 78\r\n
2\r\n  67\r\n        7\r\n  79\r\n        5\r\n170\r\n        0\r\n171\r\n
0\r\n290\r\n        0\r\n174\r\n        0\r\n  93\r\n              13\r\n
44\r\n0.0\r\n173\r\n                        0\r\n291\r\n                0\r\n
45\r\n0.0\r\n1001\r\nACAD\r\n1000\r\nAcDbSavedByObjectVersion\r\n1070\r\n
0\r\n                                                  0\r\nVISUALSTYLE\r\n
5\r\nFC\r\n102\r\n{ACAD_REACTORS\r\n330\r\nEF\r\n102\r\n}\r\n330\r\nEF\r\n
100\r\nAcDbVisualStyle\r\n   2\r\nThicken\r\n  70\r\n      13\r\n  71\r\n
2\r\n 72\r\n     2\r\n 73\r\n      1\r\n 90\r\n        0\r\n 40\r\n-0.6\r\n
41\r\n-30.0\r\n 62\r\n    5\r\n 63\r\n    7\r\n 74\r\n    1\r\n");
       fl->Write(cs,cs.GetLength());
       cs=_T(" 91\r\n        4\r\n 64\r\n     7\r\n 65\r\n   257\r\n 75\r\n
1\r\n175\r\n     1\r\n 42\r\n1.0\r\n 92\r\n       12\r\n 66\r\n       7\r\n
43\r\n1.0\r\n 76\r\n     1\r\n 77\r\n      6\r\n 78\r\n       2\r\n 67\r\n
7\r\n  79\r\n        5\r\n170\r\n       0\r\n171\r\n         0\r\n290\r\n
0\r\n174\r\n        0\r\n  93\r\n            1\r\n  44\r\n0.0\r\n173\r\n
0\r\n291\r\n                                                        1\r\n
45\r\n0.0\r\n1001\r\nACAD\r\n1000\r\nAcDbSavedByObjectVersion\r\n1070\r\n
0\r\n                                              0\r\nDICTIONARYVAR\r\n
5\r\n146\r\n102\r\n{ACAD_REACTORS\r\n330\r\n5E\r\n102\r\n}\r\n330\r\n5E\r\
n100\r\nDictionaryVariables\r\n280\r\n              0\r\n      1\r\n1:1\r\n
0\r\nDICTIONARYVAR\r\n
5\r\n145\r\n102\r\n{ACAD_REACTORS\r\n330\r\n5E\r\n102\r\n}\r\n330\r\n5E\r\
n100\r\nDictionaryVariables\r\n280\r\n          0\r\n     1\r\nSTANDARD\r\n
0\r\nDICTIONARYVAR\r\n
5\r\n84\r\n102\r\n{ACAD_REACTORS\r\n330\r\n5E\r\n102\r\n}\r\n330\r\n5E\r\n
100\r\nDictionaryVariables\r\n280\r\n           0\r\n     1\r\nSTANDARD\r\n
0\r\nDICTIONARYVAR\r\n  5\r\n5F\r\n102\r\n{ACAD_REACTORS\r\n");
       fl->Write(cs,cs.GetLength());
       cs=_T("330\r\n5E\r\n102\r\n}\r\n330\r\n5E\r\n100\r\nDictionaryVariab
les\r\n280\r\n            0\r\n     1\r\n2\r\n       0\r\nDICTIONARYVAR\r\n
5\r\n63\r\n102\r\n{ACAD_REACTORS\r\n330\r\n5E\r\n102\r\n}\r\n330\r\n5E\r\n
```

```
100\r\nDictionaryVariables\r\n280\r\n                    0\r\n      1\r\n1\r\n
0\r\nDICTIONARYVAR\r\n
5\r\n1BC\r\n102\r\n{ACAD_REACTORS\r\n330\r\n5E\r\n102\r\n}\r\n330\r\n5E\r\
n100\r\nDictionaryVariables\r\n280\r\n                    0\r\n      1\r\n0\r\n
0\r\nDICTIONARYVAR\r\n
5\r\n1BA\r\n102\r\n{ACAD_REACTORS\r\n330\r\n5E\r\n102\r\n}\r\n330\r\n5E\r\
n100\r\nDictionaryVariables\r\n280\r\n                    0\r\n      1\r\n2\r\n
0\r\nDICTIONARYVAR\r\n
5\r\n1B9\r\n102\r\n{ACAD_REACTORS\r\n330\r\n5E\r\n102\r\n}\r\n330\r\n5E\r\
n100\r\nDictionaryVariables\r\n280\r\n                    0\r\n      1\r\n1\r\n
0\r\nDICTIONARYVAR\r\n
5\r\n1BE\r\n102\r\n{ACAD_REACTORS\r\n330\r\n5E\r\n102\r\n}\r\n330\r\n5E\r\
n100\r\nDictionaryVariables\r\n280\r\n          0\r\n    1\r\n80.000000\r\n
0\r\nDICTIONARYVAR\r\n
5\r\n1BD\r\n102\r\n{ACAD_REACTORS\r\n330\r\n5E\r\n102\r\n}\r\n330\r\n5E\r\
n100\r\n");
      fl->Write(cs,cs.GetLength());
      cs=_T("DictionaryVariables\r\n280\r\n       0\r\n   1\r\n5.000000\r\n
0\r\nDICTIONARYVAR\r\n
5\r\n1BB\r\n102\r\n{ACAD_REACTORS\r\n330\r\n5E\r\n102\r\n}\r\n330\r\n5E\r\
n100\r\nDictionaryVariables\r\n280\r\n                  0\r\n      1\r\n127\r\n
0\r\nDICTIONARY\r\n
5\r\n1C1\r\n330\r\n22\r\n100\r\nAcDbDictionary\r\n280\r\n      1\r\n281\r\n
1\r\n     3\r\nACAD_XREC_ROUNDTRIP\r\n360\r\n1C2\r\n     0\r\nDICTIONARY\r\n
5\r\n1C4\r\n330\r\nD3\r\n100\r\nAcDbDictionary\r\n280\r\n      1\r\n281\r\n
1\r\n     3\r\nACAD_XREC_ROUNDTRIP\r\n360\r\n1C5\r\n     0\r\nDICTIONARY\r\n
5\r\n1C6\r\n330\r\nD7\r\n100\r\nAcDbDictionary\r\n280\r\n      1\r\n281\r\n
1\r\n     3\r\nACAD_XREC_ROUNDTRIP\r\n360\r\n1C7\r\n     0\r\nDICTIONARY\r\n
5\r\n1CA\r\n330\r\nED\r\n100\r\nAcDbDictionary\r\n280\r\n      1\r\n281\r\n
1\r\n     3\r\nACAD_XREC_ROUNDTRIP\r\n360\r\n1CB\r\n     0\r\nDICTIONARY\r\n
5\r\n1C8\r\n330\r\nEC\r\n100\r\nAcDbDictionary\r\n280\r\n      1\r\n281\r\n
1\r\n     3\r\nACAD_XREC_ROUNDTRIP\r\n360\r\n1C9\r\n     0\r\nDICTIONARY\r\n
5\r\n173\r\n330\r\n");
      fl->Write(cs,cs.GetLength());
      cs=_T("EE\r\n100\r\nAcDbDictionary\r\n280\r\n          1\r\n281\r\n
1\r\n                           3\r\nACAD_XREC_ROUNDTRIP\r\n360\r\n1CC\r\n
3\r\nBUMPTILE\r\n360\r\n175\r\n         3\r\nDIFFUSETILE\r\n360\r\n174\r\n
3\r\nOPACITYTILE\r\n360\r\n176\r\n    3\r\nREFLECTIONTILE\r\n360\r\n177\r\n
0\r\nDICTIONARY\r\n
5\r\n162\r\n330\r\n7F\r\n100\r\nAcDbDictionary\r\n280\r\n      1\r\n281\r\n
1\r\n    3\r\nACAD_ROUNDTRIP_2008_TABLESTYLE_CELLSTYLEMAP\r\n360\r\n1BF\r\n
3\r\nACAD_XREC_ROUNDTRIP\r\n360\r\n1C3\r\n                 0\r\nXRECORD\r\n
5\r\n1C2\r\n102\r\n{ACAD_REACTORS\r\n330\r\n1C1\r\n102\r\n}\r\n330\r\n1C1\
```

```
r\n100\r\nAcDbXrecord\r\n280\r\n        1\r\n102\r\nSHADEPLOT\r\n  70\r\n
0\r\n102\r\nSHADEPLOTRESLEVEL\r\n                                    70\r\n
2\r\n102\r\nSHADEPLOTCUSTOMDPI\r\n  70\r\n     300\r\n    0\r\nXRECORD\r\n
5\r\n1C5\r\n102\r\n{ACAD_REACTORS\r\n330\r\n1C4\r\n102\r\n}\r\n330\r\n1C4\
r\n100\r\nAcDbXrecord\r\n280\r\n        1\r\n102\r\nSHADEPLOT\r\n  70\r\n
0\r\n102\r\nSHADEPLOTRESLEVEL\r\n                                    70\r\n
2\r\n102\r\nSHADEPLOTCUSTOMDPI\r\n 70\r\n   300\r\n  0\r\nXRECORD\r\n");
      fl->Write(cs,cs.GetLength());
      cs=_T("
5\r\n1C7\r\n102\r\n{ACAD_REACTORS\r\n330\r\n1C6\r\n102\r\n}\r\n
330\r\n1C6\r\n100\r\nAcDbXrecord\r\n280\r\n       1\r\n102\r\nSHADEPLOT\r\n
70\r\n        0\r\n102\r\nSHADEPLOTRESLEVEL\r\n  70\r\n        2\r\n102\r\n
SHADEPLOTCUSTOMDPI\r\n    70\r\n             300\r\n        0\r\nXRECORD\r\n
5\r\n1CB\r\n102\r\n{ACAD_REACTORS\r\n330\r\n1CA\r\n102\r\n}\r\n330\r\n1CA\
r\n100\r\nAcDbXrecord\r\n280\r\n
1\r\n102\r\nMATERIAL\r\n148\r\n0.0\r\n149\r\n 0.0\r\n149\r\n0.0\r\n 93\r\n
0\r\n  94\r\n          63\r\n282\r\n       0\r\n  72\r\n       1\r\n  77\r\n
1\r\n171\r\n     1\r\n175\r\n     1\r\n179\r\n     1\r\n273\r\n     0\r\n
0\r\nXRECORD\r\n                      5\r\n1C9\r\n102\r\n{ACAD_REACTORS\r\n
330\r\n1C8\r\n102\r\n}\r\n330\r\n1C8\r\n100\r\nAcDbXrecord\r\n280\r\n
1\r\n 102\r\nMATERIAL\r\n148\r\n0.0\r\n149\r\n0.0\r\n149\r\n0.0\r\n 93\r\n
0\r\n  94\r\n          63\r\n282\r\n       0\r\n  72\r\n       1\r\n  77\r\n
1\r\n171\r\n     1\r\n175\r\n     1\r\n179\r\n     1\r\n273\r\n     0\r\n
0\r\nXRECORD\r\n  5\r\n1CC\r\n102\r\n{ACAD_REACTORS\r\n");
      fl->Write(cs,cs.GetLength());
      cs=_T("330\r\n173\r\n102\r\n}\r\n330\r\n173\r\n100\r\nAcDbXrecord\r\
n280\r\n
1\r\n102\r\nMATERIAL\r\n148\r\n0.0\r\n149\r\n0.0\r\n149\r\n0.0\r\n  93\r\n
0\r\n  94\r\n          63\r\n282\r\n       0\r\n  72\r\n       1\r\n  77\r\n
1\r\n171\r\n     1\r\n175\r\n     1\r\n179\r\n     1\r\n273\r\n     0\r\n
0\r\nXRECORD\r\n       5\r\n175\r\n102\r\n{ACAD_REACTORS\r\n330\r\n173\r\n
102\r\n}\r\n330\r\n173\r\n100\r\nAcDbXrecord\r\n280\r\n       1\r\n270\r\n
1\r\n271\r\n                            1\r\n           0\r\nXRECORD\r\n
5\r\n174\r\n102\r\n{ACAD_REACTORS\r\n
330\r\n173\r\n102\r\n}\r\n330\r\n173\r\n100\r\nAcDbXrecord\r\n280\r\n
1\r\n  270\r\n            1\r\n271\r\n            1\r\n     0\r\nXRECORD\r\n
5\r\n176\r\n102\r\n
{ACAD_REACTORS\r\n330\r\n173\r\n102\r\n}\r\n330\r\n173\r\n100\r\nAcDbXreco
rd\r\n280\r\n     1\r\n270\r\n     1\r\n271\r\n     1\r\n  0\r\nXRECORD\r\n
5\r\n177\r\n102\r\n{ACAD_REACTORS\r\n330\r\n173\r\n102\r\n}\r\n330\r\n173\
r\n100\r\nAcDbXrecord\r\n280\r\n    1\r\n270\r\n     1\r\n271\r\n     1\r\n
0\r\nCELLSTYLEMAP\r\n  5\r\n1BF\r\n");
      fl->Write(cs,cs.GetLength());
```

```
    cs=_T("102\r\n{ACAD_REACTORS\r\n330\r\n162\r\n102\r\n}\r\n330\r\n162
\r\n100\r\nAcDbCellStyleMap\r\n 90\r\n         3\r\n300\r\nCELLSTYLE\r\n
1\r\nTABLEFORMAT_BEGIN\r\n 90\r\n         5\r\n170\r\n      1\r\n 91\r\n
0\r\n  92\r\n            32768\r\n  62\r\n          257\r\n   93\r\n
1\r\n300\r\nCONTENTFORMAT\r\n       1\r\nCONTENTFORMAT_BEGIN\r\n   90\r\n
0\r\n 91\r\n       0\r\n 92\r\n     512\r\n 93\r\n       0\r\n300\r\n\r\n
40\r\n0.0\r\n140\r\n1.0\r\n   94\r\n                       5\r\n   62\r\n
0\r\n340\r\n11\r\n144\r\n6.0\r\n309\r\nCONTENTFORMAT_END\r\n171\r\n
1\r\n301\r\nMARGIN\r\n        1\r\nCELLMARGIN_BEGIN\r\n     40\r\n1.5\r\n
40\r\n1.5\r\n       40\r\n1.5\r\n       40\r\n1.5\r\n       40\r\n4.5\r\n
40\r\n4.5\r\n309\r\nCELLMARGIN_END\r\n 94\r\n               6\r\n 95\r\n
1\r\n302\r\nGRIDFORMAT\r\n  1\r\nGRIDFORMAT_BEGIN\r\n 90\r\n         0\r\n
91\r\n         1\r\n 62\r\n      0\r\n 92\r\n -2\r\n340\r\n14\r\n 93\r\n
0\r\n          40\r\n1.125\r\n309\r\nGRIDFORMAT_END\r\n            95\r\n
2\r\n302\r\nGRIDFORMAT\r\n  1\r\nGRIDFORMAT_BEGIN\r\n");
    fl->Write(cs,cs.GetLength());
    cs=_T(" 90\r\n       0\r\n 91\r\n       1\r\n 62\r\n    0\r\n 92\r\n
-2\r\n340\r\n14\r\n     93\r\n                                      0\r\n
40\r\n1.125\r\n309\r\nGRIDFORMAT_END\r\n                            95\r\n
4\r\n302\r\nGRIDFORMAT\r\n  1\r\nGRIDFORMAT_BEGIN\r\n 90\r\n         0\r\n
91\r\n         1\r\n 62\r\n      0\r\n 92\r\n -2\r\n340\r\n14\r\n 93\r\n
0\r\n          40\r\n1.125\r\n309\r\nGRIDFORMAT_END\r\n            95\r\n
8\r\n302\r\nGRIDFORMAT\r\n  1\r\nGRIDFORMAT_BEGIN\r\n 90\r\n         0\r\n
91\r\n         1\r\n 62\r\n      0\r\n 92\r\n -2\r\n340\r\n14\r\n 93\r\n
0\r\n          40\r\n1.125\r\n309\r\nGRIDFORMAT_END\r\n            95\r\n
16\r\n302\r\nGRIDFORMAT\r\n  1\r\nGRIDFORMAT_BEGIN\r\n 90\r\n        0\r\n
91\r\n         1\r\n 62\r\n      0\r\n 92\r\n -2\r\n340\r\n14\r\n 93\r\n
0\r\n          40\r\n1.125\r\n309\r\nGRIDFORMAT_END\r\n            95\r\n
32\r\n302\r\nGRIDFORMAT\r\n  1\r\nGRIDFORMAT_BEGIN\r\n 90\r\n        0\r\n
91\r\n         1\r\n 62\r\n      0\r\n 92\r\n -2\r\n340\r\n14\r\n 93\r\n
0\r\n 40\r\n1.125\r\n309\r\n");
    fl->Write(cs,cs.GetLength());
    cs=_T("GRIDFORMAT_END\r\n309\r\nTABLEFORMAT_END\r\n
1\r\nCELLSTYLE_BEGIN\r\n   90\r\n                          1\r\n   91\r\n
1\r\n300\r\n_TITLE\r\n309\r\nCELLSTYLE_END\r\n300\r\nCELLSTYLE\r\n
1\r\nTABLEFORMAT_BEGIN\r\n 90\r\n         5\r\n170\r\n      1\r\n 91\r\n
0\r\n  92\r\n                  0\r\n  62\r\n          257\r\n   93\r\n
1\r\n300\r\nCONTENTFORMAT\r\n       1\r\nCONTENTFORMAT_BEGIN\r\n   90\r\n
0\r\n 91\r\n       0\r\n 92\r\n     512\r\n 93\r\n       0\r\n300\r\n\r\n
40\r\n0.0\r\n140\r\n1.0\r\n   94\r\n                       5\r\n   62\r\n
0\r\n340\r\n11\r\n144\r\n4.5\r\n309\r\nCONTENTFORMAT_END\r\n171\r\n
1\r\n301\r\nMARGIN\r\n        1\r\nCELLMARGIN_BEGIN\r\n     40\r\n1.5\r\n
40\r\n1.5\r\n       40\r\n1.5\r\n       40\r\n1.5\r\n       40\r\n4.5\r\n
```

```
40\r\n4.5\r\n309\r\nCELLMARGIN_END\r\n  94\r\n              6\r\n  95\r\n
1\r\n302\r\nGRIDFORMAT\r\n  1\r\nGRIDFORMAT_BEGIN\r\n 90\r\n        0\r\n
91\r\n        1\r\n 62\r\n      0\r\n 92\r\n -2\r\n340\r\n14\r\n 93\r\n
0\r\n 40\r\n1.125\r\n309\r\nGRIDFORMAT_END\r\n 95\r\n       2\r\n302\r\n");
      fl->Write(cs,cs.GetLength());
      cs=_T("GRIDFORMAT\r\n  1\r\nGRIDFORMAT_BEGIN\r\n 90\r\n        0\r\n
91\r\n         1\r\n 62\r\n      0\r\n 92\r\n -2\r\n340\r\n14\r\n 93\r\n
0\r\n           40\r\n1.125\r\n309\r\nGRIDFORMAT_END\r\n           95\r\n
4\r\n302\r\nGRIDFORMAT\r\n  1\r\nGRIDFORMAT_BEGIN\r\n 90\r\n        0\r\n
91\r\n         1\r\n 62\r\n      0\r\n 92\r\n -2\r\n340\r\n14\r\n 93\r\n
0\r\n           40\r\n1.125\r\n309\r\nGRIDFORMAT_END\r\n           95\r\n
8\r\n302\r\nGRIDFORMAT\r\n  1\r\nGRIDFORMAT_BEGIN\r\n 90\r\n        0\r\n
91\r\n         1\r\n 62\r\n      0\r\n 92\r\n -2\r\n340\r\n14\r\n 93\r\n
0\r\n           40\r\n1.125\r\n309\r\nGRIDFORMAT_END\r\n           95\r\n
16\r\n302\r\nGRIDFORMAT\r\n  1\r\nGRIDFORMAT_BEGIN\r\n 90\r\n        0\r\n
91\r\n         1\r\n 62\r\n      0\r\n 92\r\n -2\r\n340\r\n14\r\n 93\r\n
0\r\n           40\r\n1.125\r\n309\r\nGRIDFORMAT_END\r\n           95\r\n
32\r\n302\r\nGRIDFORMAT\r\n  1\r\nGRIDFORMAT_BEGIN\r\n 90\r\n        0\r\n
91\r\n      1\r\n 62\r\n    0\r\n 92\r\n -2\r\n340\r\n14\r\n 93\r\n");
      fl->Write(cs,cs.GetLength());
      cs=_T("                                                          0\r\n
40\r\n1.125\r\n309\r\nGRIDFORMAT_END\r\n309\r\nTABLEFORMAT_END\r\n
1\r\nCELLSTYLE_BEGIN\r\n   90\r\n                          2\r\n   91\r\n
1\r\n300\r\n_HEADER\r\n309\r\nCELLSTYLE_END\r\n300\r\nCELLSTYLE\r\n
1\r\nTABLEFORMAT_BEGIN\r\n 90\r\n          5\r\n170\r\n      1\r\n 91\r\n
0\r\n   92\r\n                       0\r\n   62\r\n        257\r\n   93\r\n
1\r\n300\r\nCONTENTFORMAT\r\n       1\r\nCONTENTFORMAT_BEGIN\r\n    90\r\n
0\r\n 91\r\n       0\r\n 92\r\n      512\r\n 93\r\n       0\r\n300\r\n\r\n
40\r\n0.0\r\n140\r\n1.0\r\n   94\r\n                    2\r\n   62\r\n
0\r\n340\r\n11\r\n144\r\n4.5\r\n309\r\nCONTENTFORMAT_END\r\n171\r\n
1\r\n301\r\nMARGIN\r\n         1\r\nCELLMARGIN_BEGIN\r\n     40\r\n1.5\r\n
40\r\n1.5\r\n        40\r\n1.5\r\n        40\r\n1.5\r\n        40\r\n4.5\r\n
40\r\n4.5\r\n309\r\nCELLMARGIN_END\r\n  94\r\n              6\r\n  95\r\n
1\r\n302\r\nGRIDFORMAT\r\n  1\r\nGRIDFORMAT_BEGIN\r\n 90\r\n        0\r\n
91\r\n         1\r\n 62\r\n      0\r\n 92\r\n -2\r\n340\r\n14\r\n 93\r\n
0\r\n 40\r\n1.125\r\n309\r\n");
      fl->Write(cs,cs.GetLength());
      cs=_T("GRIDFORMAT_END\r\n  95\r\n         2\r\n302\r\nGRIDFORMAT\r\n
1\r\nGRIDFORMAT_BEGIN\r\n 90\r\n         0\r\n 91\r\n         1\r\n 62\r\n
0\r\n   92\r\n   -2\r\n340\r\n14\r\n    93\r\n                      0\r\n
40\r\n1.125\r\n309\r\nGRIDFORMAT_END\r\n                             95\r\n
4\r\n302\r\nGRIDFORMAT\r\n  1\r\nGRIDFORMAT_BEGIN\r\n 90\r\n        0\r\n
91\r\n         1\r\n 62\r\n      0\r\n 92\r\n -2\r\n340\r\n14\r\n 93\r\n
```

```
0\r\n            40\r\n1.125\r\n309\r\nGRIDFORMAT_END\r\n            95\r\n
8\r\n302\r\nGRIDFORMAT\r\n  1\r\nGRIDFORMAT_BEGIN\r\n 90\r\n          0\r\n
91\r\n          1\r\n 62\r\n       0\r\n 92\r\n -2\r\n340\r\n14\r\n 93\r\n
0\r\n            40\r\n1.125\r\n309\r\nGRIDFORMAT_END\r\n            95\r\n
16\r\n302\r\nGRIDFORMAT\r\n  1\r\nGRIDFORMAT_BEGIN\r\n 90\r\n         0\r\n
91\r\n          1\r\n 62\r\n       0\r\n 92\r\n -2\r\n340\r\n14\r\n 93\r\n
0\r\n            40\r\n1.125\r\n309\r\nGRIDFORMAT_END\r\n            95\r\n
32\r\n302\r\nGRIDFORMAT\r\n  1\r\nGRIDFORMAT_BEGIN\r\n 90\r\n         0\r\n
91\r\n       1\r\n 62\r\n");
      fl->Write(cs,cs.GetLength());
      cs=_T("      0\r\n 92\r\n -2\r\n340\r\n14\r\n 93\r\n          0\r\n
40\r\n1.125\r\n309\r\nGRIDFORMAT_END\r\n309\r\nTABLEFORMAT_END\r\n
1\r\nCELLSTYLE_BEGIN\r\n    90\r\n                              3\r\n    91\r\n
2\r\n300\r\n_DATA\r\n309\r\nCELLSTYLE_END\r\n              0\r\nXRECORD\r\n
5\r\n1C3\r\n102\r\n{ACAD_REACTORS\r\n330\r\n162\r\n102\r\n}\r\n330\r\n162\
r\n100\r\nAcDbXrecord\r\n280\r\n
1\r\n102\r\nACAD_ROUNDTRIP_PRE2007_TABLESTYLE\r\n 90\r\n     512\r\n 91\r\n
0\r\n  1\r\n\r\n 92\r\n      512\r\n 93\r\n         0\r\n  2\r\n\r\n 94\r\n
512\r\n 95\r\n       0\r\n  3\r\n\r\n  0\r\nENDSEC\r\n");
      fl->Write(cs,cs.GetLength());
    }
```

11.7　生成文件结束段

文件结束的格式如下：

```
0
EOF
```

具体的C++函数如下：

```
void WriteDxfEof(CFile *fl)
{
      CStringA cs;
    cs=_T("" 0\r\nEOF\r\n");
      fl->Write(cs,cs.GetLength());
}
```

11.8　生 成 实 例

绘制坐标格网：

已知 gridm=10，gridn=10，ptn=3，minx=100.0，miny=100，maxx=500.0，maxy=500.0，ln=3，dly=50.0，dlx=50.0。

点数据为：

第 1 点：xx[0]=150，yy[0]=150，zz[0]=600.24；第 2 点：xx[1]=350，yy[1]=450，zz[1]=783.63；

第 3 点：xx[2]=100，yy[2]=350，zz[2]=1200.54。

多段线数据：

typedef struct { int ds；int bz；double h；double *x；double *y}Pline；

Pline pl[3]；

第 1 条：

pl[0].ds=5；pl[0].bz=0；pl[0].h=1000.0；

pl[0].x=new double[pl[0].ds]；pl[0].y=new double[pl[0].ds]；

pl[0].x[0]=120.0000；pl[0].y[0]=120.0000；pl[0].x[1]=126.2413；pl[0].y[1]=131.7625；pl[0].x[2]=153.2419；pl[0].y[2]=152.4452；pl[0].x[3]=183.2335；pl[0].y[3]=150.9102；pl[0].x[4]=207.9705；pl[0].y[4]=128.6924；

第 2 条：

pl[1].ds=4；pl[1].bz=1；pl[1].h=1200.0；

pl[1].x=new double[pl[1].ds]；pl[1].y=new double[pl[1].ds]；

pl[1].x[0]=177.4942；pl[1].y[0]=192.9818；pl[1].x[1]=221.4382；pl[1].y[1]=169.2067；pl[1].x[2]=275.9552；pl[1].y[2]=192.9818；pl[1].x[3]=222.7598；pl[1].y[3]=234.2579；

第 3 条：

pl[2].ds=46；pl[2].bz=0；pl[2].h=1300.0；

pl[2].x=new double[pl[2].ds]；pl[2].y=new double[pl[2].ds]；

pl[2].x[0]=321.8812；pl[2].y[0]=406.0519；pl[2].x[1]=274.6163；pl[2].y[1]=369.6122；pl[2].x[2]=278.6676；pl[2].y[2]=291.3343；pl[2].x[3]=346.1888；pl[2].y[3]=215.7556；pl[2].x[4]=466.3765；pl[2].y[4]=196.8609；pl[2].x[5]=546.0514；pl[2].y[5]=248.1465；

具体函数如下：

```
void WriteGirdDxf()
{
    CString wgname=_T("grid.dxf");
    CFile fp;
    fp.Open(wgname,CFile::modeCreate | CFile::modeWrite);
    WriteDxfHeader(&fp,ptn+ln+gridm+gridn+40,minx,miny,0,maxx,maxy,0);
    WriteDxfClasses(&fp);
    WriteDxfTables(&fp);
    WriteDxfBlocks(&fp);
    WriteDxfEntitiesStart(&fp);
    int i,iiiii=1;
    for(i=0;i<gridm+1;i++)
    {

  WriteDxfLine(&fp,iiiii,"line",30,40,"Continuous",minx,miny+i*dly,0,maxx,
m_miny+i*dly,0);
        iiiii++;
    }
```

```
    for(i=0;i<gridn+1;i++)
    {

  WriteDxfLine(&fp,iiiii,"line",30,40,"Continuous",minx+i*dlx,miny,0,minx+
i*dlx,maxy,0);
        iiiii++;
    }
    for(i=0;i<ptn;i++)
        WriteDxfPoint(&fp,iiiii+i,"point",xx[i],yy[i],zz[i]);
    for(i=0;i<ln;i++)
        WriteDxfPolyline(&fp,iiiii+ptn+i,"pline",1,35,"
Continuous",pl[i].ds,
             pl[i].bz,pl[i].x,pl[i].y,pl[i].h);
    WriteDxfEntitiesEnd(&fp);
    WriteDxfObjectSEction(&fp);
    WriteDxfEof(&fp);
      fp.Close();
}
```

思考题

1. 通过分析 CIRCLE 的组码，编写生成 CIRCLE 的代码。
2. 通过分析 HATCH 的组码，编写生成 HATCH 的代码。
3. 编写通过数据文件方式读入 11.8 节应用实例中的点和多段线数据，并生成 DXF 文件。

主要参考文献

陈燕，杨玉萍. 2022. AutoCAD 2020 基础及应用[M]. 北京：化学工业出版社.

邓文彬. 2017. 测绘数字制图与成图[M]. 重庆：重庆大学出版社.

范国雄. 2016. 数字测图技术[M]. 南京：东南大学出版社.

高井祥，付培义，余学祥，等. 2018. 数字地形测量学[M]. 徐州：中国矿业大学出版社.

郭秀娟，徐勇，郑馨. 2014. AutoCAD 二次开发实用教程[M]. 北京：机械工业出版社.

国家测绘局. 2008. 数字测绘成果质量检查与验收：GB/T 18316—2008[S]. 北京：中国标准出版社，2008.

胡继华. 2020. 地理信息系统实验教程[M]. 广州：中山大学出版社.

黄耿芝，陈一舞. 2019. CASS10.1 参考手册[M/CD]. 广州：广东南方数码科技股份有限公司.

姜卫平. 2017. GNSS 基准站网数据处理方法与应用[M]. 武汉：武汉大学出版社.

靖常峰，朱光，赵西安，等. 2018. 地理信息系统原理与应用[M]. 2 版. 北京：科学出版社.

李海英，毕天平，邵永东. 2019. 地籍管理与地籍测量[M]. 北京：中国农业大学出版社.

李天文. 2022. 现代地籍测量[M]. 3 版. 北京：科学出版社.

李玉宝，曹智翔，余代俊，等. 2019. 大比例尺数字化测图技术 [M]. 4 版. 成都：西南交通大学出版社.

林泽鸿，张纪尧. 2017. AutoCAD 2018 中文版基础教程[M]. 北京：清华大学出版社.

刘仁钊，马啸. 2020. 数字测图技术[M]. 武汉：武汉大学出版社.

柳小波. 2018. C#实用计算机绘图与 AutoCAD 二次开发基础[M]. 北京：冶金工业出版社.

罗菊平，周丽娟，阮健生. 2021. AutoCAD 绘图快速入门与技能实训[M]. 武汉：华中科技大学出版社.

潘力，陈金山，肖勇，等. 2020. AutoCAD 绘图设计[M]. 北京：北京理工大学出版社.

潘正风，程效军，成枢，等. 2017. 数字地形测量学习题和实验[M]. 武汉：武汉大学出版社.

潘正风，程效军，成枢，等. 2019. 数字地形测量学[M]. 2 版. 武汉：武汉大学出版社.

全国地理信息标准化技术委员会. 2008. 数字测绘成果质量要求：GB/T 17941—2008[S]. 北京：中国标准出版社.

全国地理信息标准化技术委员会. 2012. 国家基本比例尺地形图分幅和编号：GB/T 13989—2012[S]. 北京：中国标准出版社.

全国地理信息标准化技术委员会. 2018. 国家基本比例尺地图图式 第 1 部分：1∶500 1∶1000 1∶2000 地形图图式：GB/T 20257.1—2017[S]. 北京：中国标准出版社.

全国国土资源标准化技术委员会. 2017. 土地利用现状分类：GB/T 21010—2017[S]. 北京：中国标准出版社.

全国信息分类编码标准化技术委员会. 2008. 中华人民共和国行政区划代码：GB/T 2260—2007[S]. 北京：中国标准出版社.

宋德仁，胡仁喜. 2014. AutoCAD 2014 中文版从入门到精通[M]. 北京：机械工业出版社.

汤国安，刘学军，闾国年，等. 2019. 地理信息系统教程[M]. 2 版. 北京：高等教育出版社.

汤青慧，于水，唐旭，等. 2013. 数字测图与制图基础教程[M]. 北京：清华大学出版社.

王爱兵，胡仁喜. 2020. AutoCAD 2021 中文版从入门到精通[M]. 北京：人民邮电出版社.

王红，李霖. 2014. 计算机地图制图原理与应用[M]. 北京：科学出版社.

王建华，程绪琦，张文杰，等. 2021. AutoCAD 2021 官方标准教程[M]. 北京：电子工业出版社.

肖晴. 2022. AutoCAD 制图[M]. 北京：化学工业出版社.

徐彦田，程鹏飞，秘金钟，等. 2021. GNSS 网络 RTK 技术原理与工程应用[M]. 北京：国防工业出版社.
许妍. 2020. 中文版 AutoCAD 2020 基础教程[M]. 北京：清华大学出版社.
于习法，刘慧，张韬，等. 2022. 计算机绘图教程[M]. 2 版. 北京：清华大学出版社.
余明，艾廷华. 2021. 地理信息系统导论[M]. 3 版. 北京：清华大学出版社.
曾洪飞，卢择临，张帆. 2013. AutoCAD VBA&VB.NET 开发基础与实例教程[M]. 2 版. 北京：中国电力出版社.
詹长根，唐祥云，刘丽. 2011. 地籍测量学[M]. 3 版. 武汉：武汉大学出版社.
张帆，朱文俊. 2014. AutoCAD ObjectARX（VC）开发基础与实例教程[M]. 北京：中国电力出版社.
张云辉. 2021. AutoCAD 2020 实用教程[M]. 北京：科学出版社.
郑国栋. 2016. AutoCAD 2016 中文版标准教程[M]. 北京：清华大学出版社.
钟日铭. 2020. AutoCAD 2020 中文版完全自学手册（标准版）[M]. 北京：清华大学出版社.
Cottingham M. 2001. AutoCAD VBA 从入门到精通[M]. 孔祥丰，等译. 北京：电子工业出版社.